# 城垣杯

## 规划决策支持模型设计大赛获奖作品集 2024

Planning Decision
Support Model Design
Compilation

北京市城市规划设计研究院
北京城垣数字科技有限责任公司
世界规划教育组织
北规院弘都规划建筑设计研究院有限公司
编

中国建筑工业出版社

审图号：GS京（2025）0439号

**图书在版编目（CIP）数据**

城垣杯·规划决策支持模型设计大赛获奖作品集.
2024 = Planning Decision Support Model Design
Compilation / 北京市城市规划设计研究院等编.
北京：中国建筑工业出版社，2025.4. -- ISBN 978-7
-112-31022-7

Ⅰ. TU984.2

中国国家版本馆CIP数据核字第20256V4P73号

责任编辑：陈夕涛
书籍设计：锋尚设计
责任校对：王　烨

**城垣杯**
**规划决策支持模型设计大赛获奖作品集　2024**
Planning Decision Support Model Design Compilation
北 京 市 城 市 规 划 设 计 研 究 院
北 京 城 垣 数 字 科 技 有 限 责 任 公 司　编
世 　 界 　 规 　 划 　 教 　 育 　 组 　 织
北规院弘都规划建筑设计研究院有限公司

\*

中国建筑工业出版社出版、发行（北京海淀三里河路9号）
各地新华书店、建筑书店经销
北京锋尚制版有限公司制版
北京富诚彩色印刷有限公司印刷

\*

开本：889毫米×1194毫米　1/12　印张：35　字数：860千字
2025年3月第一版　　2025年3月第一次印刷
定价：**360.00元**
ISBN 978-7-112-31022-7
（44477）

**版权所有　翻印必究**
如有内容及印装质量问题，请与本社读者服务中心联系
电话：（010）58337283　QQ：2885381756
（地址：北京海淀三里河路9号中国建筑工业出版社604室　邮政编码：100037）

# 编委会

顾　问：石晓冬、吴志强、廖正昕

主　编：张晓东、张铁军、何莲娜、陈　猛

副主编：胡腾云、吴兰若、王海洋、孙道胜、崔　喆、刘郑伟

编　委：孙钰泉、党　艺、许丹丹、王　良、韩雪华、梁　弘、

　　　　鞠秋雯、薛皓硕、吴丹婷、李慧轩、张　敏、顾重泰、

　　　　郭冬雪、刘　博、张　蒙、黄明睿、绳　彤、王雪梅、

　　　　夏泽涵、刘续天娟、欧阳礼彬、李　玲、王新雨、

　　　　曹　旭、刁丽萍、谢　宇

# 序言

昔者《周礼·考工记》立城制，今朝数智规划启新篇。当此数智化浪潮席卷全球之际，"城垣杯"规划决策支持模型设计大赛历经八载耕耘，已蔚然成为国土空间规划之智识渊薮。当前数字中国战略与城市生命体理论相互激荡，我们正见证一场规划范式的"静默革命"——从"经验驱动"到"数据共生"，从"静态蓝图"到"动态推演"。而"城垣杯"大赛，正是这场变革最鲜活的注脚。

本届参赛作品，充分彰显了青年学者们心系家国、扎根民生的学术情怀与学术张力。一方面，紧扣国家战略命题，以科学发展的战略高度，既评估都市圈协同创新产业集群的发展绩效，又为乡村旅游振兴、低效用地更新出谋划策，助力国家战略落地生根；另一方面，深耕民生痛点场景，以脚踏实地的人本视角，聚焦数字生活圈营造、设施布局优化、城市韧性提升与环境改善等全民福祉，同时关注老年人群、流动摊贩、就业时间贫困等特定群体的痛点问题，致力于城市末梢的精细治理。参赛团队积极拥抱人工智能与海量大数据带来的机遇，探索道器相融的创新路径：或结合大数据挖掘优化多智能体出行模拟方法，或基于人工智能生成内容新兴技术革新规划设计工具，或引入物理学理论建模城市系统演化机制。这些创新实践，不仅展现了国土空间规划与数字科技的深度融合，更体现了大赛主办方在赛道设置上的深思熟虑与精心布局。

作为大赛执行主席，有幸见证了大赛八年来的成长与蜕变。大赛组委会始终以专注精神搭建学术舞台，用开放胸怀培育创新生态。从赛制革新到技术赋能，从多学科评委矩阵的构建到产学研用转化通道的开拓，处处可见组织者严谨细致的治学态度。正是这份对学术初心的坚守，使得"城垣杯"始终焕发着与时代共生长的生命力。

值此付梓之际，我要对所有支持和关注"城垣杯"大赛的朋友们表示最衷心的感谢。期待"城垣杯"大赛继续蓬勃发展，激励更多创新思维的碰撞与实践。愿每一位选手都能在未来的工作和学习中，以创新为翼，以实践为基，为祖国的国土空间规划数智化事业贡献更多智慧和力量。

北京大学地球与空间科学学院教授，国际欧亚科学院院士

2024年11月

# 前言

在城市全域数字化转型和智慧国土空间规划体系建设的双重背景下，运用大数据、云计算、人工智能等前沿技术推动城市规划、建设、管理、运营全生命周期智慧化，研发国土空间信息模型、国土空间规划专业模型等智能模型推进国土空间治理走向"可感知、能学习、善治理、自适应"，既是近年来规划行业面临的挑战性议题，也是构建未来城市竞争优势的重要举措。

"城垣杯·规划决策支持模型设计大赛"因此应运而生，旨在利用数字科技赋能规划创新，推动规划决策支持模型研发与应用。自2017年起大赛已成功举办八届，八年来大赛议题与时偕行、组织形式日臻完善、参赛规模持续扩大、学科交叉力度日益提升，有效促进产学研合作产出，已成为全国乃至全球范围内规划决策量化领域合作创新的重要平台，是一场业内瞩目和认可的年度盛事。

《城垣杯·规划决策支持模型设计大赛获奖作品集2024》（以下简称《作品集》）收录了第八届大赛评选出的19项获奖作品，以飨读者。这些作品涵盖"面向生态文明的国土空间治理""面向高质量发展的城市治理"两大主题，展示了生活圈优化、城市更新、城市体检、智慧城市设计、都市圈协同发展等领域创新模型的构建技术和决策分析方法，也展示了经典模型理论方法的再创新和人工智能技术的新应用。这些作品展现出规划决策支持模型在解决城市问题、优化资源配置、提高规划效率等方面的重要作用，以及进一步发展规划、运行和治理智能中枢的巨大潜力。

我们深感荣幸能够见证并记录这些优秀作品的诞生。希望该作品集能够为城市规划师、城市治理者、相关专家学者以及所有对城市规划决策模型感兴趣的人士提供借鉴与参考，激发更多创新思维和实践探索。期待未来更多专业或学术团队参与到规划决策支持模型的设计和实践中来，共同推动国土空间规划创新发展，为建设更加和谐、可持续、智慧化的城市环境贡献力量。

编委会
2024年10月

# PREFACE

In the dual context of the comprehensive digital transformation of cities and the construction of a smart national territorial spatial planning system, leveraging cutting-edge technologies such as big data, cloud computing, and artificial intelligence to promote the intelligentization of the entire lifecycle of urban planning, construction, management, and operation, and developing intelligent models such as national territorial spatial information models and professional models for territorial spatial planning to advance territorial spatial governance towards perceptiveness, learnability, good governance, and adaptability, is not only an important measure to build the competitive advantage of future cities but also a challenging topic faced by the planning industry in recent years.

The Planning Decision Support Model Design Competition (Chengyuan Cup) was thus born, aiming to empower planning innovation with digital technology and promote the research and development and application of planning decision models. Since its inception in 2017, the competition has been successfully held for eight editions. Over the past eight years, the competition's topics have kept pace with the times, the organizational form has been refined, the scale of participation has continued to expand, and the intensity of interdisciplinary integration has been increasingly enhanced, effectively promoting the output of industry-academia-research cooperation. It has become an important platform for collaborative innovation in the field of quantitative planning decision-making nationwide and globally, and an annual event that has attracted attention and recognition within the industry.

*Chengyuan Cup · The Planning Decision Support Model Design Compilation* 2024 includes 19 award-winning works selected from the eighth competition for the readers' enjoyment. These works cover two major themes: Territorial Spatial Governance Oriented Towards Ecological Civilization and Urban Governance Oriented Towards High-Quality Development. They demonstrate the construction technology and decision analysis methods of innovative models in the fields of life circle optimization, urban renewal, urban health check, smart city design, and metropolitan area coordinated development, as well as the re-innovation of classical model theories and methods and new applications of artificial intelligence technology. These works showcase the important role of planning decision models in solving urban problems, optimizing resource allocation, and improving planning efficiency, as well as their great potential in further developing intelligent hubs for planning, operation, and governance.

We are deeply honored to witness and document the birth of these outstanding works. We hope that this collection can provide reference and inspiration for urban planners, urban managers, relevant experts and scholars, and all those interested in urban planning decision-making models, stimulating more innovative thinking and practical exploration. We look forward to more professional or academic teams participating in the design and practice of planning decision support models in the future, jointly promoting the innovative development of territorial spatial planning, and contributing to the construction of a more harmonious, sustainable, and intelligent urban environment.

Editorial Board<br>
October 2024

# 目录

序言 ······ V

前言 ······ VII

PREFACE ······ IX

## 第八届 获奖作品

基于时空演化和因果推断的活动模型（ABM）研究 ······ 3

AIGC赋能社区更新：融入规划专业知识的扩散模型 ······ 20

基于图神经网络的OHCA风险预测和AED设施优化配置研究——以深圳市宝安区为例 ······ 42

即时配送塑造的数字生活圈：基于复杂网络和图深度学习的即时配送动态结构挖掘与需求预测模型 ······ 57

基于行为分析框架的城市公园绿地布局研究 ······ 77

就业型时间贫困人群的智能识别及生活服务设施优化研究 ······ 92

多类型轨交站域建成环境对共享单车接驳影响评估模型 ······ 109

涨落耗散定理下的城市演化研究 ······ 123

街道更新后更友好了吗？基于多时序数据的街道建成环境对老年人步行意愿的影响及优化模型 ······ 138

城市老年群体的热暴露风险识别及绿地系统规划应对 ······ 162

基于街景图像与社交媒体数据的摊贩时空分布特征及影响因素研究——以广州市中心城区为例 ······ 179

基于多源数据的乡村旅游地吸引力评价模型 ······ 203

基于多源时空大数据的创新型产业集群评估与优化模型 ······ 219

城市更新背景下建筑物区域声环境改善关键空间识别 ······ 252

基于属性级情感分析模型的公园文化服务感知特征研究 ······ 270

基于共享社会经济路径的城市内涝时空动态风险预测模型 ······ 290

城市社区的高温脆弱性空间识别与韧性提升研究 ······ 311

基于政策网络分析的都市圈规划绩效评估验证模型 ······ 330

多主体协同：基于大型语言模型的城市低效用地更新策略 ······ 351

## 专家采访

张其锟：扩展新技术在城市规划中的应用 ········································································ 373

迈克尔·巴蒂（Michael Batty）：新技术引领下的城市量化研究与可持续发展未来 ········· 376

段进：城市空间规划的基础理论与前沿视角 ································································· 379

钮心毅：生成式AI赋能城市规划——基础理论、前沿视角与教育改革······························· 381

## 选手采访

史宜、吴玥玥等：创新需求识别模型，推动智慧适老建设 ················································· 387

"智城至慧"团队：重视人文关怀，聚焦互动视角，助推韧性城市建设 ································ 390

## 影像记忆

颁奖仪式 ······································································································································· 395

全体合影 ······································································································································· 397

选手精彩瞬间 ······························································································································ 398

专家讨论及会场花絮 ················································································································· 400

附录 ············································································································································· 402

后记 ············································································································································· 404

POSTSCRIPT ···························································································································· 405

第八届
获奖作品

# 基于时空演化和因果推断的活动模型（ABM）研究

**工 作 单 位：** 广州市交通规划研究院有限公司
**报 名 主 题：** 面向高质量发展的城市治理
**研 究 议 题：** 城市行为空间与生活圈优化
**技术关键词：** 城市系统仿真、时空行为分析、智能体模型
**参 赛 选 手：** 陈先龙、顾宇忻、李彩霞、沈文韬、张薇、林晓生、欧阳剑、吴恩泽、郑贵兵、陈丹洁
**指 导 老 师：** 陈小鸿、马小毅
**团 队 简 介：** 参赛团队来自广州市交通规划研究院有限公司"科技创新中心+信息模型所"联合组建的"数据驱动交通模型开发小组"。团队致力于新数据条件下的交通模型理论创新和工程实践，主要研究兴趣包括：国土空间规划和交通规划协同量化研究、基于LBS数据的出行行为研究、交通模型与交通仿真、智能体模型技术开发与应用，以及人口发展预测等。

## 一、研究问题

### 1. 研究背景及目的意义

基于活动的交通模型（Activity-based model，简称ABM）自20世纪70年代由Hägerstrand提出，经过近50年的发展正逐步从最佳理论（State-of-the-Art）走向最佳实践（State-of-the-Practice）。目前，美国已经有30多个城市开展了ABM模型应用，国内上海、广州等城市也开展了实验研究。ABM在一定程度上弥补了传统四阶段交通需求模型各阶段不一致、对个体行为解析不足等缺陷，对改善出行行为研究起到了积极作用，但一些问题依然存在。首先，各特征年互相独立。从现状到未来，ABM模型的各个特征年是独立的，好比每一个特征年是一次重新洗牌，然而现实中城市的发展却是渐进的、可以追溯的。其次，对出行活动的解释为数学优化而非因果推断。ABM和四阶段模型都是基于特征种子对城市出行活动的还原，且求解方法是一致的，主要依赖数学优化。数学优化求解结果是否能够反映现实，实证表明效果差强人意。再次，现有ABM计算时间普遍很长，动辄数十小时、数天，乃至更长，MATSim甚至采用比例缩放的方法来解决计算效率的问题，但这仍然难以满足快速反应的需要。

大数据带来了新的可能。随着手机信令、互联网时空位置数据的普及，当前交通模型开发的数据基础已经发生了非常大的变化，数据条件在一定程度上已经处于世界领先水平。丰富的大数据资源一方面让模型师能够为交通模型的标定和检验提供新的途径，另一方面提供了一个更加逼近城市活动真相的"准上帝视角"——更加可信的城市现状。通过大数据挖掘能够较为容易地获得职住关系OD矩阵，而职住关系OD矩阵则决定了城市通勤

活动OD矩阵，二者之间是因果关系。如能利用职住OD代替传统ABM模型中的工作地选择模型，则避免了大规模计算，既节省计算时间也提升了精度。同时，结合调查及长周期数据积累也能够揭示城市人口的居住地和工作地的变迁规律，进而形成基于城市现状的职住分布时空推演。为此，本文将尝试建立新数据源条件下能够更加适配存量城市发展阶段的"基于时空演化和因果推断的活动模型（ABM）结构"，提升ABM的适用性和可解释性。

### 2. 研究目标及拟解决的问题

本文以大数据和传统调查数据为基础，以出行者个体活动时空位置属性为支点，以提升交通规划模型的精度和效率为根本目标，力图对相关的关键技术进行研究，一方面强化对特征参数的解析，提升输入数据的可靠性；另一方面拟建立既能快速响应又有较高精度的可实施交通规划模型框架，核心工作包括以下两个方面：

（1）建立能够解决各特征年人口的居住地和工作地"时空双独立"问题，适应当前计划生育政策变化影响的广义人口预测模型

针对传统交通模型中人口与岗位互相独立且不同特征年相同个体职住属性相互独立的"时空双独立"问题，研究利用长周期时空位置数据挖掘所得的职住OD矩阵，建立基于个体的职住空间联系，并结合人口变化和迁徙特征，对未来人口进行预测，进而实现人口发展在时间和空间上的延续，并体现预测年对现状年的继承，进而对通勤活动因果推断建立条件。建立考虑计划生育政策影响的生命周期模型，模拟生育意愿变化的影响，并为出行需求预测提供更加准确的数据基础。

（2）探索利用广义人口预测模型所得的人口属性建立能够更加体现出行需求因果解释能力的交通模型框架，并实现对出行活动的因果推断及各特征年的时空演化

探索在出行需求建模中引入出行者居住地、工作地/学校、日常生活出行驻点等人口属性的建模方法，一方面考虑对既有交通规划模型方法优化的可能性，另一方面尝试建立新的交通规划模型框架。通过人口属性的引入，增强出行需求建模的因果推断能力。同时，基于人口属性的变迁实现交通对预测的时空推演。

## 二、研究方法

### 1. 研究方法及理论依据

一般而言，ABM模型框架（图2-1），表示某一预测特征年，这也说明ABM模型各预测特征年之间互相独立。人口合成模块（population synthesis）是基于家庭种子的家庭和个人属性，以及人口普查单元的特征数据作为约束条件，运用IPU等算法模型模拟得到基于分析单元的全部家庭和个人信息表。首先，根据该方法各预测特征年的人口互相独立，不能实现时间和空间上的延续。其次，对于未来年预测采用户结构特征作为约束条件，难以响应中国当前计划生育政策及生育意愿变化对家庭结构的影响。长周期选择模块（long term choices）则是基于效用的工作地/就学地选址模型，为从业人口和学生指定工作地或学校位置，以此建立通勤基点之间的联系。从结果来说其本质是基于当前特征调查标定所得参数，用某一时刻的特征去还原所有的历史积累难免牵强。实证研究表明通常该方法所得职住OD矩阵与真实职住OD矩阵相差较大，在职住OD矩阵精度有限的前提下去强调通勤OD的准确性无疑是一种奢望。因此既有ABM模型框架具有优化的空间。

虽然图2-1所示的模型结果存在一些问题，但从对出行活动的解释而言，该结构的逻辑是比较合理的。当前，数据条件发生了很大改变，且大数据处理技术方法日趋成熟，为ABM模型开发带来了新的机遇。本文将围绕上述问题探讨在新数据源背景下完善的可能性，提出考虑就业地的扩展人口合成模型，并结合职

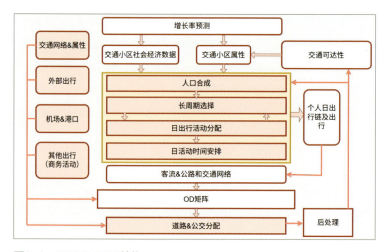

图2-1 SCAG ABM结构

住变迁意愿调查及个人（家庭）生命周期模型开展人口时空推演预测，建立包含个人职住空间信息的逐年特征数据库，支持更具可解释性的出行行为建模研究。

## 2. 技术路线及关键技术

结合研究内容和数据条件，本文主要包括基于职住OD矩阵和学区划分的扩展人口合成模型、基于生命周期和搬迁意愿的时空推演人口预测模型，以及基于出行基因的因果推断活动模拟器（causal inference activity-based model simulator，简称CIABM）共三个核心模块，总体技术路线见图2-2。

（1）基于职住OD矩阵和学区划分的扩展人口合成模型

利用家庭和个人种子信息，将结合人口普查、经济普查、手机信令和移动互联网等融合得到的人口规模、年龄结构、家庭结构和就业特征等指标作为约束条件，进行人口合成仿真研究，得到以交通小区为单元的所有家庭信息库（人口数量、代际关系、工作人口、学生数和车辆拥有等）和个人信息库（年龄、性别、职业和婚姻状况等），并以此为基础基于移动时间窗判别家庭成员关系，进而推断生育状况和生育年龄等信息。以职住OD矩阵作为约束条件，采用无放回概率抽样模型模拟预测各交通小区的所有工作人口的工作岗位交通小区，使得以交通小区为统计单元的职住OD矩阵和实际一致。基于学区划分和小升初对应关系，对中小学生的学校进行指派，完成中小学生的通学选择。最终形成以交通小区为统计单元的各个家庭及其成员信息完整属性数据库。

（2）基于生命周期和搬迁意愿的时空推演人口预测模型

基于扩展人口合成模型所得的家庭和个人信息开展逐年的婚

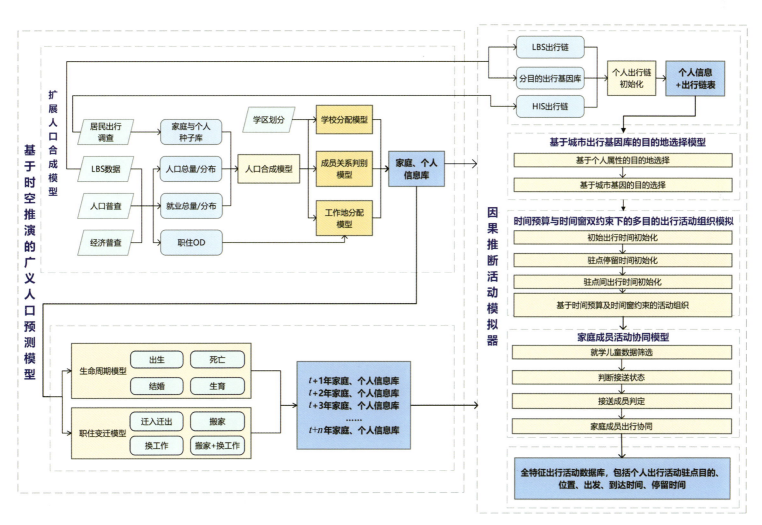

图2-2 技术路线

姻、生育、死亡等生命周期模拟。以空置户的数量作为容量，结合迁入迁出、搬家意愿调查特征对人口的居住地变化进行模拟。以可达性指标作为约束条件，基于换工作意愿调查和可获得岗位类型分布对工作人口的工作地进行模拟。最终得到逐年各交通小区所有家庭和个人完整属性数据库，实现人口及其属性在时间和空间上的继承和延续。

（3）基于出行基因的因果推断活动模拟器

以扩展人口合成模型和时空推演人口预测模型的结果为基础，研究使用基于出行调查和基于LBS数据挖掘所得的一日出行链作为个人活动特征基因；以人的居住地和工作地/学校作为通勤/通学基因；以区域时间、空间相似的目的地作为群体活动基因等。进而建立以个体基因、群体基因组成的城市出行基因库，并以此为基础开发具备高可解释性的因果推断活动模拟器。

## 三、数据说明

### 1. 数据内容及类型

本次研究所采用的数据主要包括第七次全国人口普查数据、第四次全国经济普查数据、第三次居民出行调查数据、2019—2023年广东省中国移动手机信令数据、2022—2023年百度慧眼洞察数据、搬迁意愿调查数据、生育率特征数据、初婚年龄及结婚对象年龄对照特征数据、死亡率数据等。

（1）人口普查数据

人口普查数据提供基于社区的人口数量、百岁图、性别、婚姻、教育程度、户别、户规模、住房类型、住房面积、住房房间数、住房年代、住房来源、月租房费用、拥有全部家用汽车总价、60周岁及以上居住状况、60周岁及以上身体健康状况等，用于支持人口合成模型。

（2）经济普查数据

经济普查主要包括基于社区统计的分行业岗位，共99类，用于分析就业岗位规模。

（3）居民出行调查数据

居民出行调查数据首先用于进行出行活动分析和出行链构造，其次基于居民出行调查获得的家庭信息和个人信息可以作为人口合成模型的种子。

（4）手机信令数据

手机信令数据主要用于人口就业分布、职住OD及城市出行活动特征研究，同时以此为基础形成出行链特征库，并与其他数据融合生成城市出行活动基因库。

（5）百度慧眼洞察数据

百度慧眼洞察数据主要包括人口就业分布、职住OD和通勤OD等，为数据融合提供了一个新的渠道。

（6）搬迁意愿调查数据

对不同类型的人群的搬家意愿、换工作意愿，以及住房类型的选择意愿进行调查，为建立时空推演提供了特征参数。

（7）生命周期相关特征数据

初婚年龄、结婚对象选择、生育率、死亡率等生命周期相关特征参数为逐年开展人口演化研究提供了基础。

### 2. 数据预处理技术与成果

（1）基于出行者活动稳定性的出行链特征库构建

根据出行者活动驻点和活动规律特征，将活动目的地分为稳定出行（居住地H、工作地W和生活出行目的地L）和偶然出行（其他目的地O），共4种类型（图3-1）。根据广州市2017年居民出行调查和手机信令数据分别构造出行链特征库，排名前30的出行链分别如表3-1和表3-2所示。

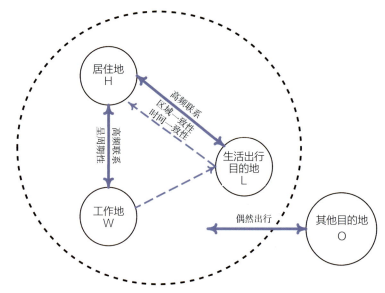

图3-1 基于手机定位数据与城市活动目的特征驻点判别逻辑

基于居民出行调查数据的出行目的链（排名前30） 表3-1

| 排名 | 出行链 | 排名 | 出行链 | 排名 | 出行链 |
|---|---|---|---|---|---|
| 1 | HWH | 11 | HLHOH | 21 | HLHWH |
| 2 | HOH | 12 | HWHOH | 22 | HSOH |
| 3 | HLH | 13 | HOLHOH | 23 | HOHWH |
| 4 | HSH | 14 | HOWH | 24 | HO |
| 5 | HWHWH | 15 | HWOWH | 25 | WHW |
| 6 | HOLH | 16 | HOWOH | 26 | HOHOHOH |
| 7 | HWOH | 17 | HOHLH | 27 | HWHWLH |
| 8 | HOHOH | 18 | HLOH | 28 | HSHOH |
| 9 | HSHSH | 19 | HWHLH | 29 | HLWH |
| 10 | HWLH | 20 | HLHLH | 30 | HWHWHOH |

手机信令数据原始出行链（排名前30） 表3-2

| 排名 | 出行链 | 排名 | 出行链 | 排名 | 出行链 |
|---|---|---|---|---|---|
| 1 | HWH | 11 | HOLH | 21 | HWHOH |
| 2 | HLHLH | 12 | HLHOH | 22 | HOWH |
| 3 | HWOWH | 13 | WHW | 23 | HOHLH |
| 4 | HLH | 14 | HWLH | 24 | HWHWHWH |
| 5 | HWHWH | 15 | HLWHWH | 25 | HOLHLH |
| 6 | HWOH | 16 | HWLHWH | 26 | OHWH |
| 7 | HLHWH | 17 | HLWH | 27 | HLOWH |
| 8 | HOH | 18 | HLWHLH | 28 | OHOH |
| 9 | HWHLH | 19 | HWLHLH | 29 | WHOHW |
| 10 | OHLH | 20 | HWOLH | 30 | HLWLHLH |

（2）换工作意愿

从换工作意愿来看（图3-2），本岗位工作时间越短意愿越强，3年岗工作人口换工作意愿较强，而随着同岗位连续工作时间增长工作意愿也越稳定。工作10~20年有换工作意愿的人口为

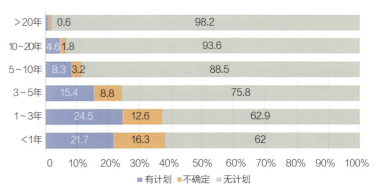

图3-2 不同工作阶段换工作意愿

4.6%，而20年以上为1.2%，具有高度的稳定性。在同岗位工作1~3年的从业人口更换工作意愿最强，约占1/4。研判其原因，一是通过一定时间的工作完成了积累，希望通过改变平台来获得提升；二是一段时间的工作也让从业人员了解了这份工作是否适合自己。

（3）人口迁移居住地选择偏好

根据住房的使用成熟度、配套学校分类、是否新房、地铁服务和房价等特征，对住房指标进行量化，并结合人群选择意愿调查结果开展住房选择模型研究。经对264个单身人口、103个新婚夫妻、147个新手父母和239个完全家庭（2代人均为成年人或3代人家庭）样本调查，将无偏好、一般和有偏好分别转化为1、3、5分值进行量化分析，最后得到不同类型人口偏好矩阵如表3-3所示。以4分为界，单身人口呈现对地铁和低房价的偏好；新婚夫妻则呈现对社区成熟度、教育和地铁偏好；新手父母呈现对教育资源独有的偏好；完全家庭则对社区成熟度有较高的要求。各类人口的偏好组成如图3-3所示。

人群选择偏好矩阵赋值 表3-3

|  | 成熟度偏好 | 教育偏好 | 新房偏好 | 地铁偏好 | 低房价偏好 |
|---|---|---|---|---|---|
| 单身 | 3.61 | 2.16 | 3.31 | 4.09 | 4.63 |
| 新婚夫妻 | 4.27 | 4.02 | 3.86 | 4.13 | 3.49 |
| 新手父母 | 3.50 | 4.53 | 3.23 | 3.52 | 3.62 |
| 完全家庭 | 4.01 | 3.98 | 3.68 | 3.78 | 2.67 |

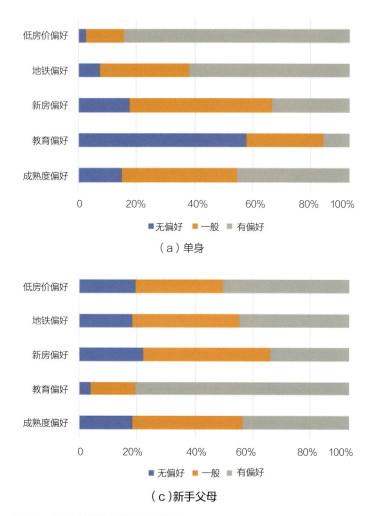

（a）单身

（c）新手父母

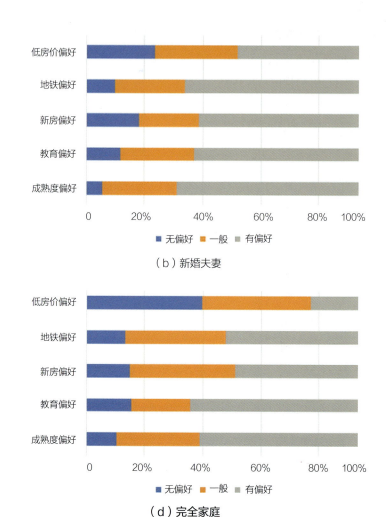

（b）新婚夫妻

（d）完全家庭

图3-3　不同人群住房选择意愿偏好

## 四、模型算法

### 1. 扩展人口合成模型

（1）模型结构

扩展的人口合成模型以基于人口普查、时空位置数据融合的总体数据作为约束条件，结合居民出行调查和人口普查长表数据所得的家庭与个人种子属性，基于改进IPU算法进行人口仿真，获得以交通小区为统计单元的家庭和个人属性特征数据库。扩展的人口合成模型结构如图4-1所示。

模型计算过程如下：

①将家庭和个人信息样本数据作为算法输入样本，以结合人口普查、经济普查、LBS数据等融合所得到的人口总量及分布特征作为约束条件，采用基于迭代比例更新模型IPU（iterative

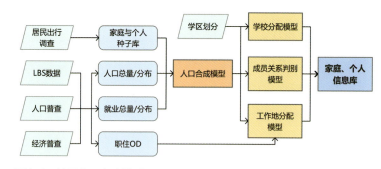

图4-1　扩展人口合成模型

proportional updating）的人口合成模型模拟生成全量家庭信息及人口信息。

②根据家庭成员年龄差、性别等因素采用移动时间窗初始化家庭关系，包括夫妻关系、代际关系等；根据个体年龄、性别职

业更新个人生活状态，包括就学、工作、退休、待业等。

③利用基于手机信令数据获得的扩样后的城市OD矩阵，通过无返回随机抽样的方法来建立就业人口和岗位之间的关系。

④根据学区划分建立学校和学生之间的联系，获得每个学生的就学地，根据出行距离矩阵及不同就学距离下学生住校概率分布字典，采用概率抽样的方式选择就学人口的就学地及就学状态（走读/住校）。

⑤最终建立包含家庭信息、个人信息、工作人口工作地信息及学生的学校信息的人口特征库。

（2）关键算法：IPU

模型使用的IPU算法的目标函数是使得扩样结果与约束条件的差异最小，数据表达式如下：

$$\text{Minimize} \sum_j \left[ \left( \sum_i d_{i,j} w_i - c_j \right) / c_j \right]^2, \ w_i \geq 0 \quad (4-1)$$

式中：$i$——样本属性层；

$j$——样本属性子类；

$d_{i,j}$——属性的类样本个数；

$w_i$——扩样系数；

$c_j$——$j$属性样本的总体目标规模约束条件。

加权扩样结果和与相应约束之间的相对差的绝对值可用作拟合优度度量，定义如下：

$$\delta_j = \frac{|d_{i,j} - c_j|}{c_j} \quad (4-2)$$

变量定义同式（4-1），当前后两次迭代的结果小于设定的误差允许值时认为模型收敛，并停止迭代。

（3）关键算法：基于无放回抽样的工作人口就业地选择模型

工作人口就业地选择，实现过程如下：

①根据职住OD矩阵，确定小区$i$的居住人口$n$，并依次进行编号。

②根据职住OD矩阵在$k$小区的就业岗位数量$m$生成对应数量的交通小区编号子列表$lk=\{k, k, \cdots, k\}$，列表中包含$m$个$k$。

③将所有$lk$合并得到所有人口的就业地交通小区编号列表$L$。

④遍历所有就业人口，根据就业人口的居住地信息，依次在交通小区编号列表$L$中进行无放回抽样，获取就业人口工作地点信息。

如交通小区1的工作人口有10人，其中3人在本交通小区就业，5人在2号交通小区就业，2人在3号交通小区就业，按照上述过程，首先建立所有工作人口的就业地交通小区列表$L=\{1, 1, 1, 2, 2, 2, 2, 2, 3, 3\}$，再进行十次无放回抽样，并将所得元素依次赋值给所有工作人口，最终获得每个人的居住地和工作地信息列表。

## 2. 基于时空推演的广义人口预测模型

（1）模型框架

基于时空推演的广义人口预测模型框架（图4-2）在高质量基础年扩展人合成模型的基础上，对出生、死亡、结婚、生育等生命周期活动进行模拟，并结合迁入迁出、搬家、换工作等特征调查对职住变迁意愿进行仿真计算，进而得到每一个家庭、人口全分析周期可追溯的时空变化轨迹。

图4-2 基于时空推演的广义人口预测模型框架

（2）关键算法：生命周期模型

模型收集研究区域内生命周期的历史出生率、死亡率、结婚率、离婚率，对数据进行清洗和预处理后，结合计划生育政策实施效果预期、医疗水平、经济发展水平、老龄化趋势，并参考同类型范围的生育率现状及变化趋势，将出生率、死亡率、结婚率、离婚率做谨慎乐观、基本乐观、中乐观和乐观四种情形预测模拟，获取现在至未来每年生育期女性不同年龄阶段一胎、二胎、三胎及以上生育率，不同年龄段人口的死亡率、不同年龄段未婚人口的结婚率、已婚人口的离婚率等。充分考虑外部环境和内部因素对人口动态的影响，使得预测结果更加贴近实际。

模型以上一年人口全量个人信息作为输入条件，通过对家庭数据集的遍历，模拟了家庭成员的年龄增长过程，实现了对人口动态变化的动态模拟。具体包括死亡过程模拟、生育过程模拟和婚姻关系模拟。

（3）关键算法：基于意愿调查的智能体搬迁模型

基于居住地和工作地搬迁特征调查数据，建立基于概率抽样的居住地选择模型和工作地选择模型，追踪人口居住地和工作地的空间位置变迁，最终实现对职住空间关系的变迁预测。

1）居住地选择模型如下：

①将获取到居民出行调查数据的家庭类型、住房类型进行分类，家庭类型主要包括单身、新婚夫妻、新手父母、完全家庭，住房类型主要包括自有住房、租（借）房屋、雇主提供和其他四类。

②统计不同类型家庭住房选择意愿偏好，并进行量化，包括社区成熟度、教育资源等级、新房资源、地铁覆盖、房价。

③对于家庭工作人口考虑出行者通勤时间，对于综合偏好乘以通勤时间惩罚系数，通勤惩罚系数以幸福通勤45min作为临界值，30~45min作为基本情形取值为1，以0.25间隔渐变。

④综合以上步骤获取的结果采用概率抽样分配居住交通小区，各居住交通小区的抽样概率为：

$$P_{i,k} = \frac{P_{m,i} \times (P_{com,i} \times f_{com,k} + P_{edu,i} \times f_{edu,k} + P_{newh,i} \times f_{newh,k} + P_{metro,i} \times f_{metro,k} + P_{hprice,i} \times f_{hprice,k}) \times (H_i > 0)}{\sum_{j=1}^{n} P_{m,j} \times (P_{com,j} \times f_{com,k} + P_{edu,j} \times f_{edu,k} + P_{newh,j} \times f_{newh,k} + P_{metro,j} \times f_{metro} + P_{hprice,j} \times f_{hprice,k}) \times (H_j > 0)}$$

（4-3）

式中：$P_{i,k}$ 为 $k$ 类人群选择 $i$ 交通小区居住的概率；

$P_{m,i}$、$P_{com,i}$、$P_{edu,i}$、$P_{newh,i}$、$P_{metro,i}$、$P_{hprice,i}$，分别为 $i$ 交通小区的通勤惩罚系数、成熟度、教育、新房、地铁和房价指数；

$P_{m,j}$、$P_{com,j}$、$P_{edu,j}$、$P_{newh,j}$、$P_{metro,j}$、$P_{hprice,j}$，分别为 $j$ 交通小区的通勤惩罚系数、成熟度、教育、新房、地铁和房价指数；

$f_{com,k}$、$f_{edu,k}$、$f_{newh,k}$、$f_{metro,k}$、$f_{hprice,k}$ 分别为 $k$ 类人群对成熟度、教育、新房、地铁和房价偏好指数；

$H_i$、$H_j$ 分别为 $i$、$j$ 交通小区的空余住房数；

$i$、$j$ 分别为交通小区编号；

$k$ 为人群分类；

$n$ 为交通小区总数。

2）工作地选择模型如下：

①数据收集：通过问卷调查收集不同年龄、不同住宅类型工作人口群体换工作的意愿。

②统计不同年龄、不同住宅类型群体对于就业机会、通勤时间、交通便利性、工资水平、行业分布的意愿及偏好，并进行量化。

③对于工作人口考虑出行者通勤时间，对于工作地综合偏好乘以通勤时间惩罚系数，通勤惩罚系数以幸福通勤45min作为临界值，30~45min作为基本情形取值为1，以0.25间隔渐变。

④综合以上步骤获取的结果采用概率抽样分配工作交通小区。

### 3. 基于出行基因的因果推断活动模拟器

（1）模型框架

基于出行基因的因果推断活动模拟器以个人出行活动基因（包括家庭属性、个人属性、职住属性等）、群体属性（城市分目的出行活动基因库、不同人群的出行链特征库等）为基础，采用以概率抽样为核心算法，实现对个体出行活动的完整模拟，总体技术框架如图4-3所示。

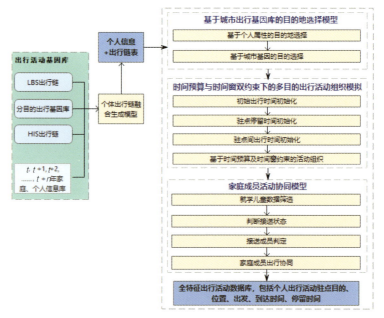

图4-3 基于出行基因的因果推断活动模拟器框架

（2）关键技术：融合位置数据和居民出行调查数据的出行链生成模型

出行目的链的生成与融合是简化活动模型中的关键工作。首先，居民出行调查数据中存在一定比例的沉默出行，且夜间出行几乎完全缺失，这也使得直接从居民出行调查中获得的出行目的链存在缺漏。而LBS数据获取的出行目的链由于使用的是模糊地址，准确度也存在问题，且LBS数据对低龄儿童难以覆盖，即不能识别就学出行。本文的研究案例中按照在总出行量占比超过0.05%作为约束条件，基于居民出行调查数据创建45条出行链，基于LBS数据中创建78条出行链。针对不同类型个体的出行活动特征，按照中小学生、大学生、工作人口、非工作活跃人口（<65岁的非工作成人）和非活跃人口（65~75岁，>75岁）进行分类，融合手机信令出行链和居民出行链。对于学生和非活跃人口，采用居民出行调查出行链作为种子库；对于工作人口和非工作活跃人口，考虑手机信令数据对活跃人口活动分析的优势，采用居民出行调查出行链和手机信令数据出行链1:1混合种子库。出行链融合模型步骤如图4-4所示。

确定。概率抽样方法对应的假设是接受城市活动的稳定性，例如某商场一天的顾客数是2万人，这个数量是相对稳定的，但具体到这2万人的来源则利用基年顾客来源空间分布进行概率抽样计算。模型输入分为早间、早高峰、平峰、晚高峰和夜间5个时段的生活出行矩阵和其他活动出行矩阵。对应的假设是同一区域同一类活动的出行目的地选择具有相似性。概率抽样模型计算流程如下：

①根据出行目的在出行分布概率矩阵中选择出发交通小区所在的行。

②以出发时间预算范围内可达为约束条件，将有该出行目的的交通小区作为目标交通小区序列，并得到概率列表子集。

③对概率列表子集进行归一化处理，得到新的概率列表。

④根据列表对目标交通小区序列中的目标交通小区编号进行概率抽样，并获得目标交通小区编号作为目的地交通小区，程序结束。

（4）关键技术：时间预算与时间窗双约束下的多目的出行活动组织模型

出行活动生成的结果是一个多目的出行活动序列，包含出行的起始时间和活动的驻留时间。个人活动组织模型中考虑以下约束机制（图4-5）：①一天只有24 h的约束，即出行目的链中的活动需要在24 h内完成，本文研究案例中进一步设置18 h为活动完成时间；②上学活动的开始时刻是完全刚性的，以确保不迟到；③非弹性工作的上班时间也存在工作时间窗限制，本文研究案例中将工作类型分为白天10 h、白天12 h、3班工作制和弹性上班四种类型，并设置工作时间窗作为约束条件；④两个活动驻点之间有在途时间约束。

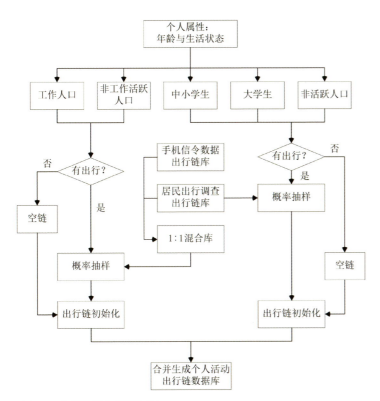

图4-4 出行链融合模型框架

（3）关键技术：基于城市出行基因库的出行驻点选择模型

与个体属性关联的活动信息，如居住地、工作地和就学地的位置信息已经在个体属性中得到确定表达，这是个体的基因。对于其他两类目的地则呈现为城市的基因，比如同住一个社区会趋同于在同一个菜市场买菜，表现群体的一致性。区域群体稳定性的生活性活动目的地和其他活动目的地则通过概率抽样方法来

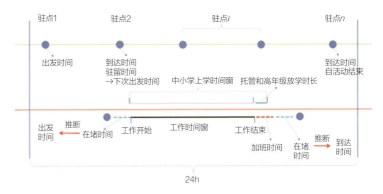

图4-5 活动计划与时间窗示意

活动时间更新过程为：

1）计算最后一次出行到达时间减去初次出行出发时间，得到总活跃时间，如果总活跃时间在18h以内则不更新活动序列，否则进入下一步。

2）进行工作出行链判断，否，进入下一步；是，判断总工作时间，如超过12h则按分段等比例折减，并更新工作时间，进入下一步。

3）若计算新总活跃时间仍大于18h，则等比例折减非工作活动逗留时间，并保持单次活动驻留时间，更新非工作驻留时间，进入下一步。

4）输出活动时间序列，流程结束。

### 4. 模型结果验证

以重力模型阻抗函数标定结果和$k$系数矩阵作为参数，结合PA矩阵和出行阻抗矩阵作为输入条件，对模型进行计算，得到基准情形、标准重力模型和带$k$系数矩阵重力模型三种方法计算得出行分布矩阵。考虑城市出行活动的特点，通勤出行在城市活动中占主导地位，高峰期占比更大，且通勤活动和职住OD矩阵直接相关，方便检验。这里以基家工作出行分析时空推演活动模型结果，并与传统模型进行比较。如图4-6和图4-7所示，尽管出行距离分布相近（图4-8），但从出行空间活动来看，基于活动模型所得基家工作出行OD矩阵和重力模型所得OD矩阵存在明显差异。

如图4-9所示，基于交通小区级上班出行OD矩阵和基于位置数据获得的职住OD矩阵呈强线性相关，且几乎没有异常值出现，这在传统交通规划模型方法（重力模型，图4-10）中是几乎不可能做到的。这也体现了时空推演活动模型继承了个体属性，对出行活动具有更好的解释性，更能体现出行活动的因果逻辑。而类似于重力模型的传统最优化模型虽然可以在出行距离分布上进行逼近，但在OD矩阵空间分布上存在一定疑问。

进一步对OD矩阵进行分析，在研究范围内部出行的318096个单元格中，基于出行者活动稳定性ABM的计算结果矩阵单元格数值大于0的数量是32255个，且均为整数，约占总单元格数的10.1%；而重力模型结果为183409个，约占单元格总数的57.7%，且其中数值小于1的单元格为131676个。图4-11为重力模型计算所得OD矩阵中单元格值大于0，且小于单元格的数值

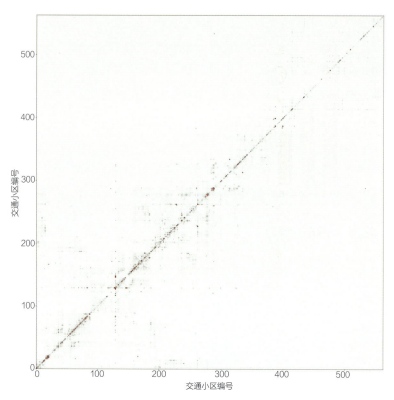

图4-6　时空推演活动模型之基家工作出行OD矩阵等高线图

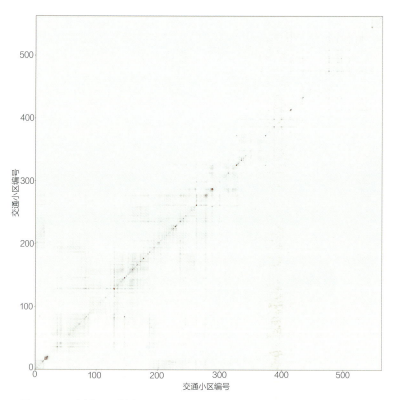

图4-7　重力模型之基家工作出行OD矩阵等高线图

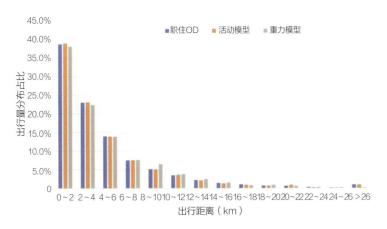

图4-8 两类模型基家工作OD矩阵与职住OD矩阵距离分布比较

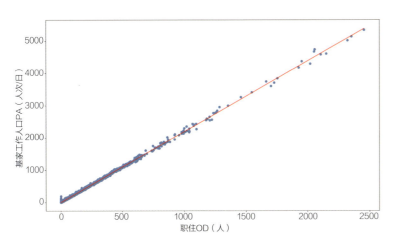

图4-9 基于出行者活动稳定性的基家工作出行PA和职住OD矩阵单元格对比

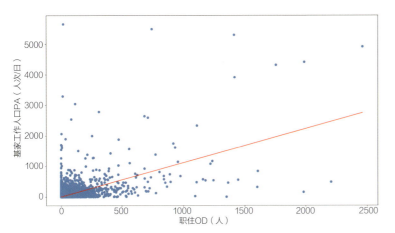

图4-10 采用重力模型的基家工作出行PA和职住OD矩阵单元格对比

分布,其中数值小于0.05的单元格数量约为6万个。

此外,重力模型所得数值大于0,且小于1的所有单元格之和为23759人次,仅占区域内部出行需求总量的3.79%。由此可

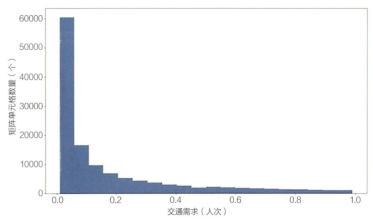

图4-11 采用重力模型计算OD对值小于1的交通需求分布

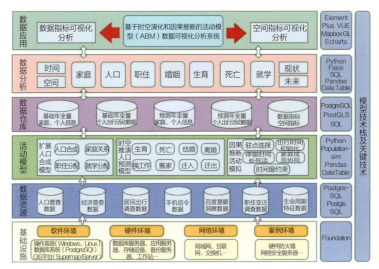

图4-12 软件系统框架

知,传统重力模型将交通需求碎片化严重。

### 5. 软件系统技术架构

广义人口时空推演模型作为一种集多源数据融合、人口预测、出行活动模拟于一体的综合性模型,其背后依赖于一系列先进的技术手段和软件工具,整体系统框架如图4-12所示。

## 五、实践案例

### 1. 人口合成与预测模型应用实证

模型以能够实现集计视角先验的现状模拟为基础,以人为载体,时空特征为媒介,以个人活动基因和城市活动基因为要素,

实现了对预测周期内考虑家庭的所有个人自身变化的模拟,并结合出行活动基因库构建了逐年的全样出行活动数据库,核心包括基于生命周期的个人发展和个人一日完全活动重构。

(1)基于全生命周期个人特征信息库

基于本研究成果,建立了全样人口数据库,包括现状的家庭信息、人口信息和职住信息,以及逐年演化数据库(图5-1),具体内容如图5-2所示。通过该数据库能够追踪每一个家庭和个人研究周期内的变迁过程,也能够统计分析不同特征年的人口演化态势(图5-3)。

(2)逐年全样日出行特征库

通过模型计算得到研究范围所有人口历年全样出行记录(图5-4),包括出发时间、到达时间、出发地点、到达地点、出行目的等内容。

(3)生育率影响研究

基于广州市当前的人口基础数据,分别按照第七次全国人口普查总和生育率1.31及理想目标总和生育率,在不考虑外部人口迁入的前提下,以2020年作为研究基准年,历经百年,广州市人口可能会跌至500万左右(图5-5)。虽然现实未必会发生,但从警示的视角有必要重视利用模拟的方法来探讨未来态势(图5-6)。当然,人口也是城市和国家的基本战略。

根据《广州市黄埔区2020年义务教育阶段学校招生工作实施细则》,共计74所小学招收384个班,35所初中招收240个班,合计入学约2.3万人。基于仿真模拟方法对人口的生命周期、迁移情况进行模拟,2030年前黄埔区中小学就学人口仍处于增长阶段,黄埔区在2030年学校资源方面的需求相比2020年将扩大一倍(图5-7)。

(4)人口时空变迁预测

本次研究拟以广州市黄埔区为研究对象,以2020年为基

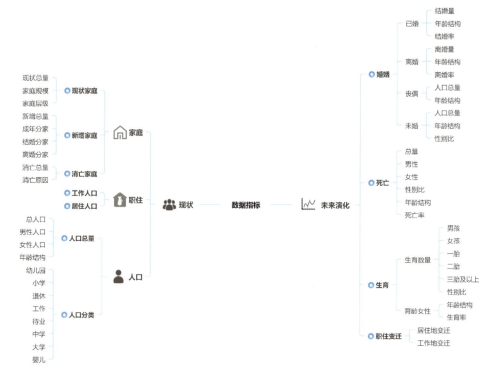

图5-2 人口数据属性树

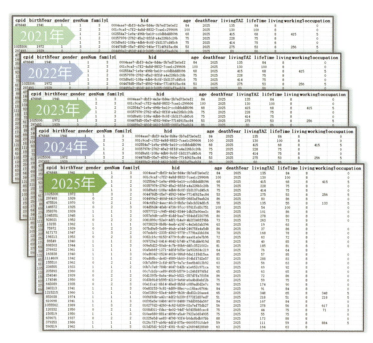

图5-1 各特征年人口特征库信息表

图5-3 不同特征年人口组成结构变化

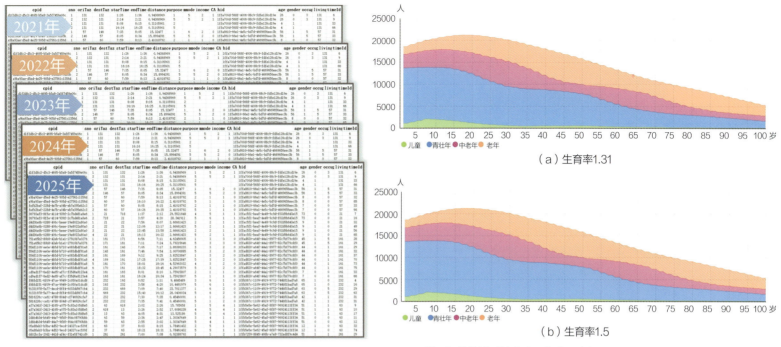

图5-4 各特征年全样人口出行信息表

图5-5 基于智能体模型的未来百年人口变迁

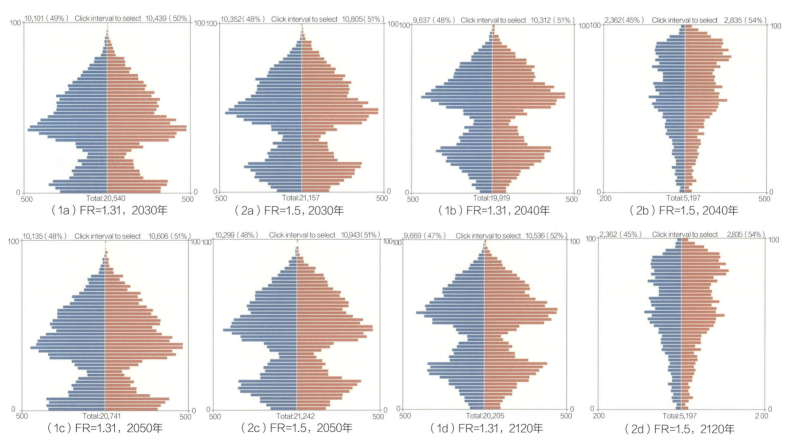

图5-6 设定生育率未来人口年龄结构（千人）

准，对2025年进行预测，然后持续测算至2050年。主要工作内容包括现状人口合成研究，获得基于交通小区的家庭和个人属性数据；并基于仿真模拟方法对人口的生命周期、迁移情况进行模拟，最终得到2050年黄埔区的人口、就业和职住联系矩阵。考虑到按现状的实际人口和组成结构，预测结果会出现人口负增长，鉴于本文研究的主要目的是验证方法的有效性，这里假定每年外部迁入人口为2万人，且新增就业人口工作在研究范围内解决。

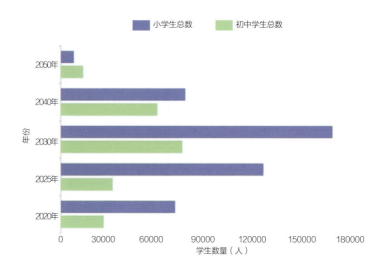

图5-7 中小学生变化情况

### 2. 出行活动推演模型应用实证

时空位置数据挖掘、居民出行调查及扩样分析和广义人口预测为建立出行者活动稳定性及城市出行活动模式提供基础。基于出行者的家庭和个人自身属性对出行活动开展需求建模，对个体而言能够更加充分地体现自身的属性；对城市而言能够更好地响应城市的出行活动模式，以增强对出行需求建模的因果推断能力。基于模型的功能设计，可以进一步从出行需求的底层逻辑——"人口"这一决定性要素来探讨未来城市交通发展态势，从运营的视角支持政府规划和运营管理决策。

（1）个人出行活动模拟

基于出行基因的因果推断的个体及群体出行活动的模拟对未来交通流量和出行需求预测提供了一种新的视角，辅助发现潜在的交通问题及风险因素，辅助未来城市发展、交通发展规划决策支持，支撑城市交通系统稳定运行及可持续发展。通过平台也可以展示每一个个体的全日活动轨迹（图5-8）。

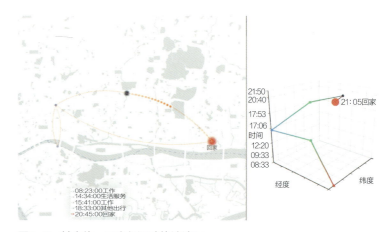

图5-8 某个体一日出行活动轨迹演示

（2）家庭出行活动模拟

个人出行安排随着时间的推移也会因家庭出行需求的变化而有一定的改变，例如工作和学校地点的选择、车辆拥有情况及个人流动性属性等因素，个人活动会协同每个家庭成员的日常活动。基于出行基因的因果推断的个体及群体出行活动的模拟对出行频率、活动目的、出行时间和出行中的站点频率等特征进行预测，协同个人与家庭的出行行为特征（图5-9）。

（3）群体出行活动分析

以集计视角先验的现状模拟为基础，以个人活动基因和城市活动基因为要素，实现了对预测周期考虑家庭的所有个人自身变化的模拟，并结合出行活动基因库构建了逐年的全样出行活动数据库。根据以上规则和条件的设定，结合相关特征数据输入，

图5-9 个人、家庭出行活动模拟

运用基于出行者活动稳定性的活动模型对459757个家庭和129936位个人进行计算，最终获得369145条出行记录数据。模型各项总体特征指标如下：

从出行目的组成来看，以非稳定其他类出行驻点为端点的活动约占17.9%，稳定驻点出行相关出行量约占82.1%，这也反映了出行者活动稳定性的特点，城市是一个稳定加随机的系统。各出行目的出行时间分布如图5-10所示，能够看出不同目的出行活动时间分布的差异，早高峰期间基家工作出行占比最大，达到25%；而晚高峰则为工作地往其他类驻点和从工作地回家占比最高，甚至工作地往其他类驻点的出行活动占比超过从工作地回家。特别是由于跨天出行的引入，使得在凌晨1点左右出现了另一个局部时段性高峰。活动模型能够响应全天24h出行活动分析的需要。

出行链的定制是本模型的关键因素。本研究通过对居民出行活动进行模拟，分析人群的出行记录，生成目的链405条，其中排名前万分之五的作为出行目的链种子，共45条，占总出行记录的98.6%，可以认为基本覆盖了样本的绝大多数。15.4万条样本种子出行目的链，涵盖工作人口样本8.2万、非工作人口5.8万和学生1.4万。去除学生和65岁以上老人样本，共计9.8万条。从基年的各项数据作为输入参数，模拟每个个体每天的出行行为，通过集计所有出行者全天的出行目的，获得各个时段的出行目的的比例。8~9时，在黄埔中心区、广州开发区及科学城萝岗中心片区，以工作为目的的出行占比最高；15时，全区以生活性出行为目的的出行占比逐步增高，具体如图5-11所示。

## 六、研究总结

### 1. 模型设计的特点

（1）总体特点

时空推演人口预测模型没有将规划目标人口规模作为输入条件，而是作为容量来考虑，一方面能够有效避免不切实际规划发展目标的误导，更加符合当前存量规划的发展态势。另一方面遵从了城市是渐进发展的惰性系统的客观规律，在实现预测的同时也可能进行回溯和复盘，更好地审视城市规划和管理决策的科学性。

因果推断活动模拟器（CIABM）是一种"集计+非集计"的模型结构。集计是对于数据的输入是以交通小区作为分析单元；非集计是指对出行活动的模拟是个体的。和传统交通模型方法不同，CIABM提供了一种基于整数解的交通需求分析结果，在物理意义上更加符合实际。

（2）创新点

本研究是大数据和传统居民出行调查支持下的交通规划模型开发路径的一次探索，既是对现有交通规划模型理论框架的完善，也是工程实践的探索。核心是提出利用人口这一出行需求的最基本要素变化来探讨城市发展演化规律，将出行需求要素前置，在一定程度上解决了出行活动建模从数学优化到因果推断的转变，并在时间和空间上得到了继承和延续，实现了时空推演，具体创新包括以下几个方面。

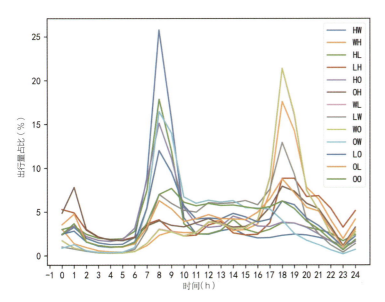

图5-10 分目的出行出发时间分布

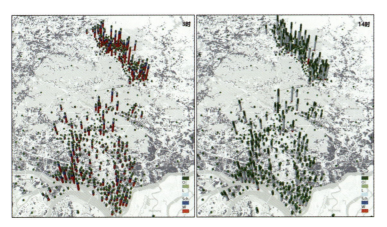

图5-11 不同时段出行目的分布变化图

①建立了基于时空推演的广义人口预测模型，解决了交通模型中人口和岗位在时间和空间"双独立"的问题，同时克服了交通模型各特征年出行需求相互独立的问题，并为人口全样预测提供了平台。

基于仿真分析方法的广义人口时空推演模型是以城市现状人口空间分布和职住联系为基础，基于居民出行调查家庭与成员的个人属性种子，利用人口普查总体数据，运用IPU人口合成模型建立完整基础年家庭和个人信息数据库，结合以出生、死亡、结婚、生育为组合的生命周期模型，与搬家、换工作和迁入迁出为组合的职住变迁模型，最终实现人口、就业及职住联系在时间和空间上的推演。新的模型能够较好地继承城市现状，并基于既有职住关系，结合居住选址变迁和换工作模型，实现从现状到未来的时空推演，并解决了出行需求建模各特征年互相独立的问题，实现了预测年对基础年的继承和延续。广义人口预测模型同时实现了对全样人口的连续模拟仿真，更好地响应生育意愿变化对人口结构变化的影响。

②建立了可移植的基于出行基因的因果推断活动模拟器，基本实现出行行为建模从数学优化到因果推断转变，并建立了与之相适应的成套关键技术。

以基于时空推演的广义人口预测模型结果和城市分目的活动特征矩阵作为输入，研究个人属性和城市活动属性作为出行活动目的地选择的基因，个人职住属性作为通勤活动的输入，以群体属性作为城市活动的输入，形成了更具可解释性的出行活动目的地推断方法，同时极大地提高了计算效率。围绕相关输入条件的建立和模型特征参数的获取建立了成套的技术方法，从而保证了模型的可行性和通用性。

③使用概率抽样代替比例因子，建立了一套基于整数解的出行活动建模方法。

模型计算使用概率抽样方法来代替比例作为乘子的实数解方法。概率抽样使得模型计算结果均为整数，物理意义更加完善，毕竟现实世界中不存在0.5个人。

## 2. 应用方向或应用前景

本研究探求出行需求预测的本源，从人口及其自身属性出发，开展全样人口预测，能够为城市人口发展预测提供更加精细的解析度。同时能够很好地响应生育意愿和生育率变化对人口发展的影响。人口问题是一个国家根本性战略问题，因此本研究具有重要的现实意义。当然，人口预测也是一个难点，龙瀛教授团队在《中国未来人口结构情景分析》中指出"人口分布的预测，缺乏人口结构的相关信息，因此不能更精确更量化地判断不同人的需求"。本研究在这方面前进了一步。

时空推演的人口预测模型作为CIABM模型输入条件，再结合城市活动基因库使得因果推断活动模拟器对出行行为模拟更具可解释性。同时职住属性的引入有效地减少了模型的计算量，提升了运行效率。CIABM模型结构作为一种ABM模型框架也具备传统ABM模型的特点，能够更好地响应多种交通影响要素变量，满足更加精细化的分析和预测需要。

值得注意的是，交通方式选择模型没有在本研究中得到体现，主要原因是无论是传统基于效用的离散选择模型，还是新兴基于机器学习的计算方法都可以嵌入本框架开展应用。同时，笔者认为也只有在出行空间分布较为准确的前提下才有开展下一步工作的意义。此外，模型主要对出行活动进行模拟，考虑效率因素，仍然建议采用商业软件开展交通分配工作。

本研究的最终愿景：搭建国产自主知识产权的开源ABM模型平台。

## 参考文献

[1] HÄGERSTRAND T. What about people in Regional Science?[J]. Urban planning international, 1970, 24（1）: 143-158.

[2] BOWMAN J L, BRADLEY M, CASTIGLIONE J. Making advanced travel forecasting models affordable through model transferability[R]. FHWA, 2013.

[3] 张天然, 朱春节, 陈先龙, 等. 高级出行需求模型的增强人口仿真研究[J]. 城市交通, 2023, 21（5）: 113-124.

[4] 陈先龙, 张华, 陈小鸿, 等. 基于时空推演的城市活动模型研究[J]. 城市交通, 2023, 21（1）: 60-68, 120.

[5] MLADENOVIC M, TRIFUNOVIC A. The shortcomings of the conventional four step travel demand forecasting process[J]. Journal of Road and Traffic Engineering, 2014, 60（1）: 5-12.

[6] 陈先龙. 基于出行者活动稳定性的交通规划模型关键技术研究[D]. 上海: 同济大学, 2023.

［7］ DKS. Shasta county AB travel model: Model development report［R］.Shasta Regional Transportation Agency, 2018.

［8］ HADI M, PENDYALA R, BHAT C, et al. Partnership to develop an integrated advanced travel demand model and a fine-grained time-sensitive network［R］.Transportation Research Board, 2013.

［9］ HORNI A, NAGEL K, AXHAUSEN K. The multi-agent transport simulation MATSim［M］. London: Ubiquity Press, 2016.

［10］付凌峰, 王楠, 田思晨. 基于互联网位置数据城市职住平衡特征研究［J］. 交通与运输, 2020, 33（S1）: 277-282.

［11］刘鹏, 林航飞. 基于手机信令数据的职住地识别方法［J］. 综合运输, 2022, 44（5）: 14-17.

［12］毛峰. 基于多源轨迹数据挖掘的居民通勤行为与城市职住空间特征研究［D］. 上海: 华东师范大学, 2015.

［13］张天然. 基于手机信令数据的上海市域职住空间分析［J］. 城市交通, 2016, 14（1）: 15-23.

［14］FAROOQ B, BIERLAIRE M, HURTUBIA R, et al. Simulation based population synthesis［J］. Transportation Research Part B: Methodological, 2013, 58: 243-263.

［15］广州市交通规划研究院, 广州市交通运输研究所. 广州市新一轮交通综合交通调查总报告［R］. 广州: 广州市交通运输委员会, 2018.

［16］陈小鸿, 陈先龙, 李彩霞, 等. 基于手机信令数据的居民出行调查扩样模型［J］. 同济大学学报（自然科学版）, 2021, 49（1）: 86-96.

［17］龙瀛, 王新宇, 李文越. 中国未来人口结构情景分析［R］. 北京: 清华大学建筑学院, 2023.

# AIGC赋能社区更新：融入规划专业知识的扩散模型

**工 作 单 位**：同济大学建筑与城市规划学院
**报 名 主 题**：面向高质量发展的城市治理
**研 究 议 题**：城市更新与智慧化城市设计
**技术关键词**：人工智能生成内容、扩散模型、大模型微调
**参 赛 选 手**：桑田、顾睿星、吴雪菲、王桨、刘思涵
**指 导 老 师**：钮心毅
**团 队 简 介**：参赛团队成员均为同济大学建筑与城市规划学院城市规划系硕士和博士研究生。研究方向均为城市规划方法与技术，主要研究兴趣包括城市时空大数据分析应用、城市规划空间信息分析等。本团队创新开发Community GenAI模型，基于扩散模型架构融合规划专业知识：采用LoRA微调模块嵌入设计要素知识图谱，通过ControlNet控制网络整合空间关系知识图谱，将两类知识图谱转译为结构化训练标签（Tags），实现"专业输入—空间生成"的语义映射。本研究通过训练社区更新的专用扩散模型，解决了社区更新参与式设计中居民与规划师高效沟通的现实问题，实现了AIGC技术赋能社区更新。

## 一、研究问题

### 1. 研究背景及目的意义

（1）社区更新：激发城市活力的关键策略

2020年末，我国常住人口城镇化率超过60%，北京、上海、广州、深圳等一线城市的城镇化率均超过85%，城市更新日益成为一个重要命题和挑战。2020年，城市更新白皮书《聚焦社区更新，唤醒城市活力》指出，加速推动社区更新改造是城市存量挖潜、产业回流与人口重构的重要抓手，亦是唤醒中国城市活力的关键。社区更新规划，尤其是城市中心区老旧小区的改造，是城市更新的重要手段，而社区公共空间是社区更新规划的主要抓手。

（2）"人民城市"理念下参与式设计需要进一步加强

2019年11月，习近平总书记在考察上海时提出"人民城市人民建，人民城市为人民"的重要理念，强调做好城市工作的出发点和落脚点，就是要坚持以人民为中心的发展思想。城市建设需要激发人民参与的积极性、主动性和创造性。城市社区更新包括物理环境的提升和公共文化的营造，这两者都离不开居民主体的关注和参与。近年不少城市探索了社区更新"全过程"的公众参与方式，但目前大多数停留在"象征性参与"阶段。

"参与式设计"作为一种方兴未艾的设计方法，是社区更新中践行"人民城市"理念的重要手段。它的应用主要体现在利用参与式的方法和工具来收集居民的想法和素材，帮助规划师掌握真实的社区信息和用户需求，为产生设计方案做足准备。由于缺乏规划专业相关知识，居民难以理解更新导向等规划专业术语，对设计要素的认知不足，在与规划师沟通的过程中无法在实际效果和意向效果之间建立统一的想象。为使社区更新中参与式设计

（3）社区更新需要专业化的图像生成大模型

图像生成大模型是一种生成式人工智能（Generative AI），其"图生图"（Image-to-Image）功能可以在既有图像的基础上进行局部更新，与社区更新设计意向图的需求相契合。它能够提供比文字更直观的设计意图和空间感传达，可以快速调整和优化，具有高效低成本的图像生成能力，帮助各利益相关者更好地理解和评估可能的改造结果，为参与式设计提供支持。

然而，通用的图像生成大模型主要基于大规模数据集进行训练，具备通用的图像生成知识而缺乏对社区更新场景下城市规划和建筑设计知识的针对性学习，这意味着其难以生成合理有效的设计方案用于沟通。因此有必要利用微调等技术，实现规划专业知识的融入，为社区更新提供专业化的图像生成大模型。

### 2．研究目标及拟解决的问题

本项目将规划专业知识融入通用图像生成大模型，为社区更新参与式设计提供辅助的生成式AI工具。拟解决的关键问题如下：

（1）构建社区更新业务场景下图像生成的规划专业知识体系；

（2）提出将规划专业知识融入通用图像大模型的技术路径；

（3）提供社区更新参与式设计中辅助方案呈现与沟通的工具及应用流程。

为解决上述问题，本项目首先明确社区更新参与式设计各流程涉及的规划专业知识类型，以知识图谱的形式进行梳理，以确保图像生成大模型可以准确理解和应用这些专业知识于具体的设计任务中。其次，通过LoRA微调技术使大模型学习设计要素知识，通过ControlNet技术将空间关系知识用于图像的控制，将规划专业知识有效融入现有的通用图像生成模型Stable Diffusion中。最后，通过整合上述技术，本项目将开发一套社区更新专用人工智能图像生成模型，支持社区公共空间更新中的更新意愿沟通、方案设计和反馈调整的参与式设计全过程。

## 二、研究方法

### 1．研究方法及理论依据

（1）人工智能生成内容与大模型

人工智能生成内容（AIGC）允许创作者通过指令引导AI模型产生文本、音频、图像、视频等多样内容。AIGC依赖深度学习中的大模型，这些大型神经网络经过训练，能够从大量数据中学习并生成新内容，它们也被称为"大规模预训练模型"。这些大模型通过自监督学习，展现出多方面能力，为应用提供理论基础。

AIGC技术的进步和通用图像生成大模型的出现实现了图像的快速生成，为辅助社区更新中公众与规划师的快速沟通提供了可能。

（2）扩散模型与Stable Diffusion

随着深度学习、硬件算力和大规模数据集的发展，扩散模型（Diffusion Model）自2020年起在AIGC图像生成领域成为主流，在样本多样性和高质量图像生成方面优于GAN（生成对抗网络）和VAE（变分自编码器）。

扩散模型主要包括前向扩散和逆向扩散过程。在前向扩散中，算法逐步在图像上增加噪声，生成的图像仅与前一步相关，形成纯高斯噪声图。这是训练U-Net网络预测噪点的关键步骤。逆向扩散则是图像生成过程，从全高斯噪点图开始，利用训练好的U-Net网络逐步去噪，恢复原始图像X0。

2022年，Stability AI公司及CompVis等学术团队合作开发了Stable Diffusion项目，其图像生成原理如图2-1所示。通过将模型

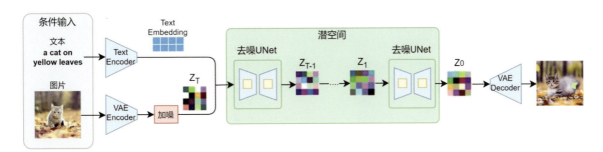

图2-1　Stable Diffusion图像生成原理

迁移到潜空间和引入条件建模及Cross-Attention技术，将条件信息（文本、图片等信息）嵌入生成去噪过程中，优化了图像生成过程。

Stable Diffusion的图生图模块具备局部重绘和涂鸦重绘功能，非常适合社区更新图像生成。局部重绘允许对图像特定区域进行重新生成，确保与环境协调。涂鸦重绘则通过颜色涂抹指导图像生成，传达设计意图。

Stable Diffusion是目前主流、效果较好、应用较广的扩散模型，其开源特性使用户和开发者能够根据需求进行定制。因此，本项目选择Stable Diffusion作为基础架构。

（3）大模型微调与LoRA

Stable Diffusion作为一种通用的图像生成大模型，具备通用的图像生成知识，能够理解和生成涵盖广泛主题和风格的图像，包括但不限于自然景观、城市建筑、人物肖像、艺术文化等。

但通用大模型缺乏对特定任务和规划行业知识的深入了解，在社区更新的应用场景下使用提示词进行图像生成时，会出现如下问题（图2-2）：①模型对规划专业术语缺乏理解；②模型在生成社区公共空间设计要素方面的效果较差；③画面中各要素的尺度和透视关系错误。因此通用大模型无法直接用于社区更新参与式设计。

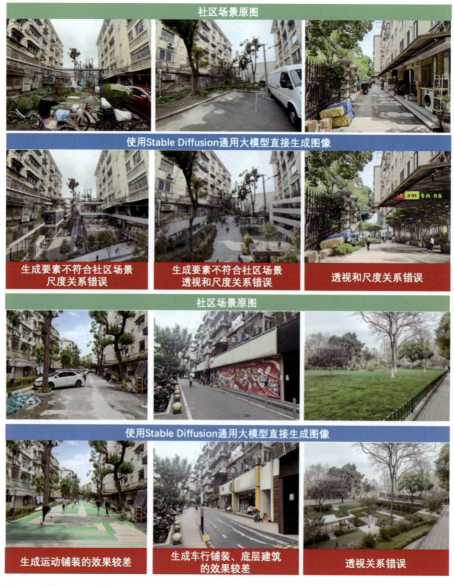

图2-2　使用通用大模型直接生成图像效果

为了使Stable Diffusion掌握社区更新规划专业知识，需要进行微调（Fine Tuning）。微调利用特定领域数据集对预训练模型进行训练，使模型掌握新知识。利用微调技术，可以不必从头训练一个大模型，节省大量计算资源和时间。大模型的微调根据参数规模，分为全参微调和低参微调两条技术路线，低参微调是目前主流的微调方案（图2-3）。

Stable Diffusion的主要的微调方式包括LoRA（Low-Rank Adaptation，低秩适应）、DreamBooth和Testual-Inversion。其中LoRA是在原有的模型中新增可训练层，训练结果只保留新增网络层，整个过程更快更高效，并可以防止过拟合。本项目选择LoRA作为Stable Diffusion微调的关键技术。

LoRA这种低参微调方法最初是在大语言模型方向上提出的，但在图像模型方向上依旧有效。LoRA的核心在于添加低秩矩阵旁路，通过矩阵分解优化参数量，实现模型的微调，同时保持原有的性能，原理如图2-4所示：

在本项目中，将使用LoRA在模型的特定层插入低秩矩阵，通过调整参数，使模型学习和掌握生成社区公共空间中丰富的设计要素相关的知识，同时保留了原有的通用图像知识（图2-6）。

（4）ControlNet模型控制

扩散模型可以生成与原图要素衔接的图像，但仅用提示词难以控制透视和尺度等空间关系。ControlNet通过添加条件输入，如涂鸦、边缘映射等，控制神经网络结构，使生成图像更贴近输入要求，实现可控生成效果。

ControlNet的控制过程涉及生成控制图，如使用SoftEdge检测器获得的图像边缘，作为条件输入与文本提示词结合，引导图像生成（图2-5）。

在本项目中，通过对不同ControlNet模型的应用，将空间关系相关（例如人与建筑尺度关系、道路与建筑的透视关系）的规划专业知识传递给模型（图2-6）。

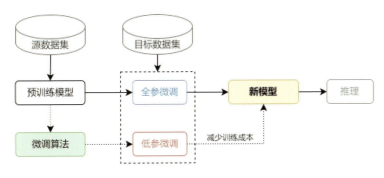

图2-3 大模型微调过程

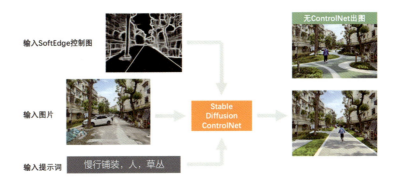

图2-5 ControlNet控制图像生成示意

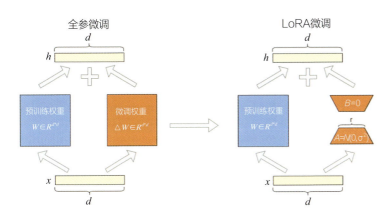

图2-4 LoRA微调原理

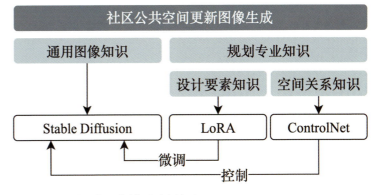

图2-6 规划专业知识与模型对应关系

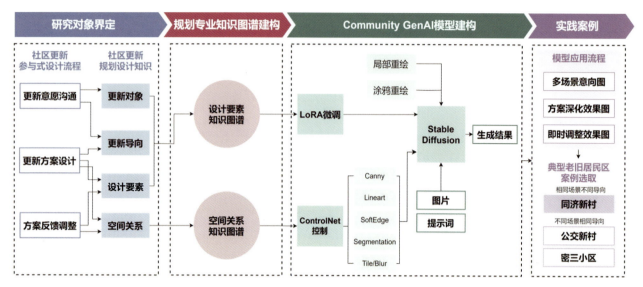

图2-7 技术路线图

## 2. 技术路线及关键技术

本项目旨在通用扩散模型Stable Diffusion的基础上，开发社区更新中人工智能图像生成模型（Community GenAI），用于社区公共空间更新中的参与式设计。本项目的技术路线如图2-7所示。

（1）研究对象界定

本项目旨在为社区更新中公众与规划师的快速沟通提供一个人工智能辅助工具，在社区更新参与式设计的流程中，更新意愿沟通、更新方案设计和方案反馈调整分别是前、中、后期的重要内容，将这三个环节中涉及的规划专业知识进行梳理，分为更新对象、更新导向、设计要素和空间关系四个类别。

（2）规划专业知识图谱建构

本项目构建了两个规划专业知识图谱，以知识图谱形式深度解析规划知识，用于模型训练和应用：

1）设计要素知识图谱：包含更新对象、更新导向、设计要素三者之间相互交叉的对应关系。更新对象指的是社区更新中常见的改造客体，如道路、场地；更新导向指的是社区更新需要满足的特定需求，如儿童友好、老年友好；设计要素指的是社区更新中用于提升特定空间功能、安全性和美观性的设施，如运动铺装、棋牌桌。

2）空间关系知识图谱：包含设计要素的形态，以及建筑、道路、人群和设计要素之间的尺度和位置关系。

该步骤运用的关键技术是知识图谱这种数据组织方法。

（3）社区更新专用图像生成模型（Community GenAI）建构

Community GenAI社区更新专用图像生成模型由LoRA微调、ControlNet控制、Stable Diffusion模型三个部分组成。在LoRA微调的部分，根据设计要素知识图谱整理标签集，并依此收集大量训练数据集，通过算法训练将设计要素知识融入模型。在ControlNet控制的部分，对照空间关系知识图谱，通过测试选择5种模型用于画面的控制，通过人机交互的过程将空间尺度知识与ControlNet融合。最后，将LoRA微调、ControlNet控制整合进Stable Diffusion模型的图像生成过程中，配合其本身局部重绘、涂鸦重绘等功能进行社区更新参与式设计全流程的图像生成。

该步骤运用的关键技术是LoRA微调技术和ControlNet控制技术。

（4）实践案例

提出一套将其应用于社区更新参与式设计全流程的方法，主要包括更新意愿沟通的多场景意向图生成、更新方案设计的辅助空间关系调整和方案反馈调整的实时效果图生成。选取具有代表性的三个老旧居民区作为实践案例，探索不同更新场景同种更新导向，以及同种更新场景不同更新导向的模型应用。

## 三、模型算法

### 1. 模型算法流程及相关数学公式

本项目的模型算法实现的流程可以分为四个阶段（图3-1）：

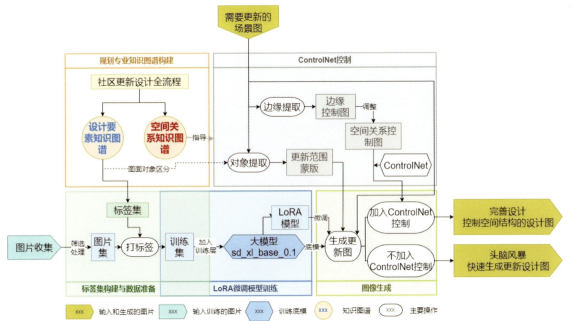

图3-1 模型算法流程图总图

规划专业知识图谱构建、标签集构建与数据准备、LoRA微调模型训练，以及ControlNet控制。

（1）规划专业知识图谱

知识图谱是当前知识工程中较先进的技术，通过有向图的方式对概念和事物及其相互之间的语义关联进行结构化组织，是一种可为计算机理解和利用的语义网络，常作为输入数据用于深度学习模型的建立。城市空间形态具有要素复杂性、维度多样性和关系模糊性等特点，难以直接转化为模型可以学习的知识。而知识图谱可以对要素之间复杂多样的关系进行精细描述和集成表达，有利于将规划专业知识的内容转化为扩散模型可以理解的形式。

首先明确社区更新参与式设计中涉及的规划专业知识。从全流程看，前期，规划师与公众共同参与，基于社区现状和居民反馈选定改造对象和确定更新导向，概括所需的空间设计要素；中期，规划师通过详细设计明确设计要素和空间关系；后期，规划师根据公众反馈调整设计要素和空间关系。因此明确这四类规划知识——更新对象、更新导向、设计要素及空间关系是贯穿始终的。

规划专业知识图谱的构建逻辑如图3-2所示，社区公共空间的形态涉及多尺度空间要素、多类型设计导向和多层次空间关系。为了有效管理这些复杂信息，本项目构建了两大类知识图谱：设计要素知识图谱和空间关系知识图谱。设计要素知识图谱围绕更新导向、更新对象和设计要素三个核心维度进行整理；而空间关系知识图谱则分为空间尺度关系和空间透视关系两个维度。

设计要素知识图谱的结构如图3-3所示。一种更新对象可能

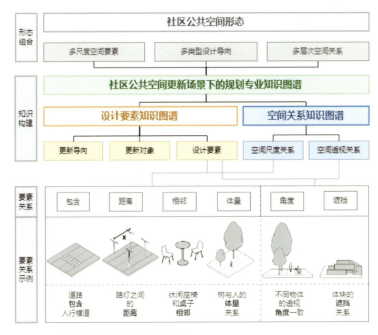

图3-2 规划专业知识图谱构建逻辑

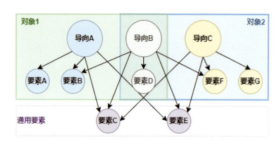

图3-3 设计要素知识图谱结构示意

对应多种更新导向，同样，一种更新导向也可用于多种更新对象。设计要素中，一类要素只出现于某种特定的更新导向，而另一类要素则为通用要素。

规划专业知识图谱构建的流程如图3-4所示，通过分析确定更新对象、更新导向、设计要素及空间关系四类核心的规划专业知识。前三者通过设计要素知识图谱进行组织，成为后续标签集的基础，而空间关系则作为设计要素的空间属性，在ControlNet的生成控制中发挥作用。

（2）标签集构建与数据准备

为了让模型学习知识图谱，需要将其转化为图片和对应的标签，本项目构建了一个标签集并收集大量的图片，流程如图3-5所示。

1）标签集构建

由于不同更新对象影响后续设计场景图的呈现，且相似风格的图片训练效果更佳，本项目对每种更新对象单独训练LoRA模型。首先，按照更新对象对标签进行大类分类。其次，根据设计导向进一步细分标签的种类。最后，将所有设计要素整合到各个类别中。

2）数据准备

为确保模型学习效果，本项目广泛收集了来自不同年代的社区场景的高质量人视角照片，涵盖历史建筑、工人新村、新建商品房小区及部分国外社区，以保证学习内容的全面性。每张图片中，对应每个标签的要素需出现至少5次。收集的图片经过多轮筛选，以去除干扰元素，如边缘黑框和水印。最后，图片按大类分类并打上标签，形成最终的训练集。

（3）LoRA微调训练算法

1）训练原理

在模型的微调过程中，LoRA通过引入低秩矩阵来优化参数调整的效率。假设原始模型参数矩阵为$W$，$W \in R^{m \times n}$，LoRA将$W$表示为两个低秩矩阵$A$和$B$的乘积形式，$A \in R^{m \times r}$，$B \in R^{n \times r}$，$r$是低秩矩阵的秩（图3-6）：

$$w'=w+\Delta w \quad (3-1)$$

$$\Delta w = A \times B \quad (3-2)$$

训练过程中的目标函数可以表示为：

$$\min_{A,B} L[f(W+A \times B, X), Y] \quad (3-3)$$

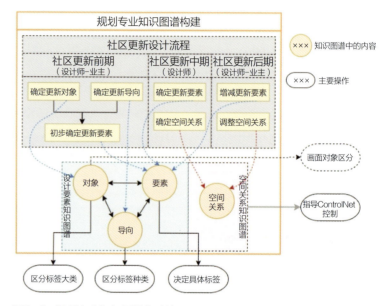

图3-4 规划专业知识图谱构建流程图

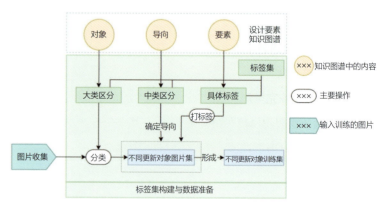

图3-5 标签集构建与数据准备流程图

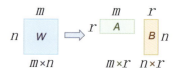

图3-6 LoRA低秩矩阵示意

式中，$L$表示损失函数Loss，$f$表示模型的预测函数，$X$是输入数据，$Y$是标签数据。通过优化$A$和$B$使得损失函数$L$不断减小到适应新要求。

实际训练过程中，矩阵$A$通常采用随机高斯初始化，即$A_{ij} \sim N(0, \sigma^2)$，而矩阵$B$则采用零初始化，即$B_{ij}=0$，确保初始模型稳定性和有效梯度更新。

2）训练参数

在实际训练过程中涉及很多可调整的参数，部分参数如下：

最大训练轮数（max_train_epochs）：训练的循环次数。

学习次数（repeat）：每轮训练中每个图像训练的次数。

批量大小（train_batch_size）：训练时的并行数量。对于本次的训练集，批量大小设置为1效果最好。

总学习步数（step）=最大学习轮数×学习次数×图片数量÷批量大小。通常，随着总学习步数的增加，损失函数值（Loss）趋于减小。LoRA训练时，一般来说Loss值为0.08左右时效果最佳。

学习率：包括总学习率（learning_rate）、U-Net学习率（unrt-lr）、文本编码器学习率（text_encoder_lr），会影响模型训练的整体和相应模块的优化速度。优化器设置（optimizer_type）也属于学习率相关参数，它是用于调整模型参数以最小化损失函数的算法。

除了以上参数外，LoRA训练还提供其他高级参数可供修改，使模型训练更符合要求。

3）模型训练

训练集准备完毕后，使用LoRA算法对不同的更新对象进行专门训练，这些LoRA模型各自擅长生成其对应的更新对象（图3-7）。在实际应用中，这些模型将被混合使用。

（4）ControlNet类型及算法

ControlNet是在Stable Diffusion模型中引入额外条件的辅助神经网络结构，用于控制图像生成的结果。

1）构建原理

ControlNet的构建过程如图3-8所示。假设原始的单个网络为$F$，输入$x \in R^{h \times w \times c}$，参数为$\Theta$，输出$y=F(x;\Theta)$。则ControlNet结构包含两个副本：一个"锁定"副本和一个"可训练"副本。锁定副本保持Stable Diffusion模型的原始能力不变，而可训练副本则用于学习额外的条件。ControlNet的单元结构中包含两个零卷积（zero convolution）模块，通过不断地梯度下降迭代优化参数权重。整个ControlNet模块以一个外部条件向量$c$作为输入，送入第一个零卷积层$Z(c, \Theta z1)$，结合原模型的输入$x$后经过trainable copy部分，再经过第二个零卷积层$Z(\cdots)$，最后将两个模块的输出相加获得最终的输出$y_c=F(x, \Theta)+Z[F(x+z(c, \Theta z1)); \Theta c); \Theta Z2]$。

2）模型架构

ControlNet与Stable Diffusion的结合体现在整个去噪步骤中。ControlNet接受基于图像的条件，并将其转换为与Stable Diffusion的UNet卷积大小相匹配的特征空间，在反向扩散过程中与Stable Diffusion协同，生成满足条件的图像。

3）控制流程

ControlNet目前有18种控制类型，每个控制类型有对应的预处理器及模型。本项目对其效果进行了逐一测试，最终确定使用以下5类：

①Canny（硬边缘）：用于识别图像中的显著边缘，并作为生图过程中的边缘控制。

②Lineart（线稿）：与前者类似，但它生成的线稿更为详细。

③SoftEdge（软边缘）：提取图像中的柔和边缘，这些边缘

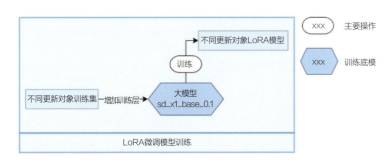

图3-7　LoRA微调模型训练流程图

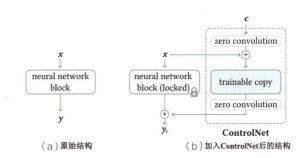

图3-8　ControlNet构建图

有渐变和模糊的特性。

④Segmentation（语义分割）：将图像中的每个像素分类到相应的对象类别。帮助模型理解和生成具有特定类别标签的图像区域。

⑤Tile/Blur（分块/模糊）：用于图像的细节增强和修复。

ControlNet在实际应用中的控制流程如图3-9所示，将需要更新的场景图通过预处理器生成控制图，或手动导入经过调整的控制图。接着使用相应的模型将这些控制图应用于图像生成过程中。

### 2. 模型算法相关支撑技术

在硬件方面，模型开发使用的GPU为具备24GB的显存的NVIDIA RTX 4090，CPU为具有16虚拟核心的Intel Xeon Platinum 8352V，配合120GB的系统内存。系统环境为Linux操作系统及CUDA 12.2。

在LoRA模型训练中使用了SD-Trainer（LoRA-scripts 训练包），图像生成使用sd-webui 整合包，WebUI版本为bef51ae，Stable Diffusion大模型版本为SDXL 1.0。

## 四、模型训练与测试

### 1. 规划专业知识图谱

在社区更新的过程中，往往面临着丰富的使用需求、人文基础和复杂的社区关系，规划师需要关注居民需求和体验，引导人们在原有生活方式上延伸出更多可能性。本项目通过构建设计要素和空间关系两组知识图谱，以促进模型对社区公共空间更新的深入理解和有效学习。

（1）设计要素知识图谱

社区公共空间更新主要涵盖更新对象、更新导向及设计要素三部分内容。本项目选取了社区更新中最常见，也是更新需求最频繁的三个对象：

①道路交通：针对社区内通行不畅、设施不全的路段，以提升慢行交通效率与安全为核心目标，通过优化交通模式，实现社区交通的绿色、安全和活力。

②景观绿化：在社区内采用"见缝插绿"的策略，通过小规模、组团式、微田园和生态化的设计方法，有效改善社区绿化环境。

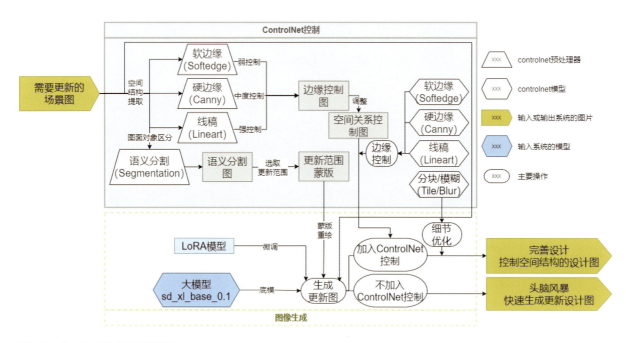

图3-9 ControlNet控制流程图

③活动场地：寻找社区内具有潜力的闲置或待改造空间，以适老化、适儿化等更新目标为核心，营造社区交流活动空间，提升社区归属感与凝聚力。

在此基础之上，总结出在社区更新中需求频次高的设计要素共计71项作为模型学习的重点内容。

在实际规划设计的过程中，明确更新导向也是设计前期必须的环节，独立的设计要素需要在更新导向的指引下产生共同作用。为此确立了八大更新导向来组合与统筹各类要素，更新导向包含：

①出行便利：在更新中关注社区出行全过程，维护与改善交通设施、提升交通环境，提高居民出行便利性、安全性和舒适度。

②慢行友好：在更新中适当增加非机动车及步行空间，建设生活性、人性化的慢行空间，鼓励"步行+自行车"的绿色出行方式。

③艺术文创：在更新中着意注入艺术装置、彩绘涂鸦等文化设施，增强社区特色与活力。

④运动休憩：在更新中增设各类运动设施和运动场地，倡导全民健身、体育健康，增加社区活动的丰富性。

⑤老年友好：在更新中以老年群体的需求为核心，提供针对性的服务设施、场地铺装与休闲装置等，尤其在一些老龄化程度较高的社区，便老助老与安全防护设施不可或缺。

⑥儿童友好：在更新中关注儿童活动与安全的需求，提供相应的活动设施、色彩铺装与场地布置，营造具有活力的儿童天地。

⑦商业氛围：在更新中关注社区底层建筑空间，基于社区现状进行商业化改造等，提升社区氛围。

⑧自然生态：在更新中改善社区绿化环境、丰富绿地功能，如增设科普花园、种植花园等，提升社区绿地品质。

通过导向指引，精准化治理社区，致力于覆盖社区"宜居、宜业、宜游"的方方面面。设计要素知识图谱梳理了三组对象，八大导向，71项要素的从属关系，三组对象与通用要素呈簇群状分布，如图4-1所示。此外，不同导向的侧重点不一样，在设计要素与不同导向之间，通过三档不同粗细的连线表达从属关

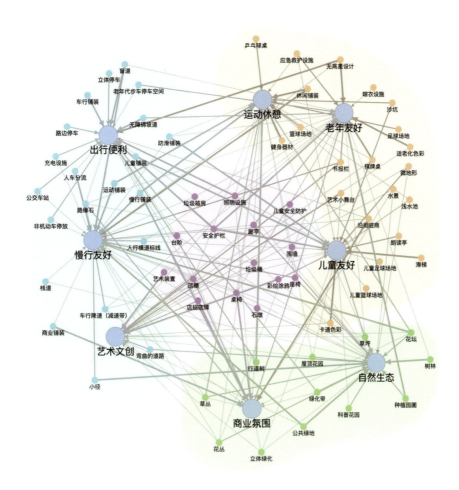

图4-1 设计要素知识图谱

系强弱区别。以慢行友好导向为例，慢行铺装、运动铺装、人车分流、人行横道标线、公交车站5项设计要素是强从属于该导向的要素，沿街底商、商业铺装、店招店牌、花坛、公共绿地、绿化带、行道树、车行降速（减速带）8项设计要素次之，其他设计要素，如非机动车停放、路缘石、桌椅、座椅、充电设施、盲道等18项要素弱从属于慢行友好导向。设计要素知识图谱所展示的更新对象簇群、更新导向与设计要素之间的不同从属关系，既可以帮助模型学习相应专业知识，也可以辅助后续生图过程中的组合提示词填写。

（2）空间关系知识图谱

空间关系知识图谱将社区公共空间更新中要素的组合关系划分为空间功能提升、空间尺度关系、空间透视关系三类，并提炼出6个子项，将各子项与具体的技术手段进行对应，帮助后续模型建构与生图过程（图4-2）。

①空间功能提升类：是指通过引入新的设计要素或改变现有要素的形态来增强空间功能，关注要素的种类与形态。例如，在待改造的场地中添加健身设施和防滑铺装可以改善场地的适老化和活动适应性。该类知识一部分通过LoRA微调激发大模型学习，另一部分通过边缘轮廓的附加输入传递给模型。

②空间尺度关系类：是指各要素之间的相对尺寸，如建筑层高与人的比例、道路宽度与路灯的比例等。空间关系知识图谱整理了这些模型无法自动识别的尺度关系，并作为训练过程中的附加输入条件，确保图像生成的准确性。图谱中包括建筑构件体量、道路宽度、人群活动等4个子项，通过边缘轮廓的附加输入和分块超分辨率重建技术，辅助模型学习并准确表达这些尺度关系。

③空间透视关系类：是指各要素之间的位置关系。以社区场景中的建筑退界和道路方向为关键参照，确定要素位置。在模型学习过程中，通过边缘轮廓的附加输入来确保模型能够保留原社区场景的核心位置关系，从而准确理解场景中的透视关系。

2. 标签集构建与数据准备表

为了使模型能够学习两组知识图谱中的规划知识，本项目设计了一套树形标签集（表4-1），并广泛收集了反映社区人视角场景的优质案例照片，附带相应的标签文件，构建了训练数据集。

在标签集中，全面涵盖了设计要素类知识图谱中的8大导向、3组更新对象及71个设计要素。这一标签集不仅清晰地展示了各设计要素、更新导向与更新对象之间的内在关联，有助于模型的学习过程，同时也为后续的图像生成过程中提示词的组合填写提供了有效的辅助。

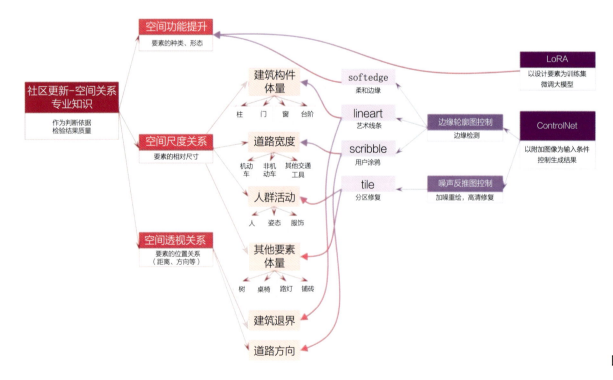

图4-2 空间关系知识图谱

设计要素标签集　　　　　表4-1

| | 道路交通 | 景观绿地 | 活动场地 | 通用要素 |
|---|---|---|---|---|
| 老年友好 | 防滑铺装 | 种植园圃 | 适老化色彩 | 安全护栏 |
| | 老年代步车停车空间 | 树林 | 书报栏 | 照明设施 |
| | 无障碍坡道 | 花丛 | 无高差设计 | 垃圾厢房 |
| | 盲道 | 草坪 | 晾衣设施 | 桌椅 |
| | 路缘石 | — | 棋牌桌 | 座椅 |
| | — | — | 应急救护设施 | 垃圾桶 |
| 商业氛围 | 商业铺装 | 行道树 | 沿街底商 | 店招店牌 |
| 儿童友好 | 儿童铺装 | 科普花园 | 儿童色彩 | 彩绘涂鸦 |
| | 人行横道标线 | 草坪 | 沙坑 | 安全护栏 |
| | 路缘石 | 立体绿化 | 浅水池 | 照明设施 |
| | — | 屋顶花园 | 滑梯 | 围墙 |
| | — | — | 微地形 | 垃圾桶 |
| | — | — | 足球场地 | — |
| | — | — | 篮球场地 | — |
| | — | — | 应急救护设施 | — |
| | — | — | 朗读亭 | — |
| | — | — | 艺术小舞台 | — |
| 慢行友好 | 减速带 | 公共绿地 | 无高差设计 | 照明设施 |
| | 人车分流 | 行道树 | 沿街底商 | 台阶 |
| | 慢行铺装 | 草坪 | — | 店招店牌 |
| | 运动铺装 | 草丛 | — | 垃圾桶 |
| | 弯曲的小径 | 花丛 | — | 垃圾厢房 |
| | 商业铺装 | 行道树 | — | — |
| | 车行铺装 | — | — | — |
| | 路缘石 | — | — | — |
| | 小径 | — | — | — |
| | 充电设施 | — | — | — |
| | 盲道 | — | — | — |
| | 栈道 | — | — | — |
| 出行便利 | 车行铺装 | 行道树 | 无高差设计 | 照明设施 |
| | 公交车站 | 绿化带 | — | 垃圾桶 |
| | 充电设施 | — | — | — |
| | 路边停车 | — | — | — |
| | 立体停车 | — | — | — |
| | 路缘石 | — | — | — |
| | 盲道 | — | — | — |
| | 非机动车停车空间 | — | — | — |

续表

| | 道路交通 | 景观绿地 | 活动场地 | 通用要素 |
|---|---|---|---|---|
| 自然生态 | 小径 | 公共绿地 | 微地形 | 台阶 |
| | 弯曲的小径 | 树林 | 水景 | 廊亭 |
| | 栈道 | 草坪 | — | 顶棚 |
| | — | 草丛 | — | 围墙 |
| | — | 花丛 | — | 石墩 |
| | — | 花坛 | — | 座椅 |
| | — | 绿化带 | — | 桌椅 |
| | — | 立体绿化 | — | — |
| | — | 屋顶花园 | — | — |
| 运动休闲 | 运动铺装 | 草坪 | 篮球场地 | 桌椅 |
| | 慢行铺装 | 行道树 | 足球场地 | 座椅 |
| | — | — | 乒乓球桌 | 顶棚 |
| | — | — | 棋牌桌 | — |
| | — | — | 沙坑 | — |
| | — | — | 浅水池 | — |
| | — | — | 应急救护设施 | — |
| | — | — | 健身器材 | — |
| 艺术文创 | — | 公共绿地 | 书报栏 | 彩绘涂鸦 |
| | — | 草坪 | — | 艺术装置 |
| | — | 花丛 | — | 顶棚 |
| | — | 花坛 | — | 廊亭 |
| | — | 立体绿化 | — | — |
| | — | 屋顶花园 | — | — |

在构建模型训练集的过程中，初步收集了485张社区场景图片，这些图片涵盖了历史建筑、工人新村、新建商品房小区及部分国外社区等多种类型，旨在确保模型学习能够覆盖不同年代和风貌的社区。在预处理阶段，对图像进行了筛选，去除了边缘黑框、水印等干扰性要素，并将所有图像统一裁切至1024×1024像素大小，调整图像方向以保持一致，同时利用像素处理技术提升了图像清晰度，从而提高模型学习的准确性。经过严格筛选和预处理后，训练集最终包含436张图片，其中包括道路交通场景图232张、活动场地场景图160张、景观绿化场景图44张，总计大小为501.4MB，平均每张图片大小为1.15MB，各模型的训练集示例如图4-3所示。

为确保模型训练的有效性，结合树形标签集和训练图片收集的结果，利用Booru Dataset Tag Manager预处理器对训练集中的每张图像进行了详细的标签标注，以便模型能够有针对性地学习图

图4-3 各模型训练集示例

图4-4 训练图片预处理及标签集示例

像内容（图4-4）。标签标注的结果被记录在与图像同名的txt文件中。

### 3. LoRA微调训练

本项目基于设计要素知识图谱中列出的4个更新对象：道路交通、景观绿化和活动场地，分别训练了4个LoRA微调模型进行针对性学习。这些LoRA微调模型是基于SDXL版本下的"基础模型base1.0"进行训练的，其详细的参数设置如图4-5所示。在训练过程中，采用了AdaFactor学习率优化器，该优化器能够自动调整模型的学习状态，以优化训练效果。总学习率被设定为1，并添加噪声偏移，以减轻训练集中亮度过高图片对模型训练的影响。

本项目进行了100轮的训练迭代，每4轮迭代保存一次模型。通过监测TensorBoard上的损失函数（Loss）值的变化趋势来评估模型的学习效果。当Loss值趋于稳定，并保持在0.08～0.11的范围内时，模型展现出最佳的训练效果。本项目训练的三个LoRA微调模型的Loss值分别为0.072、0.108和0.083，如图4-6所示。平均训练时长为43h。

训练完成后，道路交通LoRA微调模型的大小为912.6MB，活动场地LoRA微调模型的大小为821.3MB，而景观绿化LoRA微调模型的大小为108.4MB。

### 4. ControlNet模型与空间关系控制

通过训练LoRA微调模型，已能够生成适用于社区更新场景的设计要素。然而，在实际应用中，仍需借助ControlNet来控制这些要素之间的空间关系。本项目中，共采用了五类ControlNet，确保空间关系知识图谱能够有效输入模型中，以满足不同社区场景的需求。

①Segmentation语义分割，主要用于识别复杂社区环境中的各类要素边界，用于确定更新对象及边界（图4-7）。

②Softedge软边缘，通过对社区场景中各要素边缘的模糊化描绘，作为附加图像输入时可以在控制场景主体布局，保留场地意向或场地空间划分的基础上，进行设计要素的新增、删除及优化（图4-8）。

③Canny硬边缘，相较于Softedge边缘检测的线条更为清晰，主要用于精细化提取社区场景照片中的要素，并改造某一局部（图4-9）。

④Lineart线稿，可以保留社区场景中的细节要素，并通过二

图4-7　Segmentation语义分割识别更新对象示例

图4-8　Softedge软边缘提取及局部重绘示例

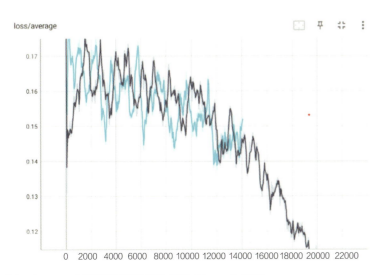

图4-5　LoRA微调模型训练参数设置

图4-9　Canny硬边缘提取及局部重绘示例

图4-6　LoRA微调模型训练损失函数（Loss）值图

次处理更精准地输出场景上对空间结构的改造（图4-10）。

⑤Tile/Blur分块/模糊，可以在已有场景上增减设计要素，适用于社区更新中的方案交流环节，即时利用已有素材生成符合场景氛围的渲染图，大幅降低沟通成本（图4-11）。

图4-10　Lineart线稿提取及局部重绘示例

### 5. 模型测试

在完成三组LoRA训练后，本项目对各个LoRA模型在不同社区场景下的应用性能进行了全面的测试。

首先，本项目采用X/Y/Z图直观地对比了不同权重下LoRA的使用效果，结果如图4-12所示。当LoRA的权重设置过低时，其对于大模型的微调效果将受到削弱，导致无法有效地演绎社区场景；

图4-11　Tile/Blur分块/模糊处理及局部重绘示例

而权重设置过高时，则可能使模型陷入过度学习的状态，进而导致图面效果失真。基于测试结果，确定道路交通LoRA的最优权重为0.4，景观绿化的最优权重为0.8，活动场地的最优权重为0.7。

通过应用合适权重的LoRA对训练集中的设计要素与设计导向进行进一步测试，结果如图4-13（a）、图4-13（b）所示，观察到三组经过训练的LoRA在设计要素类型识别和空间关系表达上均取得了显著的提升，有效地覆盖了社区公共空间更新的大多数场景。

本项目成功实现了将规划专业知识融入大模型，其中设计要素知识的融入解决了大模型无法理解规划专业术语、生成社区公共空间设计要素效果较差的问题，空间关系知识的融入解决了大模型生成的要素尺度和透视关系错误的问题。至此，Community GenAI模型构建完成，具备了社区更新中完成参与式设计的能力。

## 五、实践案例

### 1. 模型应用于社区更新参与式设计的流程

（1）模型成果内容

模型成果Community GenAI是由社区更新场景LoRA及专用ControlNet控制方法共同构成的综合产品，包含以下内容：面向八

图4-12　三组LoRA微调模型X/Y/Z图

图4-13 训练后的专业知识LoRA微调模型生成效果

类社区更新导向,针对三类更新对象且能准确生成相关场景要素的LoRA模型;适用于三类空间关系调节的ControlNet控制方法。

(2) 模型应用场景及目标

模型成果适用于公众参与式社区更新全流程场景,主要作用于前期与居民的更新意愿沟通、中期规划师的更新方案设计,以及后期方案展示与反馈调整三个阶段(图5-1)。

传统参与式更新依赖现状照片或方案图纸等固定图像为媒介,居民难以真正参与方案设计过程。人工智能图像模型的引入能将居民的更新诉求细化为具体的要素组合,对居民建议进行实时反馈呈现;相较于通用图像模型,Community GenAI应对了难以理解导向等规划专业术语、不能准确生成要素设施、无法正确表现空间关系的问题,大大降低了专业规划师与居民一对多沟通的成本,并通过更新区域选取、空间划分调整、公共设施补充等交互性环节向居民们传递了规划设计的全局思路,有助于提升公众参与深度。此外,在辅助规划师进行方案优化设计的阶段,模型通过其可控的空间约束方法及丰富的场景要素库,实现了平面空间布局的调整在效果图中的快速呈现,有助于提升规划师工作效率及质量。

(3) 模型应用流程及操作方法

在Community GenAI促进公众参与式社区更新的实际使用过程中,通过在线云平台使用虚拟服务器(服务器参数见三、模型算法中"2.模型算法相关支撑技术"部分),并部署WebUI,云

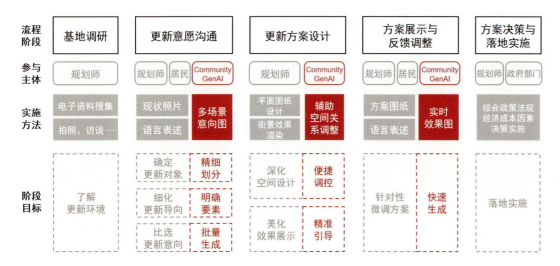

图5-1　模型应用场景及目标

图5-2　前期沟通阶段流程

平台的使用不受计算机硬件条件的约束，便于模型成果普适化推广。

①前期沟通环节，Community GenAI有助于快速识别更新对象、细化各更新导向下的场景要素、生成多元意向图供居民及规划师比选并确定初步方案（图5-2）。

a. 确定更新对象。运用Segmentation对现状照片中的各类空间进行快速识别，有助于居民清晰认识待更新场地的空间结构。居民可点选、组合不同色块（原有道路、硬地、绿地、设施等）决定更新对象。

b. 细化更新导向。查询树形标签集，按照主要空间对象及预期更新导向选择提示词，有助于居民理解各更新导向的内涵并精准表达自身诉求。

c. 比选初步意向。加载三类LoRA微调模型，结合更新场景专用提示词实现文本对场景图像的精准控制；借助局部重绘功能快速生成大量待选意向图，直观可视的图像有助于激发居民对更新方案的设计参与；借助涂鸦重绘功能对选定意向进行细化调整，实时的反馈结果有助于规划师对居民诉求的精准理解及表达，最终由居民与规划师共同商定形成更新方案初稿。

考虑多次局部重绘、涂鸦重绘的调试比选过程，此阶段的操作用时一般约为25min；若由多位居民共同参与、多台设备同时生成图像，则每人在此阶段的操作用时仅需10min。

②方案设计环节，Community GenAI有助于规划师根据场景效果推敲调整不同的平面方案并生成效果图（图5-3）。根据所需线稿约束的强弱程度选择预处理器对初步更新意向图进行线稿提取及局部重绘，相较传统的图像渲染工作而言简化了人工操作流程，相较未经调整训练的通用大模型而言实现了对社区更新场景图像的精准控制。此阶段调整并生成单图的操作用时仅需4min，考虑规划师对方案的反复调整，整体操作用时约为20min。

③方案展示与反馈调整环节，Community GenAI支持规划师对方案进行要素位置变更、增加设施等即时调整，将居民意见以可视化的方式进行实时呈现，降低了居民参与的门槛及方案调整的成本，有助于落实社区更新中的居民全流程参与（图5-3）。考虑多次调试比选过程，此阶段的操作用时约为30min；若由多位居民共同参与、多台设备同时生成图像，则每人在此阶段的操作用时仅需10min。

经过完整的应用流程，Community GenAI最终生成的更新效果图如图5-4所示。

提示词：(huodong), (daolu), (jingguan), <LoRA: changdi huodong: 0.5>, <LoRA: daolu: 0.4> <LoRA: jingguan: 0.7>, people, family, sunny, woods, grass, flower, flowerbed, slow pavement, non-slip pavement, elderly oriented color, seat, (card table), (newspaper columns), fitness equipment, seat, (masterpiece: 1, 2), best quality, highres, photograph, photorealistic。

负面提示词：(worst quality: 2), (low quality: 2), lowres。

### 2. 实践案例概况

为反映模型在现实生活中的应用效果，选取上海市多个具有实际更新需求的老旧居民区进行实地场景拍摄（图5-5）。位于上海市虹口区的密三小区、位于杨浦区的同济新村和公交新村均建成于20世纪末，小区内住房以4~6层砖混结构低层住宅为主，是老旧小区的典型代表。案例共选取六个典型场景，包含宅间道路、临街道路、公共绿地、硬质活动场地等多种公共空间类型，能较为全面地反映其更新需求公共空间的多样情况。

### 3. 不同更新场景，同种更新导向的模型应用

在图5-6所示的实践案例中，待改造公共空间是公交新村内一处较为破败的健身场地，在Community GenAI生成的语义分割

图5-3 方案设计及反馈调整阶段流程

图5-4　待更新场景照片及Community GenAI生成的更新效果图

以儿童友好更新导向为例，对其余五个更新场景进行模型的应用，如图5-7所示，从左至右依次为：公交新村临街道路更新为包含滑梯、涂鸦墙的儿童活动空间；同济新村宅间道路更新为包含涂鸦墙、休闲跑道的儿童活动空间；同济新村休闲跑道更新为包含沙坑、小广场、游乐设施的儿童活动空间；公交新村宅间道路、密三小区临街道路更新为包含彩色运动铺装及小型装置设施的儿童活动空间。

一方面，各案例均具有异形场地划分，以及鲜艳彩色铺装的共同特征，并根据场地形状及面积灵活搭配了滑梯、沙坑、涂鸦墙、互动装置等儿童游乐性设施。同种更新导向下生成场景图的风格相似性体现出模型对该种导向实现了有效识别及呈现，形成了一套符合传统经验、遵循空间逻辑的效果图生成范式，具有更新场景生成的专业性。另一方面，相同提示词下不同案例场景中的场地划分、要素种类及位置均有一定差异，体现了模型能契合场景变化对各类要素进行灵活调用及合理组合，对不同空间场景具有适应性。

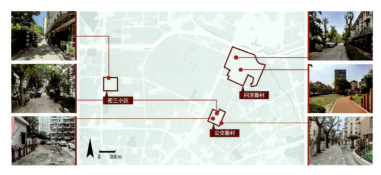

图5-5　场景案例所在地理位置

图中，选取硬地、建筑、原有设施为更新对象，确定儿童友好为更新导向，并从标签集中选取儿童色彩、儿童游乐设施、彩绘涂鸦等标签作为提示词作为模型的输入。在Community GenAI的支持下，后续还可以控制画面中沙坑、游乐场地的形状和位置，并增加花坛等要素，生成最终的方案效果图。

**4. 同一更新场景，不同更新导向的模型应用**

在图5-8所示的实践案例中，待改造公共空间是同济新村内一条宅间道路，利用Community GenAI完成了7种更新导向下的意向图生成。其中，儿童友好导向方案包含彩色运动铺装、儿童游乐设施；自然生态导向方案包含大面积草坪、苗圃花园；运动休

图5-6　实践案例：儿童友好导向的更新设计流程（公交新村）

图5-7 实践案例：儿童友好导向的更新设计方案（公交新村、同济新村、密三小区）

图5-8 实践案例：Community GenAI生成的7种导向的更新设计方案（同济新村）

憩导向方案包含运动铺装、健身设施；出行便利导向方案包含路边停车、充电设施；老年友好导向方案包含休闲座椅、报刊栏；商业氛围导向方案包含底层商业、外摆桌椅；艺术文创导向方案包含涂鸦墙、艺术装置等设施。

在全流程中，从更新对象的选取到最终设施更改的细节调整，交互步骤中的每一次人为选择都将生成结果向使用者的诉求进行着细化约束和精准调控；此外，图像噪声种子的随机性则在约束控制的基础上提供了场景变化的多样可能。Community GenAI对各导向的优秀表现效果体现出其能应对现实生活中社区更新场景的多样化需求，使用范围较广，具有较强的实用价值。

## 六、研究总结

### 1. 模型设计的特点

（1）研究视角：构建了融入专业知识学习的图像生成模型

本项目创新性地将规划专业知识整合入扩散模型，使其能够在图像生成过程中精准表达设计目标和设计要素。现有的许多研究虽然涉及相似的图像模型，但多数停留在图像的视觉质量提升上，忽略了模型在专业规划知识方面的应用。本项目结合设计要素知识图谱和空间关系知识图谱，确保图像不仅限于视觉呈现，还体现规划设计逻辑和深层专业知识。

（2）技术方法：提出了AIGC应用于城市更新业务的技术路径

本项目利用知识图谱梳理规划专业知识，利用LoRA微调技术训练模型掌握设计要素知识，采用ControlNet技术将空间关系知识用于模型对生成图像的控制，并根据社区更新参与式设计不同阶段的工作特点和业务需求提出技术应用路线。本项目不仅实现了AI技术与规划专业知识及城市更新业务场景的有效对接，也为通用图像生成模型的专业化应用开辟了新的道路。

### 2. 应用方向和应用前景

（1）用于社区更新的参与式设计全流程

本项目旨在为社区更新参与式设计提供一套辅助方案呈现与沟通的工具，支持高质量发展的城市治理。模型在前期沟通中用于选定改造对象和更新意向，在方案设计中用于细化推敲和绘制效果图，在反馈调整中用于进行即时要素变更。这提高了社区更新项目的透明度和公众参与度，体现了与"人民城市"理念的紧密契合，促进以人民为中心的城市发展。

（2）融入规划专业知识的大模型拓展应用于其他规划业务场景

本模型利用知识图谱整理规划知识，并通过微调技术整合入大模型，不仅体现了大模型的普适性和扩展性，还提供了一条可以根据不同规划需求灵活调整的技术路径。此技术路径可直接应用或改进应用于其他规划业务场景，如历史保护、灾后修复、乡村规划等，能够在保持规划的专业性和准确性的同时，提高项目的实施效率和社会影响力。

### 3. 研究不足与展望

尽管本项目在融合规划专业知识到图像生成模型方面取得了显著进展，但在模型的实际应用中仍然存在一些限制和需要优化的方面：

（1）部分设计要素智能生成准确性有待提高

在使用模型进行图像生成时，存在部分标签尚无法完全正确生成图像的问题，这可能与训练数据集的数量和质量有关。为解决这一问题，下一步研究需要对训练集进行扩充和优化，以包含更广泛的场景和元素。进一步的训练将有助于模型更好地学习和理解这些新增标签，从而提高其在实际应用中的表现和可靠性。

（2）理解复杂空间关系融入扩散模型的挑战

当前模型主要支持基于一点透视的图像生成，对于多点透视等复杂视角理解和生成能力尚有不足。下一步研究需要在模型训练中引入更多复杂空间关系的数据，以增强模型处理真实世界多种场景的适应性。

## 参考文献

［1］黄瓴，骆骏杭，沈默予."资产为基"的城市社区更新规划：以重庆市渝中区为实证［J］.城市规划学刊，2022（3）：87-95.

［2］孙一民，司马晓，邓东，等."人民城市设计：创新实践与思考"学术笔谈［J］.城市规划学刊，2023（3）：1-11.

［3］沈娉，张尚武.从单一主体到多元参与：公共空间微更新模式探析：以上海市四平路街道为例［J］.城市规划学刊，2019（3）：103-110.

［4］刘佳燕，谈小燕，程情仪.转型背景下参与式社区规划的实践和思考：以北京市清河街道Y社区为例［J］.上海城市规划，2017（2）：23-28.

［5］陈伟旋，王凌，叶昌东.广州市老旧社区微更新中公众参

与的模式探究[J]. 上海城市规划, 2021(6): 78-84.

[6] 李晴, 林妮. "人民城市"视角下社区微更新参与式规划设计的新模式探索: 以上海市YF里弄微更新为例[J]. 城市规划学刊, 2023(6): 87-96.

[7] KAPSALIS T. UrbanGenAI: Reconstructing urban landscapes using panoptic segmentation and diffusion models[EB/OL]. arXiv preprint arXiv: 2401.14379, 2024[2024-01-25]. http://doi.org/10.48550/arXiv.2401.14379.

[8] ZHAN F, YU Y, WU R, et al. Multimodal image synthesis and editing: The generative AI era[J]. IEEE Transactions on Pattern Analysis and Machine Intelligence, 2023, 45(12): 15098-15119.

[9] BOMMASANI R, HUDSON D A, ADELI E, et al. On the opportunities and risks of foundation models[EB/OL]. arXiv preprint arXiv: 2108.07258, 2021[2024-03-20]. https://arXiv.org/abs/2108.07258

[10] HO J, JAIN A, ABBEEL P. Denoising Diffusion Probabilistic Models[C] // Advances in Neural Information Processing Systems, 2020: 6840-6851.

[11] ROMBACH R, BLATTMANN A, LORENZ D, et al. High-resolution image synthesis with latent diffusion models[C] // Proceedings of the IEEE/CVF Conference on Computer Vision and Pattern Recognition, 2022: 10684-10695.

[12] HU E J, SHEN Y, WALLIS P, et al. LoRA: Low-Rank adaptation of large language models[EB/OL]. arXive preprint arXiv:2106.09685, 2021[2024-03-20]. https://arXiv.org/abs/2106.09685.

[13] ZHANG L, RAO A, AGRAWALA M. Adding conditional control to text-to-image diffusion models[C] //Proceedings of the IEEE/CVF International Conference on Computer Vision, 2023: 3836-3847.

[14] 刘宇, 李勇. 面向城市可持续发展的城市商圈/街区知识图谱构建方法与应用展望[J]. 地球信息科学学报, 2023, 25(12): 2374-2386.

[15] 杨俊宴, 邵典, 汪鹏, 等. 集成·拓扑·转译: 一种基于知识图谱的城市形态深度解析方法[J]. 城市规划, 2023, 47(6): 57-67.

# 基于图神经网络的OHCA风险预测和AED设施优化配置研究——以深圳市宝安区为例

**工 作 单 位**：武汉大学城市设计学院、中国科学院大学人工智能学院、深圳市宝安区人民医院急诊医学科
**报 名 主 题**：面向高质量发展的城市治理
**研 究 议 题**：安全韧性城市与基础设施配置
**技术关键词**：图神经网络、最大覆盖模型、风险预测、设施选址
**参 赛 选 手**：马灿、许晨煜、李宏亮、曹晓玉、柴夏媛、林锦乐
**指 导 老 师**：黄经南
**团 队 简 介**：团队成员由3名城乡规划专业研究生、2名人工智能专业研究生和1名心肺复苏实验室临床医生构成。团队成员背景多元，研究方向包括新技术在城乡规划中的应用、机器视觉、应急设施选址等。团队曾完成多项深圳市AED设施选址项目，并已形成多项相关论文和专利。

## 一、研究问题

### 1. 研究背景及目的意义

（1）研究背景

院外心脏骤停（Out of Hospital Cardiac Arrest，简称OHCA）是一种危害各国居民生命健康的严重疾病，在我国，心脏骤停的年发生率约44.1人/10万人，每年将导致约54.4万人死亡，发病人数和死亡人数均居全球首位。若能在短时间内接受有效治疗，OHCA患者将有50%~70%的存活率，而由于该疾病具有发病突然、致死迅速的特点，我国院外心脏骤停患者的实际生存率极低，不及1%。

自动体外除颤器（Automated External Defibrillator，简称AED）是对心脏骤停患者进行除颤的急救器械，该设施操作便捷、易于携带，一般人经简单培训即可根据语音提示进行操作。因此在EMS资源有限的情况下，在公共场所配置AED设施，开启公众除颤项目（Public Access Defibrillation，简称PAD）成了提高OHCA存活率的重要途径。

我国的PAD实践起步较晚，最初始于2006年北京首都机场航站楼的公众可获取AED配置，而后杭州、上海、深圳等各大城市也相继展开了相关探索。整体而言，目前我国的AED配置工作尚处起步阶段，各大城市普遍存在设施总体数量不足、配置标准尚不统一的问题。截至2020年，我国院外AED配置工作最为先进的深圳市和上海市浦东新区的人均AED拥有量也仅为17.5台/10万人和11台/10万人，远低于日本（234台/10万人）、美国（864台/10万人）等国家的先进水平。近年来，我国的院前急救体系建设工作开始逐渐受到重视，2021年12月，国家卫生健康委办公厅印发了《公共场所自动体外除颤器配置指南（试行）》，提出全国

各地应从无到有，逐渐完成每10万人配置100~200台AED的配置目标。

（2）研究目的及意义

综上所述，在我国推进针对OHCA的院外急救设施部署具有重要的现实意义，其中AED设施是目前应用最广泛、操作最便捷的设施之一。本研究拟综合分析OHCA的流行病学特征与空间分布规律，为在资源有限的情况下提升AED设施配置效率、提高OHCA病例存活率提供借鉴。

本研究一方面综合考虑了人口、社会经济、建成环境等因素，构建神经网络模型进行网格尺度发病风险的预测，拓展了我国关于OHCA发病规律的研究，为精准预测OHCA病例的空间分布具有重要借鉴意义；另一方面以我国AED配置工作较为先进的深圳市宝安区为例，使用实际路网等空间位置信息，结合既往病例点数据，开展了现有AED设施服务效率评估和新增选址建模计算，丰富了有关AED微观选址方法的探讨，选址方法可落地性较强且具有可移植性，对我国其他地区的应急医疗资源布局工作具有一定参考意义。

## 2. 研究目标及拟解决的问题

研究拟分析OHCA病例的空间分布规律，并探讨如何科学实现AED设施微观选址，以期在有限的资源情况下最大化提升急救设施服务效能。具体而言，可以分为以下四个问题。

①研究区的历史OHCA病例在流行病学方面存在何种特征，以及具体何种因素会显著地影响OHCA病例分布？

②研究区已配置AED设施的服务效率是否理想，能否满足患者的实际急救资源需求？

③研究区网格尺度的OHCA发病风险实际如何，能否结合历史病例分布和区域特征实现对发病风险空间分布的预测？

④在风险预测合理准确的基础上，如何构建考虑发病风险空间分布的数学模型，进而实现对AED设施的优化配置，并且模型实际优化效果是否理想？

## 二、研究方法

### 1. 研究方法及理论依据

（1）理论依据

现有研究中，考虑既有病例的实际空间分布情况的方法有高风险场所识别法和最优选址模型法2类。

其中，高风险场所识别法是指依据历史病例的分布情况，识别历史病例的高发场所或位置以进行AED设施配置。早期方法多通过统计历史病例发病场所类型，提出应在发病率较高的公共场所加强设施配置。如Hideyuki Muraoka经计算得出日本高槻市的OHCA年均发病率最高场所类型依次为火车站、医院、养老院、操场和高尔夫球场，故认为该类场所更适宜进行AED配置。其后，由于根据场所类型覆盖所有高年均发病率地点的成本较高，研究开始通过识别具有高发病率的具体场所进行设施配置指导。一般将高风险场所定义为一定年限内有超过1例病例的场所，如Engdahl等识别了瑞典哥德堡1994—2002年间有超过1例病例的场所14个，建议作为高风险地点进行设施配置。然而，该方法存在仅能识别较少数量高风险场所的问题。

随着现代设施选址相关研究的发展，学者们开始构建数学模型对AED配置方法进行更加科学的探讨，MCLP模型是目前探讨较广泛的一种选址方法，能够通过有限台数的设施实现对需求点的最大覆盖。美国心脏协会（American Heart Association，简称AHA）2015年更新的《心肺复苏与心血管疾病急救指南》指出，应在历史至少5年发生过病例的位置进行AED设施配置，因此学者们多以历史病例点为需求点，对能以给定数量AED覆盖最多病例点的设施布局方式进行求解，模型中的设施潜在配置场所多选择营业时间较长的便利店、餐厅等。但是，由于通过MCLP模型进行设施选址时，当所有需求点实现全覆盖时模型即会终止，其能指导的设施配置数量较为有限，Bonnet等依据历史救护车呼救点的分布，提出根据核密度值生成随机点的方法对需求点进行了扩充，并引入潜在布局点的营业时间等多目标，对MCLP选址模型进行了优化。

（2）现有模型的不足

对AED设施配置的模型方法已有较为丰富的研究，但仍存在以下两点不足：

首先，现有技术进行AED设施微观选址时，仅考虑历史病例的空间分布特征，而未考虑影响发病的风险因子的空间分布情况。现有方法多依据单一的历史病例分布判断不同区域的未来OHCA发病风险，即认为历史病例的发生场所或位置，未来发病风险也较高。但是该类方法无法识别由于数据收集年限所限尚无观测病例的情况，同时忽略了周边高风险人群相对密集或内部分布有高风险场所等其他危险因素，具有较高理论发病风险的未来潜在高风险区域，分析准确性有限。

其次，传统方法仅以实际病例点为需求点进行AED设施微观选址计算，可指导的设施配置数量有限。近年关于AED设施微观选址方法的讨论多基于最大覆盖模型，以历史5年OHCA的实际发病位置点为需求点进行选址计算。但是一方面，通过MCLP模型进行设施选址时，当所有需求点均实现被至少1台设施覆盖时模型即会终止，仅能指导较少数量设施的布局；另一方面，OHCA具体发病位置具有一定随机性，仅通过历史病例的发病具体场所表示未来高风险发病位置可能存在一定不合理。

（3）研究方法的改进

针对前述的两点不足，本研究提出的基于图神经网络风险估计和MCLP模型的AED设施选址方法主要在潜在OHCA高风险区域识别和MCLP选址模型中的需求点选取两方面做出了改进。

首先，基于图神经网络估计绘制区域OHCA发病风险地图，综合考虑了历史病例分布和疾病风险因子的空间分布进行AED设施布局指引。其次，基于前述所计算的风险权重挖掘潜在风险区域，并建模模拟病例点，对传统MCLP模型中的需求点进行拓展。为弥补现有方法仅能指导有限数量设施布局的不足，本研究以现有用于指导AED设施布局的MCLP选址模型为基础，通过挖掘潜在病例点的形式扩充需求点，实现模型可指导设施数量的提升。

## 2. 技术路线及关键技术

技术路线如图2-1所示：

①模块一：基本单元划分与基础数据准备

对研究区域进行基本单元划分，收集和处理区域历史OHCA病例数据、社会经济和地理环境等多源数据，为后续微观尺度的OHCA发病规律探讨和AED设施选址进行准备。

②模块二：历史病例流行病学特征及空间集聚特征分析

基于历史病例数据进行流行病学特征统计，识别区域OHCA风险因子，同时通过空间自相关分析历史病例的空间集聚特征，为图神经网络构建提供基础。基于现状AED配置数据，从历史病例与现状AED匹配度，以及现状AED设施可达性两方面进行分析现状AED设施配置所存在的问题，分析模型优化方向。

③模块三：发病风险预测模型变量筛选

基于相关文献和历史病例流行病学特征，构建OHCA风险因

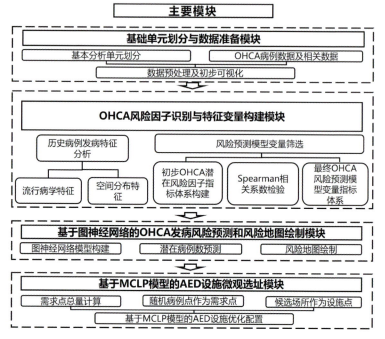

图2-1 技术路线图

子框架。通过Spearman相关系数初步分析网格尺度病例数量和各潜在影响因子的双变量相关关系，并剔除不显著的变量，将呈现显著相关性的变量纳入下一步的图神经网络建模。

④模块四：发病风险预测模型和风险地图绘制

筛选部分网格尺度的历史病例数量作为标签，以前述风险因子为特征，构建包含三层图注意网络的特征模块和三层全连接神经网络的预测模块两个部分的图神经网络，得到网格尺度的理论5年OHCA病例数量分布。将预测结果可视化为潜在OHCA风险地图。

⑤模块五：基于MCLP模型的AED设施优化配置

将潜在OHCA风险地图转换为潜在病例点作为"需求点"，将潜在AED设施配置场所的POI点作为"设施点"，构建最大化覆盖模型进行求解，并通过有效覆盖病例占比和病例至最近AED的平均距离两项指标，将选址结果同传统人口密度导向的AED设施配置进行对比，验证模型效果。

## 三、数据说明

### 1. 数据内容及类型

（1）急救数据

模型使用的院外心脏骤停病例数据来源于深圳市救护车调度

记录和深圳市宝安区人民医院的心脏骤停与复苏数据库，包括接车地点、性别、年龄、诊断与抢救信息等信息。

（2）已配置AED数据

已配置AED数据由深圳市宝安区人民医院提供，包括具体地址、地址属性、安装位置、AED柜号和管理人联系方式等18个字段，截至2021年12月共832处，用于评估现有AED设施服务效能。

（3）人口和社会经济数据

研究区用于分析OHCA相对风险影响因素的人口和社会经济数据来源于竞赛主办方提供的百度慧眼数据，包括常住人口、居住人口分布、居住人口画像、工作人口分布、工作人口画像、到访客流和到访客流画像等数据，时间段为2023年11月。

（4）地理环境数据

研究使用的地理环境数据包括建筑面积数据和高风险场所POI数据2种类型。

建筑面积数据来源于通过Python软件爬取的百度电子地图的建筑轮廓数据。高风险场所POI数据则爬取于百度电子地图，其中院外康养场所包括养老院、康养院和护理院，全区共32处；体育场馆包括体育场、体育馆和健身房，共877处。

（5）潜在配置场所POI数据

选址模型中使用的AED设施潜在配置场所的POI数据通过百度电子地图爬取，具体位置类型参考《公共场所自动体外除颤器配置指南（试行）》和《杭州市公共场所自动体外除颤器管理办法》，选取工作场所、政府机构、购物娱乐场所、交通设施、酒店、文化体育场馆、旅游景点、学校、医疗场所和住宅区10类，共6998处。

（6）路网和行政区划数据

研究使用的深圳市宝安区社区行政边界数据通过天地图爬取，并根据国家统计局统计用区划和城乡划分代码进行整理，包括街道名、街道编码、社区名和社区编码4个字段。深圳市宝安区路网数据亦来源于天地图，包括国道、省道、城市快速路、市区一级道路、九级路、行人道路和其他道路7个等级。

## 2. 数据预处理技术与成果

研究涉及的数据预处理技术主要是空间统计（以下操作均基于Arcgis平台）。通过空间链接（点—面）工具将历史病例点数据、各类高风险场所点数据和各类建成环境要素（点）汇总为网格尺度的OHCA风险地图、高风险场所数量和各类建成环境要素密度，通过空间分析中的标识工具将路网汇总统计为路网密度，通过空间链接（面—面）工具将人口和社会经济面数据、建筑面积面数据和土地利用面数据统计为居住和工作人口密度及其特征占比、建筑密度和土地利用功能多样性。

# 四、模型算法

## 1. 模型算法流程及相关数学公式

阐明模型算法实现的流程及实施步骤，提出实现模型计算相关数学计算公式，详细说明所涉及各类定量、变量、参数的名称及含义，以及计算结果解读的标准及含义。

本模型算法主要包括：①基本单元划分与基础数据准备；②拟配置区域OHCA风险因子识别；③历史病例发病风险预测模型构建与风险地图绘制；④基于MCLP模型的AED设施优化配置四个模块。模型具体实施流程如下：

（1）模块1：基本单元划分与基础数据准备

①基本分析单元划分

假设理想状态下，发生院外心脏骤停时，病例周边能够有至少一位第一反应人目击，并立即步行沿最短路径获取最近AED设施后返回施救。按普通人快步行走的速度150m/min计算，黄金4min内施救者可实现的往返总距离为600m，故本模型将AED设施有效服务半径的阈值设置为300m。本模型综合考虑模型与数据精度，经多次实验将研究区域分割为200m×200m的网格进行后续分析。另外，为保障所配置AED设施的服务效率，仅纳入一周内最大每日到访人数>10人的网格单元进行后续选址计算。

②OHCA病例数据获取与处理

根据脱敏后的历史至少5年OHCA病例信息统计发病位置等空间信息，以及患者的性别、年龄和基础性疾病等个人信息。将原始数据进行筛选和清洗后，通过地理编码获取发病位置的详细经纬度，构建区域OHCA病例数据集，并根据病例点的空间位置对落入各网格内的病例数量进行统计。

（2）模块2：研究区域OHCA风险因子识别

1）历史病例流行病学特征及空间集聚特征分析

合理构建OHCA风险因子指标体系，首先对区域内历史

OHCA患者的性别、年龄、职业和发病地点等流行病学特征进行回顾性分类统计。

进一步通过全局莫兰指数和局部莫兰指数探究历史病例分布的空间集聚性特征，从而判断OHCA病例的空间分布是否具有空间集聚性，以及其空间集聚呈现怎样的特征，从而为其后图神经网络的构建提供依据。

2）OHCA风险因子指标体系构建

结合前文的相关文献和研究区域历史病例的实际流行病学特征，从人口特征、建成环境、高风险场所和社会经济四个维度构建影响区域OHCA发病风险的潜在危险因子指标体系，并进行指标统计。

3）OHCA风险因子筛选

为提升模型有效性，分析各网格病例数与各潜在发病影响因子的相关性，将相关性显著的变量纳入后图神经网络构建。由于不同区域的发病风险和潜在影响因子可能不满足正态分布且等距，采用Spearman相关系数对OHCA发病数与各发病影响因子间的双变量关系进行分析。

（3）模块3：基于图神经网络的OHCA风险地图绘制

1）网络构建与数据准备

通过Queen邻接规则构建空间权重矩阵，首先将网格化的分析区域依据网格间的邻接关系构建为一张大型网络，将每个网格视作一条样本，将网格中的城市信息作为特征，将网格内部包含的观测病例数据作为有监督的标签，进行网格尺度的潜在发病人数预测。根据样本0值较多的特点，筛选部分邻接单元均为0值的病例数为0的网格，将其作为一组新的有特定标签的数据添加进数据集中。另外考虑到个别网格单元内病例数量具有远远大于其他网格病例数量的极值情况，为了尽可能减少噪声的影响，将模型改进为按照病例数分类输出而非拟合的方式进行预测。

为验证模型效果，设定训练比例和测试比例，按照比例从各个类别中依次随机抽取样本，组成训练集和测试集，并由此得到训练掩码train_mask和测试掩码test_mask。训练掩码和测试掩码分别遮盖了除训练数据和测试数据外的所有节点。

2）网络结构

本研究提出的预测模型分为特征模块和预测模块两个部分。特征模块的主要任务是从输入数据中提取有用的特征，包括每个网格（节点）的OHCA发病数据和城市环境信息（风险因子），提取后的特征将用于后续的预测任务。考虑到图神经网络层数不宜过多，在特征模块中，主要采用三层GATGCN（图注意力网络），通过注意力机制对每个顶点的邻居节点赋予不同的权重，对邻居节点特征加权求和，达到聚合邻居节点的信息的目的。

预测模块的输入是特征模块的聚合特征输出，输出是各网格的OHCA病例数量的分类预测。该模块采用三层全连接神经网络，损失函数选择交叉熵损失。由于各类别样本不均衡，为了最小化损失函数，在训练中需根据各类别中网格的总数，合理调整分类损失的权重。

模型总体结构示意图如图4-1所示。

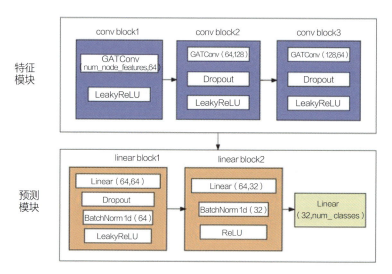

图4-1 图卷积神经网络模型结构

3）模型解释与风险地图绘制

调参获取合适的模型后，利用GNNExplainer算法解释模型的输出，帮助识别对OHCA发病风险预测结果影响最大的风险因子，从而提升模型的可解释性和透明性。

根据网格ID连接理论5年病例数预测结果与矢量网格单元，可绘制200m×200m精度的OHCA发病风险地图。

（4）模块4：基于MCLP模型的AED设施优化配置

模块4为在图神经网络预测所得的风险地图的基础上，构建MCLP模型对研究区域的AED设施选址问题进行求解。针对传统选址模型中由于观测数据（需求点）有限，MCLP算法仅能指导较少数量急救设施布局的问题，根据拟配置设施数量和各网格预测病例数生成随机病例点的方法对需求点进行拓展，并将实际潜在配置场所的POI点作为候选设施点以保障方法的落地可行性。最大模型的基本目标为在设施总数无法满足在有效服务半径内覆盖所有需求点的情景下，通过有限数量的设施实现可被有效覆盖的需求点数量最大化。

改进的用于AED设施选址的MCLP模型具体算法流程为（图4-2）：

①基于拟配置设施数量，以各网格的5年预测病例数为权重，按照拟配置设施数量和需求点数量1∶5的比例生成合理数量的随机点，模拟未来病例点的可能分布位置（参考国际惯例和美国心脏协会发布的《心肺复苏与心血管疾病急救指南》，随机病例点总数不应少于历史5年病例数）。

②参考我国现行AED设施配置相关规范，爬取AED设施建议配置场所的POI位置作为候选设施点。

③进行模型参数设定。由于可认为各潜在病例点对AED设施的重要性相等，将各点的需求强度WI均设为1；按照OHCA的"黄金四分钟"抢救特征，将设施有效服务半径的阈值设置为300m。

④在微观的200m范围内，OHCA患者的具体发病位置具有随机性，因此以潜在配置场所的POI点为设施点、基于图神经网络估计所得风险地图生成的随机点为需求点，进行指定台数下的MCLP模型求解。

⑤基于缓冲区法和距离法，分别从供给端和需求端通过病例有效覆盖率（所配置AED设施沿路网300m范围内有效覆盖的OHCA病例数量占比）和平均最近距离两项指标，评估设施配置效率。

### 2. 模型算法相关支撑技术

（1）模型算法与相关技术

模型运行所需的软件主要包括Arcgis10.6、Geoda、Python3.7三类。具体流程中，网格单元划分、观测病例与地理信息特征网格化处理和MCLP选址主要通过Arcgis10.6完成。图神经网络构建与解释则运用Geoda软件建立网格的空间权重矩阵和绝对0值样本，再通过Python语言进行图神经网络的编写和GNNExplainer解释器的运行。

（2）模型实现

本模型的最终结果中，图神经网络的训练与预测通过Python语言实现，结果以.csv形式输出。基于病例数预测结果，通过Arcgis搭建AED选址工具箱进行AED选址（图4-3）。输入待选址区域的路网数据集、神经网络预测结果、AED潜在配置场所POI和拟选址设施数量等参数，即可实现自动选址。

图4-3 AED选址工具箱界面

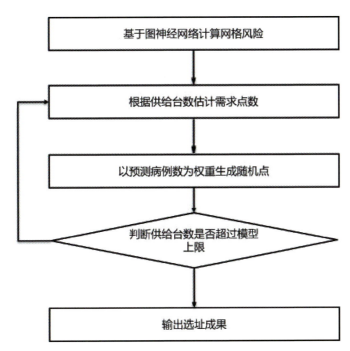

图4-2 MCLP模型求解流程图

## 五、实践案例

以深圳市宝安区例，通过本研究提出的基于图神经网络和MCLP模型的急救设施选址方法进行AED的微观选址，并对比现状和传统MCLP模型选址结果，分析本模型所提出选址方法的优势。

（1）基本单元划分

综合考虑模型精度和AED设施服务半径，将案例区域按照200m×200m的空间尺度网格化，剔除一周内日最大到访人数小于10人的网格，最终将宝安区划分为7349个网格单元，包含历史病例2500例（图5-1）。

（2）历史病例流行病学特征与现状AED服务效率

①流行病学特征分析

经统计，深圳市宝安区历史OHCA病例具有男性患者远多于女性、65岁以上人口占比较高的特征，同时多数患者发病前患有基础性疾病。历史病例发病所处场所占比最高的分别为家庭住宅、院外康养场所（养老院和疗养院）、工业区、街道/公路和其他公共场所。

②OHCA空间集聚特征分析

经求解，各网格观测病例数的全局莫兰指数为0.106，经999次随机置换所得的$Z$得分为20.7351，对应$P$值为0.001，远小于95%置信水平下的临界值0.05，说明研究区网格尺度的病例分布存在空间正相关性，即发病风险具有显著的集聚分布特征，而非随机分布。

进一步分析病例空间分布的局部自相关特征。如图5-2所示，研究区网格尺度病例分布的聚类模式包括高-高聚类、高-低聚类

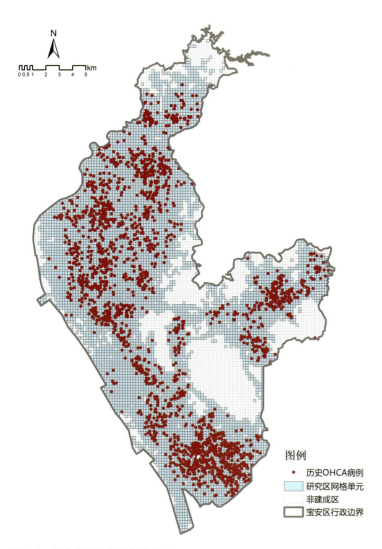

图5-1 研究区网格单元划分结果

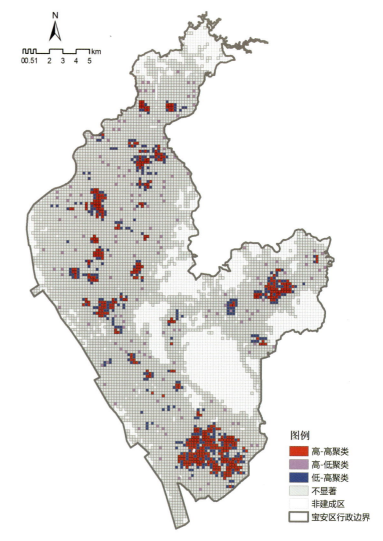

图5-2 局部空间自相关LISA聚类地图

和低-高聚类和不显著四种模式,无呈现低-低聚类模式的网格。

以上计算结果说明,研究区OHCA发病相对风险值的空间分布在整体上存在显著的集聚特征,而局部的风险聚类模式则存在空间异质性,故在后续建模中有必要考虑SMR值的空间自相关特征。

③现状AED服务效率

截至2022年,深圳市宝安区共配置AED设施832处。研究通过缓冲区法和距离法,基于实际路网,分别从供给端和需求端通过病例有效覆盖率和病例距最近AED设施的平均距离两项指标,对现状AED设施的路网可达性进行了评估。

经计算可得,现有AED对历史病例的4min(300m)覆盖率为47.3%,整体而言AED现状服务水平尚无法满足病例需求(图5-3)。全区历史病例至最近AED设施的平均距离为450.18m,多数病例位置难以在4min黄金抢救时间内有效获取设施进行除颤(图5-4)。

(3)OHCA风险因子指标体系构建

结合相关文献和区域实际OHCA病例流行病学特征,构建如下包含33项因子的OHCA风险因子指标体系(表5-1):

通过Spearman相关系数分析各网格单元的病例数量和风险因子的相关性,经剔除与病例数量不存在显著相关性的因子后(本科以上人口占比和居住人口无车人口占比两项因子),最终保留31项因子纳入后续分析。

(4)基于图神经网络的OHCA风险预测与风险地图绘制

1)OHCA风险预测

由于OHCA的发生为小概率事件且观测年限有限,在7349个网格单元中,仅1518个网格中包含病例点,其余5831个网格均为0值样本。经实验,若将所有病例数为0的网格均设置为无标签数据,采用半监督的学习策略以实际发病人数为标签进行训练,将导致预测总体偏高。另外,由于样本的不均衡,以网格实际病

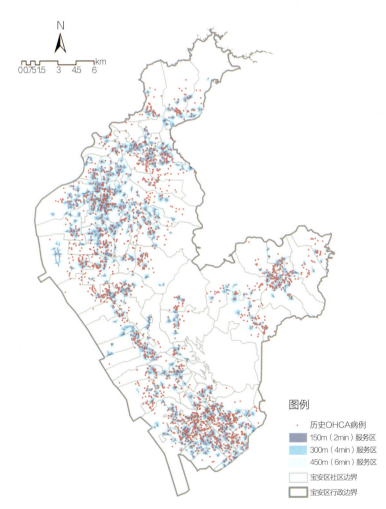

图5-3 宝安区现状AED有效覆盖范围

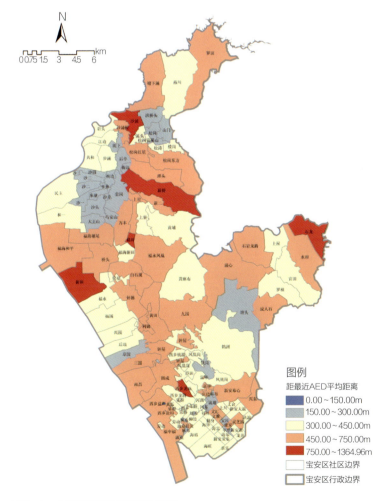

图5-4 病例至最近AED平均距离

OHCA风险因子表　　　　　　　　　　　　　　　　　　　　　　　　　　　　　　　　　表5-1

| 变量类型 | 变量名称 | 变量描述 | 预期影响 |
| --- | --- | --- | --- |
| 人口特征 | 人口密度 | 网格单元内的一周内日最大到访人数 | + |
| | 居住人口老年人口占比 | 网格单元中65岁以上人口占总人口的比例 | + |
| | 居住人口青年人口占比 | 网格单元居住人口中18~44岁人口占总人口的比例 | − |
| | 居住人口中年人口占比 | 网格单元居住人口中45~65岁人口占总人口的比例 | − |
| | 居住人口男性人口占比 | 网格单元居住人口中男性人口占总人口的比例 | + |
| | 工作人口青年人口占比 | 网格单元工作人口中18~44岁人口占总人口的比例 | − |
| | 工作人口中年人口占比 | 网格单元工作人口中45~65岁人口占总人口的比例 | − |
| | 工作人口男性人口占比 | 网格单元工作人口中男性人口占总人口的比例 | + |
| 建成环境 | 建筑密度 | 建筑基底面积与总面积的比值，反映开发强度 | + |
| | 路网密度 | 网格单元内的道路长度 | − |
| | 交通场站数量 | 网格单元内的交通场站数量 | − |
| | 购物中心数量 | 网格单元内的购物中心数量 | − |
| | 小吃店数量 | 网格单元内的咖啡厅数量 | + |
| | 写字楼数量 | 网格单元内的写字楼数量 | + |
| | 绿地可达性 | 网格单元内的绿地公园面积 | − |
| 高风险场所 | 城乡居住用地占比 | 所在网格单元用于城乡镇居住及配套设施用地占总用地的比例 | + |
| | 商业服务业用地占比 | 网格单元用于商业及服务业的用地占总用地的比例 | + |
| | 体育场馆数量 | 所在网格单元的体育馆和健身房数量 | + |
| | 院外医养场所数量 | 所在网格单元的疗养院、养老院等医养场所的数量 | + |
| | 学校数量 | 所在网格单元的中小学数量 | + |
| 社会经济水平 | 居住人口教育水平高中及以下人口占比 | 所在网格单元居住人口中教育水平高中及以下人口占比 | + |
| | 居住人口教育水平本科以上人口占比 | 所在网格单元居住人口中教育水平本科以上人口占比 | − |
| | 居住人口无车人口占比 | 所在网格单元居住人口中无车人口占比 | + |
| | 低收入居住人口占比 | 所在网格单元居住人口中月收入2499元以下居住人口占比 | + |
| | 高收入居住人口占比 | 所在网格单元居住人口中月收入2万元以上居住人口占比 | − |
| | 生产操作人员占比 | 所在网格单元工作人口中生产操作人员占比 | + |
| | 文职人员占比 | 所在网格单元工作人口中文职人员占比 | − |
| | 专业技术人员占比 | 所在网格单元工作人口中专业技术人员占比 | − |
| | 生产管理者占比 | 所在网格单元工作人口中生产管理者占比 | − |
| | 个体经营者占比 | 所在网格单元工作人口中个体经营者占比 | − |
| | 服务人员占比 | 所在网格单元工作人口中服务人员占比 | + |

例数为标签进行训练将使模型更倾向将网格预测到这些低风险数值中，使得整体的损失下降。因此经调整后，模型选择将非零样本和部分0值样本（自身及其周围邻居结点的标签均为0）均纳入训练，并依据病例数量将网络改进为分类输出。最终根据各类别中网格的总数，调整分类损失的权重大小为：Weight = [1, 5, 10, 15, 20, 25, 30, 35, 40, 50, 60]，并再次训练。此时训练集准确率为76.731%，测试集准确率为72.464%，训练效果较为理想。

2）模型解释

在得到合适的模型后，利用torch_geometric.explain模块对模型输出进行解释。图5-5显示了各特征对模型输出值的重要性排序。由图5-5可知，OHCA风险因子中的第10号城镇住宅用地占比、第16号居住人口男性人口占比、第20号高收入居住人口占比、第17号人口密度，以及第3号写字楼数量5项因子对OHCA病例数量预测的影响最大。

特征0~30分别为路网长度、建筑面积、公交车站数量、写字楼数量、体育场馆数量、院外医养场所数量、购物中心数量、小吃店数量、学校数量、绿地公园面积、城乡居住用地占比、商业服务业用地占比、科教文卫用地占比、居住人口老年人口占比、居住人口青年人口占比、居住人口中年人口占比、居住人口男性人口占比、人口密度、高中以下学历人口占比、低收入人口占比、高收入人口占比、生产操作人员占比、文职人员占比、专业技术人员占比、生产管理者占比、个体经营者占比、服务人员占比、工作人口老年人口占比、工作人口青年人口占比、工作人口中年人口占比和工作人口男性人口占比。

3）OHCA风险地图绘制

根据模型推断所得的各网格单元理论5年病例数量，可对网格尺度的OHCA发病风险进行评估，并通过Arcgis可视化得到案例地的OHCA发病风险地图。通过对比图神经网络预测OHCA病例分布图和观测病例数量分布图（图5-6、图5-7）可知，通过图神经网络估计所得的发病风险预测值在空间分布上基本与现状一致。然而，因纳入了风险因子，本模型识别出了历史病例数较少或尚未观测到OHCA病例，但潜在发病风险较大的中高风险区域，并通过向邻域"借力"实现了部分异常值的剔除。

（5）基于MCLP模型的AED设施选址

以深圳市宝安区为例通过本章所构建模型进行AED设施选址实例计算，并对模型的优化效果进行对比验证。首先基于样本数据随机抽取80%的历史5年病例点（2032例）构建训练集，用于发病相对风险估计和选址计算；剩余20%的病例点（508例）构成测试集用于模型效率评估。基于训练集数据的图神经网络风险预测结果如图5-8所示。

根据深圳市卫生健康委员会规划，深圳市拟在未来10年内逐步实现每10万人100台的AED设施供给水平。则按照2020年末宝安区4476554人的常住人口数量计算，在现有设施可移动的情境下，实现远期设施数量规划时全区共需配置的AED设施总量

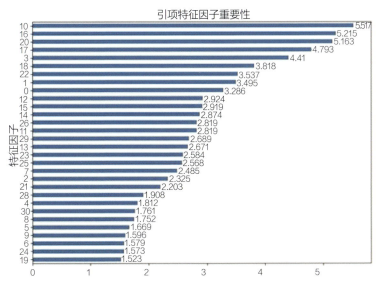

图5-5　特征重要性排序图

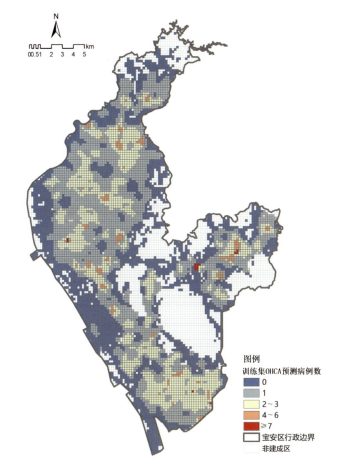

图5-6　图神经网络预测病例分布图

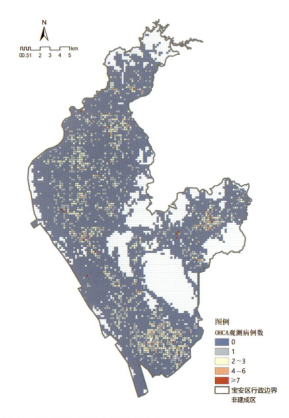

图5-7　历史5年观测病例数量分布

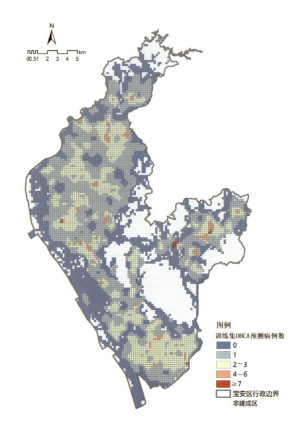

图5-8　训练集病例图神经网络预测结果

约为4500台,因此研究将MCLP模型中的最终拟选址设施台数设为4500台,并分别计算配置与现状相同的832台、1000台、2000台、3000台、4000台和4500台时的模型优化效率。经试求解,研究最终以各网格的期望病例数为权重,生成2万个随机病例点(未来10年预测值)作为MCLP模型中的需求点,用于模型的进一步求解(图5-9)。

经计算,现状832台已配置AED设施对测试508例病例的300m(4min)有效覆盖率为47.04%,各病例点至最近AED设施的平均距离为451.32m(远高于4min黄金抢救时间可达范围)。通过本文构建的MCLP选址模型优化后,相同数量的832处设施可有效覆盖77.56%的测试集病例,使病例的4min有效覆盖率增加了30.52%,达到了原覆盖率的近两倍;同时病例至最近设施点的平均距离由451.32m降至282.87m,即各病例可获取最近AED设施的理论平均时间缩短了2.25min(表5-2)。另外在配置2000台设施时,即可实现达到95.47%的覆盖率,实现测试集病例的基本全覆盖(有3.54%的病例位于森林、滩涂等自然区域,无法通过在公共场所布局AED实现病例的有效覆盖)。该结果说明通过基于风险地图的

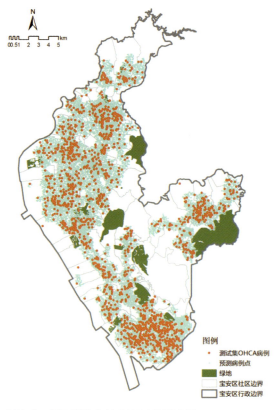

图5-9　基于训练集的OHCA预测病例

MCLP模型求得的AED设施布局方式相较现状更加合理（图5-10）。

为与基于图神经网络的MCLP模型的选址效果进行对比，研究同样以假设现状AED设施可移动的情景为例，分别通过人口导向选址模型进行832台、1000台、2000台、3000台、4000台和4500台设施选址，选址结果如图5-11所示。由选址效果对比表（表5-2）可知，配置相同台数设施时，通过MCLP模型布局的AED设施服务效率均远高于人口导向选址模型。经基于图神经网络的MCLP配置2000台设施时，即可使测试集病例获取最近设施的理论平均时间缩短至3min以内，而病例点至同样台数的人口导向模型所配置设施的平均时间超过10min；配置4500台设施后，经MCLP模型求解所配置的AED设施可覆盖96.46%的测试集病例，而经人口导向模型配置的相同台数设施对测试集病例的覆盖率仅72.24%，不及本选址模型配置832台设施时实现的有效覆盖率（77.56%）。因此，本文所构建的考虑理论发病风险的选址模型更适合进行AED设施选址计算。

由此可见，我国现有AED设施选址规范一般认为人口密度高、人流量大的公共场所OHCA发病风险较高，因此建议在该类场所优先进行设施配置。而本研究通过实例计算发现，相较现行方案和MCLP模型选址方案，通过人口密度单一导向选址方法计算所得的设施选址方案服务效率更低，即使将配置密度提升至100台/10万人，病例至最近设施的平均时间也超过4min。同时通过人口导向方法计算所得的AED设施选址位置主要集中在人口密集的宝安区中心区域和其他街道的核心区（图5-11），可能导致设施服务效率不足和应急医疗资源供给的空间不公平。

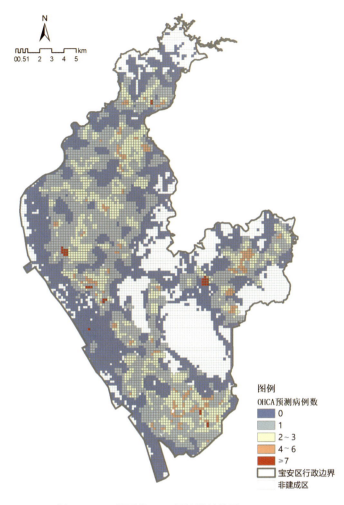

图5-10　基于MCLP模型的AED设施选址位置

选址模型优化效果对比表　　　　表5-2

| 布局台数（台） | 基于图神经网络的MCLP选址模型 | | 人口导向选址模型 | |
| --- | --- | --- | --- | --- |
| | 300m（4min）病例有效覆盖率（%） | 病例至最近AED设施平均距离（m） | 300m（4min）病例有效覆盖率（%） | 病例至最近AED设施平均距离（m） |
| 现状（832） | 47.04 | 451.32 | | |
| 832 | 77.56 | 282.87 | 17.32 | 1745.64 |
| 1000 | 83.07 | 255.78 | 21.85 | 1580.32 |
| 2000 | 95.47 | 184.81 | 39.37 | 1116.38 |
| 3000 | 95.87 | 156.29 | 58.07 | 695.59 |
| 4000 | 96.46 | 143.78 | 68.11 | 530.84 |
| 4500 | 96.46 | 143.78 | 72.24 | 493.18 |

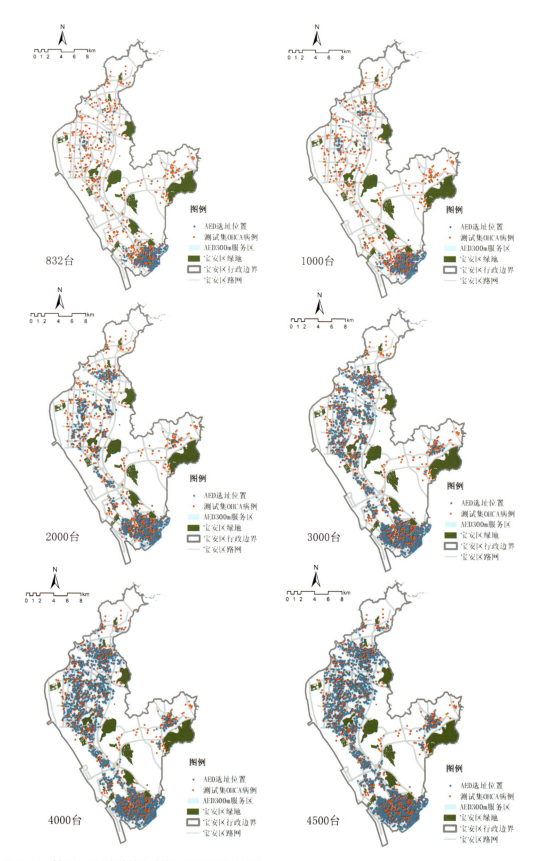

图5-11 基于人口导向选址方法的AED设施选址位置

## 六、研究总结

### 1. 模型设计的特点

与现有技术相比,本模型主要有以下四个优点:

①通过构建图神经网络,可综合考虑风险因子的空间分布和空间相关关系进行区域OHCA风险因子识别和风险地图绘制。实践案例表明,本模型能够利用小样本数据有效进行未来病例预测,并识别尚未发生观测病例的高风险区域。

②本模型创新地基于预测所得的OHCA风险地图指导AED设施优化配置。一方面能够前瞻性地指导无观测病例的潜在高风险区域的设施布局,另一方面也能够剔除特殊病例点的影响,避免了有限应急资源的错配。

③相较传统选址模型,本研究提出的AED设施选址方法可根据实际设施供给能力灵活调整需求点总数,从而能指导充足数量的设施选址。同时,该方法综合考虑了OHCA发病风险在网格及以上尺度存在的空间分布规律,而微观尺度的实际发病地点具有随机性的特征,需求点设置相较传统方法更为合理。

④现有方法一般以人口密度为单一导向,或仅选择地铁、学校等特定类型场所作为AED设施的选址。本模型根据我国相关规范指引,将可配置设施点选为10类规范建议配置场所的POI点,从而可直接指导AED设施的微观选址,在我国具有实际落地可行性。

总结而言,在配置相同数量AED设施时,基于本研究所提出的模型进行布局,能够在病例距最近设施距离和病例有效覆盖率两项指标上均优于现状和传统选址模型;另外当规划拟配置数量超过传统MCLP模型可指导设施数量上限时,这一模型仍能有效指导AED设施布局,且所配置设施具有较理想的服务效率。

### 2. 应用方向或应用前景

2016年,中共中央、国务院颁布了《"健康中国2030"规划纲要》,提供高质量的急救医疗服务是其中的一项重要目标,广州、深圳、北京等地政府随后也跟进规划,提出将急救医疗体系完善作为近期主要发展目标之一。其中院前急救服务体系的完善是重中之重,关系到患者的生命安全。院前急救服务不仅包括本研究涉及的AED设施,也包括各级急救站(急救中心、急救中心站和急救工作站)和一些流动车辆。本研究可从以下两方面应用于我国院前急救服务体系的构建中:

一方面,我国各大城市正广泛开展公共场所AED配置工作,然而,目前各地尚缺少可科学指导AED设施微观配置的通用方法。我国现有规范对设施配置位置的指引主要以人口密度为导向,认为人口密集的公共场所OHCA发病风险可能较高;同时由于设施管理与维护等实际问题,目前实践中AED设施布局多采用自下而上的主动申请-考察审核的方式进行,即倾向将设施配置于自愿进行设施配置和管理的场所。通过前文对比可知,以上两种设施选址方法的效率均较为有限。因此,本模型综合考虑了历史病例空间分布、风险因子空间分布和AED潜在可配置场所,能够指导如何科学地布局AED设施,使其发挥最大效能。据《中国卫生健康统计年鉴2021》数据,2020年城市心血管病占死因的44.26%,远超于肿瘤及呼吸疾病,可见我国潜在自动体外除颤器的需求人数较多,存在较大的市场空间。而我国各主要城市,如广州、深圳、北京、上海等已部署超5000台,其余一些城市,如昆明、合肥等数量较少,但基本上也都有在未来若干年内新配AED设施的计划。本研究为合理配置AED设施提出了一套新的流程和方法,可有效提升AED设施服务覆盖范围和缩短获取AED的时间,未来有望应用于各城市AED的实践部署中。

另一方面,在健康城市的建设背景下,本模型的应用可推广至120调度中心、卒中中心、消防栓,以及派出所和治安亭等其他应急设施或公共安全场站的选址,并为相关标准的制定提供借鉴。目前在城市规划中,我国各类应急设施或场站的选址同样存在仅人口密度(万人拥有量)单一导向,较少考虑应急事件的实际空间分布和风险因子空间分布的问题。因此,由于应急事件对救援时效性的要求,各类应急或公共安全设施的真实有效服务效率往往较低。通过本模型的使用,将能够在各类应急站点的布局实践中,纳入对历史和潜在高风险区域的考虑,并使有效数量设施发挥最大作用,从而提升选址科学性、有效缩短急救响应时间。

## 参考文献

[1] ZHANG S. Sudden cardiac death in China [J]. Pacing and clinical electrophysiology, 2009, 32 (9): 1159-1162.

[2] XU F, ZHANG Y, CHEN Y. Cardiopulmonary resuscitation training in China [J]. JAMA Cardiology, 2017, 2 (5): 469.

[3] 骆丁, 张娜, 郑源, 等. 自动体外除颤仪的配置现状及实施研究进展[J]. 中国急救医学, 2021, 41 (2): 182-185.

[4] 吕传柱, 张华, 陈松, 等. 中国AED布局与投放专家共识[J]. 中国急救医学, 2020, 40 (9): 813-819.

[5] HIDEYUKI MURAOKA M, YASUO OHISHI M, HIROSHI HAZUI M, et al. Location of out-of-hospital cardiac arrests in Takatsuki city- Where should automated external defibrillator be placed? [J]. Circulation Journal, 2006, 70: 827-831.

[6] ENGDAHL J, HERLITZ J. Localization of out-of-hospital cardiac arrest in Göteborg 1994–2002 and implications for public access defibrillation [J]. Resuscitation, 2005, 64 (2): 171-175.

[7] KRONICK S L, KURZ M C, LIN S, et al. Part 4: Systems of care and continuous quality improvement [J]. Circulation: An Offical Journal of the American Heart Association, 2015, 132 (18_suppl_2).

[8] BONNET B, GAMA DESSAVRE D, KRAUS K, et al. Optimal placement of public-access AEDs in urban environments [J]. Computers & Industrial Engineering, 2015, 90: 269-280.

[9] CHURCH RL R C. The maximal covering location problem [J]. Papers of Regional Science Association, 1974, 1 (32): 101-118.

# 即时配送塑造的数字生活圈：基于复杂网络和图深度学习的即时配送动态结构挖掘与需求预测模型

**工 作 单 位**：哈尔滨工业大学（深圳）建筑学院、北京大学城市规划与设计学院

**报 名 主 题**：面向高质量发展的城市治理

**研 究 议 题**：城市行为空间与生活圈优化

**技术关键词**：时空行为分析、图论算法、神经网络

**参 赛 选 手**：张承博、李泳霖、王成龙

**指 导 老 师**：肖作鹏、宫兆亚

**团 队 简 介**：参赛团队主要成员来自哈尔滨工业大学（深圳）建筑学院智慧城市运营与平台经济研究组（SCOPE）与北京大学城市规划与设计学院地理空间智能与大模型工作室。SCOPE的主要研究方向为新数据和新技术驱动下的区域发展与规划研究，聚焦于平台经济下的新城市科学，致力于探讨数字化浪潮下时空行为逻辑变革与城市规划的适应及响应。

## 一、研究问题

### 1. 研究背景及目的意义

（1）即时配送正在塑造居民的"数字生活圈"

数字化浪潮下，即时配送（instant delivery）等应需消费服务逐渐普及，以其快速、便捷的特性，深刻地改变了居民的日常生活消费行为。2022年，即时配送服务行业订单规模近400亿单，市场规模超8000亿元人民币。在大规模拥抱线上获取资源服务的转型同时，美团/饿了么等本地生活应用成为影响居民日常生活消费的重要线上平台。这种通过互联网平台高效调度的O2O（online to offline）配送方式形塑了居民的数字消费行为空间，催生出线上线下结合的"数字生活圈"。这一新形式的日常生活圈，通过互联网平台的介入，实现了日常生活消费空间的数字化和再尺度化。居民的日常需求在此背景下得到了新的满足方式，商业体系、交通物流规划也因此面临重新布局的需求。特别是"零售即服务"的概念，强调了半小时生活圈的构建，这要求社区便民生活圈的规划必须适应即时配送服务的特点，实现15~30min的标准单元与社区生活圈的有机结合。这种生活圈以即时配送为核心，重构了居民的日常生活行为模式，并对城市商业体系、交通物流规划产生了深远的影响。在此背景下，即时配送生活圈成为研究数字生活圈这一概念模型的重要抓手。即时配送生活圈是数字生活圈理念在即时配送场景下的具体映射，也是O2O背景下数字生活圈的关键内容。

（2）即时配送生活圈对城市规划提出新需求

即时配送带来的数字生活圈场景，对规划提出了数字服务设施类型及规模的新技术要求、数字生活圈与各类空间规划衔接的

新技术场景。首先，在生活圈规划方面，需要考虑运力配置及监管，确保即时配送服务的高效运行。社区便民生活圈的构建需要考虑即时配送服务的接入点和配送路径的优化，以实现更高效的服务。15min便民生活圈的概念也需要与即时配送服务相结合，通过设施定点和服务定则，实现服务的快速响应和覆盖。其次，商业体系规划需要探索数字生活圈下新设施类型及规模的技术要求，以及业态功能配置和商业设施网络的构建。此外，交通物流规划则需要关注即时配送服务站的布局和电动车骑行网络的规划，以适应即时配送带来的新变化。基于以上命题，面向日常生活消费数字化转型，研究即时配送生活圈的动态结构与服务需求成为城市行为空间与生活圈优化中的关键任务（图1-1）。

（3）研究意义

在理论层面，本研究针对涌现的O2O平台即时配送服务，推动"数字生活圈"的理论建构。这一理论不仅揭示了居民消费空间的转型重构，还为线上线下结合的社区生活圈规划、15min城市建设提供了新视角。

在实践层面，本研究通过量化挖掘即时配送的动态社区结构以及细粒度预测供配需求，支持线上线下结合的生活圈营建。模型成果将帮助城市适应数字化、平台化的空间转型，定量支持生活圈规划、商业体系规划和交通物流规划的决策。

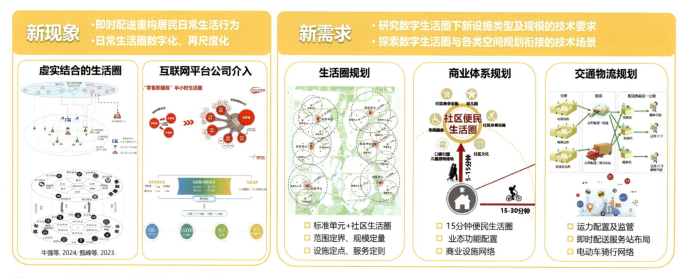

图1-1　即时配送重构日常生活圈的新现象和新需求

## 2. 研究目标及拟解决的问题

本研究的核心目标是深入理解即时配送塑造的数字生活圈，挖掘即时配送生活圈的动态结构模式，构建准确的即时配送需求预测模型，以支持虚实结合的生活圈规划布局。研究目标具体提出如下规划决策支持模型。

模型一：即时配送生活圈动态结构模式挖掘模型。识别并揭示即时配送生活圈的动态变化特征，包括其尺度结构、空间范围、面积和数量的变化规律。

传统的社区生活圈规划依赖于静态边界和标准化配置，难以适应数字化时代下动态化、复杂化的消费行为和出行需求。为克服这一局限，本研究将采用基于随机游走的动态社区发现算法，结合多层张量网络和Leiden算法，以实现社区动态结构的连续发现和跟踪。

模型二：即时配送需求模拟预测模型。开发一个基于图深度学习的技术框架，用于空间细粒度预测区域间即时配送的订单流量及区域取货/配送地需求。

现有需求预测模型在考虑空间交互特征和地理语义时存在不足，无法准确捕捉即时配送服务的复杂性。针对这一问题，本研究提出开发基于图卷积网络的预测模型，该模型将融合多种空间交互图和节点功能属性，以提升对需求模式和流量变化的捕捉能力。此外，现有模型缺乏对即时配送服务特定约束的考虑，影响其泛用性和实用性。为解决这一问题，本研究将在模型中引入空间约束负采样模块，增强模型对即时配送服务空间约束特征的适应性，提高模型的实用性和泛化能力。

综上，本研究旨在数字生活圈场景下，提出一套科学系统的规划决策支持模型，补充现有技术方法应用的不足，支持线上线下结合背景下的社区生活圈营建。

## 二、研究方法

### 1. 研究方法及理论依据

（1）从静态圈层到动态网络：即时配送生活圈动态结构模式识别方法

传统的社区生活圈规划主要基于行政管理单元和设施服务半径，然而，随着数字化转型，居民消费行为和出行需求变得更加复杂和动态，传统静态生活圈边界可能导致资源配置不合理。为了适应新时代需求，需要理解群体出行活动规律及其与城市时空资源的交互模式，从而实现社区生活圈的精细化配置。

现有研究多基于居民日常出行与活动数据，利用标准置信椭圆法、最小凸多边形法、K-means空间聚类法等方法测度居民活动空间单元。然而，这些研究主要集中于静态组织模式解析，缺乏对动态变化的探索。随着手机信令等大数据的发展，基于群体移动数据的社区发现算法被广泛研究，如鲁汶社区发现算法、Infomap算法等。尽管这些算法识别了传统静态社区，但与实际中因空间交互而动态变化的活动空间单元仍有差异，特别是在"线上+线下"结合的数字消费方式下，居民的活动空间更具动态性。

因此，本研究参考计算机科学和统计物理领域提出的基于随机游走的动态社区发现算法，使用依赖时间的多层张量网络，结合Leiden等算法提取社区，并检测其时空模式。该算法考虑所有时间快照及层间边，突破单层网络的静态连接限制，实现三维动态社区的连续发现。基于即时配送数据，该算法可提供群体消费行为的时空变化事件，系统性描述虚实交互下的社区识别结果。

（2）从节点建模到网络建模：即时配送生活圈即时配送需求模拟预测模型

在即时配送构建的数字生活圈中，空间配送流和节点区域需求预测是两个关键问题。前者指从一个节点区域到另一个节点区域的订单量，后者指节点区域的累积需求。预测配送流需求可以协助平台进行动态定价及配送路径规划，同时为城市末端物流系统提供决策支持。然而，现有需求预测模型较少考虑空间交互特征。OD流尺度需求预测主要利用空间相互作用模型或机器学习方法，而节点需求预测通常基于时间序列模型或机器学习方法。这些研究大多集中于单一尺度需求预测，未综合考虑节点间的空间作用关系及邻域节点的空间信息，影响了模型的应用范围和效果。

图神经网络（GNN）有效解决了领域节点间的信息传递问题，学者们探索基于图卷积网络（GCN）的预测模型并应用于交通与人群移动性预测。GCN能够直接作用于图并利用其结构信息，处理非欧几里得空间数据，在复杂城市网络预测问题上具有优势。GCN在节点需求预测方面取得显著成果，展示了其在捕捉空间结构和提高预测精度方面的潜力。

在空间流量预测中，空间相互作用是产生节点联系的基础。Yao等人提出的基于空间交互作用的图神经网络（SI-GNN）模型，通过构建空间嵌入网络捕捉区域间流量模式和交互关系，但现有研究很少应用于即时配送领域。即时配送行为反映局地消费行为，通常伴有空间约束。相比交通预测，即时配送预测需要更细粒度的检测与评估，并考虑节点功能属性。

本研究考虑多种空间交互关系，利用图卷积神经网络预测区域即时配送需求和区域间配送流量。模型融合多种空间交互图，捕捉节点需求模式和流量变化，提升模型泛用性。在北京市五环区域内进行实验，预测即时配送流量、配送流入流出需求量及重要商圈服务范围。

### 2. 技术路线及关键技术

本研究技术路线如图2-1所示，可分为四个主要步骤：多源数据库构建、即时配送多层张量网络构建、即时配送生活圈动态结构模式识别，以及即时配送需求模拟预测，涉及的关键技术包括随机游走算法、Leiden社区发现算法及空间交互多图卷积神经网络模型。

（1）多源数据库构建

本研究收集了即时配送数据、行政区划数据、空间单元网格数据，以及手机信令人口数据、POI数据、OSM道路数据。针对即时配送数据，提取统计其OD（起始地-目的地）数据至空间单元网格，并以一小时为间隔进行时间分层。

（2）即时配送多层张量网络构建

基于预处理后的即时配送数据，利用随机游走算法，以空间网格为节点，以即时配送流OD对为边构造时间依赖的即时配送多层张量网络。该方法被广泛应用于基于流的城市活动节奏区、城市出行功能子区识别中，因此适用于即时配送供需空间交互的空间模式挖掘。

（3）即时配送生活圈动态结构模式识别

采用Leiden社区发现算法识别即时配送动态社区，挖掘即时配送生活圈的动态结构模式，即尺度结构特征及时序特征。此外，进一步根据即时配送生活圈的时序活动特征，利用时序聚类方法将即时配送生活圈进行聚类。

（4）即时配送需求模拟预测模型构建

本研究提出了一个考虑多种空间依赖关系的空间交互多图卷积神经网络来解决即时配送流量、取货送货地需求的模拟预测问题。空间交互图中，订单交互图编码流量交互关系，时序相关图编码时序配送特征相似性，功能相似图编码区域间功能语义的相似性及反距离图编码空间邻近性。同时，对空间节点特征进行了建模，考虑到人口密度、居住、办公、商业等POI类型。模型能够输出全域范围配送流量及取货地/配送地需求，并根据未来规划场景生成预测。

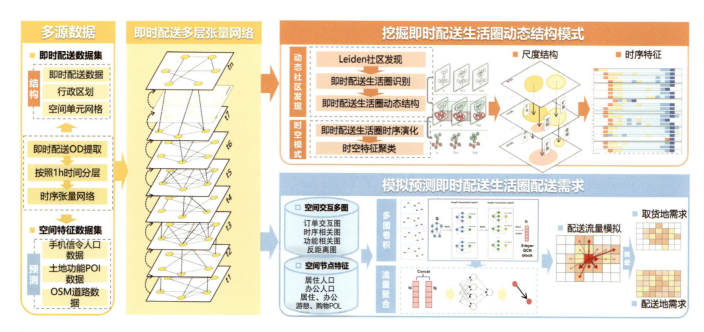

图2-1 研究技术路线

## 三、数据说明

### 1. 数据内容及类型

本研究应用三个主要数据集：一是即时配送订单数据，二是行政边界与道路数据，三是人口分布和土地利用数据，下面介绍数据细节。

（1）即时配送订单数据

即时配送订单数据集来源于饿了么外卖平台，该平台在我国市场份额约为43.9%，提供食品、日用消费品等多种资源的配送服务。数据集包含2020年2月北京市内的即时配送订单记录，用于构建多层张量网络。每条订单记录包括订单编号、日期、取货经纬度、送货经纬度、订单创建时间、取货时间和送货时间等信息（表2-1）。值得注意的是，尽管2020年1月19日北京出现首例确诊病例，但并未采取封城等措施，主要管控集中在交通枢纽。相关报告显示，2020年及其后即时配送使用量平稳上升，疫情因素未对配送行为产生较大影响。同时，1月25日为农历春节，假期持续至2月2日，2月份不属于配送淡季或旺季，季节性和假日因素对数据影响较小。因此，探讨该时段的配送行为规律具有理论和实践意义。我们将原始订单数据坐标转化至CGCS2000 / 3-degree Gauss-Kruger CM 117E坐标系，以进行下一步空间数据汇总与分析。

即时配送数据示例　　　　　　　　　　　　　　　　　表2-1

| 编号 | 日期 | 订单创建时间 | 送货时间 | 取货经度 | 取货纬度 | 送货经度 | 送货纬度 |
|---|---|---|---|---|---|---|---|
| 1 | 2-1 | 9：02：48 | 9：45：00 | 116.5341° | 39.91773° | 116.5342° | 39.90866° |
| 2 | 2-1 | 10：21：49 | 11：06：57 | 116.5166° | 39.92153° | 116.545° | 39.9179° |
| 3 | 2-1 | 10：24：49 | 11：09：28 | 116.5166° | 39.92153° | 116.5475° | 39.91305° |

（2）行政边界与道路数据

行政边界数据来源于天地图，主要用于创建500m×500m空间单元网格，以汇总即时配送OD对作为模型的分析单元。道路数据则来源于OpenStreetMap，涵盖各等级道路数据，用于分析即时配送生活圈动态结构模式。

（3）人口分布和土地利用数据

土地利用、人口和设施数据分别来自2020年高德地图POI数据、2020年中国联通手机信令人口数据和2020年饿了么外卖店铺数据。高德POI数据记录了办公、居住、购物和休闲四种类型功能点数量。手机信令数据在150m×150m空间尺度上记录居住和就业人数，并汇集到网格单元。饿了么外卖店铺位置数据经过地理编码后被记数于网格中，用于表征区域即时配送供给能力。

2. 数据预处理技术与成果

数据预处理主要包括构建即时配送多层张量网络及以网格为节点的即时配送网络，如图3-1所示。

（1）构建即时配送多层张量网络

即时配送多层张量网络的构建与分析基于节点-边的关系，本研究将研究区域划分为500m×500m网格作为基本分析单元，并将即时配送数据与网格进行空间连接，将配送OD对汇总至网格。这种方法广泛应用于城市分析中。参考Jia等（2022）的多层网络构建与动态社区发现方法，以网格点为节点，配送流OD对为边，构造时间依赖的多层网络，并利用Leiden算法进行动态社区发现，采用空间交互多图卷积神经网络进行需求模拟预测。

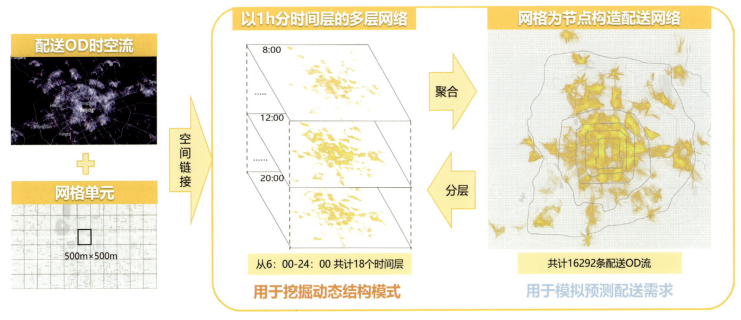

图3-1　数据预处理

构建过程分为三个步骤：

1）时间层标记：基于订单创建和送达时间，为汇总的配送OD对标记O点和D点的时间层。数据时间覆盖范围为6点至24点，以1小时为间隔划分18个时间层，编号0~17赋给每条OD对。

2）跨层判断：判断OD对中O点和D点的时间层是否相等，若相等则为层内边；若不相等，则为跨层边，链接不同时间层。

3）跨层插值：由于缺少配送轨迹数据，利用取货地（O点）构造跨层插值点，将OD对NODE（1）LAYER（1）→ NODE（2）LAYER（2）分解为NODE（1）LAYER（1）→ NODE（1）LAYER（2）+ NODE（1）LAYER（2）→ NODE（2）LAYER（2），完成多层张量网络的构建。

（2）聚合网格节点的即时配送网络

将即时配送订单数据通过空间连接汇总聚合到网格中，得到网格尺度的配送需求（分为流出需求和流入需求）和网格对尺度的即时配送流量。我们汇总了各个时间维度得到当月总量的订单数量，对其进行描述性统计。图3-2显示了配送流量呈现的距离衰减特征，这与传统的重力模型假设相一致，并且最大距离被限制在5km内，表明即时配送行为的空间约束和距离衰减特征。图3-3呈现了即时配送流量、取货需求和配送需求的空间分布及频次统计特征。

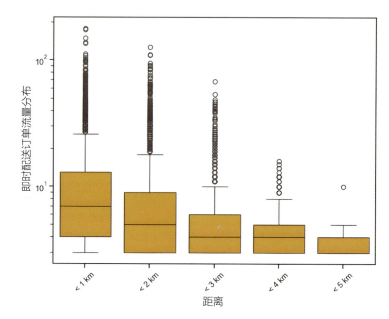

图3-2  即时配送订单流量分布和的距离衰减规律

### 四、模型算法

**1. 模型算法流程及相关数学公式**

（1）模型一：即时配送生活圈动态结构模式挖掘模型

我们使用多层时序张量网络下的动态社区发现算法，进行即时配送生活圈动态结构模式挖掘模型的构建。图4-1展示了该模

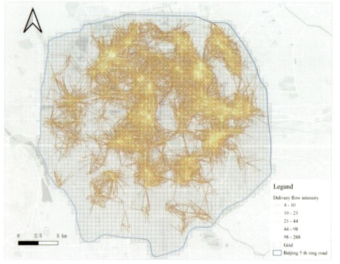

（a）即时配送流量空间分布

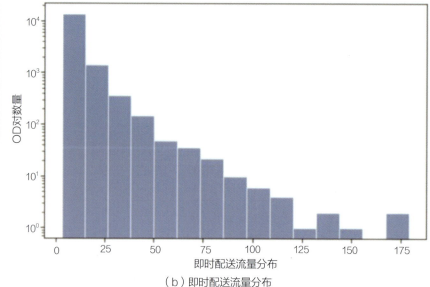

（b）即时配送流量分布

图3-3  即时配送订单流量和节点需求分布

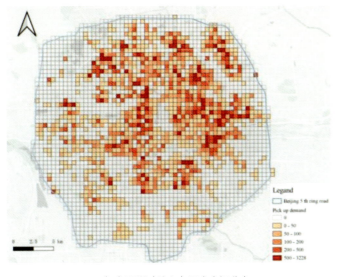
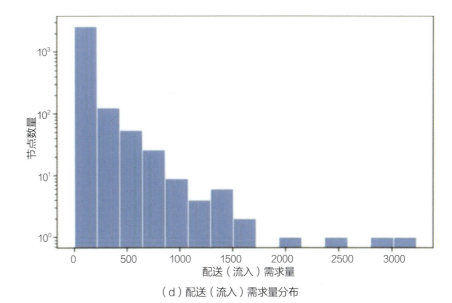

（c）配送（流入）需求空间分布　　　　（d）配送（流入）需求量分布

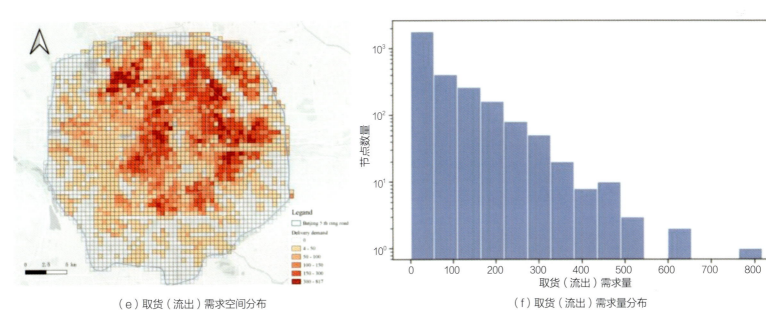

（e）取货（流出）需求空间分布　　　　（f）取货（流出）需求量分布

图3-3　即时配送订单流量和节点需求分布（续）

型的算法流程。

　　动态社区发现算法的第一步起始于基于多层网络随机游走的时间层访问概率计算，目的是构造时间加权的跨层网络。多层空间相互作用网络上的随机游走是指在每一时间步中，以与层内边或层间边的强度成正比的概率，从某个节点开始向相邻节点移动的过程。受MutuRank（Wu等，2015）的启发，这是一种基于随机行走的方法，我们计算网络节点和层的访问概率。在时间$t$时在节点$i$处的访问概率（$p_i^t$）可以被定义为式（4-1），在时间$t$时在层$d$处的访问概率（$q_d^t$）可以表示为式（4-2）。此外，引入阻尼因子$\alpha$（0.85）和$\beta$（0.85）以平衡网络结构的知识和先验知识，并进一步处理悬挂节点，从而得出以下迭代等式：式（4-3）和式（4-4）。

$$p_i^t = \sum_{j=1}^n \sum_{d=1}^m \frac{a_{i,j,d}}{\sum_{l=1}^n a_{l,j,d}} \cdot p_j^{t-1} \cdot \frac{q_d^t \cdot a_{i,j,d}}{\sum_{e=1}^m q_e^t \cdot a_{i,j,e}} \quad (4-1)$$

其中，$\frac{a_{i,j,d}}{\sum_{l=1}^n a_{l,j,d}}$表示从给定节点$j$转移到层$d$处的节点$i$的概

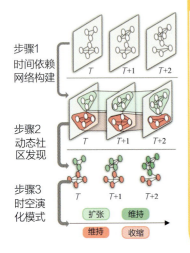 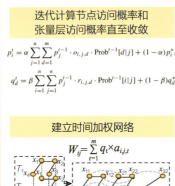 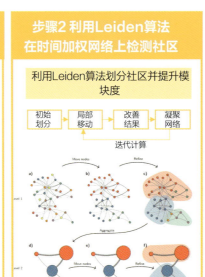 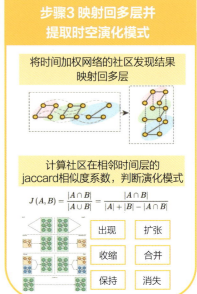

图4-1 即时配送生活圈动态结构模式识别模型算法流程

率，$p_j^{t-1}$ 是在时间 $t-1$ 处在节点 $j$ 的访问概率，$\frac{\sum_{i=1}^{n} q_d^t \times a_{i,j,d}}{\sum_{e=1}^{m}\sum_{i=1}^{n} q_e^t \times a_{i,j,e}}$ 表示当给定节点 $j$ 时在层 $d$ 的概率。

$$q_d^t = \sum_{i=1}^{n}\sum_{j=1}^{n} \frac{a_{i,j,d}}{\sum_{l=1}^{n} a_{i,j,l}} \cdot p_j^{t-1} \cdot \frac{q_d^t \cdot a_{i,j,d}}{\sum_{e=1}^{m} q_e^t \cdot a_{i,j,e}} \quad (4-2)$$

其中，$\frac{a_{i,j,d}}{\sum_{e=1}^{m} a_{i,j,e}}$ 是当给定从节点 $j$ 到 $i$ 的转换时访问层 $d$ 的概率，并且 $\frac{\sum_{e=1}^{m} q_e^t \times a_{i,j,e}}{\sum_{i=1}^{n}\sum_{e=1}^{m} q_e^t \times a_{i,j,e}}$ 表示当给定节点 $j$ 时在节点 $i$ 处的概率。

$$p_i^t = \alpha \cdot \sum_{j=1}^{n}\sum_{d=1}^{m} \frac{a_{i,j,d}}{\sum_{l=1}^{n} a_{i,j,l}} \cdot p_j^{t-1} \cdot \frac{q_d^t \cdot a_{i,j,d}}{\sum_{e=1}^{m} q_e^t \cdot a_{i,j,e}} + (1-\alpha) \cdot \frac{1}{n} \quad (4-3)$$

$$q_d^t = \beta \cdot \sum_{i=1}^{n}\sum_{j=1}^{n} \frac{a_{i,j,d}}{\sum_{l=1}^{n} a_{i,j,l}} \cdot p_j^{t-1} \cdot \frac{q_d^t \cdot a_{i,j,d}}{\sum_{e=1}^{m} q_e^t \cdot a_{i,j,e}} + (1-\beta) \cdot \frac{1}{m} \quad (4-4)$$

这些访问概率的序列实际上是一个马尔可夫链，当随机游动收敛时，它达到稳定的概率分布。当网络只有一层或层号 $m$ 的值设置为1时，它具有与PageRank相同的计算。通过迭代计算，得到收敛的结果 $q$ 作为层间访问概率，结合多层时间网络与层间交互边构造跨层网络。

第二步是在迭代收敛的跨时间层即时配送网络上应用社区发现算法，提取动态社区。我们采用Leiden算法识别多层时间依赖网络中的动态社区。Leiden算法主要步骤如下（图4-2）：

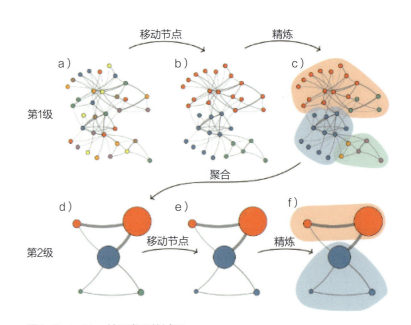

图4-2 Leiden社区发现的过程

①创建初始分区，允许每个节点成为自己的社区。

②使用快速局部移动程序将节点移动到不同社区直到不再增加网络模块化。

③细化最优分区，找到高质量、连接良好的社区，分割成多个子社区。

④在精细划分基础上生成聚合网络，以社区为节点、社区连接为边。

⑤继续执行第二步，直至节点数等于最优分区中的社区数。最终得到模块度最优的社区划分结果。

第三步是将跨层网络中的社区发现结果映射回各个时间层网络，得到各时间层的动态社区发现结果，并进行时空结构模式分析。考虑到动态城市流动社区与传统社区的显著差异，我们参照 Jia 等（2022，图4-3）和张媛钰等（2023）的探索性的分析方法，来检验即时配送动态社区的时空格局。

尺度结构方面，我们可以统计各个时间层下的动态社区面积与数量变化，以此反映即时配送行为发生的再尺度化特征。此外，我们还将提取全天内各个动态社区的稳定节点作为社区的锚点，探讨动态社区的稳定锚点的实体空间功能构成。

动态模式方面，探讨个体动态社区的时间演化模式。具体而言，本研究将每个社区的生命历程从发生、扩张、稳定、收缩和消失五个阶段定量地描述出来，更重要的是，生动地跟踪了其时间交互过程，以便更好地理解与其他社区的动态互动过程。动态模式方面，此外我们还利用K-shape方法根据其生长曲线的相似性对动态社区进行聚类。生长曲线可以表示为社区规模随时间的变化，聚类模式一般可以区分不同类型的动态社区，在很大程度上反映了人类活动模式的规律性。

（2）模型二：即时配送生活圈配送需求模拟预测模型

我们提出了一个考虑多种空间依赖关系的空间交互多图卷积网络（MSI-GCN）来解决即时配送流量及需求模拟预测问题。图4-4展示了该模型的算法流程。图4-5展示了基于多种空间交互（SI）的消息传递示意图。

构建MSI-GCN的基础是构造空间交互多图。具体来说，我们考虑了四种形式的节点间空间依赖关系，对区域之间不同类型的相关性进行编码，从而利用异质图卷积模型这些关系进行建模。举例而言，我们用空间交互的思想对区域之间的4种相关性

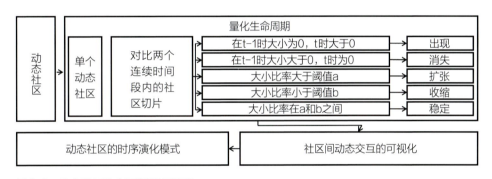

图4-3 动态社区生命周期提取规则
（来源：Jia 等，2022）

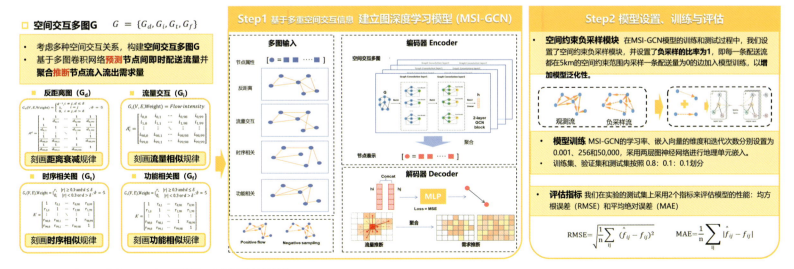

图4-4 构建图深度学习即时配送模拟预测模型的算法流程

进行建模，分别概括图的定义及邻接矩阵的计算。空间交互图具体包括：①反距离图$G_d$，编码空间邻近性；②流量交互图$G_i$，编码流量交互关系；③时序相关图$G_t$，编码时序配送特征相似性；④功能相似图$G_f$，编码区域间功能语义的相似性。基于即时配送行为的空间制约，所有的边都被设置了5km的阈值，即若两节点间的空间距离超过5km，则权重被设置为0。

反距离图（$G_d$）：编码空间邻近性，使用区域间的中心距离倒数作为权重，超过5km的权重为0。下式中，$d$代表区域间距离，$A^d$代表反距离图的邻接矩阵，$N$代表总节点数。

$$G_d(V,E,Weight) = \begin{cases} d^{-1}, i \neq j, d \leq \delta \\ 1, i = j, \delta = 5 \\ 0, i \neq j, d > \delta \end{cases} \quad (4-5)$$

$$A^d = \begin{bmatrix} 1 & \frac{1}{d_{0,1}} & \cdots & \frac{1}{d_{0,98}} & \frac{1}{d_{0,99}} \\ \frac{1}{d_{0,1}} & 1 & \cdots & \frac{1}{d_{1,98}} & \frac{1}{d_{1,99}} \\ \vdots & \vdots & \ddots & \vdots & \vdots \\ \frac{1}{d_{98,0}} & \frac{1}{d_{98,1}} & \cdots & 1 & \frac{1}{d_{98,99}} \\ \frac{1}{d_{99,0}} & \frac{1}{d_{99,1}} & \cdots & \frac{1}{d_{99,98}} & 1 \end{bmatrix} \quad (4-6)$$

流量交互图（$G_i$）：编码流量交互关系，基于区域间的订单交互数构建。下式中，$i$代表区域间订单总流量，$A^i$代表流量交互图的邻接矩阵，$N$代表总节点数。

$$G_i(V, E, Weight) = Flow\ intensity \quad (4-7)$$

$$A^i = \begin{bmatrix} i_{0,0} & i_{0,1} & \cdots & i_{0,98} & i_{0,99} \\ i_{1,0} & i_{1,1} & \cdots & i_{1,98} & i_{1,99} \\ \vdots & \vdots & \ddots & \vdots & \vdots \\ i_{98,0} & i_{98,1} & \cdots & i_{98,98} & i_{98,99} \\ i_{99,0} & i_{99,1} & \cdots & i_{99,98} & i_{99,99} \end{bmatrix} \quad (4-8)$$

时序相关图（$G_t$）：编码时序配送特征相似性，基于每两个区域间的皮尔逊相关系数，相关性小于0.3的权重设为0。下式中，$r$代表区域间时序订单量相关系数，$A^r$代表时序相关图的邻接矩阵，$N$代表总节点数。

$$r = \frac{\sum_{i=1}^{99}(x_i - x)(y_i - y)}{\sqrt{\sum_{i=1}^{99}(x_i-x)^2 \sum_{i=1}^{99}(y_i-y)^2}} \quad (4-9)$$

$$G_r(V, E, Weight) = \begin{cases} r, & |r| \geq 0.3 \text{ 且 } d \leq \delta \\ 0, & |r| < 0.3 \text{ 或 } d \leq \delta \end{cases}, \delta = 5 \quad (4-10)$$

$$A^r = \begin{bmatrix} 1 & i_{0,1} & \cdots & i_{0,98} & i_{0,99} \\ i_{1,0} & 1 & \cdots & i_{1,98} & i_{1,99} \\ \vdots & \vdots & \ddots & \vdots & \vdots \\ i_{98,0} & i_{98,1} & \cdots & 1 & i_{98,99} \\ i_{99,0} & i_{99,1} & \cdots & i_{99,98} & 1 \end{bmatrix} \quad (4-11)$$

功能相关图（$G_f$）：编码区域间功能语义的相似性，基于与即时配送有关的POI类型计算皮尔逊相关系数，小于0.3的权重设为0。下式中，$r$代表区域间POI数量相关系数，$A^f$代表功能相关图的邻接矩阵，$N$代表总节点数。

$$G_f(V, E, Weight) = \begin{cases} r, & |r| \geq 0.3 \text{ 且 } d \leq \delta \\ 0, & |r| < 0.3 \text{ 或 } d \leq \delta \end{cases}, \delta = 5 \quad (4-12)$$

$$A^f = \begin{bmatrix} 1 & i_{0,1} & \cdots & i_{0,98} & i_{0,99} \\ i_{1,0} & 1 & \cdots & i_{1,98} & i_{1,99} \\ \vdots & \vdots & \ddots & \vdots & \vdots \\ i_{98,0} & i_{98,1} & \cdots & 1 & i_{98,99} \\ i_{99,0} & i_{99,1} & \cdots & i_{99,98} & 1 \end{bmatrix} \quad (4-13)$$

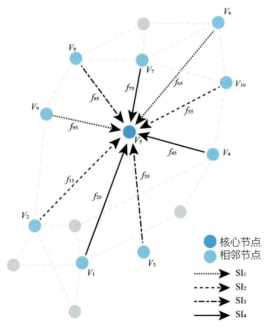

图4-5 基于多种空间交互（SI）的消息传递

基于空间交互多图，我们构建了图深度学习的模型框架。

如图4-6所示，空间交互多图卷积网络MSI-GCN包含两个主要部分，分别为多图卷积神经网络编码模块（MGCN）和多层感知器（MLP）解码模块。

多图卷积模块基于多个空间交互图构建卷积神经网络，并应用带边权重的消息传递机制，从而获得节点的嵌入特征，根据不同类型的边（如反距离边、交互边）汇总来更新节点的状态。

$$h_i' = \sigma[W \cdot \text{mean}_{j \in Ne(i)}(h_j)] \quad (4\text{-}14)$$

式中，$h_i'$是区域$i$的新隐藏表示，$W$是要学习的线性变换矩阵，$Ne(i)$是包含区域$i$及其邻居的索引集，$h_j$是馈入GCN的初始或学习$h_i'$表示特征。最后，节点的状态通过ReLu等激活函数进行更新：$\sigma(x)=\max(0, x)$。对于每个节点，图卷积集成其一阶和二阶特征，并将它们映射到潜在表示向量。相似的节点在潜在向量空间中彼此靠近。MSI-GCN模型可以处理大规模空间交互网络并提取有用的模式，因为它将复杂的流分布转换为低维节点向量。

解码器模块利用地理单元的嵌入向量计算需求和流量强度。对于流量预测任务，我们使用了一个MLP模块来将节点嵌入转换为边嵌入，我们将源节点和目标节点的嵌入连接起来，并将它们输入到一个具有线性层的MLP中，以计算边的流量嵌入。形式化如下：

$$Flow_{ij} = \text{MLP}[\text{concat}(h_i, h_j)] \quad (4\text{-}15)$$

式中，$h_i$是流出节点$i$的嵌入表示，$h_j$是流入节点$j$的嵌入表示。concat表示连接操作，通常是将两个向量按照某个维度连接起来。MLP是一个多层感知机，用于将连接后的节点表示映射为边的预测。

我们在模型训练过程中引入空间约束的负采样，以提升模型在无记录配送量节点上的预测能力。通过随机替换正例的起点或目的地，对一组负（假）流进行采样。被替换的节点限制在正例节点5km范围内，负流强度设置为0。使用正负实例进行训练，提升模型性能和拓展性。

对于节点需求预测任务，我们通过聚合节点的出入流量计算节点需求，而非单独设置解码模块。训练过程中采用全批次梯度下降优化，优化器选择Adam，并设置早停规则防止过拟合。模型优化目标是使预测流的估计接近真实情况，负实例估计尽可能接近于零。损失计算使用均方误差（MSE）。

$$L = \frac{1}{N} \sum_{f_{ij} \in F_p \cup F_n} (f_{ij} - f_{ij}^*)^2 \quad (4\text{-}16)$$

在MSI-GCN模型的训练和测试过程中，我们设置了空间约束负采样模块，并设置了负采样的比率为1，即每一条配送流都负采样一条配送量为0的边加入模型训练。MSI-GCN的学习率、嵌入向量的维度和迭代次数分别设置为0.001、256和50000。由于许多图卷积层会导致过度平滑问题，因此我们采用两层进行地理单元嵌入。

选择用于比较模型模拟预测效果的基准模型。改进重力模型和重力神经网络，与MSI-GCN方法的预测结果进行比较。它们都使用节点特征信息作为输入来预测即时配送流量和区域需求。同MSI-GCN一样，基于流的预测结果可以聚合到节点层面以产生节点需求预测结果。此外，我们在节点层面的预测比较中加入了两个基于树的稳健机器学习模型，利用节点的土地、设施和人口特征，预测节点即时配送流入/流出需求。我们将这些结果与基于流的模型的节点层面预测结果一同比较。所有实验均将数据集划分为训练集（70%）、验证集（10%）和测试集（20%）。

在测试集上，我们采用均方根误差（RMSE）、平均绝对误差（MAE）和平均绝对百分比误差（MAPE）三个指标评估模型性能。这些通用回归指标描述了流量估计值与真实情况的偏差程度，更小的值代表模型的预测效果更好。

$$\text{RMSE} = \sqrt{\frac{1}{n} \sum_{ij} (\hat{f}_{ij} - f_{ji})^2} \quad (4\text{-}17)$$

$$\text{MAE} = \frac{1}{n} \sum_{ij} |\hat{f}_{ij} - f_{ji}| \quad (4\text{-}18)$$

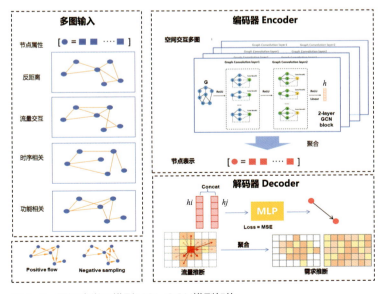

图4-6　图深度学习模型MSI-GCN模型架构

$$\text{MAPE} = \frac{1}{n}\sum_{ij}\left|\frac{\hat{f}_{ij}-f_{ji}}{f_{ji}}\right| \quad (4\text{-}19)$$

如公式4-17～4-19所示，$n$为参与测试的流数量，$f_{ij}$代表$i$节点和$j$节点间的模型预测配送流量，$f_{ji}$代表$i$节点和$j$节点间的真实配送流量。

### 2. 模型算法相关支撑技术

本研究所涉模型均基于Python开发，并借助QGIS、Kepler GL等工具完成可视化。①即时配送生活圈动态结构模式模型中使用的核心库包括Networkx、Geopandas等；②即时配送生活圈配送需求模拟预测模型主要使用基于Pytorch的DGL图深度学习模型开发框架，模型在Cuda10.2版本环境下运行。

## 五、实践案例

本研究选取北京市作为即时配送生活圈时空模式发现范围，并进一步选取五环内范围作为即时配送预测范围，如图5-1所示。北京市是我国的首都，其在数字经济和在线零售方面同样是我国领先城市之一。2020年，北京市线上购物销售额占零售总额的比例达到了32.25%，与之伴随的是末端物流市场需求快速增加，电商快递、外卖配送和同城货运行业快速发展。目前北京市已有广泛的即时配送服务覆盖，是研究即时配送生活圈结构模式与供需预测的典型区域。

（1）即时配送生活圈的动态结构模式

本文使用北京市的即时配送数据，反映群体行为与空间实体的交互。应用基于随机游走的社区发现算法，共划分出309个

跨时间层的即时配送生活圈，图5-2展示了研究区域16个时间段的动态社区快照。即时配送生活圈的尺度结构在不同区位和时刻存在差异。从空间区位看，配送生活圈在由中心城区向郊区蔓延过程中呈现出先紧凑后稀疏的分布特征。城市中心区域的配送生活圈彼此相邻，部分延伸至昌平区、通州区、顺义区等区，而怀柔区、密云区、平谷区则存在少量独立的生活圈。这表明配送生活圈能自下而上反映群体活动，突破了行政区划的空间限制。从时间看，配送活动的动态性决定了生活圈的动态性，弥补了静态城市结构的缺陷。配送生活圈在9:00至22:00数量整体保持动态稳定，面积呈现"增-减-增-减"的趋势（图5-3）。生活圈在11:00—12:00扩张至最大范围，共68个社区，平均面积13.78km²，已超过传统社区生活圈的800~1000m范围。

提取动态社区中一日大部分时间内稳定的部分作为"锚点"，分析其与实体功能空间的耦合关系，总结各典型生活圈锚点内部功能构成的差异。基于动态社区结果，我们总结出大型职住组团、大型高校园区组团、商务科创组团、自足性产业园区组团四种类型（图5-4），并分析其内部功能构成。功能构成差异影响需求密度，导致不同组团间的配送活动特征和规模差异。大型居

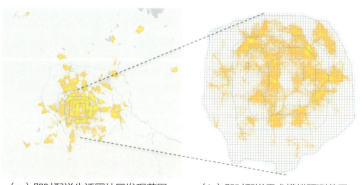

（a）即时配送生活圈社区发现范围　　（b）即时配送需求模拟预测范围

图5-1　研究范围

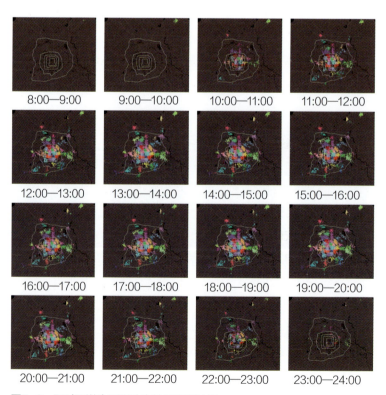

图5-2　即时配送生活圈动态社区发现结果

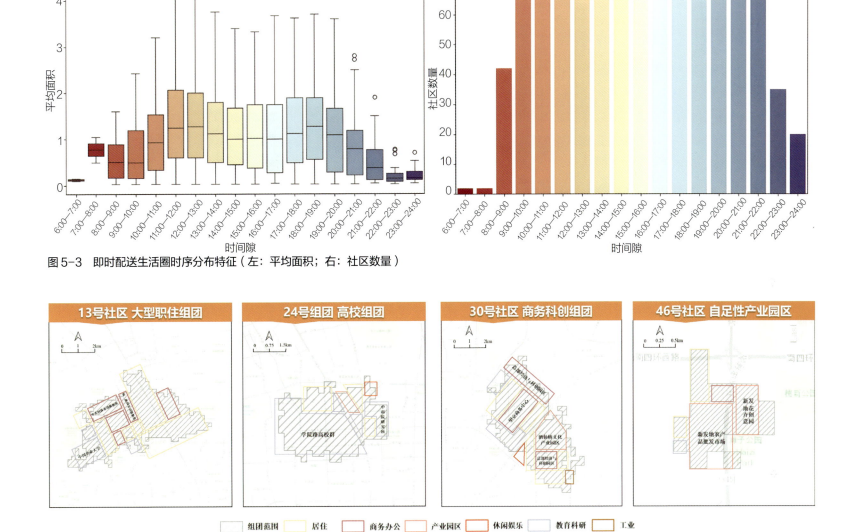

图 5-3 即时配送生活圈时序分布特征（左：平均面积；右：社区数量）

图 5-4 即时配送生活圈锚点特征

住区、商务区、连片产业园区、高校园区聚集需求点，供给端紧密排布，形成高强度、大规模的配送组团。而自足性产业园组团内部独立，不依赖集聚效应，与周边功能疏离，形成低强度、小规模的配送组团。即时配送生活圈边界和实体空间的动态耦合关系，揭示了线上线下融合的数字生活圈的结构特征和内在机理。

时序特征。将即时配送生活圈的18个时段视为其生命周期，可分为五个阶段：形成、扩张、稳定、收缩和消亡。不同社区表现出不同的时序演化模式。图5-5（左）展示了长时即时配送生活圈的时序演化模式，其存在时长约为13~14小时。这些社区配送生活圈通常在6:00—8:00形成，8:00—11:00扩张，

11:00—19:00稳定，19:00—21:00收缩，21:00—24:00消亡。图5-5（右）则展示了短时即时配送生活圈的时序演化模式，存在时长约为3~5小时，通常在中午或晚间形成，经历短暂的扩张和收缩后迅速消亡。总体上，长时即时配送生活圈数量多于短时生活圈。

对网络节点从一个社区到另一个社区的时序流动转换进行可视化分析。图5-6显示，大部分即时配送生活圈在空间关系上保持稳定，部分存在嵌入或分解现象，反映配送服务的流动特性。例如，西城区的37号即时配送生活圈在8:00形成，迅速稳定，午后和晚间与21号社区存在动态交互，20:00开始分解，部分节点过渡

到其他社区。海淀区的58号即时配送生活圈表现更稳定，演化过程中维持较大比例的节点，且与其他社区的交互较少（图5-7）。

进一步根据即时配送生活圈的时序活动特征，利用时序聚类方法将即时配送生活圈聚类为四种时间类型，分别为均衡型、午峰型、夜间型和午后/晚间型，如图5-8所示。均衡型即时配送生活圈平均寿命约为14小时，尺度较大且分布最广、占比最多。该类即时配送生活圈主要分布于城市中心区域且紧密相邻。午峰型即时配送生活圈存在明显的午高峰，即午间时段规模最大。与均衡型即时配送生活圈相比，午峰型即时配送生活圈平均寿命相近，尺度中等，主要分布在三环至五环的商住片区。夜间型即时配送生活圈的规模峰值出现在夜晚22:00~24:00，但平均规模较小，在市域内零散分布。午后/晚间型即时配送生活圈的规模峰值则出现在午后或晚间时段，平均规模最小，数量最少，零散分布于六环内区域。

（2）即时配送的细粒度流量与需求模拟预测

在OD流量预测上，应用MSI-GCN在整图的预测结果，对预测OD流量分布进行地理可视化。图5-9展示了北京市五环内即时配送订单的预测OD流量，颜色亮度和线宽代表交互流量的强度。图5-10则展示了取货地与配送地即时配送订单需求预测量。整体呈现围绕大型商圈聚集、短距离流量的特征，形成了以中关村、西单等为核心的即时配送订单流量交互密切的区域。这与真实OD流量的空间分布模式基本一致，证明了模型的可靠性。表5-1~表5-3对比了本研究采用的MSI-GCN模型与基准模型的性能。在OD流量预测任务中，MSI-GCN的三个指标均优于重力模型和重力神经网络模型，实现了最佳性能。具体来说，它在RMSE和MAE方面分别比第二好的模型提升了48.19%和56.05%，MAPE也下降了4.88%。这些改进验证了所提出模型的有效性。在节点即时配送需求预测中，MSI-GCN也在RSME和MAE两项指标中取得最佳预测结果。具体而言，节点取货（流出）需求预测结果的两项指标相比重力神经网络模型分别提升了71.29%和30.57%，节点配送（流入）需求预测结果的两项指标则比重力神经网络模型分别提升了46.86%和24.79%。

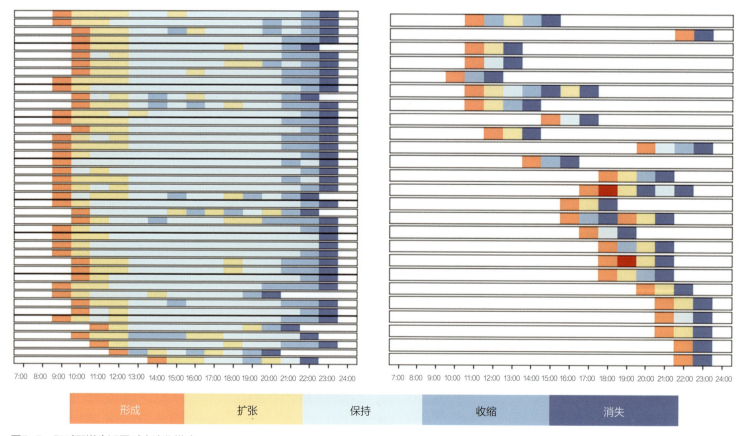

图5-5　即时配送生活圈时序演化模式

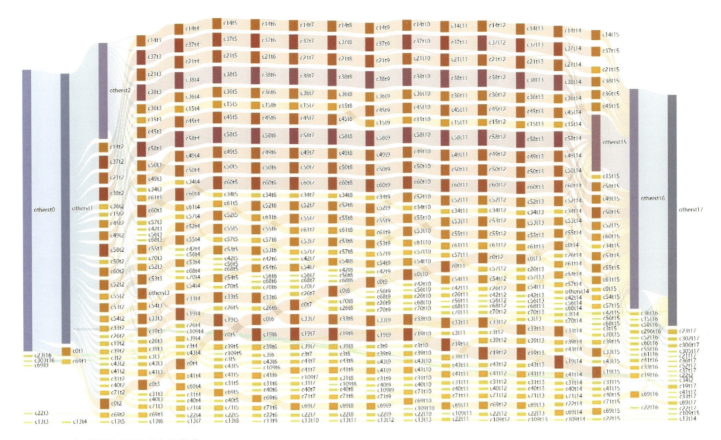

图5-6　即时配送生活圈流动变化模式

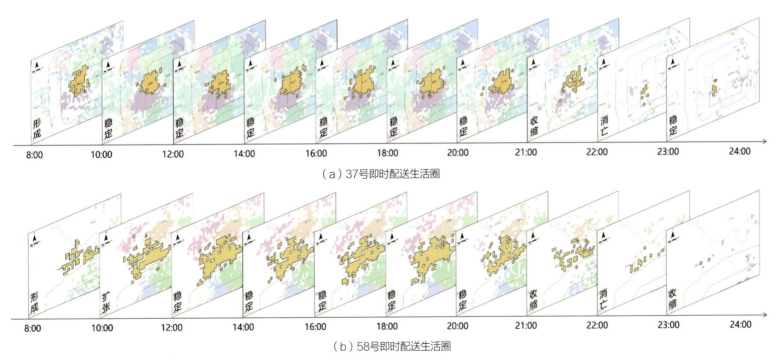

（a）37号即时配送生活圈

（b）58号即时配送生活圈

图5-7　典型即时配送生活圈动态结构

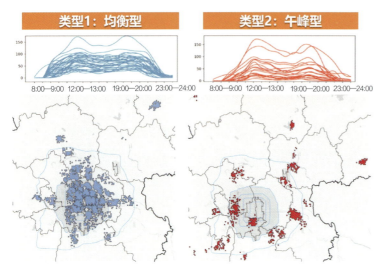

图5-8 即时配送生活圈时序特征聚类结果

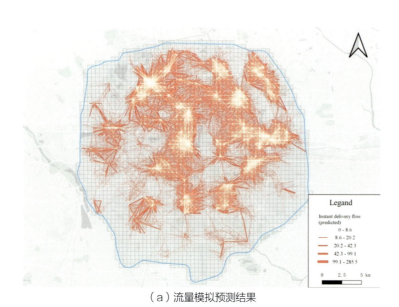

（a）流量模拟预测结果

（b）取货地需求模拟预测结果　　（c）配送地需求模拟预测结果

图5-9 即时配送全局模拟预测结果

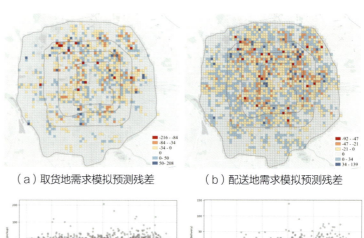

（a）取货地需求模拟预测残差　　（b）配送地需求模拟预测残差

（c）取货地需求模拟预测残差分布　　（d）配送地需求模拟预测残差分布

图5-10 即时配送需求模型残差

**不同模型测试数据的即时配送OD流预测结果　表5-1**

| 模型 | RMSE | MAE | MAPE |
|---|---|---|---|
| 重力模型 | 9.439 | 4.615 | 52.724 |
| 重力神经网络模型 | 8.716 | 4.962 | 70.371 |
| MSI-GCN | 4.516 | 2.181 | 47.849 |

**不同模型测试数据的即时配送取货（流出）需求预测结果　表5-2**

| 模型 | RMSE | MAE | MAPE |
|---|---|---|---|
| RF | 168.958 | 65.122 | 509.748 |

续表

| 模型 | RMSE | MAE | MAPE |
|---|---|---|---|
| XGBM | 164.533 | 63.379 | 441.336 |
| 重力模型 | 145.447 | 39.744 | 62.163 |
| 重力神经网络模型 | 113.333 | 25.318 | 50.435 |
| MSI-GCN | 32.536 | 17.578 | 61.851 |

不同模型测试数据的即时配送（流入）需求预测结果　　　表5-3

| 模型 | RMSE | MAE | MAPE |
|---|---|---|---|
| RF | 50.241 | 27.777 | 116.286 |
| XGBM | 46.321 | 25.693 | 128.631 |
| 重力模型 | 70.636 | 40.301 | 58.434 |
| 重力神经网络模型 | 47.699 | 24.341 | 48.432 |
| MSI-GCN | 25.348 | 18.308 | 50.967 |

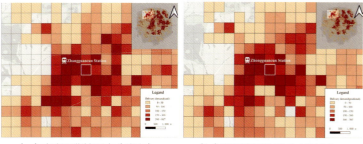

（a）真实取货地需求（流出）　　（b）预测取货地需求（流出）

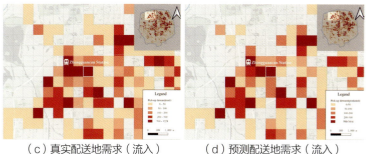

（c）真实配送地需求（流入）　　（d）预测配送地需求（流入）

图5-11　中关村片区局部模拟预测结果

在节点尺度上，通过流预测结果聚合推断节点的即时配送需求量。图5-9可视化展示了即时配送流量和需求的全局模拟预测结果，整体分布与真实全局模式一致。进一步量化模拟预测结果与真实结果的差异。图5-10展示了取货地/配送地需求预测的残差，残差在0附近震荡，不存在异方差、非线性等非正常拟合情况。以北京市的中关村商圈片区为局部案例对比，图5-11（a）和图5-11（b）分别展示了所选区域的即时配送订单的取货地真实需求和预测需求，图5-11（c）和图5-11（d）分别展示了所选区域的配送地真实需求和预测需求，颜色深度反映区域需求高低。可以看到，节点层面的流入/流出需求预测值和真实值的分布相近，证明模型获得的空间流预测结果能够较好地拟合真实需求情景，对于节点层面的需求聚合符合现实特征。

进一步选择典型节点进行模拟预测，图5-12、图5-13分别展示了以中关村地铁站区域为起始点的配送到达地范围及流量，以及以南礼士路区域为到达点的配送来源地范围及流量强度。结合即时配送预测OD流量及真实OD流量分布图，两者吻合度较高。上述分析均证明了本研究预测模型的有效性和泛用性。模型能够有效预测某节点出发的流量分布及范围，这将有助于商圈服务能力、居住片区外卖来源地的测度，有助于政府对于即时零售

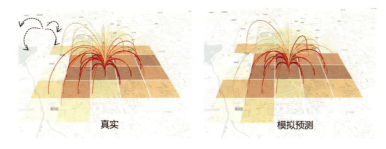

图5-12　取货地为中关村地铁站单元的配送服务范围及配送流量模拟预测

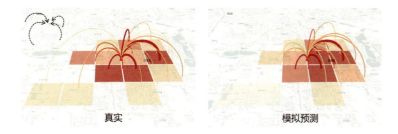

图5-13　配送地为南礼士路单元的配送获取范围及配送流量模拟预测

的空间治理，以及平台公司的运力调整、商户的线上商业策略调整等。

模型可以泛化到未来的规划情景。模型在全局和局部的检验与评估证明了模型的良好拟合和泛化能力。通过在训练好的图

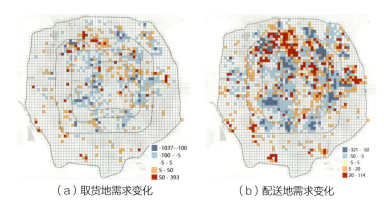

（a）取货地需求变化　　（b）配送地需求变化

图5-14　土地利用变化情景下的需求预测

神经网络上更新节点属性（利用2024年北京市POI数据），并进行一次向前传播，得到土地利用变化情景下的即时配送模拟预测结果。计算2024年预测需求结果与2020年真实需求的差值，得到需求变化的空间分布（图5-14）。该结果反映了土地利用与功能设施变化情境下的即时配送需求变化。可以看到，北四环学院路附近成为配送需求增高的热点区域，而北京西站附近的即时配送需求则会有一定程度降低。该预测结果为线上设施布局、运力需求管理提供规划决策支持。除此之外，还可以设定不同的规划目标，并进行进一步的模拟预测（如人口疏解、新设商业中心等），为不同方案下的数字生活圈规划提供支持。

该模型为即时配送行为下的数字生活圈规划与治理提供了强有力的决策支持工具。通过准确预测区域内的订单需求和流量分布，平台可以更有效地调整运力和制定动态定价策略，提升服务效率和用户满意度。该模型还可以帮助平台优化配送路径，提高骑手的配送效率和平台收入。例如，通过预测高需求区域的订单量可以帮助平台提前分配更多运力，实现供需平衡；通过预测OD流量可以协助平台优化动态定价，提升订单分配的合理性。此外，该模型能够应用于评估两个区域之间的空间相互作用"潜力"。空间约束负采样模块的加入，使得模型有能力泛化到新的配送区域，这对于即时配送订单与数字零售有重要意义。因此，MSI-GCN模型不仅提升了即时配送订单流量和需求预测的准确性和可靠性，还为平台企业优化运力和动态定价提供了有力支持。同时，该模型在城市管理和规划领域也具有重要应用价值，为城市土地利用、商业布局、物流基础设施配置和交通管理提供了科学依据，促进城市资源的合理配置和可持续发展。

## 六、研究总结

### 1. 模型设计的特点

本研究在即时配送塑造的数字生活圈技术场景下提出了动态结构挖掘和需求模拟预测两大关键任务，并分别提出复杂网络动态发现模型和图深度学习预测模型用于规划决策支持。基于模型案例，研究得出以下重点结论：

尺度结构方面，基于多层时序复杂网络的动态社区发现方法检测出309个跨时间层的即时配送生活圈，平均最大规模为13.78km$^2$（半径约2km）。即时配送生活圈锚点与和实体空间的动态耦合在功能结构上存在差异。时序模式方面，即时配送生活圈的时序演化规律遵循"出现-扩张-保持-收缩-消失"的基本模式。根据即时配送时序特征，将即时配送生活圈聚类为四种时序类型。

全局模拟预测，基于即时配送网络及空间交互关系网络的图深度学习模型，能够准确预测即时配送流量和供给/配送需求，预测准确度比传统模型提升50%以上，能够在全局反映即时配送流量和需求特征。局部需求识别，在空间局部应用模型，可以得到能够反映真实情况的即时配送服务边界和获取边界，以及对应的即时配送订单流量，有效助力数字配送服务设施定点定量配置。

模型的创新主要在于以下方面。研究视角上，从传统出行行为定义的线下生活圈视角转向即时配送行为塑造的即时配送生活圈；从静态资源可达视角转向动态服务网络资源视角研究即时配送生活圈动态时空模式。研究方法上，从传统基于出行的累计机会划定圈层方法转向复杂网络分析方法，适应即时配送生活圈网络化服务特点；从考虑单一空间单元的统计模型到考虑空间交互的图深度学习模型，提升模型预测能力，助力行为模拟与规划设施定量布局。复杂网络动态发现模型和图深度学习预测模型分别从定界、定序、定量、定点的角度，为数字生活圈的动态空间决策和即时配送服务配给规划提供支持。

### 2. 应用方向或应用前景

虚实结合的生活圈规划管理：即时配送生活圈动态结构识别模型和需求预测模型为城市规划者提供了新的工具，能够实时监测城市居民的活动模式和配送服务的分布。通过识别和分析即时配送网络中的社区结构，模型为数字生活圈单元的动态调整提供了科学依据，有助于优化城市空间资源配置，提升城市管理效率。同时，本研究由于数据所涉时段，还反映了疫情期间的即时配送服务供需，体现即时配送塑造下的数字生活圈在非常态情况的韧性。这种虚实结合的数字生活圈将支持城市设施运行的平急两用转换，不论是面对疫情还是其他突发事件，都能保持较高的服务水平和适应能力。

商业布局与物流规划：图深度学习预测模型可以深入分析物流网络中的节点重要性和连接模式，为末端物流设施的定量配给、空间资源的动态配置，以及平台运力规划与前置仓布局提供精确的决策支持。该模型能够模拟即时配送服务的动态时空模式，预测运力需求和配送效率，优化配送网络的布局，提升商业布局的合理性和物流效率。

即时配送平台优化：通过准确预测区域内的订单需求和流量分布，即时配送平台可以更有效地调整运力和制定动态定价策略，提升服务效率和用户满意度。例如，预测高需求区域的订单量可以帮助平台提前分配更多运力，实现供需平衡；通过预测OD流量可以协助平台优化动态定价，提升订单分配的合理性。

综上所述，本研究通过模型设计创新，为即时配送塑造的数字生活圈提供了一套科学的规划决策支持工具。该模型框架不仅能够支持现有的规划任务，还可以被应用于未来的城市空间决策，如虚实结合的生活圈形成机理、低空经济下的动态配送边界决策、即时配送生活圈大语言模型等。

## 参考文献

[1] 牛强, 朱玉蓉, 姜祎笑, 等. 城市活动的线上线下化趋势、特征和对城市的影响[J]. 城市发展研究, 2021, 28(12): 45-54.

[2] 牛强, 陈树林, 伍磊. 基于手机App使用大数据的居民线上生活空间结构初探: 以武汉市都市发展区为例[J]. 地理研究, 2024, 43(4): 966-984.

[3] 罗震东, 柴彦威, 王德, 等. 数字时代的城乡新空间[J]. 城市规划, 2023, 47(11): 20-24, 100.

[4] 张姗琪, 甄峰. 基于虚实空间交互的社区生活圈服务设施评估与优化配置: 研究进展与展望[J]. 自然资源学报, 2023, 38(10): 2435-2446.

[5] 柴彦威, 李春江, 夏万渠, 等. 城市社区生活圈划定模型: 以北京市清河街道为例[J]. 城市发展研究, 2019, 26(9): 1-8, 68.

[6] 季珏, 高晓路. 基于居民日常出行的生活空间单元的划分[J]. 地理科学进展, 2012, 31(2): 248-254.

[7] 申悦, 柴彦威. 基于GPS数据的北京市郊区巨型社区居民日常活动空间[J]. 地理学报, 2013, 68(4): 506-516.

[8] YIN L, RAJA S, LI X, et al. Neighbourhood for playing: Using GPS, GIS and accelerometry to delineate areas within which youth are physically active[J]. Urban studies, 2013, 50(14): 2922-2939.

[9] 孙道胜, 柴彦威, 张艳. 社区生活圈的界定与测度: 以北京清河地区为例[J]. 城市发展研究, 2016, 23(9): 1-9.

[10] 赵鹏军, 罗佳, 胡昊宇. 基于大数据的生活圈范围与服务设施空间匹配研究: 以北京为例[J]. 地理科学进展, 2021, 40(4): 541-553.

[11] JAVED M A, YOUNIS M S, LATIF S, et al. Community detection in networks: A multidisciplinary review[J]. Journal of network and computer applications, 2018, 108: 87-111.

[12] SOBOLEVSKY S, SZELL M, CAMPARI R, et al. Delineating geographical regions with networks of human interactions in an extensive set of countries[J]. PLOS ONE, 2013, 8(12): e81707.

[13] 刘冰, 王舳洋, 朱俊宇, 等. 基于共享单车大数据的骑行生活圈识别及其活动网络模式分析[J]. 城市规划学刊, 2023(4): 32-40.

[14] 杨辰, 辛蕾, 马东波, 等. 基于位置服务数据的社区生活圈测度方法及影响因素分析[J]. 同济大学学报(自然科学版), 2024, 52(2): 232-240.

[15] 牛强, 朱玉蓉, 姜祎笑, 等. 城市活动的线上线下化趋势、特征和对城市的影响[J]. 城市发展研究, 2021, 28(12): 45-54.

[16] 肖作鹏. 数字社会下人类时空间行为的逻辑变化与研究展望[J]. 地理科学进展, 2022, 41(1): 86-95.

[17] 牛强, 吴宛娴, 伍磊. 信息时代城市活动与空间的演变与

展望：基于线上线下的视角［J］．城市发展研究，2022，29（10）：96-106．

［18］DAKICHE N，BENBOUZID-SI TAYEB F，SLIMANI Y，et al．Tracking community evolution in social networks: A survey［J］．Information processing & Management，2019，56（3）：1084-1102．

［19］JIA T，CAI C，LI X，et al．Dynamical community detection and spatiotemporal analysis in multilayer spatial interaction networks using trajectory data［J］．International journal of geographical information science，2022，36（9）：1719-1740．

［20］张媛钰，贾涛．基于轨迹数据的多层网络动态社区提取与时空变化分析［J］．地理学报，2023，78（2）：490-502．

［21］TONG T，DAI H，XIAO Q，et al．Will dynamic pricing outperform? Theoretical analysis and empirical evidence from O2O on-demand food service market［J］．International journal of production economics，2020，219：375-385．

［22］BARBOSA H，BARTHELEMY M，GHOSHAL G，et al．Human mobility: Models and applications［J］．Physics reports，2018，734：1-74．

［23］GROSCHE T，ROTHLAUF F，HEINZL A．Gravity models for airline passenger volume estimation［J］．Journal of air transport management，2007，13（4）：175-183．

［24］ROY J R，THILL J C．Spatial interaction modelling［J］．Papers in regional science，2004，83（1）：339-361．

［25］MOZOLIN M，THILL J C，LYNN USERY E．Trip distribution forecasting with multilayer perceptron neural networks: A critical evaluation［J］．Transportation research part B: Methodological，2000，34（1）：53-73．

［26］MURAT CELIK H．Modeling freight distribution using artificial neural networks［J］．Journal of transport geography，2004，12（2）：141-148．

［27］XU J，RAHMATIZADEH R，BÖLÖNI L，et al．Real-Time prediction of taxi demand using recurrent neural networks［J］．IEEE transactions on intelligent transportation systems，2018，19（8）：2572-2581．

［28］LI A，AXHAUSEN K W．Comparison of short-term traffic demand prediction methods for transport services［J］．Arbeitsberichte Verkehrs- und Raumplanung，2019，1447．

［29］KE J，YANG H，ZHENG H，et al．Hexagon-based convolutional neural network for supply-demand forecasting of ride-sourcing services［J］．IEEE transactions on intelligent transportation systems，2019，20（11）：4160-4173．

［30］CHAI D，WANG L，YANG Q．Bike flow prediction with multi-graph convolutional networks［C］//Proceedings of the 26th ACM SIGSPATIAL International Conference on Advances in Geographic Information Systems．New York，NY，USA: Association for Computing Machinery，2018：397-400．

［31］GENG X，LI Y，WANG L，et al．Spatiotemporal multi-graph convolution network for ride-hailing demand forecasting［J］．Proceedings of the AAAI conference on artificial intelligence，2019，33（1）：3656-3663．

［32］KE J，QIN X，YANG H，et al．Predicting origin-destination ride-sourcing demand with a spatio-temporal encoder-decoder residual multi-graph convolutional network［J］．Transportation research part C: Emerging technologies，2021，122：102858．

［33］JIN G，CUI Y，ZENG L，et al．Urban ride-hailing demand prediction with multiple spatio-temporal information fusion network［J］．Transportation research part C: Emerging technologies，2020，117：102665．

［34］YAO X，GAO Y，ZHU D，et al．Spatial origin-destination flow imputation using graph convolutional networks［J］．IEEE transactions on intelligent transportation systems，2021，22（12）：7474-7484．

［35］ZHAO Y，CHEN B Y，GAO F，et al．Dynamic community detection considering daily rhythms of human mobility［J］．Travel behaviour and society，2023，31：209-222．

［36］易观分析．互联网餐饮外卖行业数字化进程分析［EB］．（2019-09-25）．https://www.analysys.cn/article/detail/20019473．

［37］北京市统计局．2021北京统计年鉴［EB/CD］．https://nj.tjj.beijing.gov.cn/nj/main/2021-tjnj/zk/e/indexch.htm．

# 基于行为分析框架的城市公园绿地布局研究

**工作单位**：清华大学建筑学院、中国城市发展规划设计咨询有限公司

**报名主题**：面向高质量发展的城市治理

**研究议题**：城市行为空间与生活圈优化

**技术关键词**：行为分析模拟、循证优化布局、满意人模型

**参赛选手**：翁阳、陈麦尼、黄竞雄、仇实、王琼、张朝阳

**指导老师**：党荣安、汪坚强、杨一帆

**团队简介**：翁阳，清华大学建筑学院博士研究生，注册城乡规划师，研究方向为城乡规划技术科学、城市设计，中国城市发展规划设计咨询有限公司四所原技术主管；陈麦尼，清华大学建筑学院博士研究生，研究方向为地方性景观生态规划；黄竞雄，清华大学建筑学院博士研究生，研究方向包括地方性景观营造、基于空间行为和新技术的文化遗产保护等；仇实，清华大学建筑学院博士研究生，研究方向为地方性景观生态规划；王琼，清华大学建筑学院博士研究生，研究方向为基于空间信息技术的文化遗产保护规划；张朝阳，清华大学建筑学院硕士研究生，研究方向为城乡规划技术科学，地方性景观生态规划。团队聚焦景观生态规划领域，参与国自然重点项目1项（项目编号：52130804），首都高端智库课题1项（项目编号：202381100030），本研究的开展得到了上述基金项目的支持。

## 一、研究问题

### 1. 研究背景及目的意义

（1）研究背景：花园（公园）城市建设推进城市空间的可持续发展建设

应对气候变化、人口增长、发展差异和全球治理供给不足等问题，2015年，在联合国可持续发展峰会上正式发布了《改变我们的世界：2030年可持续发展议程》（Transforming Our World: The 2030 Agenda for Sustainable Develop-ment），形成了对可持续发展目标（Sustainable Development Goals，简称SDGs）的广泛共识。作为SDGs的倡导者和践行者，中国在新型城镇化建设中积极落实气候行动、陆域生态和永续社区等子目标，其中花园（公园）城市建设便是这一行动的例证。新时期的花园城市建设赋予了城市景观生态空间生态服务、人本关怀、韧性安全等多维度的空间职能，这是自美化运动（图1-1）以来对景观生态空间认知

（a）超大尺度景观空间　（b）轴线式景观空间　（c）带状景观空间

**图1-1 城市美化运动中景观空间的典型特征**

注：（a）为纽约中央公园，占地778亩（0.519km²），由奥姆斯特德和沃克斯于1858年设计；（b）为美国国会广场，为华盛顿城市轴线的一部分，国会广场部分由奥姆斯特德于1876年设计；（c）为波士顿翡翠项链，通过全长25km的公园道串联富兰克林公园、阿诺德公园、牙买加公园和波士顿公园等主要城市公园。

与实践领域的重大提升。在率先开展花园（公园）城市建设的国内外先进城市中，普遍呈现增加绿量、扩大覆盖率等特征，如北京、成都、英国伦敦均提出50%的蓝绿空间，以及超过95%的区域能在400~500m的半径内到达公园（表1-1）。

花园（公园）城市典型案例　　表1-1

| 城市 | 北京 | 成都 | 伦敦 |
|---|---|---|---|
| 提出年份 | 2023年《北京花园城市专项规划》 | 2020年《成都市公园城市绿地系统规划》 | 2019年《伦敦国家公园城市宪章》 |
| 规划目标 | 天蓝水清、森拥园簇、秩序壮美、和谐宜居、花园之都 | 绿满蓉城、花重锦官、水润天府 | 更绿色、更健康、更天然 |
| 相关指标 | 50%绿化覆盖率、人均公园面积17m$^2$、500m服务半径覆盖率95%、1300个公园 | 50%绿化覆盖率、人均公园面积16m$^2$、500m服务半径覆盖率95%、3642个绿地 | 50%蓝绿空间、400m见园比达100%、8万棵树、数十个栖息地、数千个公园 |

资料来源：基于三份规划文件整理所得。

聚焦《北京花园城市专项规划（2023年—2035年）》（图1-2），规划提出“坚持生态优先、城绿融合、以人为本、平急两用、创新发展、多元参与”的原则，在绿地系统内统筹配置多元要素，提升要素内的服务供给水平，同时在北京市域范围内划定15个精华片区，塑造集中体现具有鲜明华北特色、壮美首都风范、嘉美古都风韵的首都花园名片，规划还设定了森林覆盖率、人均公园绿地面积、500m半径覆盖率等29个指标，用以保障规划落地。针对大量新增和存量的绿地空间，如何进行布局和优化工作以实现花园城市建设目标，亟需从学理上对绿地体系的空间特征、效益及其过程机理开展相关研究。

（2）目的意义：构建人本导向的城市公园绿地布局模式

研究围绕“以人为本”这一原则，尝试构建基于市民福祉增益的城市公园绿地布局模式，既有的实施路径和研究方法主要体现在可达性改善和服务能力优化上，但其存在两个问题：①缺乏对公园可达性改善导致的市民福祉增减进行定量分析；②静态地看待市民使用公园的需求，而忽视了在流动的行为空间中市民对

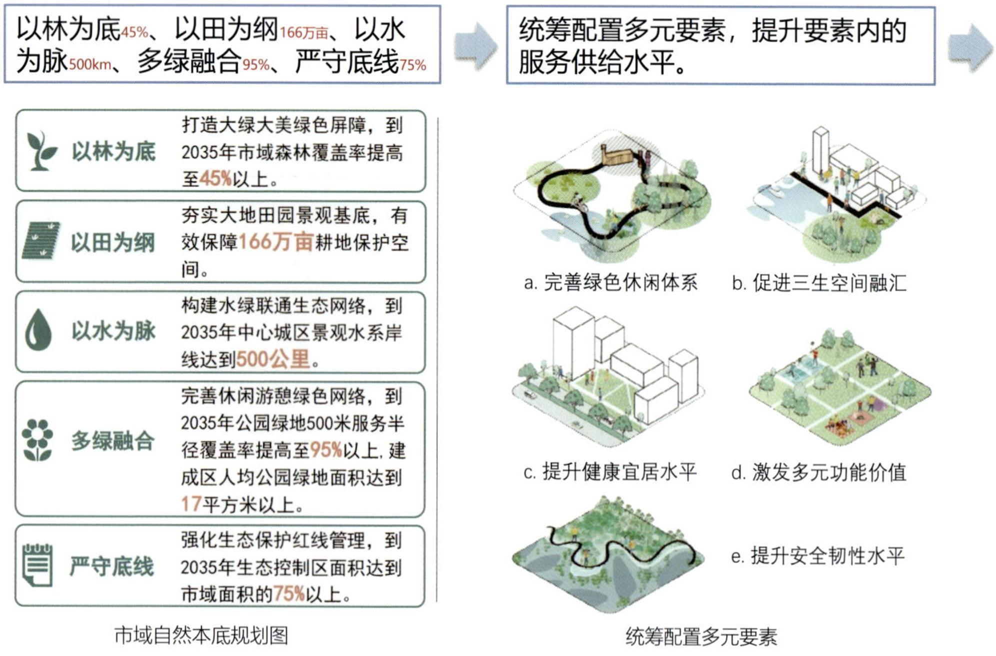


十五个精华片区，彰显花园之都政务环境、文化活力、人才吸引力

| 精华片区 | 面积/km² | 要求 |
|---|---|---|
| 老城 | 47.2 | 首都核心功能区，首都形象 |
| 奥林匹克 | 31.2 | 北中轴地区，奥体精神 |
| 南苑 | 34.8 | 南中轴地区，绿肺、文化馆 |
| 城市副中心 | 20.3 | 非首都功能疏解、人口转移 |
| 新首钢 | 31.4 | 传统功能绿色转型升级 |
| 三山五园 | 135.3 | 传统皇家园林保护展示 |
| 八达岭长城 | 93.6 | 长城文化展示窗口 |
| 十三陵 | 79.9 | 天寿山麓，山水陵村秩序 |
| 周口店遗址 | 5.1 | 综合科研基地、学术交流 |
| 雁栖湖会都 | 20.5 | 东方花园会都 |
| 延庆度假区 | 18.8 | 栖居山水间，创业花园里 |
| 首都机场 | 48.1 | 港城融合，花园式航空中心 |
| 大兴机场 | 55.6 | 花园城市国际交往门户区 |
| 未来科学城 | 170.6 | 科学+花园城 |
| 怀柔科学城 | 100.9 | 世界级原始创新承载区 |

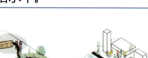

图1-2 《北京花园城市专项规划（2023年—2035年）》内容摘录

公园使用需求的变化。正因此，在长期公园规划建设的实践中出现了大量供需错配的现象。针对上述问题，引入时空行为研究的理论方法，建立一套基于行为分析、耦合行为需求、改善行为品质的公园布局方式，在花园（公园）城市建设的大背景下，提升城市空间和市民生活的质量。

### 2. 研究目标及拟解决的问题

研究的核心目标为构建基于行为分析框架的城市公园绿地布局模式（图1-3）。

（1）围绕核心目标，设计具体研究路径

一是解析市民使用公园绿地的行为规律和需求层次；
二是构建行为数据与绿地布局适配分析的技术框架；
三是提出公园绿地布局优化的策略和可复制的模式。

（2）技术瓶颈与解决思路

技术问题一：市民使用城市公园绿地的行为数据如何获取。

解决思路一：开展日常出行和活动日志调查，发放调查问卷，获取出行日志、出行-活动的满意程度、潜在需求、受访者社会经济属性等内容，当然在资金支持的情况下也可通过嵌入式的GNSS、LBS等便携设备收集连续的时空轨迹数据，或者以公交卡刷卡、门禁识别为代表的大规模面板数据作为补充。

技术问题二：行为数据与绿地布局数据存在异构特征，如何通过解析转译建立二者适配分析的渠道。

解决思路二：该部分是本研究的核心技术问题，行为数据源自对使用者日常出行与活动日志调查，对于日程、耗时、交通方式等内容的获取，同时还包含了主观层面的诉求、满意度等信息；绿地布局数据通常来自城市规划方案（含城市设计、城市更新方案）中的图纸、模型和文本。研究引入行为链分析的思路，将行为数据转化为活动节点及节点之间的拓扑关系（详见第二章节内容），再对应到物质空间中具体的设施、绿地等要素进行检验。

技术问题三：如何依托数字化分析方法实现循证的规划优化。

解决思路三：在建立了空间系统与行为系统的互动关系之后，整个布局适应的过程被转译为计算机算法，依托计算机

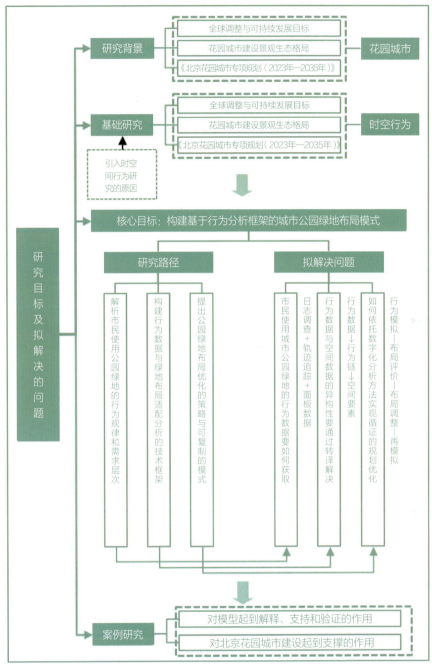

图1-3 研究目标及拟解决问题

的数字化计算能力，可对布局调整所产生的适配程度变化进行实时感知，从而实现模拟-评价-调整-再模拟的规划过程。此外，应注意到规划方案中的各系统存在相互之间复杂的约束关系，对公园绿地的调整应是见微知著，尽量不对其他系统产生干扰的情况下开展布局调整工作，避免破坏其他系统的合理性。

## 二、研究方法

### 1. 研究方法及理论依据

（1）理论基础：时空行为研究的理论方法

时空行为研究缘起于行为学派"空间-行为"互动关系的研究框架，其聚焦于个体在城市空间中行为活动的格局、过程、机理，以及集计形成的社会空间的研究。瑞典学者哈格斯特朗（Hägerstraand）提出时空棱柱的概念后，对行为的研究逐步演进到时空间的范畴；随着地理信息技术的兴起，时空行为研究在可视化和计量研究上都获得了较大的发展。目前，时空行为研究已形成行为的时空特征分析、制约因素及作用机理分析、时空弹性测度等命题，成功实现了城市中复杂行为空间的刻画，并在城乡规划领域发挥作用。

时空行为研究的框架根据其理论发展阶段大致分为两个部分（图2-1）：①行为的现状认知，主要围绕时空制约和时空弹性展开，这一时期的研究揭示了个体行为过程中受到的制约及其拥有的机会；②行为的模拟预测，主要围绕企划和地方秩序嵌套展开，这一时期的研究揭示了行为产生的机理及其需要的时空资源，当路径途经这些时空区域的时候将凝结成特定的时空口袋。二者完成了空间-行为辩证关系及互动理论的建立，这是时空行为研究能在城市规划中发挥作用的科学基础。

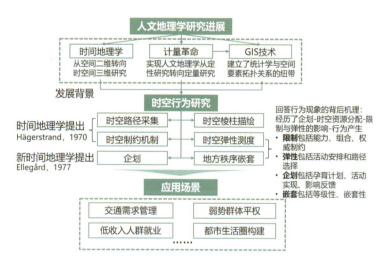

图2-1 时空行为研究框架

（2）涉及方法：行为数据获取+行为链与对应空间要素布局关系+可达性

对于本研究而言，将用到的时空行为研究的方法包括行为数据获取、行为链分析和可达性模型（图2-2）：①行为数据获取，包括日常出行与活动日志调查、利用GNSS与LBS设备获取时空轨迹数据、以新型面板数据作为活动节点的重要补充等方式。②行为链分析通常与基于活动的理论有关，该理论侧重于行程的目的、地点、频率、一天中的活动次序等，在现代城市生活中，行为链类型学研究倾向于区分工作导向和非工作导向的出行，同时可根据出行目的的复杂程度将行为链的类型进一步划分为更小的类别。行为链分析是建立空间要素之间布局关系的重要依据。③可达性模型，主要针对布局关系开展评价分析，经典的模型包括距离模型、机会模型和引力模型。

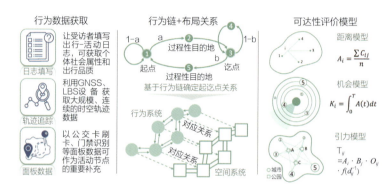

图2-2 时空行为理论方法在本研究中的应用

（3）概念框架：布局关系与市民行为耦合评价与规划优化模型

获取行为数据、建立行为链模型、确定绿地与其他空间要素的布局关系后，核心的工作将是对其布局关系开展可达性评价分析，研究在距离模型和机会模型的基础上建立布局关系与市民行为耦合评价与规划优化模型（Behavior-Layout Integrated Evaluation & Planning model，简称BLIEP模型）：其包含可达性分析、沿途性分析两个维度，分别针对以公园作为讫点的单目的出行中的布局关系评价和以公园作为过程点的多目的出行评价；同时，根据是否仅围绕物质空间开展评价与优化、抑或是纳入个体对可达性感知差异的因子而设置了理性人①、满意人②两项原则（图2-3）。

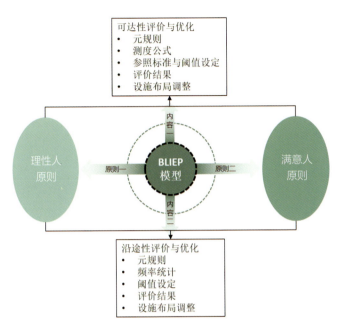

图2-3 BLIEP模型概念框架

### 2. 技术路线及关键技术

技术路线如图2-4所示。

一是数据准备环节。一方面，在该环节需要获取研究对象的物质空间数据或规划设计方案，包括建筑、绿地、街道、街区等尽可能反映建成环境实景的三维模型数据；另一方面，获取行为主体日常出行与活动数据，包括出行时段、出行方式、出行目的、起讫点、活动内容等尽可能反映时空行为全貌的混合类型数据。对上述数据进行标准化处理，并建立数据库文件便于检索和查询。

二是行为链分析。通常以居住地和工作地为两个重要的起讫点，在此基础上延展出行-活动数据，最终形成闭环；进一步，将出行、活动的频率进行统计分布，形成对行为系统的定量描述；最后，提取与公园绿地使用相关的行为片段，确定起点、讫点、过程点关系，并从空间数据中提取对应的要素开展具体的分析工作。

三是BLIEP模型构建与算法设计环节。BLIEP模型主要包括可达性分析和沿途性分析两个维度：当公园绿地为单目的出行的

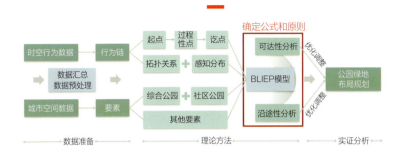

图2-4 技术路线

讫点时，采用可达性分析的方法对其布局进行评价，并提出优化策略；当公园绿地为多目的出行的过程性目的地时，采用沿途性分析。同时，根据研究需求选定评价原则、建立数学公式、制定得分标准、谋划布局调整思路，并转化为计算机算法语言。

四是实践应用环节。确定案例对象，从建成环境或规划方案中提取公园绿地、建筑、路网等与评价相关的要素，并进行标准化处理，输入算法输入端，得出评价结果，分析评价结果中表现较差的情况及原因，并提出优化调整策略，形成公园绿地布局规划总图。在实证分析过程中，研究将对BLIEP模型中存在的问题进行发掘，同时对原有绿地布局方式中的构图导向和视觉导向开展思辨探讨，并提出基于行为分析视角的自下而上规划模式在花园（公园）城市建设中的必要性。

## 三、数据说明

### 1. 数据内容及类型（表3-1）

（1）物质空间数据

本研究选取怀柔科学城的公园绿地布局方案开展实证分析，因此物质空间的数据主要来源于怀柔科学城的建成环境与规划设计方案。选择的原因：①作者所在的规划设计团队参与过怀柔科学城的总体城市设计阶段的规划工作，拥有相对完整的空间数据；②怀柔科学城作为北京"花园城市"建设的十五个精华片区之一，对花园城市建设具有一定的示范作用。研究提取总体城市设计方案中的绿地、用地、建筑、路网等矢量数据，同时获取用于解释方案的文本、图纸等数据。

---

① 理性人：源自经济学中追求最低投入、最大收益的决策理念，本文中代指追求最短路径格局下的布局模式。
② 满意人：源自经济学中追求适度效用、相对理性的决策理念，本文中代指使尽可能多的使用者到达公园绿地在可接受的距离范围内。

（2）科研群体行为数据

怀柔科学城的市民主体为中国科学院（以下简称"中科院"）的科研人员，行为数据源自2018年10月~2019年1月、2021年12月~2022年7月之间笔者于中科院中关村基地、奥运村基地、玉泉路基地实施的在职科研人员日常出行与活动日志调查的第一手资料，本次调查共收集240份活动日志，调研内容包括科研人员基本信息、社会经济属性数据、工作日期间的活动日志及轨迹数据、带眷意愿等，最终有效样本151份，有效率62.92%。选取中科院三个基地的科研人员作为调查对象，主要是因为这部分群体中将有一部分人员未来会入驻怀柔科学城工作生活。

（3）辅助性数据

包括北京中心城区高德地图和开源POI的组合，用于科研人员活动轨迹落位和相关分析，城市规划设计的标准规范，如《公园设计规范》GB 51192—2016、《城市绿地分类标准》CJJ/T 85—2017、《城乡规划用地分类标准》DB 11/996—2013，以及其他相关的书刊、文章。

**数据内容及类型** 表3-1

| 城市 | 数据名称 | 数据格式 | 数据来源 |
|---|---|---|---|
| 物质空间数据 | 怀柔科学城总体城市设计方案 | 二维矢量数据 | 中国城市发展规划设计咨询有限公司怀柔科学城项目组 |
| | | .dwg | |
| | | 三维矢量数据 | |
| | | .skp、.3dm | |
| | | 本册、图纸 | |
| | | .pdf | |
| 科研群体行为数据 | 行为轨迹 | .shp | 团队开展的日常出行与活动日志调查 |
| | 社会经济属性、活动属性 | .xlsx | |
| 辅助性数据 | 北京中心城区高德地图和开源POI | .shp | CSDN官网中的开源数据 |
| | 城市规划设计标准规范 | .pdf | 工标网 |

## 2. 数据预处理技术与成果

（1）空间数据预处理

提取怀柔科学城总体城市设计方案中的空间要素，并进行标准化的处理，使其能被三维分析软件所识别并能准确表达要素之间的拓扑属性，具体包括：①建筑模型，提取方案中的建筑模型并与用地布局规划图进行空间连接，使得居住、商业、办公、公服等不同类型的建筑能够尽可能地被区分；检验三维模型是否为多重封闭曲面，即是否可以用于建筑面积计算。②公园绿地，提取用地布局图中的公园绿地（G1）、街区边界，建立多边形曲面，确保其可用于面积计算。③街道网络，提取道路中心线，确保互通式道路交叉口的道路中心线为相互打断、端点互为邻接，非互通式交叉口道路应连续不间断。由于主流的城市设计方案绘制平台为AutoCAD，其不要求对要素的拓扑关系有所表达，因此，提取道路中心线直接形成街道网络无法上述要求。研究构建邻近点分布运算（No. of Adjacent Points，简称NAP）对街道网络进行拓扑检验，并处理问题点。

$$NAP_{i=0}^{n} = \sum_{j=0}^{n}(D_{i \to j} == 0) = \begin{cases} 3 & \Rightarrow 三岔路口 \\ 4 & \Rightarrow 十字路口 \\ 5 & \Rightarrow 五岔路口 \\ \cdots & \Rightarrow 对应路口 \end{cases}$$

其中：$D_{i \to j}$表示中心线端点$i$到端点$j$的直线距离，图中红圈表示对应岔路口与NAP值不对应之处，即拓扑关系不正确，需要进行调整。

（2）行为数据预处理

行为数据源自对中科院科研人员日常出行与活动日志调查，首先需要检验样本的代表性，进一步将出行-活动日志转化为矢量路径，并进行属性标注：①样本代表性检验：本次调查共得到151份样本（表3-2），其中男性98份，女性53份，研究基于《中科院统计年鉴（2020）》对样本的性别、年龄、职称等方面进行了卡方分布检验，显著性水平高于预设的0.05，表明样本的人口结构与中科院科研人员总体分布并不存在显著差异，具有一定的代表性；②在ArcGIS中完成出行-活动日志矢量化工作，并将出行时间、出行方式、活动内容、活动要求录入到属性表中，建立科研人员时空行为数据库。

**样本描述性统计与卡方分布检验** 表3-2

| 变量 | 分布 | 男性 | 女性 | 合计 | 卡方检验 | F检验 |
|---|---|---|---|---|---|---|
| | 样本量N | 98 | 53 | 151 | .003[b] | — |
| 工作地点 | 中关村基地（%） | 32.65 | 39.62 | 35.10 | — | .941[a] |
| | 奥运村基地（%） | 38.78 | 33.96 | 37.09 | | |
| | 玉泉路基地（%） | 28.57 | 26.42 | 27.81 | | |
| 年龄 | 21~35岁（%） | 71.43 | 77.36 | 73.51 | 3.551[b] | 1.195[a] |
| | 36~55岁（%） | 23.47 | 18.87 | 21.85 | | |
| | 56~75岁（%） | 5.10 | 3.77 | 4.64 | | |

续表

| 变量 | 分布 | 男性 | 女性 | 合计 | 卡方检验 | F检验 |
|---|---|---|---|---|---|---|
| 家庭结构 | 未婚（%） | 54.08 | 52.83 | 53.64 | — | 1.128[a] |
| | 已婚无孩（%） | 10.20 | 11.32 | 10.60 | | |
| | 核心家庭（%） | 21.43 | 26.42 | 23.18 | | |
| | 三代人家庭（%） | 14.29 | 9.43 | 12.58 | | |
| 主要研究方向 | 数学/物理（%） | 17.35 | 18.87 | 17.88 | 43.025[c] | 0.978[a] |
| | 化学（%） | 11.22 | 18.87 | 13.91 | | |
| | 生命科学/医学（%） | 12.24 | 9.43 | 11.26 | | |
| | 地学（%） | 11.22 | 26.42 | 16.56 | | |
| | 信息技术（%） | 18.37 | 3.77 | 13.25 | | |
| | 工程技术科学（%） | 27.55 | 15.09 | 23.18 | | |
| | 交叉研究（%） | 2.04 | 7.55 | 3.97 | | |
| 职称 | 研究生（%） | 53.06 | 60.38 | 55.63 | 8.224[b] | 1.438[a] |
| | 实习研究员（%） | 4.08 | 1.89 | 3.31 | | |
| | 助理研究员（%） | 17.35 | 24.53 | 19.87 | | |
| | 副研究员（%） | 19.39 | 13.21 | 17.22 | | |
| | 研究员（%） | 6.12 | 0.00 | 3.97 | | |
| 月收入水平 | 1999元及以下（%） | 15.31 | 9.43 | 13.25 | — | 1.586[a] |
| | 2000~4999元（%） | 30.61 | 30.19 | 30.46 | | |
| | 5000~9999元（%） | 14.29 | 33.96 | 21.19 | | |
| | 10000~19999元（%） | 22.45 | 18.87 | 21.19 | | |
| | 20000元及以上（%） | 17.35 | 7.55 | 13.91 | | |

注：a）Asymp. Sig.>0.05，不能拒绝零假设，表示样本与中科院科研人员总体分布不存在显著差异；b）表示样本在性别层面无显著性差异；c）Asymp. Sig.=0.005<0.05，拒绝零假设，表明在主要研究方向层面存在差异。

（3）数据成果

空间数据、行为数据处理结果如图3-1、图3-2所示。

## 四、模型算法

### 1. 模型算法流程及相关数学公式

基于BLIEP模型（图2-3），其包含可达性分析和沿途性分析两个维度，分别针对单目的出行中起点与讫点之间的布局关系和多目的出行中过程性目的地与起讫点之间的关系；同时，模型还

图3-1 空间数据预处理结果

包含理性人和满意人两项原则，分别追求最短距离和可接受距离两个层级。

（1）可达性分析（Accessibility）

①采用理性人原则对公园布局进行评价和优化时，其追求前往公园的距离（或时间、成本，下同）集计的最小值，可达性值为现有格局接近最优解的程度如式（4-1）所示，其中最优解需要依托数字化分析手段对所有潜在的布局方案进行批次计算求得；当然，对潜在方案的可达性值，可设定合适的得分标准放宽一定的弹性程度来应对其他的约束条件。在规划实践中基于服务半径合理化的布局思路，即理性人原则在现实场景下简化处理的

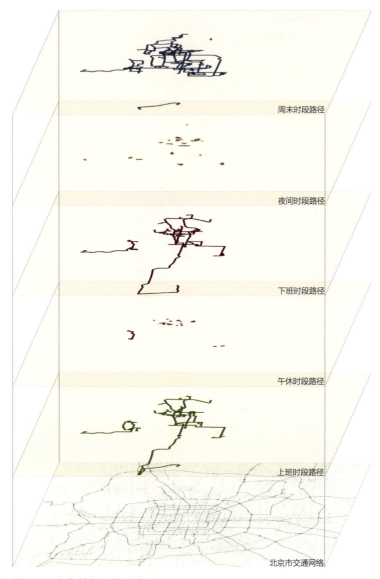

图3-2 行为数据预处理结果

重。满意频次的计算是在机会模型（图2-2）的基础上构建的，即以公园为讫点在不同距离内能够覆盖到的满意人的求和，如式（4-4）~式（4-6）所示；当然，为便于个体可达性感知情况，通常会设置若干梯度值，如{（0，$t_1$]，[$t_1$，$t_2$]，[$t_2$，$t_3$]，…}，将积分建模简化为级数求和的方式，如式（4-7）所示。满意人视角的可达性分析有赖于微观经济消费者行为模型对感知变化、满意程度影响出行行为的直接证明。

$$Acc. = \frac{S_j}{\alpha \cdot D_j} \times 100\% = \frac{S_j}{21.85\% \cdot D_j} \times 100\% \quad (4-3)$$

$$S_j = \int_0^T S_j'(t)dt \quad (4-4)$$

$$\lim_{\Delta t \to 0} \frac{S_j(t+\Delta t) - S_j(t)}{\Delta t} = \frac{D_j(t+\Delta t) - D_j(t)}{\Delta t} \cdot \int_{t+\Delta t}^{\infty} f_{TB}(t)dt \quad (4-5)$$

$$S_j'(t) = D_j'(t) \cdot \int_t^{\infty} f_{TB}(t)dt \quad (4-6)$$

$$S_j = \sum_{i=0}^{n} D_j(t = i \cdot \xi) \cdot P(TB = i \cdot \xi)$$
$$= D_j(t=5) \cdot P(TB=5) + D_j(t=10) \cdot P(TB=10) + D_j(t=15) \quad (4-7)$$
$$\cdot P(TB=15) + D_j(t=20) \cdot P(TB=20)$$

式中：$S_j$表示给定区域内满意频次的总和，$D_j$为区域内总人口，$\alpha$为参与本项出行活动的比例，$D_j(t)$为以公园绿地为讫点出行时间在（0，$t$]内所能覆盖到的人口数。在出行–活动日志调查时为便于受访者进行问卷填写，涉及可达性感知的内容设置不同梯度$\xi$的出行时间预算（$TB$）选项，因此，不同梯度下的满意频次则等于总人数$D_j(t)$乘以对应时间预算人群出现的概率$P$（$TB$）；$S(t)$和$f_{TB}(t)$分别为$S_j$和$P$的解析延拓函数。

（2）沿途性（Attachment）分析

①当采用理性人原则时，公园绿地的最优布局则是依附于起讫点之间的最短路径上，因此，沿途性的测度值为公园绿地被每次出行的最短路径途径的频率，具体思路：通过行为链确定起点、讫点和过程性目的地组合→批量建立最短路径→统计公园绿地被最短路径途径的频率并给出沿途性分析结果，计算公式如下：

$$Att. = \frac{S}{\beta \cdot W} \times 100\% = \frac{S}{7.28\% \cdot W} \times 100\% \quad (4-8)$$

$$S = \sum_i ((\sum_j (L_{ij} \leq \omega)) \geq 1) \cdot R_i \quad (4-9)$$

$$L_{ij} = \sqrt{(x_i - x_j)^2 + (y_i - y_j)^2} \quad (4-10)$$

式中：$S$表示给定区域内满意频次的总和；$W$为区域内总人

方式，总体而言，其存在物理主义的缺陷。

$$Acc. = \frac{\min S_j}{S_j} \quad (4-1)$$

$$S_j = \left\{ \sum_j L_{i \to j} \mid j = 0,1,2,\cdots \right\} \quad (4-2)$$

式中：$S_j$表示第$j$个公园布局方案中距离的集计，$L_{i \to j}$表示起点$i$到第$j$个方案中公园的最短路径距离。

②采用满意人原则时，研究引入可达性感知算子，当前往公园的距离在个体可接受的范围内时计为一次满意出行，其追求最大化的满意频次，可达性值为满意频次在整体出行中所占的比

口；$\beta$为参与本项出行活动的比例；$L_{ij} \leq \omega$表示起讫点最短路径是否途径公园的逻辑预算，即公园的特征点（$x_j$, $y_j$）到最短路径的直线距离是否小于给定值的判断，当至少有一个公园被途径时计为一次满意频次，乘以该条路径上的出行人次$R_i$，并进行集计得到满意频次的总和。

②现实中，个体并不会一直沿着同一条路径往返于起讫点，也无法在行进过程中实时进行最短路径的预算，而是沿着起讫点向量方向呈现总体靠近的趋势，也就是出行的具体线路会围绕最短路径两侧做小幅振荡，表征出一定的时空弹性，这也就是适度宽松的满意人原则。在数理上，标准差椭圆（Standard Deviation Ellipse，简称SDE）能够概括路径的中心趋势、离散和方向趋势，同时可通过调节置信度来体现弹性的程度，具体思路与理性人原则相似，只是将最短路径替换成对应的SDE，并统计公园落入其中的频率替代途径的频率即可。计算公式如下：

$$S = \sum_i ((\sum_j (SDE_i(x_j, y_j) \leq 1)) \geq 1) \cdot R_i \quad (4-11)$$

$$SDE(x, y) = \begin{pmatrix} var(x) & cov(x, y) \\ cov(y, x) & var(y) \end{pmatrix} = \frac{1}{n} \begin{pmatrix} \sum_{i=1}^n \tilde{x}_i^2 & \sum_{i=1}^n \tilde{x}_i \tilde{y}_i \\ \sum_{i=1}^n \tilde{x}_i \tilde{y}_i & \sum_{i=1}^n \tilde{y}_i^2 \end{pmatrix} \quad (4-12)$$

式中：$SDE(x, y)$为标准差椭圆方程，将公园特征点（$x_j$, $y_j$）代入方程≤1时表示位于椭圆内。

（3）得分标准

得分标准：当$Acc.$或$Att. \geq 80\%$时，评价结果为"较好"，表示绿地空间布局适应科研人员行为的程度达到80%及以上；当$60\% \leq Acc.$或$Att. < 80\%$时，评价结果为"中等"，表示适应程度在60%~80%之间；当$Acc.$或$Att. < 60\%$时，评价结果为"较差"，表示适应程度低于60%。后两个等级表示总体方案中相应部分仍有较大的改善空间。上述得分标准是一个经验上的预设值，根据这套标准可以估算出满足80%或满足60%时，需要标准化开发的综合绿地和社区绿地的总面积及对应的总成本，当科学城绿地建设的总成本与政府预算发生较大偏离时，我们可以通过BLIEP模型的逆向过程反向推导得分标准收紧或放宽的程度，当然绿地的增减与布局的策略也会随之调整，并均匀地反馈到居民的可达性评价值上。

综上所述，BLIEP模型可以建立绿地布局变化与公民福祉波动之间的定量关系，同时这种关系是建立在经济灵活性和均衡可达性的基础上的。

## 2. 模型算法相关支撑技术

本研究选择Grasshopper软件开发相应电池组实现算法的设计。可达性分析电池组如图4-1所示。沿途性分析电池组如图4-2所示。

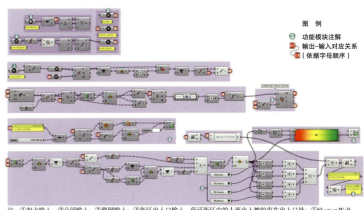

注：①起点输入；②公园输入；③路网输入；④街区出入口输入，保证街区内的人流出入被约束在出入口处；⑤Shortest Walk，识别起讫点最短路径；⑥路径渲染；⑦可达性感知适配分析；⑧建筑渲染，根据离公园的长度；⑨可达性测度值输出；A~H分别表示被隐藏的连接线。

图4-1 可达性分析电池组

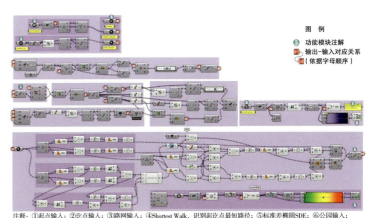

注释：①起点输入；②公园输入；③Shortest Walk，识别起讫点最短路径；④标准差椭圆SDE；⑤公园输入；⑦沿途性测度值输出；⑧是否途径的渲染分析；⑨优化模拟分析；A~J分别表示被隐藏的连接线。

图4-2 沿途性分析电池组

## 五、实践案例

### 1. 模型应用实证及结果解读

（1）研究对象：北京市怀柔科学城

怀柔科学城是中国科学院与北京市共同建设的国家综合科学

中心，位于北京市怀柔区与密云区之间，基地面积100.9km²，建设用地约40km²（图5-1）。其规划人口规模约26万人~28万人，其中专职从事科研工作的群体预计达到4.65万人（约5%群体为周边通勤人员），该部分群体为中科院既有或新增的科研工作者。

（2）怀柔科学城总体城市设计方案与绿地空间布局

2018年，北京市有关部门召集了8家设计单位开展怀柔科学城总体城市设计方案征集，作者所在的设计团队在本次方案征集过程中获得第三的成绩，并参与了方案整合阶段的工作，因此，本研究选取作者所在团队的方案开展实证分析，以检验模型的科学性与实用性。方案基于功能主义和美学主义，形成了圈层结构和组团布局的模式（图5-2）：①中央绿核，由永久基本农田、水系和林地组成；②科研圈层，科学城的核心功能区，以科研生产活动为主，包括科学装置、中试基地、试验生产基地、科研院所驻地等，共设9个组团；③配套圈层，科学城辅助功能，以生产生活配套为主，包括两所科研型大学、居住生活、公共服务、商务办公、高铁站房等，共设5个组团；④组团布局，各组团边界清晰，内部形态相对完整，这使得整个评价分析与布局优化可以以组团为单位进行。

聚焦到公园绿地系统，绿地以中央绿核为中心，沿组团间的绿廊呈向外放射的格局；在组团内公园绿地分布于中央绿轴、滨水沿岸、组团边界，还包括一些阵列式布局的社区公园（图5-3）。显然这种布局方式更多地还是以构成主义和概念化的服务半径的视角出发，对市民使用公园的具体行为关注较少、颗粒较粗，这也是本案例能够开展基于行为分析视角的布局评价的基础。

图5-2 怀柔科学城总体城市设计方案

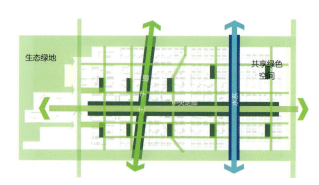

图5-3 各组团内结构化绿地空间布局示意

（3）基于行为链分析科研群体使用公园绿地的场景和需求

研究聚焦科学城中的科研群体开展日常出行与活动日志调查，对样本的行为数据进行描述（图5-4）：上班时段，科研人员由居住地前往科研院所，部分科研人员途经餐饮设施、零售设施、基础教育设施等过程性目的地；午休时段，大部分科研人员由科研院所前往餐饮设施就餐，后返回科研院所，部分科研人员

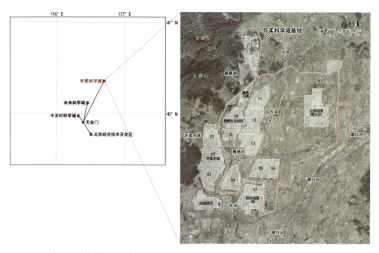

图5-1 怀柔科学城区位与现状地图

在返程中会前往居住地、零售设施、社区公园等过程性目的地；下班时段，大部分科研人员由科研院所直接返回居住地；夜间时段，半数以上科研人员无出行活动，主要原因为下班时间较晚，其余科研人员可能会前往图书馆、公园广场、体育设施等，活动后返程。可以看出科研人员的时空行为存在一定的结构性规律。

从上述行为链可以看出，科研群体对公园绿地的使用主要体现在两个时段：①夜间时段由居住地前往综合公园开展游憩、健身活动，样本中约有21.85%的科研人员发生该行为，其中3.31%、7.28%、5.96%、5.30%的科研人员分别希望能在5min、10min、15min、20min的步行路程内到达公园（图5-5）。该条行为链为单目的出行，适用可达性分析维度，提取方案中的综合公园（面积≥5万m²的G1用地）、居住设施代入BLIEP模型中开展运算。②午间时段，科研人员外出用餐后，在返回科研院所途中前往社区公园开展散步、小憩活动，样本中约有7.3%的科研人员发生该行为，该条行为链为多目的出行，适用沿途性分析维度，主要评判社区公园相对于OD路径的关系，提取方案中的社区公园（面积<5万m²的G1用地）、便民设施（默认提供餐饮服务）、科研院所代入BLIEP模型中开展运算。选取这两条行为链恰好能作为可达性与沿途性分析的验证，同时也基本涵盖了科学城的公园绿地体系（图5-6）。

（4）实证分析的其他说明

第一，本研究开展的工作基于一项基础假设，即科研人员从中科院迁徙至怀柔科学城后，其时空行为不发生结构性的改变，否则整个布局评价与优化工作将失去参考依据；第二，研究倾向于使用BLIEP模型中的满意人原则，这更符合现实世界的复杂约束和个体行为的时空弹性，这也是本研究增加感知算子的创新点所在；第三，4.65万的科研人员均匀地分布于科学城的居住设施和科研建筑中，即居住人口（刨除5%的周边通勤人员）与工作人口分别与上述建筑的面积成正比关系，各组团人口数如表

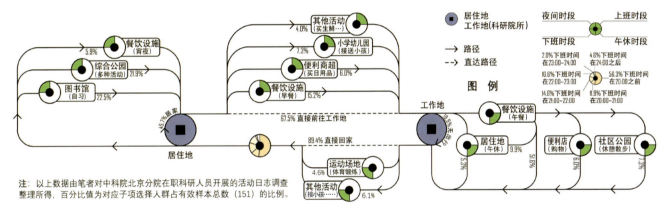

图5-4 科研人员工作日行为链示意

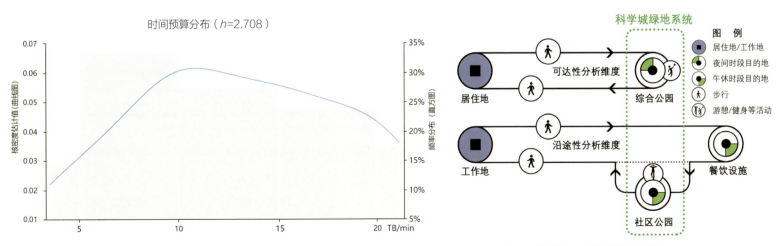

图5-5 科研人员前往综合公园的时间预算分布及解析延拓

图5-6 拟开展分析的行为链及起讫点组合

5-1、表5-2所示；第四，在进行综合公园可达性分析时，并非将广泛分布的G1用地一次性输入BLIEP模型中，而是通过不定项组合的方式依次导入，当公园绿地的增加开始出现显著的边际递减效应时，此时输出的相对高值为该组团的公园可达性分值，这是考虑方案中综合公园总量庞大，若全部采用标准化的公园建设，前期投入和后期维护将耗资巨大，因此，采用适量布局满足尽可能多的科研群体符合满意人原则的设定，在沿途性分析时，上述遴选的综合公园可切分为若干社区公园代入运算；最后，本研究忽略垂直方向上的距离对可达性分析与沿途性分析产生的影响。

（5）布局评价结果与优化工作

①综合公园的可达性分析结果显示较好（表5-1），仅地球科学组团和雁栖生活组团评价等级为中等，候选绿地推荐进行标准化建设。

各组团综合公园可达性分析结果及布局建议　表5-1

| 组团基本信息 | | 评价结果 | | 布局或调整 |
| --- | --- | --- | --- | --- |
| 名称 | 科研人员居民 | 满意频次 | Acc./% | 等级 | |
| 物质科学/PS | 1599 | 249 | 80.92% | 较好 | 布局2处综合公园 |
| 生命科学/BS | 2282 | 382 | 86.87% | 较好 | 布局2处综合公园 |
| 信息科学/IA | 5816 | 953 | 85.05% | 较好 | 布局3处综合公园 |
| 空间科学/SS | 5269 | 867 | 85.35% | 较好 | 布局2处综合公园 |
| 地球科学/ES | 4241 | 644 | 78.75% | 中等 | 将中部多处社区公园合并为一处综合公园，后得分93.24 |
| 大气科学/AS | 4143 | 702 | 87.92% | 较好 | 布局2处综合性公园 |
| 待定组团1/U1 | 3696 | 623 | 87.46% | 较好 | 布局3处综合性公园 |
| 待定组团2/U2 | 3481 | 558 | 83.18% | 较好 | 布局2处综合性公园 |
| 待定组团3/U3 | 2489 | 397 | 82.79% | 较好 | 布局2处综合性公园 |
| 怀北镇/HT | 838 | 148 | 91.53% | 较好 | 布局1处综合性公园 |
| 雁栖小镇/YT | 2030 | 327 | 83.70% | 较好 | 布局2处综合性公园 |
| 雁栖生活/YL | 1718 | 242 | 73.05% | 中等 | 将西侧的绿地与学校对换位置，后得分86.84 |
| 怀柔核心/HC | 3591 | 611 | 88.25% | 较好 | 布局2处综合性公园 |
| 高铁商务/SB | 2657 | 418 | 81.60% | 较好 | 布局2处综合性公园 |

注：评价过程如图5-8所示，调整示意如图5-9所示。

②社区公园的沿途性分析结果显示较差（表5-2），仅物质科学组团和待定组团1评价等级为中等，社区公园多依附于主要道路两侧、滨水沿岸，或是阵列布局，表明这样的布局要求并不符合科研人员在午休时段的使用习惯，面临重新选址与布局调整。调整工作基于模拟分析的结果，将组团切分为20m×20m的格网，每个方格视作一个社区公园代入BLIEP模型中输出新的分级渲染图（图5-7），红色、黄色区域为沿途性较好的区域，绿色区域为非沿途区域，社区公园宜向暖色区域靠拢。根据调整策略对公园布局进行优化，代入公式进行重新运算，并进行循环论证直至得出较好的布局结果。

科研组团社区公园沿途性分析结果及布局调整建议　表5-2

| 组团基本信息 | | 评价结果 | | 布局或调整 | |
| --- | --- | --- | --- | --- | --- |
| 名称 | 科研人员岗位 | Att./% | 等级 | 策略 | Att./% |
| 物质科学/PS | 6016 | 70.94 | 中等 | 将北侧横向绿廊改为中部竖向绿廊 | 88.12 |
| 生命科学/BS | 1930 | 31.63 | 较差 | 将横向绿廊调整为竖向 | 84.95 |
| 信息科学/IA | 3570 | 10.30 | 较差 | 调整多条短距竖向绿廊 | 84.95 |
| 空间科学/SS | 5666 | 41.07 | 较差 | 调整多条短距竖向绿廊 | 82.11 |
| 地球科学/ES | 6793 | 49.82 | 较差 | 将中央的绿廊拆分成两条水平绿廊至红黄渲染区 | 85.45 |
| 大气科学/AS | 8031 | 37.58 | 较差 | 将中央的绿廊拆分成两条水平绿廊至红黄渲染区 | 85.52 |
| 待定组团1/U1 | 9060 | 65.05 | 中等 | 将中央的绿廊拆分成两条水平绿廊至红黄渲染区 | 88.61 |
| 待定组团2/U2 | 2227 | 34.65 | 较差 | 调整多条短距横向绿廊 | 88.33 |
| 待定组团3/U3 | 3208 | 44.32 | 较差 | 调整多条短距横向绿廊 | 86.96 |

注：评价过程如图5-8所示，调整示意如图5-9所示。

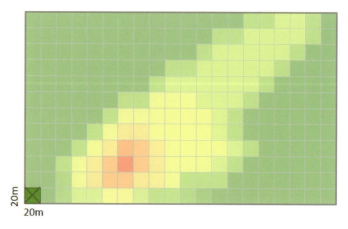

图5-7　公园布局优化模拟分析示意

## 2. 模型应用案例可视化表达

综合公园可达性分析、社区公园沿途性分析过程和布局建议如图5-8所示。

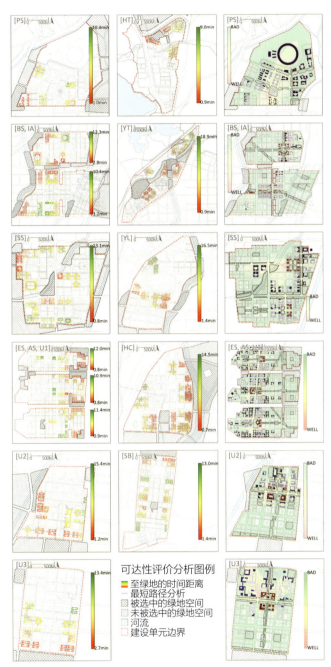

图5-8 怀柔科学城公园绿地布局评价与优化模拟

根据布局评价和优化模拟形成公园绿地布局总图，如图5-9所示。

对综合公园、社区公园布局评价与规划优化的结果进行汇总，形成如下三项策略：①选址确定，针对初始评价结果显示较好的绿地，将列入候选开发的行列；②绿地类型调整，针对部分未选中的绿地，考虑到其位于组团边缘、滨水区域、主干道旁，可将其调整为防护绿地（G2）、广场用地（G3）、生态景观绿地（G4）、园林生产绿地（G5）等；③建设用地调整，位于集建区内评价结果较差、使用效率低下的绿地将迁往更优的区域，原址调整为其他建设用地。规划形成一张总图（图5-9b），候选的公园绿地下一步可按照《公园设计规范》GB 51192—2016中的要求开展具体设计工作，其余绿地进行低影响、低成本、生态化的处理方式，也可作为弹性发展用地。

（a）布局调整建议　　（b）布局优化结果

图5-9 怀柔科学城公园绿地布局优化过程及结果

## 六、研究总结

### 1. 模型设计的特点

（1）从学理上实现了公园布局与行为活动耦合关系的测度和优化

公园绿地是城市中重要的游憩空间，在人民生活水平提高的过程中，市民对公园绿地的使用频率逐渐增大，使用场景日益丰富。在人本导向的花园（公园）城市建设背景下，如何实现城市公园绿地的布局与市民行为规律和活动需求相适应是具有重要实践意义的工作，既有通过绿地率、服务半径覆盖率、人均绿地面积等指标式的方法布局评价和优化中行之高效，但不够精细，特别是针对某些特定群体，如科研人员、老弱群体等，因此在某些场景下出现了一系列错配现象。在本研究中具体表现为在居住区周边配置了大量社区公园、游园，虽然指标层面达标，但无法满足居民夜间综合活动的需求；或在办公区干路周边布置了一系列带状公园却使用不便。因此研究构建了BLIEP模型，从市民时空行为的需求端出发，来解决上述问题，实现公园布局适应流动的行为空间和变化的活动需求。

（2）从方法上实现了对可达性模型的拓展和完善

研究在传统可达性模型的基础上增加了个体感知差异的因子，并通过微分建模和级数建模的方式建立了新的可达性模型，实现了模糊、离散的市民福祉数据能与连续、量化的OD拓扑关系之间建立连续变化的函数关系，使得布局调整所表现出的效益变化情况能够被真正地感知（图5-7中的色带），这对开展模拟分析、事前评估奠定了重要的数学基础；此外，研究还在多目的出行场景中构建了沿途性评价方法，弥补了既有模型对多目的出行中可达性评价的忽视。研究构建了面向市民福祉增益的BLIEP模型，对包括公园在内的公共空间、公服设施的布局都具有启示意义。

## 2. 应用方向或应用前景

（1）支持北京市花园城市建设工作

目前，北京市正在开展花园城市建设工作，在市域层面选取了15片花园城市精华片区，集中打造首都花园名片，其中怀柔科学城位列其中，该片区将构建山峦环抱、碧水绕城、组团镶嵌、疏密有致的整体布局，实现"森林伴科创，花园里生活"，建在长城脚下、雁栖湖畔的花园式科学城。本研究针对科学城公园绿地体系开展的布局优化将进一步支持花园式科学城的建设，对详细规划、用途管制层面的公园规划具有指导意义。研究形成的技术框架对其余14个花园城市精华片区的公园建设也将起到重要的示范作用。

（2）推进城市设计的行为转向和人本转向

公园绿地的布局是城市设计中对公共空间规划设计的重要工作，在现代主义和构成主义的范式下，其布局更多的是追求自上而下的功能需求和形态上的审美情趣，对使用者切实的感受和行为关注较少，也正因此遭到了后现代以来的广泛批判，设计师开始觉察到行为因素的重要性，但分析方法和角度的不同，使得关于行为影响的讨论缺乏规范的共同语言。研究构建的日常出行调查→行为链分析→布局关系分析→适应性评价与优化的工作范式，不仅对公园，对其他设施的布局均具有适用性，特别在存量建成环境中，建立在行为分析基础上的城市设计能够自下而上地理解行为、适应行为，甚至改造行为，做到空间与行为的有机适配，实现真正意义的城市活力、人本城市的畅想。

## 参考文献

［1］ 中国建设科技集团. 绿色规划技术指引［M］. 北京：中国建筑工业出版社，2023.

［2］ ZHENG S，YANG S，MA M，et al. Linking cultural ecosystem service and urban ecological-space planning for a sustainable city：Case study of the core areas of Beijing under the context of urban relieving and renewal［J］. Sustainable cities and society，2023，89：104292.

［3］ 金云峰，万亿，周向频，等. "人民城市"理念的大都市社区生活圈公共绿地多维度精明规划［J］. 风景园林，2021，28（4）：10-14.

［4］ 方煜，周璇，解芳芳. 基于开放包容视角的公园城市指数研究［J］. 城市规划，2023，47（S1）：47-54.

［5］ 桑晓磊，黄志弘，宋立垚，等. 从城市公园到公园城市——海湾型城市的韧性发展途径：厦门案例［M］//中国风景园林学会.中国风景园林学会2019年会论文集（上册）. 北京：中国建筑工业出版社，2019.

［6］ MOURATIDIS K，YIANNAKOU A. Covid-19 and urban planning：Built environment，health，and well-being in Greek cities before and during the pandemic［J］. Cities，2022，121（Feb.）：103491.1-103491.17.

［7］ SHARIFI F，LEVIN I，STONE W M，et al. Green space and subjective well-being in the just city：A scoping review［J］. Environmental science & Policy，2021，120：118-126.

［8］ 尹海伟，孔繁花，宗跃光. 城市绿地可达性与公平性评价［J］. 生态学报，2008，28（7）：3375-3383.

［9］ 李小马，刘常富. 基于网络分析的沈阳城市公园可达性和

服务［J］. 生态学报，2009，29（3）：1554-1562.

[10] 梁颢严，肖荣波，廖远涛. 基于服务能力的公园绿地空间分布合理性评价［J］. 中国园林，2010，26（9）：15-19.

[11] 代琦. 存量优化背景下的上海城市公园设施设置导向研究［J］. 中国园林，2016，32（12）：103-106.

[12] BOULTON C, DEDEKORKUT-HOWES A, BYRNE J. Factors shaping urban greenspace provision: A systematic review of the literature［J］. Landscape and urban planning, 2018, 178: 82-101.

[13] HÄGERSTRAAND T. What about people in regional science?［J］. Transport sociology, 1970, 24（1）: 7-21.

[14] KWAN M P. Geovisualization of human activity patterns using 3D Gis: A time-geographic approach［J］. Spatially integrated social science expamles in best practice, 2004: 48-66.

[15] KWAN M P. Space - time and integral measures of individual accessibility: A comparative analysis using a point - based framework［J］. Geographical analysis, 1998, 30（3）: 191-216.

[16] WEBER J, KWAN M. Evaluating the effects of geographic contexts on lndividual accessibility: A multilevel approach［J］. Urban geography, 2003, 24（8）: 647-671.

[17] KIM H, KWAN M. Space-time accessibility measures: A geocomputational algorithm with a focus on the feasible opportunity set and possible activity duration［J］. Journal of geographical systems, 2003, 5（1）: 71-91.

[18] CULLEN I, GODSON V. Urban networks: The structure of activity patterns［J］. Progress in planning, 1975, 4（75）: 1-96.

[19] 申悦，柴彦威. 基于性别比较的北京城市居民活动的时空弹性研究［J］. 地理学报，2017（12）：2214-2225.

[20] ELLEGÅRD Kajsa，刘伯初，张艳，等. 时间地理学的企划概念及其研究案例［J］. 人文地理，2016，31（5）：32-38.

[21] ELLEGÅRD Kajsa，张雪，张艳，等. 基于地方秩序嵌套的人类活动研究［J］. 人文地理，2016，31（5）：25-31.

[22] HÄGERSTRAAND T. Diorama, path and project［J］. Tijdschrift voor economische en sociale geografie, 1982, 73（6）: 323-339.

[23] STRATHMAN J G, DUEKER K J. Understanding trip chaining［M］. Washington, D.C.: Federal Highway Administration, 1995.

[24] INGRAM D R. The concept of accessibility: A search for an operational form［J］. Regional studies, 1971, 5（2）: 101-107.

[25] BREHENY M J. The measurement of spatial opportunity in strategic planning［J］. Regional studies, 1978, 12（4）: 463-479.

[26] SAKKAS N, PÉREZ J. Elaborating metrics for the accessibility of buildings［J］. Computers, environment and urban systems, 2006, 30（5）: 661-685.

[27] MORRIS J M, DUMBLE P L, WIGAN M R. Accessibility indicators for transport planning［J］. Transportation research part a general, 1979, 13（2）: 91-109.

[28] ESRI. 方向分布（标准差椭圆）的工作原理—帮助 | Arcgis Desktop［EB/OL］. https://desktop.arcgis.com/zh-cn/arcmap/10.6/tools/spatial-statistics-toolbox/h-how-directional-distribution-standard-deviationa.htm.

# 就业型时间贫困人群的智能识别及生活服务设施优化研究

**工 作 单 位**：东南大学建筑学院

**报 名 主 题**：面向高质量发展的城市治理

**研 究 议 题**：城市行为空间与生活圈优化

**技术关键词**：时空行为分析

**参 赛 选 手**：张辰、林知翔、陈喜龙、刘一帆、李秋莹、熊潇、崔澳、贾子恒、姜清馨、马巍

**指 导 老 师**：史宜、杨俊宴、邵典

**团 队 简 介**：参赛队伍由东南大学建筑学院10位研究生组成。本团队致力于大数据在的城市规划中的研究和应用，通过城市时空多源数据的分析和模型建构，对城市人群活动和空间信息进行精准识别和预测。本团队掌握一套从分析到设计再到管控的全流程规划策略，现已将城市时空大数据分析方法与模型应用于多个实际城市规划项目，如湾坞半岛城市设计、江都城市体检等，设计成果已荣获多个规划领域大奖，并获得业内广泛认可。

## 一、研究问题

### 1. 研究背景及目的意义

（1）研究背景

高质量发展阶段，城市更健康、更安全、更宜居，这要求规划关注不同社会群体的生活方式及其行为需求。近年来，人们缺乏休闲时间的现象引发了大量激烈的社会讨论，"996"甚至"007"工作现象的出现，使得工作、家庭之间愈发难以平衡，生活的紧迫让中国居民愈发感到时间的匮乏。《中国经济生活大调查》发布数据指出，2020年中国人每天平均休闲时间仅为2.42小时。"时间贫困"成为中国居民伴随社会经济发展进程中陷入的新的困境，主要表现为受就业通勤、就业时长、家庭分工等压力造成的闲暇时间不足、睡眠和自主时间缺乏。

"时间贫困"的概念，最早由经济学家维克里（Vickery）于20世纪70年代提出，指的是为了维持在非贫困消费水平之上，家庭除了收入之外还需要的最少时间。随后对时间贫困的研究逐渐扩展到收入、个人体验等诸多方面。当前，与"时间贫困"这一概念相关研究主要集中在经济学、社会学领域，且国外在规划相关学科研究较多，国内在这一领域研究仍处于开始阶段。

在造成时间贫困的诸多诱因中，长时间通勤、高强度工作造成的就业挤压是其中不可忽视的重要一环，"就业型时间贫困人群"通常由强工作时间约束导致家外非工作活动的参与率低和设施获取难，这其中既包含工作的真实时长，又涉及因就业地较远带来的高通勤成本。可以预见的是，因就业造成的时间挤压让人们逐渐失去了对生活的掌控，个体长期处于"时间贫困"会削弱认知资源，形成"时间贫穷思维"，进而引发个体负性情绪积

累，愈发需要得到重视和改善。

（2）研究意义

本研究从城市规划视角探究就业型时间贫困人群的行为活动路径，在原本普适的自上而下统筹生活圈的顶层设计路径基础上，更多地以自下而上的方式予以考虑，并利用数字化的方法，将新型信息技术与传统分析手法深度融合，优化人群行为路径探索的研究方法，借助大数据高精度大范围的特性，帮助更好研究时间贫困人群的行为规律和属性特征，揭示时间贫困人群的差异化特征。通过该研究，将有助于从更加多元的视角，站在城市特定人群实际需求之上，优化城市设施配置，提供更美好的生活环境，构筑人人便捷的生活圈，实现城市高质量发展。

## 2. 研究目标及拟解决的问题

（1）瓶颈问题

对于特定人群的针对性分析与需求匹配研究中，准确识别对应人群，并提供相对应的物质空间配合是当前亟待解决的难题。真正实现设计服务人民，推动我国城市高质量发展，让城市更健康、更宜居、更安全，实现对需求的精准挖掘，是当前以行为优化城市生活圈的关键问题。具体体现在三个方面：

人群识别检索困难。传统识别就业型时间贫困人群主要依靠问卷调查、访谈，或依靠既有调研数据结合全国普遍情况做大致筛查，这种调查方式耗时耗力且精准度有待提升。

人群行为路径挖掘困难。就业型时间贫困成因具有复杂性，长距离通勤、工作时间长、居住周围服务设施少、自我照顾时间需求量大、游憩时间成本高等诸多因素均会造成人群时间贫困，因此需要评估诸多影响因素的影响力。

物质空间匹配需求困难。在发掘人群行为路径之后，如何有效通过物质空间的改变满足人群需求，如何使设施供应与需求相匹配是挖掘人群行为后更难落实的部分。

（2）总体目标

基于上述瓶颈问题，本研究的总体目标是建构一个能够快速精准识别就业型时间贫困人群，并提供生活设施优化策略的决策辅助模型。

针对人群识别检索困难，本研究提出利用大数据识别贫困人群信息，利用高精度LBS数据、POI数据、用地数据等人群活动相关数据进行分析识别。

针对人群行为路径挖掘困难，本研究提出结合ST-DBSCAN聚类、主成分分析法、层次分析法等经典算法的时间贫困人群筛选方法，考虑诸多影响因素的实际影响力，对就业型时间贫困人群进行精准刻画。

针对物质空间匹配需求困难，本研究提出根据人群的社会属性、活动特征等诸多影响因素进行设施的优化提升（图1-1）。

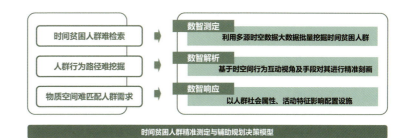

图1-1 研究目标

## 二、研究方法

### 1. 研究方法及理论依据

（1）时间贫困理论

虽然收入是最常用的贫困指标，但人们也提出并衡量了更广泛的指数，包括贫困的非货币方面的表现。时间贫困这一概念最早由Vickery提出，随后Douthitt更新了Vickery的时间-收入二维贫困模型，自此，时间贫困开始得到研究者的广泛关注。其概念包含三个视角，即时间长度视角、时间强度视角、时间质量视角。部分研究者认为，如果在工作或维持家庭上花费的时间过多，导致自由支配时间少于阈限，则这种情况被界定为时间贫困。对时间贫困群体及其活动模式的研究有助于把握当下中国城市居民的生活方式特点，透视城市空间对居民生活质量带来的影响，为"人本导向"的城市规划补充生活时间维度的研究结论与依据。理解工作时间过长导致的时间贫困，首先需要对人们的时间使用进行分类和记录，其次需要划定时间贫困的阈限。既有测定方法主要有三种：时间赤字法、绝对阈值法、相对阈值法。

在城市规划领域中，时间贫困群体受城市空间结构影响，长时间通勤和时间约束问题突出，研究其活动模式可以作为表征时间贫困，尤其是就业型时间贫困的一种新的视角。就业人群，即有相对稳定工作行为的城市人群，可能由于工作压力、通勤压力等原因导致时间贫困，对公共服务设施的使用较少。在城市中，这类人群具备规模庞大、行为活动相对规律的特征。因此，本研究从就业型时间贫困人群的内在动因和外在表征出发，基于城市片区级的大规模时空行为数据，进行就业型时间贫困人群的精准测定。

（2）时空行为理论

时空行为理论揭示了人们日常活动的规律性，以及这些活动与城市空间的互动关系。Chapin指出，城市居民在熟悉的空间中进行的日常活动，包括上班、回家、娱乐和购物等，都是由习惯性行为构成的。尽管不同群体的个体日常活动存在差异，但仍表现出一定的规律性。学者Cullen认为，人的日常活动在时间和空间上具有一定的固定性，因此居民的日常活动常常围绕居住区形成一个规律性、周期性和长期稳定的休闲体系。由于不同年龄阶段的个体有着不同的行为需求和日常活动模式，居民对城市空间的使用需求和特征也各不相同。城市空间不仅需要满足居民的基本生活需求，如衣食住行，还要满足不同生命阶段的偏好和需求，以促进个体的全面发展。

（3）基于居民活动需求出发的"生活圈"

"生活圈"的概念是指从居民活动需求出发，对步行尺度内的公共服务设施进行布局规划设计，以解决设施供给与居民需求的弹性适应关系。针对就业型时间贫困人群，在居住区步行尺度内获得全面高质量的各项生活服务尤为重要。沈洁等人就上海市嘉定新城展开时空行为视角的研究，在休闲需求理论、时间地理学的指导下，追求休闲时间可用性和休闲设施可达性之间的匹配度。张文佳等人基于北京郊区居民一周内活动出行GPS轨迹数据，利用复杂网络社群发现算法，对时空行为轨迹进行社群聚类、模式挖掘与可视化，挖掘不同叙事、不同空间相互作用、不同时序的居民生活需求。陶印华等人从时间、空间、个体行为和群体行为的角度，构建了基于移动性的城市环境暴露-日常活动移动模式-个体健康效应三者关系的综合分析框架，以期居民与城市环境互动的可持续发展。国内各大城市也陆续启动不同层级的"生活圈"规划实践，如上海2035于总体规划层面提出"15min"生活圈概念，并颁布《上海市15分钟社区生活圈规划导则》，之后长沙、广州也陆续开展生活圈规划的顶层探索，构建以居民活动需求为导向的公服设施配置优化方法。

（4）算法模型体系构建

本研究将设计构建基于机器学习等技术的算法模型体系，以提升机器学习等技术在本研究中起到的技术作用。

ST-DBSCAN算法：该算法突破了传统基于空间密度的聚类算法仅考虑空间距离的局限而拓展出时间维度，能够识别出不仅在空间上接近，而且时间上相邻的人群点，能够为人群停留点的时空行为识别、就业人群筛选，以及后续优化方案决策等环节提供技术支撑。

主成分分析算法：一种常见的数据降维技术，对于线性数据的效果更佳，用于消除就业型时间贫困人群通勤活动的噪声和冗余信息，发现就业型时间贫困人群中隐藏的通勤结构和模式。

层次分析法：一种用于多准则决策分析的方法，能够有效处理具有多变量和复杂结构的决策问题。本研究中借助层次分析法，可以有效处理用于计算时间贫困指数的多个变量，能够拆解时间贫困指数计算、就业型时间贫困人群筛选与需求研判等复杂问题，并构建层次结构，合理确定各个变量的权重，并提供一致性检验，在简化复杂决策过程的同时，也可确保相关计算结果的科学性与准确性。

凸包算法：一种几何算法，用于找到包含一组点的最小凸多边形或凸面的边界。在对就业型时间贫困人群进行聚类分析后，借助该算法可以清晰有效地识别出就业型时间贫困人群的居住群或就业圈的空间边界，帮助识别其居业圈的空间分布与特征，从而辅助后续优化决策。

最短路径算法：用于在图结构中找到两个节点间最短路径的算法，本研究借助最短路径算法，通过叠加拟合，能够快速准确地从多条线路中识别出就业型时间贫困人群的主要通勤廊道。

这些算法与已有的相关经典模型之间存在着密切关系，但在本研究中将根据就业型时间贫困人群的特定需求和行为特征进行定制和优化，以提高模型的适用性和效果。

## 2. 技术路线及关键技术

本研究的技术路线包括数据获取、指标体系构建、就业型时间贫困人群及空间识别模型构建和决策方案生成四部分，其中，就业型时间贫困人群及空间识别模型包含居业地识别、多维指标计算、时间贫困人群识别、空间识别四大模块（图2-1）。

（1）数据获取

本研究采集了多源异构大数据构建研究数据库。人群数据包括手机LBS数据，空间数据包括用地数据、POI设施数据、行

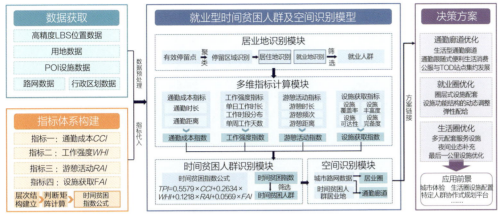

图2-1 技术路线

政区划数据、路网数据。对空间数据进行坐标校正、用地核对、数据清洗、POI设施分类等预处理，对手机LBS数据进行数据清洗、停留点识别、有效停留点筛选的预处理。

（2）指标体系构建

本研究对时间贫困相关概念进行研究梳理，选取四个维度指标作为时间贫困测度指标，分别为通勤成本、工作强度、游憩活动和设施获取。通勤成本指数由通勤时长、通勤距离综合测算；工作强度指标由单日工作时长、工作时段分布、单周工作天数综合测算；游憩行为指数由游憩时长、游憩频次、游憩距离综合测算；设施获取指数由生活服务、休闲娱乐、绿地游憩三类生活设施的设施覆盖率、设施可达性、设施丰富度、设施完备度综合测算。基于层次分析法计算指标权重，构建时间贫困指数公式。

（3）就业型时间贫困人群及空间识别模型构建

本研究构建的就业型时间贫困人群及空间识别模型包含四个模块：

居业地识别模块，对预处理后的有效停留点进行ST-DBSCAN聚类，得到每个ID一周的所有停留区域，结合用地数据筛选计算其一周内在各区域停留的稳定性，由此识别出该ID的居住地和就业地，并筛选出有就业地的ID。

多维指标计算模块，将用于指标测度的数据标准化，利用主成分分析法降维，计算每个ID的通勤成本、工作强度、游憩活动和设施获取指数。

时间贫困人群识别模块，代入时间贫困指数公式进行计算，得到时间贫困指数，根据阈值筛选就业型时间贫困人群。

空间识别模块，将筛选出的时间贫困人群居住地和就业地数据关联城市路网数据，识别时间贫困人群的居住圈、就业圈和通勤廊道。

（4）决策方案生成

根据就业型时间贫困人群的空间分布结果，结合就业型时间贫困人群的时空行为规律和差异性需求痛点，提出居住圈、就业圈和通勤廊道设施优化的规划决策方案。

## 三、数据说明

### 1. 数据内容及类型

本研究使用的数据包括手机LBS数据、用地数据、行政区划数据、路网数据、POI设施数据。

（1）手机LBS数据（location based service，简称LBS）

本研究采用的LBS数据来源于手机信息推送服务商提供，包括2019年10月南京市域LBS数据，共30天，精度为5m。本研究筛选其中南京本地人群，提取其信息，数据字段包括活动时间戳、活动点经纬度（表3-1）。该数据可以捕捉人群时空活动轨迹，生成包含用户时空信息的停留点，用以提供人群基础的时空间信息和研究对象；并为识别人群活动属性以及计算衡量时空贫困程度的指数，包括通勤成本指数、工作强度指数、游憩活动指数、设施获取指数提供基础；同时为筛选时空贫困人群、识别时空贫困人群行为路径，以及后续在空间层面匹配配套设施和优化生活圈提供基础。

| 手机LBS数据信息表 | | | 表3-1 |
|---|---|---|---|
| 用户匿名编号 | 时间 | 经度 | 纬度 |
| 750304 | 2019年3月31日 10:06:38 | 118.767163 | 32.055765 |
| 750304 | 2019年3月31日 09:48:44 | 118.766971 | 32.055828 |
| 750302 | 2019年4月1日 09:33:47 | 118.792458 | 32.087894 |
| 441380 | 2019年4月1日 16:41:32 | 118.694373333 | 32.1350383333 |

（2）用地数据

本研究采用的用地数据来源于当地规划管理部门，数据类型为shp文件，包括用地边界和用地类型。其中，用地类型包括8个用地大类（公共管理与公共服务用地A、商业服务业设施用地B、工业用地M、物流仓储用地W、居住用地R、绿地与广场用地G、道路与交通设施用地S、非建设用地E）和19个用地小类。该数据经过用地重划分后，用以与时空行为数据相结合，为识别时间贫困人群时空行为属性中的主要活动类型特征夯实基础。

（3）行政区划数据

本研究采用的行政区划数据来源于国家基础地理信息中心（http://www.ngcc.cn），数据类型为shp文件，包括南京市行政区、社区层级行政边界。该数据用以划分研究范围内的基础空间单元和数据可视化。

（4）路网数据

本研究采用的路网数据来源于OSM开源wiki地图（https://www.openstreetmap.org/）获取道路线要素数据。数据类型为shp文件，采集时间为2019年12月。数据属性包括道路类型等。该数据用以搭建研究范围内的基底空间沙盘，应用于凸包算法等空间算法，并为后续计算居住圈、就业圈、时间贫困空间提供基础。

（5）POI设施数据

本研究采用的POI设施数据来源于高德平台，数据类型为shp文件，采集日期为2019年12月，数据属性包括业态名称、类别和经纬度等。本研究将POI设施类型进行细分，用以分析设施覆盖度和设施丰富度等设施相关指标，进而衡量时间贫困程度，并为后续的设施配置提供基础。

## 2. 数据预处理技术与成果

（1）用地数据预处理

①预处理流程

用地数据预处理流程如图3-1所示。

②预处理结果数据结构

数据字段包括用地编号、用地边界、用地性质。首先对属性缺失数据进行删除，并根据用地性质对其进行重划分后可以分为工作活动B2/M1、居住休憩R2、就医服务A5、教育服务A33、购物活动B11/B12/B13、文体活动A2/A4/B3、河流水体E1/E2、公园绿地G1/G3、其他。该预处理数据后续可与LBS数据结合，可识别分析人群行为属性。

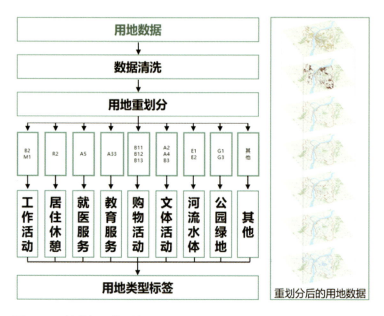

图3-1 用地数据预处理流程

（2）POI设施数据预处理

①预处理流程

POI设施数据预处理流程如图3-2所示。

②预处理结果数据结构

数据字段包括设施名称、设施大类、设施中类、经度、纬

图3-2 POI数据预处理流程

度、设施分类（表3-2）。

筛选POI点并分类为生活服务类、休闲娱乐类两类：以人群行为为标准，对餐饮美食、公司企业、购物消费、金融机构、酒店住宿、科教文化、旅游景点、汽车相关、商务住宅、生活服务、休闲娱乐、医疗保健、运动健身等大类下的中类进行分类。

OI预处理数据信息表　　表3-2

| 字段名称 | 字段类型 | 数据解释 |
| --- | --- | --- |
| 设施名称 | 文本 | 如：肯德基 |
| 设施大类 | 文本 | 如：餐饮服务 |
| 设施中类 | 文本 | 如：快餐店 |
| 经度 | 数值 | |
| 纬度 | 数值 | |
| 设施分类 | 文本 | 分为生活服务/休闲娱乐两大类 |

（3）手机LBS数据预处理

①预处理流程

手机LBS数据预处理流程如图3-3所示。

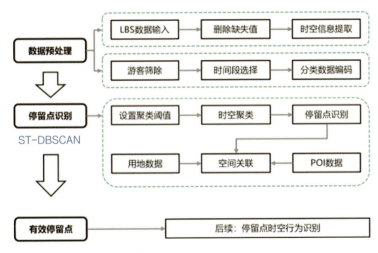

图3-3　LBS数据预处理流程

②关键技术

LBS数据的预处理包含2个步骤。

步骤一（数据预处理）涉及LBS数据的数据缺失值的删除，和时空信息的提取等多种数据筛选工作，具体步骤如下：

一是LBS数据输入：在GIS平台中进行加载，对坐标系和时间属性进行统一。

二是删除缺失值：清洗数据中存在缺失值的数据，包括NAN、空值等数据；由于存在LBS数据自身采集缺陷，通过不同时段数据量的大小来对单日数据的典型性进行判断，将数据量差距较大的单日数据进行排除。

三是游客筛选：由于研究对象为南京本地常住人群，需要提出非目标群体数据：通过停留时间长度和停留频次将匿名用户ID分组进行排除，对一月内20日以上的用户进行筛选，将代表游客等其他群体的LBS数据排除。

四是时间段选择：基于时空贫困人群的对象特点，应选择时间占用较大的工作日作为研究时段，选择具有典型性的5日工作日作为研究时段，对时间段外的数据进行剔除，便于识别特定时间贫困人群的行为模式。

五是分类数据编码：对数据的分类变量进行编码，将类别变量转化为计算模型可以处理的数值格式，便于后续的建模分析。

步骤二（停留点识别）采用的关键技术是基于密度的噪声应用空间聚类（ST-DBSCAN）技术。该技术用于识别人群出行停留点。存在三个主要参数：空间距离阈值、时间聚类阈值、时空范围内构成停留点的最小数。在本次停留点识别中，本次LBS数据以10min和100m时空两个维度对LBS数据进行聚类，进而识别停留点，之后在GIS平台通过空间连接算法关联用地性质属性和对应的用地编号，并建立100m缓冲区空间关联POI设施数据，统计停留点周围两类POI设施点的数量，并建立属性。

③预处理结果数据结构

停留点数据字段包括：用户ID、停留点ID、经纬度、持续时间、开始时间、结束时间、聚类数据量、用地性质、用地编号、生活服务类POI数量、休闲服务类POI数量。

用户ID：用户唯一ID。

停留点ID：停留点唯一ID。

经纬度：停留点的经纬度。

开始时间：所聚类的LBS数据中最小的时间。

结束时间：所聚类的LBS数据中最大的时间。

持续时间：结束时间与开始时间之间的时长，以秒（s）为单位。

聚类数据量：聚类簇群的数量。

用地性质：停留点所在用地性质。

用地编号：停留点所在用地编号。

生活服务类POI数量：停留点100m范围内生活服务类POI数量。

休闲服务类POI数量：停留点100m范围内休闲服务类POI数量。

## 四、模型算法

### 1. 模型算法流程及相关数学公式

（1）模型算法流程及实施步骤

本研究模型算法整体上共分为居业点识别、多维指标计算、时间贫困人群识别与就业型时间贫困人群空间识别4个步骤（图4-1）。

①居业地识别

步骤一的算法流程如图4-2所示。

首先，基于预处理后的LBS数据、业态数据等多源大数据，通过将由LBS数据构成的人群活动数据与由行政区划、业态数据与用地数据构成的地理空间数据进行空间关联，通过时空锚固性筛选有效停留点，并运用ST-DBSCAN算法聚类得到有效停留区域。

其次基于停留频率，停留时长，计算用地为商住或居住的停留区域内停留点、停留时间熵，筛选出工作日与休息日均满足高时空锚固性的区域作为居住地；基于停留频率、停留时长与停留时段，筛选工作日期间满足高时空锚固性，且区别于居住地的区域，识别得到就业地。

最后，通过依据上述识别得到的居住地与就业地，筛选出存在就业人地的就业人群。

②多维指标计算

步骤二的算法流程如图4-3所示。输入上述步骤计算得到的就业人群的居业点，分别输入至各指标计算模块中，计算得到各居业点的通勤成本指数、工作强度指数、游憩活动指数与设施获取指数，并形成就业人群的四维指标数据集。

③基于层次分析法的时间贫困人群识别

步骤三的算法流程如图4-4所示。首先，输入就业人群居业点的四维指标数据集，构建时间贫困指数的层次评价结构模型，接着构造并计算判断矩阵，归一化后计算得出通勤成本指数、工作强度指数、游憩活动指数与设施获取指数的权重值分别为0.5579、0.2634、0.1218与0.0569，最后依据各指标权重综合计算

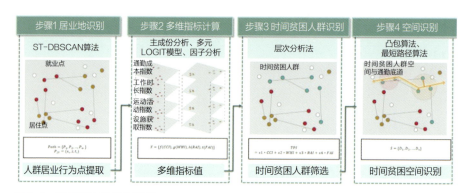

图4-1 模型算法整体流程图

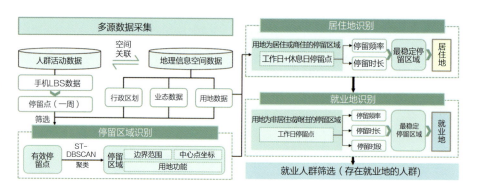

图4-2 步骤一算法流程图

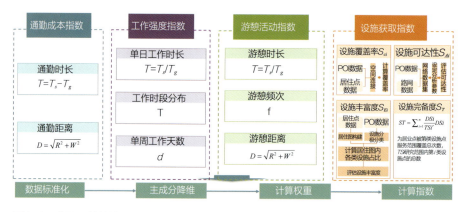

图4-3 步骤二算法流程图

得出人群居业点的时间贫困指数，筛选超出指数阈值的人群点为就业型时间贫困人群的居业点。

④就业型时间贫困人群空间识别

步骤四的算法流程如图4-5所示。首先，分别输入上个步骤计算得到的就业型时间贫困人群的居住点与就业点，基于DBSCAN算法聚类得到所有生成的就业型时间贫困人群的居住点簇群与就业点簇群。基于得到的两类簇群点，采用凸包算法，通

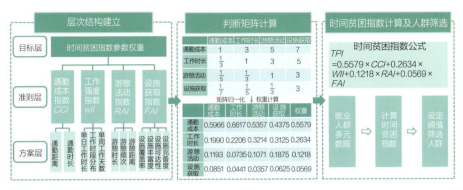

图4-4 步骤三算法流程图

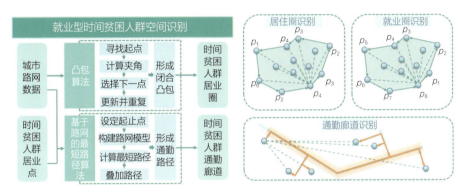

图4-5 步骤四算法流程图

过重复计算与排序连线,分别得到居住点与就业点所构成的所有闭合凸包,进而得到就业型时间贫困人群的居住圈与就业圈空间结果。

接着,基于聚类得到的就业型时间贫困人群的居住点与就业点簇群与城市路网数据,采用Dijkstra最短路径算法,依据居业点簇群设定起止点,并构建路网模型,计算得到各簇群内各人群点由居住点的最短路径,通过叠加拟合后得到就业型时间贫困人群的主要通勤廊道。

(2)相关数学公式

时间贫困指数计算公式如下:

$$TPI = x_1 CCI + x_2 WII + x_3 RAI + x_4 FAI \quad (4-1)$$

式中,$CCI$为通勤成本指数,$WII$为工作强度指数,$RAI$为游憩活动指数,$FAI$为设施获取指数,$x_1$、$x_2$、$x_3$、$x_4$分别为各指数对应权重系数。

### 2. 模型算法相关支撑技术

本研究的模型算法包括2个算法群集成的方法技术,具体如下:

(1)时间贫困指数测算技术

主要包含以下2个步骤:①时间贫困关联指数测算:针对就业型时间贫困人群的特点选取了四大特征,分别是通勤成本、工作强度、游憩活动、设施获取,并通过多源大数据拆解四大特征为分项指标,计算获得各分项指标后,基于主成分分析法降维得出四项时间贫困关联指数;②时间贫困指数测算:通过问卷调研就业型时间贫困人群及专家打分的方法,统计得到时间贫困四大特征的重要性排序,然后基于层次分析法建立时间贫困层次结构,根据特征重要性排序设置判断矩阵并计算,最后得出时间贫困指数的计算公式。

①时间贫困关联指数测算

关于时间贫困的测度,目前主要有基于时间使用类型划分的测度方法和基于时间分维度视角下的测度方法。其中基于时间使用类型划分的测度方法,主要关注人们自由时间的分布情况,而基于时间分维度视角的测度方法,从时间的长度、强度、质量方面更综合地进行评价。针对就业型时间贫困人群的特点,并综合考虑客观指标和主观感受两个方面,本研究提出通勤成本、工作强度、游憩活动、设施获取四项时间贫困关联指数,并基于主成分分析法进行指数测算。

算法步骤:

步骤1数据预处理:将通勤成本特征拆解为通勤时长和通勤距离,将工作强度特征拆解单日工作时长、工作时段分布和单周工作天数,将游憩活动特征拆解为游憩时长、游憩频次和游憩距离,将设施获取特征拆解为设施覆盖率、设施可达性、设施丰富度和设施完备度。结合LBS数据、城市居业点数据、POI数据、城市土地利用数据、城市道路网数据等多源大数据,对特征指标进行综合计算。

步骤2数据标准化:将所有特征指标数据进行标准化处理,使每个特征的数据均值为0,方差为1。标准化公式为:

$$X' = \frac{X - \mu}{\sigma} \quad (4-2)$$

式中,$X$为特征指标数据,$\mu$为特征指标数据的均值,$\sigma$为特征指标数据的标准差。

步骤3计算协方差矩阵及其特征值和特征向量:计算标准化后的数据矩阵$X'$的协方差矩阵$C$,其公式为:

$$C = \frac{1}{n-1}X'^T X' \qquad (4-3)$$

式中，$n$为样本数量，$X'^T$为$X'$的转置。设协方差矩阵$C$的特征值为$\lambda$，特征向量为$v$。通过解特征方程$det(C-\lambda I)=0$，求出特征值$\lambda$。对于每个特征值$\lambda_i$，通过解方程$(C-\lambda_i I)v_i=0$求出对应的特征向量$v_i$。

步骤4选择主成分降维：选择前$k$个特征值对应的特征向量$v_1$、$v_2$、……、$v_k$作为主成分。选择$k$个特征向量构成的矩阵$v_k$将原始数据进行转化，得到降维后的数据集$Y=X'v_k$。

步骤5计算特征权重：计算每个主成分的方差贡献率，表示每个主成分在总方差中所占的比例，其公式为：

$$VCR = \frac{\lambda_i}{\sum_{i=1}^{p}\lambda_i} \qquad (4-4)$$

将各个主成分的方差贡献率乘以相应的特征向量，得到每个特征向量在各个主成分中的权重，然后将这些权重归一化，得到最终的特征权重，其公式为：

$$\omega = \sum_{i=1}^{k}\left(\frac{\lambda_i}{\sum_{i=1}^{p}\lambda_i} \cdot v_{ij}\right) \qquad (4-5)$$

式中，$v_{ij}$为$i$第个主成分的第$j$个特征向量元素。

步骤6计算时间贫困关联指数：通过计算出来的特征权重和特征指标数据，计算出通勤成本指数、工作强度指数、游憩活动指数、设施获取指数。

②时间贫困指数测算

步骤1构建层次结构模型：分别构建目标层、准则层和方案层，对应时间贫困参数、四项时间贫困关联参数和各关联参数的特征指标。

步骤2构建判断矩阵：根据问卷调查和专家打分，对四项时间贫困关联参数进行重要性评估，得出重要性：通勤成本＞工作强度＞游憩活动＞设施获取，使用1、3、5、7作为重要性区别值进行两两比较，构建判断矩阵。

步骤3计算权重：将判断矩阵归一化处理，并逐层计算各指数的权重，得到时间贫困指数公式为：

$TPI=0.5579 \times CCI+0.2634 \times WII+0.1218 \times RAI+0.0569 \times FAI$（4-6）

式中，$TPI$为时间贫困指数，$CCI$为通勤成本指数，$WII$为工作强度指数，$RAI$为游憩活动指数，$FAI$为设施获取指数。

（2）时间贫困人群及空间识别技术

时间贫困人群及空间识别技术是定位时间贫困人群分布情况，进而支持规划精准干预、优化设施供给策略的关键。本研究结合上述时间贫困指数的测算技术，筛选就业型时间贫困人群，并基于凸包算法和最短路径算法，分别识别出就业型时间贫困人群的就业圈、居住圈和通勤廊道。

步骤1基于时间贫困指数的时间贫困人群识别：依据时间贫困指数公式，对人群多源大数据进行计算，得到人群时间贫困指数，从中筛选出就业型时间贫困人群。

步骤2基于凸包算法的时间贫困居业圈识别：首先，基于DBSCAN聚类算法，分别输入并初始化上个步骤计算得到的就时间贫困人群的居住点与就业点数据集，遍历数据集中的所有点，接着获取其邻域半径内的所有点，并将该点及其密度可达的所有点共同创建为一个新的聚类（邻域内点数小于最小数据点数阈值的点为噪声点），最终生成所有就业型时间贫困人群点的居住点与就业点聚类簇群。

然后，基于所得到的居业点簇群寻找起点，找出所有点中$y$坐标最小的点，记为$P\_0$。接着，计算夹角选择下一点。以$P\_0$为基准点，按与$P\_0$连线的极角对其他点进行排序。最后，构建凸包。初始化一个空栈，将排序后的点一次处理，对于每个点，如果当前点与栈丁两个点组成的角度是右转（顺时针），则将栈丁点弹出，继续判断下一点，直到不再右转，然后将当前点压入栈中。将栈中所有点连线构成凸包，进而得到就业型时间贫困人群的居住圈与就业圈空间结果。

步骤3基于最短路径算法的通勤廊道识别：输入基于就业型时间贫困人群的居住点与就业点簇群与简化处理后的城市路网数据，选择Dijkstra算法用于计算居住点到就业点的最短路径，首先依据上述步骤得到的居业点簇群设定起止点，然后构建路网模型，再根据Dijkstra算法计算得到居住点与就业点簇群内各人群点由居住点到就业点的全部最短路径，最后通过叠加拟合后得到就业型时间贫困人群的主要通勤廊道。

## 五、实践案例

### 1. 案例选取区域

研究案例选取南京市主城区，具体包括鼓楼区、玄武区、秦淮区、建邺区全域，以及雨花台区、栖霞区、江宁区、浦口区、六合区部分区域。研究范围总面积约800km²，共计包含785个社区（图5-1）。

研究范围包括南京市的江南主城和江北主城区，囊括了南京市的主要职住通勤人群，包含人群类型多样，如跨江通勤、长距离通勤等多种人群活动类型，对于研究不同类型居业游憩行为具有重要意义。此外，研究范围内的城市建设环境类型多样，人群活动通勤廊道完整；且研究范围内各类所需数据齐备，易于获取，这对于研究测度时间贫困人群的行为活动有重大意义，同时也便于本项目团队进行模型的实践调研。

## 2. 南京市就业人群多维测度

（1）不同通勤成本的通勤OD

将不同通勤成本的通勤OD分为极高通勤成本人群通勤OD、高通勤成本人群通勤OD、中等通勤成本人群通勤OD和低通勤成本人群通勤OD四种人群（图5-2～图5-5）。其中，极高通勤成本人群的通勤呈现由六合、浦口区、江北区、栖霞区和江宁区向鼓楼区、玄武区、秦淮区和建邺区聚集的特征；高通勤成本人群的通勤呈现由浦口区至鼓楼区，雨花台区至鼓楼区与玄武区，江宁区至雨花台区与秦淮区，栖霞区至鼓楼区与玄武区聚集的特征；中等通勤成本的人群呈现浦口区与六合区之间，鼓楼区、玄武区、建邺区与秦淮区之间，江宁区与秦淮区之间，栖霞区与玄武区之间的通勤特征；低通勤成本人群在江北片区呈现各区内部流动的特征，江南主城呈现鼓楼区、玄武区、建邺区与秦淮区四区交叠，雨花台区和江宁区呈现内部流动的特征。

（2）不同就业时长人群的就业空间分布

不同就业时长人群的就业空间分布分为极端就业强度人群空间分布、高就业强度人群空间分布、中等就业强度人群空间分

图5-1　案例研究区域

图5-2　极高通勤成本人群通勤OD图

图5-3　高通勤成本人群通勤OD图

图5-4　中等通勤成本人群通勤OD图

布和低就业强度人群空间分布四种空间分布特征（图5-6～图5-9）。极端就业强度人群空间分布聚集在鼓楼区、玄武区、建邺区与秦淮区，其余各区仍有较高密度的分布；高就业强度人群空间分布在主城中心四区，除江宁区分布较多，其余各区有少量分布；中等就业强度人群空间分布在主城中心四区，除江宁区和栖霞区分布较多，其余各区有少量分布；低就业强度人群空间分布在主城中心四区，其余各区有少量分布。

（3）不同游憩活动人群的空间分布

不同游憩活动人群的空间分布有高游憩活动人群空间分布、中游憩活动人群空间分布和低游憩活动人群空间分布三种类型（图5-10～图5-12）。高游憩活动人群空间分布集中在江南主城，以鼓楼区、玄武区、建邺区与秦淮区四区分布最多；中游憩活动人群空间分布以鼓楼区、玄武区、建邺区与秦淮区四区分布最多；低游憩活动人群空间分布集中在江南主城，以鼓楼区、玄武区、建邺区与秦淮区四区分布最多，江宁区、浦口区有部分分布。

图5-5　低通勤成本人群通勤OD图

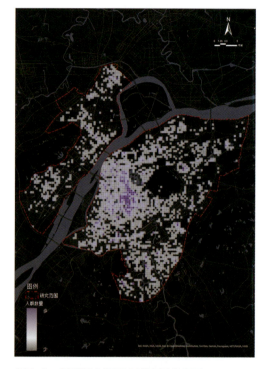

图5-6　极端就业强度人群空间分布图

图5-7　高就业强度人群空间分布图

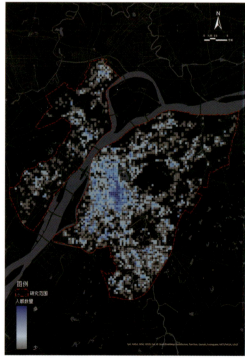

图5-8　低就业强度人群空间分布图

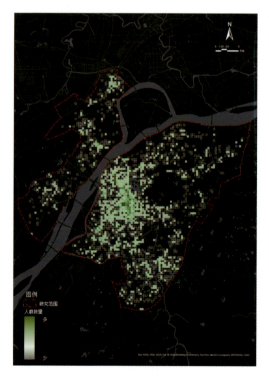

图5-9　中等就业强度人群空间分布图

（4）不同设施获取难易度人群的空间分布

不同设施获取难易度人群的空间分布有设施获取较易人群空间分布、设施获取度中等人群空间分布和设施获取较难人群空间分布三种类型（图5-13～图5-15）。获取较易人群空间分布集中

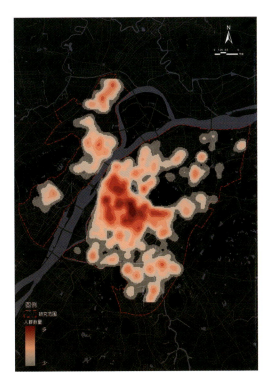

图5-10　高游憩活动人群空间分布图

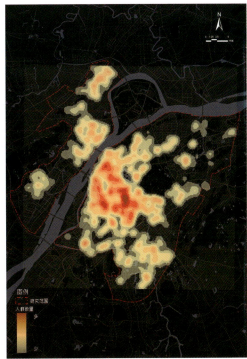

图5-11　中等游憩活动人群空间分布图

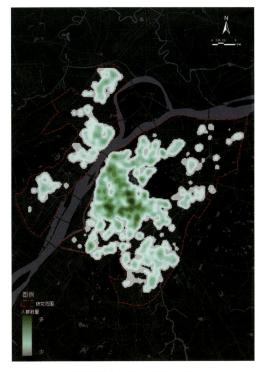

图5-12　低游憩活动人群空间分布图

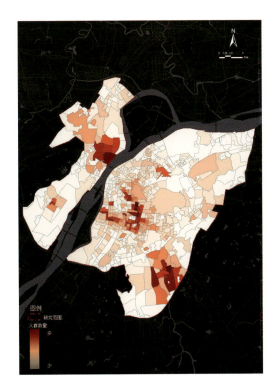

图5-13　设施获取较易人群空间分布图

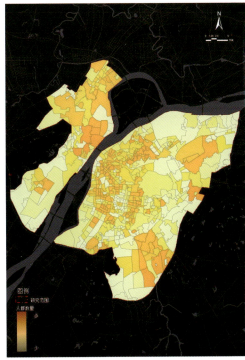

图5-14　设施获取中等人群空间分布图

图5-15　设施获取较难人群空间分布图

在鼓楼区与玄武区南部、建邺区与秦淮区北部，此外，江宁区和浦口区内部也有高密度的分布；设施获取度中等人群空间在各区分布整体密度较均匀，老城中心四区呈现空间上均匀分布，浦口区、栖霞区和江宁区呈现聚集分布的特征；设施获取较难人群空间分布江宁区分布较多，其次是浦口区和栖霞区。

（5）时间贫困人群识别结果

将上述空间分布图进行叠加，分析得出时间贫困人群的居住点位和社区落位图（图5-16），时间贫困人群空间分布呈现出江南主城高于江北片区，江南主城的鼓楼区、玄武区、建邺区与秦淮区四区分布最多，其次是江宁区和栖霞区。

图5-16 时间贫困人群识别结果

### 3. 时间贫困人群识别筛选

根据通勤成本指数CCI、工作强度指数WII、游憩活动指数RAI、设施获取指数FAI，基于层次分析法测定得到时间贫困人群的空间点位，并与其居住地所在社区进行关联，数据显示，南京老城区内时间贫困人群呈现团簇式布局，南秀村社区、新街口商业步行街社区、北门桥社区等是人群高值集聚的代表性社区。在南京主城区外围和边缘，分别在浦口新城、江宁新城、燕子矶、大学城、林场呈现五处环绕式组团，高新技术开发区、仙鹤山庄社区、殷巷社区等是边缘地带时间贫困人群高值分布的代表社区。推测原因为近就业地区域难以负担的房价与房租，导致时间贫困人群综合考虑就业和生活成本后，选择城市中心老旧社区、主城边缘、主要交通站点周边作为居住地（图5-17），以降低居住成本。

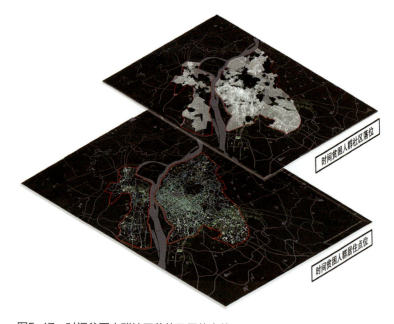

图5-17 时间贫困人群社区落位及居住点位

### 4. 时间贫困人群空间识别

（1）通勤廊道识别——中心集中、多点发散、跨江长距离通勤

通勤廊道多点聚集并向外发散连通（图5-18）。新街口、大行宫作为通勤的高度聚集中心，呈现与浦口区、栖霞区、秦淮区、雨花台区和建邺区沟通的通勤廊道。南以江宁新城为次通勤中心，呈现江宁区内部通勤与江宁区至雨花台区、秦淮区和建邺区联系的通勤廊道；东以燕子矶为次通勤中心，呈现栖霞区内部及栖霞区与玄武区沟通的通勤廊道；长江以北形成了林场、江北新区、浦口新城等沟通联系的通勤廊道；同时，大学城、栖霞区产业园和奥体中心与油坊桥同样形成了小型的聚集通勤点。

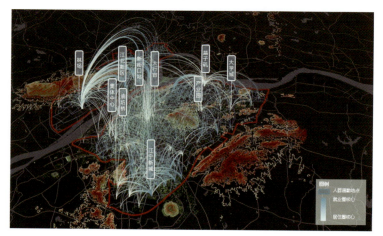

图5-18 通勤廊道分布图

（2）就业圈识别——向内聚集、多点分散

整体上，时间贫困人群的就业圈向中心城区聚集，并围绕中心多点分散形成聚集的就业圈，江宁区、栖霞区、浦口区南部和建邺区没有集中的就业圈分布。局部上，中心城区围绕新街口聚集中心呈现密集的就业圈，其中，鼓楼区西侧和秦淮区也形成较为聚集的就业圈；主城区的四周形成了多个分散的聚集就业圈，包括南京南站、油坊桥、马群、燕子矶、浦口老城、林场等就业聚集圈（图5-19）。

（3）居住圈识别——多中心分散

整体上，时间贫困人群的居住圈呈现多中心分散分布的特征。局部上，长江以北片区形成了林场、浦口老城、六合区南部等居住圈，其中，六合区南部和浦口老城片区居住圈内居住人群较为集中，林场居住圈内居住人群较为分散。长江以南片区围绕新街口、燕子矶、大学城、奥体中心、江宁新城等形成了时间贫困人群集中的居住圈，其中，新街口居住圈人群向中心集中、密度中等，奥体中心、油坊桥居住圈人群聚集明显、密度较高，江宁新城居住圈向南部集中，密度最高，燕子矶和大学城居住圈人群较为分散、密度中等（图5-20）。

5. 设施优化策略

（1）通勤廊道设施优化

针对通勤廊道的服务设施优化，可以通过塑造生活型通勤廊道，促进和提升通勤跟随式便利生活消费。一方面强调通勤廊道的生活设施配套，沟通城市各个就业组团与生活服务组团之间的联系；另一方面注重公共服务设施与TOD站点的立体集约发展。

根据站点核心区和影响区的需求，配置就业导向的公共服务设施，以满足时间贫困人群在通勤过程中的生活需求。提升通勤廊道的便利性和吸引力，促进时间贫困人群在通勤过程中的生活消费，实现通勤与生活的有机结合（图5-21）。

（2）就业圈设施优化

针对就业圈的服务设施优化，可以围绕以就业地为核心的布局结构展开，可以采取圈层发展的方式和弹性服务的概念：包括空间弹性和时间弹性。空间弹性指设施功能结构的动态调整，根据需求变化灵活调整服务设施的功能和布局。时间弹性则是根据时间峰谷特征调控服务设施的开放时间和服务时间，以更好地适

图5-20 居住圈分布图

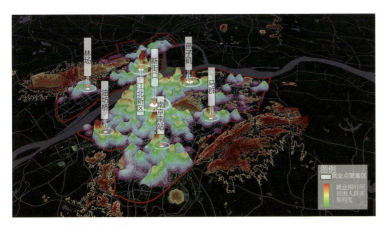

图5-19 就业圈分布图

图5-21 时间贫困人群通勤廊道优化

应时间贫困人群的工作时间和生活节奏。最终实现就业圈内服务设施的优化，提升时间贫困人群在就业圈内的生活便利性和舒适度，促进更好地融入城市生活和工作环境（图5-22）。

（3）居住圈设施优化

针对生活圈的服务设施优化，根据现状分布程度，按照时间贫困人群需求，针对通勤压力、就业失休、游憩贫困、困居失配等痛点问题优化社区生活圈，增设多元化服务配套设施，在居住地周边规划和建设多样化的社区设施、公共交通、商业设施和医疗健康设施等，以提供丰富的社区活动和服务，从而减轻时间贫困人群的时间压力。优化时间贫困人群居住地的服务设施，减少时间压力，提高生活便利性，促进其更好地融入社区生活和城市发展（图5-23）。

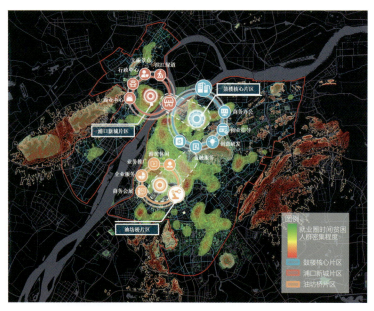

图5-22 时间贫困人群就业圈优化

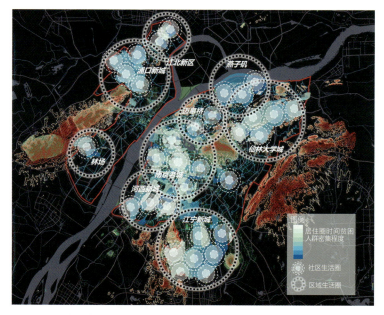

图5-23 时间贫困人群生活圈优化

## 六、研究总结

### 1. 模型设计的特点

（1）研究视角层面

人本视角下识别群体需求。既有研究侧重时间贫困人群经济收入、社会属性等层面的内容，研究从需求出发，研究时间贫困人群时空行为规律，关注时间贫困人群在通勤、游憩、办公等层面的空间需求差异特征，识别其有限时间内生理需求、物质保障、出行活动等多维度需求。

（2）研究理论层面

依据时空行为理论。人群日常活动具有规律性，是以居住区为中心展开的规律性、周期性活动，是长期稳定的日常休闲体系。不同社会特征人群的时空活动规律不同，对城市空间使用需求和特征也不同。通过分析时间贫困人群日常行为特征，基于出行模式完善提升设施布局。

（3）研究数据层面

多元异构的大数据支撑。研究综合手机数据、LBS数据、POI设施数据及其他网络开源大数据，利用广泛且高颗粒度的数据，提升时间贫困人群识别范围和精准度。

（4）技术方法层面

多技术支撑的人群准确识别。研究使用出行链识别技术，运用ST-DBSCAN算法识别人群停留点，通过对停留频率、停留时长和停留时段的综合计算识别居住地和就业地。除此之外，基于主成分分析进行通勤成本指数、工作强度指数、游憩活动指数、设施获取指数的计算，通过网上居民问卷调研分析，将四大指数重要性进行排序，并基于层次分析法进行时间贫困指数计算及时间贫困人群筛选。

## 2. 应用方向或应用前景

（1）助力城市用地布局、通勤行为和设施落位的体检评估

具体而言，可通过辨识城市的职住人群，并准确定位时间贫困人群，进而精准识别相关的城市居住区、就业区及通勤廊道，从而进行对应城市空间和公共设施的体检评估。通过本模型，可以更好地了解城市居民的通勤习惯和行为模式，有助于精细评估城市交通系统、城市公共设施、城市商业区、文化区的布局。此外，通过对时间贫困人群的识别和定位，还可以有针对性地评估其在城市通勤及生活行为中可能面临的困难，从而能够针对性地提出提升策略。

（2）优化就业、社区生活圈及通勤廊道的设施综合布局

通过准确识别城市区域中可能存在的设施缺位，能够为相关公共设施及用地的规划设计提供重要参考，进而有助于完善城市的综合基础设施建设。通过本模型的运用，城市规划从业者和政府可以更加准确了解城市各个区域的设施需求，有针对性地改进城市的公共服务设施布局，提升城市居民的生活质量和便利性。本模型的应用能促进城市规划的科学性和有效性，为城市的可持续发展提供重要支持。

（3）支持时间贫困人群的公众参与及集成协作式规划平台

该模型不仅能够准确识别时间贫困人群及其生活圈域，以及主要通勤廊道，还可以进一步将其整合成为一个协作式规划平台，供居住在城市的时间贫困人群、规划设计师和政府多方参与共同规划（图6-1）。通过协作式平台，可以促成更为高效的城市通勤圈设施配置优化与管控。聚焦时间贫困人群和主要通勤廊道，实现信息共享和资源整合，有助于制定更科学的城市规划与交通管理政策，提高通勤效率和居民生活质量。多方协作规划能够汇集不同视角和专业知识，共同应对城市通勤挑战，推动城市发展朝着更加智慧、可持续的方向迈进。

## 参考文献

[1] CLAIR VICKERY. The Time-Poor: A new look at poverty [J]. Journal of human resources, 1977, 12（1）: 27–48.

[2] WILLIAMS J R, MASUDA Y J, TALLIS H. A measure whose time has come: Formalizing time poverty [J]. Social indicators research, 2016, 128（1）: 265–283.

图6-1　智能城市通勤行为优化协作式规划平台构想

[3] NACKERDIEN F, YU D. Defining and measuring time poverty in South Africa [J]. Development Southern Africa, 2022, 40: 560-579.

[4] 焦健, 王德, 程英. 上海市时间贫困人群的日常活动模式与特征 [J]. 城市规划, 2023, 47（4）: 31-44.

[5] 李爱梅, 孙海龙, 熊冠星, 等. "时间贫穷"对跨期决策和前瞻行为的影响及其认知机制 [J]. 心理科学进展, 2016, 24（6）: 874-884.

[6] 秦萧, 甄峰, 熊丽芳, 等. 大数据时代城市时空间行为研究方法 [J]. 地理科学进展, 2013, 32（9）: 1352-1361.

[7] HARVEY ANDREW S, MUKHOPADHYAY A. When twenty-four hours is not enough: Time poverty of working parents [J]. Social indicators research, 2007, 82（1）: 57-77.

[8] 孙晓敏, 杨舒婷, 孔小杉, 等. 时间贫困内涵及其对幸福感的影响: 稀缺理论视角 [J]. 心理科学进展, 2024, 32（1）: 27-38.

[9] 焦健, 王德, 程英. 上海市时间贫困人群的日常活动模式与特征 [J]. 城市规划, 2023, 47（4）: 31-44.

[10] RODGERS YANA VAN DER MEULEN. Time poverty: conceptualization, gender differences, and policy solutions [J]. Social philosophy & policy, 2023, 40（1）.

[11] CHAPIN F S J. Human activity patterns in the city: things people do in time and in space [M]. New York: John Wiley & Sons, Inc. 1974: 21-42.

[12] CULLEN I G. The treatment of time in the explanation of spatial behavior. In T. Carlstein, D. Parkes & N. Thrift (Eds.), Human activity and time geography [M]. New York: Halstead Press, 1978: 27-38.

[13] 沈洁, 姜信羽, 章晴, 等.时空行为视角下休闲生活圈体系规划[J]. 中国城市林业, 2023, 21 (3): 74-81.

[14] 张文佳, 季纯涵, 谢森锴.复杂网络视角下时空行为轨迹模式挖掘研究[J]. 地理科学, 2021, 41 (9): 1505-1514.

[15] 陶印华, 柴彦威, 杨婕.城市居民健康生活方式研究的时空行为视角[J]. 人文地理, 2021, 36 (1): 22-29.

[16] 金探花.基于LBS数据的城市人群画像研究[D]. 南京: 东南大学, 2019.

[17] 杨俊宴, 何国枫, 陈代俊, 等.城市交通拥堵地区人群数字画像解析与空间规划应对[J]. 规划师, 2021, 37 (19): 26-34.

[18] 杨俊宴, 金探花, 史宜, 等.基于大数据的城市人群数字画像: 技术与实证[J]. 城市规划, 2023, 47 (4): 45-54.

[19] 杨俊宴, 夏歌阳, 薛琴, 等.基于人群数字画像的高铁新城功能设施布局与优化研究: 以杭州南站为例[J]. 新建筑, 2023 (2): 126-131.

[20] 夏鲁宁, 荆继武.SA-DBSCAN: 一种自适应基于密度聚类算法[J]. 中国科学院研究生院学报, 2009, 26 (4): 530-538.

[21] 匡政泽.基于图神经网络的聚类算法[D]. 成都: 电子科技大学, 2022.

[22] 沈培宇, 胡昕宇.基于WiFi探针技术的公园游憩偏好分析与优化[J]. 中国城市林业, 2020, 18 (5): 57-60.

[23] 吴欣玥, 廖家仪, 张晓荣.基于多源数据融合的成都市职住空间特征及影响因素研究[J]. 规划师, 2023, 39 (1): 120-127.

[24] 陈春, 梁行.基于手机数据的重庆中心城区职住关系变化研究[J]. 西部人居环境学刊, 2023, 38 (5): 133-138.

[25] QI L, DONG X. Gender, low-paid status, and time poverty in urban China [J]. Feminist Economics, 2018, 24 (2): 171-193.

[26] 孙晓敏, 杨舒婷, 孔小杉, 等.时间贫困内涵及其对幸福感的影响: 稀缺理论视角[J]. 心理科学进展, 2024, 32 (1): 27-38.

[27] 湛东升, 张文忠, 谌丽, 等. 城市公共服务设施配置研究进展及趋向[J]. 地理科学进展, 2019, 38 (4): 506-519.

[28] 柴彦威, 李春江, 张艳.社区生活圈的新时间地理学研究框架[J]. 地理科学进展, 2020, 39 (12): 1961-1971.

# 多类型轨交站域建成环境对共享单车接驳影响评估模型

**工 作 单 位：** 同济大学建筑与城市规划学院
**报 名 主 题：** 面向高质量发展的城市治理
**研 究 议 题：** 智慧交通与现代物流发展
**技术关键词：** 时空行为分析、空间自相关、机器学习
**参 赛 选 手：** 杨辰颖、赵洲晔、吴涛、丁冬、陶佳、叶子涵、陈歌、耿汐雯
**指 导 老 师：** 周新刚、甘惟
**团 队 简 介：** 参赛团队来自同济大学建筑与城市规划学院，对城市数据分析、城市建模、智能规划与智慧交通领域有着浓厚的兴趣。团队成员在相关领域具有扎实的研究背景，研究兴趣主要集中在利用数据分析和建模技术来解决城市规划与交通管理中的实际问题。团队致力于探索如何通过智能规划和大数据分析来优化改善城市空间，提高城市交通效率，促进城市的可持续发展。

## 一、研究问题

### 1. 研究背景及目的意义

（1）高质量发展背景下需要关注共享单车接驳轨道交通出行问题

城市轨道交通的发展已经从单纯的规模扩张转向了效益提升。这一转变要求轨道交通不仅要扩大覆盖范围，还要提高服务质量和效率，以更好地满足居民的出行需求。《2023年度中国主要城市共享单车和共享电单车骑行报告》的数据显示，共享单车在接驳轨道交通方面发挥了重要作用，尤其在早晚高峰期间，共享单车成为居民通勤的重要选择。在轨道里程超过500km的城市中，共享单车接驳轨道交通的出行比例高达39%，这一数据充分说明了共享单车在轨道交通接驳出行中发挥的重要作用。如何更好地发挥"轨道+共享骑行"出行的服务效能，有针对性地促进轨道客流提升，成了城市交通规划和管理的重点问题。

（2）站点周边建成环境对共享单车接驳轨道交通出行有重要影响

根据出行行为理论，出行活动的空间分布和时间约束是由建成环境因素所决定的。已有研究表明，站点周边建成环境因素会对共享单车接驳轨道交通产生影响。"共享单车+轨道交通"多模式组合出行实际上是轨道交通出行者对于接驳方式（即连接地铁站点的方式）的选择结果，这种选择往往受诸多因素的影响。在影响个体出行方式选择的因素中，建成环境一直被广泛关注。已有研究大多关注了道路基础设施、公共交通服务、土地利用等因素对共享单车接驳轨道交通的影响，对于轨道交通站点类型和客流量对共享单车接驳的影响研究尚有欠缺。

因此，本研究基于多源数据对轨道交通站点进行分类，分析共享单车与轨道交通接驳的出行时空特征，探究站点建成环境因素对共享单车接驳轨道交通出行的影响，指导优化站点周边建成环境设计，促进共享单车接驳出行，鼓励绿色低碳的出行方式。

### 2. 研究目标及拟解决的问题

本研究基于多类型轨道交通站点周边建成环境和共享单车接驳行为分析，探索影响共享单车接驳的主要因素及不同类型站点的差异性，为"共享单车+轨道交通"多模式组合出行提供更多参考借鉴。

本研究的基本假设是，界定距离轨道交通站点一定距离内开始或结束共享单车的行程为接驳轨道交通出行行为。研究主要解决以下问题：

不同情境下（如进出站、早晚高峰时段）共享单车接驳轨道交通的出行活动特征是否存在显著差异？

不同类型轨道交通站点周边建成环境特征如何影响共享单车接驳轨道交通出行？

如何实现对不同尺度下（整体-类型-个体）站域建成环境影响要素的挖掘？

在研究问题的基础上，通过距离邻近界定共享单车接驳轨道交通出行行为，筛选出单车骑行起讫点在站点周边一定距离的行程记录，研究其行程的距离、持续时间及空间分布特征；通过刷卡数据识别轨道交通站点类型，分析其在早晚高峰和出入站方面接驳共享单车的活动特征；分类型探究不同站点周边建成环境特征，从5D要素出发（密度density、多样性diversity、设计design、公共交通可达性distance to transit和目的地可达性destination accessibility），研究其作为自变量对不同类型站点共享单车接驳比例的影响，进而针对居住型和就业型站点周边建成环境提出优化策略，以期促进"共享单车+轨道交通"一体化出行模式，推动可持续、绿色、低碳的交通出行方式。

## 二、研究方法

### 1. 研究方法及理论依据

（1）基于轨道交通多方式组合出行的体系构建

城市轨道交通出行是一种典型的多方式组合出行，具有过程不连续、选择需求复杂，以及出行体验难捕捉等特征。轨道交通接驳过程中涉及不同的出行方式，而各接驳方式的设施服务会在一定限度上影响和制约轨道交通全过程出行的竞争力。从出行角度改善城市轨道交通两端接驳设施服务及资源配置，是提升轨道交通多方式组合出行效率、提高轨道交通竞争力和吸引力的关键。已有研究重点关注了轨道交通车站的可达性、接入及接出距离、接驳出行时间，以及车站周边接驳设施供给服务（如小汽车停车场、接驳公共汽车线路和自行车停放设施）等影响共享单车接驳轨道交通出行的重要因素。

轨道交通多方式组合出行："接入-轨道交通-接出"三阶段，具有一定的复杂性和多元性特征。依据轨道交通接驳的研究，分析多方式组合出行行为，考虑共享单车-地铁接驳一体化，从"人、地铁、自行车、路线和城市空间"五要素研究共享单车接驳行为的选择因素及影响。

（2）基于建成环境与出行行为关系理论的影响研究

建成环境是由人为建设改造的各种建筑物和场所组成，是能够影响居民活动行为的土地利用模式、交通系统及与城市设计相关的一系列要素的组合，也有学者称为"城市形态""城市设计"或者"城市空间结构"等。土地利用与出行的互动机理成为建成环境影响出行行为的基础理论，不同类型的土地利用类型决定了城市要素的空间布局，进而影响到居民活动的区位选择和空间行为。

建成环境主要特征"5D"要素，包括密度（density）、多样性（diversity）、设计（design）、公共交通可达性（distance to transit）和目的地可达性（destination accessibility）。基于建成环境-交通行为理论，体现轨交站点周边建成环境一定程度上决定居民交通出行行为选择，研究分析建成环境与出行行为的内在因果机制和演变规律，进而提出优化策略。

### 2. 技术路线及关键技术

（1）识别轨道交通站点类型

不同类型站点集聚不同功能的居民活动，不同类型站点的建成环境特征与轨道交通出行特征存在差异，因此在探讨建成环境对共享单车接驳轨道交通出行影响时需要分类探讨，以避免不同类型站点之间可比性不足的问题。研究使用地铁刷卡数据提取轨道交通客流量作为基础数据，根据站点进出站客流的波峰数量与早晚高峰特点识别轨道站点类型。

使用层次聚类研判站点的特征差异，并确定适宜的分类数量。轨道交通客流量数据作为一种带有时间序列的数据，其每条数据都有对应的时间属性，随着时间变化有着相对固定的变化规律。时间序列曲线存在形态特征与结构特征，如上升下降趋势、极值点、偏度与峰度等。本研究使用地铁刷卡数据得到各个站点早晚高峰的轨道交通客流量，提取出轨道交通客流量数据的极大值点个数、偏度和峰度、高峰小时系数作为时间序列特征。使用层次聚类对所提取出的时间序列特征进行分析，得到站点的分类数量。

使用K-means聚类法对站点进行分类。通过比对各类型的相似与差异性，合并部分类型，确定最终聚类结果，后续研究将主要针对分类得到的居住型和就业型站点展开分析。

（2）识别共享单车接驳出行行为

界定距离轨道交通站点一定距离内开始或结束共享单车的行程为接驳轨道交通出行行为，根据用户的出行频率、空间约束和时间约束识别共享单车接驳轨道交通活动。基于所识别出的共享单车接驳轨道交通出行活动，测度站点周边共享单车接驳轨道交通次数、共享单车接驳比例指标，进而挖掘站点周边居民使用共享单车接驳轨道交通的出行轨迹和出行选择行为规律。

（3）界定轨道站点影响区范围

由于共享单车接驳轨道交通方式可以有效增加轨道站点的影响区范围，研究共享单车接驳轨道交通出行背景下，基于所识别的共享单车接驳轨道交通出行活动界定轨道站点的影响区范围，实现对轨道站点的影响区范围的准确分析。

基于居民使用共享单车接驳轨道交通的出发地和目的地的实际空间分布，生成轨道站点的影响区范围，统计各个轨道站点居民使用共享单车接驳轨道交通的骑行距离。计算每个站点共享单车接驳骑行距离的第85百分位数，生成轨道交通站点影响区范围，并结合泰森多边形算法对影响区进行裁剪，避免其重叠。

（4）站点影响区建成环境对共享单车接驳轨道交通出行的影响

基于站点影响区范围测度建成环境"5D"规划要素。本研究主要关注站点周边建成环境对共享单车接驳轨道交通出行活动的影响，根据前文基于共享单车数据测算得到的站点影响区作为研究范围，采集城市土地使用、居住、就业岗位，以及公共交通站点设施等基础数据信息，测度各个站点影响区的建成环境要素（密度、多样性、设计、目的地可达性、公共交通邻近度）。

通过多尺度地理加权回归和机器学习，分析站点影响区建成环境对轨道交通出行特征的影响。首先分析站点影响区的居住人口密度、就业岗位密度、土地利用混合度等反映站点周边建成环境的要素。然后对站点周边建成环境与共享单车接驳轨道交通出行次数和接驳比例进行描述性统计分析，研究其空间分布特征。最后通过数理回归和空间回归分析，将站点共享单车接驳轨道交通出行比例作为因变量，将建成环境属性作为自变量，分析站点周边建成环境对共享单车接驳轨道交通出行的影响，总结归纳提出相应的规划策略。技术路线如图2-1所示。

图2-1 技术路线图

## 三、数据说明

### 1. 数据内容及类型

结合轨道交通刷卡数据和共享单车出行数据，研究识别轨道交通站点类型，并分析站点的接驳出行特征，进而运用建成环境数据构建评价体系，评估多类型轨道交通站点建成环境对共享单车接驳行为的影响。研究使用的数据如图3-1所示。

图3-1 数据内容及类型说明

基于"5D"模型,本研究构建了包含5大类11个指标的建成环境评价体系,如表3-1所示。

建成环境评价体系及数据说明　　表3-1

| "5D"模型 | 变量名称 | 计算方式 | 数据来源 |
|---|---|---|---|
| 密度(density) | 建筑密度 | 建筑物基底面积与用地面积之比 | 百度地图 |
| | 人口密度 | 单位面积上人口数量 | WorldPop |
| 多样性(diversity) | 土地混合熵 | 土地利用的多样性和混合度 | EULUC-China数据集 |
| 设计(design) | 骑行道路网密度 | 空间单元内单位面积路网长度 | Open Street Map |
| | 交叉口密度 | 空间单元内单位面积交叉口数量 | Open Street Map |
| | 绿化强度 | 空间单元内归一化植被指数 | 地理国情监测云平台 |
| 目的地可达性(destination accessibility) | 办公地POI密度 | 空间单元内单位面积POI数量 | 高德地图POI |
| | 居住地POI密度 | 空间单元内单位面积POI数量 | 高德地图POI |
| | 休闲娱乐POI密度 | 空间单元内单位面积POI数量 | 高德地图POI |
| 到公交站距离(distance to transit) | 到公交站距离 | 空间单元到公交站的平均距离 | 高德地图POI |
| | 到CBD距离 | 空间单元到市中心的平均距离 | 高德地图POI |

密度(density)指标直接反映了区域的吸引力和潜在的共享单车使用需求,有助于了解高密度地区是否会吸引更多的共享单车接驳行为,从而为轨道交通站点周边的规划提供参考。多样性(diversity)指标反映了区域内不同类型设施的分布和混合情况,高混合度和多样性往往意味着更多的目的地和更高的活动频率,可能会促使更多的人选择共享单车作为接驳工具。设计(design)指标有助于了解交通基础设施的完善程度,良好的道路设计和高连通性可以提高共享单车使用的便利性和安全性,进而影响接驳行为。目的地可达性(destination accessibility)指标有助于确定不同类型设施对共享单车接驳行为的吸引力,指导轨道交通站点周边功能区的规划。到公交站点距离(distance to transit)指标分析不同轨道交通站点的接驳需求差异,优化共享单车站点的布局和接驳服务。

### 2. 数据预处理技术与成果

(1)刷卡数据预处理

本研究使用的刷卡数据为2016年9月5日到9月11日连续一周的上海市数据,数据约3100万条。原始数据由订单号、卡号、出行起始站点、出行结束站点、出行起始时间、出行终止时间、费用字段组成。对单条OD出行数据进行如下处理:①去除出发时刻和到达时刻重合的数据;②去除轨道交通进出站间隔5小时以上或间隔在3min以内的数据;③去除出行时刻在非轨道交通运营时段的数据;④保留每条OD数据的出发时刻、到达时刻、出发站点、到达站点字段数据,汇总得到全天各站点轨道交通客流和时刻客流。

2018年1月5日上海地铁刷卡数据如下:

数据简介:上海市2018年1月5日这一天的地铁刷卡数据,数据条数超过1600万。

数据字段:卡号、刷卡的日期/时间、刷卡站点、交通方式、票价、优惠方式。

(2)共享单车骑行轨迹数据预处理

共享单车骑行轨迹数据为上海市2017年9月16日至9月30日连续两周的共享单车数据,共有777896条数据。

为去除异常数据,对共享单车出行原始数据采用以下的清洗步骤:①提取两周工作日早晚高峰的出行数据,分别为2017年9月18日至2017年9月22日和2017年9月25日至2017年9月29日上午7:00~9:00和晚上17:00~19:00的出行数据作为通勤出行时段的出行数据。②单次共享单车的骑行距离应在100~3000m,单次共享单车出行时间应在1~30min,去除骑行距离和出行时间不在该范围内的共享单车出行记录。

其中共享单车的骑行距离基于曼哈顿距离取代OD直线距离进行计算。在城市环境中,由于交通规则和道路布局的限制,骑行者往往不能直接沿着直线前进,而是需要遵循街道的网格布局。曼哈顿距离考虑了这种实际情况,因此可以更准确地反映骑行者的实际移动距离。

## 四、模型算法

### 1. 模型算法流程及相关数学公式

(1)基于地铁刷卡数据的轨道交通站点类型识别模型

研究使用地铁刷卡数据提取的轨道交通客流量作为基础数

据，参考相关研究选用不同指标分析客流时间序列的特征，再使用层次聚类方法初步确定站点聚类的数量，最后再使用K-means聚类算法识别轨道交通站点的类型。

预处理后，提取并识别连续一周各卡号每次的完整出行信息，包括单次出行的出发时刻和到达时刻、出发站点和到达站点。根据字段内容筛选与合并后得到一周工作日5:00～22:00各站点每小时的进出站客流量数据。并对客流数值进行Z-score标准化。

研究从形态特征、结构特征和客流特征出发，提取轨道交通客流量数据的极值点、偏度和峰度、高峰小时系数和客流时段均衡系数作为参数，用于后续站点的分类识别，如表4-1所示。

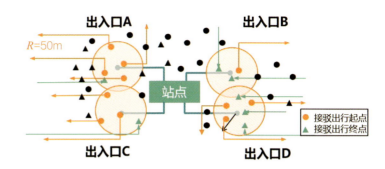

图4-1 识别共享单车接驳出行模型示意图

城市轨道交通站点分类指标描述　表4-1

| 一级指标 | 二级指标 | 指标描述 |
| --- | --- | --- |
| 客流时序特征 | 极值点 | 客流曲线在某段区间最大值和最小值的横纵坐标 |
| | 偏度 | 客流曲线总体取值分布的对称性 |
| | 峰度 | 客流曲线总体取值分布形态陡缓程度 |
| 客流强度特征 | 高峰小时系数 | 全天小时客流量最大值与全天客流量比值 |
| | 客流时段均衡系数 | 高峰段小时平均客运量与平峰段小时平均客运量比值 |

通过计算聚类数的平均轮廓系数，最大的K便是最佳聚类数。结合拐点法验证数据，得到结果后进行对比，最终选择合适的聚类数量。

（2）共享单车接驳出行行为识别模型

共享单车接驳出行行为识别模型的构建是基于假设，即使用共享单车到达地铁站出入口周边50m范围或从地铁站出入口周边50m范围使用共享单车离开的居民有很大概率使用轨道交通出行，该假设在实证研究中已被采纳使用。

通过分析共享单车出行轨迹中的起讫点位置，识别出两种类型的共享单车接驳轨道交通出行，如图4-1所示：①到达接驳出行：共享单车出行轨迹的终点位于地铁站点出入口缓冲区内的出行行程；②离开接驳出行：共享单车出行轨迹的起点位于地铁站点出入口缓冲区内的出行行程。

对各个站点共享单车到达接驳出行和离开接驳出行行程进行计数汇总，得到各站点早晚高峰共享单车到达接驳和离开接驳的次数。结合基于地铁刷卡数据计算得到的各个站点早晚高峰的客流量数据，可以计算得到各个站点早晚高峰的共享单车接驳出行比例。

（3）共享单车接驳比例的影响因素识别模型

①空间关系建模

普通最小二乘法（ordinary least squares，简称OLS）是一种用于在线性回归模型中估计未知参数的线性全局模型。回归系数可用于解释每个自变量与因变量之间的关系。然而，建成环境往往存在明显的空间异质性，地理加权回归（geographically weighted regression，简称GWR）是在OLS模型基础上考虑空间非平稳性的局部建模手段之一，其计算公式为：

$$y_i = \beta_{i0}(\mu_i, \upsilon_i) + \sum_{k=1}^{n} \beta_{ik}(\mu_i, \upsilon_i) x_{ik} + \varepsilon_i \quad (4-1)$$

$$\beta_{ik} = \sum_{j=1}^{n} W_{ij} \left( y_i - \beta_{i0} - \sum_{k=1}^{p} \beta_{ik} x_{ik} \right)^2 \quad (4-2)$$

式中，$y_i$是第$i$个地铁站周边共享单车的离开或到达接驳比例；$\beta_{i0}$为第$i$个地铁站对应的第$k$个建成环境指标的估计系数；$x_{ik}$为第$i$个地铁站对应的第$k$个建成环境自变量；$\varepsilon_i$为误差项；$(\mu_i, \upsilon_i)$是第$i$个地铁站的空间坐标；$\beta_{i0}(\mu_i, \upsilon_i)$为第$i$个地铁站的回归常数；$\beta_{ik}(\mu_i, \upsilon_i)$为与地理位置有关的第$i$个地铁站的第$k$个回归参数；$w_{ij}$为空间权重矩阵，是基于距离的函数。

进一步地，由于GWR仍存在所有局部系数的空间过程尺度相同的局限，多尺度地理加权回归（multiscale ceographically weighted regression，简称MGWR）被视为更接近真实、更具解释力的空间过程模型。

②决策树Decision Tree模型的构建

本研究中使用了基于GridSearchCV网格搜索调参的预剪枝策略，有效地提高了决策树DT模型的泛化能力。

决策树可以通过计算变量的信息增益或基尼不纯度来评估特

征的重要性，这有助于理解各变量对预测结果的贡献。此外，利用决策树的图形化表示，可以生成偏依赖图（PDP）来观察特定变量如何影响预测结果，从而增强模型的解释能力。以下是信息增益（Information Gain）与基尼不纯度（Gini Impurity）的计算公式：

$$IG(D,f) = \text{Entropy}(D) - \sum_{j=1}^{m} \frac{|D_j|}{|D|} \text{Entropy}(D_j) \quad (4-3)$$

式中，$D$ 表示数据集，$f$ 表示候选特征，$D_j$ 表示特征 $f$ 的第 $j$ 个值划分出的子集。

$$\text{Gini}(D) = 1 - \sum_{i=1}^{K} P_i^2 \quad (4-4)$$

式中，$P_i$ 是数据集 $D$ 中第 $i$ 类实例的比例。

虽然决策树在处理非线性关系方面可能不如随机森林或梯度提升决策树（GBDT）那样强大，但其对异常值具有一定的鲁棒性，特别是在特征选择和初始数据探索阶段。与非线性回归方法，如样条函数相比，决策树提供了一种更为直接和清晰的方式来解释数据中的复杂结构。

### 2. 模型算法相关支撑技术

借助Python软件中的scikit-learn模块中的K-means算法对站点类型进行聚类识别，借助Python软件中的Shapely库对各站点影响区的多边形裁剪进行批量处理。基于整体层面的机器学习、空间尺度的地理加权回归，探讨站点周边建成环境对共享单车接驳比例的影响效应（图4-2）。

空间分析层面，主要使用GeoDa、Arcgis等地理统计分析软件来实现具体的算法。而在机器学习层面，主要利用Python中的第三方包Sklearn实现针对不同类型地铁站点下建成环境对早晚高

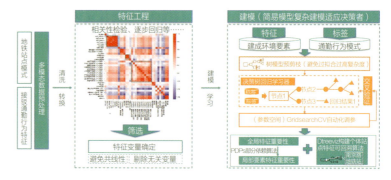

图4-3 机器学习影响因子自动识别建模过程

峰共享单车到达/离开接驳的非线性影响的决策树模型，评估了其在多维数据集综合中的应用效果。并进一步使用该库中的partialPlot函数生成PDP来反映各建成环境影响因子之间对共享单车接驳使用的边际效应，曲线变化越剧烈，非线性影响越大。此外，还利用Dtreeviz算法构建对于个体站点特征可回溯算法（图4-3）。

## 五、实践案例

### 1. 基于地铁刷卡数据的轨道交通站点类型识别

使用K-means聚类法对轨道站点类型进行聚类识别，聚类数量已通过层次聚类分析进行确定。将上海轨道交通站点按照客流量时间序列特征分为五类，根据对各类站点进出站客流量小时分布曲线总结五类站点的类型，得到居住主导型、就业主导型、错位偏居住型、错位偏就业型和职住错位型五种，得到五种类型站点的客流小时分布曲线（图5-1~图5-5）。

根据客流小时分布的特点，居住主导型是指进出站客流特征表现为单峰型，进站早高峰、出站晚高峰突出的站点；就业主导型是指客流特征单峰型，进站晚高峰、出站早高峰明显的站点；职住错位型是指表现为双峰型，既有早高峰又有晚高峰的站点；错位偏居住型站点是具有双峰，但是主要高峰偏居住型的站点；错位偏就业型站点是具有双峰，但是主要高峰偏就业型的站点。

五类站点在上海市的空间分布与数量比例如图5-6、图5-7所示。可以发现居住主导型与错位偏居住型站点数量较多，占所有站点的比例为72%；就业主导型和错位偏就业型站点数量相对较少，占所有站点的比例为22%。居住主导型或者错位偏居住型站点多分布于外围地区，就业主导型站点多分布于中心城区，职住错位型站点在中心城区与外围地区都有分布。

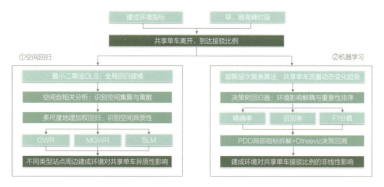

图4-2 站点周边建成环境对共享单车接驳比例的影响评估模型算法

## 2. 共享单车接驳出行行为识别

（1）共享单车接驳出行次数分析

在清洗后数据的基础上进行筛选，以地铁站为出发点和到达点，提取所有与地铁站接驳的共享单车数据，形成共享单车接驳出行OD分布图，如图5-8所示。通过对OD分布图的分析可以发现以下几个特征：①在空间分布上，中心区接驳次数多、密度高、距离近，外围地区接驳次数少、密度低、距离远；内环以内分布有绝大多数的共享单车接驳出行，从中心区向外共享单车接

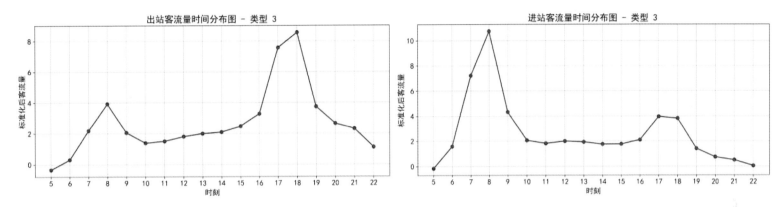

图5-1　居住主导型站点客流量小时分布曲线

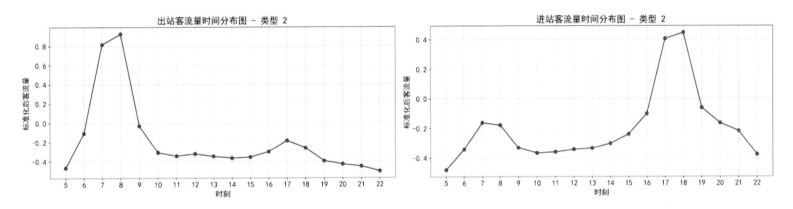

图5-2　就业主导型站点客流量小时分布曲线

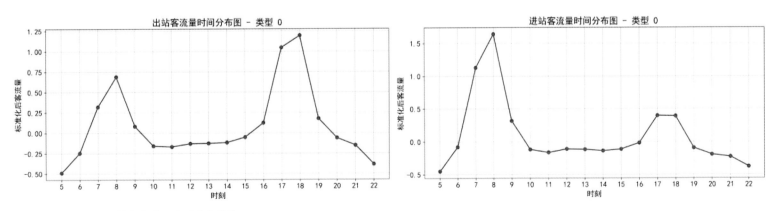

图5-3　错位偏居住型站点客流量小时分布曲线

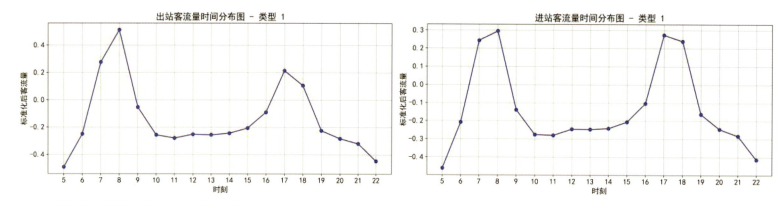

图5-4 错位偏就业型站点客流量小时分布曲线

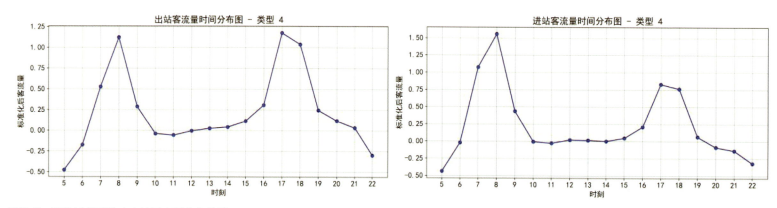

图5-5 职住错位型站点客流量小时分布曲线

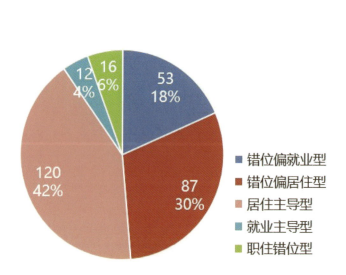

图5-6 识别得到的五类站点的数量比例

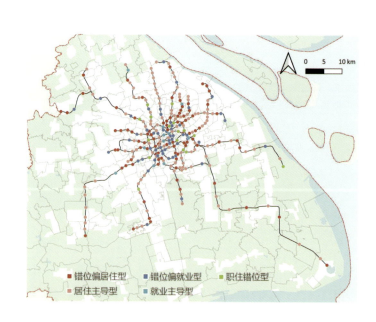

图5-7 轨道交通站点分类的空间分布

驳出行行为逐渐减少，直至外环以外只有少数几条线路周边有接驳出行分布。中心城区站点共享单车交通吸引量更为密集，呈现出集中分布的特征；外围地区则相反，某一中心仅有少数OD曲线汇聚，说明该站点共享单车接驳出行较为稀疏。②无论是离开接驳还是到达接驳，除外滩外，基本没有跨黄浦江的骑行接驳，可见黄浦江对骑行接驳的分隔效果。③按照骑行重叠范围提取高密度接驳区，可以看到，离开接驳集中在浦西滨江一带，浦东仅外滩周围较集中；浦西各站点共享单车交通吸引量更大，分布更为密集，整体分布呈现出向浦西地区偏移的特征。

（2）共享单车骑行接驳比例评价结果

根据站点类型的识别结果，进一步将居住主导型和错位偏居住型统计为居住型站点，就业主导型与错位偏就业型统计为就业型站点，后续分析将对居住型和就业型站点的共享单车接驳特征进行分析。对于缺乏接驳出行数据，或接驳出行次数过少的站点和职住错位型站点在后续分析中不予以考虑。

站点离开接驳比例在空间分布上呈现中心低外围高的特征（图5-10）。中心城区到达接驳比例相比外围地区更低，且越往外越明显，中环乃至外环数值最高，说明中心城区站点采用共享单车接驳离站比例较低。同时在空间分布上呈现出北高南低的特征，北部城区在共享单车接驳使用比例上明显高于南部地区。在时间分布上，早晚高峰差异性较大，早高峰的离开接驳比例相比晚高峰更低，说明居民在早高峰期间采用共享单车接驳离站比例较低。

站点到达接驳比例在空间分布上依然有较为明显的中心低、外围高特征（图5-9）。中心城区整体到达接驳比例比外围地区低，说明中心城区采用共享单车接驳到站比例较低。与离开接驳不同的是，早高峰期间中心城区居民也会高比例使用共享单车接驳到站。

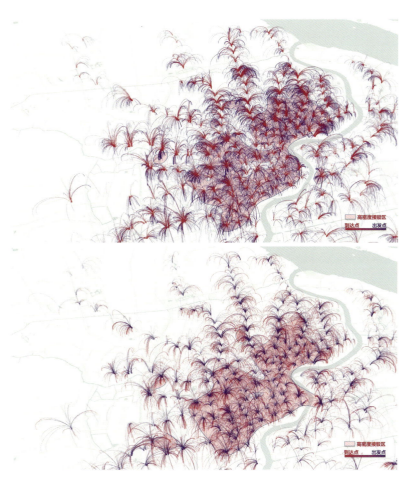

图5-8　共享单车接驳出行OD分布图（左离开接驳，右到达接驳）

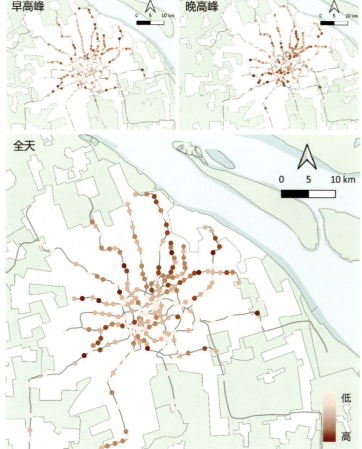

图5-9　到达骑行接驳比例分布图

### 3. 共享单车接驳比例的影响因素识别

（1）站域建成环境对共享单车接驳比例的全局影响分析

"5D"理论下的11个建成环境指标被用于分别与共享单车离开、到达接驳比例开展OLS回归（表5-1）。根据到达接驳比例的OLS模型结果，$R^2$为0.225。离开接驳比例的回归模型$R^2$为0.153，解释程度略低于到达接驳比例。而且，人口密度对离开、到达接驳比例有显著的促进作用，生活服务POI密度、休闲娱乐POI密度、交叉口密度则对接驳比例有显著的抑制作用（图5-11）。

（2）站域建成环境对共享单车接驳比例的影响解耦

娱乐休闲点兴趣（POI）密度和建成环境密度是促进共享单车接驳行为的重要因素。在具有高POI密度的区域，即站点周边设施丰富的环境中，人们更倾向于使用共享单车进行接驳。此外，建成环境密度对于共享单车接驳比例具有较显著的影响，在建成环境密度更高的站点区域，人们更多使用共享单车进行接驳。

在上海市的居住型站点中，决策树模型的实证分析揭示了两个主要因素——区域内的绿化程度和慢行道路密度，对共享单车接驳行为有显著正向影响（图5-12）。这一发现表明，在居住型站点中，优良的站点建成环境能显著增加共享单车的接驳使用。

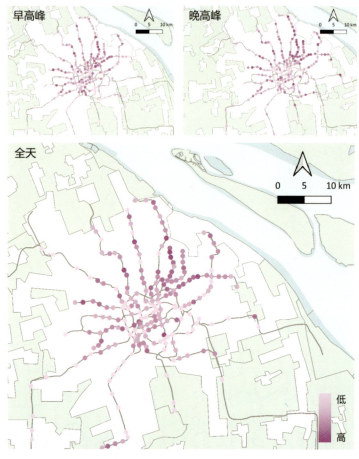

图5-10　离开骑行接驳比例分布图

共享单车到达、离开接驳比例影响因素的回归模型结果　　表5-1

| | 离开接驳比例 | | | 到达接驳比例 | | |
|---|---|---|---|---|---|---|
| | OLS | SEM | SLM | OLS | SEM | SLM |
| 人口密度 | 0.004*** | 0.003*** | 0.003*** | 0.006*** | 0.004*** | 0.005*** |
| 建筑密度 | 0.181 | 0.147 | 0.146 | 0.164 | 0.058 | 0.077 |
| 土地利用混合度 | -0.022 | -0.015 | -0.017 | -0.023 | -0.005 | -0.009 |
| 交叉口密度 | 0.000 | 0.000 | 0.000 | -0.001*** | -0.001*** | -0.001*** |
| 慢行道密度 | -0.002 | -0.003 | -0.003 | 0.004 | 0.001 | 0.003 |
| 距公交站平均距离 | 0.048 | 0.043 | 0.035 | 0.028 | 0.026 | 0.002 |
| 距CBD平均距离 | -0.001 | -0.002 | -0.001 | -0.002 | -0.004 | -0.002 |
| 休闲娱乐类POI密度 | -0.001** | -0.001** | -0.001** | -0.001*** | -0.001*** | -0.001*** |
| 生活服务类POI密度 | -0.001*** | -0.001*** | -0.001*** | -0.001*** | -0.001*** | -0.001*** |
| 工作办公类POI密度 | 0.000 | 0.000 | 0.000 | 0.000 | 0.000 | 0.000 |
| NDVI | -0.001 | -0.001 | -0.001 | -0.003 | -0.003* | -0.003*** |
| CONSTANT | 0.178** | 0.189** | 0.153* | 0.286*** | 0.340*** | 0.225** |
| LAMBDA | | 0.171 | | | 0.397*** | |
| W_接驳比例 | | | 0.191 | | | 0.375*** |
| $R^2$ | 0.153 | 0.163 | 0.168 | 0.225 | 0.264 | 0.275 |

注：*P<0.1，**P<0.05，***P<0.01。

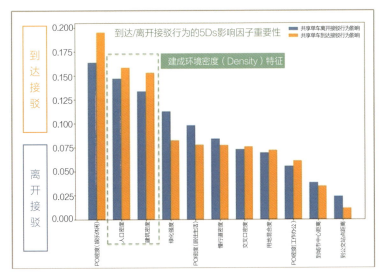

图5-11 上海市总体站点接驳行为影响因子

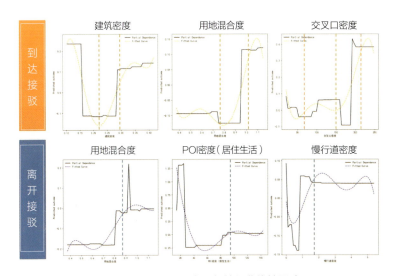

图5-13 上海市居住型站点接驳行为局部特征非线性影响

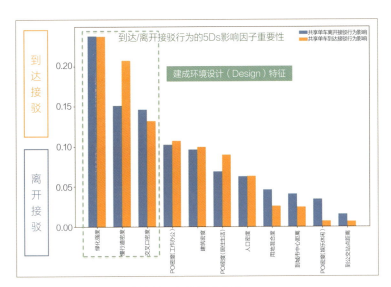

图5-12 上海市居住型站点接驳行为影响因子

具体来说，良好的绿化不仅美化了居民的生活环境，而且提供了更安全、舒适的骑行体验。同时，慢行道路的密集布局为居民提供了便利的骑行通道，确保了骑行安全，进而鼓励居民在日常出行中选择共享单车作为接驳工具。

针对上海市居住型站点的接驳行为局部特征的非线性影响，我们进一步挑选了影响因子中相对重要且具有明显非线性阈值影响效应的特征进行了分析（图5-13）。

对于到达接驳行为而言，建筑密度在较低和较高情况下对共享单车接驳起到相对较高的促进作用，而在中等建筑密度环境下则相对较弱，这一现象与特定的城市形态相关。至于用地混合度和交叉口密度，则在一定区间内对接驳行为有很强的促进作用。

而对于离开接驳行为，用地混合度、居住生活类POI密度和慢行道密度在促进共享单车接驳行为时显示出明显的阈值效应。其中，用地混合度的快速促进区间为0.8～0.9，POI密度为80～100，慢行道密度为0.8～2。超过了这些阈值之后，边际促进效应较弱。因此，我们建议规划优化指标时应考虑这些阈值区间，以达到成本与效用的平衡。在数值较低的情况下可能会出现数据异常波动，但可以忽略不计。

针对就业型站点，其通勤目的性较强，通常会选择最为方便的接驳方式。因此，站点的区位特征和骑行便利度对其影响较大。在靠近市中心以及交叉口密度较高的环境下，通勤者更倾向于使用共享单车进行接驳（图5-14）。

此外，值得注意的是到达与离开接驳的影响因素存在一定的异质性。离开接驳通常以上班人群为主，而到达接驳则主要服务下班人群。上班人群更注重接驳的便利性与效率性。在周边环境能够有效提高自行车接驳通勤效率时，将能够对其产生积极促进作用。这一现象更加强调了就业型站点人群接驳的高度目的性。

针对就业型站点，需要特别关注提供人群骑行通勤的高效性。为此，应重视骑行道路的质量和连续性，确保通勤者在使用共享单车时能够享受到快速、安全的骑行环境。此外，值得考虑实施快速通道或优先道路政策，以确保通勤者在高峰时段能够顺畅地使用共享单车进行接驳，提高通勤效率。

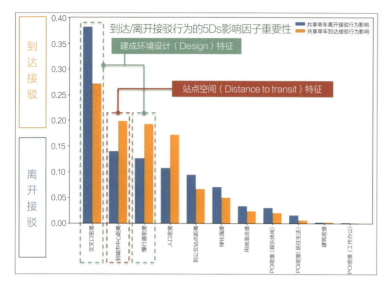

图5-14　上海市就业型站点接驳行为影响因子

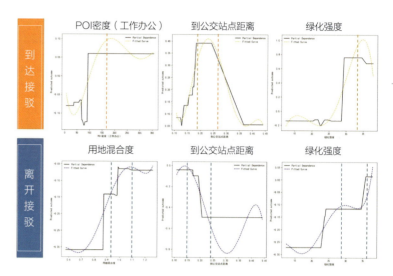

图5-15　上海市就业型站点接驳行为局部特征非线性影响

图5-16　上海市部分站点接驳行为建成环境影响机制解耦

针对上海市就业型站点的接驳行为局部特征进行了非线性影响分析（图5-15），并提出了相应的优化建议。

针对到达接驳行为，笔者发现工作办公类的POI密度与站点周边建成环境的绿化强度对共享单车接驳使用具有明显的阈值促进作用。这两个因素的区间分别为75～125和27～32。此外，我们进一步发现地铁站点与公交站点的结合程度对接驳使用的影响呈现明显的倒U形曲线。结合过近会导致与公交的竞争关系，但这在一定程度上是可以接受的。然而，如果过远则会导致共享单车与公交出行无法有效整合。因此，笔者建议公交站点与地铁站点能够紧密结合，以确保共享单车与二者的接驳能够被有效整合。

对于离开接驳行为，用地混合度、到公交站点距离与绿化强度在促进共享单车接驳行为时同样显示出明显的阈值效应。用地混合度的快速促进区间为0.9～1.1，到公交站点距离为0.15～0.25，慢行道密度为20～35。综合考虑到达与离开接驳行为，更加强调公交站点与地铁站点能够更紧密结合，以促进共享单车与公交的有效整合，并提高共享单车的使用率。

基于Dtreeviz决策回溯方法，从构建的决策树DT模型中，对共享单车接驳比例较低的站点进行建成环境特征的影响解耦，以寻找针对性的优化策略建议。选取了四个站点（宜山路、龙阳路、嘉定新城、锦江乐园）作为模型展示（图5-16）。

从决策过程中可以看出，宜山路站点接驳比例较低的主要原因是周边建成环境的休闲娱乐等相关功能结合度较低，整体景观强度也较低。建议在优化宜山路周边的绿化环境的同时，植入更多的功能要素，满足通勤人群的生活服务类需求，提升站点的吸引力和使用率。

龙阳路站点问题主要出现在娱乐休闲等生活服务类功能不足，以及地铁站周边的用地混合度较低。建议活化龙阳路地铁站周边用地，增加娱乐休闲等生活服务类功能，提高周边人群的吸引力，丰富通勤骑行者的环境与生活体验。

嘉定新城站点除了娱乐休闲等生活服务类功能不足外，周边人口密度较低也是问题所在。建议适当提高嘉定新城周边的开发强度，吸引更多人口聚集，提升共享单车的使用强度。

作为就业型站点，锦江乐园站点的接驳率较低主要原因在于周边就业密度较低，以及地铁站点与周边公共交通站点的结合程度较低。建议锦江乐园周边的就业能够向地铁站集中，增加周边就业密度，同时加强地铁站点与周边公共交通站点的联系，提高共享单车的使用集中度。

## 六、研究总结

### 1. 模型设计的特点

①研究视角上，考虑从不同类型轨道交通站点出发进行共享单车接驳研究，基于地铁刷卡数据识别站点类型，以此为基础展开差异化站点视角下单车接驳特征及站点周边建成环境影响因素探究。区分居住型和就业型轨道交通站点为研究对象，视角上细化了不同站域功能介入下的接驳出行研究，考虑到不同需求导向下促进共享单车接驳的影响因素，从而更加全面、精细化地为站域建成环境优化提出策略建议。

②数据识别上，采用多源数据类型，使用地铁刷卡数据、共享单车骑行数据、建成环境数据，识别轨道站点的类型、共享单车接驳出行活动及影响因素，形成数据清洗、数据处理、数据提取、数据映射全流程体系构建。采用多模态数据可视化与应用，对图像、文本等模态进行处理与融合。

技术方法上，优化站点影响区划定，改进以往以固定距离界定单车接驳方式，研究对不同轨道交通站点采用泰森多边形界定差异化站点影响区。研究采用复合模型，综合地理加权回归和机器学习两种方法，利用复合模型多元分析优势，多方面深入挖掘单车接驳的影响因素。以多尺度地理加权回归解释空间异质性，探索采用决策树回归器对环境影响解耦与重要性排序，通过PDD局部指标拆解和Dtreeviz决策回溯分析建成环境对共享单车接驳比例的非线性影响。

### 2. 应用方向或应用前景

（1）面向单车运营提供资源配置参考

挖掘城市中共享单车接驳地铁的出行时空规律，有助于共享单车企业迎合居民出行需求，关注早晚高峰时段接驳需求高的区域，配置满足出行需求的单车资源或在早晚高峰增加针对性的调度措施，为共享单车的动态管理提供帮助。该模型研究了不同类型轨道交通站点在早晚高峰出行时空下的接驳特征，为不同类型站点地区后续共享单车资源配置、站点周边停车范围划定提供决策参考。

（2）面向规划部门优化建成环境提供借鉴

本模型在后续应用上可以转化为数据驱动的城市交通规划工具，条件成熟后可以进一步实现对共享单车接驳的动态管理、轨道交通建成环境的持续优化，为城市交通网络的整合与绿色出行推广提供支撑，为规划管理部门进行轨道交通与共享交通优化的过程提供辅助参考。具体可以通过分析不同轨道交通站点的共享单车使用数据，重点针对早晚高峰时段的接驳需求高的区域、针对不同类型轨道交通站点，探究不同类型轨道交通站域影响要素优先度及差异性，提出促进单车接驳轨道交通出行的实施举措。

研究成果可以转化为居民出行决策支持系统，实现个性化出行建议和优化的共享单车骑行接驳路线规划，为居民提供更便捷、高效的出行环境，为交通管理部门制定出行引导政策和改善交通建设提供决策支持。

## 参考文献

[1] SUN B, ERMAGUN A, DAN B. Built environmental impacts on commuting mode choice and distance: Evidence from Shanghai [J]. Transportation research part D: Transport and environment, 2017, 52: 441-453.

[2] GUO Y, HE S Y. Perceived built environment and dockless bikeshare as a feeder mode of metro [J]. Transportation research part D: Transport and environment, 2021, 92: 102693.

[3] 杨敏，吴静娴，赵静瑶，等. 城市轨道交通多方式组合出行与接驳设施优化 [J]. 城市交通，2017，15（5）：64-69，77.

[4] SUN Y, WANG Y, WU H. How does the urban built environment affect dockless bikesharing-metro integration cycling? Analysis from a nonlinear comprehensive perspective [J]. J cleaner prod, 2024, 449: 141770.

[5] GUO Y, YANG L, LU Y, et al. Dockless bike-sharing as a feeder mode of metro commute? The role of the feeder-related built environment: Analytical framework and empirical evidence [J]. Sustainable cities and society, 2021, 65: 102594.

[6] LIN J J, ZHAO P, TAKADA K, et al. Built environment and public bike usage for metro access: A comparison of neighborhoods in Beijing, Taipei, and Tokyo [J].

Transportation research part D: Transport and environment, 2018, 63: 209-221.

[7] 崔叙, 喻冰洁, 梁朋朋, 等. 基于"客流—用地"的城市轨道交通站点类型识别与空间再平衡研究: 以成都市为例[J]. 现代城市研究, 2021 (7): 68-79.

[8] 尹芹, 孟斌, 张丽英. 基于客流特征的北京地铁站点类型识别[J]. 地理科学进展, 2016, 35 (1): 126-134.

[9] GUO Y, HE S Y. Built environment effects on the integration of dockless bike-sharing and the metro [J]. Transportation research part D: Transport and environment, 2020, 83: 102335.

[10] WU X, LU Y, LIN Y, et al. Measuring the destination accessibility of cycling transfer trips in Metro Station Areas: A Big Data Approach [J]. Int J environ res public health, 2019, 16 (15): 2641.

[11] ZUO T, WEI H, ROHNE A. Determining transit service coverage by non-motorized accessibility to transit: Case study of applying GPS data in Cincinnati metropolitan area [J]. J transp geogr, 2018, 67: 1-11.

# 涨落耗散定理下的城市演化研究

**工 作 单 位：** 清华大学建筑学院、信息科学技术学院
**报 名 主 题：** 面向生态文明的国土空间治理
**研 究 议 题：** 城市化发展演化与空间发展战略
**技术关键词：** 涨落耗散定理、自适应矩估计优化
**参 赛 选 手：** 林雨铭、黄浩、苏泓源、杨钧然、于江浩
**指 导 老 师：** 田莉、李勇
**团 队 简 介：** 参赛团队来自清华大学建筑学院城市规划系与信息科学技术学院电子科学系。主要参与者林雨铭博士，具有电子工程跨学科背景，关注人类移动性、城市动力学领域的相关研究，发表Nature子刊论文1篇，中英文论文13篇；主要参与者黄浩博士生，曾获第六届城垣杯二等奖，中文核心期刊/会议录用6篇。项目前期相关研究已经开展超过半年时间，发表SCI论文1篇。

## 一、研究问题

### 1. 研究背景及目的意义

习近平总书记指出，做好城市工作，首先要认识、尊重、顺应城市发展规律，端正城市发展指导思想。目前，对于城市发展演化的研究长期停留在较为描述性的分析或模拟层面，存在难以分析动态过程、难以提供定量指导的问题。存在这一现象的根本原因是，城市是一个开放复杂的巨系统，传统方法缺乏有效的数理建模支持。为了充分理解城市化演进发展的规律，有必要借助扎实的理论基础与各类数理模型，对城市演进的动力学机制进行跨尺度的深入建模。

物理学界为类似的复杂系统动力学建模提供了充足的理论模型，新兴的GPS轨迹信息能够精细化地描述居民的访问轨迹，详细刻画城市内部运转。现有的研究也证明，在耗散结构理论下，人类的活动能够被类比为微观粒子的运动，在微观的人类活动与宏观的城市演化之间建立桥梁，并重现城市标度率等城市发展过程中的重要规律。如Shida等人将人类活动类比为带电粒子的移动，将微观的人流活动映射为假想电路中的电流，并进一步验证了电流的方差和城市环境的"电导"存在直接关系。类似的研究证明，涨落-耗散定理是一种普遍适用的物理工具，能够应用于城市演进的动力学建模。

因此，本研究将借用耗散结构理论中的"涨落-耗散定理"，以人类移动行为中存在的随机涨落为切入点，通过数据分析与机器学习手段相结合，建立城市活动的涨落-耗散模型，揭示微观的人类活动与宏观的城市演化之间的联系，从而推演规划、疫情、重大事件的耗散过程与城市演化的影响。本研究通过将重要

的物理定理引入城市发展的过程当中，能够加深对城市化发展演化的理解，服务于空间发展战略的制定，有着重要的科研和现实意义。

## 2. 研究目标及拟解决的问题

本研究的总体目标是通过涨落-耗散模型，揭示人类活动的微观随机涨落与城市演化的宏观耗散结构之间的联系，以此解析城市空间形流关系的演进。具体来说，研究旨在利用数据分析手段，将城市中的人类活动类比为网格状电场中的电流，从而通过涨落-耗散模型推算代表城市环境的电导，将其与实际城市环境进行映照，并分析规划、疫情、重大事件对城市环境的影响，从而为城市空间发展战略的制定提供科学依据。

在上述研究中，可能存在以下的瓶颈问题：

（1）物理模型映射失真：城市是一个开放复杂的巨系统，传统方法缺乏有效的数理建模支持，很难精确描述城市内部的动态过程和人类活动的随机涨落。虽然能够将人类活动类比为微观粒子的运动，但这种映射能否充分反映城市环境下人类活动的特征，仍需更深入的建模和验证。

（2）城市环境计算困难：应用耗散结构理论中的"涨落-耗散定理"对城市环境进行计算，需要在全尺度下应用电路相关理论，并从微观区域的环境特征开始进行计算。传统的地理信息系统，在支持定制化的模型开发与计算方面存在不足，导致应用相关模型进行城市环境计算困难。

（3）规划战略分析困难：利用物理学模型对城市环境进行分析，仅能提供对于城市演化的关键知识，但是不能直接认为是城市规划问题。如何将数据分析的结果与现实规划问题结合起来，从而充分利用模型提供的知识指导空间发展战略的制定，是重要的问题。

在实际研究中，我们采用了针对性的方法应对上述困难：

（1）物理规律验证：针对物理模型映射失真的问题，我们采用理论与实证相结合的方式，从理论上脱离具体的物理学场景，关注抽象层面动力学系统的一致性；从实证中以数据为准绳，从数据出发验证现象与物理学规律的吻合，保证整体模型的有效性。

（2）引入机器学习：针对城市环境计算困难的问题，基于Python语言进行编程，充分利用Pytorch等最新的深度学习框架特点，自动化完成梯度计算等复杂、耗时步骤，加速物理模型的求解问题，从而将复杂的公式与定理引入城市环境计算中。

（3）场景分析验证：针对规划战略分析困难的问题，我们采用多时间多尺度分析的方法，利用不同时间内的数据验证城市演变过程，利用多个不同尺度的结果分析模型与现实的映照关系，从而将模型分析结果与实际城市空间相结合。

通过上述方法，研究团队预期能够建立一个科学、有效的城市演化动力学模型，为城市规划、重大事件应对提供坚实的数据基础和理论支持。

## 二、研究方法

### 1. 研究方法及理论依据

项目在实施过程中主要应用了三种核心物理学方法与相关理论，简要介绍如下：

（1）涨落-耗散定理

涨落-耗散定理（fluctuation-dissipation theorem，简称FDT）是在统计物理学和热力学中描述系统在平衡状态附近的小扰动（涨落）和系统对这种扰动的响应（耗散）之间关系的定理。它表明在热平衡状态下，系统的自发涨落与系统对外界小扰动的响应之间存在直接联系，而其具体形式依赖于系统的类型及所考察的物理量。以电磁学为例，一个处在平衡状态的电阻内部，会由于热噪声产生约翰逊-奈奎斯特噪声电流，而这种噪声电流的变动情况与电阻的耗散特性有直接的关系：

$$\langle I^2 \rangle = \int_{\frac{B}{2}}^{\frac{B}{2}} S_I(\omega) d\omega = \frac{2k_B TB}{R} \quad (2-1)$$

式中，$\langle I^2 \rangle$是热噪声电流的方差，$\omega$是电流的频率，$B$是该频率对应的系统带宽，$S_I(\omega)$是电流的功率谱密度，$k_B$是玻尔兹曼常数，$T$是系统温度，$R$是电阻值。该方程明确表明，电阻与电流的方差呈明确的反比关系，电阻越大，热噪声电流的方差越小；电阻越小，热噪声电流的方差越大。

项目实施过程中，将人类移动过程类比为电路中的电流，由于人类活动的随机性，人流也会在一定范围内发生类似于热噪声电流的波动。通过计算城市环境给人流移动带来的"阻力"与人流波动的方差，能够从实证数据中验证这个关系的存在，进一步说明涨落-耗散定理在城市研究中的可行性与重要性。

### (2) 麦克斯韦方程组

麦克斯韦方程组是经典电磁学的基础，描述了电场和磁场的生成和变化。由詹姆斯·克拉克·麦克斯韦在19世纪中期总结而成。而通过将该方程映射到城市当中，能够为城市环境提供理论约束，允许通过人群实际移动情况求解城市环境阻力。具体来说，如果认为城市环境是较为稳定的系统，则根据麦克斯韦方程组中的法拉第电磁感应定律，可以得到：

$$\nabla \times E = \frac{\partial B}{\partial t} = 0 \qquad (2-2)$$

式中，$E$是电场，$B$是磁场。因为在稳态下，电磁场不随时间变化，因此我们可以得知电场的旋度为0。这种基本的电磁学规律，为我们使用物理模型分析现实城市运行过程提供了额外的约束，是完善整体模型方程的必须条件。

项目实施过程中，将人类移动过程类比为电路中的电流，在这一过程中，相关的模型应该符合麦克斯韦方程组的相关约束，例如电场的旋度应当接近于零。而根据电场旋度的计算公式，可以将可观测的人类流动与难以直接反映的城市环境阻抗联系在一起，通过已知求解未知的方式，充分反映城市环境的特征。

### (3) 泊松方程

泊松方程同样是一种用于描述电场分布的重要方程。它是由法国数学家西蒙·德尼·泊松（Siméon Denis Poisson）在19世纪提出的，用于描述电场中的电势分布，即单位正电荷所具有的电能。该方程映射到城市当中，意味着能够分析城市不同区域在不同时间段内的能量，这与城市中的人群活动等核心关切密切相关。泊松方程基本形式如下：

$$\nabla^2 \phi = -\frac{\rho}{\epsilon_0} \qquad (2-3)$$

式中，$\nabla^2$是拉普拉斯算子，$\phi$是电势也就是对应的能量，$\rho$是电荷的体积密度，而$\epsilon_0$是介电常数。考虑到拉普拉斯算子可以进行中心有限差分近似，而稳态电场中某点的电荷密度可以视为相关电流的散度，对泊松方程进行离散与化简后我们可以得到：

$$\phi_{i+1,j} + \phi_{i,j+1} + \phi_{i-1,j} + \phi_{i,j-1} - 4\phi_{i,j} = \nabla \cdot IR \qquad (2-4)$$

式中，$I$代表电流，$R$代表电阻。这意味着在离散情境下，网格之间的电势差，共同决定了流入或者流出网格的电荷量，而这一电荷量可以通过电流和电阻来计算。在研究的设计情境下，将人类移动过程类比为电路中的电流，这是可以直接计算的，而电阻可以通过麦克斯韦方程组的约束来求解，因此我们能通过解线性方程组的方式，反映不同时间、不同地点的城市环境所具有的能量，由此识别出城市中存在的不平衡和差异性。

以上三种理论均得到了广泛验证的统计热力学或者电磁学公式，基于此建立的物理学模型有着非常可靠的理论基础，能够确保研究的开展。

## 2. 技术路线及关键技术

项目的实施开展分为以下五个主要的研究步骤：

### （1）数据预处理

对于所获取到的原始数据进行预处理，包括数据聚合、数据脱敏、空间编码，将城市数据划分为对应的正方形网格，并将跨越多个网格的移动数据进行合并与多表链接，计算速度矢量和人口密度矢量，供后续计算使用。

### （2）物理模型映射

根据用户出行的相关数据，计算对应网格内部分人口密度$\bar{\rho}_{i,j,k}$与平均速度$\bar{v}_{i,j,k}$，其中$(i,j)$代表网格坐标，$k$代表时间窗口编号。将人的微观活动映射为电流的相关流动，可以得到网格之间的电流：

$$I_{(i,j)\to(i+1,j),k} = \frac{\bar{v}_{x,i,j,k}\bar{\rho}_{i,j,k} + \bar{v}_{x,i+1,j,k}\bar{\rho}_{i+1,j,k}}{2} \qquad (2-5)$$

式中，$x$代表人群移动水平方向的速度分量，网格中点表征电路交汇点。

### （3）城市电阻计算

网格之间的电阻值，由麦克斯韦方程组约束，通过机器学习的方法加以定义。其原则是根据麦克斯韦方程组，稳态平衡的电场中旋度$\nabla \times (IR)_{i+0.5, j+0.5, k}$为零，且来自城市基础设施而不随时间发生改变。

$$\nabla \times (IR)_{i+0.5, j+0.5, k} = \frac{(IR)_{(i+1,j)\to(i+1,j+1),k} - (IR)_{(i,j)\to(i,j+1),k}}{\Delta x}$$
$$- \frac{(IR)_{(i,j+1)\to(i+1,j+1),k} - (IR)_{(i,j)\to(i+1,j),k}}{\Delta y} \qquad (2-6)$$

式中，$I$为式（2-5）中计算得到的城市网格之间的电流，$R$为待求取的城市网格之间的流动阻力。通过动态矩估计器算法，能够通过迭代更新不同网格之间的电阻大小，最小化所有位置的旋度平方和，从而求取城市网格之间的流动阻力。

$$\min_{R} L = \sum_{i,j,k} \left( \nabla \times (IR)_{i+0.5, j+0.5, k} \right)^2 - \gamma \sum_{i,j} \log R_{i,j} \quad (2-7)$$

式中，γ是一个超参数，用于施加约束限制，以保证电阻值不会为负数。经过动态矩估计器，能够计算城市中不同区域之间的人类流动阻力，从而反映城市中的静态实际情况。

（4）涨落耗散验证

不同网格之间的电势差，是形成城市网格间电流的关键要素，可以从人流移动和流动阻力之间的关系得到。而不同网格之间的电荷量流动可以通过网格之间的电势差互相约束。

$$I_{(i,j) \to (i+1,j),k} R_{(i,j),(i+1,j)} = \phi_{i,j,k} - \phi_{i+1,j,k} \quad (2-8)$$

通过遍历所有的网格并将式（2-8）联立，可以得到一个的线性方程组，可以通过最小二乘法进行电势求解，得到的电势 $\phi_{i,j,k}$ 反映了不同城市区域之间的相对能量或者说城市活力的差异，因此可以反映城市的动态情况。

根据式（2-5）~式（2-8），能够得到城市中的各种关键要素，其中包括关键的电流与电阻值，并在此基础上验证涨落耗散定理的成立性，即验证：

$$\langle I^2 \rangle \propto \frac{1}{R} \quad (2-9)$$

（5）城市环境分析

在此基础上，进一步分析城市基础设施在模型中的地位，关注得到的虚拟电阻R与城市空间配置在密度、类型等方面的相关性，开展数据发掘工作。同时利用不同时间内的数据验证城市演变过程。

## 三、数据说明

### 1. 数据内容及类型

（1）联通智慧足迹数据

本模型采用的手机信令数据来自中国联通智慧足迹DaaS平台（包括用户出行、驻留与用户属性等）。选取的范围为上海市中心城区（即外环高速路内区域），采用250m精度的渔网，以2021年9月、2022年9月及2023年9月的OD数据为基础展开研究：

①2021年9月、2022年9月及2023年9月各5日正常工作日的OD数据，用于计算城市"电流""电阻"等内容；

②2021年9月13日、2022年9月14日OD数据，用于分析台风"灿都""梅花"对人流涨落的影响，并作为模型校验；

③2021年9月、2022年9月及2023年9月网格居住人口数据，用于计算各网格人口密度。

（2）道路路网数据

通过OpenStreetMap获取2023年全国路网数据，分为高速路、省道、县道、乡镇道路、行人道路和其他道路。

（3）基础行政数据

从国家地理信息公共服务平台（http://www.ngcc.cn/ngcc/）获取，主要包括上海市市域、街道等行政边界。

### 2. 数据预处理技术与成果

（1）手机信令数据-网格居住人口

①原始基站网格人口数据整合：为聚合2023年各基站网格的居住人口数量，首先从月驻留数据库（stay_month）中提取了每个网格的唯一用户数量。这些数据与位置网格表（grid）关联，后者包含了每个网格的地理中心坐标和网格ID。通过对2023年的数据进行筛选，并只选取城市代码为V0310000的记录，得到该城市每个网格的居住人口数及其地理中心坐标。

②标准网格统计：在获得初步的居住人口数据后，进一步将这些数据与城市规则格网表（ss_city_grid）及其辅助表（ss_city_grid_attr）关联，以将人口数据从原始网格转换至标准化的城市网格。结果数据集包含了标准网格的ID和对应的居住人口总数。

（2）手机信令数据-OD数据

①建立网格ID映射：为了实现对原始网格标识（grid_id）的转换，首先建立一个映射表，将每个原始网格ID映射到标准的250m网格ID。这一映射基于空间统计，其中原始网格的中心点如果位于标准网格内，则这两个网格ID相关联。此过程旨在优化后续操作数据处理的效率，避免在OD（起始-目的地）分析中进行大规模的ID映射。

②OD数据处理与统计：原始数据来源于移动月度数据库（move_month），其中包含用户的移动记录，每条记录标识了移动的起始和结束网格ID、日期、时间和速度。此外，利用先前建立的网格ID映射表（grid2ss），将原始网格ID转换为标准化的

250m网格ID，以保持空间分析的一致性。对5个工作日的移动模式数据进行分析，基于OD的起始时间进行每30min的统计。这一步骤涉及计算从一个网格到另一个网格的移动次数、平均时间及平均速度，为此需要利用已建立的网格ID映射表并导出。

## 四、模型算法

### 1. 模型算法流程及相关数学公式

在本研究开展步骤（3）城市电阻计算中，使用了动态矩估计（Adaptive Moment Estimation，简称Adam）技术作为优化算法来优化电阻值。Adam是一种流行的优化算法，经常用于训练神经网络和深度学习模型。它结合了自适应学习率和动量的优点，能够有效地适应不同参数的梯度变化，加速模型训练并提高收敛速度。

①对优化器的参数进行初始化。这些参数包括学习率$\alpha$，一阶矩估计的指数衰减率$\beta_1$，二阶矩估计的指数衰减率$\beta_2$，以及用于数值稳定的一个小量$\epsilon$。

②对于每个训练批次，计算最终损失函数对模型参数的梯度$g_t$。在本场景中，即计算式（2-7）中损失函数对于电阻值的偏导数：

$$g_t = \frac{\partial L}{\partial R} \quad (4\text{-}1)$$

式中，$g_t$为在时间步$t$下，损失函数$L$对电阻值$R$的偏导数；$L$为损失函数；$R$为电阻值。

③计算一阶矩估计，即梯度的指数移动平均。对于参数$R$的一阶矩估计$m$，更新规则如下：

$$m_t = \beta_1 m_{t-1} + (1-\beta_1)g_t \quad (4\text{-}2)$$

式中，$\beta_1$为一阶矩估计的指数衰减率；$g_t$为当前时间步的梯度。

④计算二阶矩估计，即梯度的平方的指数移动平均。对于参数$\theta$的二阶矩估计$v$，更新规则如下：

$$v_t = \beta_2 v_{t-1} + (1-\beta_2)g_t^2 \quad (4\text{-}3)$$

式中，$\beta_2$为二阶矩估计的指数衰减率；$g_t^2$为当前时间步梯度的平方。

⑤校正偏差，由于初始时一阶矩估计$m$和二阶矩估计$v$值可能偏向于零，需要对其进行修正。进行偏差校正后的估计值为：

$$m_t' = \frac{m_t}{1-\beta_1^t}, \quad v_t' = \frac{v_t}{1-\beta_2^t} \quad (4\text{-}4)$$

式中，$m_t'$和$v_t'$为校正后的一阶和二阶矩估计值；$\beta_1^t$和$\beta_2^t$为指数衰减率的$t$次幂。

⑥参数更新，使用校正后的一阶和二阶矩估计来更新模型参数。参数更新的规则如下：

$$R_t = R_{t-1} - \alpha \frac{m_t'}{\sqrt{v_t' + \epsilon}} \quad (4\text{-}5)$$

式中，$R_t$为在时间步$t$下更新后的电阻值；$\alpha$为学习率；$\epsilon$为用于数值稳定的小量。

通过重复上述计算步骤（2）～（6），直到达到预设的迭代次数或达到收敛条件，Adam优化器能够自适应地调整学习率，并结合动量信息和二阶矩信息，从而在训练过程中更有效地更新模型参数，加速收敛并提高性能。

此外，在本研究开展的步骤（4）涨落耗散验证中，需要求解城市中不同区域的电势。考虑到电流和电阻都已通过计算或求解得到，根据基尔霍夫方程我们可以计算每个网格的电势。同时考虑到实际的电场旋度无法严格优化为0，我们使用类似电阻计算的方式，使相邻网格电势差尽可能接近对应电流与电阻的乘积。

基于欧姆定律和电势差计算电势的流程和数学公式如下：

（1）输入$n$组相邻网格$(A, B)$，以及每组网格之间的电流$I_{AB}$和电阻$R_{AB}$，初始化每个网格的电势$\phi_i$。

（2）根据欧姆定律，计算所有相邻网格组之间电势差的损失：

$$L = \sum_{(A,B)}(\phi_A - \phi_B - I_{AB}R_{AB})^2 + \gamma\left(\sum_A \phi_A\right)^2 \quad (4\text{-}6)$$

式中，$L$为总损失，包含电势差损失和电势总和的正则化项；$\phi_A$和$\phi_B$为网格$A$和$B$的电势；$I_{AB}$为从网格$A$到$B$的电流；$R_{AB}$为网格$A$和$B$之间的电阻；$\gamma$为正则化项的权重系数。

（3）使用Adam优化器，类似电阻计算优化网格电势。

### 2. 模型算法相关支撑技术

在上述模型求解过程中，动态矩估计器算法（adaptive

moment estimation，简称Adam）算法发挥了关键的自适应作用，特别是在处理具有复杂空间时间依赖性的城市电阻网络优化问题时。Adam算法通过动态调整学习率，根据参数的历史梯度和梯度平方的指数移动平均来适应每个参数的更新需求。这种自适应机制使得算法能够在求解过程中更加灵活地应对不同参数的梯度变化，有效避免了传统固定学习率方法可能遇到的收敛缓慢或陷入局部最小值的问题。

在求解梯度方面，Adam算法的一阶矩估计和二阶矩估计为模型提供了必要的支撑技术。一阶矩估计（即指数移动平均）捕捉了梯度的方向，而二阶矩估计则提供了梯度变化的稳定性。通过结合这两个矩估计，Adam算法能够更准确地估计参数更新的方向和步长，从而在每次迭代中实现更有效的参数更新。此外，算法中的偏差校正步骤确保了即使在训练初期，估计也能准确反映梯度的统计特性，增强了算法的鲁棒性。

综上所述，Adam算法通过其自适应学习率调整和有效的矩估计技术，为上述模型求解器提供了强大的计算支撑。这不仅提高了求解过程的效率，也增强了模型对复杂空间时间数据的适应能力和预测精度。

## 五、实践案例

### 1. 案例地概况

为了验证模型的有效性，选取上海全域为研究案例（图5-1），占地面积为6340.5km²，包括中心城区与五大新城。其中，中心城区建成环境内主要以城市更新为主，五大新城有一定的大型建设项目，具备较多样的建成环境类型，适合研究城市系统的涨落耗散关系，并以此研究城市多年的演化规律。此外人流活动较为密集，数据统计较为完整。研究区根据2000m精度网格划分为2294个分析单元，分析时段涵盖2021—2023年3年内分别各1个月的时期，取工作日出行行为的均值以减小噪声。

### 2. 瞬态人流活动——城市电流时序分布

模型能够有效将城市中的人群活动转化为网格间的电流，并呈现日、午、夜间的差异化结果。在图5-2中，城市被抽象为一个复杂的电路网络，每条街道、每个区域都转化为电路中的节点和连线，人流则被视为在这个网络中流动的电流。颜色和线条的粗细直观反映了电流的强度和流向（即红色代表向北或向东流动，蓝色代表向南或向西流动），其中，颜色鲜艳且线条粗重的区域表示人流密集、活动频繁的关键节点。具体来说，在早高峰时，城市商务区、产业园及工业园区等出现较为密集的电流迁入，而大部分居民区呈现迁出方向较为分散、绝对值较小的电流。人流以涌入中心城区与五大新城的商务区为主，包括中心城区的中央商务区、金桥、大宁等商业办公区，与松江新城东部商务区和工业园区等；午高峰以前往购物中心等公共服务设施用地为主，如五角场、张江等周边公共服务设施；晚间人流以返回城区、新城居住社区的人流为主，也存在部分夜间活动的人群聚集情况，呈现多点分散的特征。符合上海城市实际的人流流向，证明模型建模的有效性和可靠性。

城市中的高电流区域与实体空间中的重要城市结构呈现出强烈的呼应关系。以上午8时归一化电流方向后高电流区域为例：

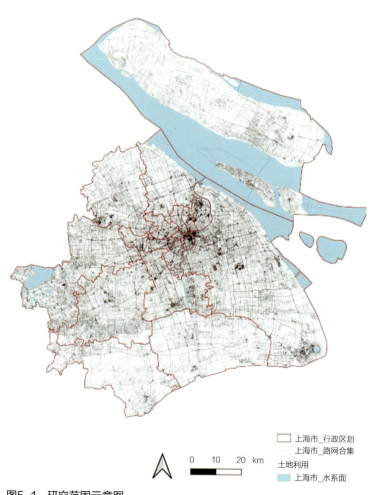

图5-1　研究范围示意图

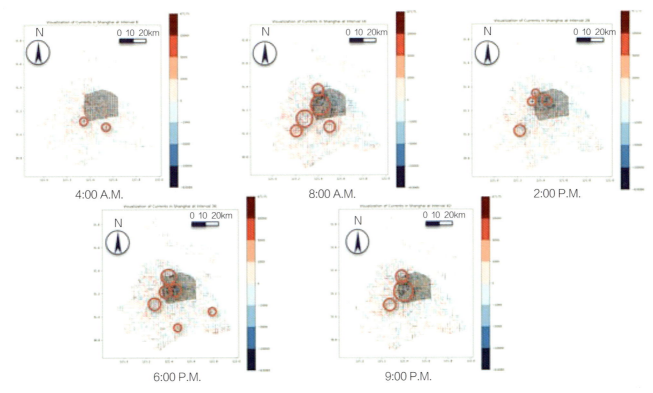

图5-2 2023年9月典型工作日电流变化时序图

①城市总体结构

整体符合国土空间规划中的城市总体结构（图5-3），其中，沪宁、沪湖、沪杭发展轴态势较好，滨江沿海发展廊道建设有待提升。图中还特别标记了几个关键的城市节点，如虹桥机场、火车站、购物中心、市政府、商务办公区等，这些地方的电流异常活跃，清晰地表明它们作为城市活动的热点和人流集散中心的角色。

②城镇体系

符合国土空间规划中"主城区+五个新城+周边镇"的城镇体系空间格局（图5-4），外环以外的新市镇的发展势头较好。

③城市多功能区特点

晚间6时与早间8时电流流动方向存在差异，尤其体现在多条快速路通道（图5-5），包括G60沪昆高速、G50沪渝高速、S7沪崇高速、S32申嘉湖高速、东大公路等，符合实际情况；商业街区在多个时段均显示出高电流流动，反映了人们前往购物、餐饮等活动的集中趋势；办公区域则在白天呈现出另一波电流高峰，对应着上班族的通勤与商务活动。这种呼应不仅体现在时间维度

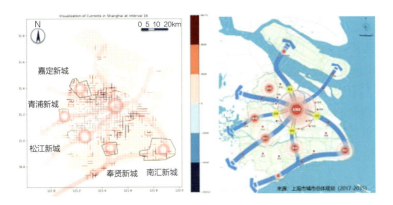

图5-3 城市内电流情况与城市规划结构的呼应

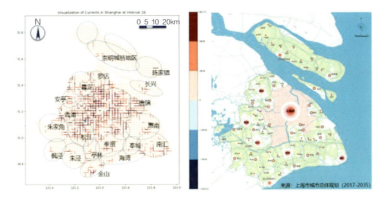

图5-4 城市内电流情况与城镇体系的呼应

上人流活动的潮汐变化，也在空间维度上体现了城市功能区的合理布局与互动。

通过这种可视化手段，揭示了人类活动模式与城市物理空间布局之间的内在联系。城市规划者可以直观地看到哪些区域是城市活力的源泉，哪些是连接这些活力点的关键通道，进而科学地指导城市功能区的优化布局与交通流线设计。

### 3. 长期城市建设——城市电阻估算结果

图5-6中损失函数稳定下降，在约5000步后即为初始损失的万分之一以下，满足了麦克斯韦方程组的相关约束，证明模型使用的Adam优化器能够正确地对城市中的电导（电阻倒数）进行优化。其中高电导值部分意味着城市基础设施良好，区域之间的可通行性强，其分布特征与实际城市情况相一致。

虹桥国际机场、上海站、上海西站、上海南站，以及沪昆、沪崇、沪太高速交通承载力比其他交通枢纽或高速路更强（图5-7）。电导作为衡量城市环境流动阻力的指标，其数值大小直接关联到城市基础设施的完善程度与区域间的连通性。线条深色且线条较粗的部分指示了近期电导值的较高区域，这些区域往往与新建或改善的交通节点、商业中心、居住区相连，表明了城市更新和基础设施优化策略的成功实施。反之，颜色较浅、线条较细的区域则可能意味着基础设施较为陈旧或发展较慢的区域，为未来城市规划指出了潜在的改进方向。

通过本模型的分析，可以观察到多年间城市电导值呈现增加的趋势，直观地反映了近年城市存量更新和新城局部建设的成效，使得城市基础设施建设持续加强。图5-8展示了在多尺度下城市电导情况的变化，深刻揭示了城市基础设施建设和可达性随时间发展的动态趋势。特别是在近年来，随着一系列旨在提升城市可达性的更新项目与交通基础设施建设的推进，城市"电导"的提升较为明显。这些项目包括扩建公共交通网络，如地铁线路延伸、公交快速通道的增设，以及道路网络的优化，确保了城市交通的顺畅与高效。同时，城市更新项目，如旧城改造、步行友好街区的创建，不仅增强了居民的出行便利性，还提升了城市空间的质量与活力。

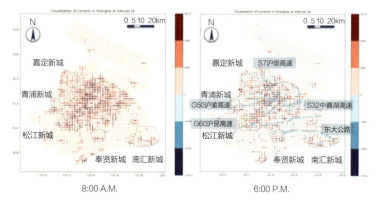

图5-5 典型工作日早8时与晚6时方向电流差异

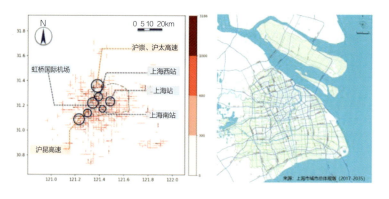

图5-7 2023年城市电导与重要交通设施对比图

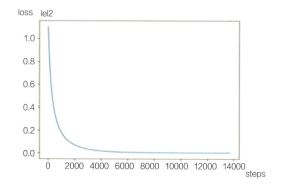

图5-6 模型迭代优化的损失函数

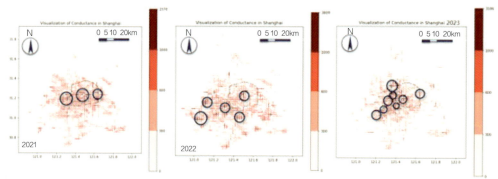

图5-8 不同年份内城市电导情况的变化

### 4. 城市电势时序分布

图5-9中的模型电势图描绘了城市日常活动的动态变化，直观地展现了从早间至夜晚，城市电势差随时间演进的显著特征。颜色越黄代表该区域电势越低，活力越高，人群将从高电势区域流向低电势区域。该结果与实际城市活动特征相一致，能够很好地在电场语境下解读城市的日常活动，证明整体模型的可靠性。

早高峰时期，人流如潮水般涌向中心城区，电势差相对较小，显示了人们活动的集中与有序流动。而进入午间，随着工作或学习活动的稳定进行，城市内部的电势分布趋于平稳，反映出此时段内人员流动性减少，城市节奏相对缓和。进入傍晚至晚间，人流模式发生显著变化，电势差骤增，这表明了人们下班后从中心城区大量迁出，向多处本地社区回归的趋势，与现实生活中的通勤模式高度契合。这种现象不仅揭示了城市居民活动的日常规律，还间接反映了城市交通、商业与居住区布局的合理性。非早晚高峰时段，中心城区电势差的提升，则揭示了即便在非高峰时间，中心城区依然保持着较高的活力与吸引力，表明了该区域基础设施完善、商业活动丰富、文化娱乐资源密集等特性，成为吸引人流的关键因素。

值得注意的是，模型中城区内本身存在的多个高势能基础设施区域，这些地方通常与交通枢纽、大型购物中心、休闲娱乐场所或公共服务中心相关联，即使在非高峰时段，也能维持较高的人流活跃度，体现出城市规划中对关键节点的合理布局。这一电势图的分析结果，不仅为城市研究提供了新颖的视角，还对城市规划者、交通管理者，乃至商业开发者具有重要指导意义，帮助他们更好地理解、预测和优化城市活动模式，从而在空间布局、交通规划、商业策略上做出更科学合理的决策，促进城市的和谐发展。

### 5. 社会经济数据与遥感数据验证

根据对电流流向分析中对高势能区域与地区基础设施建设情况与活力的关系的猜想，本文进一步获取社会经济数据与遥感数据进行验证。研究分别获取珞珈一号上海市夜间灯光数据，上海市2023年全年上海市房屋交易价格，以及2023年9月一周新浪微博签到数据，与2023年9月两天内全市电流流向分布进行比较分析（图5-10）。

社会经济数据与城市夜间灯光数据分别能在一定程度上代表城市区域经济活力程度、基础设施发展水平等方面信息。由图5-10可知，如嘉定新城、青浦新城、松江新城、奉贤新城、南汇新城等城市重点建设区域，在经济活力指数与电流流向两方面均处于聚集点。此现象验证了人群移动目的地与城市经济活力及基础设施建设水平之间的关联，说明了城市重点建设区域和热点区域对吸引人流具有重要作用，进一步验证了整体模型的可靠性。

### 6. 城市"涨落耗散"关系验证

由2021年、2022年、2023年电导与电流方差的双对数图可知（图5-11），电导与电流方差整体呈线性关系，"涨落-耗散"关系得到验证。城市的微观随机涨落与宏观耗散结构之间也存在一定的联系。其中城市的微观随机涨落可以理解为城市内部各种小尺度的、随机发生的事件或现象，比如交通流量的波动、居民的日常出行变化等。而宏观耗散结构则可以类比为城市整体的能源消耗、资源分配和基础设施的运作等。

具体到本研究所关注的城市人类流动模式上，城市中的人流具有随机性，人们的行为受到多种因素的影响，如个人偏好、工作需求、交通状况等。这些随机因素导致人流在时间和空间上的分布出现涨落。然而尽管存在随机性，城市人流在宏观层面上

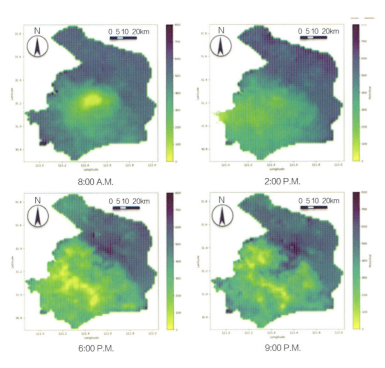

图5-9 不同时间内城市电势情况的变化

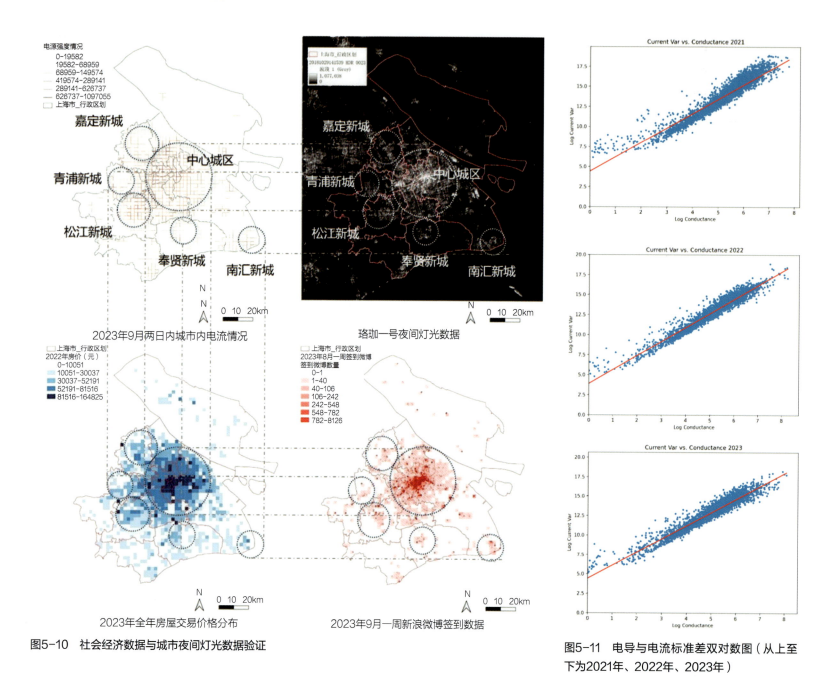

图5-10 社会经济数据与城市夜间灯光数据验证

图5-11 电导与电流标准差双对数图（从上至下为2021年、2022年、2023年）

仍然表现出一定的规律性，如上下班高峰时段的人流集中、节假日的人流分布变化等。这些宏观模式可以看作是人流涨落的"耗散"，即人流在宏观层面上的有序流动。城市的微观随机涨落与宏观耗散之间的线性关系，意味着城市人群移动因多种因素驱动的随机变化或波动（涨落）的幅度越大，城市系统为了维持其功能或状态而消耗的能量或资源（耗散）也越多，例如交通资源消耗等。本研究观察到模型在一定区间内服从涨落-耗散定理，但是也有部分区域，尤其是城市边界并不符合这一规律。

### 7. 模拟实证

城市空间形流的涨落耗散关系的建立，有助于在韧性城市的灾害预防、设施建设评估等多方面进行研究与规划实践。以下情景以韧性城市场景中的人流变化为例，解读自然灾害的影响，并期望为未来规划避免灾中城市"电导""电流"骤降提供参考依据。

（1）台风情景

台风"灿都"与"梅花"后的净流量与异常z分数指标，结果如图5-12与图5-13所示。分析可知，市中心净流出值为正

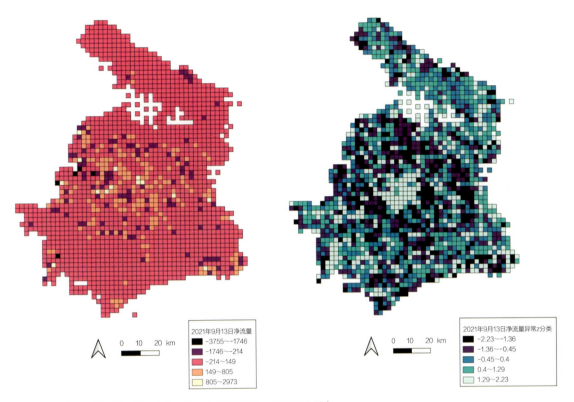

图5-12 台风"灿都"情景（从左至右为净流出值，异常Z分数）

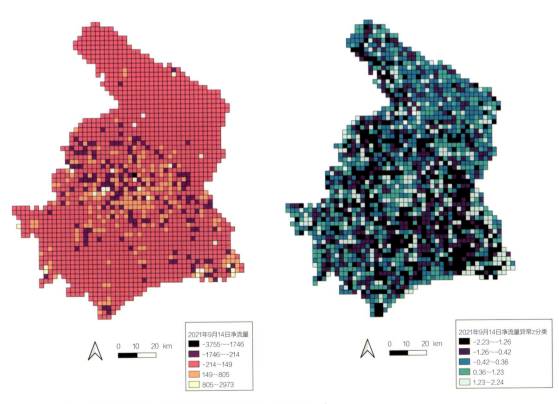

图5-13 台风"梅花"情景（从左至右为净流出值，异常Z分数）

值，其余区域为负值：中心市区居民和工作人员倾向于离开，前往更安全或更中心的区域。这可能与居民疏散政策、交通中断或个人避难选择有关。市中心异常z分数较高，且紧邻市中心的区域异常z分数为最低的负值，暴雨期间市中心的净流出值与平时相比有显著的正向偏差，市中心区域的人流活动在台风期间不减反增，且主要流向近郊区域。再往外的区域变化趋势变缓，这表明这些区域的人流活动虽然也受到了台风的影响，但变化幅度没有市中心及其紧邻区域那么显著。这可能是因为这些区域的人流基数较小，或者人流的避难和移动模式相对稳定。

综上，台风期间上海人流的两种行为模式：一是人们倾向于在紧急情况下由市中心前往近郊区或其他庇护所寻求安全或服务；二是远离市中心的多个居住区域承载较大量的居住人口，居民采取就地避难等策略。

（2） 高温情景

本研究还分别选取2021年与2022年9月相对高温日期（2021年9月10日、2022年9月19日）进行高温情景脆弱性指标计算，选取日期温度情况如表5-1所示。分别计算高温日网格单元净流出量与相对前期较低温时间段的异常z分数指标，结果如图5-14、图5-15所示。

研究时间段温度情况　　　表5-1

| 年份（年） | 日期（9月） | 星期 | 温度（℃） | 计算类别 |
| --- | --- | --- | --- | --- |
| 2021 | 6 | 一 | 32 | — |
| 2021 | 7 | 二 | 27 | 较低温日 |
| 2021 | 8 | 三 | 28 | 较低温日 |
| 2021 | 9 | 四 | 30 | — |
| 2021 | 10 | 五 | 35 | 较高温日 |
| 2021 | 11 | 六 | 26 | — |
| 2021 | 12 | 日 | 28 | — |
| 2021 | 13 | 一 | 29 | — |
| 2022 | 14 | 三 | 25 | 较低温日 |
| 2022 | 15 | 四 | 26 | 较低温日 |
| 2022 | 16 | 五 | 29 | — |
| 2022 | 17 | 六 | 30 | — |
| 2022 | 18 | 日 | 27 | — |
| 2022 | 19 | 一 | 33 | 较高温日 |
| 2022 | 20 | 二 | 26 | — |
| 2022 | 21 | 三 | 24 | — |
| 2022 | 22 | 四 | 28 | — |
| 2022 | 23 | 五 | 28 | — |

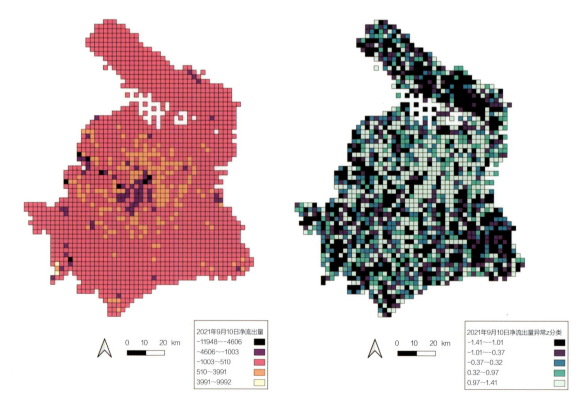

图5-14　2021年9月高温情景（从左至右为净流出值，异常z分数）

分析可知，在2021年研究时间段为周中时，较高温日（9月10日周五）市中心净流出值为负值，近郊环城区域为正值，这与台风影响下的人流移动模式有较大区别。在较高温天气下的工作日，居民仍遵循正常出行习惯，由城市外围前往市中心工作，高温天气相较台风天气对居民的日常出行影响较小。此外，中心城区南部为人群主要流入区域，北部为流出区域，可能由于南部区域相较北部有更多蓝绿基础设施，气温相对较舒适。分析净流出量异常z分数可知，市中心较高温日相较较低温日异常z分数为正值，远郊区域为负值，意味着市民依旧倾向于在较高温度时减少前往市中心，但整体较台风前后没有明显空间分异，同样印证高温天气相较台风天气对居民的出行影响较小。

2022年研究时间段为跨周工作日，较高温日（9月19日周一）市中心净流出值为负值，近郊环城区域为正值；异常z分数相比较低温日（9月14日周三、15日周四）市中心为负值，郊区为正值。脆弱性指标基本分布趋势与2021年相同，但市中心区域整体净流入量显著上升，可能是受周一大批人群涌入市中心的影响。高温天气相比于台风天气对居民的出行影响较小，可能与台风带来的极端天气条件和可能的交通中断有关，高温天气虽然不舒适，但通常不会对交通和日常活动造成太大的干扰。

## 六、研究总结

### 1. 模型设计的特点

本研究项目融合城市规划与电子科学系力量，运用跨学科优势，针对城市化发展演化与空间战略的复杂性，创造性地引入物理学理论与现代数据科学方法，展现了显著的创新性和独特价值。

主要有以下结论：①"城市规律发现"验证了城市形流演进的物理定律，研究尝试证实短期的人流活动和长期的城市建设之间存在涨落–耗散的物理定律约束；②"未来规划指引"基于该定律，城市长期建设能改变城市"电导"进而影响微观人流，且可以基于该关系支撑韧性城市的防灾与规划。如通过合理布局住宅和关键交通路线，可以调整特定区域的"电势"和"电导"，从而在极端灾害下最小化"电流"损失，增强城市的整体韧性和稳定性。

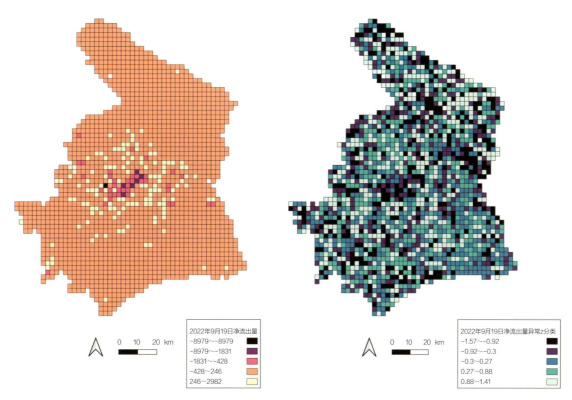

图5-15  2022年9月高温情景（从左至右为净流出值，异常z分数）

研究主要有以下创新点：

理论创新方面，本研究的核心在于成功借鉴和扩展了物理学原理，包括将涨落-耗散定理与麦克斯韦方程组应用到城市系统中。这一跨学科的理论迁移不仅填补了传统城市研究缺乏数理模型支持的空白，还创新性地通过类比人类活动为电路中的电流，揭示城市环境的"电导"（即流动阻力）、"电势"（即城市活力）等内容，为城市研究开辟了新视角。

技术与方法论上，项目采用了一系列创新手段应对城市环境计算的挑战。首先，通过Python编程和PyTorch等深度学习框架，实现物理模型的高效求解，解决了传统模型开发上的局限。其次，动态矩估计器算法（Adam）的引入，通过自适应性调整学习率，加速了模型训练，有效应对物理模型所需要的大量计算，提升了模型求解的精确度和效率。此外，多时间多尺度分析策略结合不同尺度数据，确保了模型与现实规划的紧密贴合，克服了模型与实践脱节战略分析间的鸿沟壑。

数据处理与视角方面，本研究利用中国联通智慧足迹数据，以高精度描绘城市居民活动模式，结合时间序列实现了从微观到宏观的跨越。项目特别关注于上海数据的高分辨率网格化处理，不仅提升分析和思考的精细度，还为城市科学带来新的数据驱动洞察。

总结而言，本项目以独特的理论创新、先进技术和数据驱动视角，成功建立了类比电路的涨落-扩散城市演化模型。这不仅深化了对城市化进程的理解，在理论、技术整合深度，以及数据处理的精细化处理等方面，均展现了鲜明的创新性，为城市研究领域贡献了新的思路。

## 2. 应用方向或应用前景

在本研究仍存在若干局限性。以下是研究不足之处：

模型的单一维度性，当前模型主要关注于人类移动行为的随机涨落，而未能充分涵盖经济流和信息流等其他城市功能活动。这些流动同样是城市发展不可或缺的组成部分，对城市结构和演化具有显著影响。

数据的多维整合性不足，尽管居民移动数据为城市内部运转提供了精细化描述，但模型尚未整合经济数据和社会信息数据，未能充分捕捉到所有相关因素的相互作用和反馈机制，这限制了模型对城市发展复杂性的表达能力。

模型的普适性和适应性不明，其普适性和适应不同城市环境的能力仍需通过更多案例进行验证。

对未来模型优化方向：

多维度流动的整合，将经济流和信息流的数据纳入模型，以构建更为全面的多维度城市活动模型，更准确地反映城市系统的复杂性。

数据融合与深度学习，利用深度学习技术整合多源数据，提高模型对城市活动动态的预测能力和对复杂城市现象的理解。

模型的验证与优化，通过在不同类型的城市环境中验证模型，优化模型参数和结构，提高模型的准确性和可靠性。

未来展望：

逆向工程与城市设计优化，本研究通过物理定律的约束，实现了从短期人流活动到城市建设情况的直接归纳。未来研究将探索逆向工程的方法，即利用城市建设的情况来模拟和预测人流的韧性。

城市基础设施的动态响应模拟，通过模型，预测基础设施建设对城市"电阻"和"电流"的影响，即人流和物流的流动性。这将为城市规划者提供量化工具，以评估不同基础设施布局对城市功能和韧性的潜在影响。

极端气候条件下的城市韧性分析，利用本模型，未来研究可以模拟城市在台风、高温等极端气候条件下的表现。通过分析城市结构变化对人流和物流韧性的影响，可以为提高城市应对极端事件的能力提供科学依据。

研究问题的探索性内容聚焦于城市形流关系演进与空间发展战略，以涨落-耗散定理为理论基础，旨在揭示微观人类活动与宏观城市结构之间的动态联系。本研究不仅在理论层面具有高度的探索性，更在应用方向上展现出广阔的应用前景，与社会经济发展紧密相关，尤其是在以下几个关键领域：

①城市规划与设计优化：研究通过量化人类活动（电流）与城市环境的互动，揭示了城市活力分布和空间布局的动态规律。这为城市规划师提供了科学依据，指导城市功能区划分布、交通规划、公共设施布局、居住区与商业区位址选择等，优化空间结构，提升城市综合承载力和生活品质。

②智能交通管理与疏导：模型揭示的城市之间交通阻力（电阻），有助于智能交通管理系统预测拥堵，实时调整信号配时序，引导车流，缓解高峰期压力，提升道路使用效率，降低能耗。

③灾害应急响应与韧性城市建设：模型对人类活动的涨落分析，为灾害评估城市韧性提供了新视角，能够作为模型输入新的电场，预测新的情境下的人口疏散、物资分配、医疗救援路径等。

④商业与经济活力评估：电势分析反映城市区域活力差异，指导商业投资，评估潜力区位，促进经济活动。通过预测消费热点、人口流动趋势，商家能优化布局，促进消费体验，带动经济活跃度，推动地区经济增长。

⑤政策制定与评估：模型在多个时间切片的电阻分析，表征了城市演化的重要趋势，为政策制定提供科学依据。例如规划政策对城市扩张、人口控制、住房供应、环境保护、绿色空间规划等影响，可用于评估政策效果，优化调整策略，确保城市可持续发展。

综上所述，本研究不仅在理论层面为城市研究注入了新的思考，更在实践中为城市经济建设与社会发展带来了实际应用的可能。本研究通过分析人群动态来探究整个城市功能结构的演变。从规划、交通、应急、经济、政策等多维度推动城市治理现代化。若有数据支撑，可展望2000年至2024年间长三角或大上海区域城市群的演化（图6-1）。或专注于先进制造业、科技创新产业，以及公共设施配套的专门化演化关系，以期揭示城市群发展过程中的深层次联系和相互作用，有望推动城市未来城市规划和经济建设。

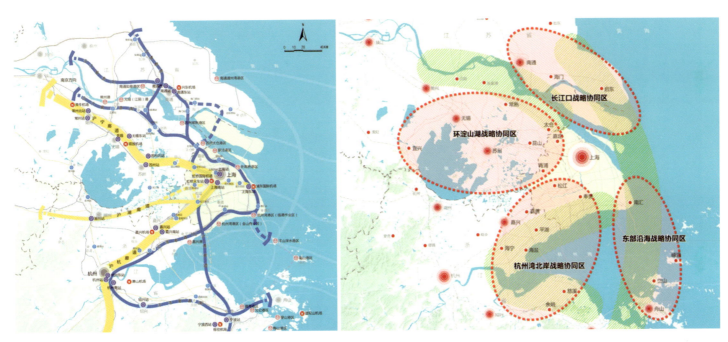

图6-1 大上海都市区战略协同区域
来源：上海市城市总体规划（2017-2035）

## 参考文献

[1] SHIDA Y, OZAKI J, TAKAYASU H, et al. Potential fields and fluctuation-dissipation relations derived from human flow in urban areas modeled by a network of electric circuits [J]. Scientific reports, 2022, 12（1）: 9918.

[2] KUBO R. The fluctuation-dissipation theorem [J]. Reports on progress in physics, 1966, 29（1）: 255.

[3] JOHNSON J B. Thermal agitation of electricity in conductors [J]. Physical review, 1928, 32（1）: 97.

[4] NYQUIST H. Thermal agitation of electric charge in conductors [J]. Physical review, 1928, 32（1）: 110.

[5] MAXWELL J C. VIII. A dynamical theory of the electromagnetic field [J]. Philosophical transactions of the royal society of London, 1865（155）: 459-512.

[6] KINGMA D P, BA J. Adam: A method for stochastic optimization [EB/OL]. arXiv preprint arXiv: 1412.6980, 2014 [2023-10-01]. https://arxiv.org/abs/1412.6980.

# 街道更新后更友好了吗？基于多时序数据的街道建成环境对老年人步行意愿的影响及优化模型

**工 作 单 位**：福州大学建筑与城乡规划学院

**报 名 主 题**：面向高质量发展的城市治理

**研 究 议 题**：城市更新与智慧化城市设计

**技术关键词**：多时序数据分析、梯度提升决策树算法（GBDT）、TrueSkill评分算法

**参 赛 选 手**：张书瑜、李亚玉、林润融、韦菲、万博宇、张铭桓、冉蕾、范心渝、朱翎嘉、张羽晴

**指 导 老 师**：郭华贵、沈振江、赵立珍

**团 队 简 介**：参赛团队主要为福州大学"数字福建空间规划大数据研究所"成员，由城乡规划、风景园林、建筑学等多学科背景的研究生及本科生组成。课题组聚焦城市环境和居民感知、城市环境模拟与优化、大数据和新技术在国土空间规划中的应用等研究方向，承担国家自然科学基金"街道建成环境对老年人安全感知的影响及其优化研究——基于多元时间序列数据的分析"等多项课题，在相关领域具有一定研究基础。

## 一、研究问题

### 1. 研究背景及目的意义

（1）研究背景

随着中国城市化进程的深入，城市发展已由过去的增量扩张转向存量优化与调整。此转变背景下，城市更新策略应运而生。城市更新通过综合改造和升级现有城区及其设施，促进了城市经济结构和社会功能的高效重组。与此同时，中国正面临日益严峻的人口老龄化问题。根据第七次全国人口普查数据，2020年中国60岁及以上人口比例已达到18.7%。因此，城市更新过程中有必要考虑人口老龄化趋势，有效营造老龄友好环境。

步行活动，作为一种低强度而易于实施的身体活动，对于老年群体的身心健康至关重要。充足的步行意愿是启动老年人步行活动的基础条件。现有研究表明，良好的建成环境设计是增强老年人步行意愿的关键因素。街道作为老年人频繁使用的主要公共空间，其规划设计直接影响老年人的步行意愿。许多城市更新策略（图1-1）已将营造老年友好型步行街道作为核心内容，通过拓宽人行道、增设休息区、设置无障碍设施，以及改进路面材质和照明系统等措施，提升街道对老年步行者的吸引力。

然而，一些城市更新措施尚未充分考虑老年人的特殊需求。随着年龄增长，老年人普遍面临视力减退、行动不便和被社会孤立等多重生理和社会挑战。这使得老年人对步行环境的安全性、连续性和社交功能提出了更高的要求。缺乏对老龄人口特殊感知的充分考虑，可能导致老年人在街道中"不愿行、不敢行、不易行"，限制城市更新政策在促进老年步行活动方面的实际效

图1-1 城市更新过程中典型老年步行友好街道营造案例

果。基于此，城市规划者有必要从老年人个体感知的角度出发，系统评估城市街道建成环境更新前后的老年人步行意愿，确保规划措施能充分满足老年人的步行需求。

（2）研究现状

既有关于老年人步行友好街道营造的相关研究已取得一定进展，文献梳理如图1-2所示。近年来，研究视角逐渐从宏观的城市规划层面转向更精细的街道级尺度。实地观察、问卷调查、街景图像，以及地理信息系统等方法被广泛采用，有效揭示了环境特征与老年人步行活动间的动态关系。此外，研究主要关注街道连通性、公共设施可达性、人口密度、绿视率、建筑密度和色彩等变量，深入分析了上述因素对老年人步行行为及心理状态的影响。此类研究成果不仅深化了我们对城市建成环境与老年体力活动关系的科学认识，也为构建老年友好环境的干预策略和政策提供了坚实的理论方法基础。

尽管目前研究已取得一定进展，但仍存在许多待拓展之处：

首先，在研究视角上，现有实证研究主要关注城市更新前后的环境特征变化。对比城市更新前后环境变化对个人感知影响的系统研究较少，针对老年群体的研究更为稀缺。这可能导致无法科学评价城市更新对老年人影响的效果，限制其进一步的改进和优化。

其次，在研究尺度上，现有研究多集中于社区或城市尺度。街道空间与老年人接触时间长、频率高。对街道尺度环境探究不足，可能导致规划设计无法充分反映老年群体的实际需求，偏离以人为本的理念。

再次，在数据应用上，当前研究普遍依赖静态截面数据，缺乏对多时序、多变量面板数据的应用。这限制了对城市更新成效的深入评估，干扰了对建成环境与老年步行意愿关系的推断，以此导致无效的规划干预路径与公共管理政策。

最后，在分析方法上，现有研究通常依赖于线性模型。然而，街道建成环境与老年人步行意愿之间可能存在非线性关系。未识别这些非线性模式，可能会造成规划决策无法厘清改什么，以及如何改、改多少的问题。

（3）问题提出

老年人步行意愿受到城市街道建成环境的直接影响。精确解析街道建成环境与老年人步行意愿间的动态关系，对于制定适老化城市规划和更新策略至关重要。

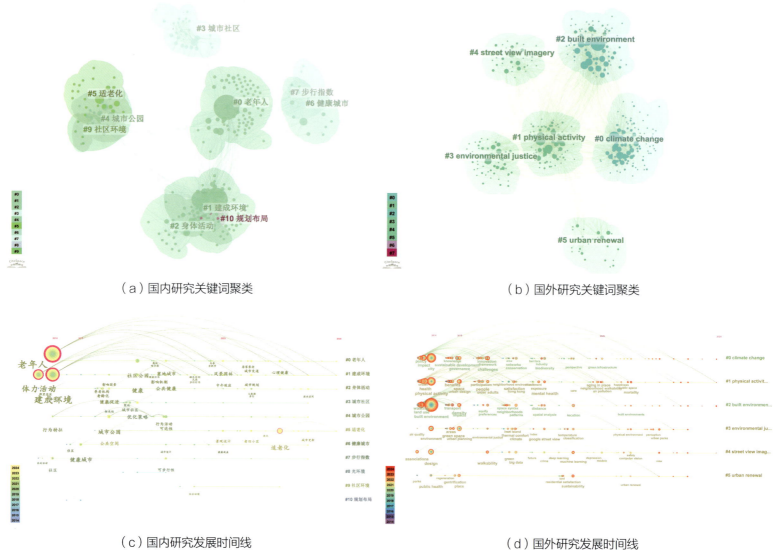

(a) 国内研究关键词聚类  (b) 国外研究关键词聚类

(c) 国内研究发展时间线  (d) 国外研究发展时间线

图1-2 "老年人步行友好街道营造"相关国内外研究发展

基于此，本作品围绕以下关键问题展开：

①城市街道更新后，老年人步行意愿是否显著提升？

②哪些街道建成环境要素与老年人步行意愿存在显著因果关联？

③如何确定这些关键要素的有效作用区间和阈值？如何据此制定科学有效的建成环境优化策略？

**2. 研究目标及拟解决的问题**

（1）研究目标

为解决上述问题，本文基于城市更新背景，聚焦街道建成环境与老年人步行意愿之间的内在联系，构建基于多时序数据的街道建成环境对老年人步行意愿影响及其优化模型，实现更新效果的有效评估、影响效应精准解析、规划方案科学制定。该模型及其应用成果有助于支撑老年步行友好型街道的空间营造，深化对人与建成环境交互作用的科学认知。

具体而言，作品提出以下目标：

①构建多时序数据库，系统评估街道更新对老年人步行意愿的改善效果；

②应用面板回归模型，精确辨识影响老年人步行意愿的关键街道建成环境要素；

③引入机器学习算法，解析街道建成环境要素对老龄步行意愿的有效作用区间；

④基于模型实践案例，提出老年人步行友好型街道建成环境精细化更新策略。

（2）拟解决的问题

①如何准确观测城市更新前后街道建成环境中老年人的步行意愿？

老年人对多时序街道建成环境的感知与其步行意愿间的联系难以直接观测。为此，模型从老年人个体感知视角出发，开发基于多时序街景图像的虚拟评估系统，通过两两对比打分的形式，捕捉老年人对各类街道环境的即时步行意愿反馈，以此准确观测多时序街道建成环境中老年人的步行意愿。

②如何精准辨识与老龄步行意愿存在因果关系的关键街道建成环境要素？

建成环境要素在维度和数量上极为丰富，使其与老年人步行意愿之间的关系难以精确识别。为此，本作品将既有常见的截面数据分析拓展为面板数据，充分利用个体和时间上的变异性，更好地消除内生性问题和混杂变量的影响，精准辨析影响老年人步行意愿的关键街道建成环境要素。

③如何科学解析关键街道建成环境要素的作用阈值及有效干预区间？

现有研究表明，部分建成环境要素对步行意愿存在非线性影响效应。然而，如何识别这些潜在的非线性影响效应，在城乡规划领域仍属难点。本作品拟利用GBDT等机器学习方法在非线性影响效应拟合及分析方面的技术优势，解析关键街道建成环境要素的作用阈值及有效干预区间。

## 二、研究方法

### 1. 研究方法及理论依据

（1）理论依据

在微观尺度上，街道建成环境主要关注绿视率、意象性、通透性、人的尺度、围合度和复杂性等空间特征（图2-1）。根据凯普兰的注意恢复理论，环境设计元素可以有效恢复个体的认知资源，使步行成为一种愉悦的活动，而不仅仅是一种交通方式。类似地，乌尔里希的压力恢复理论表明，优化环境设计可以显著降低压力水平，增强人们对环境的认同感和积极情绪，从而促进更多的步行活动。因此，规划师应通过精心设计街道环境，增强

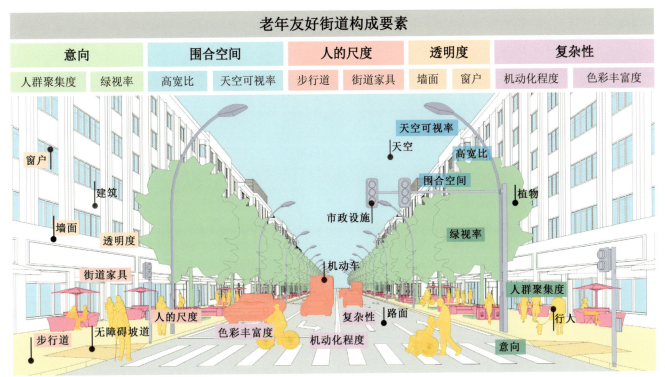

图2-1 老年友好街道构成要素

个体对环境的积极感知，从而有效促进步行活动的积极参与。

（2）研究方法

①多时序街景图像在环境感知评估中的应用：通过将多时序街景图像与图像处理和数据分析技术相结合，城市规划者能够深入了解街道建成环境的更新现状及其演变趋势，并监测人类对街道环境的即时感知（图2-2）。利用语义分割技术等深度学习算法，街景图像可以自动提取行道树覆盖率、街道家具布局及路面状况等关键城市设计元素，使城市规划者能够精确监控和优化街道设计，进而优化步行友好的城市公共空间。此外，通过比较历史与当前街景图像，能够有效揭示绿化带、人行道和交通信号灯等基础设施的改善效果，为城市规划者提供评估街道更新效果和调整规划策略的重要工具。

②基于机器学习算法的非线性关系识别：非线性关系指自变量和因变量之间不按比例、不成直线，无法用线性形式表现的数量关系。以往研究通常假设建成环境与健康福祉之间存在线性关系，但这种假设并不总是成立。一方面，建成环境要素需达到一定水平才可能对居民健康福祉产生影响；另一方面，当建成环境要素达到一定水平后，进一步提高其水平可能无法继续提升居民健康福祉。识别这种非线性关系对于明确规划要素改造方案具有重要意义。

近年来，机器学习方法日趋成熟，被广泛用于非线性关系的识别。随机森林回归（random forest regressor）、梯度提升回归（gradient boosting regressor）、支持向量机（SVR）等非线性回归模型已广泛用于解释建成环境对出行行为的影响。相较于普通非线性模型，SHAP（Shapley Additive Explanations）方法具有更强的解释能力，常用于解决机器学习的黑箱问题，可视化街道建成环境与老年人步行意愿之间的非线性影响，为提升老年人步行意愿的街道建成环境精细化改造提供指导。建成环境对出行行为影响研究中应用的典型非线性回归模型如表2-1所示。

图2-2 多时序街景图像实例

建成环境对出行行为影响的典型非线性回归模型及其应用　　表2-1

| 非线性模型 | 模型解释 | 模型优势 | 模型劣势 | 逻辑架构图 |
|---|---|---|---|---|
| 梯度提升模型（gradient boosting trees，简称GBT） | 模型通过构造一组弱的学习器（树），并把多棵决策树的结果累加起来作为最终的预测输出 | 预测性高、鲁棒性强、抗过拟合性强、可提供特征重要性度量 | 计算成本高、难以并行化、参数调优复杂、对噪声敏感、存消耗大 | |
| 极端梯度提升模型（extreme gradient boosting，简称XGBoost） | 模型中每一棵树都建立在前一棵树基础上，并赋予前一棵树中被错误预测的案例以更高的权重，最终模型结果由建立的所有树加总决定 | 速度快、鲁棒性强、灵活性强、可提高模型简洁性 | 需要参数调优、模型过于复杂或数据噪声较大时易过拟合、内存消耗大 | |
| 轻量梯度提升模型（light gradient boosting machine，简称LightGBM） | 模型通过一定的组合策略，训练若干个个体学习器，形成强学习器；贝叶斯优化则是一种用于超参数调优的全局优化方法 | 全局优化能力强、可并行学习、支持直接使用category特征 | 数据集较小时易过拟合、大规模数据集的计算成本高 | |
| 随机森林模型（random forest，简称RF） | 模型随机抽样构成N个不同的样本数据集，根据这些数据集搭建N个不同的决策树模型，最后根据这些决策树模型的平均值或投票情况来获取最终结果 | 准确性高、抗过拟合性强、鲁棒性强、高维数据处理表现良好 | 不能做出超越训练集数据范围的预测、无法控制模型内部运行、小数据或低维数据分类性差 | |

续表

| 非线性模型 | 模型解释 | 模型优势 | 模型劣势 | 逻辑架构图 |
|---|---|---|---|---|
| 广义可加混合模型（generalized additive mixed model，简称GAMM） | 模型将线性模型中的线性部分替换成非参数的平滑函数，从而可以建立非线性关系模型 | 适应性强、具有多层次数据处理能力和较好的可解释性 | 计算复杂、模型选择困难、存在潜在过拟合、难以解释 | 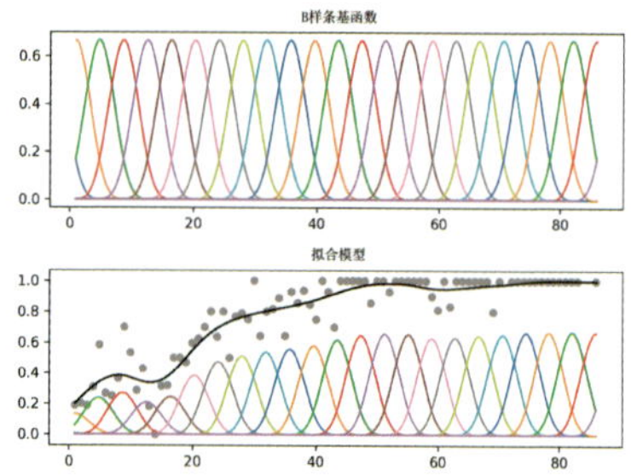 |
| 支持向量机（support vector machine，简称SVM） | 模型是一种二分类模型，其目的是寻找一个超平面分割样本，并将其转化为一个凸二次规划问题求解 | 分类效果好、泛化能力强 | 计算复杂度高、参数调优复杂、对噪声敏感、难以解释 | 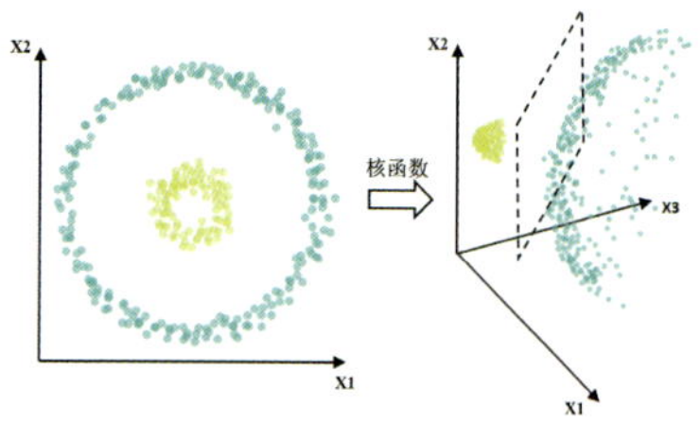 |

## 2. 技术路线及关键技术

图2-3为本作品实施的技术路线。具体而言，本作品主要分为多时序数据准备、更新效果评估、因果关系辨识、作用区间解析，以及规划策略验证五个阶段：

一是构建建成环境与步行意愿多元时间序列数据库：通过高德地图API提取道路中心线，并以一定间隔生成街景点。利用百度街景时光机API系统，获取所有街景点的多时序街景图像数据，并进行天气控制等图像清洗处理。同时，采集行政区划、河流水系及多级道路等多时序数据，系统构建多时序数据库。

二是评估城市更新前后的街道建成环境及步行感知情况：搭建两两对比虚拟评估平台，导入随机抽取的样本图像。通过实地调研，收集老年人对多时序街景图像的步行意愿评分，并采用TrueSkill算法计算各街景图像的步行意愿得分。利用ADE20K数据集和DeepLab V3语义分割模型，提取多时序街景图像中的建成环境特征，构建评价指标体系，评估城市更新前后的街道建成环境演变特征。

三是辨识与老年人步行意愿存在因果关系的街道建成环境要素：通过相关性分析，初步筛选与老年人步行意愿相关联的街道建成环境要素；针对街道建成环境要素与老年人步行感知的面板数据集，采用随机效应模型，精准辨识与老年人步行意愿存在因果关系的关键街道建成环境要素。

四是解析街道建成环境要素对老年人步行意愿的有效作用区间：选择多种基于机器学习的非线性回归模型，进行参数优化与精度调整。基于拟合结果最优的非线性回归模型，解析街道建成环境特征对老年人步行意愿的动态影响，提取关键街道建成环境要素的作用阈值及有效干预区间。

五是提出老年人步行友好型街道建成环境精细化改造策略：基于模型分析结果，制定面向老年友好街道营造的精细化规划策略。同时，使用Photoshop软件模拟改造模型所识别的关键要素。通过对比改造前后的步行意愿评分变化，验证改造策略的有效性。

## 三、数据说明

### 1. 数据内容及类型

本文所使用的数据主要包括四类：基础空间数据、路网数据、街景数据和实地调研数据。具体数据包括行政区划、水系、

一、构建建成环境与步行意愿多元时间序列数据库

二、多时序建成环境指标提取   三、步行感知测度

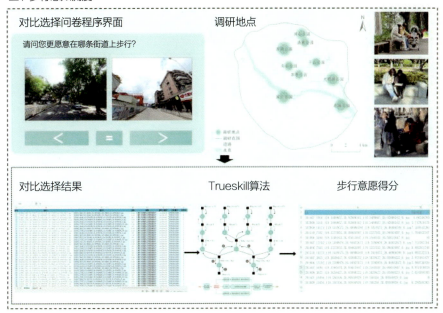

四、筛选具有因果关系的建成环境指标及机器学习模型预测

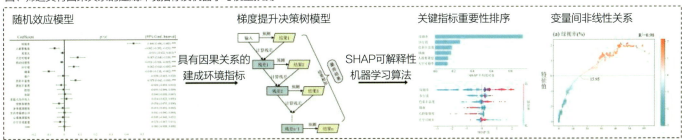

五、精细化改造与模拟评估

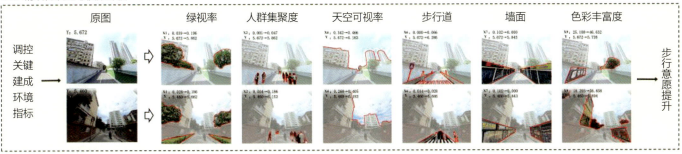

图2-3 技术路线图

道路数据、多时序街景图像、步行意愿打分数据，以及受访者的社会经济数据等。表3-1详细总结了各类数据的名称、来源、处理方法及其使用目的。

**2. 数据预处理技术与成果**

（1）获取多时序街景图像

①采样点获取：基于高德地图提供的路网数据，提取道路中心线。按照预定间隔沿道路中心线生成街景采样点，以确保街景数据的均匀分布和全面覆盖。

②图像爬取：通过百度街景时光机API获取街景点的多时序街景图像数据。

③图像预清洗：将获取的多时序街景图像按不同年份分类，考虑时间跨度、数据分布和数据量，确定分析年份。对不同年份的街景图像进行分辨率调整、天气控制等预处理步骤，以确保多时序数据的一致性。数据处理路径如图3-1所示。

（2）量化街道建成环境

①街景图像分割：基于获取的街景图像数据，应用DeepLab V3图像分割模型和ADE20K训练数据集，识别并量化图像中各类建成环境要素的占比，如行道树覆盖率、街道家具布局和路面状况等。

②环境指标计算：结合现有关于街道空间感知体验的研

所用数据来源及用途　　表3-1

| 类别 | 名称 | 来源 | 用途 |
|---|---|---|---|
| 基础空间数据 | 行政区划单元 | 中华人民共和国民政部 | 用于区域划分和基础分析，提供研究区域的行政边界信息 |
| 基础空间数据 | 河流水系 | open street Map，简称OSM | 用于描述研究范围内的水系分布，作为空间分析的基础数据 |
| 路网数据 | 道路数据 | 高德地图API | 提取道路中心线，后续沿线生成街景采样点，分析街道连通性和可达性 |
| 路网数据 | 环路范围数据 | 高德地图API | 用于环路范围分析，确定不同环路区域的交通和环境特征 |
| 街景数据 | 多时序街景图像 | 百度地图街景静态图API | 获取多时序街景图像，分析街道环境的时空演变，评估街道环境质量 |
| 实地调研数据 | 步行意愿打分数据 | 在线两两对比小程序 | 用于街道建成环境与步行意愿的分析，通过老年人对不同街景图像的感知反馈量化步行意愿 |
| 实地调研数据 | 老年人社会经济属性 | 纸质版问卷调查 | 提供个体特征数据支持 |

究，梳理街道建成环境特征要素，计算各维度的具体指标，如绿视率和天空开阔度等，以量化街道建成环境质量。数据处理路径如图3-2所示。

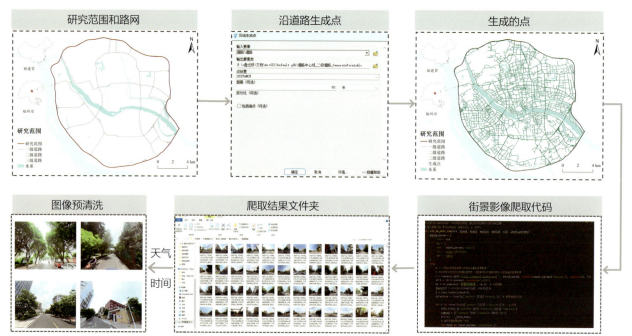

图3-1　多时序街景图像获取及处理流程

（3）测度老年人步行意愿

①数据筛选：从符合条件的街景点中随机抽取样本，并将其多年份街景图像作为问卷平台的基础数据。

②问卷设计：搭建在线两两对比问卷平台，使用预先分类的图像问卷收集老年人对不同街道环境的步行意愿评分。

③实地调研：携带内置问卷平台的设备，实地邀请老年人进行评分。完成评分后，通过问卷收集被调查老年人的社会经济属性。

④分数量化：采用TrueSkill算法处理获取的步行意愿两两对比结果，计算每张街景图像的步行意愿得分。数据处理路径如图3-3所示。

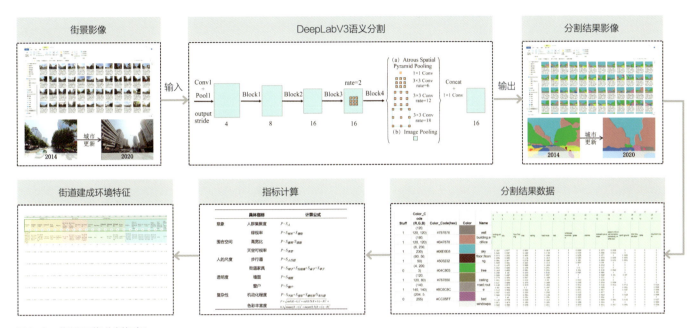

图3-2　街景图像分割框架

图3-3　老年人步行意愿获取过程

基于以上数据处理过程，拟形成三类预处理数据成果，分别为：

多时序街景图像数据集：处理后的多时序街景图像，分辨率一致。

街道环境特征数据集：提取并量化的街道建成环境特征，包括绿视率、街道家具占比、路面状况等关键指标。

步行意愿评分数据集：老年人对街景图像的步行意愿评分。

## 四、模型算法

### 1. 模型算法流程及相关数学公式

（1）基于卷积神经网络的图像分割算法

本文通过百度街景API收集指定位置的多时序街景图像，应用卷积神经网络技术识别街道街景图像的关键特征：

①下载街景图像：将输入的WGS84坐标转换为百度坐标系（BD09）并投影到百度墨卡托坐标系。调用百度街景API，在设置相关参数后，下载对应时间和方向的街景图像。街景图像下载参数设置如表4-1所示。

②模型训练与评估：使用基于ResNet-101框架的DeepLabV3模型进行街景图像语义分割。使用ADE20K作为训练数据集，采用交叉熵损失函数和Adam优化器优化模型性能。DeepLabV3模型架构如图4-1所示。

③结果解读：模型将图像中的每个像素分类至具体类别，如"行道树""人行道"，并通过类别占比进一步分析街道建成环境的特征。

（2）基于TrueSkill评分的感知量化算法

本作品采用TrueSkill评分算法对步行意愿评分的两两对比结果进行处理：

①初始化评分：从两两对比平台中导出老年人步行意愿调查结果，每行数据记录一次对比，包括两个图像ID及其选择结果。所有图像均使用TrueSkill的默认初始值进行初始化，确保评分分布的公平性。其计算公式如下：

$$Rating(i) = (\mu_0, \sigma_0) \quad (4-1)$$

式中，$\mu_0$和$\sigma_0$是TrueSkill模型中的默认初始值，通常$\mu_0=25$，$\sigma_0=25/3$。

②处理对比结果：TrueSkill算法根据选择结果动态调整相关图像的评分（图4-2）。若左图像被选，则提升左图像评分，降低右图像评分；若右图像被选，则反向调整。若结果为平局，则两图评分均调整以反映相似的步行意愿。

③评分归一化与标准化：处理所有对比结果后，根据TrueSkill算法得出的评分进行归一化，将评分调整至0至10的标准范围内，以确保评分结果的可比性和一致性，使得每个图像ID的最终步行意愿评分具有实际参考价值。

（3）基于面板数据的随机效应回归模型

本作品采用随机效应模型作为基准线性回归模型：

①模型设定：由于打分者的个人特征（社会经济属性等）与解释变量（街景图像中的环境特征）无关，选择随机效应模型作为线性回归模型。其基本公式设定如下：$y_{i,t} = \alpha_i + \beta X_{i,t} + \gamma Z_i + u_i + \epsilon_{i,t}$。模型假设个体间的异质性$u_i$和误差项$\epsilon_{i,t}$相互独立，且$u_i$服从均值为零、方差为$\sigma_u^2$的正态分布，而$\epsilon_{i,t}$则服从均值为零、方差为$\sigma^2$的正态分布。模型还假设解释变量$X_{i,t}$与随机效应$u_i$之间没有相关性。由于既考虑了时间变化的因素$X_{i,t}$，也考虑了个体间的异质性$u_i$，则使得估计结果更加精确反应建成环境指标与老年人

街景图像下载参数设置　　表4-1

| 参数名 | 描述 |
| --- | --- |
| Fovy | 视野角度，设置为90° |
| Pitch | 俯仰角度，设置为20° |
| Quality | 图像质量，设置为100 |
| Heading | 视角方向，可设置为0°～360° |
| Width | 图像宽度，设置为600像素 |
| Height | 图像高度，设置为400像素 |

街景图像下载参数图释

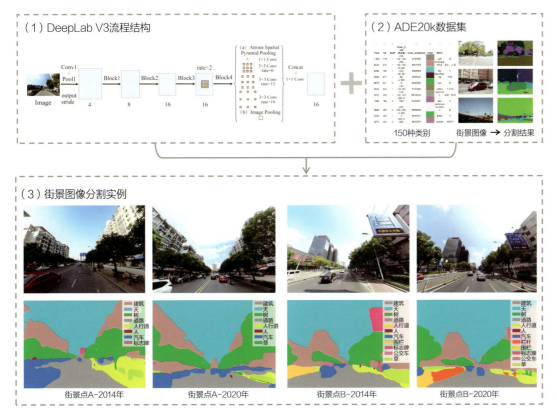

图4-1 DeepLabV3模型架构

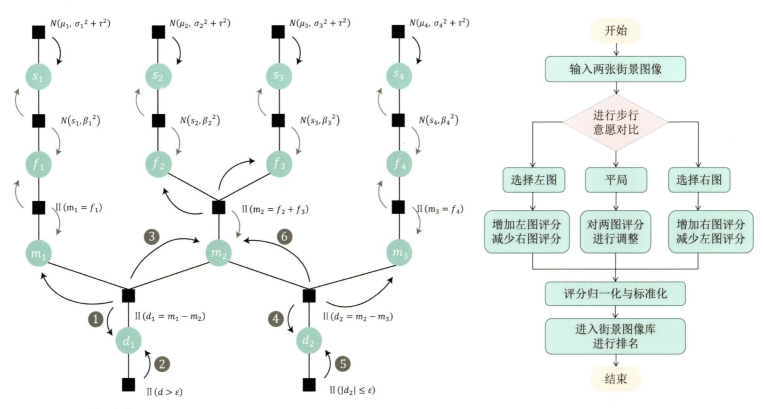

图4-2 TrueSkill模型架构

步行意愿得分之间的真实关系。

②模型估计与解读：应用一般最小二乘法（OLS）对处理后的数据进行回归分析，以估计参数。为处理个体间的自相关和异方差问题，采用稳健标准误。最终结果包括系数估计值、显著性及模型整体拟合度。

（4）基于机器学习算法的非线性回归模型

本作品采用多种基于机器学习算法的非线性回归模型，旨在解析街道建成环境特征对老年人步行意愿的动态影响：

①多模型评估与选择：导入数据，将其划分为目标变量$y$和特征矩阵$X$。将数据集分为训练集（80%）和测试集（20%），选择随机森林回归和梯度提升回归等模型进行参数优化和交叉验证。这一过程使用网格搜索以系统测试不同参数组合，同时利用交叉验证以评估模型的泛化能力，确定了预测精度和拟合优度最佳的模型用于进一步分析（图4-3）。

②模型评估与结果解释：基于最优参数模型，对训练集和测试集进行预测。计算模型的$R^2$和RMSE分数，以量化模型的预测精度和拟合优度。此外，生成预测值与实际值的散点图等可视化图像，用以进一步解释和展示街道建成环境对老年人步行意愿的非线性影响。最终，通过SHAP值评估各特征的贡献。

### 2. 模型算法相关支撑技术

数据分析和模型开发在64位Windows操作系统的Anaconda环境中进行，使用Python 3.11编程语言。具体技术栈包括：利用Pandas库进行数据预处理和管理；采用OpenCV库处理图像数据；通过TensorFlow框架实现DeepLabV3算法的神经网络与语义分割模型；依托TrueSkill算法量化步行意愿评分；结合多种机器学习算法进行非线性回归分析；使用ArcGIS和R语言完成街景点的选取和数据可视化；在PyCharm环境中进行代码开发与调试；通过百度街景API获取街景图像数据。

## 五、实践案例

### 1. 模型应用实证及结果解读

（1）案例地及应用概况

本文以福州市为案例，探讨城市更新过程中街道建成环境与老年人步行意愿的动态关系。福州是福建省的省会，地貌以丘陵和河流为主，绿化覆盖率高。自党的十八大以来，福州市推行城市街道更新政策，促进可持续发展和环境改善。研究选取了三环快速路以内的区域，包括鼓楼区、台江区、仓山区和晋安区的部分地区，作为研究范围。该区域为福州市的中心城区，人口密集，老年人口比例高。此外，百度街景数据显示，该区域在多个年份的街景图像覆盖率高，为构建多时序街景图像数据库提供了丰富的数据基础（图5-1）。

基于模型设定，沿福州市三级及以上道路间隔50m采集街景点，共获取19191个街景采样点。通过百度街景API，获取2011年至2023年间的275648张多时序街景图像。为保证样本量和空间分布的合理性，选择2014年和2020年作为城市更新前后的对照年份。在预处理过程中，筛除阴雨天气、过度曝光及视角不佳的图

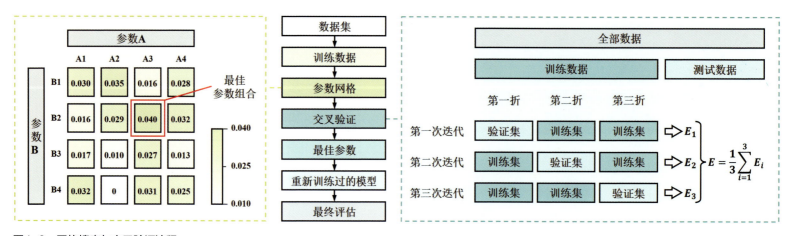

图4-3 网格搜索与交叉验证流程

图5-1 案例地城市更新过程中的街景演变

像,最终保留5500个采样点的11000张街景图像,以确保图像质量和一致性。随机抽取1750个采样点的3500张图像用于语义分割和步行感知评分。将1750个采样点随机分为250组,每组包含7个点的14张照片。问卷采取抽取不收回的形式,即每个街景点的城市更新前后街景只被一位老年人评价。设置每张照片至少与其他图片对比12次,以此达到稳健的分数训练结果。

步行感知评分调查于2024年1月在福州市9个老年人常见活动地点进行(图5-2)。最终共收集到39675次对比结果。筛除不完整数据后,最终获得1555个采样点的3110张街景图像的街道建成环境特征及步行意愿得分。

（2）街道建成环境时空演化特征

基于模型分割结果,我们参考了里德·尤因对街道设计品质的评估方法,构建福州市街道建成环境指标体系,对绿视率、色彩丰富度、天空开敞度等关键指标进行了深入分析(表5-1、图5-3)。

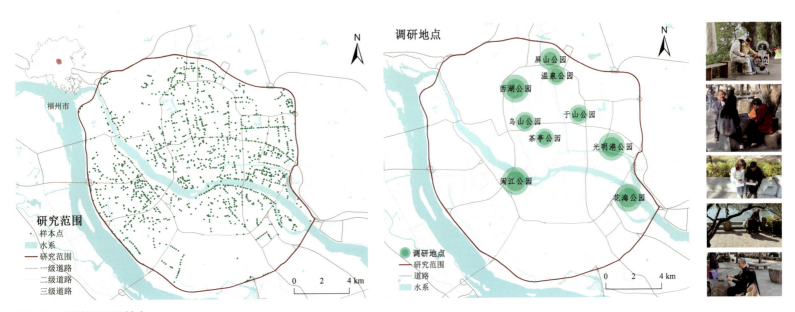

图5-2 案例地及调研地点

案例地建成环境指标测度体系　　　　　　表5-1

| 设计维度 | 对应指标 | 指标计算公式 | 指标释义 | 指标图示 |
|---|---|---|---|---|
| 意向性 | 绿视率 | $P=S_{树}/S_{植物}$ | 绿视率量化了街景图像中绿色植物的占比，反映了环境的自然景观质量 | |
| | 人群聚集度 | $P=S_{人}$ | 人群聚集度表示街景图像中人的占比，反映了环境的社会活动活跃度 |  |
| 围合度 | 高宽比 | $P=S_{建筑}/S_{路面}$ | 高宽比表示街景图像中建筑占比与路面占比的比值，反映了环境空间的尺度与感受 |  |
| | 天空可视率 | $P=S_{天空}$ | 天空可视率表示街景图像中天空的占比，反映了环境的开放性和通透性 | 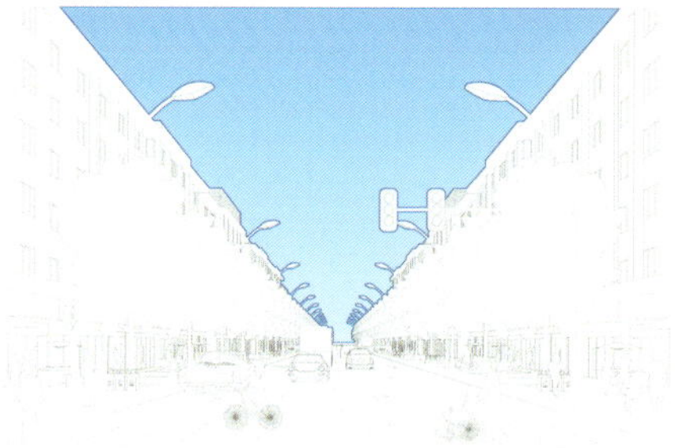 |
| 人的尺度 | 机动化程度 | $P=(S_{汽车}+S_{货车}+S_{摩托车})/S_{车行道}$ | 机动化程度量化了街景图像中机动车和车行道占比的比值，反映了环境的交通干扰程度 |  |

续表

| 设计维度 | 对应指标 | 指标计算公式 | 指标释义 | 指标图示 |
|---|---|---|---|---|
| 人的尺度 | 步行道 | $P=S_{人行道}$ | 步行道表示街景图像中人行道的占比，反映了环境的可步行程度 | |
| 透明度 | 墙面 | $P=S_{墙面}$ | 墙面表示街景图像中墙面的占比，反映了环境的围合感 | 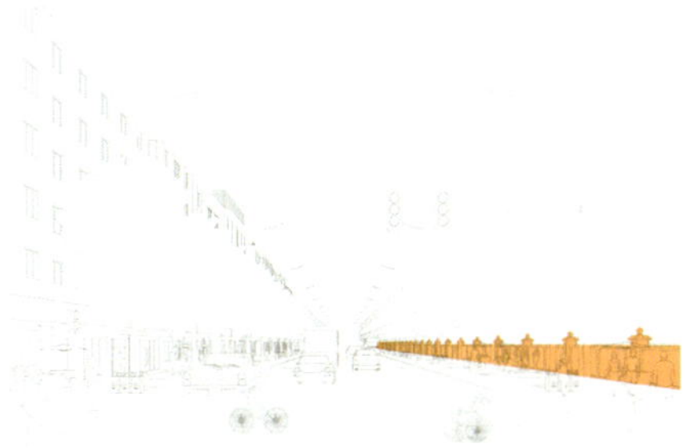 |
| | 窗户 | $P=S_{窗户}$ | 窗户表示街景图像中窗户的占比，反映了环境的通透感 | 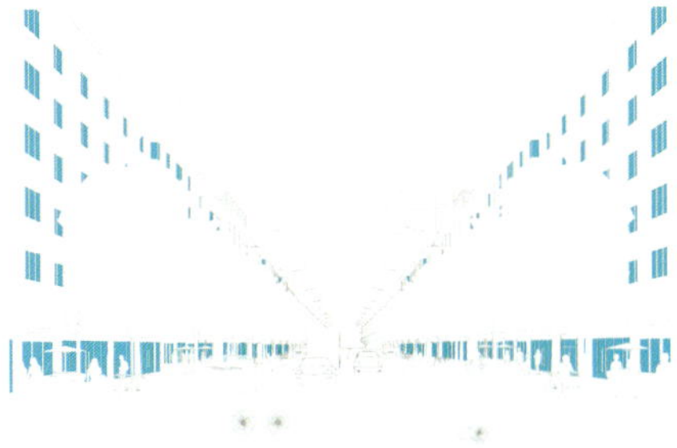 |
| 复杂度 | 色彩丰富度 | $P=\sqrt{\text{std}(R-G)^2+\text{std}(0.5(R+G)-B)^2}+0.3\sqrt{\text{mean}(R-G)^2+\text{mean}(0.5(R+G)-B)^2}$ | 色彩丰富度表示街景图像中整体色彩呈现的丰富程度，反映了环境的多样性和生动性 | 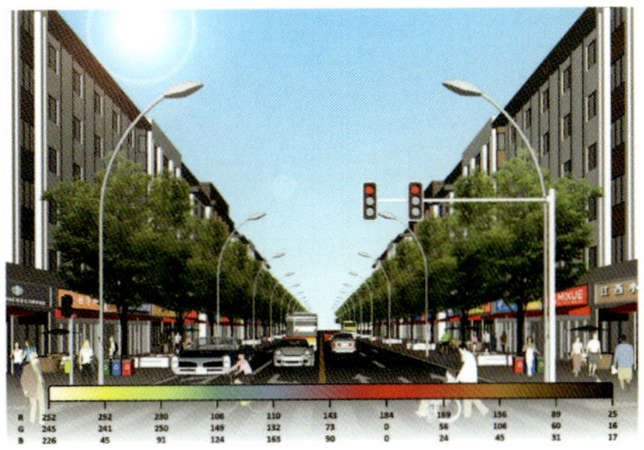 |
| | 视觉丰富度 | $P=C_{要素}$ | 视觉丰富度表示街景图像中被感知要素类型的多寡程度，反映了环境的多样性和复杂性 |  |

图5-3 案例地街道建成环境特征实景

通过对部分街道建成环境特征的空间可视化分析，揭示了2014—2020年间各指标的时空演变特征（图5-4）。2014年，步行道高值区主要集中在市中心。到2020年，福州市的步行道占比普遍降低。福州市街道平均绿视率从2014年的0.175显著提升至2020年的0.207，同比增加约18.29%，显示了城市规划对生态要素的重视。2020年，墙面占比的下降可能反映了城市建筑规范的更新，鼓励采用玻璃或其他透明材料代替传统密闭墙面。天空可视率的显著降低表明建筑密度增加和垂直空间利用加剧，限制了从地面向上的视线。色彩丰富度均值从2014年的37.90显著下降至2020年的30.49，这可能是由于城市规划减少色彩丰富度以追求视觉协调和整体风格一致性。福州市在2014至2020年间的街道空间更新突显了城市规划的灵活性与前瞻性。

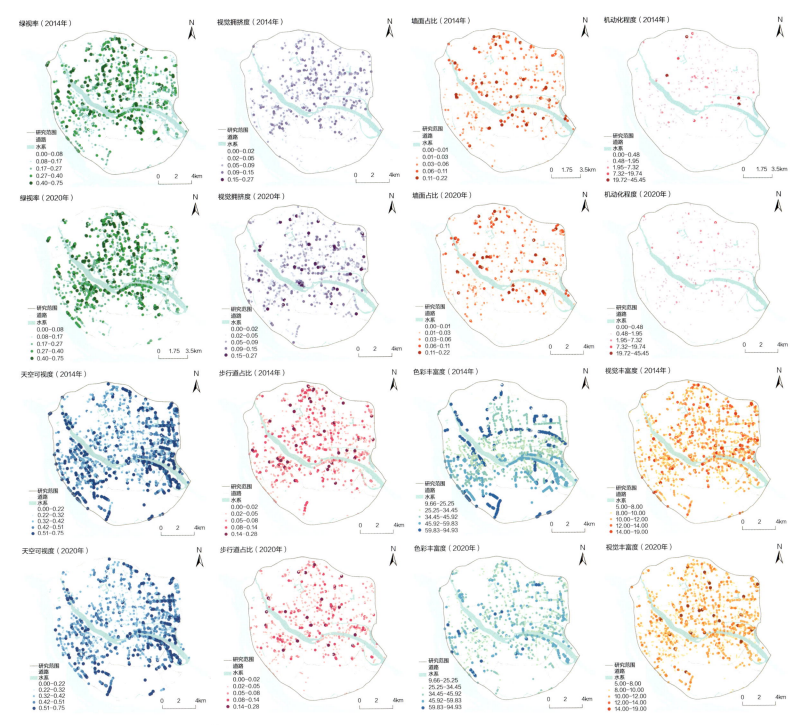

图5-4 案例地街道建成环境时空演化特征

（3）老年人步行意愿时空演化特征

案例地老年人步行意愿调查结果显示（图5-5），老年人步行意愿的平均分数从2014年的4.887提升至2020年的5.204，反映了该市在提升城市设计品质和步行友好性方面的政策效果。2014年，步行意愿高值区主要集中在城市核心区，尤其是商业繁华区和主要交通节点。低步行意愿区域主要分布在城市边缘及郊区，这些区域通常受到交通连通性不足、基础设施匮乏和服务设施缺失的限制。到2020年，步行意愿热点显著扩散，不仅中心区高值区得到加强，新的活

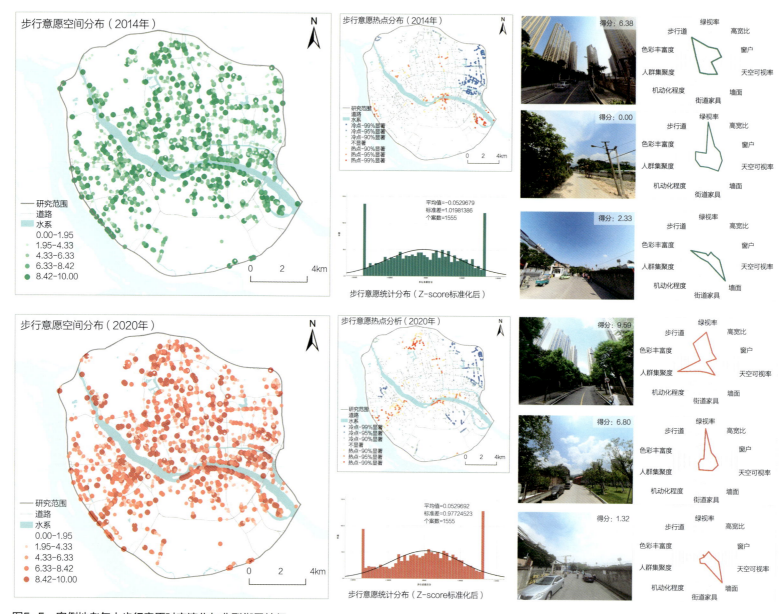

图5-5 案例地老年人步行意愿时空演化与典型街景特征

跃区域也在次级中心和新兴居住区出现。这一变化反映了在城市更新和扩展过程中,新开发区域的基础建设和公共服务同步提升。此外,原先步行意愿较低的郊区冷点区域逐渐减少,表明这些地区的街道老年步行友好度得到了显著改善。这些时空变化凸显了城市更新规划策略在提升老年群体步行意愿方面的重要作用。

（4）街道建成环境与老年人感知步行意愿的关系

为消除原始数据中各变量单位和量级差异对估计结果的潜在影响,使用Z-score标准化对各指标进行处理。采用Person相关性分析估计变量之间的相关关系。结果（图5-6）显示,各变量间无高度相关性,可用于后续回归分析。

随机效应模型分析结果显示（图5-7）,在99%置信区间内,绿视率显著提高了老年人的步行意愿。绿视率每增加一个标准化单位,老年人的步行意愿预期增加0.446个标准化单位。这一发现强调了城市绿化在提升老年人步行意愿中的重要作用。天空可视率（$\beta=0.087$,$P<0.001$）和步行道（$\beta=0.062$,$P<0.001$）均显示出正向效应。这显示提高天空的可视性和步行道质量对于增强老年人的步行体验同样重要。人群聚集度（-0.062,$P<0.001$）和墙面占比（-0.100,$P<0.001$）显示出显著的负面

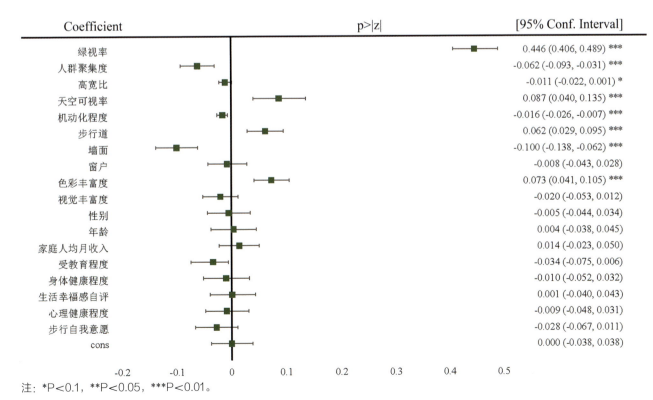

图5-6 案例地各分析指标相关性分析

注：*P<0.1，**P<0.05，***P<0.01。

|  | Coefficient | p>\|z\| | [95% Conf. Interval] |
|---|---|---|---|
| 绿视率 | | | 0.446 (0.406, 0.489) *** |
| 人群聚集度 | | | -0.062 (-0.093, -0.031) *** |
| 高宽比 | | | -0.011 (-0.022, 0.001) * |
| 天空可视率 | | | 0.087 (0.040, 0.135) *** |
| 机动化程度 | | | -0.016 (-0.026, -0.007) *** |
| 步行道 | | | 0.062 (0.029, 0.095) *** |
| 墙面 | | | -0.100 (-0.138, -0.062) *** |
| 窗户 | | | -0.008 (-0.043, 0.028) |
| 色彩丰富度 | | | 0.073 (0.041, 0.105) *** |
| 视觉丰富度 | | | -0.020 (-0.053, 0.012) |
| 性别 | | | -0.005 (-0.044, 0.034) |
| 年龄 | | | 0.004 (-0.038, 0.045) |
| 家庭人均月收入 | | | 0.014 (-0.023, 0.050) |
| 受教育程度 | | | -0.034 (-0.075, 0.006) |
| 身体健康程度 | | | -0.010 (-0.052, 0.032) |
| 生活幸福感自评 | | | 0.001 (-0.040, 0.043) |
| 心理健康程度 | | | -0.009 (-0.048, 0.031) |
| 步行自我意愿 | | | -0.028 (-0.067, 0.011) |
| cons | | | 0.000 (-0.038, 0.038) |

图5-7 案例地随机效应分析结果

注：*P<0.1，**P<0.05，***P<0.01。

趋势，即拥挤的街道环境和过度封闭的街道感知均可能降低老年人的步行意愿。高宽比（$\beta=-0.011$，$P<0.1$）和机动化程度（$\beta=-0.016$，$P<0.1$）同样会降低老年人的步行意愿。此外，色彩丰富度对步行意愿有显著的正面影响（$\beta=0.073$，$P<0.001$），凸显了街道色彩丰富度在增强老年人步行意愿中的积极作用。窗户的占比和视觉丰富度在本案例中并未显著影响老年人的步行意愿。这些结果提示城市规划者，在老年友好型城市设计中，需加强绿视率、天空可视率、步行道和色彩丰富度等正向环境要素的设计，同时减轻人群聚集度、高宽比、机动化程度和墙面的负面影响，以有效激发老年人的步行意愿。

最后，选取绿视率、人群集聚度、天空可视率、步行道、墙面和色彩丰富度六个在99%置信区间内显著影响老年人步行意愿的街道建成环境要素，分析其非线性影响机制。选取五种非线性模型进行交叉验证与参数优化，对比各模型的拟合优度和均方根误差（表5-2）后，选择梯度提升决策树模型作为分析模型。

基于GBDT模型结果，绘制了街道建成环境特征与老年人步

多模型拟合优度和均方根误差对比　　表5-2

| 机器学习模型 | RMSE | $R^2$ |
|---|---|---|
| 梯度提升决策树（GBDT） | 2.485 | 0.233 |
| 随机森林（RF） | 2.487 | 0.232 |
| 轻量级梯度提升（LightGBM） | 2.599 | 0.161 |
| 多层感知机（MLP） | 2.528 | 0.206 |
| 支持向量机（SVM） | 2.774 | 0.044 |

行意愿之间的非线性关系图（图5-8），并识别了关键阈值及有效作用区间。分析结果显示：

绿视率：在15.95%至48.11%的区间内，绿视率对老年人步行意愿的正向作用最为显著，但超过48.11%后，其增益效应逐渐减弱。这表明适度的绿化水平能够显著促进老年人步行，但过高的绿视率可能不再带来额外的步行意愿增益。城市规划者应合理配置绿化资源，以实现最优的步行激励效果。

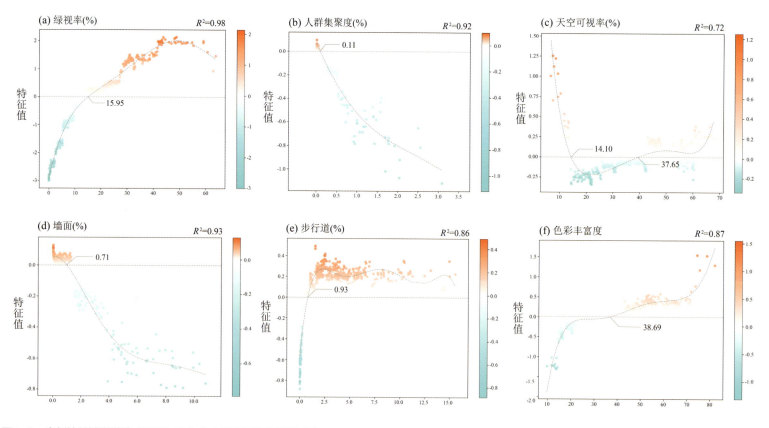

图5-8　案例地关键街道建成环境对老年人步行意愿的非线性影响

人群集聚度：当人群占比在0.11%以下时，人群聚集度对老年人步行意愿的影响为正。当占比大于0.11%时，人流增加对老年人步行意愿的影响显著为负，且SHAP值随着人数的增多逐渐降低，负向影响更加强烈。这表明老年人更偏向于在人少的地方散步。

天空可视率：占比在14.10%以下时，天空可视率对步行意愿产生正向影响；在14.10%至37.65%区间内，其影响转为负面；超过37.65%时，影响再次转为正向。这表明，较为封闭或非常开阔的天空视野均能提高老年人的步行意愿，而中等程度的天空可视率可能会降低其意愿。

墙面：墙面占比在0.71%以下时对步行意愿有轻微的促进作用，表明适度的封闭空间可能提供一定的安全感。当墙面占比超过0.71%时，其高封闭性迅速转变为显著的负面影响，限制老年人的视野和活动自由度，抑制其步行意愿。

步行道：当步行道占比低于0.93%时，对老年人步行意愿产生负面影响，然而，当步行道占比超过0.93%时，其对步行意愿的影响转为显著正向，尤其在0.93%至2.15%的区间内步行意愿增长明显。这反映了充足且适宜的步行设施能够显著提升老年人的户外活动意愿。

色彩丰富度：当色彩丰富度低于38.69时，会抑制步行意愿，但一旦超过这一阈值，其正向影响显著增强。这表明丰富多彩的环境能够有效提升街道的吸引力，促进老年人的步行意愿。建议在城市规划和设计中适当增加色彩和视觉元素，以提升环境对老年人的吸引力。

基于SHAP值分析结果，对各建成环境指标的重要性进行了排序（图5-9）。结果显示，绿视率对老年步行意愿的影响最为显著，突显了绿化环境在促进老年人步行意愿中的关键作用。紧随其后的是步行道、色彩丰富度、墙面、人群聚集度和天空可视率。建议城乡规划者在城市改造和设计中优先考虑对老年步行意愿影响最大的环境因素。

### 2. 模型应用案例可视化表达

选取六张典型街景图像进行模拟改造与效果评估。使用Photoshop对六个关键影响要素进行调整，使其达到正向影响老年人步行意愿的设计标准。该过程生成了36张改造后的效果图（图5-10），并将其分为6组，邀请18位老年参与者对原始及改造后的街景图像进行评分。最终生成1195次对比结果。模拟改造结果表明，通过精确调整街道建成环境的关键要素，显著提升了老年人的步行意愿，验证了本作品模型的应用有效性。综上所述，本作品模型深化了对人与建成环境互动机制的认知，展示了优化城市环境提升老年友好度的有效途径，并为相关规划与政策干预提供了依据，支持老年人的健康和福祉。

## 六、研究总结

### 1. 模型设计的特点

（1）更新效果有效评估

通过构建多元时间序列的街景图像数据库，对比城市更新前后的街景数据，精确捕捉街道环境变化，评估街道改造的实际效果。此模型结合历史与即时数据，为全面了解城市更新政策的实施效果、量化街道环境变化对老年人步行意愿的影响提供动态评估工具。

（2）影响效应精准解析

通过随机效应面板分析模型，估算环境指标与步行意愿的线性关系。应用梯度提升决策树等非线性方法，揭示建成环境特征对步行活动的复杂影响。此模型整合线性与非线性分析方法，增

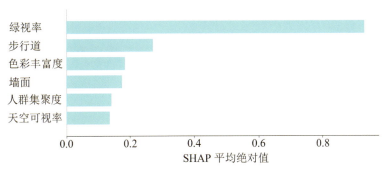

图5-9 案例地关键街道建成环境重要性排序

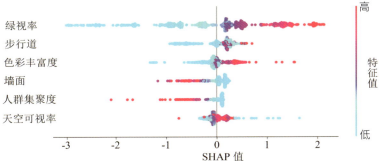

图5-10 案例地街景精细化改造与模拟评估

强了变量间关系识别的科学性和准确性,完善了对环境与行为关系的理解。

(3)规划方案科学制定

基于关键街道环境特征的阈值和作用区间,针对性提出优化策略。模拟调整关键环境要素,邀请老年参与者评分,量化改造前后效果差异,制定出精准的街道优化方案。此模型验证了优化方案在提升老年人步行意愿方面的实际效果,推动老年友好型城市设计的发展。

**2. 应用方向或应用前景**

一是为城市规划部门提供城市更新效果评估工具。本作品通过多时序数据分析,动态监测评估城市更新前后的环境变化和老龄友好度。该模型能够辅助城市规划部门动态评估城市更新项目的效果,有效提升城市的宜居性和可持续性。

二是为公共卫生政策的制定提供实证支持。公共卫生部门可依据本作品的应用成果,优化街道环境以鼓励老年人步行,以此促进老年人的身体健康、增强他们的社会参与度和幸福感,全面提升公共卫生服务的效能。

三是为智慧城市建设提供创新思路。通过多时序数据与机器学习技术的结合,城市管理者能够实时监控和优化城市环境,提升城市的整体竞争力和居民福祉,助力实现智慧城市和健康城市的目标。

## 参考文献

[1] 阳建强，陈月. 1949—2019年中国城市更新的发展与回顾[J]. 城市规划，2020，44（2）：9-19，31.

[2] 王新宇，李彦，李伟健，等. 城市更新视角下的公共空间品质评估方法：基于移动感知技术的探索[J]. 国际城市规划，2024，39（1）：21-29.

[3] 郭金华. 中国老龄化的全球定位和中国老龄化研究的问题与出路[J]. 学术研究，2016（2）：61-67.

[4] LEE H S. Examining neighborhood influences on leisure-time walking in older Korean adults using an extended theory of planned behavior[J]. Landscape and urban planning, 2016, 148: 51-60.

[5] 王厚雷，张怡，王竹影，等. 城市社区建成环境对老年人户外体力活动与健康的影响[J]. 体育与科学，2023，44（2）：81-89.

[6] GUO Y, LIU Y, LU S, et al. Objective and perceived built environment, sense of community, and mental wellbeing in older adults in Hong Kong: A multilevel structural equation study[J]. Landscape and urban planning, 2021, 209: 104058.

[7] 郑振华，彭希哲. 社区环境对老年人行为与健康的影响研究：不同年龄阶段老年人的群组比较[J]. 地理研究，2019，38（6）：1481-1496.

[8] 李海薇，陈崇贤，刘欣宜，等. 人视街景图像和机器学习结合的城市街道适老性水平空间效应研究[J]. 地球信息科学学报，2024，26（6）：1469-1485.

[9] 韩瑞娜，杨东峰，魏越. 街道空间对老年人日常活动的影响初探[J]. 西部人居环境学刊，2023，38（1）：37-44.

[10] 马航，祝侃，李婧雯，等. 老年人视觉退化特征下居住区步行空间的适老化研究[J]. 规划师，2019，35（14）：12-17.

[11] HAWKESWORTH S, SILVERWOOD R, PLIAKAS T, et al. How the local built environment affects physical activity behaviour in older adults in the UK: a cross-sectional analysis linked to two national cohorts[J]. The lancet, 2015, 386 (S5).

[12] 翟宇佳，黎东莹，王德. 社区公园对老年使用者体力活动参与和情绪改善的促进作用：以上海市15座社区公园为例[J]. 中国园林，2021，37（5）：74-79.

[13] 于文婷，朴正浩，张玲玲，等. 住区建成环境对老年人生活品质影响的实证研究：以大连市既有住区为例[J]. 西部人居环境学刊，2024，39（2）：15-20.

[14] 魏越，杨东峰. 基于街景图片的邻里目的地建成环境适老性评价：以大连市为例[J]. 建筑学报，2022（S1）：24-30.

[15] VOORHEIS P, HASNAIN S M, TIZNADO-AITKEN I, et al. Understanding and supporting active travel in older adults using behavioural science: Systematic scoping review and strategic behavioural analysis[J]. Journal of transport & Health, 2023, 30: 101602.

[16] 刘旭辉，于一凡. 高密度人居环境条件下社区建成环境对老年人健康的影响与干预路径[J]. 城市发展研究，2023，30（8）：35-42.

[17] GUO C, JIANG Y, QIAO R, et al. The nonlinear relationship between the active travel behavior of older adults and built environments: A comparison between an inner-city area and a suburban area[J]. Sustainable cities and society, 2023, 99: 104961.

[18] 刘吉祥，肖龙珠，王波. 建成环境对老年人活力出行的影响：基于极端梯度提升决策树的研究[J]. 科技导报，2021，39（8）：102-111.

[19] 里德·尤因，苏珊·汉迪，江雯婧. 测量不可测的：与可步行性相关的城市设计品质[J]. 国际城市规划，2012，27（5）：43-53.

[20] 黄雅冰，傅伟聪，翁羽西，等. 城市森林步道个体环境偏好、恢复性评价与健康效益评估关系研究：以福道为例[J]. 中国园林，2020，36（11）：73-78.

[21] CHEN R, GAO Y, ZHANG R, et al. How does the experience of forest recreation spaces in different seasons affect the physical and mental recovery of users?[J]. International journal of environmental research and public health, 2023, 20（3）：2357.

# 城市老年群体的热暴露风险识别及绿地系统规划应对

**工 作 单 位：** 南京大学建筑与城市规划学院
**报 名 主 题：** 面向高质量发展的城市治理
**研 究 议 题：** 城市体检与规划实施评估
**技术关键词：** 时空行为分析、神经网络、城市系统仿真
**参 赛 选 手：** 闻仕城、尚会妍、孔瑾瑜、赵晓雪、周含笑、马梦沅
**指 导 老 师：** 居阳
**团 队 简 介：** 本团队主要成员来自南京大学数字城市与智慧规划团队，主要研究方向为"城市蓝绿空间与热暴露"，团队成员前期围绕城市热环境、建成环境测度、城市绿地的降温效应等主题展开了一系列研究，探讨了城市热环境、建成环境与社会经济因素三者之间的关系，掌握了大数据处理、时空数据挖掘、遥感数据分析、统计和机器学习建模等方法。

## 一、研究问题

### 1. 研究背景及目的意义

（1）研究背景

气候变化已经成为人类所面临的重大挑战之一，并将在今后相当长的一段时期内影响人类的生产和生活。据统计，全球变暖趋势仍在持续，2022年全球平均温度较工业化前水平高出1.13℃，其中，中国升温速率高于全球同期水平，极端气候事件正在逐渐成为我国的气候"新常态"。极端高温威胁着人类的健康和生命安全，可诱发心血管系统、呼吸系统、循环系统和神经系统等方面的疾病，并导致心理健康和自评健康的下降。老年人由于生理机能的衰退和慢性疾病的高发，对高温的耐受能力较低，是热暴露的高风险人群。因此在城市温度不断升高的背景下，以老年群体为代表的弱势群体的身心健康面临着前所未有的挑战。

（2）研究进展

目前已有不少研究学者对热暴露风险评价、绿色空间的降温效应和热暴露风险对弱势群体的影响等方面进行了探讨。热暴露风险是指人们长期与高温环境直接接触而导致人体出现的中暑、脱水、心脏病等一系列健康问题的风险程度，现有研究对热暴露风险的评价研究主要聚焦于脆弱性视角。绿色空间是建成环境的重要组成要素，可以被定义为由植被所覆盖的城市空间，通过形成阴影和水蒸气散发来实现降温效应，然而其降温强度受到植被单体和绿地整体特征的影响。此外，国外学者也关注到热暴露风险在特定人群（弱势群体）中会被放大，存在种族、性别、年龄等方面的差异，但在以中国城市为样本的研究较少。

现有城市热暴露的相关研究鲜有关注到不同人群的热暴露，往往忽视热暴露的群体差异。研究表明，非老年群体动态变化特征更显著，相较于老年群体活跃度更高，所接触的热暴露来源更广泛，但与此同时也可能接触更多有益于削弱热暴露程度的绿地基础设施。在城市老龄化程度日趋严重的当下，城市热暴露研究同样应关注老年人这一弱势群体。因此，在城市规划和建设中，应充分考虑城市绿色空间的布局和规划，从而减少老年群体的热暴露风险。

（3）研究意义

本研究在识别城市热暴露高风险区域的同时，重点关注城市老年群体的热暴露程度，并在动态和静态两种情境下探讨其与非老年群体之间的差异。通过比较不同情景下老年群体和非老年群体的绿色空间因素对降温效应的重要性程度，以调整老年群体热暴露高风险区域的重要绿色指标来降低地表温度，从而加强对老年群体等弱势群体热暴露风险的关注和保护，为城市居民创造更为舒适、健康的生活和生产空间。

## 2. 研究目标及拟解决的问题

本研究以上海市中心城区（中环以内）为研究区域（图1-1），以弱势群体和规划实践为锚点，从老年群体驻留和活动的时空变化及绿色空间的布局优化出发，以更加精细化且高效的规划实践为最终落点，促进未来绿地系统规划，充分发挥其在"创建良好人居环境"和"促进社会和谐"的双重使命下的重要作用。

本研究旨在解决以下两个问题：

①如何识别不同情境下老年群体和非老年群体热暴露的高风险区域，并总结其分布特征和异质性？

②如何分析问题①中不同情况下绿色因子对降温效应的贡献度，并结合规划指标调整城市绿色空间以降低不同情境中老年群体的热暴露风险？

# 二、研究方法

## 1. 研究方法及理论依据

（1）热暴露高风险区域识别方法。首先采用标准差法对地表温度进行分级，以区分"高温-次高温-中低温度"的区域。再以联通智慧足迹统计的驻留、流动人口数据为基础，通过自然断点法对"高驻留（流动）-次高驻留（流动）"的区域进行识别。最后采用空间叠置分析法对"高温-高驻留（流动）"的区域进行提取。标准差法和自然断点法是对数据进行分级常用的方法，标准差法是基于数据本身的统计特征来确定分级阈值，不需要主观设置，具有较强的客观性，而自然断点法则寻找数据中的自然分界点，更贴近数据的内在规律和特征。叠置分析则可以结合多个要素（如温度、人口等）的信息，发现不同地理要素之间的相互关系和空间分布模式，从而进行全面的空间分析和决策支持。

（2）卷积神经网络图像识别模型。卷积神经网络（convolutional neural network，简称CNN）是一种深度学习模型，其基本原理是通过逐层卷积和池化操作提取图像特征，并在全连接层中进行特征组合和分类，适用于处理图像等具有空间结构的数据。其在图像识别与分类提取、目标检测与识别、医学影像分析等方面均有广泛应用。

（3）逻辑回归分类模型。逻辑回归分类模型是一种广泛应用于分类问题的监督学习算法，其专注于解决二元或多元分类问题，旨在模拟一个因变量和一个或多个自变量之间的关系，它并不直接预测数值，而是估计样本属于某一类别的概率。逻辑回归分类模型具有简单易懂、计算效率高、易于实现等优点，适用于处理大规模数据集。

## 2. 技术路线及关键技术

技术路线如图2-1所示。

图1-1 研究区域概况

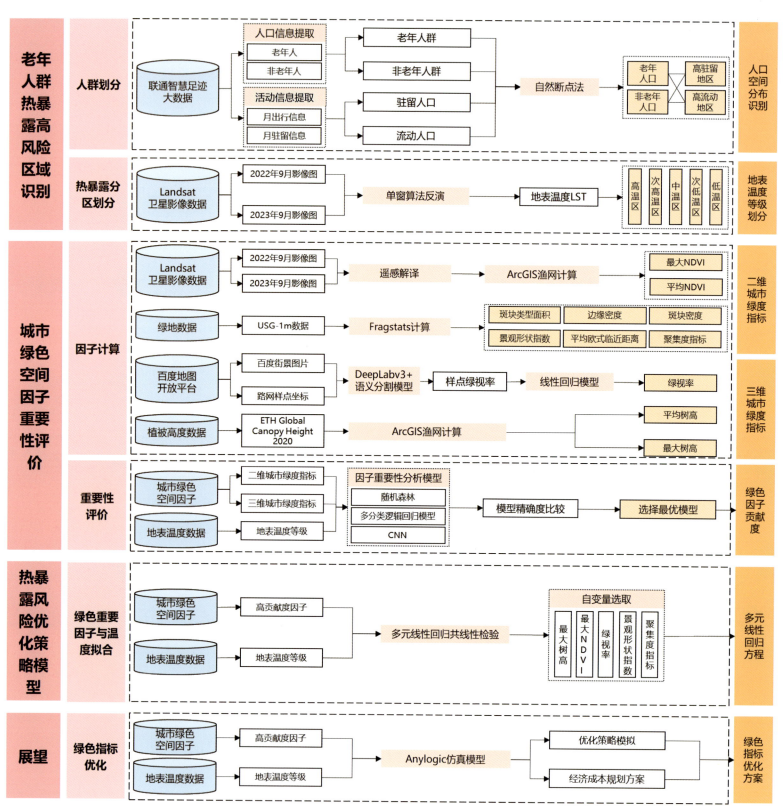

图2-1 技术路线

（1）热暴露高风险区域识别。本研究利用联通智慧足迹数据，通过年龄、日期和出行时间对网格内的驻留人数和流动人数进行统计。同时，基于人口活动信息、用户月出行信息（出行方式、时间、起始点、距离等）、用户月驻留信息获取两类人群的出行特征与差异。另一方面，结合Landsat卫星影像反演地表温度（land surface temperature，简称LST），对老年群体和非老年群体进行热暴露的高风险区域识别。

（2）城市绿色空间多维评价。一方面，基于卫星影像图，通过遥感解译，以及城市绿地、城市用地数据计算边缘密度、斑块面积、景观植被指数等城市2D绿度指标。另一方面，基于街景图片，通过深度学习计算绿视率指标，以及现有的开源数据计算平均树高和最大树高等城市3D绿度指标。

（3）城市绿色空间最优规划方案决策。本研究利用多元线性回归模型，探究贡献度较高的绿色因子与地表温度之间的关系，并基于两者之间的关系对绿色因子进行参数调整，从而达到针对城市热暴露高风险区域的城市仿真模拟，以探究如何应用现有分析结果更有效率地降低老年群体的热暴露风险。

## 三、数据说明

### 1. 数据内容及类型

本研究使用了一系列遥感影像、矢量数据和栅格数据，以深入分析城市热暴露的高风险区域，并探究影响老年群体在驻留和出行过程中暴露风险水平的重要绿色空间因素。表3-1概述了本研究使用的关键数据源，包括智慧联通足迹时空数据、城市路网、土地利用的空间信息数据，以及绿地指标相关的生态环境数据。

（1）时空数据

网格驻留数据和网格通行数据均来自中国联通智慧足迹DaaS平台。这些数据分别记录了用户在特定网格内的驻留情况及在不同网格间的通行情况，在分析人流密度、时空分布特征、区域连接性和交通流量方面发挥着至关重要的作用。并且可以结合用户的基础信息，将研究对象划分为老年群体（60岁及以上）和非老年群体（19～59岁）。时空数据是用于分析老年群体和非老年群体静态和动态人口空间分布的关键数据，基于该数据可以更精准地识别老年群体的暴露区域。

（2）地理信息数据

城市道路数据来源于开放街区地图（open street map，简称OSM），为矢量数据。该数据具体应用于识别高频次出行路径，结合Landsat数据确定动态热暴露高风险区域。土地利用数据来自EULUC-China，为栅格数据。

（3）生态环境数据

绿地数据来自UGS-1m数据产品，为栅格数据。其主要用途是通过Fragstats软件计算城市绿度2D指标（如的景观形状指数、边缘面积分维数等）。植被冠层高度数据和归一化植被指数（NDVI）数据分别来自ETH Global Canopy Height 2020和NASA earth explorer。通过结合绿地数据计算2D和3D的城市绿度指标，以分析植被对热暴露的影响。

Landsat7、8、9数据来自NASA earth explorer，共选择Landsat卫星3个影像合集，影像信息如表3-2所示。具体应用包括通过LST数据确定热暴露高风险区域、结合出行数据评估动态热暴露水平，以及分析绿地指标对热暴露的缓解作用等。

研究数据源　　　　　　表3-1

| 数据类型 | 数据名称 | 数据源 |
| --- | --- | --- |
| 时空数据 | 网格驻留数据 | 中国联通智慧足迹DaaS平台 |
| | 网格通行数据 | 中国联通智慧足迹DaaS平台 |
| 地理信息数据 | 城市道路数据 | Open Street Map |
| | 土地利用数据 | EULUC-China |
| 生态环境数据 | 绿地数据 | UGS-1m |
| | 植被冠层高度数据 | ETH Global Canopy Height 2020 |
| | Landsat 7、8、9 | NASA earth explorer |
| | 归一化植被指数 | NASA earth explorer |

Landsat卫星18景影像　　　　　　表3-2

| | 2022年9月 | 2023年9月 |
| --- | --- | --- |
| Landsat 7 | LE07_118038_20220917 | LE07_117039_20230908<br>LE07_118039_20230913<br>LE07_119038_20230918 |
| Landsat 8 | LC08_118038_20220907<br>LC08_118038_20220923<br>LC08_118039_20220907<br>LC08_118039_20220923 | LC08_118038_20230910<br>LC08_118038_20230926<br>LC08_118039_20230910<br>LC08_118039_20230926 |
| Landsat 9 | LC09_118038_20220915<br>LC09_118039_20220915 | LC09_118038_20230902<br>LC09_118038_20230918<br>LC09_118039_20230902<br>LC09_118039_20230918 |

## 2. 数据预处理技术与成果

**（1）遥感影像数据预处理**

为匹配人口智慧足迹数据的时空分辨率，本研究采用时空分辨率相对较高、数据质量优良，且来源可靠的Landsat系列卫星影像。研究选取了2022年、2023年9月基于Landsat 7、8、9卫星的共18景影像，在Google Earth Engine（GEE）平台首先进行去云处理，然后通过最大值合成归一化植被指数（Normalized Difference Vegetation Index，简称NDVI）（图3-1）及基于精校正的统计单窗口法反演研究区LST（图3-2）。

**（2）联通智慧足迹数据预处理**

研究选取2023年9月2日与2023年9月29日的研究区范围内的联通智慧足迹数据，剔除数据中存在的缺失值、无效值，通过用户信息的社会属性特征划分老年群体（60岁及60岁以上）与非老年群体（18岁至59岁），并分别将9月2日与9月29日两天不同人群驻留与流动的人口总数汇总至500m渔网网格中，其中9月2日两类人群网格驻留总数有效数据1815条，网格流动人口总数有效数据1749条；9月29日两类人群网格驻留人口总数有效数据1815条，网格流动人口总数有效数据1739条（表3-3）。

**（3）高热暴露、高驻留、高流动人口地区识别**

1）高热暴露地区识别

在ArcGIS平台利用Zonal statistics as Table工具将LST数据按平均值赋值至500m渔网网格中，根据地表温度等级划分依据（表3-4）识别研究区内高温与次高温区域。

联通智慧足迹有效数据筛选　　　表3-3

| 人群划分 | | 有效网格/个 | |
|---|---|---|---|
| | | 2023年9月2日 | 2023年9月29日 |
| 老年群体 | 驻留人口 | 1815 | 1815 |
| | 流动人口 | 1749 | 1739 |
| 非老年群体 | 驻留人口 | 1815 | 1815 |
| | 流动人口 | 1749 | 1739 |

地表温度等级划分依据　　　表3-4

| 热力等级 | 地表温度划分范围 |
|---|---|
| 高温区 | $LST_i \geq LST_m + 1std$ |
| 次高温区 | $LST_m + 0.5std \leq LST_i < LST_m + 1std$ |
| 中温区 | $LST_m - 0.5std \leq LST_i < LST_m + 0.5std$ |
| 次低温区 | $LST_m - 1std \leq LST_i < LST_m - 0.5std$ |
| 低温区 | $LST_i < LST_m - 1std$ |

2）高驻留、高流动地区识别

将预处理后的人群数据汇总至网格，通过自然断点法（natural breaks jenks）分别对上述联通智慧足迹数据各自划分五个等级，选取人口数量最高等级与次高等级地区分别赋值为高驻留（流动）、次高驻留（流动）地区。

图3-1　研究区NDVI值

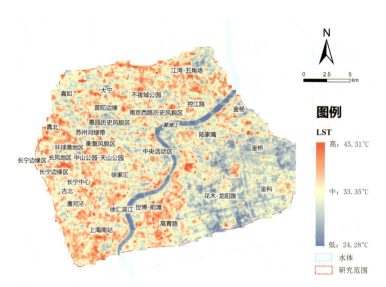

图3-2　研究区地表温度值

（4）城市绿度指标计算

本研究共纳入8个二维绿度指标和3个三维绿度指标（表3-5）。首先，运用形态学空间格局分析（MSPA）识别景观的类型和形状，进而可视化景观的空间分布。本研究利用Fragstats软件计算了城市绿度指标中的7个二维指标。其次，NDVI指标与树高指标则运用ArcGIS计算得出，绿视率指标则采用街景识别。以下是计算成果（图3-3、图3-4）。

绿度指标 表3-5

| 一类指标 | 二类指标 | 指标含义 |
| --- | --- | --- |
| 二维指标 | 景观形状指数（LSI） | 用于描述景观斑块的形状复杂性，反映绿地的空间形态特征 |
| | 斑块类型面积/$hm^2$（CA） | 计算不同类型绿地斑块的总面积，反映绿地的覆盖情况 |
| | 边缘密度/（$m/hm^2$）（ED） | 评估绿地边缘的密度，反映边缘长度与区域面积的比例 |
| | 聚集度指数/%（AI） | 衡量绿地斑块的聚集程度，反映绿地的连通性 |
| | 斑块密度/（个/$km^2$）（PD） | 计算单位面积内绿地斑块的数量，反映绿地的分布密度 |
| | 平均欧式临近距离/m（ENN） | 评估绿地斑块之间的平均距离，反映绿地的空间分布特征 |
| | 最大NDVI | 最大归一化植被指数，反映该区域最好的植被长势和营养信息 |
| | 平均NDVI | 平均归一化植被指数，反映该区域平均植被长势和营养信息 |
| 三维指标 | 最大树高/m | 树高指树木从地面上根茎到树梢之间的距离或高度，反映树木高矮的调查因子 |
| | 平均树高/m | 树高指树木从地面上根茎到树梢之间的距离或高度，反映树木高矮的调查因子 |
| | 绿视率/%（GVI） | 人们眼睛所看到的物体中绿色植物所占的比例，反映了绿地的立体构成 |

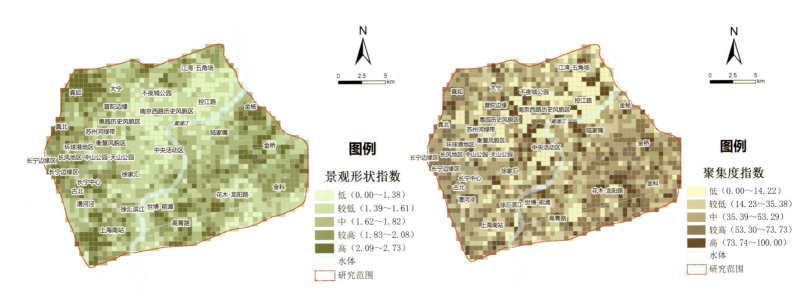

图3-3 城市绿度二维指标

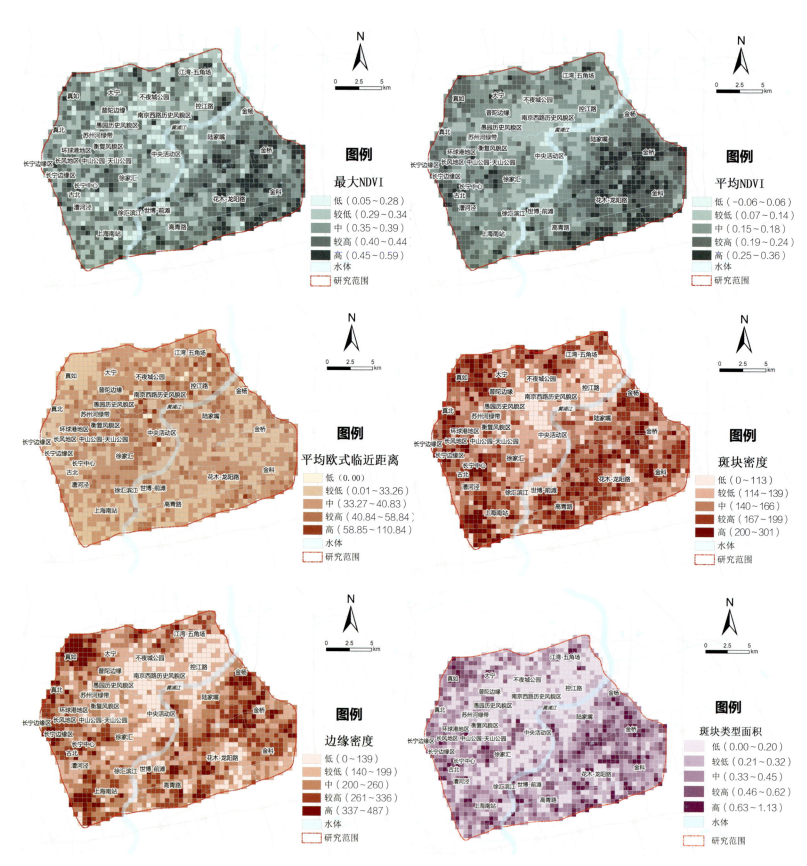

图3-3 城市绿度二维指标（续）

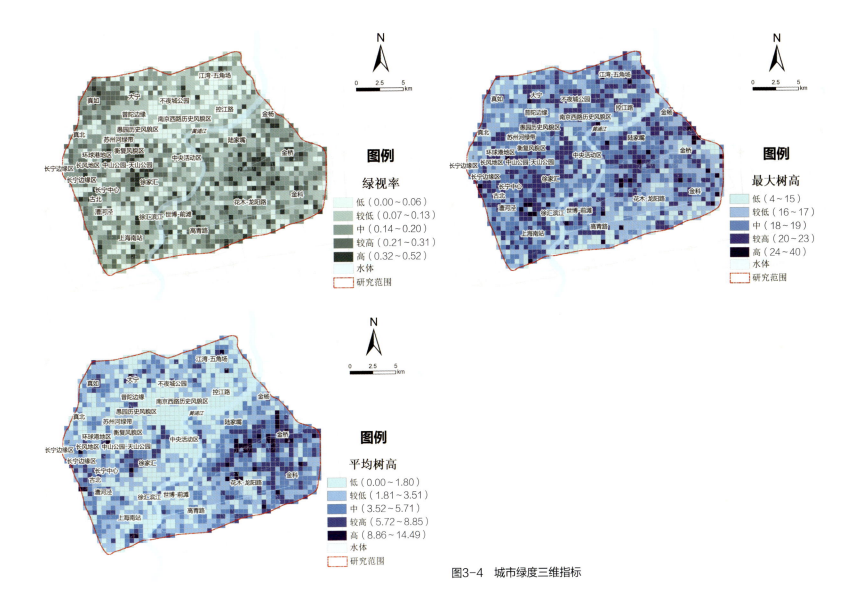

图3-4 城市绿度三维指标

## 四、模型算法

### 1. 模型算法流程及相关数学公式

（1）DeepLabv3+语义分割模型

首先采用迁移学习策略，对街景图像中绿化要素进行分割，并进行模型的精度验证。然后根据绿化要素分割的结果计算其图像占比，即绿视率（GVI）。最后分析研究区内绿视率的空间分布格局。DeepLabv3+是在DeepLabv3基础上，引入Encoder编码区-Decoder解码区模块，使模型在图像语义分割中能获取更好的边缘信息。基于Cityscapes数据集形成的DeepLabv3+语义分割预训练模型，采用PyTorch开发框架对标注的数据样本进行再训练。

$$\text{GVI} = \frac{N_{\text{greenpixel}}}{N_{\text{pixel}}} \times 100\% \quad (4-1)$$

式中，$N_{\text{greenpixel}}$为街景图片中绿化面积，$N_{\text{pixel}}$为街景图片的面积，GVI为绿视率。

（2）线性回归模型

线性回归是一种基本的回归分析方法，用于预测因变量（目标变量）和一个或多个自变量（特征变量）之间的关系。由于街景图片数据很难全覆盖研究区域，部分网格内缺失绿视率的数据。因此运用线性回归模型对缺失绿视率的网格进行回归预测，利用绿地面积、树木平均高度等作为自变量，将有绿视率的网格作为训练集和测试集。用均方误差作为损失函数，使用梯度下降算法，最小化误差后进行回归。

$$Y = \beta_0 + \beta_1 X_{1i} + \beta_2 X_{2i} + \cdots\cdots + \beta_k X_{ki} + \mu_i \quad (4-2)$$

式中，$Y$为回归所得的结果，$X$为自变量，$\beta$是自变量对应的系数，$\mu_i$是回归对应的截距（偏移量）。

（3）随机森林模型

集成学习（Ensemble Learning，简称EL）是时下非常流行的机器学习算法，它本身不是一个单独的机器学习算法，而是通过在数据上构建多个模型，集成所有模型的建模结果。随机森林模型的核心思想是构建多个相互独立的评估器，然后对其预测进行平均或多数表决原则来决定集成评估器的结果。

$$H(x) = \arg\max_Y \sum_{i=1}^{k} W(h(x) = y) \quad (4-3)$$

式中，$H(x)$表示随机森林算法中产生的模型结构，$W$表示各决策树的分类方式。

（4）统计单窗口（Statistical Mono-Window，简称SMW）算法

SWM算法是由气候监测卫星设施（CM-SAF）开发流动MFG和MSG气象卫星中的地表温度数据记录，基于单个TIR通道中TOA亮度温度与气象卫星地表温度数据之间的经验关系，利用简单的线性回归计算LST的一种算法。

$$\text{LST} = A_i \frac{T_b}{\varepsilon} + B_i \frac{1}{\varepsilon} + C_i \quad (4-4)$$

式中，$T_b$为TIR通道中的大气表观亮温（TOA），$\varepsilon$为同一通道中的表面反射率，算法系数$A_i$、$B_i$、$C_i$是通过对10类TCWV（$i=1$，……，10；TCWV为来自NCEP/NCAR再分析数据的总柱水蒸气值）进行的辐射传输模拟的线性回归确定的，范围从0到6cm，步长为0.6cm，高于6cm的TCWV被分配给最后一类。NCEP/NCAR再分析数据是一个全球TCWV数据集，涵盖了Landsat系列的整个运行周期。对SWM算法进行数据精校正需要有关大气水蒸气含量的信息，以更好地解释TIR观测中的大气贡献。

Ermida等学者在GEE（Google Earth Engine）中提供了SWM算法精校正的开放源代码，利用该算法反演研究区LST。对于每颗Landsat卫星，算法系数是使用相同的校准数据库得出的，从而确保卫星之间的一致性。算法的所有输入均来自GEE目录，即来自NCEP/NCAR再分析数据的水蒸气含量和来自ASTER GEDv3数据集的发射率，并基于NDVI进行植被动态校正。

2. 模型算法相关支撑技术

（1）ArcGIS软件。通过ArcGIS Map和ArcGIS Pro软件对空间数据进行预处理，包括研究区划分，中国联通智慧足迹Daas平台数据统计，渔网制作等。

（2）Anaconda软件。通过Anaconda的Spyder编码器进行Python语言的编写，进行机器学习模型的训练，以及预测、重要性分析等。

（3）Google Earth Engine（GEE）：谷歌地球引擎是一个分析和可视化地理数据的云计算平台，可以处理卫星影像及其他地理观测数据，其免费提供卫星图像数据库的访问权限。利用其在线的集成开发环境（IDE），可以调用JavaScript API编写程序分析数据，并实现数据的可视化。本研究利用GEE平台强大的运算能力对基于多幅Landsat卫星长时间序列的研究区地表温度及相关绿色指标进行计算。

（4）Fragstats软件。Fragstats是一种用于分析和评估景观格局的软件工具。它可以帮助我们了解不同地区的景观特征和变化趋势，以及这些变化对生态系统和人类活动的影响。Fragstats基于景观生态学的理论和方法，采用遥感和地理信息系统（ArcGIS）技术，对景观格局进行统计分析和空间模式识别。

## 五、实践案例

### 1. 描述性统计

本研究从规划背景和数据依据两个方面出发选定案例的研究范围。上海市属于亚热带季风气候区，夏季高温多雨，2022年8月上海市经历了一次严重的高温热浪事件，高温总日数将接近历史极值。同时，上海是我国城市化程度最高的城市之一，不仅是经济和文化活动的集聚地，也是老年群体较为集中的区域。根据2022年人口统计数据，上海市老年群体比例（36.8%）显著高于全国平均水平（18.9%）。因此，本文以上海市中环内为研究区域进行实证研究。表5-1为本研究中所涉及相关数据的描述统计。

如前文所述，本文以网格为研究单元，对地表温度进行分级统计（见第三章节内容），如图5-1所示，其中高温区域占17.13%，主要分布在研究区域西部，呈散点状分布；次高温区域占16.03%，主要集中在中部；其他较低温区域占66.83%，主

表5-1 描述统计表

| 变量 | | 平均值 | 标准差 | 最小值 | 中位数 | 最大值 |
|---|---|---|---|---|---|---|
| 绿度指标 | 二维指标 | | | | | |
| | 最大NDVI | 0.36 | 0.06 | 0.05 | 0.37 | 0.59 |
| | 平均NDVI | 0.17 | 0.06 | 0 | 0.17 | 0.36 |
| | 聚集度指数/% | 42.89 | 24.29 | 0 | 44.29 | 100 |
| | 斑块类型面积/hm² | 0.31 | 0.17 | 0 | 0.28 | 1.13 |
| | 边缘密度/(m/hm²) | 213.78 | 77.63 | 0 | 205.68 | 487.18 |
| | 平均欧式临近距离/m | 35.93 | 7.67 | 0 | 35.13 | 110.84 |
| | 景观形状指数 | 1.69 | 0.29 | 0 | 1.68 | 2.73 |
| | 斑块密度/(个/km²) | 152.01 | 35.05 | 0 | 150.39 | 301.47 |
| 三维指标 | 绿视率/% | 0.14 | 0.09 | 0 | 0.13 | 0.52 |
| | 平均树高/m | 3.17 | 2.27 | 0 | 2.63 | 14.49 |
| | 最大树高/m | 18.07 | 2.51 | 4 | 18 | 40 |
| 热环境 | 地表温度/℃ | 33.4 | 1.61 | 28.15 | 33.47 | 38.11 |
| 人口分布情况 | 静态 非老年群体 | 194041.44 | 160957.8 | 1008 | 159265 | 1489797 |
| | 静态 老年群体 | 21340.75 | 19186.56 | 71 | 16702 | 104560 |
| | 动态 老年群体 | 1964.77 | 1989.9 | 1 | 1363 | 17166 |
| | 动态 非老年群体 | 31744.65 | 33419.78 | 2 | 21225 | 262293 |

要集中在金木、金桥和花木地区。

本文按照静态和动态场景对人口空间分布情况分别进行统计，并且关注老年群体和非老年群体之间的差异。图5-2为静态人口空间分布情况，其中老年群体高驻留区域占比4.13%，主要分布在上海世博园、黄浦江沿岸、五角场和真如地区，这些区域具有良好的公共设施、绿地和医疗资源，适合老年群体居住和活动；次高驻留区域占比8.93%，主要分布在中央活动区和中山公园附近；其他较低驻留区域占比86.94%。非老年群体高驻留区域占比2.98%，主要分布在陆家嘴和中央活动区等商务办公区，非老年群体主要在工作区和商业区驻留时间较长；次高驻留区域占比7.49%，由中心向外逐渐扩散；其他较低驻留区域占比89.53%。老年群体的驻留地区整体较为分散且分布均匀，具有小范围集聚的特征，非老年群体则具有明显的中心聚

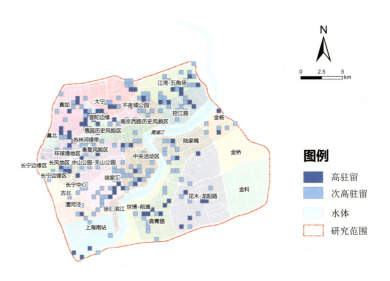

（a）老年人口高驻留地区识别

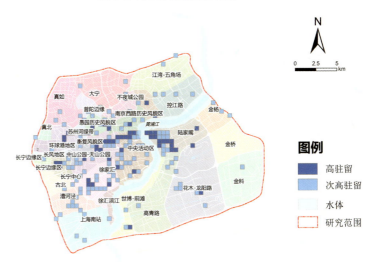

（b）非老年人口高驻留地区识别

图5-2 研究区静态人口空间分布情况

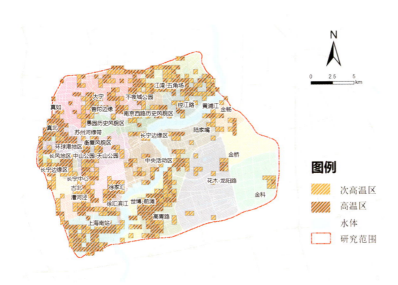

图5-1 研究区地表温度空间分布情况

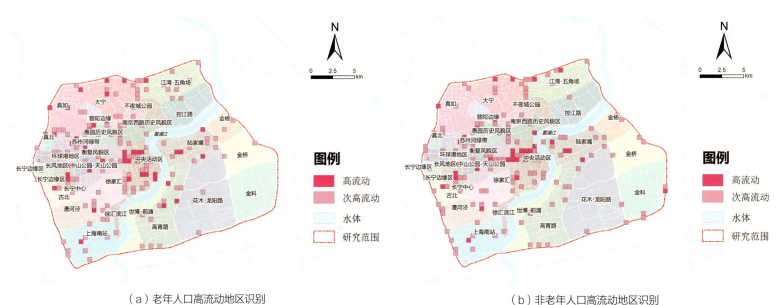

（a）老年人口高流动地区识别　　　　　　　　　（b）非老年人口高流动地区识别

图5-3　研究区动态人口空间分布情况

集效应。图5-3为动态人口空间分布情况，其中老年群体高流动区域占比2.48%，主要分布在中央活动区；次高流动区域占比6.78%，以中央活动区为中心向外分散布局；其他较低流动区域占比90.74%，主要分布在东南方向。非老年群体高流动区域占比1.93%；次高流动区域占比6.78%；其他较低流动区域占比91.29%。非老年群体和老年群体的流动空间分布相似，中央活动区作为经济和交通枢纽，人员流动较大。

### 2. 绿色因子重要性分析

在对"高温-高驻留（高流动）"的区域进行识别后，将在该区域对绿色因子与热暴露之间的关系进行探究。首先将LST三个分级作为因变量，探究二维和三维的绿色因子中对于温度等级贡献度较高的变量，以此确定优先改善何种绿色因子指标以降低地表温度。

在ArcGIS、Fragstats中对相关指标进行计算，通过空间链接后在每个网格中统计自变量及因变量。然后在Spyder中运用随机森林、逻辑回归分类及CNN三种方法对因子重要性进行探究（图5-4）。研究区经过空间筛选后一共留下了1815个网格，将其按照80%和20%划分为训练集和测试集来验证三种模型准确率的高低，结果显示随机森林、逻辑回归分类及CNN的分类准确率分别为69.78%、68.44%和69.17%。因此选择随机森林回归作为重要性分析的模型，通过importance_命令得出训练好的模型的各因子贡献度。

从总体的重要性来看，最大树高、景观形状指数和绿视率是贡献度最高的因子。树木较为高大的地方阳光更难有直射因此地表温度也会更低，景观形状指数较大的地区往往为自然的森林或者公园，其地表温度也会比较低。绿视率较高的地区，横向和竖向的绿色覆盖率相对都会较高，因此其地表温度也会更低。

首先从驻留热暴露风险出发，对高温（次高温）-高老年群体驻留（次高驻留）的渔网区域进行识别提取，作为高暴露风险区。用网格法对随机森林进行调参后，选取最优测试准确率的模型（'max_depth'：None，'min_samples_leaf'：4，'min_samples_split'：10，'n_estimators'：300），提取各因子贡献度

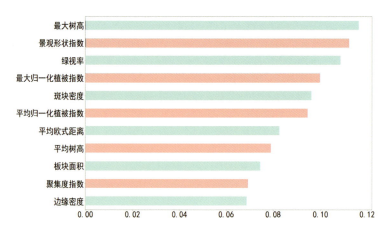

图5-4　绿色空间因子重要性分析

（图5-5）。在老年群体热暴露风险较高的网格中，植被聚集度指数（AI）、最大树高（Max Height）和景观形状指数（LSI）是贡献度最大的因子。

对高温度、次高温度和非老年群体人口高驻留、次高驻留的网格区域进行识别提取，作为高暴露风险区域。用网格法对随机森林进行调参后，选取最优测试准确率的模型（'max_depth': None, 'min_samples_leaf': 4, 'min_samples_split': 10, 'n_estimators': 100），提取各因子贡献度（图5-6）。在中青年人群热暴露风险较高的网格中，最大树高（max height）、植被聚集度指数（AI）和平均NDVI值三个因子贡献度最高。这意味着在中青年人驻留的高热暴露风险区域，最大树高越高、植被聚集程度越大的区域，其地表温度相对较低。

其次从流动热暴露风险出发，对高温、次高温和老年群体高流动、次高流动的网格区域进行识别，作为高暴露风险区域。用网格法对随机森林进行调参后，选取最优测试准确率的模型（'max_depth': None, 'min_samples_leaf': 1, 'min_samples_split': 10, 'n_estimators': 200），提取各因子贡献度（图5-7）。在老年群体流动热暴露风险较高的网格中，最大树高（max height）、平均树高（mean height）及最大NDVI值是贡献度最大的因子。

对高温、次高温和非老年群体高流动、次高流动的区域进行识别，作为高暴露风险区域。用网格法对随机森林进行调参后，选取最优测试准确率的模型（'max_depth': None, 'min_samples_leaf': 2, 'min_samples_split': 5, 'n_estimators': 300），提取各因子贡献度（图5-8）。在中青年人群流动热暴露风险较高的网格中，平均树高（Mean Height）、最大树高（Max Height）及景观形状指数（LSI）是贡献度最大的因子。在这些区域中，树高显然是最为关键的因素，其重要程度远超过其他因子。

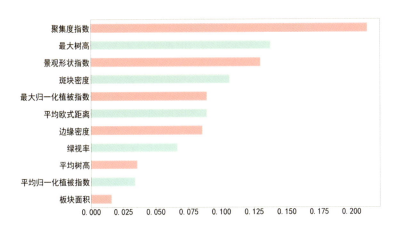

图5-5 老年群体静态高暴露风险区域因子贡献度

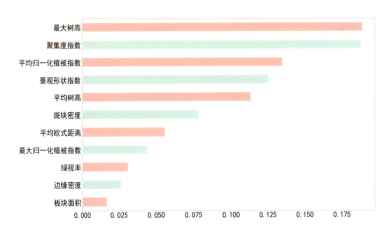

图5-6 非老年群体静态高暴露风险区域因子贡献度

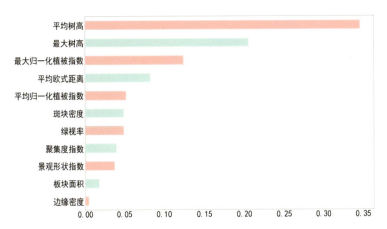

图5-7 老年群体动态高暴露风险区域因子贡献度

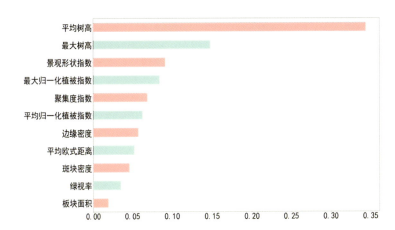

图5-8 非老年群体动态高暴露风险区域因子贡献度

### 3. 优化策略模型

**（1）多元线性回归模型拟合地表温度变化**

通过第五章前两节内容我们识别了不同人群在研究区的驻留、流动特征，并针对不同人群（次）高驻留、（次）高流动与（次）高地温相交区域中绿色因子调节地温的贡献度进行了重要性分析。研究发现在这些区域，无论何种人群与活动特征，平均树高（Mean Height）、最大树高（Max Height）、景观形状指数（LSI）、植被聚集度指数（AI）、平均NDVI（Mean NDVI）、最大NDVI（Max NDVI）、绿视率（GVI）7个指标对地表温度的影响均拥有较高的贡献度。因此，将这些绿色指标作为自变量通过多元线性回归模型拟合地表温度，探究其与地表温度之间的关系。

通过相关性检验（表5-2）发现7个指标与因变量之间均存在显著相关。将7个绿色指标作为自变量，LST作为因变量建立多元线性回归模型拟合绿色指标与LST之间的关系，在共线性分析中（表5-3）发现，Mean NDVI与Max NDVI、Mean Height与Max Height之间可能存在共线性关系。这两对指标不仅在数据层面展示出共线性倾向，在实际意义上也有相关性，因此从两对指标中各择其一与其余指标进行拟合（表5-4）。由表5-4可见选择（d）类作为自变量的模型拟合效果最好，因此，选择Max Height、Max NDVI、AI、LSI、GVI作为自变量，LST作为因变量建立多元线性回归模型，结果如表5-5所示。综上，基于人群活动的重要绿地因子与地表温度的多元线性回归方程为：

绿色指标与LST相关性检验　　　　　　　　　　　　　　　　　　　　　　　　　　　　表5-2

|  |  | LST | Mean NDVI | Max NDVI | Mean Height | Max Height | AI | LSI | GVI |
|---|---|---|---|---|---|---|---|---|---|
| LST | 皮尔逊相关性 | 1.000 | -.250** | -.327** | -.423** | .097** | -.199** | .137** | -.182 |
|  | 显著性（双尾） | — | 0.000 | 0.000 | 0.000 | 0.000 | 0.000 | 0.000 | 0.000 |
| 平均归一化植被指数 | 皮尔逊相关性 | -.250** | 1.000 | .664** | .775** | .113** | .091** | .279** | .322** |
|  | 显著性（双尾） | 0.000 | — | 0.000 | 0.000 | 0.000 | 0.000 | 0.000 | 0.000 |
| 最大归一化植被指数 | 皮尔逊相关性 | -.327** | .664** | 1.000 | .584** | .123** | .115** | .053* | .231** |
|  | 显著性（双尾） | 0.000 | 0.000 | — | 0.000 | 0.000 | 0.000 | 0.034 | 0.000 |
| 平均树高 | 皮尔逊相关性 | -.423** | .775** | .584** | 1.000 | .248** | .227** | .132** | .387** |
|  | 显著性（双尾） | 0.000 | 0.000 | 0.000 | — | 0.000 | 0.000 | 0.000 | 0.000 |
| 最大树高 | 皮尔逊相关性 | .097** | .113** | .123** | .248** | 1.000 | -0.029 | -0.008 | .067** |
|  | 显著性（双尾） | 0.000 | 0.000 | 0.000 | 0.000 | — | 0.245 | 0.749 | 0.007 |
| 聚集度指数 | 皮尔逊相关性 | -.199** | .091** | .115** | .227** | -0.029 | 1.000 | -.202** | .089** |
|  | 显著性（双尾） | 0.000 | 0.000 | 0.000 | 0.000 | 0.245 | — | 0.000 | 0.000 |
| 景观形状指数 | 皮尔逊相关性 | .137** | .279** | .053* | .132** | -0.008 | -.202** | 1.000 | .200** |
|  | 显著性（双尾） | 0.000 | 0.000 | 0.034 | 0.000 | 0.749 | 0.000 | — | 0.000 |
| 绿视率 | 皮尔逊相关性 | -.182** | .322** | .231** | .387** | .067** | .089** | .200** | 1.000 |
|  | 显著性（双尾） | 0.000 | 0.000 | 0.000 | 0.000 | 0.007 | 0.000 | 0.000 | — |

注：**表示在0.01级别（双尾），相关性显著。*表示在0.05级别（双尾），相关性显著。

变量拟合效果　　　　　　　　　　　　　　　　　　　　　　　　　　　　　　　　　表5-3

|  | 未标准化系数 | | 标准化系数 | $t$ | 显著性 | 共线性统计 |
|---|---|---|---|---|---|---|
|  | B | 标准错误 | Beta |  |  | VIF |
| （常量） | 31.227 | 0.437 |  | 71.388 | 0.000 |  |
| 平均归一化植被指数 | 8.107 | 1.151 | 0.273 | 7.041 | 0.000 | 3.442 |
| 最大归一化植被指数 | -5.418 | 0.793 | -0.196 | -6.827 | 0.000 | 1.885 |
| 平均树高 | -0.401 | 0.026 | -0.574 | -15.619 | 0.000 | 3.098 |

续表

|  | 未标准化系数 | | 标准化系数 | t | 显著性 | 共线性统计 |
| --- | --- | --- | --- | --- | --- | --- |
|  | B | 标准错误 | Beta | | | VIF |
| 最大树高 | 0.153 | 0.014 | 0.236 | 10.800 | 0.000 | 1.100 |
| 聚集度指数 | -0.002 | 0.002 | -0.029 | -1.312 | 0.190 | 1.142 |
| 景观形状指数 | 0.883 | 0.134 | 0.152 | 6.578 | 0.000 | 1.222 |
| 绿视率 | -0.800 | 0.400 | -0.046 | -2.002 | 0.045 | 1.211 |

因变量：LST

四种拟合模型的$R^2$与其他指标显著性　　　　表5-4

| 模型 | R | $R^2$ | AI显著性 | LSI显著性 | GVI显著性 |
| --- | --- | --- | --- | --- | --- |
| （a）Mean Height - Mean NDVI | .476[a] | 0.227 | 0.000 | 0.014 | 0.000 |
| （b）Max Height - Mean NDVI | .398[a] | 0.158 | 0.000 | 0.000 | 0.000 |
| （c）Mean Height - Max NDVI | .481[a] | 0.231 | 0.005 | 0.000 | 0.026 |
| （d）Max Height - Max NDVI | .429[a] | 0.184 | 0.000 | 0.000 | 0.000 |

模型拟合结果　　　　表5-5

| 模型 | 未标准化系数 | | 标准化系数 | t | 显著性 | 共线性统计 | |
| --- | --- | --- | --- | --- | --- | --- | --- |
|  | B | 标准错误 | Beta | | | 容差 | VIF |
| （常量） | 34.031 | 0.419 |  | 81.173 | 0.000 | | |
| 聚集度指数 | -0.009 | 0.002 | -0.115 | -4.933 | 0.000 | 0.930 | 1.076 |
| 景观形状指数 | 0.925 | 0.137 | 0.159 | 6.756 | 0.000 | 0.910 | 1.099 |
| 绿视率 | -2.472 | 0.412 | -0.142 | -5.999 | 0.000 | 0.898 | 1.113 |
| 最大归一化植被指数 | -8.483 | 0.647 | -0.306 | -13.116 | 0.000 | 0.924 | 1.082 |
| 最大高度 | 0.092 | 0.015 | 0.142 | 6.276 | 0.000 | 0.980 | 1.020 |

因变量：LST

$$LST = 34.031 - 0.009 \times AI + 0.925 \times LSI - 2.472 \times GVI - 8.483 \times \text{Max NDVI} + 0.092 \times \text{Max Height} \quad (5-1)$$

（2）优化策略与规划建议

老年人群在流动过程中，高热风险地区主要集中在不透水率较高的主干道和绿地率较高的商业区域（图5-9）。这些区域包括中环高架、内环高架桥、南北高架等交通枢纽，由于道路硬化、车辆拥堵及缺乏绿化覆盖，使得这些地方温度较高，热岛效应显著，老年人在这些区域活动时容易感受到明显的高温。此外，商业区域，如大型购物中心和商业街区，由于建筑密集、人流量大，也成了高热风险区。这些区域尽管绿地率较高，但树木的遮阴效果有限，无法有效降低地表温度，导致老年人在这些地方活动时容易出现中暑等问题。

在老年人群驻留过程中，高热风险地区主要集中在一些游览区域和高密度住宅区。像中环球港、中山公园、豫园等游览区域，由于树木种植较少、不透水率高，这些地方的温度普遍较高，老年人在这些区域驻留时，面临较大的中暑风险。除此之外，杨浦区、长宁区、普陀区、静安区的高密度住宅及其周边地区也是高热风险区。这些住宅区往往建筑密集，绿化覆盖率低，再加上交通拥堵和人口密度大，热量难以散发，形成了"热岛"。老年人在这些地方生活或短时间驻留时，容易感到闷热不适。

结合高暴露区域的分布特征及前文对影响因子重要性的判别，本研究综合提出了四条针对性的建议：

图5-9　老年群体高暴露风险区域分布

道路绿化提升：在中环高架、内环高架桥和南北高架等主要交通干道两侧，尽可能种植高大的树木，如悬铃木、梧桐树等，这些树种不仅生长迅速，且具有较好的遮阴效果，能够显著增加道路的绿视率和树高。在夏季高温时节，结合洒水降温等其他措施，可以有效降低这些区域的温度。此外，可在交通枢纽和人流密集的过街天桥、公交站点等地方增设绿化设施，营造更多的荫凉区域。

老式居住小区绿化：在老式居住小区，如杨浦区、长宁区、普陀区和静安区的高密度住宅区，社区规划师应积极推动增加小区绿地的规划决策。从街景影像来看，这些小区的绿地数量较少且破碎。通过重新设计和合理规划，可以在小区内增加连片的绿地，并种植耐热性强的乔木和灌木，形成连贯的绿色走廊，改善居民的居住环境。

商场户外区域优化：针对热暴露风险较高的商业区，如中环球港、中山公园和豫园等区域，建议在商场户外区域增加助老设施和绿色空间。例如，可以设置遮阳棚、休息长椅和饮水点等助老设施，同时在商场入口和广场周边增设花坛、草坪和高大乔木，提供良好的遮阴效果。在夏季高温时节，还可结合洒水降温等措施，进一步降低温度，提升购物体验。

集中绿化遮阳：在老年人驻留的高温区域，如中山公园和豫园内，建议进行小范围、集中的树木种植，形成集中的遮阳区域。例如，可以在公园的主要步道两侧、休息区和广场等人流密集区域，种植高大的乔木，如银杏树、榕树等，提供充足的遮阴。同时，可设置凉亭、喷雾降温设施，提升公园的整体舒适度，降低老年人中暑风险。

## 六、研究总结

### 1. 模型设计的特点

本项目的特点与创新点可以总结为研究对象、研究数据、研究方法，以及研究运用这三个层面。

（1）本研究在对象选取上对人群进行了具体的区分，将人群分析具体划分为老年群体（60岁及60岁以上）与非老年群体（18岁至59岁），识别城市热暴露高风险区域的同时，重点关注城市老年群体的热暴露程度，并分析其与非老年群体之间的行为特征差异、热暴露程度差异及所接触的绿地程度差异。对人群的区分研究既是对我国人口老年化进程加速，以及以老年群体为代表的弱势群体热暴露风险加剧做出充分响应，也是在热暴露相关分析研究中对人群细化研究的一次探索，以及对未来分析人群画像更加细致化的一次展望。

（2）本研究在研究数据的选择上充分考虑了人群活动的实际特征，构思按照人群停滞逗留的静态场景和出行活动的动态场景对人口空间分布情况进行分别统计，依托中国联通智慧足迹数据提供的驻留与流动两类数据，对热暴露风险进行静态与动态两大方面的全面测度。

（3）本研究在研究技术层面突破了对绿化环境指标的简单化选取与处理，为充分分析老年群体在驻留和出行过程中周边绿地的分布与内部结构，既考虑使用通过遥感解译，以及开源的绿地、斑块面积、景观植被指数等二维城市绿度指标，也使用了基于街景图片、使用深度学习计算绿视率指标的三维城市绿度指标。

### 2. 应用方向或应用前景

（1）降低老年群体的热暴露程度，提升老年群体的生活幸福指数。通过模型分析，发现城市绿地配置在热暴露风险角度存在的问题，识别老年群体在城市生活（包括驻留和出行）中的高风险区域，并针对这些区域提出优化策略以提升老年群体的生活质量和生活幸福指数。

（2）在城市编制绿地规划的过程中，通过此模型可以从热暴露和居民健康的角度提供一个参考的角度，提升绿地规划的质量。在编制城市绿地规划的过程中，涉及的城市绿地服务评价常用指标，如绿化覆盖率、绿地率和人均公共绿地面积等指标也是分配公平在数量上的体现。这些指标具有普遍适用性和可比性强的特征。在以人为本的理念下，仅依靠数量的规划会造成社会供需不均衡。利用本文中的模型和方法可以进一步提升城市绿地规划的社会公平性，更精确地满足某些特定群体的相关需求，提高绿地规划布局的效率和质量（图6-1）。

### 3. 研究展望

基于前置分析，我们探索了研究区绿色指标与地表温度之间的关系，同时明晰了老年人群活动地区降温影响因子并推断出这些地区的绿地降温逻辑，通过结合Anylogic系统仿真模型能够使研究在规划应用层面发挥更大的作用，有助于规划部门为削减老年人群遭受的热暴露做出决策。

在规划决策过程中，首先针对规划地区设置基本降温目标，其次通过已推断出的绿色指标降温逻辑结合经济成本、绿地规划、建设难易程度等等给出若干方案。在Anylogic系统仿真模型中对所有研究单元穷举方案，然后针对研究区（极）高温网格降温效果、所有老年人群受到热暴露削减程度等评估方案的降温效果。在确定若干方案的效果后，结合经济成本综合评估方案的可行度，从而给出规划意见与决策支持（图6-2）。

图6-1 热暴露风险仿真模拟平台设计

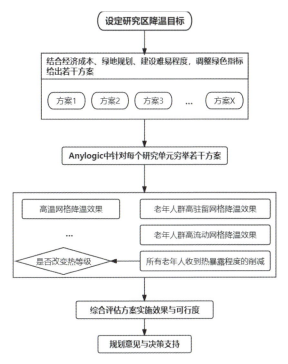

图6-2 研究成果结合Anylogic模型参与规划决策流程示意

## 参考文献

[1] 李行聿. 城市热环境影响因素分析及人群健康相关风险评估[D]. 武汉：武汉大学，2023.

[2] China Meteorological Administration. Blue Book on Climate Change of China unveiled[EB].（2023-07-19）. http://www.cma.gov.cn/en/forecast/PhotoGallery/202307/t20230719_5057000.html.

[3] YANG Z, YANG B, LIU P, et al. Exposure to extreme climate decreases self-rated health score: Large-scale survey evidence from China[J]. Global environmental change, 2022, 74: 102514.

[4] 张明顺，王义臣. 城市地区气候变化脆弱性与对策研究进展[J]. 环境与可持续发展，2015，40（1）：28-32.

[5] 黄晓军，祁明月. 高温影响下西安市人口脆弱性评估及其空间分异[J]. 地理研究，2021，40（6）：1684-1700.

[6] GEORGI J N, DIMITRIOU D. The contribution of urban green spaces to the improvement of environment in cities: Case study of Chania, Greece[J]. Building and environment, 2010, 45(6): 1401-1414.

[7] MASHHOODI B. Environmental justice and surface temperature: Income, ethnic, gender, and age inequalities[J]. Sustainable cities and society, 2021, 68: 102810.

[8] 张琦. 中国主要城市人口热暴露时空变化特征及评估[D]. 长沙：中南林业科技大学.

[9] 何宛余，李春，聂广洋，等. 深度学习在城市感知的应用可能：基于卷积神经网络的图像判别分析[J]. 国际城市规划，2019，34（1）：8-17.

[10] 刘晓天，孙冰，廖超，等. 基于街景图像的城市街道绿视率计量方法比较分析[J]. 江西农业大学学报，2020，42（5）：1022-1031.

[11] 董彦锋，胡伍生，余龙飞，等. 深度学习的街景行道树自动识别提取研究[J]. 测绘科学，2021，46（2）：139-145.

[12] 梁琦. 基于Anylogic仿真模拟的沈阳农业大学防灾避险绿地研究[D]. 沈阳：沈阳农业大学.

[13] 李宇阳. 基于行人仿真模拟的老城区高校边缘空间优化策略研究[D]. 南京：东南大学，2022.

[14] ERMIDA S L, SOARES P, MANTAS V, et al. Google earth engine open-source code for land surface temperature estimation from the landsat series[J]. Remote sensing, multidisciplinary digital publishing institute, 2020, 12（9）：1471.

[15] 辛儒鸿，曾坚，李凯，等. 城市热环境调节服务供需失衡关键区识别与优先级划分[J]. 地理研究，2022，41（11）：3124-3142.

[16] 幸丽君. 公平理念指引下的城市公园绿地空间布局优化[D]. 武汉：武汉大学，2022.

# 基于街景图像与社交媒体数据的摊贩时空分布特征及影响因素研究——以广州市中心城区为例

**工 作 单 位：** 天津大学建筑学院、中国科学院计算技术研究所

**报 名 主 题：** 面向高质量发展的城市治理

**研 究 议 题：** 城市行为空间与生活圈优化

**技术关键词：** 时空行为分析、空间自相关、机器学习

**参 赛 选 手：** 刘思琪、荣向欣、李佩霖、王磊、刘梦迪

**指 导 老 师：** 许涛、王苗

**团 队 简 介：** 本团队是一个跨学科交叉创新团队，成员由天津大学建筑学院与中国科学院计算技术研究所的专业人才共同构成。团队结构覆盖学术研究全链条，包含高校教师2人、在读博士研究生1人、硕士研究生1人以及本科生3人。团队致力于将计算机视觉、机器学习与城市治理紧密结合，不断优化模型，提高决策支持的精度和效率，用人工智能技术解决复杂的城市问题。

## 一、研究问题

### 1. 研究背景及目的意义

（1）研究背景

街头贩卖作为城市非正规经济的重要组成部分，是城市规划与治理领域最热门的研究课题之一，目前对摊贩的研究涉及多个学科，如经济学、公共管理、社会学、地理学及城市规划学等。现有文献主要讨论了摊贩治理政策和机制、摊贩与管理者之间的冲突与矛盾等主题，且突出强调了摊贩对城市经济发展的积极影响：作为一种常见的谋生手段，摆摊能够有效解决就业难题，缓解就业压力。然而摊贩所带来的负面影响也不容忽视，如占据街道空间、扰乱交通秩序等，因此，对摊贩的治理政策大多数时候是自相矛盾的，摊贩治理政策从最开始的"一刀切"过渡到建立疏导区的"正规化"，随着后疫情时代的来临，人们意识到需要重启地摊经济来拉动经济增长，激发城市活力，摆摊友好政策陆续发布，但摊贩的负面作用也凸显出来，给治理摊贩带来了压力。因此，如何科学认知摊贩分布规律、合理规范摊贩的活动，是城市治理中亟需解决的问题。

（2）相关研究进展

目前我国大部分学者是基于人工调查、问卷访谈等传统形式进行非正规经济的研究，黄耿志等人通过实地访谈广州200个摊贩探究了摊贩在城市中聚集分布的形态及其微区位的选择机制。同时越来越多的学者意识到摊贩的分布不仅仅是微小尺度的问题，更是基于城市尺度的大范围流动。胡莹等人基于田野调查和半结构化访谈分析了苏州中心城区的摊贩在宏观区位的分布、微观空间的集聚及中观空间的依附要素，并进行了影响因子的

分析。

也有学者依托城市规模的官方普查获得摊贩的相关信息。智慧城市和数字管理系统的不断建设，为获取摊贩空间分布等信息提供了新思路，张延吉等人依托北京市朝阳区数字管理系统的摊贩数据库和工商部门正规经济的注册信息分析了非正规经济与正规经济的不同生存模式，并比较了构成两者分布格局的因子影响力。Li等基于智慧城管平台和"12345"投诉平台，从城市治理和社会感知两个方向分析了摊贩的空间分布及形成机制，并发现两种来源存在较大的偏差。不论是官方普查还是数字管理系统，学者都必须与政府建立某种合作机制才能获得摊贩的相关信息，同时智慧城市治理平台在各个地区发展速度不同，由此获得摊贩数据库的方式并不具有普适性。

人工智能的不断发展为研究城市问题提供了新的发展方向和技术支撑，特别是深度学习与开放街景图像数据被广泛应用于城市建成环境和社会经济调查等领域，如街道景观色彩与情感研究，城市环境特征对住宅价格影响研究等。Liu等人通过识别街景图像摊贩的特征信息，绘制了深圳市摊贩分布的核密度图，并与道路网络图、住房租金图等叠加分析。但单独使用街景图像获取摊贩信息仍有不足。由于街景图像往往采集于主要道路，小街小巷里的摊贩难以被记录，并且其采集时间通常集中在白天，而摊贩又是经常活跃在夜间的群体，其数量一定是被大大低估的，因此应增加其他数据源作为补充。近几年社交媒体发展迅速，一些学者将街景图像的分割结果和社交媒体数据共同作为城市活力指标。

因此结合多样的数据源能够建立更加全面的摊贩研究时空视角，使研究更加准确可靠。

### 2. 研究目标及拟解决的问题

（1）研究目标

基于街景图像、社交媒体两种开放数据，通过深度学习技术构建摊贩识别模型，对得到的摊贩数据集进行时空格局分析及影响机制研究，为城市摊贩空间高质量治理提供思路与策略。

（2）研究内容

①基于开放数据源构建城市摊贩数据库。基于城市街景图像和社交媒体数据，运用深度学习模型实现对图像中摊贩的检测，最终得到摊贩点位的地理信息。

②分析摊贩时空分布规律和行为偏好。基于标准差椭圆、空间自相关等方法建立起摊贩行为与空间的联系，并进行可视化呈现。

③探究摊贩空间分布与城市建成环境、社会经济等因子的相关性。基于多尺度地理加权回归（multiscale geographic weighted regression，简称MGWR）模型和地理探测器，重点关注因子的空间异质性及其交互作用。

（3）研究意义

①提出了城市尺度下研究非正规从业者的新视角和新方法。本研究创新性地从街景图像和社交媒体两种开放数据源中获取摊贩的点位信息，并构建了自动识别摊贩图像的深度学习模型，为今后相关研究提供参考。

②为未来城市尺度下摊贩高质量治理提供科学支撑。本研究着眼于摊贩空间分布格局及其形成机制，具有很强的现实意义。

## 二、研究方法

### 1. 研究方法及理论依据

（1）理论依据

①空间实践理论：关注使用者的社会文化身份及其占据空间的过程，侧重发掘空间变迁背后行为主体的身份和流动特征，构建行为者与城市空间的关系。空间实践是行为者通过重塑空间的形式构成新的空间组织的过程，形成"人–行为–空间"的行为网络。

②城市空间塑造理论：城市空间的塑造和重构是空间使用者的行为在时空上的积累。通过认识行为者的时空行动规律，从日常实践中剖析城市的发展。

（2）现有相关模型及研究方法

①街景大数据反映摊贩空间分布格局

街景数据已高密度均匀地覆盖中国大多数城市，反映城市中人和环境之间的交互情况。就非正规经济调查而言，由于街景图像是沿着路网采集的，记录了每个从业者的丰富信息，这种开放街景数据为城市范围内摊贩空间格局分析提供了机会。

②深度学习技术助力摊贩图像识别

本研究中检测目标摊贩涉及人、货物、器具的组合对象，重点检测出现摊贩的街景图像的地理坐标，对其轮廓等没有要求。目前发展最先进的深度神经网络有YOLO、SSD和Faster R-CNN等，本研究选择YOLOv8，其具有更快的推理速度、更高的精度、更广泛的硬件支持等优势,这使其成为目前业界最流行和成功的模型算法之一。因此将其作为本次任务的网络架构基础。

③社交媒体数据提取摊贩点位信息

由于微博等社交媒体应用的增加,越来越多的人在互联网上分享自己的位置信息,提供了大量的开放签到记录。通过关键词搜索并对数据进行筛选、清洗得到摊贩分布的空间信息,与街景数据相结合,从时空维度进行更全面的衡量。

④时空模型解释摊贩出现机制

本研究选择了MGWR模型和地理探测器两种模型分析街头贩卖事件的时空发生机制。MGWR模型允许每个解释变量拥有单独的带宽,带宽的大小根据空间尺度进行调整,更准确地分析摊贩空间分异特征。同时为了探究因子间交互作用大小,引入地理探测器比较因子的交互影响与因子的单独影响的解释力。

## 2. 技术路线及关键技术

（1）技术路线

本研究实施步骤分为四个阶段:①数据获取与处理;②摊贩的时空格局和聚类分析;③摊贩分布的影响因素分析;④提出摊贩高质量治理的策略。在数据获取与处理阶段,依托城市街景数据和社交媒体数据两种数据源,针对街景图片基于YOLOv8构建并训练了摊贩的识别模型,并对采集的社交媒体信息进行清洗筛选,获得了城市范围内的摊贩数据集。研究以广州市中心城区为例,运用标准差椭圆、空间自相关等方法分析了2019年和2021年摊贩的空间格局和集聚程度的变化,运用MGWR模型和地理探测器探究摊贩空间分布的发生机制和影响因子,并以此为依据,提出城市摊贩空间高质量治理思路与策略。技术路线图如图2-1所示。

（2）关键技术

街景及感知大数据处理技术:编写Python程序通过百度地图平台API采集街景数据。

社交媒体数据处理技术:编写Python代码（模拟器+Mitmproxy抓包）对关键词进行搜索,采集微博打卡点位信息,并针对时间和空间有效性对数据进行筛选和清洗,获得摊贩空间点位分布信息。

基于YOLOv8的图像识别技术:对YOLOv8深度学习模型进行模型参数的调整,并用Labellmg对街景图片进行人工标注,用于模型的训练与验证,最终将该模型运用于检测研究范围内图像中

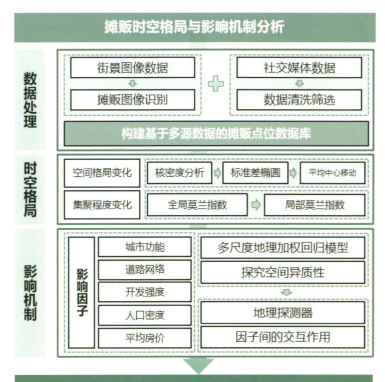

图2-1 技术路线图

的摊贩。

摊贩空间分布解释模型技术:基于MGWR模型和地理探测器,从不同角度探究了摊贩空间分布的形成机制。

## 三、数据说明

### 1. 研究城市选取

本研究选取中国广州市中心城区作为研究区域,其中包括越秀区、荔湾区、海珠区、天河区,以及白云区的部分区域。选择广州市的原因主要有以下几点:第一,经济的快速发展和人口的流动使得广州市的非正规经济的问题和现象更为普遍。第二,广州是中国最早改变摊贩治理政策的城市之一,对摊贩的治理较为成熟,具有一定的摊贩治理经验和基础。第三,从街景采集的角度看,北方城市的街景多采集于冬天,而摆摊这一行为受季节影响较大,因此选择南方城市进行街景采集更合适。这三点使得广州市中心城区成为本研究的理想区域（图3-1、表3-1）。

图3-1 广州市中心城区地图

| 2020年广州市行政区基础数据 | | | 表3-1 |
| --- | --- | --- | --- |
| 区域 | 面积（km²） | 常住人口/万人 | GDP（万元/人） |
| 越秀区 | 31.29 | 103.86 | 27.85 |
| 荔湾区 | 59.10 | 123.83 | 10.73 |
| 海珠区 | 90.40 | 181.90 | 12.10 |
| 天河区 | 137.38 | 224.18 | 29.70 |
| 白云区 | 795.79 | 374.30 | 8.07 |

## 2. 数据内容及类型（表3-2、图3-2）

（1）路网数据

为获取广州市中心城区道路数据，使用OpenStreetMap（以下简称OSM）下载城市路网数据，并储存为shp文件格式。

（2）街景数据

本研究中的摊贩街景数据分为两部分：一部分作为机器识别的训练集，提升机器识别图像中有无摊贩的精度；另一部分为广州市中心城区2019年和2021年根据每100m取点进行采集的街景图像，作为识别模型的测试集。

（3）社交媒体数据

本研究选取新浪微博作为获取社交媒体数据的平台，原因如下：第一，微博可以通过文本内容和定位获取摊贩及其点位信息；第二，相比其他热门的社交媒体平台，新浪微博数据的获取不受时间的限制。以"广州摆摊""广州夜市""广州集市""广州市场""走鬼"作为关键词，在新浪微博平台采集2019年和2021年的微博数据，以此作为摊贩点位信息补充的来源。

（4）自变量数据

摆摊是一项在城市中进行、与居民日常生活密切相关的活动，因此对于自变量，首先将城市建成环境和居民人口特征作为摊贩点位分布的主要影响因子。

城市建成环境包括城市功能、道路网络、开发强度三个方面。其中城市功能使用POI和功能混合度进行量化。从高德地图开放平台获取2019年和2021年广州市中心城区的各类POI。道路网络包括道路密度和交通可达性，分别利用从OSM平台下载的路网数据和POI中的交通设施数据进行计算。开发强度使用建筑物密度和容积率进行测算，数据来源于高德建筑轮廓数据。

居民人口特征使用人口密度和平均房价进行量化，数据分别来源于WorldPop和安居客二手房交易网的房屋成交数据。由于人口密度年份的限制，选用两个年份之间2020年的人口密度数据。

| 数据采集范围与内容 | | | | | 表3-2 |
| --- | --- | --- | --- | --- | --- |
| 采集范围 | 数据类型 | 数据来源 | 数据内容 | 数据格式 | 采集时间/年 |
| 广州市中心城区 | 路网数据 | OSM | 城市道路网 | shp | 2020 |
| | 街景图像数据 | 百度街景地图API | 100m间隔街景图像 | jpg | 2019、2021 |
| | 社交媒体数据 | 新浪微博 | 社交博文信息 | csv | 2019、2021 |
| | 城市功能 | 高德地图API | 各类POI | shp | 2019、2021 |
| | 开发强度 | 高德建筑轮廓 | 建筑物轮廓 | shp | 2020 |
| | 居民人口特征 | WorldPop | 人口密度 | tif | 2020 |
| | | 安居客二手房交易网站 | 房价 | csv | 2020 |

## 3. 数据预处理技术与成果

（1）路网数据和街景数据预处理

①路网取点

在OSM路网上以100m为间距，沿线生成街景采集点，并存储街景采集点经纬度信息为csv文件。

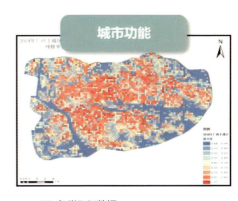

□ 两个年份的广州中心城区街景图像数据

□ 不同年份的社交媒体数据

□ 各类POI数据
□ 城市用地功能混合度

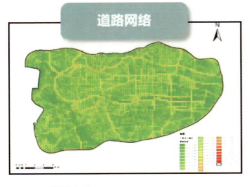
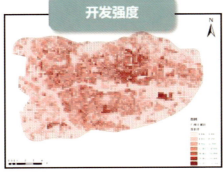
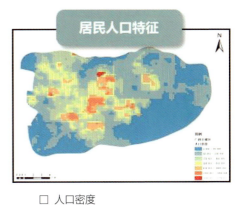

□ 道路密度
□ 交通可达性

□ 容积率
□ 建筑物密度

□ 人口密度
□ 房价

图3-2 主要数据来源和类型

②采集街景

街景数据来源于百度开放平台，为了尽可能多视角地获得摊贩图像，每个采集点都设置了0°、90°、180°、270°四个角度，最终采集了2019年和2021年街景图像各125928张和99740张。

③标注数据

训练集共1214张，选择含摊贩的图像514张，并使用开源图形图像标注软件LabelImg对摊贩的边界框进行手动标注，标注摊贩的标准为人、货物、容器的组合对象。选择700张无摊贩的图像与标记的图像到模型训练数据集中。

街景图像数据预处理流程如图3-3所示，街景图像数据采集与时间选择如图3-4所示。

（2）社交媒体数据预处理

搜索关键词采集2019年和2021年的新浪微博信息最终得到14073条数据，并进行数据筛选与清洗：去除掉与研究区域和研

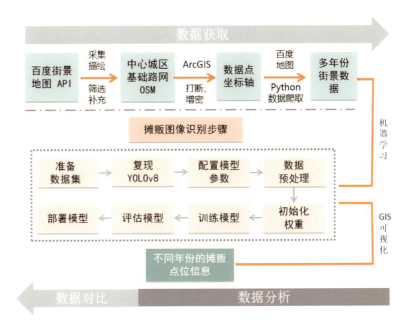

图3-3 街景图像数据预处理流程

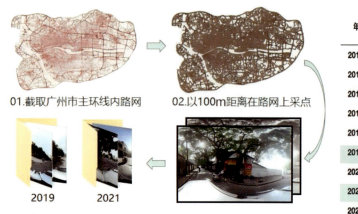

图3-4 街景图像数据采集与时间选择

| 年 | 1月 | 2月 | 3月 | 4月 | 5月 | 6月 | 7月 | 8月 | 9月 | 10月 | 11月 | 12月 | sum |
|---|---|---|---|---|---|---|---|---|---|---|---|---|---|
| 2013 | NaN | NaN | NaN | NaN | NaN | NaN | NaN | NaN | NaN | NaN | NaN | 32236.0 | 32236.0 |
| 2014 | 208.0 | 1042.0 | NaN | NaN | NaN | NaN | NaN | NaN | NaN | NaN | 176.0 | NaN | 1426.0 |
| 2015 | NaN | NaN | NaN | 8.0 | 1787.0 | NaN | NaN | 19276.0 | 3240.0 | 220.0 | 90.0 | NaN | 24621.0 |
| 2016 | 18252.0 | 7272.0 | 117.0 | NaN | NaN | NaN | NaN | NaN | NaN | NaN | NaN | NaN | 25641.0 |
| 2017 | NaN | NaN | 252.0 | 12409.0 | 22650.0 | 671.0 | NaN | NaN | NaN | NaN | NaN | NaN | 35982.0 |
| 2019 | NaN | NaN | NaN | NaN | NaN | NaN | NaN | NaN | 7905.0 | 21087.0 | 2028.0 | NaN | 31020.0 |
| 2020 | NaN | NaN | 5281.0 | NaN | 69.0 | NaN | 74.0 | NaN | NaN | 65.0 | NaN | 2649.0 | 8138.0 |
| 2021 | 9397.0 | 4960.0 | NaN | 5.0 | NaN | NaN | NaN | NaN | NaN | 15.0 | 15492.0 | 2241.0 | 32110.0 |
| 2022 | 1332.0 | 786.0 | NaN | NaN | NaN | NaN | NaN | NaN | NaN | 23.0 | 58.0 | NaN | 2199.0 |

究时间无关的博文及重复博文,最终得到带有摊贩地理信息的社交媒体数据141条(表3-3)。

社交媒体数据示例　　　表3-3

| 经度/° | 纬度/° | 微博内容 | 发布时间 | 搜索词 |
|---|---|---|---|---|
| 113.403969 | 23.120627 | 附近有大型商超、夜市小吃街 | 2021年3月24日 2:30:08 | 广州夜市 |
| 113.340408 | 23.114929 | 到广粤天地参加冬日市集 | 2019年12月15日 10:47:53 | 广州集市 |
| 113.280637 | 23.125178 | 附近大型购物街市场 | 2019年8月31日 21:52:41 | 广州市场 |
| 113.269600 | 23.094419 | 夜幕低垂下的走鬼档 | 2021年9月4日 22:33:47 | 走鬼 |

(3)自变量数据预处理

处理城市功能数据需先对POI根据分类标准将其重新分成14个与居民日常生活密切相关的服务设施:住宿服务、交通设施、住宅建筑、政府机构及社会团体、医疗保健服务、学校教育、休闲娱乐、文化服务、体育健身、生活设施、购物服务、公司企业、风景名胜、餐饮服务。

功能混合度的计算使用信息熵,计算公式如式(3-1)所示。

$$H = \sum_{i=1}^{n} P_i \ln P_i \quad (3-1)$$

式中,$P_i$为第$i$类POI所占单元网格内总POI数的比重。

表3-4为不同自变量数据的处理与计算方式。

自变量数据计算说明　　　表3-4

| 指标维度 | 指标因子 | 说明及计算方式 |
|---|---|---|
| 居民人口特征 | 人口密度 | 单元网格内人口的数量/单元网格面积 |
| | 平均房价 | 单元网格内房价的数量/单元网格面积 |
| 城市功能 | 功能混合度 | 单元网格内不同业态的混合状况,用熵值表示 |
| | 各类POI | 单元网格内各类POI的数量 |
| 道路网络 | 路网密度 | 单元网格内道路长度/单元网格面积 |
| | 交通可达性 | 单元网格中心到最近交通站点的直线距离 |
| 开发强度 | 容积率 | 单元网格内建筑面积/单元网格面积 |
| | 建筑物密度 | 单元网格内建筑的数量/单元网格面积 |

## 四、模型算法

### 1. 模型算法流程及相关数学公式

(1)摊贩图像识别网络模型

本研究基于YOLOv8建立深度学习网络模型,用于检测街景图像中的摊贩,其大致分为三个步骤:网络架构、模型训练与验证、模型评估。

①深度神经网络架构

基于YOLOv8算法的检测器能够从图像中确定属于摊贩从业者的区域,并输出每个从业者的概率。探测器的深度网络结构如图4-1所示,包括:

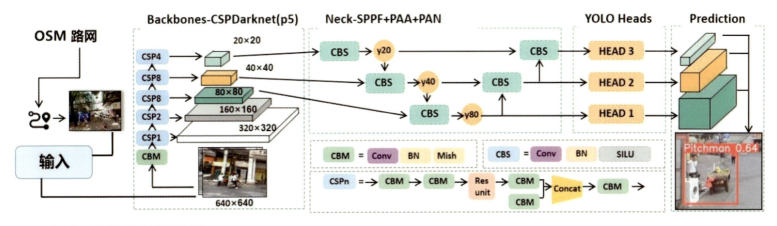

图4-1 基于深度神经网络的摊贩检测器

Input，由标记的图像及其子集组成。

Backbone，采用了C2f模块作为基本构成单元，与YOLOv5的C3模块相比，C2f模块具有更少的参数量和更优秀的特征提取能力。

Neck，采用了多尺度特征融合技术，将来自Backbone的不同阶段的特征图进行融合，以增强特征表示能力。具体来说，YOLOv8的Neck部分包括一个SPPF模块、一个PAA模块和两个PAN模块。

Head，用来预测摊贩的等级和边界框。检测器包括一个检测头和一个分类头：检测头包含一系列卷积层和反卷积层，用于生成检测结果；分类头则采用全局平均池化来对每个特征图进行分类，其继承自YOLOv5。

②模型训练与验证

为了提高精度和实现显著的加速，使用一组标准边界框来检测内部是否有执业目标，而不是使用不稳定的移动窗口。根据标记边界框的分布情况，采用K-means方法确定标准边界框。

此外，为了保证高识别率，避免干扰每张图像中的复杂颜色，根据灰度图像特征训练权值模型。同时为了扩大训练数据的规模，提高检测器的泛化性能，将标记好的样本进行各种组合的变换，并导入主干中，从而得到完整的检测模型。

③模型评估

模型的性能通过精确率P和召回率R来反应其准确率A，精度是真阳性（TP）与检测到的边界框总数（TP + FP）的比率，而召回率是真阳性（TP）与实际边界框数量（TP + FN）的比率（表4-1）。

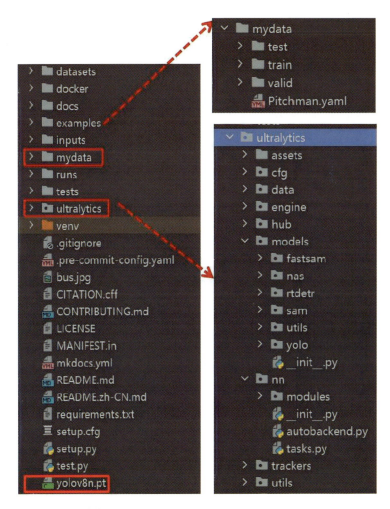

图4-2 代码结构

图4-3 代码内容

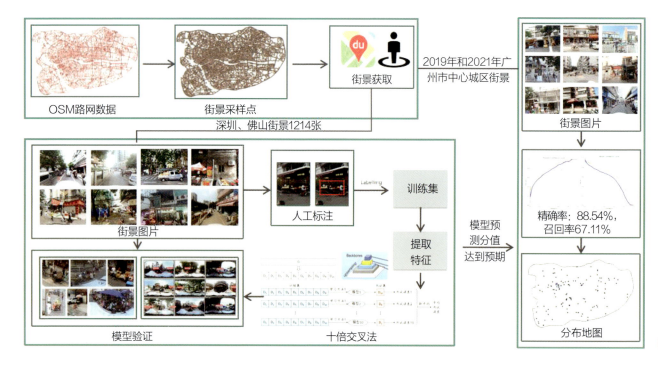

图4-4 摊贩图像识别流程

④摊贩图像识别结果

通过构建摊贩图像识别模型并进行训练和验证（图4-2～图4-5），识别结果如下所示。

准确率=正确预测的样本数/所有样本数，即A=（TP+TN）/（T+F）=79.21%；

精确率=真正的正样本数/预测为正的样本数，即P=TP/（TP+FP）=88.54%；

召回率=正确预测的正样本数/所有正样本，R=TP/（TP+FN）=67.11%；

F1值是精确率和召回率的调和平均数，F1=2×P×R/（P+R）=76.35%。

模型的ROC曲线中（图4-6），横坐标为假正率（False Positive Rate，简称FPR），表示预测为正但实际为负的样本占所有负例样本的比例，FPR=FP/（TN+FP）；纵坐标为真正率（True Positive Rate，简称TPR），即召回率预测为正且实际为正的样本占所有正例样本的比例，TPR=TP/（TP+FN）。

| 深度学习评价标准及含义 | | 表4-1 |
|---|---|---|
| 分类 | 含义 | |
| TP | 实际正类预测为正类的数量 | |
| FP | 实际负类预测为正类的数量 | |
| TN | 实际负类预测为负类的数量 | |
| FN | 实际正类预测为负类的数量 | |

（2）空间相关性检验

本研究选取常用的Moran指数$I$对摊贩全域空间的集聚程度做量化分析。

①使用全局莫兰指数进行全局自相关的分析

全局莫兰指数（Global Moran'I）用于描述所有的空间单元在整个区域上与周边地区的平均关联程度。计算公式如式（4-1）所示。

$$I = \frac{n}{S_0} \times \frac{\sum_{i=1}^{n}\sum_{j=1}^{n} w_{ij}(y_i - \bar{y})(y_j - \bar{y})}{\sum_{i=1}^{n}(y_i - \bar{y})^2} \quad (4-1)$$

式中，$n$为空间单元总个数，$y_i$和$y_j$分别表示第$i$个空间单元和第$j$个空间单元的属性值，$\bar{y}$为所有空间单元属性值的均值，$w_{ij}$为空间权重值。

$I$取值范围为-1～1，$I$大小不同时，表现出不同的空间特征，如表4-2所示。

| $I$取值范围及对应含义 | 表4-2 |
|---|---|
| $I$的范围 | 含义 |
| $I>0$ | 呈现空间正相关，值越大空间相关性越明显 |
| $I=0$ | 空间呈现随机性 |
| $I<0$ | 呈现空间负相关，值越小空间差异越大 |

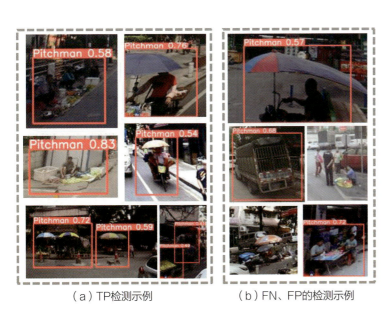

（a）TP检测示例　　（b）FN、FP的检测示例

图4-5　摊贩图像识别示例

②使用局部莫兰指数进行局部自相关的分析

局部莫兰指数（Local Moran'I）用于描述呈现聚集特征的位置（图4-7）。计算公式如式（4-2）所示。

$$I_i = \frac{Z_i}{S^2}\sum_{j \neq i}^{n} w_{ij}Z_j \quad (4-2)$$

式中，$Z_i = y_i - \bar{y}$，$Z_j = y_j - \bar{y}$，$w_{ij}$为空间权重值，$n$为研究区域上所有地区的总数，$I_i$代表第$i$个区域的局部莫兰指数。

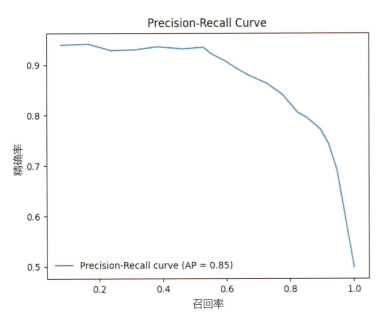

图4-6　ROC曲线

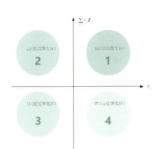

1.HH（高高聚集区）：该区域摊贩数量多且周边区域多
2.LH（低高聚集区）：该区域摊贩数量少而周边区域多
3.LL（低低聚集区）：该区域摊贩数量少且周边区域少
4.HL（高低聚集区）：该区域摊贩数量多而周边区域少

图4-7　不同取值范围及解释

### （3）摊贩空间分布解释模型

**①多尺度地理加权回归模型（MGWR）**

本研究使用MGWR模型分析不同因子对摊贩分布的影响作用，以及摊贩分布的空间异质性，MGWR模型的计算公式如式（4-3）所示。

$$y_i = \sum_{j=1}^{k} \beta_{bwj}(u_i, v_i) x_{ij} + \varepsilon_i \quad (4-3)$$

式中，$bwj$代表第$j$个变量回归系数使用的带宽；$y_i$表示第$i$个格网中摊贩分布点位的核密度；$(u_i, v_i)$表示第$i$个格网的质心坐标；$\beta_{bwj}$表示在带宽$bw_j$下第$i$个格网中第$j$个变量的回归系数；$k$表示样本数；$\varepsilon_i$表示随机误差项。

**②地理探测器**

地理探测器是一种用来探测和利用空间分异性的工具，其包括四个探测器：分异及因子探测器、交互作用探测器、风险区探测器、生态探测器。由于摊贩在城市空间中的分布本就是多重因素共同作用的结果，因此本节重点分析因子交互作用。

交互作用探测器通过计算$X_1$和$X_2$两种变量对应的解释力$q$值，即$q(X_1)$和$q(X_2)$，再计算两种因子交互作用的$q$值，即$q(X_1 \cap X_2)$，交互作用的$q$值有五种类型，如表4-3所示：

因子交互类型判断依据　　　　表4-3

| 判断依据 | 交互作用 |
| --- | --- |
| $q(X_1 \cap X_2) < \text{Min}[q(X_1), q(X_2)]$ | 非线性减弱 |
| $\text{Min}[q(X_1), q(X_2)] < q(X_1 \cap X_2) < \text{Max}[q(X_1) + q(X_2)]$ | 单因子非线性减弱 |
| $q(X_1 \cap X_2) > \text{Max}[q(X_1), q(X_2)]$ | 双因子增强 |
| $q(X_1 \cap X_2) = q(X_1) + q(X_2)$ | 独立 |
| $q(X_1 \cap X_2) > q(X_1) + q(X_2)$ | 非线性增强 |

### 2. 模型算法相关支撑技术

阐明支撑模型算法实现的相关技术手段，如软件、系统、平台、开发语言等。

**（1）摊贩图像识别网络模型**

摊贩图像识别模型算法技术表如表4-4所示。

摊贩图像识别模型算法技术表　　　　表4-4

| 系统 | Windows |
| --- | --- |
| 软件 | Anaconda Pycharm |
| 开发语言 | Python |
| 平台 | Pytorch框架 |
| 训练集 | 人工采集标注 |
| 相关技术手段 | 深度学习 |

**（2）摊贩时空分布解释模型**

摊贩时空分布解释模型如表4-5、表4-6所示。

摊贩时空分布解释模型表1　　　　表4-5

| 系统 | Windows |
| --- | --- |
| 软件 | ArcGIS MGWR |
| 开发语言 | — |
| 平台 | — |
| 相关技术手段 | 空间异质性 |

摊贩时空分布解释模型表2　　　　表4-6

| 系统 | Windows |
| --- | --- |
| 软件 | 地理探测器 |
| 开发语言 | — |
| 平台 | — |
| 相关技术手段 | 因子交互探测 |

## 五、实践案例

### 1. 摊贩时空格局分析

**（1）空间布局变化**

2019年和2021年摊贩点位大致相同（图5-1），主要集中在荔湾区、越秀区、海珠区老城区内，呈多核聚集模式；随时间推移，摊贩活动的聚集中心稍向东移，在天河区也开始出现多核聚集。

标准差椭圆具有明显的方向性，趋势呈东西向，随时间变化，其方向向西南—东北方向转换，且扁平率变低；随时间推移，平均中心点向东移动了约1406m，摊贩点位聚集中心有从老城向新城移动的趋势（图5-2）。

总的来看，摊贩会随着城市经济发展的迁移而发生流动，摊贩的流动造成了城市非正规空间的变化。

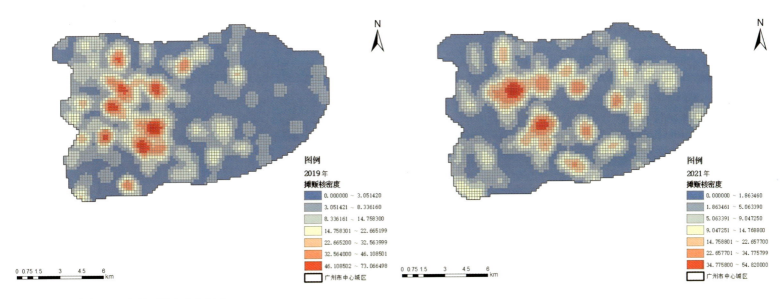

图5-1 2019年与2021年摊贩核密度分布图

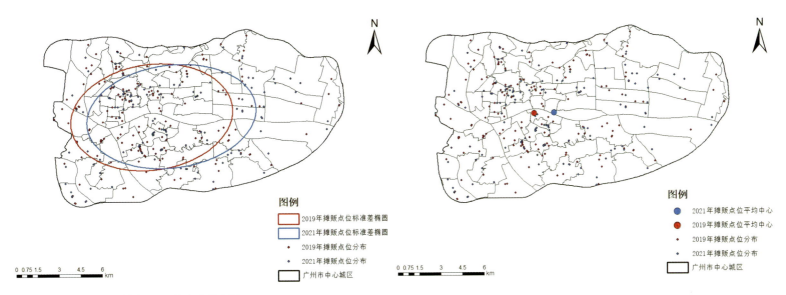

图5-2 摊贩点位标准差椭圆和平均中心分布图

（2）空间集聚程度变化

2019年摊贩点位分布莫兰指数$I=0.019283>0$，$Z=2.394311>1.96$，空间分布呈集聚模式；2021年摊贩点位分布莫兰指数$I=0.046360>0$，$Z=4.483539>2.58$，空间分布呈显著聚集模式。两年的全局自相关结果用数据表明摊贩在空间的分布是集聚的，这也正符合摊贩形成的非正规空间自组织、多变的特征（图5-3）。

将2019年和2021年摊贩分布点位做局部自相关分析（图5-4），

可以看到摊贩的集聚与城市建成环境和经济发展水平等密切相关。单独看2019年，高高型区域为摊贩显著聚集的区域，主要在荔湾区和海珠区；低高型区域多为居住区，整体被永庆坊、陈家祠、江南西等旅游商业区包围，进而成为摊贩分布的"洼地"；高低型区域位于主环线以内东北侧，是华南理工大学等高校聚集地；摊贩显著低发的区域为天河区东部地区，由于经济还在发展中，人口密度和活力有待提升。

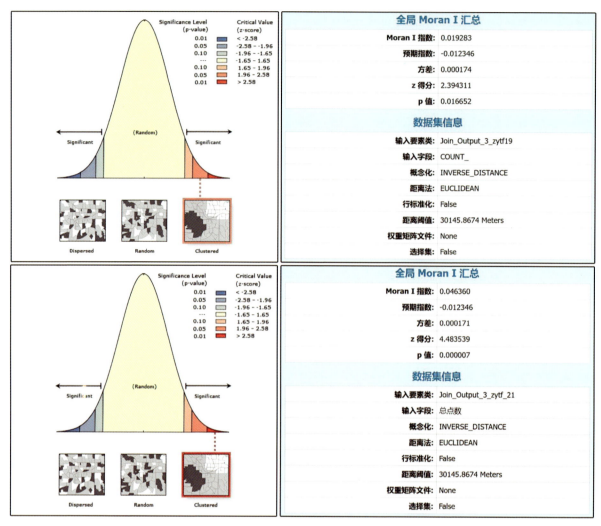

图5-3 2019年与2021年摊贩点位全局自相关分析

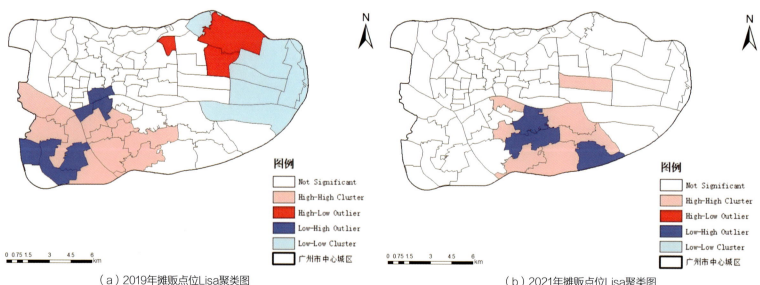

（a）2019年摊贩点位Lisa聚类图　　　　　　　　　　　　　　（b）2021年摊贩点位Lisa聚类图

图5-4 2019年与2021年摊贩点位局部自相关分析

单独看2021年，高高型区域向海珠区发展，此处有著名的广州塔、海珠湖等旅游景区，同时摊贩显著聚集的区域还向天河区扩展，此处为珠江公园附近，是广州着力发展的经济商圈之一；摊贩分布的"洼地"分别为被旅游商业包围的居民区及主环线边缘地带，这些地方较周边区域来说并不是摊贩的优先选择。

对比2019年和2021年局部自相关可以发现：摊贩分布的高高型区域从西部的荔湾区向东部的海珠区和天河区发生了转移；同时摊贩在天河区分布的低低型区域在2021年不再是低低型区域。

## 2. 影响因子相关性

（1）多尺度地理加权回归

总体回归结果中显示2019年$R^2$和2021年调整后的$R^2$分别为0.962和0.965，AICc值分别为3995.485和2900.323，说明模型拟合优度高（表5-1）。

2019年与2021年MGWR模型诊断结果　　表5-1

| 诊断指标 | 2019 | 2021 |
| --- | --- | --- |
| $R^2$ | 0.980 | 0.981 |
| 调整后$R^2$ | 0.962 | 0.965 |
| AICc值 | 3995.485 | 2900.323 |

整理2019年与2021年MGWR模型回归结果，分别如表5-2、表5-3所示。从2019年回归结果来看：

①居民人口：人口密度（0.278）呈显著正相关，大于其他所有因素，表明人口密度在所有影响因素中解释力最强。

②城市功能：功能混合度呈现显著正相关，表明功能丰富的区域能够提高城市活力、吸引人流，从而导致摊贩的集聚；各类功能设施中，购物（0.118）、交通（0.027）、生活（0.029）等均呈显著正向作用，而餐饮（-0.025）表现出显著负向作用，餐饮

2019年影响因子特征量化及结果统计　　表5-2

| 变量 | 指标 | 均值 | 最小值 | 中位数 | 最大值 | 显著性 | 带宽 |
| --- | --- | --- | --- | --- | --- | --- | --- |
| 居民人口 | 人口密度** | 0.278 | -1.164 | 0.226 | 2.370 | 0.000 | 44 |
| | 平均房价 | 0.013 | -0.563 | 0.002 | 0.808 | 0.054 | 44 |
| 城市功能 | 功能混合度** | 0.083 | -0.311 | 0.001 | 1.875 | 0.001 | 44 |
| | 生活设施** | 0.029 | 0.015 | 0.023 | 0.050 | 0.000 | 2364 |
| | 交通设施** | 0.027 | -0.619 | 0.021 | 0.649 | 0.000 | 44 |
| | 住宅设施* | -0.002 | -0.213 | -0.002 | 0.231 | 0.039 | 96 |
| | 餐饮服务** | -0.025 | -0.507 | -0.019 | 0.258 | 0.001 | 68 |
| | 购物设施** | 0.118 | -1.574 | 0.069 | 0.878 | 0.000 | 44 |
| | 休闲娱乐** | -0.005 | -0.012 | -0.009 | 0.005 | 0.000 | 3106 |
| | 风景名胜** | 0.026 | -1.236 | 0.021 | 0.587 | 0.000 | 44 |
| | 医疗服务** | 0.015 | -0.124 | 0.010 | 0.222 | 0.000 | 137 |
| | 学校教育 | 0.009 | -0.693 | 0.007 | 0.451 | 0.201 | 48 |
| | 住宿设施* | -0.008 | -1.256 | 0.005 | 0.481 | 0.010 | 56 |
| | 公司企业** | -0.028 | -2.540 | -0.009 | 0.497 | 0.000 | 44 |
| | 政府设施** | -0.007 | -0.144 | -0.008 | 0.157 | 0.000 | 177 |
| | 文化服务 | -0.004 | -0.005 | -0.004 | -0.002 | 0.964 | 5181 |
| | 体育健身** | -0.020 | -1.306 | -0.004 | 0.394 | 0.001 | 44 |
| 道路网络 | 路网密度 | 0.009 | -0.168 | -0.002 | 0.256 | 0.258 | 100 |
| | 交通可达性** | -0.036 | -1.082 | -0.007 | 0.434 | 0.000 | 44 |
| 开发强度 | 容积率** | 0.007 | -0.981 | 0.004 | 0.566 | 0.004 | 44 |
| | 建筑物密度 | 0.114 | -0.896 | 0.034 | 2.801 | 0.369 | 44 |

注：**、*分别表示在0.01、0.05的水平上显著。

设施与摊贩的经营内容存在相似之处，两者之间有一定程度的竞争关系。

③道路网络：交通可达性（-0.036）呈显著负相关，这与当时广州市严格把控重点交通枢纽节点的外摆经营政策有关。

④开发强度：仅容积率（0.007）表现出显著相关，且呈正向作用。

在2021年的回归结果中：

①居民人口：人口密度（0.195）仍表现出显著正相关；平均房价（0.039）呈现显著正相关，平均房价一定程度上能反映该区域的经济发展水平，说明经济发展水平较高的地区吸引摊贩分布。

②城市功能：生活（0.024）、住宅（0.006）、购物（0.084）呈现显著正相关，说明摊贩的集聚分布依然与人们的日常生活联系紧密。

③道路网络：交通可达性（-0.020）呈显著负相关；路网密度（0.016）呈显著正相关，说明摊贩往往在道路密集、易于流动的地方开展经营活动。

④开发强度：建筑物密度（0.060）表现出显著正相关。建筑物密集的地方往往表现出更密集的人群和更高的活力，对摊贩的集聚有一定吸引作用。

对比2019和2021两年的回归结果情况发现（表5-4）：

①居民人口：人口密度在两年始终呈显著正向作用，2021年人口密度的影响强度减小，可能与2021年疫情管控、防止人员聚集有关。

②城市功能：混合度在2019年呈显著正相关而在2021年未通过显著性检验；生活、购物等服务设施在两年中均呈显著正相关，表明摊贩始终与居民日常生活密切联系。

③道路网络：交通可达性在两年均呈显著负相关。

2021年影响因子特征量化及结果统计  表5-3

| 变量 | 指标 | 均值 | 最小值 | 中位数 | 最大值 | 显著性 | 带宽 |
| --- | --- | --- | --- | --- | --- | --- | --- |
| 居民人口 | 人口密度** | 0.195 | -2.206 | 0.177 | 1.783 | 0.000 | 44 |
|  | 平均房价** | 0.039 | -0.283 | 0.016 | 1.275 | 0.000 | 44 |
| 城市功能 | 功能混合度 | 0.083 | -0.463 | -0.007 | 1.638 | 0.377 | 44 |
|  | 生活设施* | 0.024 | 0.024 | 0.024 | 0.025 | 0.032 | 5181 |
|  | 交通设施** | -0.011 | -0.026 | -0.013 | 0.014 | 0.007 | 1649 |
|  | 住宅设施** | 0.006 | -0.271 | 0.007 | 0.248 | 0.000 | 68 |
|  | 餐饮服务 | 0.000 | -0.518 | -0.001 | 0.278 | 0.328 | 68 |
|  | 购物设施* | 0.084 | -1.261 | 0.056 | 0.878 | 0.019 | 44 |
|  | 休闲娱乐 | -0.004 | -0.422 | -0.006 | 0.256 | 0.910 | 68 |
|  | 风景名胜** | 0.023 | -1.493 | 0.016 | 0.880 | 0.002 | 44 |
|  | 医疗服务 | -0.002 | -0.015 | -0.004 | 0.014 | 0.317 | 1350 |
|  | 学校教育** | 0.006 | 0.005 | 0.006 | 0.006 | 0.002 | 5181 |
|  | 住宿设施* | 0.022 | -0.870 | 0.012 | 0.477 | 0.040 | 68 |
|  | 公司企业 | 0.005 | -1.415 | 0.002 | 0.492 | 0.124 | 48 |
|  | 政府设施** | 0.011 | -0.402 | 0.008 | 0.364 | 0.000 | 48 |
|  | 文化服务** | 0.004 | -0.663 | -0.005 | 0.395 | 0.004 | 48 |
|  | 体育健身 | 0.003 | -0.030 | 0.004 | 0.027 | 0.739 | 1077 |
| 道路网络 | 路网密度** | 0.016 | -0.299 | 0.007 | 0.491 | 0.005 | 68 |
|  | 交通可达性** | -0.020 | -1.192 | 0.006 | 0.754 | 0.000 | 44 |
| 开发强度 | 容积率 | 0.028 | -0.409 | 0.015 | 0.627 | 0.211 | 48 |
|  | 建筑物密度** | 0.060 | -1.513 | 0.011 | 1.774 | 0.000 | 44 |

注：**、*分别表示在0.01、0.05的水平上显著。

2019年与2021年影响因素回归系数和显著性对比　　　　　　　　　　　表5-4

| 影响因子 | | 人口密度 | 平均房价 | 功能混合度 | 生活设施 | 交通设施 | 住宅设施 | 餐饮服务 | 购物设施 | 休闲娱乐 | 风景名胜 | 医疗服务 | 学校教育 | 住宿设施 | 公司企业 | 政府设施 | 文化服务 | 体育健身 | 路网密度 | 交通可达性 | 容积率 | 建筑物密度 |
|---|---|---|---|---|---|---|---|---|---|---|---|---|---|---|---|---|---|---|---|---|---|
| 2019年 | 回归系数 | 0.278** | 0.013 | 0.083** | 0.029** | 0.027** | -0.002* | -0.025** | 0.118** | -0.005** | 0.026** | 0.015** | 0.009 | -0.008* | -0.028** | -0.007** | -0.004 | -0.02** | 0.009 | -0.036** | 0.007** | 0.114 |
| | 显著性 | 0.000 | 0.054 | 0.001 | 0.000 | 0.000 | 0.039 | 0.001 | 0.000 | 0.000 | 0.000 | 0.000 | 0.201 | 0.010 | 0.000 | 0.000 | 0.964 | 0.001 | 0.258 | 0.000 | 0.004 | 0.369 |
| 2021年 | 回归系数 | 0.195** | 0.039** | 0.083 | 0.024* | -0.011** | 0.006** | 0.000 | 0.084* | -0.004 | 0.023* | -0.002 | 0.006* | 0.022* | 0.005 | 0.011** | 0.004** | 0.003 | 0.016** | -0.02** | 0.028 | 0.060** |
| | 显著性 | 0.000 | 0.000 | 0.377 | 0.032 | 0.007 | 0.000 | 0.328 | 0.019 | 0.910 | 0.002 | 0.317 | 0.002 | 0.040 | 0.124 | 0.000 | 0.004 | 0.739 | 0.005 | 0.000 | 0.211 | 0.000 |

注：因变量：摊贩分布点位核密度 *p<0.05；**p<0.01。

④开发强度：各项因素在两年对摊贩分布的影响有所不同。容积率在2019年表现出正相关，而建筑物密度在2021年表现出正相关。

回归结果中的带宽表现出各影响因子的空间异质性，将影响因子各点的回归系数在ArcGIS中可视化得到图5-5，由图5-5对摊贩分布影响因子的空间异质性进行分析。

①人口密度：2019年和2021年人口密度与摊贩点位分布呈显著正相关，带宽分别为44和68，有明显的空间异质性。2021年与2019年相比，整体有向东移动的趋势，天河区珠江新城一带出现较强的正向作用。由于近年天河区和海珠区经济发展迅速、人口素质水平提升，吸引了人流和摊贩的聚集（图5-6）。

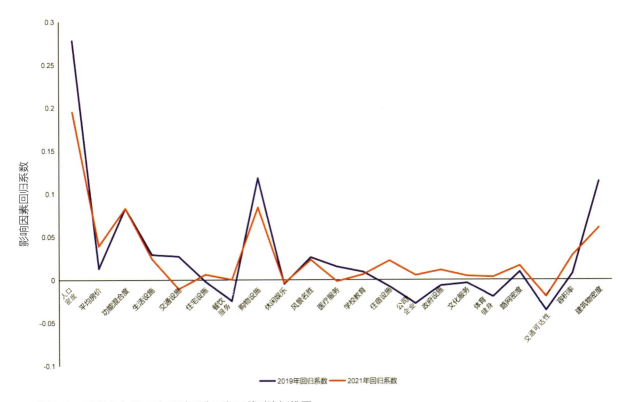

图5-5　2019年与2021年影响因素回归系数对比折线图

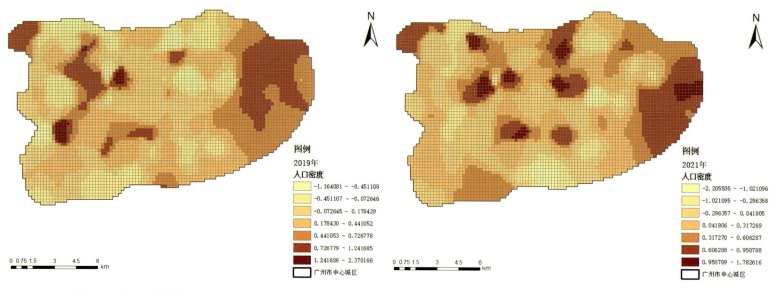

图5-6  2019年与2021年人口密度空间分异格局图

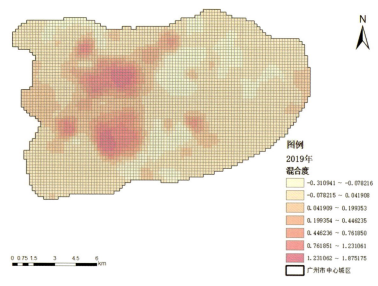

图5-7  2019年混合度空间分异格局图

②混合度：混合度仅在2019年表现为显著相关，带宽为44，有明显的空间异质性。图5-7中表明，混合度对摊贩集聚的正相关效应主要出现在荔湾区、越秀区和海珠区。荔湾区和越秀区为老城区，具有完备的服务设施，具有较强的人群吸引能力，从而引起摊贩聚集。

③生活设施：生活设施在2019年和2021年均呈显著正相关，带宽分别为2364和5181，均在全局尺度上表现出对摊贩分布的正向影响，影响强度由东向西增强（图5-8）。

④交通设施：交通设施在两年均为显著相关，2019年呈正向作用，而2021年呈负向作用，带宽分别为44和1649，影响尺度变大。2019年交通设施对摊贩分布的影响在区域中呈明显的差异，表现为白云区、荔湾区、越秀区和海珠区在重要的道路节点和沿珠江一带正向影响更强，其他地区较弱；2021年则表现出海珠区呈明显负向影响，而向东西两边影响逐渐变弱的趋势（图5-9）。

⑤风景名胜：风景名胜在2019年和2021年呈显著正相关，带宽均为44，有明显的空间异质性。2021年与2019年相比表现出向东移动的趋势，在空间上，海珠区沿河景点如广州塔，以及其他区的公园景点所在区域，其回归系数普遍高于其他空间单元（图5-10）。

⑥购物设施：购物设施在2019年和2021年呈显著正相关，两年带宽均为44，有明显的空间异质性。正效应主要分布在荔湾区、海珠区和天河区，如荔湾区的花湾天地购物中心，且天河区经济发展迅速，大部分空间红利由购物设施产生，使得这一区域摊贩分布对购物设施的依赖性较大（图5-11）。

⑦交通可达性：2019年和2021年交通可达性呈显著负相关，带宽均为44，回归系数负值主要出现在越秀区和海珠区。摆摊是一种在街区尺度上流动性较强的活动，由于广州市政府对重要交通枢纽节点严格把控，交通可达性对摊贩的集聚表现出负向作用（图5-12）。

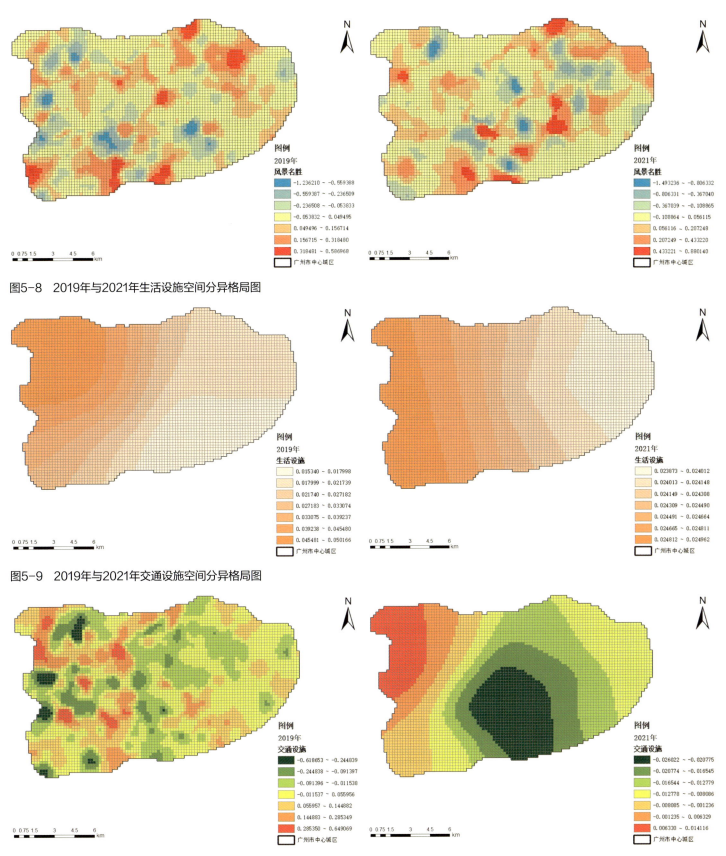

图5-8  2019年与2021年生活设施空间分异格局图

图5-9  2019年与2021年交通设施空间分异格局图

图5-10  2019年与2021年风景名胜空间分异格局图

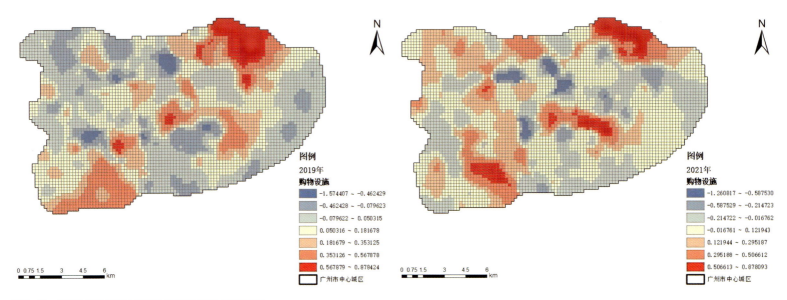

图5-11　2019年与2021年购物设施空间分异格局图

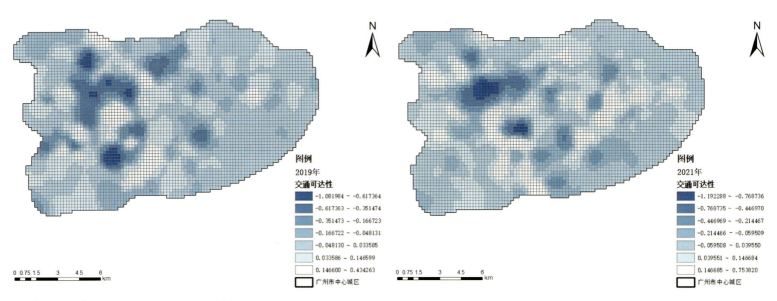

图5-12　2019年与2021年交通可达性空间分异格局图

⑧住宿设施：2019年和2021年住宿设施分别表现出显著负相关和显著正相关，带宽分别为56和68，空间异质性较强。2019年回归系数负值主要出现在荔湾区；2021年回归系数正值主要出现在越秀区和天河区（图5-13）。

（2）地理探测器

探测结果表明摊贩点位分布并不是单因素作用，而是多因素共同作用，相互因素共同作用对摊贩点位分布的解释程度不同，但均呈现出增强效果。选取交互作用$q$值>0.2的交互因子对，整理得到表5-5、表5-6。

分别关注2019年和2021年的因子交互作用探测结果（表5-7、表5-8），可知：

①2019年中，不同显著因素交互作用的影响力均大于单独作用影响力，各影响因素之间的交互作用类型有双因子增强型、非线性增强型，不存在相互独立的因子。对交互作用解释力大小排序，排在前三的均为人口密度叠加某一影响因子，但大小存在差异，其中人口密度与购物设施的交互作用解释力最强，大小约为0.26449。

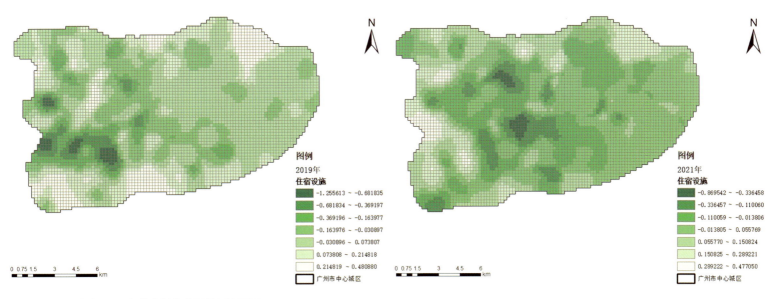

图5-13 2019年与2021年住宿设施空间分异格局图

2019年影响因素交互作用探测结果　　　　　　　　　　　　　　表5-5

| 交互因子 | q值 | 交互作用类型 |
| --- | --- | --- |
| 购物∩人口密度 | 0.26449 | BE |
| 生活∩人口密度 | 0.25677 | BE |
| 政府∩人口密度 | 0.24240 | BE |
| 餐饮∩人口密度 | 0.24226 | BE |
| 混合度∩人口密度 | 0.23995 | BE |
| 医疗∩人口密度 | 0.23677 | BE |
| 容积率∩人口密度 | 0.23603 | BE |
| 休闲∩人口密度 | 0.23509 | BE |
| 住宅∩人口密度 | 0.23394 | BE |
| 交通∩人口密度 | 0.23358 | BE |
| 公司∩人口密度 | 0.23031 | BE |
| 交通可达性∩人口密度 | 0.22602 | BE |
| 风景∩人口密度 | 0.21998 | BE |
| 住宿∩人口密度 | 0.21012 | BE |
| 体育∩人口密度 | 0.20646 | BE |

注：NE（Nonlinear Enhancement）表示非线性增强型，BE（Bi-factor Enhancement）表示双因子增强型。

2021年影响因素交互作用探测结果　　　　　　　　　　　　　　表5-6

| 交互因子 | q值 | 交互作用类型 |
| --- | --- | --- |
| 房价∩人口密度 | 0.22845 | BE |
| 建筑物密度∩人口密度 | 0.21543 | BE |

注：NE（Nonlinear Enhancement）表示非线性增强型，BE（Bi-factor Enhancement）表示双因子增强型。

2019年影响因子交互探测器结果　　　　　　　　　　　　　　　　　　表5-7

Interaction_detector

| | 混合度 | 餐饮 | 交通 | 风景 | 公司 | 住宅 | 住宿 | 政府 |
|---|---|---|---|---|---|---|---|---|
| 混合度 | 0.077802768 | | | | | | | |
| 餐饮 | 0.108956727 | 0.068135232 | | | | | | |
| 交通 | 0.10827493 | 0.110391078 | 0.059973113 | | | | | |
| 风景 | 0.094585576 | 0.087186322 | 0.081852517 | 0.024334742 | | | | |
| 公司 | 0.093221148 | 0.092801211 | 0.093819726 | 0.066510329 | 0.038955879 | | | |
| 住宅 | 0.100929203 | 0.109797998 | 0.114469926 | 0.097039739 | 0.090211894 | 0.067629713 | | |
| 住宿 | 0.100666747 | 0.079484199 | 0.075410799 | 0.049827041 | 0.054905459 | 0.085501283 | 0.022616785 | |
| 政府 | 0.115102056 | 0.119704882 | 0.124479082 | 0.09934605 | 0.107294605 | 0.116900741 | 0.089597234 | 0.078954373 |
| 医疗 | 0.108074241 | 0.101885031 | 0.115262303 | 0.08927216 | 0.096772696 | 0.113427222 | 0.084078571 | 0.121245655 |
| 休闲 | 0.104072771 | 0.0991822 | 0.109215093 | 0.086128912 | 0.092028243 | 0.106730529 | 0.081793747 | 0.114695409 |
| 体育 | 0.085317478 | 0.075661532 | 0.07114674 | 0.037690753 | 0.052548859 | 0.074527011 | 0.035847305 | 0.090420122 |
| 生活 | 0.119377461 | 0.103063277 | 0.135926745 | 0.1163986 | 0.113691746 | 0.119310711 | 0.103215802 | 0.132259014 |
| 购物 | 0.15591305 | 0.121315057 | 0.147284158 | 0.120767051 | 0.124683188 | 0.14629859 | 0.110727299 | 0.147635188 |
| 交通可达性 | 0.106391325 | 0.103853816 | 0.111001206 | 0.084089822 | 0.085841466 | 0.110982651 | 0.073961581 | 0.116781112 |
| 容积率 | 0.103540647 | 0.102971302 | 0.10769476 | 0.090007343 | 0.086662758 | 0.102375801 | 0.077090002 | 0.113650185 |
| 人口密度 | 0.239952522 | 0.242263914 | 0.233588192 | 0.219988316 | 0.230316954 | 0.233947828 | 0.210126894 | 0.242403957 |

| | 医疗 | 休闲 | 体育 | 生活 | 购物 | 交通可达性 | 容积率 | 人口密度 |
|---|---|---|---|---|---|---|---|---|
| 混合度 | | | | | | | | |
| 餐饮 | | | | | | | | |
| 交通 | | | | | | | | |
| 风景 | | | | | | | | |
| 公司 | | | | | | | | |
| 住宅 | | | | | | | | |
| 住宿 | | | | | | | | |
| 政府 | | | | | | | | |
| 医疗 | 0.065542106 | | | | | | | |
| 休闲 | 0.108728273 | 0.066089198 | | | | | | |
| 体育 | 0.075743788 | 0.076974831 | 0.010110962 | | | | | |
| 生活 | 0.113274643 | 0.115928132 | 0.100462573 | 0.091780334 | | | | |
| 购物 | 0.12524954 | 0.128991563 | 0.112182851 | 0.125924626 | 0.102660981 | | | |
| 交通可达性 | 0.104905416 | 0.104961291 | 0.068584622 | 0.125148977 | 0.136812988 | 0.061454799 | | |
| 容积率 | 0.100185197 | 0.10303022 | 0.073552127 | 0.113478211 | 0.129632193 | 0.106380509 | 0.066424501 | |
| 人口密度 | 0.236777103 | 0.23509954 | 0.206463072 | 0.256778584 | 0.264499367 | 0.226020086 | 0.236032311 | 0.198325315 |

②2021年中,影响因子两两交互作用均会增强对摊贩点位分布的解释力,非线性增强的因子对相较2019年增多。对因子间交互作用的解释力大小排序,前三均为人口密度与其他因子的叠加作用,2019年与2021年相比较,人口密度对其他因子的增强作用较为稳定,但交互作用解释力上,2021年有所降低。

2021年影响因子交互探测器结果　　表5-8

Interaction_detector

| | 住宿 | 交通 | 住宅 | 政府 | 学校 | 文化 | 生活 |
|---|---|---|---|---|---|---|---|
| 住宿 | 0.033253289 | | | | | | |
| 交通 | 0.096507581 | 0.080196956 | | | | | |
| 住宅 | 0.110042498 | 0.127509791 | 0.096082359 | | | | |
| 政府 | 0.106722989 | 0.12940933 | 0.143143781 | 0.086915187 | | | |
| 学校 | 0.065140213 | 0.104889705 | 0.112740647 | 0.115955446 | 0.037859952 | | |
| 文化 | 0.06002215 | 0.087678149 | 0.109695828 | 0.1018661 | 0.063836978 | 0.033322924 | |
| 生活 | 0.102294729 | 0.119969625 | 0.133549675 | 0.138508988 | 0.116093696 | 0.10433286 | 0.093854972 |
| 购物 | 0.09192157 | 0.128046862 | 0.132344721 | 0.133322586 | 0.103417958 | 0.097316788 | 0.109217005 |
| 风景 | 0.041874558 | 0.096376978 | 0.110114159 | 0.101932047 | 0.047402732 | 0.0462666 | 0.104782552 |
| 路网密度 | 0.053223175 | 0.093419117 | 0.119667623 | 0.111271408 | 0.062525485 | 0.054988832 | 0.11573497 |
| 房价 | 0.141710082 | 0.147616975 | 0.153061877 | 0.161792587 | 0.136646106 | 0.128297061 | 0.162278429 |
| 交通可达性 | 0.069892626 | 0.097525614 | 0.121870239 | 0.117694879 | 0.081888377 | 0.069481984 | 0.115791741 |
| 建筑物密度 | 0.110667639 | 0.153239724 | 0.148775391 | 0.152209331 | 0.114896968 | 0.120491114 | 0.149426704 |
| 人口密度 | 0.148715815 | 0.17096446 | 0.198874878 | 0.19947503 | 0.154751223 | 0.152352819 | 0.195425313 |

| | 购物 | 风景 | 路网密度 | 房价 | 交通可达性 | 建筑物密度 | 人口密度 |
|---|---|---|---|---|---|---|---|
| 住宿 | | | | | | | |
| 交通 | | | | | | | |
| 住宅 | | | | | | | |
| 政府 | | | | | | | |
| 学校 | | | | | | | |
| 文化 | | | | | | | |
| 生活 | | | | | | | |
| 购物 | 0.078062579 | | | | | | |
| 风景 | 0.092996984 | 0.009213798 | | | | | |
| 路网密度 | 0.103216931 | 0.039994425 | 0.022036034 | | | | |
| 房价 | 0.170917788 | 0.137064016 | 0.143225706 | 0.117617251 | | | |
| 交通可达性 | 0.105695335 | 0.063062799 | 0.066427143 | 0.139282163 | 0.049734852 | | |
| 建筑物密度 | 0.13497643 | 0.111226555 | 0.134763475 | 0.186109243 | 0.138647737 | 0.094743127 | |
| 人口密度 | 0.188837458 | 0.139515701 | 0.148918017 | 0.22845931 | 0.14980305 | 0.215434656 | 0.121920824 |

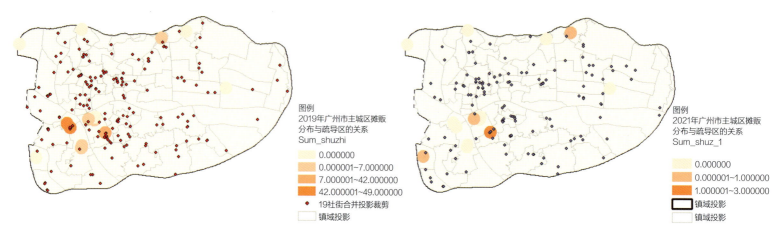

图5-14  2019年与2021年广州市中心城区摊贩点位与疏导区的关系

### 3. 讨论：摊贩点位分布与疏导区

2020年广州发布了包含60多个疏导区的政策文件，目的在于激发地摊经济，并避免摊贩对城市的消极影响。对疏导区点位可视化，并划500m缓冲区，与摊贩点位叠加分析，如图5-14所示。

由2019年和2021年的对比可知，疏导区的使用情况并不理想。疏导区的设立是一种自上而下的管理行为，但摆摊本身是一种自下而上的活动，两者之间存在着偏差。

## 六、研究总结

本研究以广州市中心城区作为研究区域，研究发现：摊贩会随着城市经济中心的转移而发生流动。这也验证了关注摊贩大规模流动的必要性，时域上的空间变化是目前摊贩监测与治理的重点内容。

摊贩的流动与城市建成环境和居民人口特征等密切相关，特别是人口密度，是摊贩选择点位的首要考量因素。因此应着重关注人口密度大、功能混合度强的城市区域。

同时，除生活设施、交通设施以外，大部分因子都具有较强的空间异质性，要关注因子在不同地理空间的解释力强弱，因地制宜地提出不同地区摊贩的治理策略。

摊贩的形成机制是复杂的，受到建筑环境诸多因素的影响，因此，城市规划者和决策者在摊贩治理中应充分考虑影响摊贩空间分布多种因素的相互作用。

### 1. 模型设计的特点

①研究视角：本研究创新性地从街景图像和社交媒体两种开放数据源中获取城市尺度下摊贩的空间信息，并构建了自动识别摊贩图像的深度学习模型，打破了目前宏观视角下摊贩研究的局限性，为今后相关研究提供参考。

②数据来源：本研究选取了2019年和2021年的街景图像数据和社交媒体数据，注重新数据和传统数据相结合解决问题，并充分挖掘多源数据的优势。

③技术方法：本研究将街景大数据和机器学习相结合，基于YOLOv8构建了自动识别摊贩的检测模型，这种综合利用大数据和图像目标检测的研究方法为研究提供了新的手段和工具。

④成果价值：模型推广泛化后可用于多个城市、多个时间段的研究和后期实时监测平台的开发利用，能够从更全面的时空维度上研究摊贩的流动与城市发展的关系，具有普适性。

### 2. 模型不足及改进设想

①街景摊贩图像训练集数量较小。自动识别摊贩的检测模型是基于YOLOv8构建的，需要一定数量的摊贩图像用于模型的训练，人工标注存在一定难度。设想在未来不断加大模型的训练集，能够进一步优化模型的精度与准确率。

②模型部分技术方法仍待整合优化。本研究模型结构清晰，但各步骤间缺少智能化衔接，仍待整合优化。设想在未来编写程序整合优化模型各部分算法，实现模型的一体化。

③开放数据来源应更加丰富。目前研究的摊贩数据库主要基

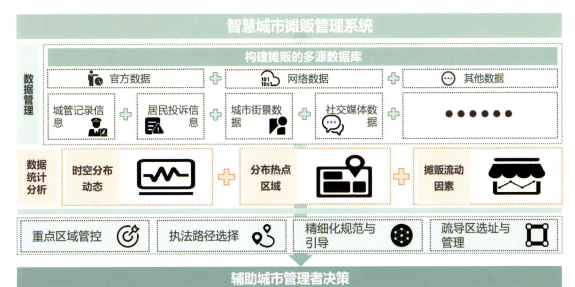

图6-1 应用方向及前景

于街景图像和社交媒体两大来源,在未来研究中应丰富数据来源的多样化,使得摊贩数据库更加贴合城市实际情况。

### 3. 应用方向与应用前景

结果证明基于网络开放大数据获取摊贩空间信息,进行时空格局分析与影响机制分析能够反应目前摊贩的流动与城市发展的关系。

搭建智慧城市摊贩管理系统:构建摊贩的多源数据库,如官方数据(城管记录信息与居民投诉信息)、网络数据(城市街景数据与社交媒体数据)等;并将摊贩信息进行统计与分析,关注其时空分布动态、分布热点区域以及流动影响因素。以便于更科学、更高效辅助城市管理者决策(图6-1)。

①重点区域管控:通过宏观分析城市摊贩时空分布与流动,能够实时更新摊贩治理重点区域,更加迅速高效。

②执法路径选择:通过结合摊贩分布热点区域与居民投诉信息,快速规划出合理的城管出警路线。

③精细化规范与引导:根据因子在不同地区的解释力强弱,对不同区域实施具体的摊贩规范与引导策略。

④疏导区选址与管理:结合摊贩空间分布及形成机制,合理划定疏导区,并结合多方利益相关者实现疏导区的有效管理。

## 参考文献

[1] BROWN A, LYONS M, DANKOCO I. Street traders and the emerging spaces for urban voice and citizenship in African cities [J]. Urban studies, 2010, 47(3): 666–683.

[2] LI C, HUANG Y, SHEN Y, et al. Spatiotemporal patterns and mechanisms of street vending from the social sensing perspective: A comparison between law-enforcement reported and residents complain events [J]. Cities, 2022, 124: 103597.

[3] 黄耿志,袁雪松,李晴,等. 大城市流动摊贩疏导区的演变类型与机制研究:以广州为例 [J]. 城市发展研究,2023,30(2): 110–117.

[4] 韩志明,孟宪斌. 从冲突迈向合作:城管与摊贩关系的演进及其反思 [J]. 公共管理与政策评论,2018,7(3): 56–74.

[5] 周晓穗,吴晓. 流动摊贩的时空分布特征研究:兼议流动摊贩包容性治理策略 [J]. 现代城市研究,2020(1): 89–96.

[6] NOGUEIRA M. Preserving the (right kind of) city: The urban politics of the middle classes in Belo Horizonte, Brazil [J]. Urban studies, 2020, 57(10): 2163–2180.

[7] 范诗彤,李立勋,符天蓝. 流动摊贩疏导区的实践效应和挑战:以广州市荔湾区源溪社区疏导区为例 [J]. 热带地理,2019,39(1): 81–90.

[8] 崔占峰,桑琰云. 城市治理中的"共治"与"共享"如何

实现？对摊贩"微治理"应用的考察[J]. 城市发展研究, 2020, 27（11）: 66-72.

[9] 黄耿志, 薛德升, 金利霞. 城市流动摊贩的微区位选择机制: 基于广州市200个摊贩访谈的实证研究[J]. 人文地理, 2016, 31（1）: 57-64.

[10] 胡莹, 沈锦焘. 苏州城市流动摊贩空间分布机制及其空间治理策略[J]. 规划师, 2023, 39（9）: 131-137.

[11] 张延吉, 秦波, 吴凌燕. 正规商业与流动商贩的空间分布关系及其影响因素: 以北京市朝阳区为例[J]. 人文地理, 2014, 29（5）: 121-126.

[12] 齐子吟, 李君轶, 贺哲, 等. 城市街道景观色彩对游客情感感知影响: 基于街景图像的研究[J]. 地球信息科学学报, 2024, 26（2）: 514-529.

[13] 郭金函, 马子迎, 边经卫, 等. 基于街景图像的厦门本岛环境特征对住宅价格的影响研究[J]. 地球信息科学学报, 2022, 24（11）: 2128-2140.

[14] LIU Y L, LIU Y C. Detecting the city-scale spatial pattern of the urban informal sector by using the street view images: A street vendor massive investigation case[J]. Cities, 2022, 131: 103959.

[15] LEMESSA S D, WATABAJI M D, YISMAW M A, et al. Evening street vending and the tragic living conditions of vendors: The case of eastern Ethiopia region[J]. Cities, 2021, 108: 102947.

[16] LI X, LI Y, JIA T, et al. The six dimensions of built environment on urban vitality: Fusion evidence from multi-source data[J]. Cities, 2022, 121: 103482.

[17] 吴飞. "空间实践"与诗意的抵抗: 解读米歇尔·德塞图的日常生活实践理论[J]. 社会学研究, 2009, 24（2）: 177-199, 245-246.

[18] 王德, 胡杨. 城市时空行为规划: 概念、框架与展望[J]. 城市规划学刊, 2022（1）: 44-50.

[19] REDMON J, DIVVALA S, GIRSHICK R, et al. You only look once: Unified, real-time object detection[C]//Proceedings of the IEEE conference on computer vision and pattern recognition. 2016: 779-788.

[20] LIU W, ANGUELOV D, ERHAN D, et al. Ssd: Single shot multibox detector[C]//Computer Vision-ECCV 2016: 14th European Conference, Amsterdam, The Netherlands, October 11-14, 2016, Proceedings, Part I 14. Springer International Publishing, 2016: 21-37.

[21] REN S, HE K, GIRSHICK R, et al. Faster R-CNN: Towards real-time object detection with region proposal networks[J]. IEEE transactions on pattern analysis and machine intelligence, 2017, 39（6）: 1137-1149.

[22] 张潇艺, 杨胜龙. 基于YOLOv8的民用船舶影像分类方法研究[J]. 工业控制计算机, 2024, 37（4）: 72-73, 76.

[23] WANG X X, ZHANG Y J, YU D L, et al. Investigating the spatiotemporal pattern of urban vibrancy and its determinants: Spatial big data analyses in Beijing, China[J]. Land use policy, 2022, 119: 106162.

[24] 顾晋源, 杨东峰. 社交媒体影响下城市休闲空间分布新特征: 基于小红书打卡地与POI的对比分析[J]. 地球信息科学学报, 2024, 26（2）: 332-351.

[25] HUANG G Z, XUE D S, LI Z G. From revanchism to ambivalence: The changing politics of street vending in Guangzhou: The politics of street vending in Guangzhou[J]. Antipode, 2014, 46（1）: 170-189.

[26] LIU Y, JIANG D, XU C, et al. Deep learning based 3D target detection for indoor scenes[J]. Applied intelligence, 2023, 53（9）: 10218-10231.

[27] 刘辉, 刘鑫满, 刘大东. 面向复杂道路目标检测的YOLOv5算法优化研究[J]. 计算机工程与应用, 2023, 59（18）: 207-217.

[28] BOCHKOVSKIY A, WANG C Y, LIAO H Y M. YOLOv4: Optimal speed and accuracy of object Detection[J]. arXiv: 2004.10934, 2020.

[29] 袁磊, 唐海, 陈彦蓉, 等. 改进YOLOv5的复杂环境道路目标检测方法[J]. 计算机工程与应用, 2023, 59（16）: 212-222.

[30] LIU Y, LI B. Bayesian hierarchical K-means clustering[J]. Intelligent data analysis, 2020, 24（5）: 977-992.

# 基于多源数据的乡村旅游地吸引力评价模型

**工 作 单 位：** 武汉大学城市设计学院
**报 名 主 题：** 面向生态文明的国土空间治理
**研 究 议 题：** 城市融合和乡村振兴
**技术关键词：** 自然语言处理、社交媒体数据挖掘、主题建模
**参 赛 选 手：** 陆亦潇、黄宇兴、曲比阿呷莫、童安、刘子琦
**指 导 老 师：** 詹庆明
**团 队 简 介：** 参赛团队在詹庆明教授的指导下，依托武汉大学数字城市研究中心的跨学科平台，聚焦数字城乡规划前沿方向，致力于探索时空大数据、地理信息系统（GIS）等技术在国土空间规划中的创新应用。团队研究涵盖乡村旅游地吸引力评价、城市风热环境优化、多源数据融合建模等前沿领域，注重从"感知—诊断—预测—优化"全流程构建智能规划决策支持系统。詹庆明教授作为团队指导老师，深耕城市规划信息化领域，其主导的武汉大学数字城市研究中心，整合城乡规划学、遥感科学、计算机科学等多学科资源，为团队提供了跨学科理论支撑与实践保障。

## 一、研究问题

### 1. 研究背景及目的意义

（1）研究背景

21世纪以来，经济社会发展和城镇化进程加快，乡村旅游市场需求旺盛，国家政策为其发展提供了广阔空间，乡村旅游也因其独特的乡村风光、民俗文化、生态体验受到青睐。然而，乡村旅游面临需求预测不确定性、资源配置、服务质量和环境可持续性等挑战。

多源大数据能够揭示游客行为、消费模式和满意度，为科学预测和精细化管理提供支持。武汉市乡村旅游自20世纪90年代起步，经历了"自发、初级、规范引导"等阶段，目前快速发展。作为华中地区的重要城市，武汉乡村旅游市场具有显著的地域特色和季节性变化，对旅游需求的精准预测和管理尤为重要。

（2）研究综述

游客感知与满意度对旅游目的地竞争力有重要影响。满意度是评估旅游地发展水平和吸引力的关键，通过满意度评价，可提升资源分配和服务品质，更好满足游客需求。乡村旅游需求评价体系的构建是了解游客需求、优化资源配置和提升服务品质的关键。学者们在构建体系时，融入时空特性、消费者行为和社会经济因素等多个维度。满意度与以下指标相关：旅游吸引物的质量与特色、旅游服务管理满意度、环境适宜度、消费者感知。通过融合这些指标构建评价体系，有助于多维度把握乡村旅游需求，为决策提供科学依据。

关键词提取算法在动态需求评价中发挥重要作用。研究探讨了隐含狄利克雷分布主题模型（Latent Dirichlet Allocation，简

称LDA）和词频-逆文档频率（term frequency-inverse document frequency，简称TF-IDF）算法在关键词提取中的应用，为理解游客需求和兴趣提供量化依据。但LDA模型对短文本处理效果不佳。BERTopic模型基于变换器的双向编码器（bidirectional encoder representations from transformers，简称BERT）提出，能有效处理短文本，且可加入时间变量分析主题变化趋势。使用BERTopic模型对用户行为数据进行主题挖掘，既符合研究需要，也避免主观判断影响，拓展研究角度。

综上，乡村旅游需求评价方法已从传统满意度调查扩展到多源数据融合分析，包括社交媒体和在线评价等。未来研究应进一步探索不同数据源关联性，发展针对性预测模型，应对旅游需求的复杂性和不确定性。

（3）目的意义

武汉市乡村旅游不断扩展、品质提升，但问题也显现，如分布失衡、档次偏低、特色不鲜明和同质化严重，市场规模较小。城市交通和市场需求变化要求深入分析并提出解决方案。本研究集中于武汉市非主城区，这些区域是乡村旅游集聚地，也涉及经济发展和功能疏解。

研究从多源视角识别武汉市乡村旅游需求问题，利用时空大数据和BERTopic模型，构建乡村旅游吸引力评价体系，预测需求并提出策略，不仅能全面评估武汉乡村旅游现状，还能为管理者提供决策依据，优化资源分配和产品设计。结合多源数据的预测模型，可以为政策制定提供科学依据，帮助景区提前做好接待准备，应对旅游高峰，提高服务质量和游客满意度。

### 2. 研究目标及拟解决的问题

（1）武汉市乡村旅游群体现状及需求分析

基于2021—2023年中国联通智慧足迹数据，对武汉市都市发展区以外区域乡村旅游游客客源地、年龄及时空分布特征进行识别，同时对游客热点集中区域识别分析，从交通、景点吸引力及景区承载力几方面提出现状问题。

（2）武汉市乡村旅游吸引力指标体系构建

为进一步针对性提高武汉市乡村旅游吸引力，从服务质量、空间区位、配套设施、环境基础、景区价格、观游品质及偏好契合度多指标对乡村旅游吸引力进行评价，利用网络爬虫技术获取携程网网站评论数据，结合BERTopic主题模型，通过统计各评价指标用户关注度，确定各吸引力评价指标权重，最终构建武汉市村庄旅游吸引力指标体系。

（3）武汉市乡村旅游吸引力评价及策略引导

基于本研究构建的武汉市乡村旅游吸引力指标体系，结合各景区游客行为特征及时空分布，对武汉市各乡村旅游吸引力进行综合评价，对武汉市乡村旅游景区统一分类，包括服务提升型、交通提升型等，最后针对性提出引导策略。

## 二、研究方法

### 1. 研究方法及理论依据

（1）旅游满意度理论

旅游满意度理论强调游客在旅游过程中的体验和感受。游客的满意度不仅影响其再次访问的意愿，还会通过口碑效应影响更多潜在游客。因此，评价模型需要包含游客对各方面体验的满意度，如服务质量、设施完备度、景点美观度等。

（2）旅游目的地吸引力理论

旅游目的地吸引力理论是研究游客选择旅游目的地的动因和旅游地所具备的吸引游客的因素。根据旅游目的地吸引力理论，乡村景点的吸引力主要由景点的自然景观、人文景观、服务设施、环境质量和旅游成本等因素决定。

（3）文本分析与自然语言处理

文本分析：使用自然语言处理（natural language processing，简称NLP）技术对游客评论文本进行分词、词频统计、情感分析和主题建模，以提取出与各维度相关的评价信息。

BERTopic模型：利用BERTopic模型对文本进行主题建模，识别出评论中的主要主题和关键词，量化各维度的关注度。

（4）模型算法的相关理论

①自然语言处理

NLP：NLP用于处理和分析大量自然语言数据（如游客评论）。常用技术包括分词、词性标注、情感分析和主题建模。

BERTopic模型：是一种深度学习模型，用于生成词的上下文嵌入，能捕捉文本中的语义信息。

②层次分析法

层次分析法概述：层次分析法（analytic hierarchy process，简称AHP）是一种用于复杂决策问题的多准则决策方法。通过构建层次结构，将问题分解为目标、准则和备选方案，然后通过成对比较确定各元素的相对重要性。

判断矩阵和特征向量：构建判断矩阵，通过特征值分解求出最大特征值及对应的特征向量，归一化后得到各维度的权重。

③综合评分模型

加权平均法：在确定各维度权重后，使用加权平均法计算综合评分。权重与评分相乘并累加，得到最终的吸引力指数。

（5）本模型与已有经典模型的关系

在主题建模模型方面，传统的潜在狄利克雷分配（latent dirichlet allocation，简称LDA）主题模型用于文本的主题提取，而BERTopic利用BERT模型的上下文嵌入信息，能更准确地识别主题和情感倾向。

在确定评价维度权重方面。本研究利用AHP的层次结构和权重计算方法，将游客对各维度的重视程度量化，从而实现科学的决策。传统的AHP通过专家打分来确定各指标的权重，这通常受到专家的知识素养和主观判断的影响，且可能与游客的真实体验脱钩。因此，本模型通过网络评论数据来确定权重。某一维度相关的评论数量越多，说明该维度就越受到游客的关注，这将在判断矩阵中反映出来，并相应地调整各维度的权重。

## 2. 技术路线及关键技术

技术路线如图2-1所示，本研究旨在通过构建多源数据驱动的乡村旅游地吸引力评价模型，解决乡村景点吸引力不足和游客过度集中于中心城区的问题。研究的主要目的是提升乡村景点的

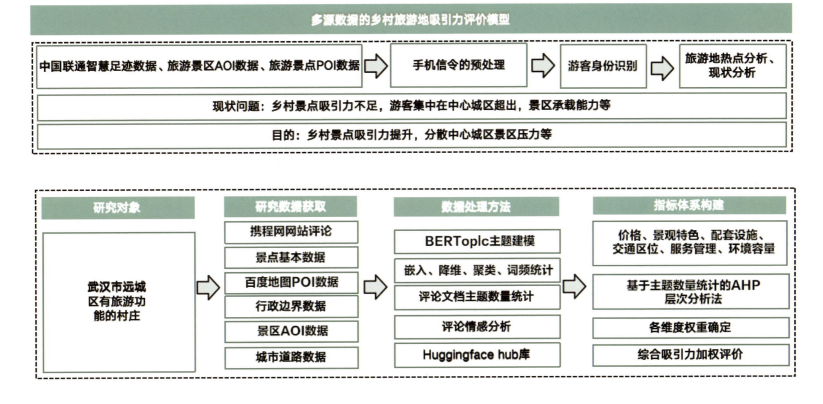

图2-1 技术路线

吸引力，有效分散中心城区景区的游客压力，促进乡村旅游的可持续发展。

研究对象聚焦于具有旅游功能的乡村村庄，通过收集和分析携程网网站评论、中国联通智慧足迹数据、旅游景区AOI数据、百度地图POI数据等多源数据，建立一个全面的指标体系。该体系涵盖价格、景观特色、配套设施、交通、区位、服务管理、环境容量等多个维度。

在数据处理方法上，研究采用了BERTopic主题建模技术来识别游客评论中的主要内容主题，并通过AHP层次分析法基于主题数量统计确定各维度的权重。此外，还运用了评论情感分析和Huggingface hub库来进一步深化对游客情感倾向的理解。

综合运用嵌入、降维、聚类和词频统计等方法，本研究对乡村旅游地的吸引力进行了加权评价，为不同类型旅游村庄的发展提供了数据支持和策略建议，旨在实现乡村旅游资源的优化配置和区域旅游经济的均衡发展。

## 三、数据说明

### 1. 数据内容及类型

①手机信令数据

中国联通智慧足迹公司提供了联通手机用户的2023年9月的手机信令数据，包括用户在不同时间和地点的连接记录。这些数据通过基站记录手机用户的位置信息，反映了用户的移动轨迹和行为模式。手机信令数据的字段包括：用户ID、驻留开始时间、驻留结束时间、位置网格编号、位置点编号、位置驻留类型、所属区县、是否核心用户、所属省份、当日驻留编号、城市（分区字段）、日期（分区字段）。

②携程网游客评论数据

携程网是国内最大的在线旅游服务商，品牌用户超过4亿。携程网拥有庞大的用户基础和丰富的用户评论数据，这些数据在分析旅游目的地的吸引力、用户偏好、服务质量等方面具有重要价值。该数据集有8个字段：景点名称、景点经度、景点纬度、评论ID、用户ID、用户IP、评论内容、评论时间。

③百度POI数据

百度POI数据由百度地图平台提供，包含丰富的地理位置信息，覆盖全国各地，涉及多种类型的兴趣点，如餐饮、购物、住宿、娱乐、交通设施、政府机构、医疗服务等。每个POI记录包括其名称、类型、地址、精度、联系方式等详细信息。

### 2. 数据预处理技术与成果

①手机信令预处理

由于遵守安全条例，中国联通智慧足迹平台不能输出单独的某个用户数据，包括具体的坐标和用户ID，只能输出给定精度网格中的统计数据。首先筛选武汉市2023年9月记录的手机信令数据，删除缺失关键信息或格式错误的记录，统一时间戳。其次，根据驻留位置重合，月度夜晚和白天驻留频次都较少的数据特征，提取游客的信令数据，并处理异常值，以避免它们对分析结果的影响。最后将筛选得到的数据输出到精度为250m均匀网格。

②携程网游客评论数据预处理

对获取的数据进行清洗和预处理，以保证数据质量并为后续分析做准备。

数据清洗：首先进行缺失值处理，将评论内容字段为空的数据删除。再进行重复值去除，将评论内容和用户ID字段都重复的数据删除。

使用Jieba库对评论内容字段中的文本进行分词处理，将评论文本分解为词语。

加载哈工大停用词表和百度停用词表，去除停用词和无意义字符，这些词表包含了常见的但对分析没有太大意义的词汇，如"的""和""是"等。除了通用的停用词外，我们还定义了一个专门针对地理实体名称的停用词字典。这个字典包括了常见的行政区名称和景点名称，虽然这些名称在评论中可能频繁出现，但它们对于识别评论的主题并没有太大帮助。

在分词后，进一步清理文本，去除数字、特殊符号、标点等无意义字符，这些字符可能会干扰后续的文本分析。

## 四、模型算法

### 1. 模型算法流程及相关数学公式

（1）主题建模算法

BERTopic是一种基于主题建模的算法，由比利时鲁汶大学（KU Leuven）的研究团队开发。本团队使用BERTopic中的Zero-shot Topic Modeling（零样本主题建模）模块对文本进行主题建模。

1)文本嵌入(Embeddings)

使用预训练的嵌入模型(例如 BERT、RoBERTa、Sentence-BERT 等)将文档转换为高维嵌入向量。嵌入模型将每个文档转换为一个固定大小的向量表示,这些向量捕捉了文档的语义信息。

公式表示:

$$\mathrm{E}_{d_i} = \mathrm{EmbeddingModel}(D) \qquad (4-1)$$

$$\mathrm{E}_{T} = \mathrm{EmbeddingModel}(T) \qquad (4-2)$$

式中,$\mathrm{E}_{d_i}$是文档的嵌入矩阵,$D$是文档集合,$T$是预定义的主题列表。

2)计算相似度(Calculate Similarity)

计算每个文档与每个预定义主题之间的相似度。通常使用余弦相似度来衡量向量之间的相似度。公式表示:

$$\mathrm{Similarity}(\mathrm{E}_{d_i}, \mathrm{E}_{t_j}) = \frac{\mathrm{E}_{d_i} \times \mathrm{E}_{t}^{T}}{\|\mathrm{E}_{d}\| \|\mathrm{E}_{t}\|} \qquad (4-3)$$

式中,$\|\cdot\|$表示向量的范数。

3)分配主题(Assign Topics)

根据计算的相似度,将每个文档分配给最相似的预定义主题。每个文档被分配到与其相似度最高的主题。公式如下:

$$\mathrm{Topic}(d_i) = \arg\max \mathrm{Similarity}(e_{d_i}, e_{t_j}) \qquad (4-4)$$

式中,$e_{d_i}$是文档$d_i$的嵌入向量,$e_{t_j}$是主题$t_j$的嵌入向量。

4)主题表示(Topic Representation)

使用Class-based TF-IDF(c-TF-IDF)方法为每个主题生成代表性的关键词。c-TF-IDF用于衡量特定类别(主题)中词语的重要性,并将其与整个语料库进行比较。c-TF-IDF公式表示:

$$c\text{-}TF\text{-}IDF = \frac{\mathrm{Term\ Frequency}_{i,j}}{\mathrm{Document\ Frequency}} \qquad (4-5)$$

式中,$\mathrm{Term\ Frequency}_{i,j}$是词$i$在主题$j$出现的次数,$\mathrm{Document\ Frequency}$是主题$j$中文档的数量。

(2)评价指标体系构建

评价指标构建采用层次分析法。根据获取的评论数据将每个评价指标之间进行两两比较,构建判断矩阵。假设有$m$个评价指标,判断矩阵$A$为:

$$\begin{bmatrix} a_{11} & \cdots & a_{1m} \\ \vdots & \ddots & \vdots \\ a_{m1} & \cdots & a_{mm} \end{bmatrix} \qquad (4-6)$$

式中,$a_{ij}$表示指标$i$与指标$j$的相对重要性。若$a_{ij}=1$表示指标$i$与指标$j$同等重要;若$a_{ij}>1$,表示指标$i$相对于指标$j$更重要;若$a_{ij}<1$,表示指标$j$相对于指标$i$更重要。

归一化判断矩阵:

$$\begin{bmatrix} b_{11} & \cdots & b_{1m} \\ \vdots & \ddots & \vdots \\ b_{m1} & \cdots & b_{mm} \end{bmatrix} \qquad (4-7)$$

计算权重向量:

$$W = \begin{bmatrix} w_1 \\ w_2 \\ \vdots \\ w_m \end{bmatrix} \qquad (4-8)$$

权重向量$W$为归一化判断矩阵每行的平均值,

$$w_i = \frac{\sum_{j=1}^{m} b_{ij}}{m} \qquad (4-9)$$

一致性检验:

计算判断矩阵的最大特征值$\lambda\max$:

$$\lambda\max = \frac{\sum_{i=1}^{m}\left(\sum_{j=1}^{m} a_{ij} \cdot w_j\right)}{m \cdot w_j} \qquad (4-10)$$

计算一致性指数(CI):

$$\mathrm{CI} = \frac{\lambda\max - m}{m-1} \qquad (4-11)$$

计算一致性比率(CR):

$$\mathrm{CR} = \frac{\mathrm{CI}}{\mathrm{RI}} \qquad (4-12)$$

综合评价得分计算公式为:

$$\mathrm{Score} = \sum_{j=1}^{m} W_j \cdot S_j \qquad (4-13)$$

式中,$\mathrm{Score}$为乡村吸引力综合评价得分,$W_j$为评价指标$j$的权重。$S_j$为评价指标$j$的评分。

## 2. 模型算法相关支撑技术

（1）Python

该模型的主要的开发语言。数据抓取使用的库，是Selenium，Selenium是一个广泛使用的开源工具库，用于自动化 Web 浏览器的操作。它主要用于自动化测试Web应用，但也可以用于执行各种 Web 浏览器任务，例如 Web 抓取、模拟用户操作等。

数据预处理使用的库是Jieba，它是一个用于中文分词的开源Python库。Jieba提供了多种分词模式和功能，能够高效、准确地处理中文文本，广泛应用于自然语言处理（NLP）领域。

BERTopic使用的是Hugging Face的Transformers库，是目前最流行的用于处理BERT及其他Transformer模型的库。它支持多种语言模型，并提供了简单的接口来加载预训练模型和进行下游任务的微调。

村庄聚类使用的库Scikit-learn 是一个广泛使用的机器学习库，提供了多种聚类算法，包括 K-means、层次聚类等。

（2）SPSS

在SPSS中根据AHP判断矩阵计算出的各维度权重，使用SPSS计算乡村旅游吸引力的综合评分。

（3）极智平台

极智平台是中国联通提供的一项大数据服务，通过手机信令数据（包括基站数据、位置数据等）分析用户的行为轨迹和活动模式。该数据可以应用于城市规划、交通管理、市场研究等多个领域。

## 五、实践案例

武汉市位于江汉平原东部，处于中国经济地理圈的中心位置，下辖13个行政区，其中黄陂、蔡甸、新洲、东西湖、江夏、汉南六个行政区为远城区，属于乡村地区，占市辖区总面积的89%（图5-1）。这些远城区涵盖了多样的乡村类型，包括但不限于农业耕作区、生态保护区、历史文化村落，以及新兴的休闲农业园区，为深入分析和研究乡村旅游提供了丰富的样本和多维度的视角。

## 1. 武汉乡村旅游吸引力评价方法

（1）评价指标选取

结合前人研究，本文选取旅游地的景区价格、景区景观特色、景区交通区位、景区环境容量、景区服务管理、景区配套设施六个方面作为游客在旅行时的出行意愿的影响因素（表5-2）。

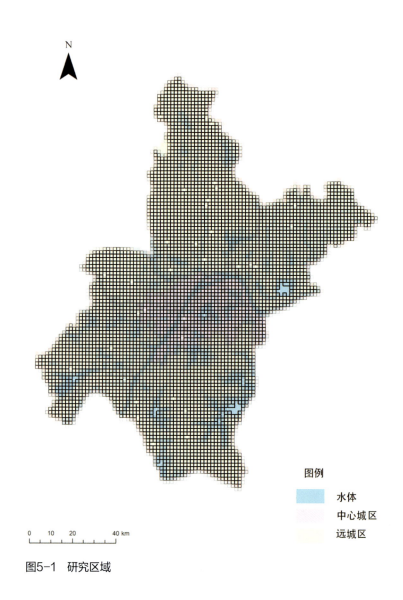

图5-1　研究区域

携程评论数据示例　　表5-1

| 评论内容 | 用户名 | 评分 | IP | 时间 | 景点 | 总评分 | 评论数 | 热度 | 地址 | 景点ID |
|---|---|---|---|---|---|---|---|---|---|---|
| 值得一玩啊，尤其是带着一家老小，真的很好玩 | M48****271 | 5 | 湖南 | 2017年5月1日 | 木兰草原 | 4.6 | 4902条点评 | 6.4 | 湖北省武汉市黄陂区王家河镇张家榨村 | 174 |

乡村旅游吸引力评价指标表　　　　　表5-2

| 评价维度 | 评论数量（条） | 评价指标 | 数据来源 |
| --- | --- | --- | --- |
| 价格 | 5484 | 村庄内景点消费平均值 | 大众点评网 |
| 景观特色 | 8046 | 村庄内旅游景点poi的多样性指数 | 百度地图poi数据 |
| 交通区位 | 526 | 村庄的道路交通可达性 | OSM路网数据 |
| 环境容量 | 2126 | 景区aoi容量面积 | 百度地图aoi数据 |
| 配套设施 | 293 | 村庄内配套住宿设施等的数量 | 百度地图poi数据 |
| 服务管理 | 2115 | 有关服务主题的评论情感得分均值 | 携程网 |

（2）评价指标的游客关注度计算

传统的层次分析法判断因子之间的重要性，一般采用专家评判的方法，此种方法具有一定的主观性。根据前人研究，评论中对旅游地某一方面的评论数量可以作为游客关注度评价依据。根据这个规则，我们使用BERTopic算法模块对每条评论进行主题建模。

（3）评价体系构建

①指标确定

评价维度，其中价格维度采用人均消费来衡量。景观特色采用景点所在村庄内的景点POI的香农多样性指数作为指标。服务管理采用景区评论内的与服务相关评论的情感分析得分确定，其中情感分析得分使用HuggingFace仓库中WangA/bert-base-finetuned-ctrip模型。此模型是经过携程评论数据（表5-1）训练的微调过的基于BERT的预训练模型，可以调用其情感评分的API接口对每条文档进行情感得分计算。交通区位使用村庄与武汉市中心城区的距离来确定。环境容量采用景区面积作为评价指标，配套设施则通过村庄内的住宿、餐饮、消费、娱乐设施的完善及游客满意度综合分析。

②权重确定

评价维度的权重的确定采用层次分析法。根据每个主题的数量进行权重的确定。根据主题建模的结果，汇总各维度的评论数量，并根据建模结果进行层次分析法构建分析判断矩阵。

## 2. 模型应用案例可视化表达

（1）武汉乡村景点属性空间分布

乡村景点主要集中在武汉市的边缘地带，与中心城区有一定的距离。这些景点分布在各个行政区的乡村地区，形成了多个小的集聚区域。武汉乡村旅游景点评分较高的地区主要包括黄陂区、蔡甸区、东西湖区、江夏区等。

乡村景点的评论数量可以作为衡量游客兴趣和景点人气的一个指标。在武汉市，乡村景点的评论数量整体上较少，且在小范围呈现出"中心–边缘"的梯度分布，即靠近中心城区、前述高评分乡村景点的评论数量较多，而边缘地区的评论数量相对较少。

（2）主题建模结果

对旅游地进行网络评论的主题建模并可视化，主题建模结果如表5-3所示。

主题建模结果示例　　　　　表5-3

| | 主题编号 | 数量 | 内容 |
| --- | --- | --- | --- |
| 环境 | 9 | 1546 | 9_人太多_太多人_太多_太大 |
| | 27 | 499 | 27_空气清新_新鲜空气_空气_大气 |
| | 124 | 81 | 124_人多_很多人_人山人海_越来越 |
| | 合计 | 2126 | |
| 服务 | 10 | 1432 | 10_演员_舞台效果_舞台_剧场 |
| | 43 | 370 | 43_服务态度_服务_服务质量_服务周到 |

续表

|  | 主题编号 | 数量 | 内容 |
| --- | --- | --- | --- |
| 服务 | 75 | 176 | 75_服务水平_服务到位_服务质量_服务业 |
|  | 88 | 137 | 88_强烈推荐_体验式_互动性_值得 |
|  | 合计 | 2115 |  |
| 景色 | 4 | 2273 | 4_景色宜人_风景如画_风景优美_风景秀丽 |
|  | 12 | 1251 | 12_景色宜人_风景优美_湖光山色_湖边 |
|  | 17 | 1137 | 17_夜景_傍晚_晚上_夜色 |
|  | 21 | 851 | 21_景色_ |
|  | 39 | 390 | 39_景色宜人_美景_奢华_景色 |
|  | 48 | 309 | 48_风景如画_风景_精彩_景色 |
|  | 52 | 295 | 52_景色宜人_风景如画_风景秀丽_风景优美 |
|  | 56 | 259 | 56_美景_惬意_强烈推荐_景点 |
|  | 57 | 254 | 57_景色宜人_值得一看_欣赏_风景 |
|  | 71 | 188 | 71_夜色_夜景_苏州_江城 |
|  | 85 | 155 | 85_草原_风景_草场_草地 |
|  | 86 | 149 | 86_风景如画_景色_全景_高大 |
|  | 90 | 130 | 90_风景优美_美丽_景色_ |
|  | 93 | 124 | 93_风景优美_风景_景色_景观 |
|  | 108 | 103 | 108_景色_风景_很漂亮_漂亮 |
|  | 117 | 89 | 117_景色_地好_园好_值得 |
|  | 118 | 89 | 118_风景优美_漂亮_景色_性价比 |
|  | 合计 | 8046 |  |
| 价格 | 105 | 105 | 105_性价比_值得_景色_高等级 |
|  | 111 | 98 | 111_性价比_划算_趣味性_价格公道 |
|  | 119 | 89 | 119_性价比_值得_十足_效果 |
|  | 0 | 3784 | 0_买票_换票_门票_取票 |
|  | 25 | 540 | 25_免费_有空_免费入场_免费参观 |
|  | 30 | 483 | 30_原价_价钱_价格_物价 |
|  | 54 | 266 | 54_性价比_价格_划算_优惠 |
|  | 97 | 119 | 97_物美价廉_景色_性价比_值得 |
|  | 合计 | 5484 |  |
| 设施 | 91 | 129 | 91_酒店设施_酒店_民宿_住宿 |
|  | 78 | 164 | 78_房间_更衣室_室内空间_每间房 |
|  | 合计 | 293 |  |
| 交通 | 44 | 368 | 44_交通工具_交通枢纽_交通_环境优美 |
|  | 83 | 158 | 83_地铁口_地铁_坐地铁_地铁站 |
|  | 合计 | 526 |  |

主题4、12等主题的关键词大多是"风景""景色"。主题10、43、75、88评价的是景区服务人员及其服务质量。主题0、25等的关键词是"门票""价格""性价比"。主题44、83描述的是交通方式，包括"地铁""交通工具"等关键词。主题91、78描述的是配套设施，包括"酒店""房间"等关键词。主题9、27描述的是环境方面的内容，包括"人太多""空气质量"等。

将上述主题按评价维度合并为6个大主题，得到新的主题，如图5-4所示。各评价维度评论数量如表5-4所示，指标层次判断矩阵如表5-5所示。

（3）权重构建

层次分析法的计算结果显示（表5-6），最大特征根为6.0，根据RI表查到对应的RI值为1.25，因此CR=CI/RI=0.0<0.1，通过

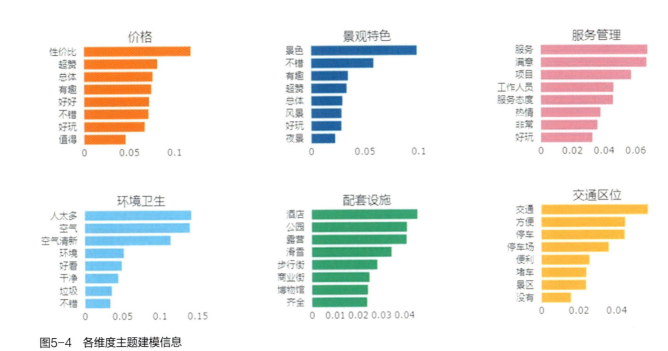

图5-4　各维度主题建模信息

各评价维度评论数量　　　　　　　　　　　　　　　　　　　表5-4

| 评价维度 | 价格 | 景观特色 | 交通区位 | 环境容量 | 配套设施 | 服务管理 |
|---|---|---|---|---|---|---|
| 评论数量（条） | 5484 | 8046 | 526 | 2126 | 293 | 2115 |
| 比例 | 0.12 | 0.44 | 0.03 | 0.12 | 0.02 | 0.12 |

指标层次判断矩阵　　　　　　　　　　　　　　　　　　　表5-5

| 指标 | 价格 | 景观特色 | 交通区位 | 环境容量 | 配套设施 | 服务管理 |
|---|---|---|---|---|---|---|
| 价格 | 1.00 | 0.26 | 4.00 | 1.01 | 7.25 | 1.01 |
| 景观特色 | 3.79 | 1.00 | 15.18 | 3.82 | 27.47 | 3.82 |
| 交通区位 | 0.25 | 0.07 | 1.00 | 0.25 | 1.81 | 0.25 |
| 环境容量 | 0.99 | 0.26 | 3.97 | 1.00 | 7.19 | 1.00 |
| 配套设施 | 0.14 | 0.04 | 0.55 | 0.14 | 1.00 | 0.14 |
| 服务管理 | 0.99 | 0.26 | 3.97 | 1.00 | 7.19 | 1.00 |

一致检验。价格权重较低，反映出在用户评论中价格的重要性相对较低。景观特色权重最高，表明景观特色在用户评价中的重要性最大。交通区位和配套设施重较低，但仍然重要。服务管理、环境容量和价格权重适中，对用户评价有一定影响。

AHP层次分析结果　　　　　　　　　　　　表5-6

| 项 | 特征向量 | 权重值（%） | 最大特征根 | CI值 |
|---|---|---|---|---|
| 价格 | 0.84 | 13.97 | 6 | 0 |
| 景观特色 | 3.18 | 52.93 | | |
| 交通区位 | 0.21 | 3.49 | | |
| 环境容量 | 0.83 | 13.85 | | |
| 配套设施 | 0.12 | 1.93 | | |
| 服务管理 | 0.83 | 13.84 | | |

（4）综合评价

1）分维度评价结果

①价格评价结果（图5-2）

武汉乡村旅游整体价格得分较高，高价值乡村主要集聚于靠近中心城区的位置，以及黄陂区的西北部，如矿山林场、姚山村、向家咀村等地，该地以木兰山风景区等为景点代表。靠近中心城区的高价格得分景点位于东西湖区的东北部，如石家坡大队；江夏区的北部如中值村、大谭村。中心城区的景点价格普遍较高，这可能与市中心区域的地价、运营成本以及游客的消费水平有关。靠近中心城区的景点价格得分主要集中在0.81～1.00的区间，表明这些景点的门票价格或者相关服务费用相对较高。

②景观特色评价结果（图5-3）

景观特色方面，整体武汉景观特色得分的空间分布与价格分

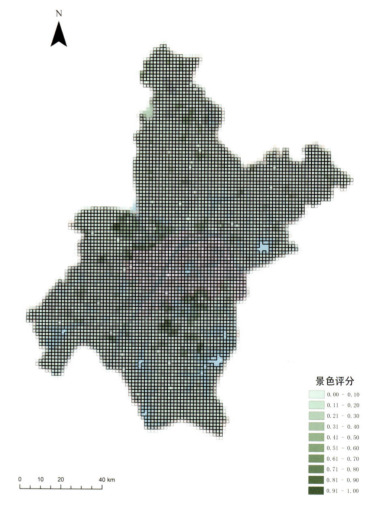

图5-2　价格维度评价结果空间分布　　　　　　　　图5-3　景观特色维度评价结果空间分布

布相似，但整体得分低于价格水平。高景观特色乡村景点主要集聚于靠近中心城区的位置（东西湖区的东北部、江夏区的北部），以及黄陂区的西北部。远城区的景点景色得分则相对较低，但仍然保持在一个较高的水平，景色得分多集中在0.41～0.60的区间。这表明远城区的乡村景点虽然距离市中心较远，但依然拥有良好的自然景观和乡村特色，具有一定的旅游吸引力。主要水体附近的景点景色值主要集中在0.71～0.80的区间，表明游客在这些景点可以享受到优美的水体景观和宁静的乡村风光。

③交通区位评价结果（图5-4）

交通区位方面，整体武汉交通区位得分的空间分布呈现明显的中心城区集聚状态，即高交通区位得分乡村景点主要集聚于东西湖区的东北部、江夏区的北部等靠近中心城区的位置，交通条件自然较为便捷。

④环境容量评价结果（图5-5）

环境容量方面，武汉乡村景观整体得分相对较低，环境容量高得分分布在黄陂区的西北部，如矿山林场等地，该地远离中心城区，山林风景秀美，环境质量较高。整体而言，对于环境容量的满意度水平相对一般，有待提升，需要采取有效的管理措施，提升旅游服务质量，促进乡村旅游的可持续发展。

⑤服务管理评价结果（图5-6）

服务管理方面，总体而言维持在相对较高的满意度水平，邻近中心城区的乡村景点服务得分普遍较高，这可能与市中心区域的服务业发展水平、专业人才集中及服务设施完善有关。市界附近的景点服务得分相对较高，这可能与市界区域的旅游开发程度和知名度有关。而区界附近的景点服务得分则相对较低，这可能与区界区域的旅游开发程度和游客流量有关。

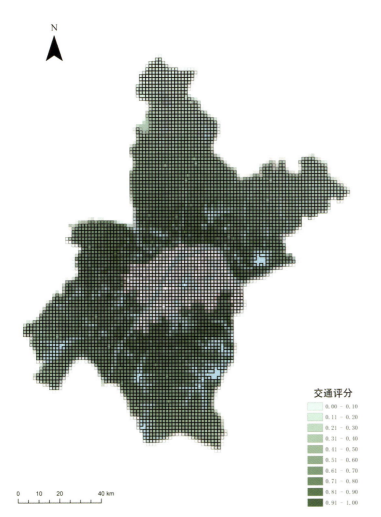

图5-4 交通区位维度评价结果空间分布

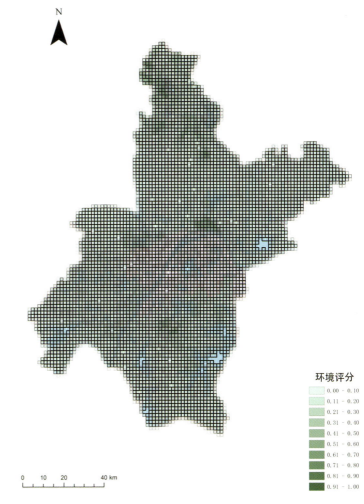

图5-5 环境容量维度评价结果空间分布

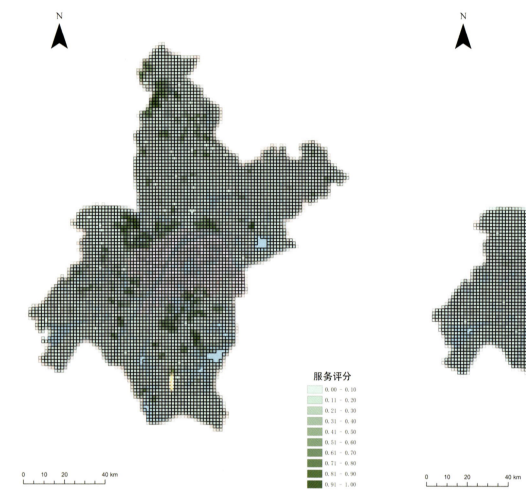
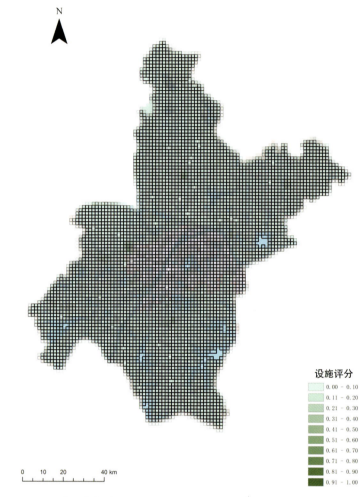

图5-6 服务管理维度评价结果空间分布　　　　　图5-7 配套设施维度评价结果空间分布

⑥配套设施评价结果（图5-7）

配套设施方面，总体而言维持在相对较低的满意度水平，即游客认为配套设施普遍存在不足之处。远离市中心的乡村景点在配套设施方面存在更显著的不足，可能是由于资金投入有限、开发程度不够或规划不完善等原因导致。

2）综合评价与层次聚类结果

按照各维度的评价结果（图5-8），使用层次聚类，根据各维度得分的特征值将村庄分为三类（图5-9）：

Ⅰ类村庄为达标型，占村庄总数的42.6%。这类村庄相比于其他村落，在旅游地的价格、景观特色、服务管理、环境容量、配套设施、交通区位方面都没有明显短板，但是在旅游地的价格方面相较于其他村庄来说较高。离主城区较近，主要位于东西湖区的东北部、江夏区的北部。较高评分的代表景区，如东西湖区极地海洋公园（评论数约20000条）、郁金香主题公园（评论数＞370条），蔡甸区永安镇的九真山风景区（评论数＞300条），江夏区梁子湖龙湾半岛景区（评论数＞140条）等。

Ⅱ类村庄配套设施评分较低，在旅游地的服务设施配置方面有所欠缺，占村庄总数的20.6%。主要位于黄陂区的西北部。较高评分的代表景点为黄陂区木兰山风景区，包括王家河镇木兰草原（评论数＞4900条）、长轩岭镇木兰天池（评论数＞3100条）、姚家集街木兰花乡景区（木兰不夜城，评论数约600条）等。

Ⅲ类村庄在景观特色、环境容量、配套设施评分较低，占总数的36.8%。较高评分的代表景区，如蔡甸区武汉野生动物王国（评论数＞500条）、黄陂区桃源集亲子小镇（评论数＞100条）、关山荷兰风情园（评论数＞80条）等。

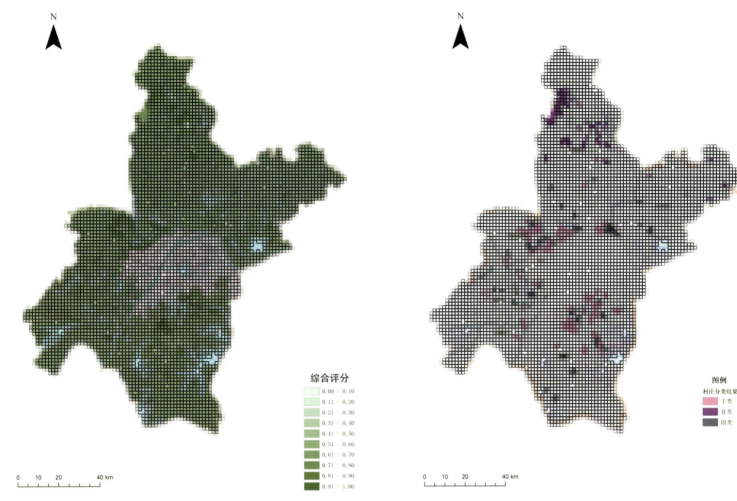

图5-8 综合评价结果空间分布

图5-9 村庄分类结果空间分布

（5）村庄旅游吸引力提升建议

1）Ⅰ类村庄提升策略

该类村庄邻近武汉市主城区，各项评分均较高，属于优势引领型乡村旅游地。这类村庄的发展重点在于打造独特的旅游品牌。通过精准定位和深入挖掘自身的特色和优势，这些村庄可以设计出具有吸引力的旅游产品和活动，如农家乐、乡村体验、传统文化展示等，以满足游客对于休闲、体验和文化探索的需求。同时，通过有效的市场营销策略，如社交媒体推广、线上线下活动联动、与旅游平台合作等，可以提升村庄的知名度和品牌形象，吸引更多的游客前来参观和体验。为了实现可持续发展，这类村庄在打造品牌的同时，还需要注重保护生态环境和传统文化，确保旅游开发与当地社会、经济和环境的和谐共生。通过科学的规划和管理，这些村庄可以成为展示乡村振兴成果的窗口，为游客提供独特的乡村旅游体验，同时为当地居民带来经济收益和社会福祉的提升。

同时，针对该类村庄价格较高的问题，需要注意合理的价格策略亦是乡村旅游景区吸引游客的重要因素。建议景区根据自身的实际情况和市场需求，制定公平、合理的价格策略。同时，公开透明地公布价格信息，避免价格欺诈行为的发生。景区可以根据季节、节假日等因素实施差异化定价策略，以吸引更多游客前来游玩。在定价过程中，应充分考虑游客的消费能力和心理预期，制定合理的价格水平。此外，景区还可以推出优惠活动或套餐服务，提高游客的购买意愿和满意度。通过合理的价格策略，乡村旅游景区能够在保证盈利的同时，吸引更多游客前来体验。

2）Ⅱ类村庄提升策略

该类村庄主要围绕黄陂区木兰山风景区，属于景区带动型乡村旅游地。乡在这种模式下，村庄的位置和资源都与景区紧密相关，景区成为村庄发展的动力引擎。村庄承担着补充和完善景区旅游服务的职能，例如提供住宿、餐饮、购物等服务，使游客能够更加便利地享受旅游体验。发展过程中，应该注重景区和村庄的融合发展模式。这意味着，村庄和景区之间应该建立紧密的联系和合作，共同开发旅游资源，提高旅游服务质量。例如，村庄可以通过开展特色旅游活动、打造特色民宿、提供特色美食等方式，吸引游客前来游览和体验。同时，景区也可以通过向村庄提供客源、推广村庄旅游资源等方式，支持村庄的发展。这种景区带动型乡村旅游地的发展模式，可以为当地经济带来巨大的收益，并促进当地社会和文化的繁荣发展。因此，应该积极探索和实践这种模式，为乡村旅游的发展注入新的活力和动力。

根据评价结果知，该类村庄尤其需要注意，在住宿方面，建议景区引入多样化的住宿选择，如传统农舍改造的民宿、木屋别墅等，既保留乡村特色又提供舒适的住宿环境。餐饮方面，应注重食材的新鲜和地道性，提供具有乡村风味的特色美食，同时确保餐饮设施的卫生和安全。此外，景区还应增设休闲娱乐设施，如户外拓展项目、文化体验馆等，让游客在享受自然美景的同时，也能体验乡村生活的乐趣。在信息化建设方面，景区可以提供免费Wi-Fi、智能导览等服务，方便游客获取信息和导航。通过这些配套设施的完善，乡村旅游景区能够为游客提供更加便捷、舒适和丰富的旅游体验。

3）Ⅲ类村庄提升策略

该类村庄由于交通和区位等条件限制带来评分普遍较低的问题，需要全面提升，将其定义为潜力培育型村庄旅游地。

提高交通可达性：首先，建议加强与城市的交通连接，增设公共交通线路，提高公共交通的覆盖率和频次，方便游客从城市前往景区。其次，景区内部应建立完善的交通网络，提供便捷的交通工具，如观光车、自行车等，方便游客在景区内游览。同时，景区还应提供详细的交通指南和地图，方便游客找到目的地。此外，景区可以与旅行社合作，推出旅游专线或包车服务，为游客提供更加便捷的交通选择。通过提高交通可达性，乡村旅游景区能够更好地吸引游客，提升旅游业的发展。

加强管理服务质量：乡村旅游景区的管理服务水平直接影响着游客的满意度和忠诚度。建议景区加强员工的专业培训，提高服务意识和专业技能，确保游客在景区内得到优质的服务体验。同时，景区应制定并执行严格的服务标准，规范员工的行为和态度，确保游客得到统一、规范的服务。建立有效的游客反馈机制，及时收集和处理游客的意见和建议，不断改进服务质量。此外，景区还应注重安全管理，加强安全设施的建设和维护，确保游客的人身安全。通过提升管理服务水平，乡村旅游景区能够树立良好的品牌形象，提高游客的满意度和忠诚度。

突出景观特色：独特的景观特色是乡村旅游景区的核心竞争力。建议景区充分挖掘当地的自然资源和文化资源，打造具有独特魅力的乡村景观。在自然景观方面，可以突出乡村的自然风光、田园风光等特色，让游客感受大自然的美丽和宁静。在人文景观方面，可以展示乡村的历史文化、民俗文化等特色，让游客了解乡村的历史和文化底蕴。同时，景区还可以注重景观的创新和变化，定期更新景观布置和活动内容，保持游客的新鲜感和兴趣。通过打造独特的景观特色，乡村旅游景区能够吸引更多游客前来游玩，提高景区的知名度和美誉度。

控制环境容量：建议景区加强环境保护和治理力度，确保景区内的环境容量状况良好。制定并执行严格的环保措施，如垃圾分类、污水处理等，减少环境污染和破坏。同时，根据景区的生态环境承载能力，合理控制游客数量，避免过度开发导致的环境破坏。景区还应加强环保宣传和教育，提高游客的环保意识，共同维护景区的环境容量。通过加强环境容量的管理，乡村旅游景区能够保护生态环境，为游客提供更加优美、舒适的旅游环境。

完善配套设施：在住宿方面，建议景区引入多样化的住宿选择，如传统农舍改造的民宿、木屋别墅等，既保留乡村特色又提供舒适的住宿环境。餐饮方面，应注重食材的新鲜和地道性，提供具有乡村风味的特色美食，同时确保餐饮设施的卫生和安全。此外，景区还应增设休闲娱乐设施，如户外拓展项目、文化体验馆等，让游客在享受自然美景的同时，也能体验乡村生活的乐趣。在信息化建设方面，景区可以提供免费Wi-Fi、智能导览等服务，方便游客获取信息和导航。通过这些配套设施的完善，乡村旅游景区能够为游客提供更加便捷、舒适和丰富的旅游体验。

## 六、研究总结

### 1. 模型设计的特点

本研究在乡村景点吸引力评价模型方面具有一定的创新性。理论框架综合了多学科理论，拓宽了研究视野。方法上，创新性地结合了层次分析法（AHP）与大数据分析，利用网络爬虫和自然语言处理技术，提高了评价的客观性和可靠性。特别是引入BERTopic模型，提升了数据分析的准确性和深度。技术层面，研究通过自建网络爬虫实时抓取游客评论数据，使用自然语言处理技术进行清洗和分类，确保了数据处理的高效性和精准性。数据方面，利用海量游客评论数据，结合景区客观数据，实现了多维度数据融合分析，提升了评价的全面性和准确性。研究从游客视角出发，深入分析游客评论和反馈，直接反映游客需求和偏好，使评价结果具有现实意义和应用价值。实现了对乡村景点吸引力的动态监测与实时评价，有助于景区管理的科学性和有效性。

### 2. 应用方向或应用前景

评价模型的应用方向广泛，可以建立智能旅游管理系统，实时监测游客反馈，优化景区管理和服务，制定营销策略。指导乡村旅游的科学规划和资源配置，提高资源利用效率。为政府制定支持政策提供科学依据，促进基础设施建设、文化保护、环境治理。实时监控运营情况，确保乡村旅游的健康、可持续发展。

乡村旅游是乡村振兴的重要组成部分，通过科学评价和管理，促进乡村经济、文化、生态全面振兴，提高农民收入，改善生活条件，推动社会进步。根据游客反馈，开展服务人员培训，提高服务质量，提升景区吸引力。培养专业管理和服务人才，促进产业专业化和标准化发展。

## 参考文献

[1] 王庆生, 张行发. 乡村振兴背景下乡村旅游发展: 现实困境与路径[J]. 渤海大学学报（哲学社会科学版）, 2018（5）: 77-82.

[2] 黄震方, 陆林, 苏勤, 等. 新型城镇化背景下的乡村旅游发展: 理论反思与困境突破[J]. 地理研究, 2015（8）: 1409-1421.

[3] 欧丹. 需求视角下乡村旅游转型升级策略探究[J]. 农业经济, 2021（8）: 26-28.

[4] 吕丽, 胡静, 田小波, 等. 武汉市乡村旅游空间集聚演化格局及影响因素[J]. 长江流域资源与环境, 2022（6）: 1234-1248.

[5] XIA H, MUSKAT B, KARL M, et al. Destination competitiveness research over the past three decades: a computational literature review using topic modelling[J]. Journal of travel & Tourism marketing, 2024（5）: 726-742.

[6] 王莉丽, 张建国, 杨丽, 等. 基于因子分析法的杭州超山梅花节游客满意度调查[J]. 山东农业大学学报（自然科学版）, 2020（4）: 774-781.

[7] 温碧燕. 旅游服务顾客满意度模型实证研究[J]. 旅游科学, 2006（3）: 29-35.

[8] 孙宝生, 敖长林, 王菁霞, 等. 基于网络文本挖掘的生态旅游满意度评价研究[J]. 运筹与管理, 2022（12）: 165-172.

[9] 吴江, 李秋贝, 胡忠义, 等. 基于IPA模型的乡村旅游景区游客满意度分析[J]. 数据分析与知识发现, 2023（7）: 89-99.

[10] 易伟. 基于多源数据的旅游景区游客体验评估与优化研究[D]. 重庆: 重庆邮电大学, 2019.

[11] 贾倩, 王晨雨, 王彬汕. 基于手机信令数据的游客行为研究: 以泰山风景名胜区为例[J]. 园林, 2022（12）: 46-51.

[12] 周杨, 何军红, 荣浩. 我国乡村旅游中的游客满意度评估及影响因素分析[J]. 经济管理, 2016（7）: 156-166.

[13] 范少花. 乡村振兴战略下乡村旅游游客满意度评价及其提升路径: 以福建省30个乡村旅游地为例[J]. 广西职业师范学院学报, 2023（1）: 78-85.

[14] 谢双玉, 张琪, 龚箭, 等. 城市旅游景点可达性综合评价模型构建及应用: 以武汉市主城区为例[J]. 经济地理, 2019（3）: 232-239.

[15] GAO Z, ZENG H, ZHANG X, et al. Exploring tourist spatiotemporal behavior differences and tourism infrastructure

supply-demand pattern fusing social media and nighttime light remote sensing data [J]. International journal of digital earth, 2024 (1): 2310723.

[16] 邱莹莹, 王尔大, 于洋. 基于贝叶斯多元有序probit模型的休闲渔业游客满意度研究 [J]. 运筹与管理, 2021 (8): 147-152.

[17] CHEN C, CHEN S H, LEE H T. The destination competitiveness of Kinmen's tourism industry: exploring the interrelationships between tourist perceptions, service performance, customer satisfaction and sustainable tourism [J]. Journal of sustainable tourism, 2011 (2): 247-264.

[18] TOVMASYAN G. Assessment of tourist satisfaction index: Evidence from armenia [J]. Marketing and management of innovations, 2019 (3): 22-32.

[19] KIM S S, SHIN W, KIM H W. Unravelling long-stay tourist experiences and satisfaction: text mining and deep learning approaches [J]. Current issues in tourism, 2024.

[20] 苏婧琼, 苏艳琼. 基于LDA和TF-IDF的关键词提取算法研究 [J]. 长江信息通信, 2024 (1): 78-80.

[21] DONG L, WEI F, ZHOU M, et al. Question answering over freebase with multi-column convolutional neural networks [C]//Annual Meeting of the Association for Computational Linguistics, 2015.

[22] 刘洋, 柳卓心, 金昊, 等. 基于BERTopic模型的用户层次化需求及动机分析: 以抖音平台为例 [J]. 情报杂志, 2023 (12): 159-167.

[23] GROOTENDORST M R. BERTopic: Neural topic modeling with a class-based TF-IDF procedure [EB/OL]. arXiv preprint arXiv:2203.05794, 2022 [2024-03-20]. https://arXiv.org/abs/.2203.05794.

[24] SUN X, WANG Z Y, ZHOU M Y, et al. Segmenting tourists' motivations via online reviews: An exploration of the service strategies for enhancing tourist satisfaction [J]. Heliyon, 2024 (1).

[25] 李红丹, 刘荐男. 武汉 "1+8" 城市圈乡村旅游发展研究分析 [J]. 农村经济与科技, 2022 (20): 131-135.

[26] 冯娟, 谭辉丽, 吕绎荣, 等. 武汉市城郊乡村旅游地的类型划分及时空分布特征研究 [J]. 长江流域资源与环境, 2020 (11): 2384-2395.

[27] 陈东杰, 王瀛旭, 郭燕茹. 基于游客满意度的森林旅游体验产品开发研究: 以山东省49处国家森林公园为例 [J]. 林业经济, 2021 (8): 62-79.

[28] 耿娜娜, 邵秀英. 基于模糊综合评价的古村落景区游客满意度研究: 以皇城相府景区为例 [J]. 干旱区资源与环境, 2020 (11): 202-208.

[29] 赵春艳, 陈美爱. 基于网络文本分析的游客满意度影响因素分析 [J]. 统计与决策, 2019 (13): 115-118.

[30] 李佳轩, 储节旺. 基于弹幕评论的在线知识社区用户关注度与情感度联合分析 [J]. 数字图书馆论坛, 2023 (8): 68-76.

# 基于多源时空大数据的创新型产业集群评估与优化模型

**工 作 单 位：** 南京大学建筑与城市规划学院
**报 名 主 题：** 面向生态文明的国土空间治理
**研 究 议 题：** 城市化发展演化与空间发展战略
**技术关键词：** 神经网络、图注意力网络、梯度决策树
**参 赛 选 手：** 林馥雯、周臻、张宏韫、唐国佳、王佳丽
**指 导 老 师：** 甄峰、徐逸伦
**团 队 简 介：** 项目成员来自南京大学建筑与城市规划学院，成员背景多元。团队长期关注区域与城市演化与空间发展议题，包括战略性新兴产业、数字经济产业等产业集群的时空演化特征、用地供应动态特征与分异等，在相关领域已取得系列成果，具有丰富的理论和实践经验。

## 一、研究问题

### 1. 研究背景及目的意义

在国际形势迅速变化、新一轮科技革命与产业变革深入发展的背景之下，着力推进我国产业近域重组、提升产业链、创新链、供应链的韧性与安全水平，成为新时代我国应对外部风险并实现经济稳步有序发展的重要举措。党的二十大报告明确指出，要建设现代化产业体系、加快实施创新驱动发展战略，其中，"推动战略性新兴产业融合集群发展""加强企业主导的产学研深度融合""强化企业科技创新主体地位"等的实施部署，强调了产业集群建设的重要性，并突出了企业在产业发展、创新驱动发展战略中的主体地位。

随着集群建设的持续推进，创新型产业集群增长动能不如预期、企业群而不链、创新能力薄弱等问题日益显露。在诸多实践中，宏观层面的产业导向分析与布局规划"失灵"，以及"筑巢引凤"的产业空间增量式建设未能实现企业落位构想等问题层出不穷，更多与"产业与创新能否规划"相关的争论也日益激烈。挖掘并遵循创新型产业集群演化发展的客观规律，进一步探索实现要素的合理配置与供给的有效手段，成为推动创新型产业集群建设实践的重要抓手。

当前学界对"创新型产业集群"已开展一些讨论，研究问题包括对创新型产业集群的空间布局、社会网络关系与创新绩效、政策实施效应的评估等。总体上，创新型产业集群的相关研究主要以省市作为研究尺度，其结论更适用于为宏观层面的统筹布局提供参照，但在中微观尺度上的探讨则略显不足。此外，尽管部分研究采用企业数据作为研究数据，但其研究视角聚焦于寻求集

群中企业的普遍规律，而忽视了集群内各企业存在异质性，代表"市场力量"的企业自发性未得到足够的关注与响应。

在实践工作中，北京、上海、广州等地率先开展了产业地图编制工作，通过信息的集成化展示为企业等市场主体提供参照依据，取得了一定的积极成效。为实现创新型产业集群的高质量发展，需兼顾自上而下的战略部署与自下而上的发展需求，即需同时关注政府引导的要素配置与市场主导的企业发展。因此，需面向产业集群建设的不同参与主体，关注集群建设中的自上而下的要素供给配置，以及自下而上的企业落位选择这一双向过程，在中微观尺度上探索构建创新型产业集群的评估与优化模型，以期为创新型产业集群建设中的规划失灵、供需错配等现实问题的解决提供决策依据。

### 2. 研究目标及拟解决的问题

本研究旨在探索支撑创新型产业集群精细化发展的技术方法，围绕创新型产业集群建设过程中要素供给配置与企业自发落位的双向过程进行分析。研究以社区为集群内部子单元，通过构建识别与分类评估模型，分析中微观尺度下创新型产业集群内部各单元发展类型分异与创新环境要素供给情况，并进一步构建预测模型，实现企业的落位预测，最终面向政府提供集群创新环境要素供给的有效参考，面向企业提供落位决策辅助工具，由此实现对创新型产业集群的精细化规划布局的支撑。基于此，研究拟解决的核心问题如下：

（1）如何同时考虑产业与创新两大构成要素，识别创新型产业集群总体布局现状与内部中微观单元的发展类型分异？

（2）如何有效评估中微观尺度下的创新环境要素供给情况，并精准识别其中的关键影响要素？

（3）如何基于企业自身属性与产业关联特征找准其在创新型产业集群中的生态位，实现企业落位有效预测？

## 二、研究方法

### 1. 理论基础

（1）概念界定

20世纪90年代，波特（Michael E. Porter）将"集群"概念引入动态竞争理论，形成产业经济理论并广泛应用。产业集群定义围绕"地理邻近"和"产业关联"展开，虽存在争议但总体达成共识。21世纪以来，王缉慈等学者关注国内产业集聚，明确了集群的"地理邻近且相互联系"和"产业关联且相互影响"特征。根据发展路径，产业集群分为高端创新型和低端低成本型两类，前者以技术创新为驱动力，后者侧重地理集聚的规模效应。2011年，科学技术部火炬中心印发《创新型产业集群建设工程实施方案》，2013年明确创新型产业集群定义，强调地理邻近和产业关联，企业与创新的集聚与关联是其重要构成。

（2）相关研究进展

产业集群的发展是一个动态过程，受随机事件、制度和历史因素影响，具有惯性。演化经济学从组织惯例和相关多样性角度解释区域经济发展，强调产业发展的时空情景特定性和历史动态性。目前的研究多集中在宏观层面，难以指导中微观尺度的精细布局。研究通常以企业和专利数据为基础，以省市或区县为研究单元，运用空间分析和社会网络分析探究集群中产业或创新的集聚与关联结构，但较少关注集群的微观分化和局部差异。一些研究从"产业社区"角度出发，但多为个例分析，与区域统筹布局关联不强，也缺乏从创新环境要素供给和企业发展双向视角的分析。

综上，本研究将重点关注创新型产业集群在中微观尺度上的特征，立足"地理邻近"和"产业关联"两个基本特征，重点考虑政府在创新型产业集群建设中所发挥的创新环境要素供给与配置的作用，探究影响内部各单元产业与创新发展情况的主要因素，重点弥补了以往研究对创新型产业集群的建设情况与产业创新相关环境要素供给情况分置研究的不足，并着重考虑了在创新型产业集群发展过程中企业落位的自发性，由此实现对创新型产业集群建设中"政府引导、市场主导"的综合考虑，为未来精细化的规划决策提供参考依据。

### 2. 技术路线及关键技术

本研究从创新型产业集群的概念定义出发，立足创新型产业集群发展建设过程中的企业端与政府端视角，从企业与创新发展视角和政府要素供给两个维度构建"识别—分类—评估—预测"的总体技术路线（图2-1），关键技术及步骤如下：

（1）识别：创新型产业集群的发展现状

①企业产业链环节再分类与空间布局

基于公开的门类和经营信息定位企业所处的产业上下游环

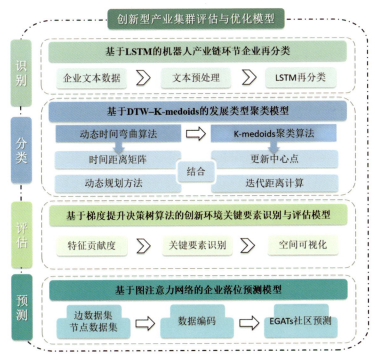

图2-1 总体技术路线

节。根据产业发展报告和相关学术研究，确定产业核心的上下游环节，并对企业名称、行业门类、经营范围等信息进行合并，使用LSTM神经网络模型进行训练和预测，完成产业的再分类。而后引入地理和时间加权的共位熵（Geographically and Temporally Weighted Colocation Quotient，简称GTWCLQ）探究企业的空间生成模式。

②企业网络特征识别

基于企业间的专利合作、投融资关系和产业相似度识别企业网络特征。选择企业间的创新合作、投融资关系和产业相似度作为主要表征，对企业数据与专利数据进行提取，并计算企业经营范围特征向量的余弦相似度，实现对企业关联与网络关系的分析。

（2）分类评估：发展类型分类与创新环境要素评估

①发展类型聚类

基于历年的企业和专利数量对社区发展类型进行分类。以各社区历年的企业数量和专利数量为数据基础，采用时间序列聚类方法进行社区发展路径识别与类型划分，为后续企业选址预测与社区创新环境要素供给评估提供数据基础。

②创新环境要素评估

基于政策支撑、生活供给水平、生产要素集聚、交通配套四个维度对创新环境要素进行评估。根据创新型企业的发展和需求特征，选定四大类共13个影响因素进行评估，并基于企业和创新集聚特征的聚类结果，采用梯度提升决策树，分析各影响因素在模型拟合中的贡献度，以反映其相对重要性，从而识别关键影响要素。最后，结合各影响因素的空间分布特征，补充社区创新环境关键影响要素的作用解释，为政府提供要素供给参考。

（3）预测：基于自身属性和网络关联特征的企业落位预测

基于企业的图结构数据进行企业落位预测。研究将企业作为图的节点，企业间的关联作为图的边构建图注意力网络（Graph Attention Networks，简称GATs），通过节点和边属性的联合学习，捕捉企业间的合作、投资和产业相似度关系，从而理解企业社区的组成和演化。此外，利用注意力权重分布的可解释性分析理解模型的预测结果制定相应的策略。

## 三、数据说明

### 1. 数据内容及类型

本研究主要采用了以下几类数据源，包括基础地理空间数据、企业工商信息与投融资关系数据、专利信息数据、创新环境要素数据（表3-1）。

（1）基础地理空间数据

本研究选择珠三角核心区（广州市、深圳市、佛山市、东莞市，以下简称"广深佛莞"）为研究区域，城市行政区划数据来源于省市地理信息公共服务平台，其中，广州市、深圳市社区边界来源于地理信息公共服务平台地籍查询系统与专题地图，佛山市、东莞市社区边界来源于网络抓取。

（2）企业工商信息与投融资关系数据

企业工商数据来源于企查查工商信息查询系统，以"机器人"为模糊关键词，以"机器人"新兴行业作为限制条件进行数据获取，经初步筛选，共计获取研究范围内数据23797条，数据内容包含企业成立日期、注册地址、企业规模、行业门类、经营范围等。企业投融资关系数据来源于企查查工商信息查询系统创投库，以研究范围内相关企业为投资或融资机构获取相关投融资事件，共计获取有效数据28211项。以上数据采集时间均为2024年3月。

（3）专利信息数据

专利信息数据来源于"壹专利"检索分析平台，以中国城市与DTEN（广东省双十产业集群）分类号为检索条件，抓取研究范围内机器人产业专利相关信息，经初步筛选，共计获取数据235515条，数据内容包括专利类型、申请日、申请人、申请人地址、申请人类型、IPC分类号等。数据采集时间为2024年3月。

（4）创新环境要素数据

POI数据来源于高德地图网站，数据具体包含设施点名称、经纬度、设施点分类、地址等信息，采集时间为2022年6月，经过筛选处理后，得到有效信息104957条。土地利用数据来源于星云数据服务平台和OpenStreetMap网站。土地出让数据来源于中国土地市场网，包含交易点经纬度、成交年份、出让价格、出让土地面积等信息，包含2018—2022年信息，共4210条。房屋租金信息爬取自房天下网站，包括小区名称、房屋租金、房屋面积等信息，采集时间2024年5月，共12064条。科技企业创新载体来源于广东省科学技术厅科技数据发布应用平台，包含名称、认定年份、认定类型等信息，共144条。专精特新企业名单来源于CSMAR数据库，包含企业名称、企业地址、企业等级、企业类别等信息，共1284条。

数据类型、内容与来源　　表3-1

| 数据类型 | 数据内容 | 获取来源 |
| --- | --- | --- |
| 企业数据 | 截至2024年3月的企业工商数据与投融资数据 | 企查查工商信息查询系统（https://www.qcc.com/） |
| 专利数据 | 截至2024年3月的专利申请数据 | 壹专利检索分析平台（http://www.patyee.com/） |
| POI数据 | 2022年广深佛莞四市POI设施点数据 | 高德地图网站（https://ditu.amap.com/） |
| 土地利用数据 | 2018年中国城市土地利用类型数据（EULUC-China） | 星云数据服务平台（https://data-starcloud.pcl.ac.cn/zh） |
| | 2024年5月openstraatmap数据 | OpenStreetMap网站（https://www.openstreetmap.org/） |
| 土地出让数据 | 2018—2022年土地出让微观数据 | 中国土地市场网（https://www.landchina.com/） |
| 房屋租金 | 2024年5月广深佛莞四市二手房出租信息 | 房天下网站（https://www.fang.com/） |
| 科技企业创新载体 | 广东省科技企业孵化载体情况 | 广东省科学技术厅科技数据发布应用平台（http://sjfb.gdstc.gd.gov.cn/sjfb/） |
| 专精特新企业名单 | 国家级专精特新"小巨人"企业名单 | CSMAR数据库（https://data.csmar.com/） |
| 创新政策 | 广深佛莞各市关于创新支持政策数量 | 广东省人民政府门户网站（https://www.gd.gov.cn/） |

## 2. 数据预处理技术与成果

（1）企业数据处理

企业数据处理包括数据清洗、地理编码、投融资关系提取和经营范围特征提取。首先，剔除缺失值和无效值，完成数据清洗，筛选出"企业注册地址"信息进行地理编码，最终得到有效数据23775条。随后，匹配和筛选企业投融资关系，整合得到有效合作关系数据1284条。

企业经营范围描述了生产经营与服务项目，具有稳定性，可用于特征提取和产业关联分析。研究通过观察样本数据，识别文本结构，去除无意义文本，使用HanLP库进行分词，形成自定义词库和停用词库。最终，采用TF-IDF算法计算词频，保留最高的1000个词作为企业经营范围特征向量。

（2）专利数据处理

专利数据处理包括清洗、地理编码、坐标转化和专利合作对提取。研究将专利的第一申请人地址作为专利地点，其地理编码和坐标转化步骤与企业数据处理一致。随后，将专利申请人与企业数据库匹配，得到各企业历年的专利申请数量。

专利合作的提取是基于申请人数量超过两个的专利。研究筛选出符合条件的专利信息，将同一专利的不同申请人进行两两组合，批量处理后得到专利合作数据集。对合作主体进行匹配与筛选后，得到企业间的专利合作关系，并计数整合，最终得到有效数据2955条。

（3）POI数据处理

按照高德地图POI分类对照表及指标体系分类需求，根据关键词筛选POI数据（表3-2）。

（4）土地利用数据处理

按空间范围统计五大类土地利用类型的面积，使用信息熵计算公式计算空间功能混合度。按空间范围统计公园绿地等生态空间面积。

POI数据详细信息　　表3-2

| 类型 | 包含数据种类 | 设施点数量（条） |
| --- | --- | --- |
| 文化休闲 | 博物馆、图书馆；电影院、健身中心、酒吧、剧场、咖啡 | 18822 |
| 私人交通 | 停车场 | 67998 |

续表

| 类型 | 包含数据种类 | 设施点数量（条） |
|---|---|---|
| 公共交通 | 地铁站 | 2722 |
| 对外交通 | 高铁站 | 88 |
| 科研院所 | 高等教育、科研单位 | 3827 |
| 生产服务 | 保险、银行、投资理财、信息咨询中心 | 11500 |
| 总计 | —— | 104957 |

（5）其他数据处理

土地出让数据、房屋租金信息、科技企业创新载体、专精特新企业名单等数据处理均为初步清洗、地理编码与坐标转化，最终分别得到有效数据4210条、12064条、144条、1284条。

其中，为计算土地出让数据及房屋租金信息在各社区内平均值，通过ArcGIS平台执行克里金插值，再按空间范围统计像元所在中心点的数据平均值。对科技企业创新载体和专精特新企业名单数据按空间范围统计计数。

## 四、模型算法

### 1. 模型算法流程及相关数学公式

研究按照"识别—分类—评估—预测"的分析逻辑，构建4个子模型，分别为：基于LSTM的机器人产业链环节企业再分类模型、基于DTW-K-medoids的发展类型评估模型、基于梯度提升决策树算法的创新环境关键要素识别模型、基于图注意力网络的企业落位预测模型，相关数据及输出结果如图4-1所示。

（1）基于LSTM的产业链环节企业再分类模型

本模块以机器人产业为例，使用LSTM神经网络模型进行产业链环节的再分类。首先，根据《深圳市机器人产业发展白皮书》，梳理出机器人产业链上中下游的关键环节（图4-2）。并进一步将机器人产业分为"核心零部件""智能技术""软件系统"等7大类。其次，基于企业公开信息，综合企业名称、经营范围等特征，将获取的企业数据前1000条进行人工分类标注和数据增强，并使用jieba分词和Tokenizer完成数据预处理。最后，基于LSTM神经网络模型进行训练并预测，从而得到所有企业在产业链环节的判别，即完成再分类。本模块总体流程如图4-3所示。

图4-1 模型算法总述

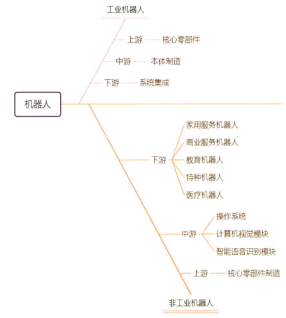

图4-2 机器人上下游产业链

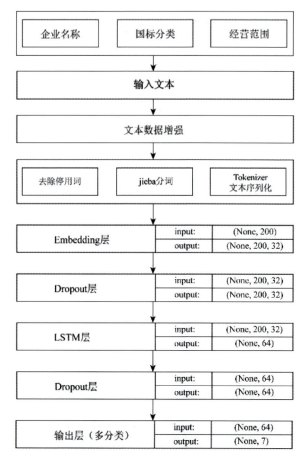

图4-3 机器人产业再分类流程图

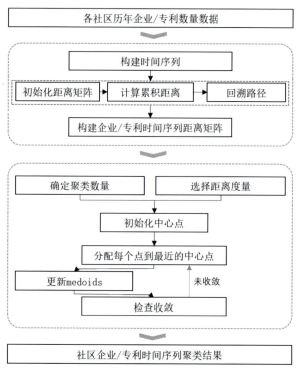

图4-4 基于DTW-K-medoids的算法流程

（2）基于DTW-K-medoids的发展类型评估模型

此模型包含动态时间弯曲算法与K-medoids聚类两个模块，完成后进行叠合分析，并在地理空间系统中进行可视化。算法流程如图4-4所示。

1）动态时间弯曲算法（Dynamic Time Warping）

动态时间弯曲（DTW）算法是一种用于测量时间序列相似性的算法，核心在于通过动态规划寻找最优对齐路径，以最小化累积匹配距离。本研究基于社区企业和专利数量的时间序列数据，采用DTW识别不同社区的相似变化模式。具体流程如下：

给定时间序列X和Y，DTW通过构建距离矩阵来存储匹配结果，其中每个元素表示序列间的最小距离。其步骤包括构建并初始化距离矩阵D、利用递推公式填充矩阵元素值、确定最优路径距离。公式为：

$$D(i,j) = \text{Dist}(Xi, Yj) + \min[\text{Dist}(Xi-1, Yj-1), \text{Dist}(Xi-1, Yj),$$

$$\text{Dist}(Xi, Yj-1)], \text{where} 1 \leqslant i \leqslant N, 1 \leqslant j \leqslant M \quad (4-1)$$

式中，$D(i,j)$表示矩阵中第$i$行、第$j$列元素，min选择累积距离最小的方向。

2）K-medoids聚类算法

K-medoids聚类算法能处理DTW的非欧几里得距离，也有助于更直观地理解和解释聚类结果。本研究基于前文的DTW结果，使用K-medoids聚类实现对社区不同发展路径的识别与划分。运用K-medoids方法进行聚类的公式如下：

$$\{m1, m2, \cdots\cdots, mK\} \quad (4-2)$$

$$Cj = \{xi : d(xi, mj) \leqslant d(xi, mk) \forall k, 1 \leqslant k \leqslant K\} \quad (4-3)$$

$$m_j = \arg\min_{xi \in C_j} \sum_{x_h \in C_j} d(x_i, x_h) \quad (4-4)$$

式中，表示第$j$个聚类中心，为数据点，$d(xi, mj)$表示数据点到medoids的距离，argmin表示找到使得表达式最小的。

（3）基于梯度提升决策树算法的创新环境关键要素识别模型

此模块主要使用梯度提升决策树（GBDT）进行社区创新环境关键要素识别。GBDT是一种集成多个弱分类器的机器学习方法，通过不断地在当前模型的残差基础上建立新的模型，GBDT可以返回在模型拟合中不同因变量的贡献度，本研究以此来判断影响因子的相对重要性，进而识别不同类型社区的创新环境关键要素（图4-5）。

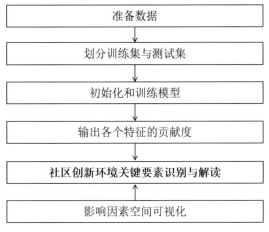

图4-5　GBDT算法流程

GBDT模型可表示为：

$$F_M(x) = \sum_{m=1}^{M} T(x;\theta_m) \quad (4-5)$$

式中，$F_M(x)$表示决策树，$\theta_m$表示树的参数，$M$为树的个数。

在GBDT中，损失函数通常为平方误差函数。GBDT通过最小化损失函数来确定每棵树的参数：

$$\hat{\theta}_m = \arg\min \sum_{i=1}^{N} L[y_i; T_{m-1}(x_i) + T(x;\theta_m)] \quad (4-6)$$

式中，$L$代表决策树$T(x;\theta_m)$的损失函数，$T_{m-1}$代表当前决策树，$y_i$为第$i$个样本的实际值。

（4）基于图注意力网络的企业落位预测模型

图注意力网络（Graph Attention Networks，简称GATs）是一种基于注意力机制的图神经网络，其核心优势在于自适应地捕捉节点间的复杂关系。本研究使用的EGATs能进一步考虑边特征，使得模型能够更细致地捕捉节点间的复杂关系。EGATs的数学公式如下：

设$G=(V,E)$为一个图，其中$V$是节点集合，$E$是边集合。每个节点具有特征向量$X_V \in R^d$，每条边具有特征向量$\in R^f$，其中$u$是节点$v$的邻居。

在EGATs中，首先整合节点特征和边特征形成加权表示：

$$z_{uv} = W \times \text{concat}(x_v, x_u, e_{uv}) \quad (4-7)$$

式中，$W$是可学习的权重矩阵，表示向量拼接操作。

第二步，计算节点$v$和其邻居$u$之间的注意力分数：

$$a_{vu} = \frac{\exp(a^T \cdot z_{vu})}{\sum u' \in N(v)^{\exp(a^T \cdot z_{vu'})}} \quad (4-8)$$

式中，$N(v)$是节点$v$的邻居节点集合，$a$是可学习的注意力参数。

最后，通过以下公式更新节点特征：

$$h_v = \sigma\left(\sum_{u \in N(v)} a_{vu} \cdot W \cdot x_u + W \cdot x_v\right) \quad (4-9)$$

式中，$\sigma$是激活函数，如ReLU。

### 2. 模型算法相关支撑技术

本研究涉及城市规划、产业研究、计算机科学等相关知识，运用的技术手段包括自然语义分析、时间序列相似度计算、聚类算法、图注意力网络等。研究主要涉及的支撑技术如下：

（1）开发语言/库

研究使用Python作为主要的开发语言，编写相关算法代码开展数据爬取与清洗、基于自然语义分析的企业分类、基于DTW-K-medoids的发展类型分类、基于图注意力网络的评估预测等。主要调用的数据处理和科学计算库包括：sklearn、hanlp、torch、dgl、networkx等。

（2）系统/平台

本研究使用Jupyter Notebook和ArcGIS作为主要的计算环境和操作平台，使用Gephi软件进行图文件可视化。

## 五、实践案例

### 1. 研究区概况与集群选择

（1）研究区概况

珠三角地区是中国经济最发达的区域之一，区域内的创新型产业蓬勃发展。在《珠江三角洲地区改革发展规划纲要（2008—2020年）》《粤港澳大湾区发展规划纲要》等政策指导下，各市积极推进区域协同创新，产业链完整且高度发达，集群效应显著，具有较强的代表性和研究价值。

本研究选择处于珠三角地区的核心区域的广深佛莞四市作为实证研究区域（图5-1），研究区域总面积15463.8km²，选取社区为基本研究单元，共计4677个单元。

（2）集群选择

选择机器人产业集群作为创新型产业集群进行实践，主要基于以下几个原因：①机器人产业发展高度依赖科技创新，能较好地体现创新驱动发展的特征，从而深入分析创新同企业发展之间的联系。②机器人企业是技术密集型和资本密集型产业，技术创新需求高、市场潜力大且应用领域广泛，能反映出不同产业链和创新链的协同情况。③广深佛莞四市均具备良好的机器人产业基础，且政府支持力度大。

### 2. 创新型产业集群发展现状综合评估结果

（1）产业链环节识别与企业布局特征

研究以企业名称、企业所属的国标行业大中小门类、企业经营范围组成的文本数据作为模型输入进行企业产业链分类。构建的LSTM神经网络最终在验证集上预测精度为0.92，具有较好的预测性能（图5-1）。

基于训练的模型对机器人产业链完成再分类（图5-2～图5-4），可知：

1）数量上，广深佛莞四市的机器人产业下游应用和销售企业明显更多，反映出大量中小企业将成熟的机器人技术应用于各行各业或直接销售给消费者。

2）年际演变上，2013年后，机器人技术逐渐成熟并迅速进入市场应用，各类机器人企业数量快速增长，尤其是下游应用和销售企业数量增长显著。

3）空间格局上，广深佛莞四市形成以"广州、深圳"双核心的空间分布格局。深圳市在机器人技术上更具优势，而广州市在商业化进程上更为突出。

4）企业间共址关联：通过引入地理和时间加权的共位熵（GTWCLQ）分析机器人企业的空间生成模式，全局GTWCLQ评估整个区域内特定类别企业的共位情况（表5-1），局部GTWCLQ评估特定点的共位情况。结合表5-1和图5-5可知，智能技术与本体制造、智能技术与软件系统、咨询服务与下游应用、软件系统与咨询服务企业具有双向共址关联，表明这些企业在时空上总是一起出现。销售企业与其他类型企业联系最多，通常伴随大量销售企业的产生。

高CLQ值企业在广州市和深圳市形成集聚组团（图5-6），并在外围有零散分布，反映了城市中心对咨询服务和智能技术企业

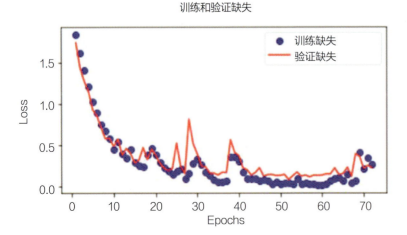
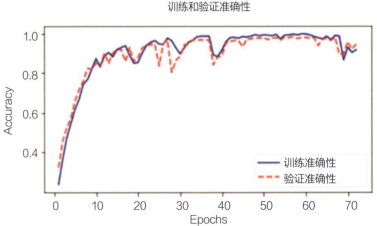

图5-1 LSTM模型训练结果

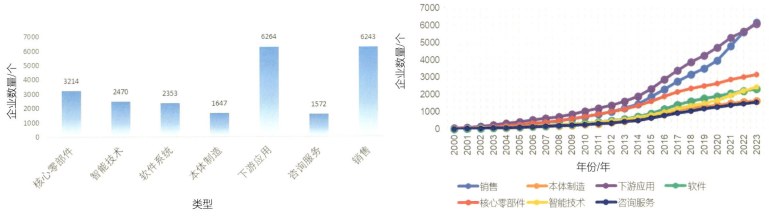

图5-2　机器人产业再分类结果

图5-3　机器人产业数量的年际变化

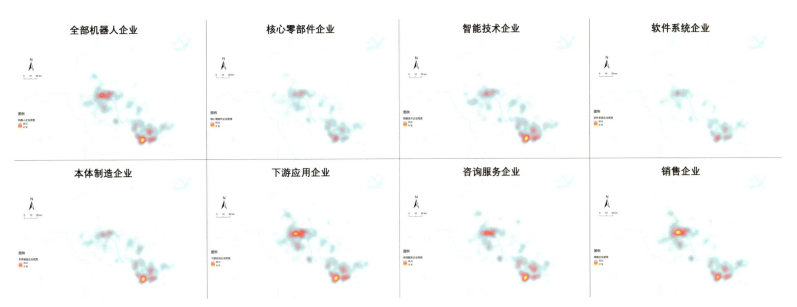

图5-4　机器人企业空间分布

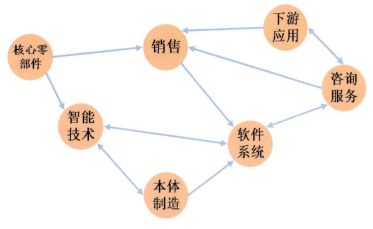

图5-5　企业之间的基于共位商的关系

全局GTWCLQ结果

表5-1

| — | 下游应用 | 咨询服务 | 智能技术 | 本体制造 | 核心零部件 | 软件系统 | 销售 |
|---|---|---|---|---|---|---|---|
| 下游应用 | 1.0785 | 1.0060 | 0.9873 | 0.8902 | 0.7623 | 0.9756 | 1.0855 |
| 咨询服务 | 1.0049 | 1.3351 | 0.9837 | 0.8892 | 0.7613 | 1.0296 | 1.0583 |
| 智能技术 | 0.9413 | 0.9300 | 1.3325 | 1.1031 | 0.7940 | 1.0343 | 1.0095 |
| 本体制造 | 0.9312 | 0.9552 | 1.2479 | 1.3268 | 0.8194 | 1.0561 | 0.9666 |
| 核心零部件 | 0.9679 | 0.9725 | 1.0654 | 0.9683 | 0.9921 | 0.9754 | 1.0342 |
| 软件系统 | 0.9772 | 1.0204 | 1.0628 | 0.9691 | 0.7431 | 1.2348 | 1.0440 |
| 销售 | 0.9812 | 0.9675 | 0.9659 | 0.8226 | 0.7333 | 0.9679 | 1.2349 |

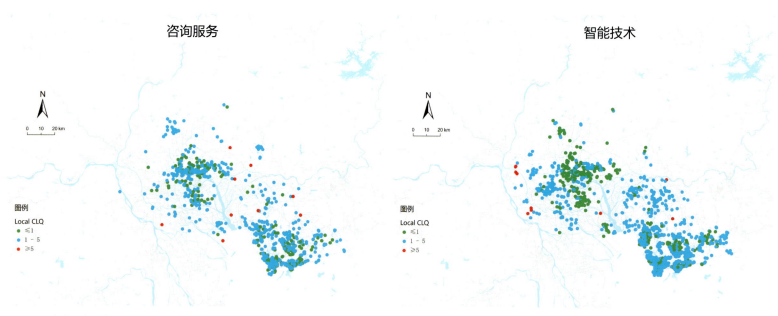

图5-6　咨询服务和智能技术企业GTWCLQ值的局部聚类

的吸引力以及这些企业对郊区环境的偏好。

（2）企业网络关联特征

在产业集群研究中，除地理集聚外，需重点考虑企业间的网络关联特征，本次研究重点关注企业之间的产业相似性、专利合作关系与投融资合作关系。

1）产业相似度：综合性企业或研究性质企业的度中心性较高。产业相似度指企业在产品、技术等方面的相似度，产业相似度高的企业之间更容易产生知识溢出与协同效应。如图5-7所示，在基于产业相似度构建的图结构中，综合性企业或研究性质企业的度中心性较高，如美的集团股份有限公司、东莞松山湖国际机器人研究院有限公司等。

2）专利合作情况：产业集群中的创新合作存在显著的子群体，这些子群体的核心主要为龙头企业。在基于专利合作数据构建的图结构中，图的平均加权度较高，反映出广深佛莞机器人产业集群中企业创新合作的互动频率与权重较高，图结构中存在较为明显的社群结构，说明产业集群中的创新合作存在显著的子群体，这些子群体的核心主要为龙头企业（图5-8）。

3）投融资活动：在基于企业投融资合作数据构建的图结构中，图的模块化值较高，集群中基于投资关系形成的社群结构较为明显，社群内部的节点投融资互动密切（图5-9）。

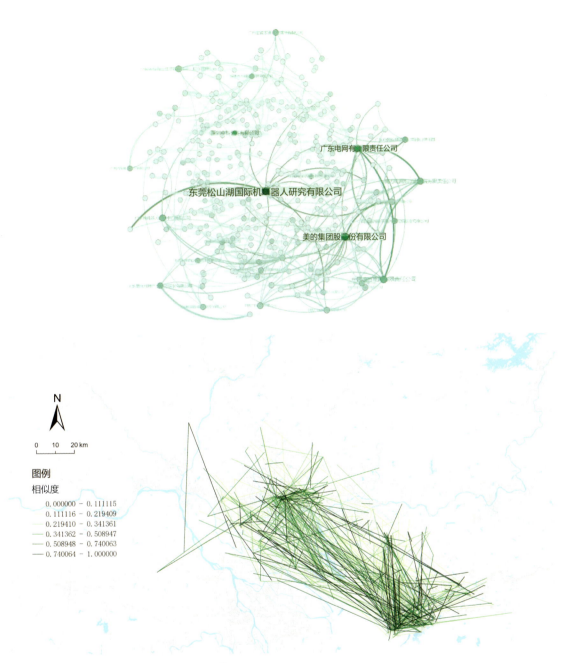

图5-7 基于产业相似度的企业网络可视化结果

图5-8 基于专利合作的企业网络可视化结果

（3）社区发展类型聚类

研究采用DTW-K-medoids方法以进行社区发展类型聚类，以各社区历年企业数量与专利数量为数据基础，采用两个变量分别聚类后叠合的方式进行分析（表5-2）。基于企业数量的聚类模型相关指标与聚类结果如图5-10所示。结合肘部法则与模型性能，采用cluster=4为最优聚类数量。四类社区的企业数量扩张趋势依次增强，第一类社区企业数量始终处于低值，第二类社区企业数量略有增长，第三类社区企业数量呈现平缓增加趋势，第四类社区企业数量呈现指数级的增长趋势。

聚类标签叠合结果　　表5-2

|  |  | 基于专利聚类标签 | | | |
| --- | --- | --- | --- | --- | --- |
|  |  | 1 | 2 | 3 | 4 |
| 基于企业聚类标签 | 4 | 41 | 42 | 43 | 44 |
|  | 3 | 31 | 32 | 33 | 34 |
|  | 2 | 21 | 22 | 23 | 24 |
|  | 1 | 11 | 12 | 13 | 14 |

图5-9 基于投融资活动的企业网络可视化结果

基于专利数量的聚类模型相关指标与聚类结果如图5-11所示。结合肘部法则与模型性能，采用cluster=4为最优聚类数量。四类社区的专利数量趋势依次增强，第一类社区创新活动接近零值；第二类社区存在少量创新活动，但并未呈现明显的发展趋势；第三类社区创新活动早期不活跃，近年呈现明显的增长趋势；第四类社区创新活动活跃，在增长速度、创新活动数量上都显著高于其他社区。

研究将两类聚类标签叠合，得到最终划分结果如表5-2所示。其中具有代表性的类型有：企业数量和专利数量同步迅速增长表明产业集群的良性健康发展，既有大量企业参与又有显著的创新成果，如33类、44类等社区；若企业数量增加而专利数量发展停滞，则社区产业发展的创新活动质量不高，如31类社区；若专利数量增加而企业增长停滞，则社区中创新活动可能集中少数企业，缺乏广泛的产业基础支撑，如13类社区。

进一步将社区聚类结果在地理信息系统平台上进行空间可视化分析，如图5-12所示。空间分布呈现如下特征：企业数量和

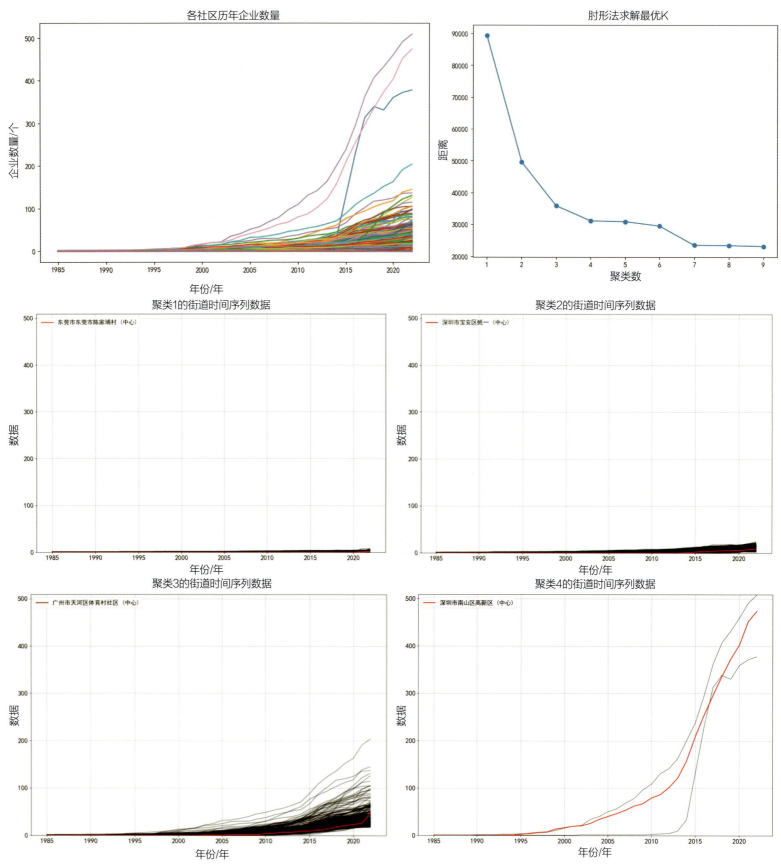

图5-10 企业时序数据、肘部法则与聚类结果

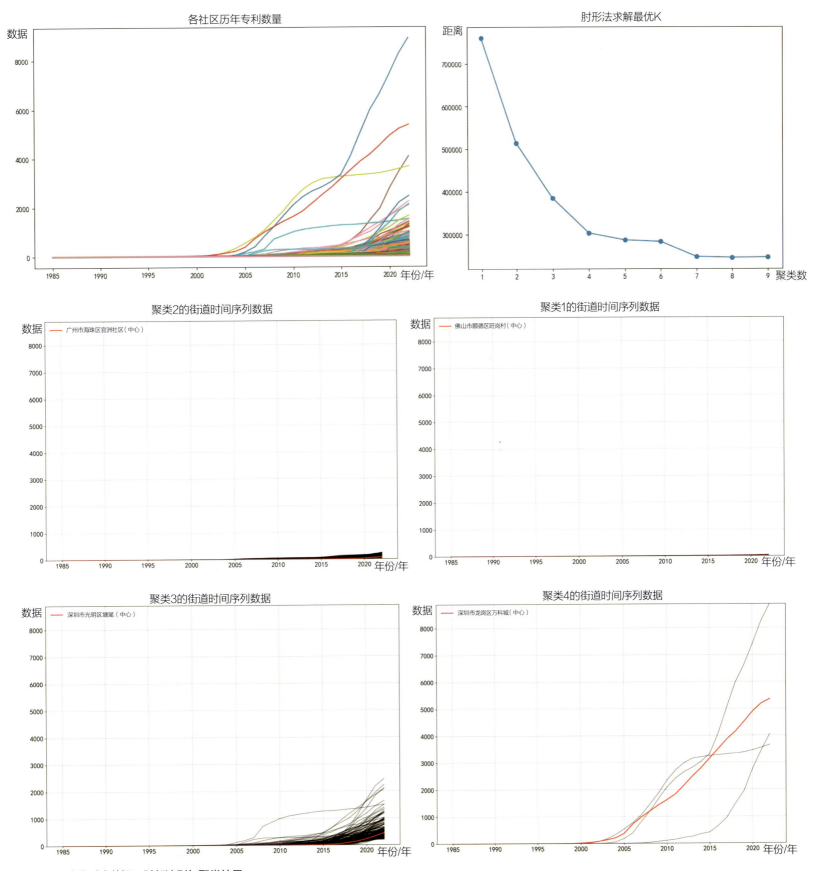

图5-11 企业时序数据、肘部法则与聚类结果

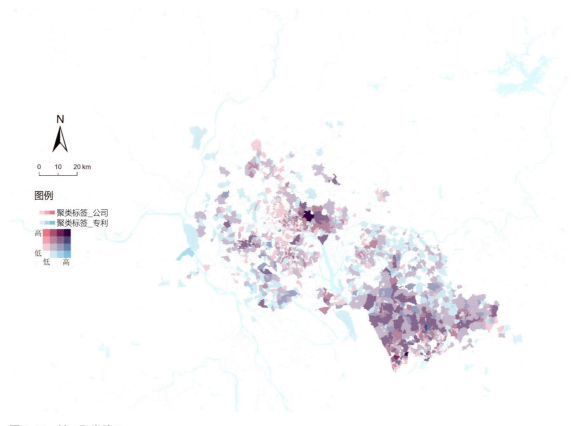

**图5-12　社区聚类结果**

专利数量同时迅速增长的社区（44类、43类、34类）分布在广州市与深圳市；企业数量和专利数量同时保持中高速增长趋势的社区（33类）主要分布在深圳市（约占此类总数的75%），其次为广州市和东莞市。企业中高速增长、创新中低速增长趋势的社区（32类）主要分布于广州市和深圳市；创新中高速增长、企业中低速增长的社区（23类、24类）主要分布于深圳市和佛山市。企业数量低速增长、创新接近停滞的社区（21类）主要集中在广州市；创新低速增长、企业增长接近停滞的社区（12类）与两者都保持低速增长的社区（22类）在4座城市的分布较为均衡。

### 3. 创新环境要素供给特征评估

创新型企业在城市内部进行选址决策时，重点受到政策、生活、生产要素和交通四类地理要素的影响（表5-3）。政策支撑是创新型产业发展的关键因素之一，政府支持能够直接影响产业集聚和创新发展的力度与方向；创新型人才对于生活品质有更高的追求，生活供给水平直接影响创新型人才的工作和生活质量，进而影响创新积极性和长期发展意愿；生产要素集聚是保障区域产业与创新发展的重要体现，生产要素集聚有利于为产业集群的发展提供支撑与保障；交通配套水平影响了区域资源要素的流动情况，是创新环境的重要组成。

**创新环境供给特征评估指标体系　　表5-3**

| 维度 | 指标内容 |
|---|---|
| 政策支撑 | 土地出让价格 |
|  | 科创孵化载体 |
|  | 创新政策支持 |
| 生活供给水平 | 房屋租金 |
|  | 文化休闲氛围 |
|  | 生态环境品质 |
|  | 空间功能混合 |
| 生产要素集聚 | 创新企业引领 |
|  | 科研院所 |
|  | 生产服务集聚 |
| 交通配套 | 对外交通 |
|  | 公共交通 |
|  | 私人交通 |

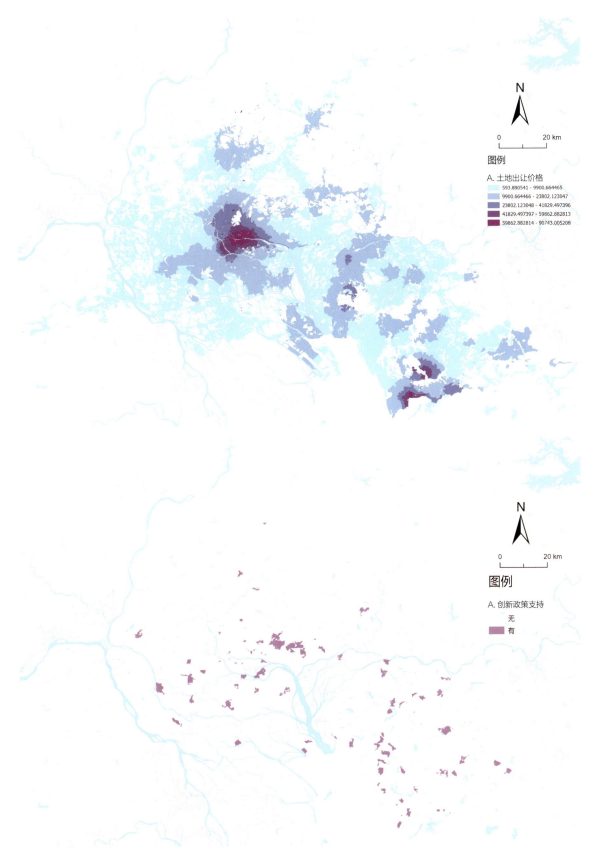

图5-13 政策支撑指标空间可视化结果

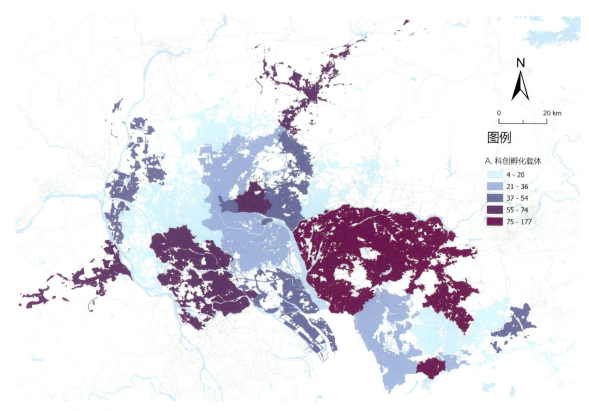

图5-13 政策支撑指标空间可视化结果（续）

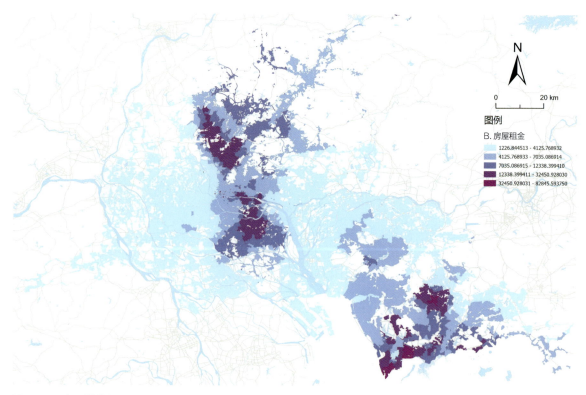

图5-14 生活供给指标空间可视化结果

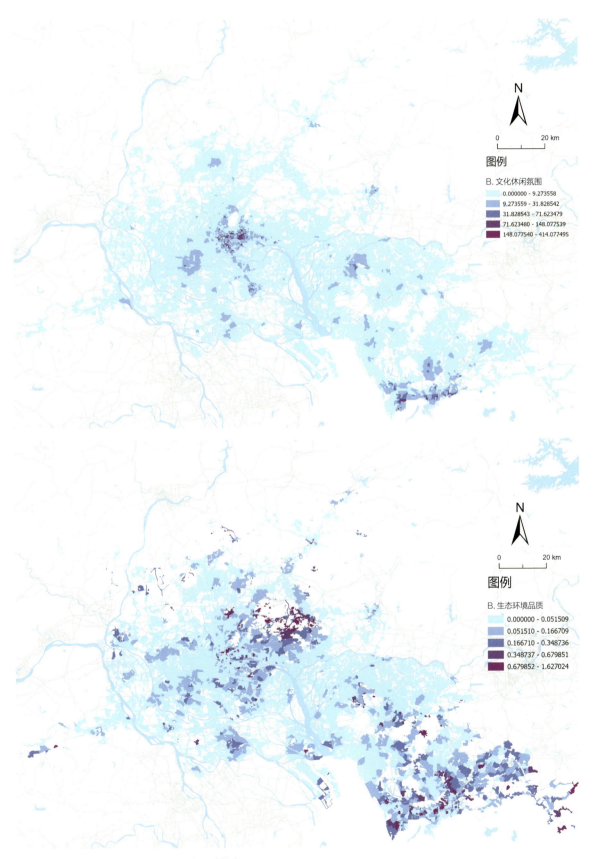

图5-14 生活供给指标空间可视化结果（续）

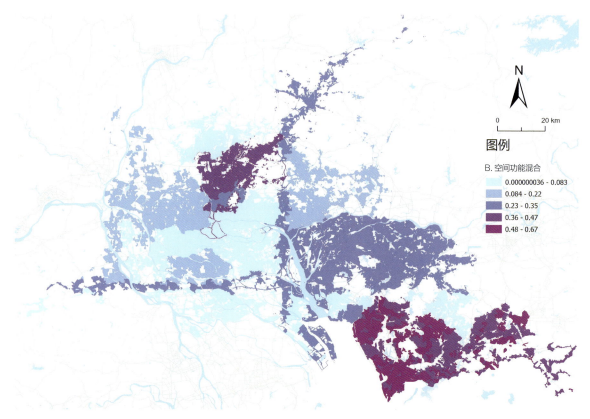

图5-14　生活供给指标空间可视化结果（续）

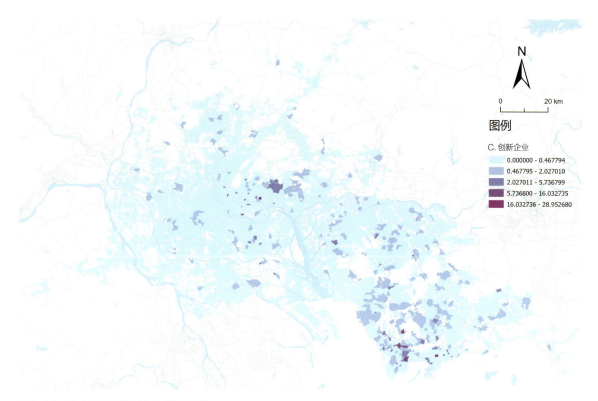

图5-15　产业集聚指标空间可视化结果

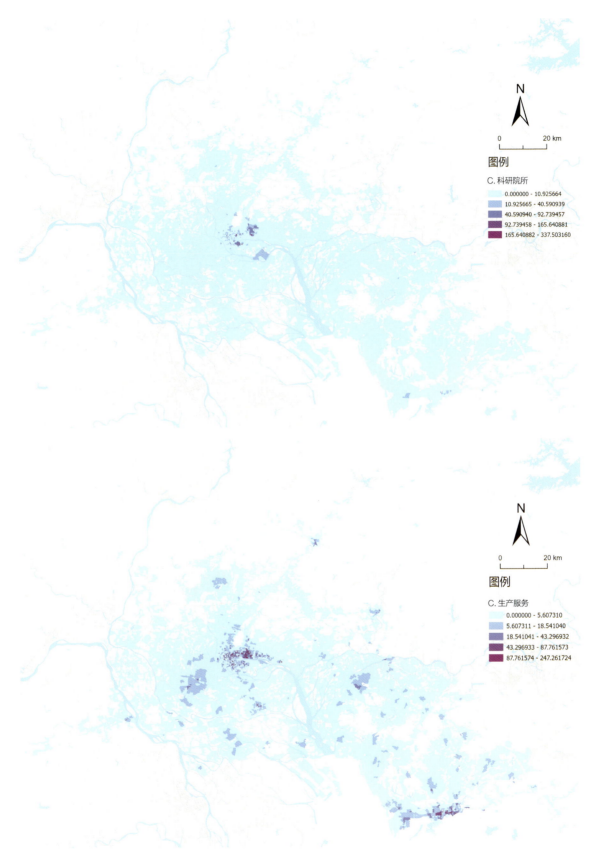

图5-15 产业集聚指标空间可视化结果（续）

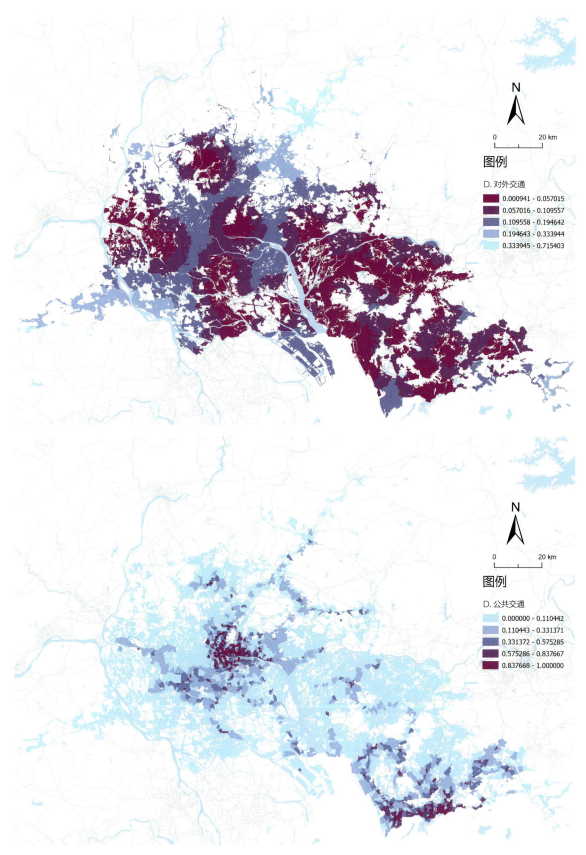

图5-16　交通配套指标空间可视化结果

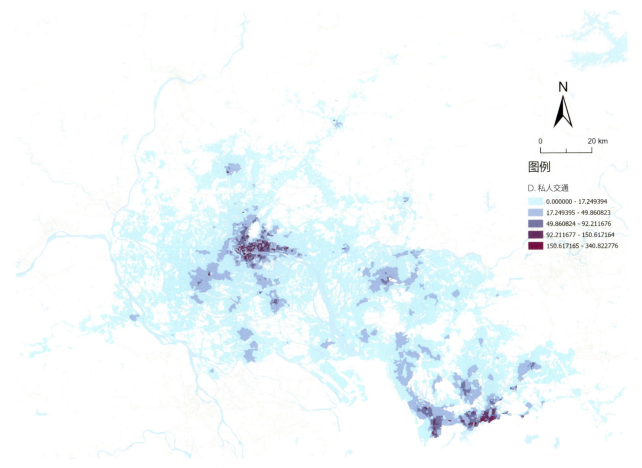

**图 5-16　交通配套指标空间可视化结果（续）**

**（1）创新环境供给要素空间可视化分析**

利用 ArcGIS 平台对社区创新环境的影响要素进行空间可视化分析，结果如图 5-13～图 5-16 所示。政策支撑方面：土地出让价格在广州和佛山交界显著偏高，深圳高低值交错；科创孵化载体在建成区分布均匀；创新政策支持在深圳南部和东莞显著较高，其他区域较平均。生活供给方面：房屋租金在广州和深圳整体较高，存在四个显著高值区域；文化休闲氛围在广州和佛山交界，以及深圳南部较高；生态环境品质在广州中部和深圳全域较好；空间功能混合度深圳最高，东莞次之，广州内部差异大。生产要素集聚方面：创新企业在广州中部和深圳全域集聚；科研院所在广州中部和深圳南部集聚；生产服务分布均匀，广州中部和深圳南部高值，佛山和东莞差距不大。交通配套方面：对外交通上，东莞和深圳全域覆盖，广州和佛山一般；公共交通上，广州和佛山交界，以及深圳全域服务好，东莞最低；私人交通分布均匀，广州中部和深圳南部高值。

**（2）创新环境影响因素关键要素识别**

基于聚类结果（表 5-4），选取 11、12、21、22、32 和 33 六类标签的社区进行社区创新环境影响因素关键要素识别。六类社区的样本数量较多，且基本涵盖了企业集聚和创新集聚从低到高的不同情况。相较于企业高速增长和创新高速增长的类型，此六类更能代表普遍情况，更需要政府端的干预引导，更符合研究的目的。

**基于聚类标签的社区选取　表 5-4**

| 社区数量 | | 基于专利的聚类标签 | | | |
|---|---|---|---|---|---|
| | | 1 | 2 | 3 | 4 |
| 基于企业的聚类标签 | 1 | 3317 | 310 | 10 | 0 |
| | 2 | 281 | 469 | 54 | 1 |
| | 3 | 4 | 111 | 116 | 1 |
| | 4 | 0 | 0 | 1 | 2 |

针对六类社区，使用训练后的GBDT模型分别拟合，输出影响因子的贡献度，并计算四大指标的总贡献度，从而判断各影响因素的相对重要性，以实现对优化社区创新环境要素供给的针对性建议。

1）企业集聚快于创新集聚

企业中低速集聚创新低速集聚（21类，图5-17）：土地出让价格和私人交通的相对重要性最高，公共交通、对外交通和休闲娱乐供给次之，房屋租金也存在较高的相对重要性。此类型受到交通配套的综合影响最大，在空间上的整体分布同各类交通要素格局均较为匹配。

企业中高速集聚创新中低速集聚（32类，图5-18）：科研院所的相对重要性最高。此类型的分布同科研院所的集聚在空间上十分一致，可以认为科研院所的集聚对其形成有显著作用。生活供给要素的总体重要性最高，从空间上看，此类型更容易出现在房租中等、文化休闲氛围和生态环境品质较好的区域。

对比两类社区，发现科研院所集聚和交通支撑的便利容易吸引企业集聚，并没有带来相应的创新成果产出，这种集聚可能存在盲目性。

2）企业集聚创新集聚同步

企业低速集聚创新低速集聚（11类，图5-19）：企业引领作用的相对重要性显著提高，结合空间分布特征可以看出此类型社区同企业引领空间分布错位，缺少企业引领是产业和创新难以集聚的关键问题。此外，空间功能混合、文化休闲氛围也具有较高的重要性。

企业中低速集聚创新中低速集聚类（22类，图5-20）：空间功能混合度的相对重要性明显高于其他影响因素，但其空间布局尚未呈现出显著特征。

企业中高速集聚创新中高集聚类（33类，图5-21），企业引领的相对重要性最高，和11类型相反，此类型同企业引领中空间分布相对一致。空间功能混合度次之，此类型基本位于空间功能混合度最高的区域。

对比三类社区，可以确定企业引领作用对于企业和创新的同步快速增长有正向作用。空间功能混合度对三类社区都有显著的相对重要性，但是空间作用情况存在明显区别，仅能判断其对33类型有更明确的正向引导作用。

3）创新集聚快于企业集聚

企业低速集聚创新中低速集聚类（12类，图5-22）：房屋租

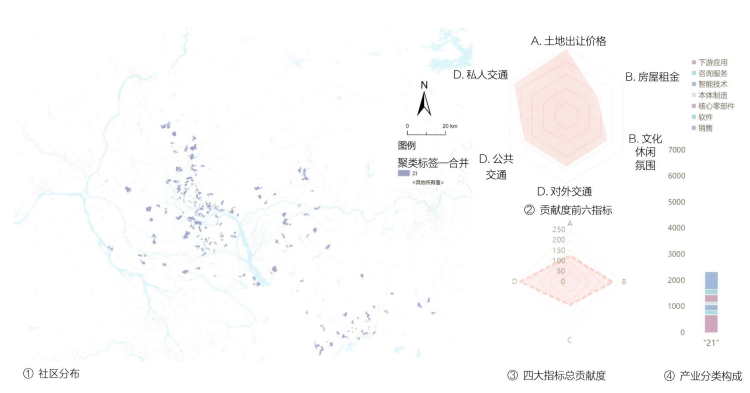

① 社区分布　　　　　　　　　　　　　　　　　　　③ 四大指标总贡献度　　④ 产业分类构成

图5-17　21类社区分布、指标贡献度、产业构成

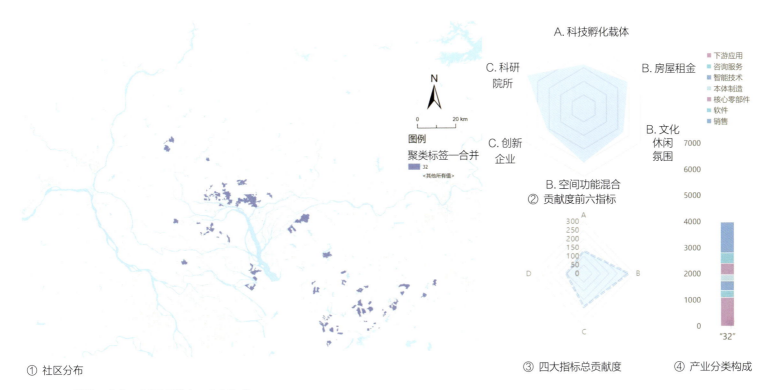

图5-18 32类社区分布、指标贡献度、产业构成

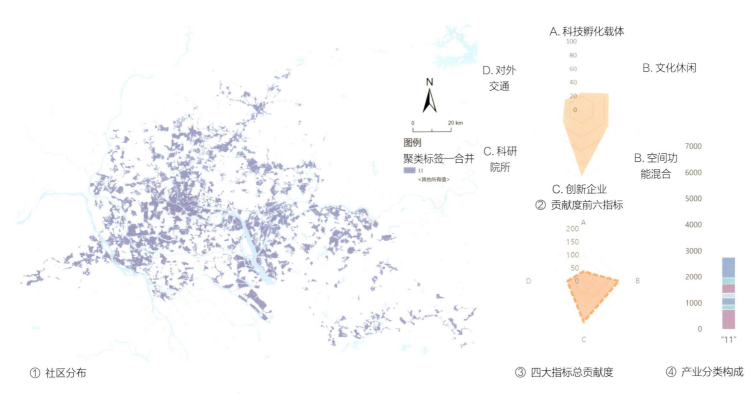

图5-19 11类社区分布、指标贡献度、产业构成

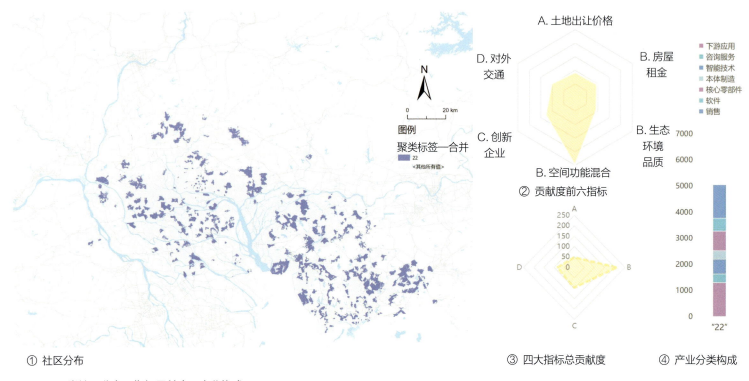

图5-20　22类社区分布、指标贡献度、产业构成

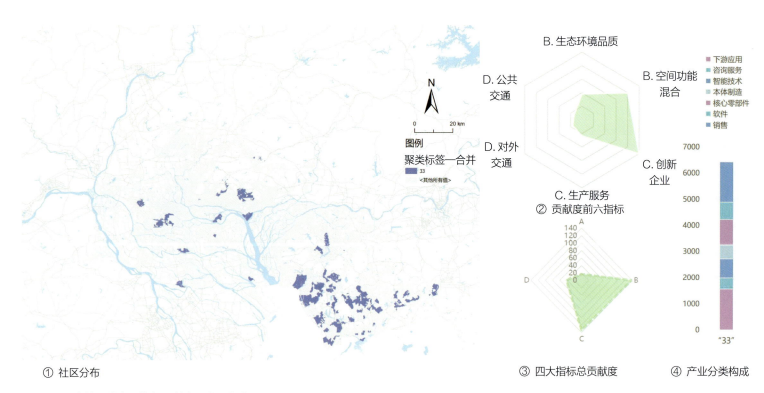

图5-21　33类社区分布、指标贡献度、产业构成

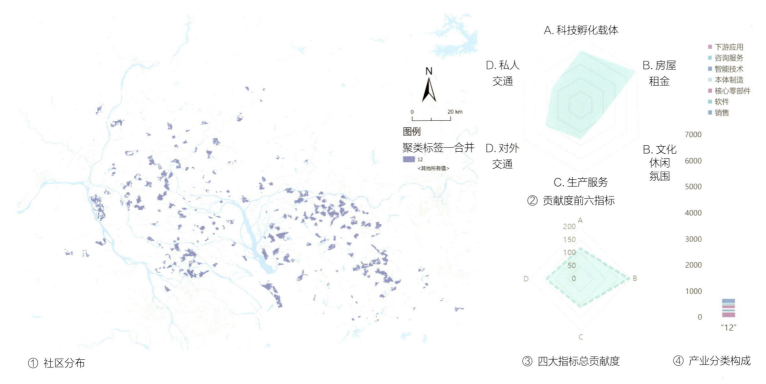

① 社区分布　　　　　　　　　　　　　　　　　③ 四大指标总贡献度　　④ 产业分类构成

图5-22　12类社区分布、指标贡献度、产业构成

金和政策支持与否的相对重要性最高，此类型往往位于房屋租金较低且政策支持较好的区域。私人交通便捷程度、对外交通和生产服务的相对重要性次之，这类型所在区域的生产服务集聚程度和私人交通水平较差。

### 4. 企业选址预测与优化结果

研究以企业数据作为节点，企业之间的各种联系作为边，生成一个表示企业及其联系关系的图数据，并以企业所在社区类型为预测标签，选择企业规模、企业产业链分类、企业专利数和企业经营范围特征向量作为节点属性，选择专利合作联系、投资联系和产业相似度作为边属性进行图注意力网络模型对于节点分类任务的训练与落位预测（图5-23）。最终模型在训练集的准确率达到0.98以上，在测试集上的综合准确率为0.7357（图5-24），可以为企业评估预测提供一定依据。

分别对集中节点社区类型的预测标签和真实标签进行可视化测试，如图5-25和图5-26所示，对于社区标签为34、43、44类（即企业数量和创新数量同时保持中高速增长的社区）的预测较为准确，一方面由于此类社区的产业基础完备，同一类型社区企业属性特征较为明确；另一方面，企业之间形成了较为稳定的关联合作关系，边属性特征显著。EGATs模型预测结果产生偏差的部分主要为11、12类，此类社区数量较多，但各社区企业布局较为分散，企业的产生存在一定随机性，在模型预测中较易产生偏差。

进一步对模型注意力系数进行权重分析。对注意力权重较高的节点特征进行分析（图5-27），发现对企业评估预测结果影响力较大的是企业的经营范围与企业产业链分类，而企业的规模则影响较小。同时对每条边上的注意力权重与边属性结合分析（图5-28），发现产业相似度对于边权重高低的分配更重要，而专利合作和投资往来则影响较弱。

图5-23　图数据示意图

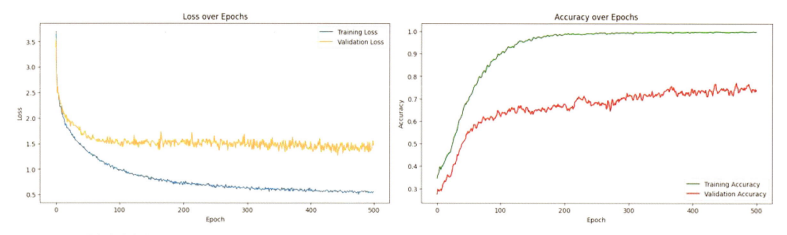

图5-24　loss值与准确率随epoch变化图

图5-25 预测社区标签

图5-26 真实社区标签

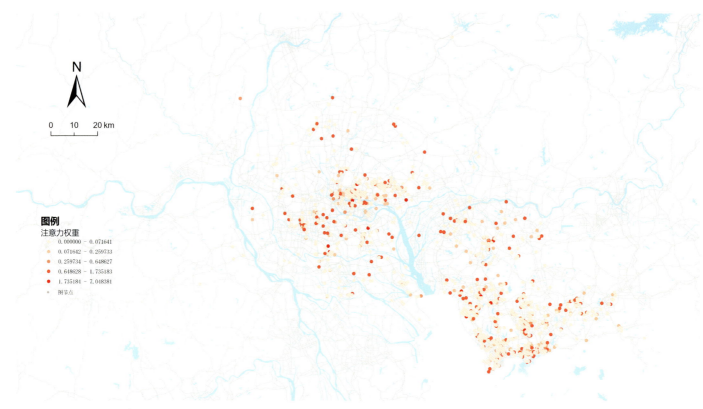

图5-27 节点注意力权重可视化

图5-28 边注意力权重可视化

## 六、研究总结

### 1. 模型设计的特点

本研究通过引入多源时空大数据，并建立针对企业、社区多个分析子模块，构建了针对区域创新型产业集群的评估与优化模型。相较于既有研究，在研究视角、技术方法和数据选取上有以下特点：

（1）研究视角

研究以创新型产业集群为研究对象，首先从"地理邻近"与"产业关联"出发，区别往常对企业的单一维度研究，着重补充了对产业集群创新绩效与外部环境要素的考虑。其次，为强化本次研究的应用价值，研究同时考虑创新型产业集群的活动主体与建设主体，并从不同角度与维度进行分析。社区是最小的行政单元，政府端重点考虑其对创新环境要素的供给特点，以社区尺度进行分析，探究各类创新环境要素对社区不同发展路径的作用情况；企业是创新型产业集群中最重要、最活跃的组成部分，企业端重点考虑企业自身属性与关联网络特征（产业相似度、专利合作、投融资合作），依据上述特征锁定与企业匹配的社区生态位。

（2）技术方法

研究构建了"识别—分类—评估—预测"的技术路线，针对创新型产业集群研究中的实际问题，开发了多个分析模块，侧重采用先进算法进行拓展与尝试。首先，基于LSTM模型对机器人产业链环节企业进行再分类，综合企业名称、经营范围等信息，实现更具现实指导意义的类型判别。其次，通过DTW-K-medoids模型对社区发展类型进行聚类，基于历年企业数量和专利数量的时间序列，突破了传统静态分析方法，有效识别不同社区的发展路径。此外，采用梯度提升决策树识别并评估社区创新环境关键要素，捕捉复杂的非线性关系，为政府提供优化策略依据。最后，利用图注意力网络预测企业落位，捕捉企业间复杂关系，依据企业属性与关联网络特征进行社区选址，提供辅助决策依据。

（3）数据选取

研究针对企业端和政府端的分析需求，融合多源时空大数据，构建了不同的数据体系，包括企业工商信息、投融资关系数据、专利信息，以及社区环境创新要素数据（如POI、土地利用、土地出让、科技企业创新载体等）。研究通过地理编码赋予企业与专利数据时空属性，构建空间点位数据库，并将长文本数据转化为特征向量进行分析。结合政策支撑、生活供给、产业服务引领、交通配套等因素，选取相应指标，更有针对性地对创新型产业集群建设的各类要素开展评价。

### 2. 应用方向或应用前景

本研究结合创新型产业集群建设的现实需求，从企业端和政府端两个角度出发，相较于传统研究中对于普适规律的探究，此次模型设计更重视对现实问题的呼应与解决，具有一定的可落地性与推广性，分析结果可为创新型产业集群建设提供科学化、精细化的决策支持。

（1）政府端（to G）

研究构建了基于LSTM的产业链环节企业再分类模型，可以较为精准地识别各企业对应的产业链环节，有助于明确产业链上下游企业的关系，以促进产业链结构的优化与集群内部协同效应的提升。此外，基于DTW-K-medoids的社区路径发展类型的聚类模型可辅助识别社区发展的潜力与趋势，基于梯度提升决策树算法的创新环境关键要素识别模型可辅助识别影响社区企业与创新发展的关键因素。综合上述模块，可辅助政府端形成对创新型产业集群的综合判断，并进一步制定有针对性的发展策略。

（2）企业端（to B）

上述模块同时也为企业提供了产业链、社区发展趋势等相关信息参考，此外，对于企业，研究构建了基于图注意力网络的企业评估预测模型，通过对企业自身属性和企业间关系的深度学习和图结构分析，可以帮助企业锁定自身生态位，并提供选址的参考依据。

综上，本次模型设计综合考虑了政府端与企业端的现实需求，通过多源时空大数据和先进算法的结合，完成对创新型产业集群的识别评估，可进一步为企业发展、政府规划发展提供决策依据（图6-1）。

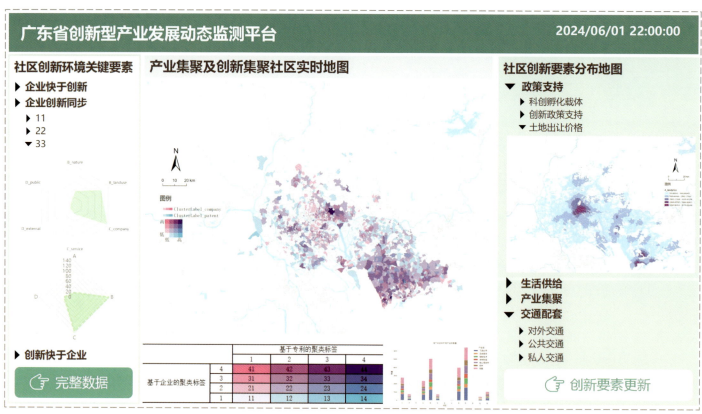

图6-1 动态监测平台与选址平台设计示意图

## 参考文献

[1] 习近平. 高举中国特色社会主义伟大旗帜　为全面建设社会主义现代化国家而团结奋斗[N]. 人民日报, 2022-10-26(1).

[2] 王承云, 秦健, 杨随. 京津沪渝创新型城区研发产业集群研究[J]. 地理学报, 2013, 68(8): 1097-1109.

[3] 唐永伟, 刘合林, 聂晶鑫. 城市创新型产业集群类型识别、组织特征及生成机制研究：以武汉为例[J]. 科技进步与对策, 2023, 40(12): 88-98.

[4] 赵忠华. 创新型产业集群企业网络关系特征与创新绩效关系：知识流动视角的路径研究[J]. 哈尔滨商业大学学报(社会科学版), 2013(1): 77-86.

[5] 张骁, 唐勇, 周霞. 创新型产业集群社会网络关系特征对创新绩效的影响：基于广州的实证启示[J]. 科技管理研究, 2016, 36(2): 184-188.

[6] 王欢. 创新型产业集群试点政策促进了城市高技术产业发展水平提升吗？[J]. 现代经济探讨, 2022(4): 94-104.

[7] 张冀新, 李燕红. 创新型产业集群是否提升了国家高新区创新效率？[J]. 技术经济, 2019, 38(10): 112-117, 127.

[8] 王缉慈. 关于地方产业集群研究的几点建议[J]. 经济经纬, 2004(2): 53-57.

[9] 王缉慈. 关于发展创新型产业集群的政策建议[J]. 经济地理, 2004(4): 433-436.

[10] 李世杰, 胡国柳, 高健. 转轨期中国的产业集聚演化：理论回顾、研究进展及探索性思考[J]. 管理世界, 2014(4): 165-170.

[11] 刘志高, 尹贻梅, 孙静. 产业集群形成的演化经济地理学研究评述[J]. 地理科学进展, 2011, 30(6): 652-657.

[12] 姜海宁, 吕国庆, 杨梦君, 等. 内生型轮轴式产业集群创新网络演化研究：以台州汽车产业集群为例[J]. 地理研究, 2023, 42(8): 2053-2069.

[13] 秦小珍, 潘沐哲, 郑莎莉, 等. 内生演化与外部联系：演化视角下珠江三角洲工业机器人产业的兴起[J]. 经济地理, 2021, 41(10): 214-223.

[14] 李俊峰, 柏晶菁, 王淑婧. 镇域传统产业集群创新网络演进特征及形成机理：以安徽高沟镇电缆产业为例[J]. 地理科学, 2021, 41(6): 1039-1049.

[15] ZHENG Y, YI L, WEI Z. A survey of dynamic graph neural networks[J]. arXiv, 2024.

[16] VELIČKOVIĆ P, CUCURULL G, CASANOVA A, et al. Graph attention networks[J]. arXiv, 2017.

[17] 刘佳琪. 基于深度学习的企业行业多标签分类模型的研究[D]. 北京：北京邮电大学, 2023.

[18] 何静, 蔡利超. 广东省智能机器人产业的分析与思考：基于专利的视角[J]. 科技管理研究, 2017, 37(15): 155-163.

[19] SALVADOR S, CHAN P. Toward accurate dynamic time warping in linear time and space.[J]. Intell. Data Anal., 2007, 11(5): 561-580.

[20] 宗文泽, 吴永明, 徐计, 等. 基于DTW-kmedoids算法的时间序列数据异常检测[J]. 组合机床与自动化加工技术, 2022(5): 120-124, 128.

[21] 崔叙, 喻冰洁, 杨林川, 等. 城市轨道交通出行的时空特征及影响因素非线性机制：基于梯度提升决策树的成都实证[J]. 经济地理, 2021, 41(7): 61-72.

[22] WANG Z, CHEN J, Chen, H. EGAT: Edge-featured graph attention network[C]//Artificial neural networks and machine learning-ICANN 2021: 30th International Conference on Artificial Neural Networks, Bratislava, Slovakia, September 14-17, 2021, Proceedings, Part I 30. Berlin: Springer International Publishing, 2021:253-264.

[23] LING L, JIANQUAN C, JON B, et al. Geographically and temporally weighted co-location quotient: an analysis of spatiotemporal crime patterns in greater Manchester.[J]. International journal of geographical information science, 2022, 36(5): 918-942.

[24] 张京祥, 李镝. 创新企业的中微观集聚特征及邻近性机制研究：基于长三角地区4座典型城市的实证[J]. 城市规划, 2024, 48(3): 86-97.

# 城市更新背景下建筑物区域声环境改善关键空间识别

**工 作 单 位：** 大连理工大学建筑与艺术学院

**报 名 主 题：** 面向高质量发展的城市治理

**研 究 议 题：** 城市更新与智慧化城市设计

**技术关键词：** 机器学习、城市声环境仿真、多源数据

**参 赛 选 手：** 李翔、赵明辉、李政媛、张园梓、谢庄秀、刘文涵

**指 导 老 师：** 路晓东

**团 队 简 介：** 团队面向城市高质量发展，为城市层面的交通噪声管控提供定量分析技术工具；关注个体感知，围绕城市公共空间开展声景评估及其营造策略研究。团队有两项国家自然科学基金项目支持（项目编号分别是51878110、51778099），已发表多篇国内外高水平期刊论文，获得多项国内外竞赛奖项，主要竞赛成果：2020年《中国建筑教育》"清润奖"大学生论文竞赛优秀奖；2022年WUPENCITY 城市可持续调研报告国际竞赛三等奖；2019—2021年连续三届获辽宁省研究生"智慧人居与健康城市"AUL创新研究竞赛一等奖等。

## 一、研究问题

### 1. 研究背景及目的意义

（1）选题背景

首先，噪声污染既是环境问题，也是公共健康问题。世界卫生组织认为噪声会引发诸多疾病，已成为城市的第二大污染（仅次于空气污染）。城市环境下，道路交通噪声在来源中占比达60%~80%。中国大城市平均三分之一的道路长度，昼间噪声超过标准限值。城市更新背景下，城市交通噪声问题愈加显著，存量更新规划成为当前亟待解决的重点问题。

而存量规划时代，我国注重空间品质提升。随着我国城镇化进程的发展，城市建设方式由增量开发，逐渐转向存量建设。《国民经济和社会发展第十四个五年规划和2035年远景目标纲要》从国家层面提出"实施城市更新行动"；《住房城乡建设部关于全面开展城市体检工作的指导意见》（建科〔2023〕75号）提出以"城市体检"的方式推进城市更新工作。如何借助"城市体检"，聚焦民众需求，进行城市更新，成为当下城市建设的关键议题。

当前声环境改善须在更新规划层面展开。城市规划空间要素影响噪声分布，且涉及公共利益，而公共利益始终是城市规划基本价值观的核心内容。城市更新规划应调配各种空间资源，对存量空间进行必要的干预与引领，不断增强人民群众获得感、幸福感、安全感。未来将有大量更新规划需要实施，对建成区建筑物区域的声环境改善成为规划领域需要应对的现实难题。

（2）选题意义

从城市规划层面入手，是改善声环境的根本思路。增量开

发阶段，以新建项目为管控对象，声环境管控目标明确，实现路径清晰；存量更新阶段，构建噪声地图、识别声环境改善关键空间，提出实时、具体、精准实施措施成为首要问题。欧美各国对此在规划层面已进行了大量研究，且实践成果显著。中国城市结构具有自身特点，规划体系也与欧美有较大差异，亟需探索更新规划相关策略，为存量更新提供技术支持。

（3）国内外研究现状

1）噪声地图的绘制

我国交通噪声预测与噪声地图使用起步晚，目前噪声地图的绘制主要是依靠地理信息数据与声学仿真模拟软件相结合的方式，无法为城市存量更新噪声管理提供针对性措施，具有一定的局限性。近年来，新兴"数智"技术，如机器学习、深度学习被用于预测交通噪声，王海波等学者利用POI等大数据在较小尺度上对交通噪声暴露人群进行了评估，孟琪等学者结合规划数据与多源数据在三个尺度上研究了数据指标对噪声值的影响。

欧美国家使用机器学习等方式尝试构建更为细致的预测模型，提高模型准确性。杰纳罗（Genaro）等将神经网络应用于城市噪声预测，并与声学模型预测结果进行了比较，结果表明神经网络相较于传统声学模型在预测噪声值时有显著改进。Yin等人训练了四种机器学习模型预测交通噪声，得到混合功能城市地区的高精度噪声地图。

2）关键空间的识别

尽管《中华人民共和国噪声污染防治法》（2022年实施）明确提出"编制声环境质量改善规划"，但我国对声环境哪里需要改善这一科学问题关注较少，研究并不充分。城市体检指标体系通过"城市功能区声环境质量监测点次达标率"对城市声环境进行监测，但监测区域范围较大，需要对识别出的问题区域进一步细化，以提高"城市体检"的精细度。噪声地图作为噪声管控体系的基础性技术平台，可提供高精度的噪声评估。基于噪声地图，针对城市中易受噪声影响的建筑物区域，借助更精细的技术工具辅助量化，精确识别需要改善声环境的关键空间，是当前解决问题的关键，也是推动我国噪声地图发展的契机。

类似于建筑物区域声环境改善关键空间，城市"热点区"（Hotspots）是一个广泛应用于欧盟国家的概念。它是指：基于噪声地图，由按照优先级排序（Prioritization Process）的噪声得分（Noise Score），结合空间分析，确定的要优先管控的建筑聚集区。其具体方法当前尚未统一，HUSH项目采用缓冲法，以得分高的建筑为中心，设缓冲区来识别"热点区"；Qcity项目为避免随机影响，使用滑动网格法识别"热点区"；爱尔兰政府采用权重矩阵，对网格内的高噪声得分建筑进行计数以识别"热点区"。

3）特征画像的应用

特征画像作为一种深入挖掘数据的技术手段，具体建模方法包括聚类分析、关联规则挖掘、预测模型、情感分析等，最终目的是了解对象特征和模式，因此特征画像在建筑物区域声环境关键空间的划分和特征提取方面具有巨大潜力，但现有特征画像技术在实际应用中主要集中在用户行为画像、兴趣画像、客群画像等运营领域，该方法在城市建成区的噪声评价体系中具有极大潜力，但缺少关注和应用，亟需填补相关区域识别后特征提取的技术空白。

## 2. 研究目标及拟解决的问题

（1）研究目标

1）基于城市建成区现状的多源数据，构建城市区域实时噪声地图。通过对多种指标数据进行数据处理、建模、预测和分析，尝试多种聚类回归算法对比，包括K-Means聚类、GMM聚类、多层次感知机、DBSCAN聚类，用作城市要素划分，对比结果选择最优聚类方法划分城市区域；回归算法包括多元线性回归（Linear Regression，简称LR）、支持向量机回归（Support Vector Machine Regression，简称SVR）、决策树回归（Decision Tree Regression）、随机森林回归（Random Forest Regression，简称RFR）模型，选择其中拟合效果最优的回归算法构建模型预测噪声值。以建立数据易得、预测准确、尺度多样的预测回归模型，借助解释器解决机器学习模型存在的黑箱问题，获取各类特征的影响权重，根据特征权重最终完善噪声地图绘制，并辅助城市设计的噪声反馈机制。

2）基于城市噪声地图，借鉴欧盟噪声得分指标算法，立足国情尝试构建各区块的噪声预测模型，对城市声环境进行辅助量化；再结合空间分析，对建筑物区域的声环境改善关键空间进行识别。

3）借助特征画像技术，通过聚类分析等方法，对关键空间的共性特征进行分类描述，建立建筑物区域声环境改善关键空间的特征提取、细化体系，以便后续在下一步研究中针对每类特征区域提出相适应的改善策略。

（2）拟解决的问题

1）提升网格单元噪声预测精度，并建立建成区存量更新反馈机制

本项目试图基于机器学习、深度学习、统计分析等技术，发挥开源大数据优势，开发预测效果更佳、泛化性更强、分辨率更高的噪声可视化工具，形成实时更新反馈城市更新策略的噪声地图，以此弥补基于多源数据的噪声地图空缺、数据更新滞后且无法普及的现状。同时从机制解析和特征提取两方面入手，保证模型精度控制在人耳所能感受到的声级变化范围。

2）构建适用于我国城市关键空间的评价指标

欧盟噪声得分指标现有20余种，算法各不相同，需从中选取最适合我国的指标，结合国情加以改进，作为识别我国城市关键空间的评价工具。研究拟在研究区域先选取8种典型指标进行计算，借助噪声得分地图和统计分析方法，充分分析各指标特征后进行选择。然后再立足国情，从各个方面进行改进，最后提出辅助量化关键空间的评价模型，为下一步通过空间分析精确识别关键空间奠定基础。

3）选择特征画像技术及调整参数

特征画像技术中包含多种统计分析及机器学习算法，需要对算法是否适用于噪声关键区域改善进行筛选。特征画像主要包括各类聚类分析、关联规则挖掘方法等多种方法，且由于特征画像结果具有一定主观性，需要反复筛选确认最终方案选项。关联规则挖掘主要考虑置信度和支持度，是一种常见的统计分析方法，需要考虑方法是否适配于关键空间识别后归类特征的要求。此外，不同的算法模型需要不断调整模型参数，使得模型结果准确反映噪声关键区域识别结果，提高模型的泛化性，更进一步识别关键区域特征、提出改进策略。

## 二、研究方法

### 1. 研究方法及理论依据

（1）聚类—回归算法，用于噪声地图智慧化生成

本研究采用机器学习算法中的各类回归、聚类模型算法，发挥大数据多样易得的优势，引入"城市规划指标""空间句法指标""声源距离指标""兴趣点数据"等开源数据，构建"聚类—回归"模型。首先，通过聚类算法划分城市空间与结构，本文经过多种聚类方法可视化结果对比后，发现GMM模型能够更好反映城市路网结构，最终确定采用GMM作为实验模型。

其次，使用GMM算法对城市要素进行聚类后，针对不同要素分别构建适宜的回归模型。回归预测噪声值方面，经过算法拟合度对比，最终选择构建基于开源数据的随机森林回归模型。随机森林回归（Random Forest Regression）使用CART决策树作为弱学习器，基于集成学习的投票算法预测结果，对特征的多元共线性不敏感，预测效果好，能自动筛选特征。最后，结合"SHAP权重解释器"可视化模型特征的权重，权重较大的特征能显著影响噪声值预测结果，可作为城市更新的改造对象参考。

（2）交通噪声模拟，用于噪声数据的获取

仅靠实测获取声环境数据远远不能满足项目研究需要，必须以模拟数据为补充。项目组建立城市形态模型，输入相关调研数据，通过仿真模拟，获取区域及测点的噪声值。数据可由自编的Matlab程序转入GIS，或用统计软件进行分析。使用相关软件为SoundPLAN。

（3）特征画像，用于声环境关键空间特征提取

本研究通过对算法模型、特征选择和特征权重进行调节，对识别出的城市关键空间进一步划分，使用特征画像将关键空间按照不同特征划分成多个组，提取同一组内空间的共性特征。关联规则挖掘作为一种统计分析方法，能够反映不同特征对噪声关键区域得分情况的影响程度，借助事件之间发生影响的概率推算置信度和支持度，能够验证归纳出的区域特征是否准确合理。通过对比城市关键空间内建筑与非关键空间内具有相同特征的其他建筑，归纳总结不同分组中，关键空间内噪声敏感建筑具有的独特特征，并借助这些特征，将关键区域识别的方法推广至其他噪声地图缺失的城市区域，实现城市关键空间的快速准确识别。

### 2. 技术路线及关键技术

本研究实施的技术路线如图2-1所示，其中的关键技术及研究步骤如下：

（1）聚类—回归算法模型

聚类算法能够发现城市形态中的隐藏结构，借助聚类划分，能够将城市整体划分出具有类似特征的区块，如对划分后的区块构建回归模型，预测噪声并绘制噪声地图。随着地块范围变

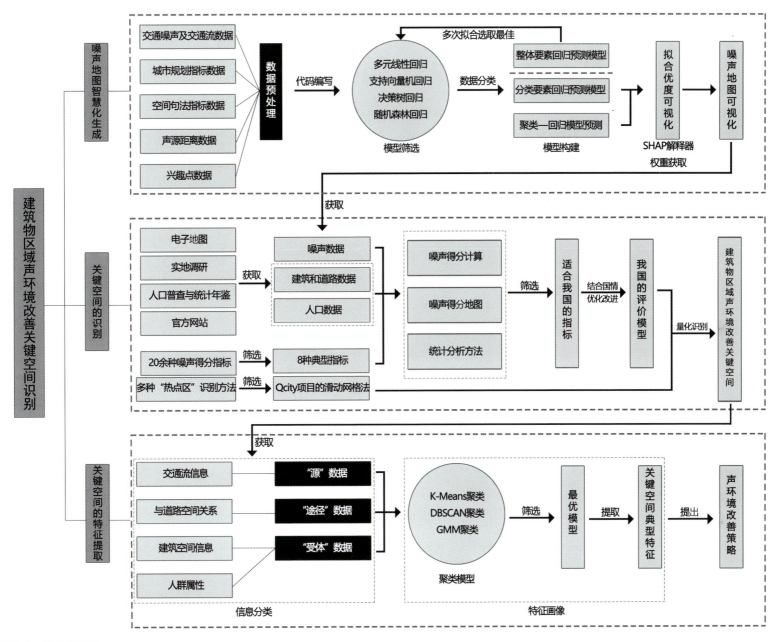

图2-1 技术路线图

化会导致城市功能与结构更加多样化,需要通过聚类模型先将城市按照结构划分成不同区域,再建立回归模型预测噪声,先聚类再回归的方法能准确梳理复杂的城市结构,进而提高模型泛化能力和拟合度,体现数智技术对传统城市存量更新的创新与赋能优势。

(2) SHAP解释器

为分析不同尺度中各特征的权重大小,判断不同特征对模型的影响,并寻找构建回归模型最合适的特征选择结果,绘制SHAP蜜蜂图(Beeswarm),用于对随机森林回归所选择的全部特征进行可视化。SHAP解释器是一种用于解释模型特征的贡献程度的方法,旨在解决机器学习的黑箱问题。借助解释器选择的特征,可以在城市建成区更新中提供针对性改进建议与措施,并为进一步构建"实时反馈噪声地图"提供理论保证。

(3) 滑动网格法

滑动网格法是欧盟噪声研究项目Qcity中,基于空间分析提出的"热点区"识别方法。该方法通过在研究区域均匀布置网格，将单栋建筑的噪声得分由网格均匀分配到城市空间中，能够避免单栋建筑噪声得分过大或网格的空间位置变化导致的随机影响，在"热点区"的识别结果精确性和可视化效果方面具有优势。

（4）噪声关键区域聚类

识别噪声关键空间并得到评分结果，筛选出声环境关键空间后，难以为城市建成区更新提出具体化措施。借助特征画像的方法，通过调整不同聚类方法、数据筛选、调节特征权重对建筑聚类，并生成关键空间特征画像，分类细化噪声关键空间识别特性，提出针对性的改善策略。

## 三、数据说明

### 1. 数据内容及类型

（1）交通噪声实测与交通流数据，用于交通噪声模拟

项目组根据路网密度和环境典型性，在研究区域选取44个用于交通噪声实测的道路取样点，各取样点距地面高度1.2m、距任何反射物至少0.5m。各点测量20min后记录声压级，以连续等效A声级$L_{Aeq}$为评价参量。随后选用大疆Phantome4pro无人机，在声级计测量的同时，于200m高度录制正射影像5min，获取交通流视频。使用Python自编程序提取视频中的交通流信息，获取各路段车流量和典型车辆车速数据。

（2）建筑和道路数据，用于噪声地图智慧化生成、关键空间识别

建筑数据包括研究区域内各建筑的空间信息、形态特征、占地面积、总面积、底层周长、层数、层高、高度和功能等；道路数据包括研究区域内的各道路的空间句法信息、车道数、宽度、级别等。项目组先通过百度地图截获器对研究区域的建筑和道路数据进行爬取，然后导入GIS生成建筑和道路模型。结合电子地图、实地调研、Momepy库运算、Depthmap软件模拟等方法进行补充与校正研究区域的建筑和道路数据。

（3）自然要素指标，用于噪声地图智慧化生成

自然要素数据使用归一化植被覆盖指数（Normalized Difference Vegetation Index，简称NDVI）表示，根据Sentinel-2卫星提供的数据集计算，通过分析可见光和近红外波段的反射率差异来评估地表植被状况的指数，计算公式如式（3-1）所示，式中NIR是红外波段，Red是植被的叶绿素水平指数。

$$NDVI = \frac{(NIR - Red)}{(NIR + Red)} \quad (3-1)$$

（4）人口数据，用于关键空间识别

包括研究区域内每栋建筑的人口数据。按《大连统计年鉴2022》中收录的2021年大连市城镇住户现住房人均建筑面积，计算每栋住宅建筑的人数；由官网信息获取其他建筑的人数，数据缺失的建筑通过类比相似建筑获取人数。按第七次全国人口普查的数据进行修正后，获取每栋建筑的人口数据。

（5）噪声限值数据，用于关键空间识别

按《大连市中心区声环境功能区划》（大政办发〔2019〕33号）将片区内交通干线两侧30m范围内区域划为4a类声环境功能区，其余区域划为2类声环境功能区。参照《声环境质量标准》GB 3096—2008规定的各类声环境功能区的噪声限值，获取噪声限值数据。

### 2. 数据预处理技术与成果

（1）机器学习模型数据预处理

缺失值和异常值都是常见的数据质量问题。实验由于使用网格划分法，对于数据存在缺失和异常的区域选择删除该处网格，避免对构建模型产生影响。网格划分方法和归一化使输入数据的计算与形状无关，该模型不需要考虑数据处理后最终剩余网格的形状。采用SPSS软件中的马氏距离方法筛选数据中的离群数据，将离群数据作为异常值删除。

（2）特征选择

为降低模型复杂度，提高算法的预测精度、鲁棒性和可解释性，保证模型预测数据的泛化能力，模型中使用的特征数据进行Pearson相关系数计算后，绘制相关性热力图（图3-1），将相关性大于0.8的特征删除，降低模型的共线性问题。经过筛选后，剩余变量如表3-1所示，避免了回归模型训练中多重共线性的问题。根据数据范围可知，模型变量数据仍存在量纲差距过大的情况，需要进一步对数据进行标准化和归一化处理。

（3）归一化和标准化处理

在聚类和回归模型中，由于各评价指标的性质不同，通常具有不同的量纲和数量级。当各指标间的水平相差很大时，如果直接用原始指标值进行分析，就会突出数值较高的指标在综合分析中的作用，相对削弱数值水平较低指标的作用，归一化和标准化能够避免这种情况造成精度的损失。与之相比，本实验在构建聚

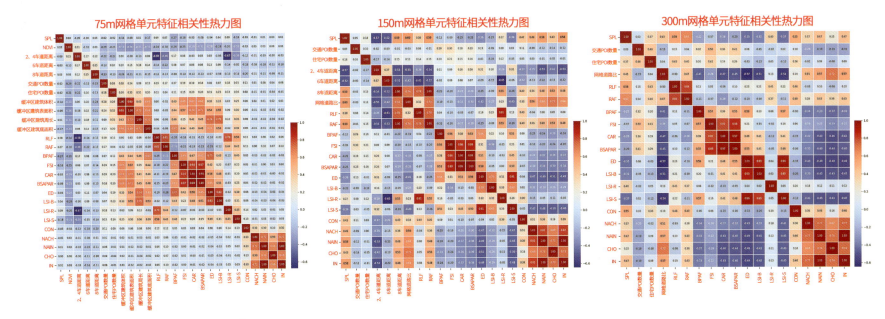

图3-1 特征数据的Pearson相关系数

经过特征筛选的剩余变量                                                                 表3-1

| 变量分类 | 变量名称 | 变量描述 | 单位 | 数据范围 |
|---|---|---|---|---|
| 空间句法指标 | Choice选择度 | 所有可能的起点和终点之间的最短路径中，有多少次经过这条路径 |  | 0~11640762 |
|  | Integration整合度 | 整合度是用来衡量一个节点在整个网络中相对于其他节点的可达性 |  | 819.50~2019.37 |
|  | NAIN标准化角度整合度 | NAIN是整合度的标准化版本，考虑了角度的变化 |  | 0~1.60 |
|  | NACH标准化角度穿行度 | NACH是选择度的标准化版本，同样考虑了路径中的角度变化 |  | 0~1.58 |
|  | Connectivity连接度 | 连接度表示一个节点（例如，一个空间或一个交叉点）直接连接到其他节点的数量 |  | 1~6 |
| 兴趣点数据 | 住宅POI | 地图上标记的与住宅相关的兴趣点 | 个 | 0~12 |
|  | 交通POI | 地图上标记的与交通相关的兴趣点 | 个 | 0~13 |
| 城市规划指标 | 建筑长度 | 各网格单元内部建筑长度 | m | 0~652.73 |
|  | 建筑面积 | 各网格单元内部建筑面积 | m² | 0~5625 |
|  | RLF道路长度指数 | 单元格道路总长度与单元格边界长度比 |  | 0~1.92 |
|  | RAF道路面积密度 | 单元格道路总面积与单元格面积比 |  | 0~0.71 |
|  | BPAF建筑密度 | 单元格总建筑占地面积与单元格面积比 |  | 0~1 |
|  | FSI容积率 | 单元格总建筑面积与单元格面积比 |  | 0~25.64 |
|  | CAR建筑全面积比 | 建筑物总表面积与裸露地面面积和与单元格面积比 |  | 1~7.54 |
|  | ED边界密度 | 建筑物周长与单元格面积比 |  | 0~0.12 |
|  | LSI形状指数 | 单元格研究事物边界长度与研究事物占地面积比，反应事物复杂性 |  | 0~9.95 |
|  | Normalized Difference vegetation Index 归一化植被覆盖指数 | 用于衡量地表植被覆盖程度和植被生长状态的指数。通过分析可见光和近红外波段的反射率来计算 |  | -0.48~0.68 |
| 声源距离指标 | 距离2、4车道距离 | 各网格单元中心点距离最近2、4车道道路最近距离 | m | 1.05~338.92 |
|  | 距离6车道距离 | 各网格单元中心点距离最近6车道道路最近距离 | m | 0.71~1471 |
|  | 距离8车道距离 | 各网格单元中心点距离最近4车道道路最近距离 | m | 0.42~225.35 |

类模型时,通过调节归一化范围能控制特征权重大小,实现模型分簇的调整。

(4)建筑人口数据修正

建筑人口的初步数据由统计年鉴、建筑官网获取,与真实情况存在较大误差,需要进行修正。先汇总街道内所有住宅的人数,作为各街道总人数。而后通过第七次全国人口普查的街道级数据,对各建筑的人数进行修正,公式如下:

$$t_b = t_d \frac{T_b}{T_d} \quad (3-2)$$

式中,$t_b$是每栋建筑修正后的人数,即最终获取的人口数据;$t_d$是每栋建筑修正前的人数;$T_b$是第七次人口普查统计的各街道总人数;$T_d$是通过汇总得出的各街道总人数。

## 四、模型算法流程及相关数学公式

(1)智慧化生成噪声地图

噪声地图生成步骤包括:聚类模型选择、模型数据划分、构建回归模型、整合拟合度与噪声预测数值、绘制噪声地图等步骤。实验通过K系列聚类、GMM聚类、多层次感知机、DBSCAN聚类等方法划分模型,并将结果导入GIS,通过对比,发现GMM聚类结果相对最符合城市路网分布情况,分簇结果反映了与城市道路由亲密到疏远的距离关系,与城市交通噪声的分布结果最相符合,因此实验选择GMM聚类模型作为最终分组结果。选择全部特征中相关性最高的八个特征进一步创建聚类模型,最终将网格单元划分为聚类簇,并分别构建回归预测模型。

回归模型涉及构建多元线性回归(Linear Regression,简称LR)、支持向量机回归(Support Vector Machine Regression,简称SVR)、决策树回归(Decision Tree Regression)、随机森林回归(Random Forest Regression,简称RFR)模型。预测结果中随机森林回归模型对测试集声压级拟合度最优,预测效果最好。值得注意的是,随机森林回归模型对多余变量相对不敏感,其自动保留的变量都具有较高的解释价值。因此,实验在建立回归模型时选择将全部特征输入算法,由其自动选择合适的特征建构模型。

模型预测能力使用均方误差(Mean Squared Error,简称MSE)、均方根误差(Root Mean Squared Error,简称RMSE)和决定系数(Coefficient of Determination,简称$R^2$)作为判断标准,具体计算公式如下:

$$\text{MSE} = \frac{1}{n}\sum_{i=1}^{n}(Y_i - \hat{Y}_i)^2 \quad (4-1)$$

$$\text{RMSE} = \sqrt{\text{MSE}} = \sqrt{\frac{1}{n}\sum_{i=1}^{n}(Y_i - \hat{Y}_i)^2} \quad (4-2)$$

$$R^2 = 1 - \frac{SS_{\text{res}}}{SS_{\text{tot}}} = 1 - \frac{\sum_{i=1}^{n}(Y_i - \hat{Y}_i)^2}{\sum_{i=1}^{n}(Y_i - \overline{Y})^2} \quad (4-3)$$

式中,$Y_i$是第$i$个观测值,$\hat{Y}_i$是第$i$个预测值,$n$是观测值的总数。$SS_{\text{res}}$是残差平方和,$SS_{\text{tot}}$是总平方和,$\overline{Y}$是$Y$的平均值。

本文采用了超参数调整中常用的网格搜索法(Grid Search Algorithm,简称GSA),通过在给定搜索范围内使用穷举网格搜索来找到目标问题的最优解。本实验在聚类–回归中涉及的特征如表3-1所示。在计算出不同分簇城市区域的各自回归模型后,使用模型性能预测对比、绝对误差直方分布和散点回归线拟合,可视化模型拟合优度,如表4-1所示。

(2)建筑物区域声环境改善关键空间的识别

关键空间的识别包括主要包括噪声得分指标分析、评价模型构建和空间分析3个步骤。选取欧盟政府或研究组提出的8种典型噪声得分指标进行分析,分别为DubMat、KilMat、NA、NHA、MABPS、Gden、QCNS和IP,具体计算公式和参数含义如表4-2所示。其中,DubMat和KilMat采用一个考虑昼夜噪声水平、建筑位置类型和噪声源类型等因素的建筑评分矩阵(表4-3)。该矩阵通过各因素对建筑分别评分,汇总后再以总分对建筑进行评价。此外,计算NA和NHA得分所需的烦恼者人数百分比%$A_{\text{road}}$和高度烦恼者人数百分比%$HA_{\text{road}}$公式如下:

$$\%A_{\text{road}} = 1.795 \times 10^{-4}(L_{\text{den}} - 37)^3 + 2.110 \times 10^{-2}(L_{\text{den}} - 37)^2 + 0.5353(L_{\text{den}} - 37) \quad (4-4)$$

$$\%HA_{\text{road}} = 9.868 \times 10^{-4}(L_{\text{den}} - 42)^3 - 1.436 \times 10^{-2}(L_{\text{den}} - 42)^2 + 0.5118(L_{\text{den}} - 42) \quad (4-5)$$

式中,$L_{\text{den}}$是道路噪声影响下建筑的昼夜晚等效声级。

拟合优度可视化　　　　　　　　　　　　　　　　　　　　　　　　　　　　　　　　　表4-1

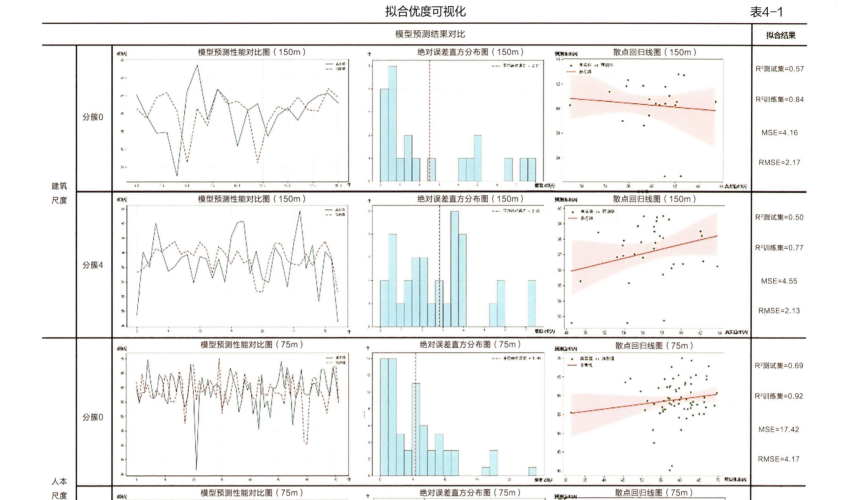

8种噪声得分指标概况　　　　　　　　　　　　　　　　　　　　　　　　　　　　　　表4-2

| 噪声得分指标 | 计算公式 | 参数含义 |
| --- | --- | --- |
| DubMat（政府） | 按矩阵（表4-2）计算得分 | 参数包括噪声水平范围、建筑位置、噪声源类型 |
| KilMat（政府） | 按矩阵（表4-2）计算得分 | 参数包括噪声水平范围、建筑位置、噪声源类型 |
| NA（研究组） | $\mathrm{NA}=\sum_{i=1}^{N} n_i \times \dfrac{\%A_{\mathrm{road}}}{100}$ | $n_i$: 第$i$栋建筑内的人数；$N$: 建筑物数量；$\%A_{\mathrm{road}}$: 烦恼者人数百分比 |
| NHA（研究组） | $\mathrm{NHA}=\sum_{i=1}^{N} n_i \times \dfrac{\%HA_{\mathrm{road}}}{100}$ | $n_i$: 第$i$栋建筑内的人数；$N$: 建筑物数量；$\%HA_{\mathrm{road}}$: 高度烦恼者人数百分比 |

续表

| 噪声得分指标 | 计算公式 | 参数含义 |
|---|---|---|
| MABPS（政府） | $\text{MABPS} = L_{\text{tot}} + 10\lg(\text{NA})$ | $L_{\text{tot}}$：受所有噪声源影响的最暴露建筑立面的噪声值；NA：所有噪声源引起的烦恼者人数 |
| Gden（政府） | $\text{Gden} = 10\lg\left(\dfrac{1}{N_{\text{tot}}}\sum_i n_i \dfrac{L_{\text{den},i}}{10}\right)$ | $N_{\text{tot}}$：研究区域的总人口；$n_i$：暴露于第i类噪声水平的居民人数；$L_{\text{den},i}$：第i类噪声水平的代表性噪声值 |
| QCNS（研究组） | $\text{QCNS} = \begin{cases} \sum_i n_i \times 10^{0.15(L_{\text{den},i}-50)}, L_{\text{den},i} \leq 65\text{dB}(A) \\ \sum_i n_i \times 10^{0.30(L_{\text{den},i}-57.5)}, L_{\text{den},i} > 65\text{dB}(A) \end{cases}$ | $L_{\text{den},i}$：第i栋住宅的人数；$n_i$：暴露在该水平下的住宅内的人数 |
| IP（政府） | $\text{IP}_i = k_i \times n_i \times \max(L_d - L_{\text{lim},d}, L_n - L_{\text{lim},n})$ | $k_i$：修正系数；$n_i$：受噪声影响的人数；$L_{\text{lim},d}$和$L_{\text{lim},n}$：意大利昼间（6:00~22:00）和夜间（22:00~6:00）第i栋建筑的噪声限值；$L_d$和$L_n$：意大利昼间和夜间第i栋建筑的等效声级 |

DubMat和KilMat矩阵　　表4-3

| 决策选择标准 | | DubMat | | | KilMat | |
|---|---|---|---|---|---|---|
| | | 昼间得分 | 夜间得分 | | 昼间得分 | 夜间得分 |
| 噪声水平dB(A) $L_d/L_n$（KilMat昼间采用$L_{\text{den}}$） | <55 | 3 | 4 | <45 | 5 | 6 |
| | 55~59 | 2 | 2 | 45~49 | 4 | 5 |
| | 60~64 | 1 | 3 | 50~55 | 3 | 4 |
| | 65~69 | 2 | 2 | 55~59 | 2 | 2 |
| | 70~74 | 3 | 5 | 60~64 | 1 | 3 |
| | ≥75 | 4 | 6 | 65~69 | 2 | 4 |
| | | | | 70~74 | 3 | 5 |
| | | | | 75~79 | 4 | 6 |
| | | | | ≥80 | 5 | 7 |
| 建筑位置类型 | 市中心 | 1 | 1 | 市中心 | 1 | 1 |
| | 商业区域 | 1 | 2 | 商业区域 | 1 | 2 |
| | 居住区域 | 2 | 3 | 居住区域 | 2 | 3 |
| | 噪声敏感区域 | 3 | 3 | 噪声敏感区域 | 3 | 3 |
| | 安静区 | 3 | 3 | 安静区 | 3 | 1 |
| | 娱乐开放空间 | 2 | 2 | 娱乐开放空间 | 2 | 2 |
| 噪声源类型 | 道路 | 2 | 3 | 道路 | 3 | 4 |
| | 铁路 | 1 | 2 | 铁路 | 2 | 3 |
| | 飞机 | 3 | 4 | 工业 | 2 | 3 |
| | | | | 飞机 | 3 | 4 |

在研究区域计算所有建筑的8种噪声得分，绘制各类得分的噪声得分地图、累计频率分布曲线和箱型图，分析各类得分的影响因素权重和识别结果精确性。结果表明QCNS的噪声权重最大，能最大程度考量噪声对公众的影响，且识别结果最精确，相对最适合我国。

考虑到《中华人民共和国噪声污染防治法》（2022年实施）重视噪声水平超过声环境功能区规定限值的建筑，除住宅外也重视医院、学校和文化建筑等噪声敏感建筑（以下噪声敏感建筑均指上述三类建筑）；同时考虑到QCNS的计算结果取值范围过大不便分析，且数据分布缺乏梯度，因此在QCNS算法的基础上进行改进，提出指标NS作为我国城市识别关键空间的评价模型，公式如下：

$$\text{NS} = \begin{cases} \text{Null}, & \text{if } L_{\text{Aeq},i} \leq L_{\text{lim},i} \\ \sum_i 10\lg\left[k_i \times n_i \times 10^{0.15(L_{\text{Aeq},i}-50)}\right], L_{\text{Aeq},i} \leq 60\text{dB}(A) \\ \sum_i 10\lg\left[k_i \times n_i \times 10^{0.30(L_{\text{Aeq},i}-57.5)}\right], L_{\text{Aeq},i} > 60\text{dB}(A) \end{cases}, \text{if } L_{\text{Aeq},i} > L_{\text{lim},i}$$

（4-6）

式中，$k_i$是第i栋建筑的修正系数，对医院等于4，对学校和文化建筑等于3，对住宅等于1，对其他建筑等于空值；$L_{\text{Aeq},i}$表示第i栋建筑4m高度下的噪声水平；$L_{\text{lim},i}$表示第i栋建筑所在声环境功能区的规定噪声限值；$n_i$表示第i栋建筑内的人数。

欧盟Qcity项目提出的滑动网格法是与QCNS相匹配的空间分析方法，基于评价模型NS，选用该方法对关键空间进行识别。先计算所有建筑的NS得分，然后在研究区域均布10m×10m的网格，在其中一个网格中心点放置100m×100m的窗口。汇总窗口内所有建筑的噪声得分值（与窗口边缘相交的建筑的噪声得分按建筑在窗口内的面积比例计算），乘以0.1后赋给窗口中心的网格。最后滑动窗口，使窗口中心位于下一网格，不断重复完成所有网格的赋值（图4-1）。将NS高分区域，作为最终识别出的关键空间。

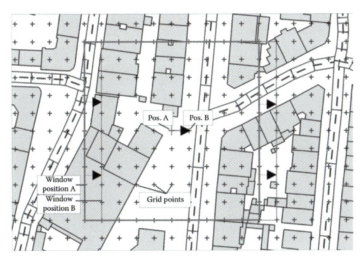

图4-1 滑动窗口进行网格点赋值的过程
（图片来源：CRC Press）

（3）建筑物区域声环境改善关键空间的特征提取

使用GIS汇总所有建筑的噪声得分值，将NS>50的区域作为关键空间，对其中的建筑进行特征画像。筛选出所有关键空间建筑与噪声"源、途径、受体"三个维度相关的指标，采用多种聚类方法对关键空间进行画像对比，并选择最优模型提取相关特征。

数据经过预处理后导入具体算法模型，实验通过多种方法来确定K值，如肘部法则、轮廓系数等。不同的初始中心可能导致不同的聚类结果。为了获得稳定的聚类结果，多次运行算法并选择最佳结果。参考噪声地图生成过程中回归模型相关权重，调整聚类中特征权重值，通过度量建筑间的相似性，将样本整合聚集成最符合NS得分分段结果（例如60~70、70~80、80~90、90~100）的若干类别，并寻找不同类别的共性特征赋予画像结果，结果如图4-2~图4-4所示。

图4-2 K-Means聚类结果

图4-3 DBSCAN聚类结果

图4-4 GMM聚类结果

基于各聚类结果的内部一致性指标、轮廓系数，以及聚类结果与已知标签的对比分析，发现DBCSN聚类结果较少，缺乏区分度；GMM聚类存在异常值；K-Means算法所得到的聚类结果显示出更高的一致性和可靠性。因此，本研究决定通过K-Means算法进行聚类，构建提取关键空间特征的方法。

## 五、实践案例

### 1. 模型应用实证及结果解读

（1）智慧化生成的噪声地图

研究选取大连市中心约10km²的一块典型片区，如图5-1所示。场地内地势平坦，人口密集，路网结构典型，既有较密集的规划路网，又有近代方格网状的城市路网，城市建设相对完善。以该区域为样本的研究，有助于探讨城市在城市更新背景下建筑物区域声环境改善关键空间的识别问题。

首先将城市要素作为一个整体，在300m、150m、75m网格尺度下，分别构建多元线性回归（Linear Regression，简称LR）、支持向量机回归（Support Vector Machine Regression，简称SVR）、决策树回归（Decision Tree Regression）、随机森林回归（Random Forest Regression，简称RFR）模型，预测结果中随机森林回归模型对测试集声压级拟合度最优，后续研究中选择随机森林回归（RFR）建立回归模型，如表5-1所示。

图5-1 研究区域

整体要素模型拟合结果  表5-1

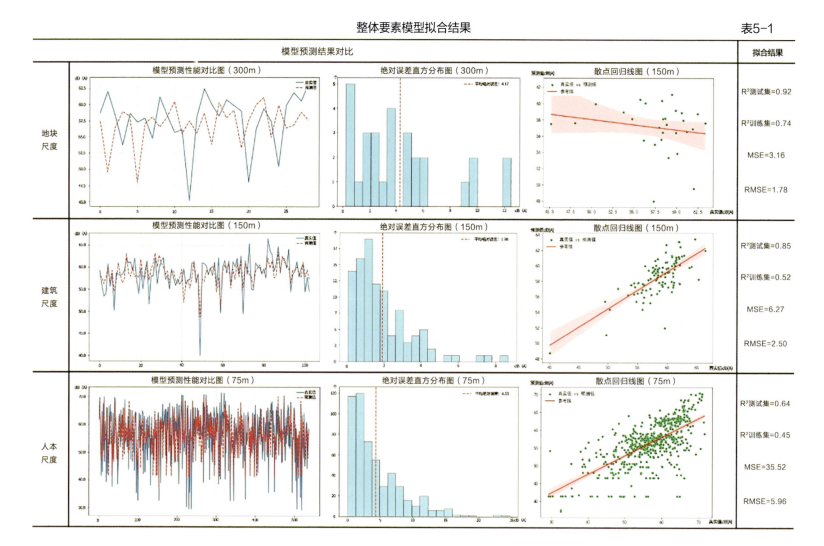

其次，研究根据城市不同区域受道路交通噪声的影响程度，将城市划分为路网—地块要素，根据网格单元是否与路网要素相交作为单元网格的划分依据。分别针对路网—区块构建回归预测模型，如表5-2所示。

最后，使用GMM算法对城市要素进行聚类，针对不同要素构建适宜的回归模型。GMM聚类根据轮廓系数来确定最终聚类簇数，研究选择相关性最高的八个特征数据创建聚类模型，将城市要素划分为聚类簇，使用不同簇数据分别构建回归预测模型，如表5-3所示。

对比不同尺度下不同划分方法的预测模型预测性能，聚类要素模型分组方法与分类要素分类模型不同，采用模型自动寻找分簇的方法划分，但聚类结果在一定程度上体现了"与主要道路的亲密关系"这一布局结果，又与分类要素分类模型存在差异。由此可知，GMM聚类的分簇方法一定程度上体现了显性的和隐性的城市结构形态，相对于手动地简单区分路网和区块的方法，能获得城市结构和功能的更优化分组。同时通过聚类—回归模型预

分类要素模型拟合结果　　　　表5-2

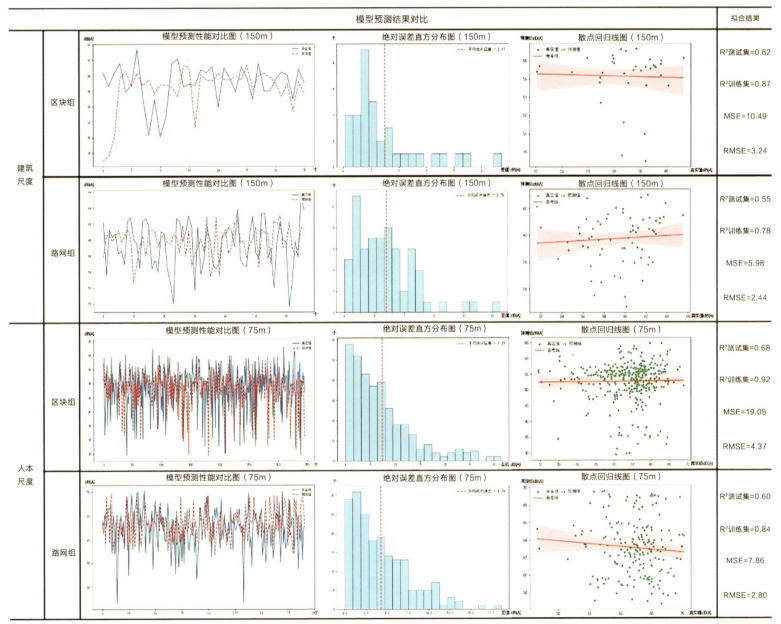

聚类要素模型拟合结果　　　　　　　　　　　　　　　　　　　表5-3

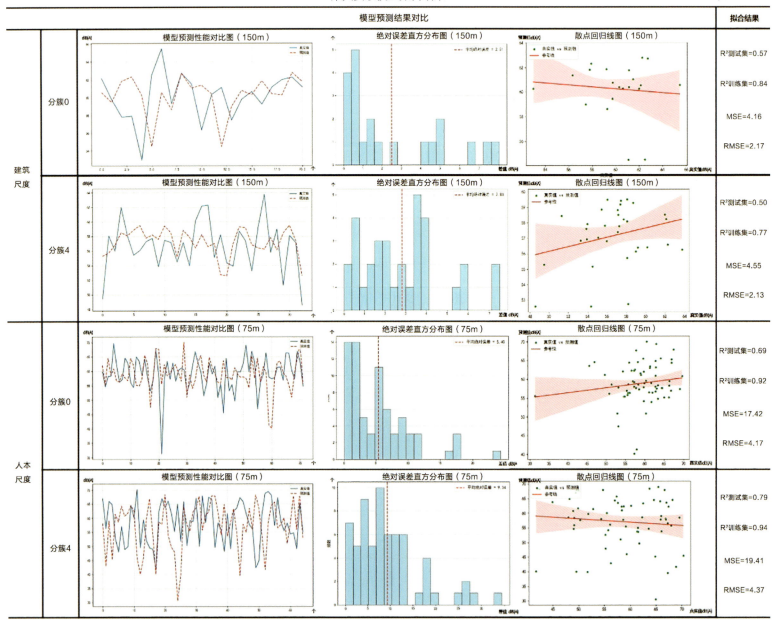

测的噪声结果，拟合效果更好，绝对误差更小，绘制噪声地图结果更准确。

（2）建筑物区域声环境改善关键空间的识别

基于生成的噪声地图，获取研究区域内4m高度下所有建筑的噪声数据，计算所有建筑的NS得分。随后基于滑动网格法进行空间分析，将各建筑的NS得分赋值到整个研究区域的空间中，并做最小—最大归一化处理，使NS得分在0～100之间。NS得分越高，则该区域的噪声污染越严重、受噪声影响的公众越密集，噪声管控的优先级越高。得分前10%的网格可作为识别出的关键空间，进行优先管控；根据管理部门的管控需求，也可对10%的阈值进行调整，以增加或减少管控区域。

（3）建筑物区域声环境改善关键空间的特征提取

K-Means基于NS得分在GIS中汇总所有噪声得分值，对关键空间（NS>50的区域）进行分析。确定每栋建筑相邻道路的交通流信息（"源"），与道路的空间关系（"途径"），接收点的空间信息及人群属性（"受体"），使用多种聚类算法对数据进行特征画像，根据聚类结果逐一赋予标签，以此提取空间典型特征，形成精细化的特征画像，并分析其潜在的影响因素。

将特征画像聚类出的各组打上标签分组，归纳总结出关键空间内"特有特征"，实现对关键空间建筑特征的更精准识别。以"密路网低层居住区"为例，关键空间内的该类型建筑均为开放式的社区形态，社区内部道路系统四通八达并与城市道路相接，形成一种内外贯通的空间格局，空间更具开放性和互动性；而在非关键空间区域的该类型建筑则以封闭式社区为主，与城市道路并无直接相交，仅保留两至三个出入口，这些社区空间与城市其他区域相对独立，形成一种封闭的空间格局（图5-2）。

## 2. 模型应用案例可视化表达

（1）噪声地图智慧化生成可视化表达

实验根据拟合度和噪声敏感建筑筛选需求，选择最符合建筑尺度与人体感受的75m分辨率网格尺度计算结果，采用聚类—回归模型预测噪声结果，不同聚类簇分别采用各自预测模型预测训练集与测试集数据，通过序列编号整合所有数据到GIS，在GIS中将所有预测噪声数据"连接"进入网格，选择与每栋建筑相交的最大数值网格单元数据导入建筑文件，给每栋建筑赋加噪声数据作为最大立面噪声值。图5-3是建筑立面噪声值数据的最终可视化表达结果。

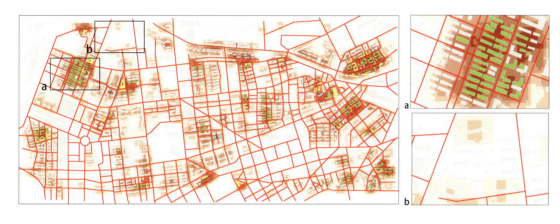

图5-2 关键空间内外的"密路网低层居住区"

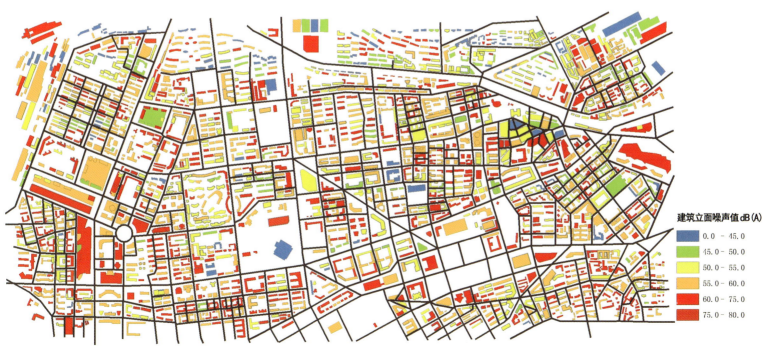

图5-3 建筑立面噪声值

图5-4　NS得分地图

**（2）关键空间的可视化表达**

根据各网格的噪声得分，在GIS中用连续色卡对所有网格进行可视化表达，生成NS得分地图。NS得分的显示从黄色（0分）到橘色（50分），再到红色（90分）；特别地，NS得分在90~100之间的网格以亮黄色显示，以突出得分最高的10%的区域。NS得分为空值的网格不作显示。分别用浅蓝色、浅绿色和灰色表达噪声敏感建筑、住宅和其他建筑；用不同线宽表达不同车道数的道路。图5-4是结合指标NS和滑动网格法生成的地图的最终结果，其中对得分在90~100之间的区域做了突出显示。随着数据的不断更新，对关键区域的识别结果可以不断修正。

**（3）关键空间的聚类结果可视化表达**

基于K-Means的聚类结果较为客观地反映了地块内高NS得分区域的4大类型空间（图5-5）。结合每个类别在城市区位、路网密度、道路结构、建筑功能、建筑形态等方面的特点，将其大致分为密路网低层居住区、高密度低层居住区、近干道高层公建区和临干道中层居住区四种类型。因篇幅与时间所限，本研究仅仅提出聚类结果，并归纳关键空间内建筑特有特征，后续研究将在此基础上对各类空间提出针对性的声环境改善策略。

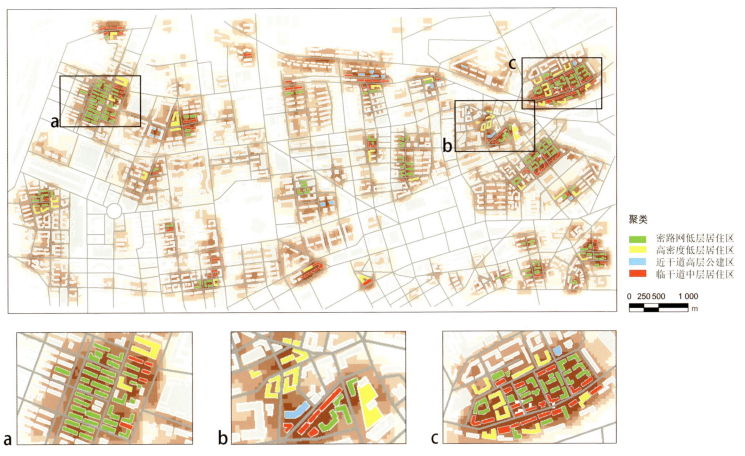

图5-5 聚类的4类结果

## 六、研究总结

### 1. 模型设计的特点

（1）提出噪声地图的智慧化生成方法

本研究在存量更新背景下，基于数智技术中热门的机器学习方法生成高分辨率噪声地图。模型的特点在于研究了地块（300m）、建筑（150m）、人本（75m）尺度下，城市规划指标与噪声值分布的关系，构建噪声值预测模型，模型预测性能较高（$R^2>0.70$）。为交通噪声预估评价和城市更新中交通噪声防治提供了分区管控的依据。城市功能与结构更加多样化，简单的分类要素划分方法可能更加不再适用于噪声预测，本研究采用"聚类—回归"模型的噪声预测方法得到较好的结果。模型另一大特点在于考虑特征对噪声预测的平均影响在不同城市结构区域有所不同。表明对网格单元进行分组后建立回归模型的尝试能够将具有相同特征的城市区域归类，这对预测不同类型的城市区域噪声具有重要实践意义。

（2）提出评价模型NS量化评价关键空间

本研究借鉴欧盟经验，结合我国的具体情况，提出了评价模型NS，以辅助量化建筑物区域声环境改善关键空间。该工具将声学因素与人口密度、建筑功能等非声学因素结合，同时注重我国噪声污染防治相关法规的规定和我国城市高密度高容积率的特点，可完成不同尺度下对识别结果的精准量化，解决我国现有噪声管控相关区划范围较大、难以防治的问题。此外，该工具结合空间分析，在后续可视化表达方面也具有直观准确的优势。评价模型NS可为我国建筑物区域声环境改善的关键空间识别提供有效的新方法。

（3）提取出关键空间中的特征

研究基于关键空间建筑与噪声的三个维度指标作为分析特征，使用K-Means聚类模型，对关键空间进行聚类划分，形成空间特征画像。该方法能对识别出的空间特征进行有效简化与表达，便于深刻理解建筑物区域声环境改善关键空间，分类细化关键空间识别特性。此外，该方法为后续按分类提出对应声环境更新策略的研究奠定了基础。

### 2. 应用方向或应用前景

（1）建立城市更新噪声管控反馈机制

本研究采用不同要素分类方式模型的建立，在不同尺度网格上分别验证，比较了传统噪声预测模型与基于机器学习的噪声预测模型的数据预测效果，得到更优化的基于规划要素的城市建成区噪声地图智慧化生成方法，构建针对不同城市形态结构的回归模型，能显著提高噪声地图绘制工作的准确性。另外，本研究验证了开源数据在交通噪声分析中的适用性，并为未来声音环境优化设计提供参考。实验构建的基于开源数据的随机森林回归模型自动选择特征的独特性能，为城市建成区噪声地图智慧化生成提供实时反馈，通过微调城市设计中的特定要素，得到城市建成区改造的最佳设计方案，成为城市更新辅助决策的技术支持。

（2）助力管理部门精准化治理城市声环境

我国各地政府正在落实切实可行的声环境改善方案。其中障碍较多，主要在于我国无法达到声环境质量标准的区域过大，难以全部识别与改善；且声环境具有局部性、暂时性特点，影响范围有限，难以评价和感知，不易管理。

模型提出了对建筑物区域声环境改善关键空间进行精细量化的评价模型，契合我国噪声污染防治相关法规规定和城市特征，同时具有操作简便、精细度高、可视化结果直观的特点，可为我国声环境改善的相关区域划定提供有效的评价工具，也可为我国"城市体检"监测出的城市声环境问题区域的进一步细化提供有效方法，助力管理部门实现城市治理精细化，促进我国法规优势转化为治理效能。

（3）协助管理部门完善声环境更新策略

对常规问题，规划管理及设计的解决方法大多是通过形象思维及逻辑判断，对声环境方面的量化分析与研究工具了解不多。针对这一现象，本研究在量化分析的技术工具基础上，通过样本的规划实例，选择关键的规划要素指标，进行多场景比较，辅助决策。研究有助于声环境改善的关键空间进行更精准分类，揭示出其共性特征，以便管理部门针对每类特征提出针对性的改善策略，最终基于规划治理特点，为声环境质量改善规划的落地提供切实可行的决策方案。同时在城市化的高质量发展背景下，"城市体检"概念的提出要求全面运用信息智能化手段，多途径、全方位采集城市指标数据，为城市更新规划理清脉络。本研究结合城市开源数据，构建了一整套城市关键空间识别、评估、改善、反馈模型，为编制声环境质量改善规划提供多种技术支持。

## 参考文献

[1] World Health Organization. Environmental noise guidelines for the European region [M]. Copenhagen: World Health Organization Regional Office for Europe, 2018.

[2] European Environment Agency. Environmental noise in Europe [M]. Luxembourg: Publications Office of the European Union, 2020.

[3] CARTER N L. Transportation noise, sleep, and possible after-effects [J]. Environment international, 1996, 22（1）: 105-116.

[4] 中华人民共和国环境保护部. 2017年中国环境噪声污染防治报告 [R]. 北京, 2017.

[5] 阳建强，孙丽萍，朱雨溪. 城市存量土地更新的动力机制研究 [J]. 西部人居环境学刊, 2024, 39（1）: 1-7.

[6] 邹兵. 增量规划、存量规划与政策规划 [J]. 城市规划, 2013, 37（2）: 35-37, 55.

[7] 王嘉，白韵溪，宋聚生. 我国城市更新演进历程、挑战与建议 [J]. 规划师, 2021, 37（24）: 21-27.

[8] 张杰. 存量时代的城市更新与织补 [J]. 建筑学报, 2019（7）: 1-5.

[9] 刘斐，王曼曼，青雨馨，等. 城市建成区剩余空间更新利用与实施路径：以杭州市主城区为例 [J]. 规划师, 2023, 39（10）: 58-65.

[10] 王兰，廖舒文，赵晓菁. 健康城市规划路径与要素辨析 [J]. 国际城市规划, 2016, 31（4）: 4-9.

[11] 李强，肖劲松. 城市规划中的公共利益 [J]. 城市发展研究, 2021, 28（10）: 105-110.

[12] WANG H, WU Z, CHEN J, et.al. Evaluation of road traffic noise exposure considering differential crowd characteristics [J].

Transportation research part D: Transport and environment, 2022, 105: 103250.

[13] YUE R, MENG Q, YANG D, et al. A visualized soundscape prediction model for design processes in urban parks [J]. Building simulation, 2022 (16): 1–20.

[14] GENARO N, TORIJA A, RAMOS-RIDAO A, et.al. A neural network based model for urban noise prediction [J]. The journal of the acoustical society of America, 2010, 128 (4): 1738–1746.

[15] YIN X, FALLAH-SHORSHANI M, MCCONNELL R, et al. Predicting fine spatial scale traffic noise using mobile measurements and machine learning [J]. Environmental science & Technology, 2020, 54 (20): 12860–12869.

[16] D'ALESSANDRO F, SCHIAVONI S. A review and comparative analysis of European priority indices for noise action plans [J]. Science of the total environment, 2015, 518: 290–301.

[17] LICITTA G, ASCARI E, FREDIANELLI L. Prioritizing process in action plans: A review of approaches [J]. Current pollution reports, 2017, 3: 151–161.

[18] BORCHI F, CARFAGNI M, GOVERNI L, et al. LIFE+ 2008 HUSH project results: a new methodology and a new platform for implementing an integrated and harmonized noise Action Plan and proposals for updating Italian legislation and Environmental Noise Directive [J]. Noise mapping, 2016, 3 (1).

[19] LICITRA G, VORLÄNDER M. Noise mapping in the EU: models and procedures [J]. The journal of the acoustical society of America, 2013, 133 (4): 2506–2507.

[20] Limerick city and county council, noise action plan 2018–2023 [J]. 2018.

[21] CARRIER M, APPARICIO P, SÉGUIN A M. Road traffic noise in Montreal and environmental equity: What is the situation for the most vulnerable population groups? [J]. Journal of transport geography, 2016, 51: 1–8.

[22] Dublin Local Authorities. Dublin agglomeration environmental noise action plan December 2013–November 2018 [R]. Dublin, 2013.

[23] Kilkenny County Council. Noise action plan 2019–2023 [R]. Kilkenny, 2019.

[24] LICITRA G, GALLO P, ROSSI E, et al. A novel method to determine multiexposure priority indices tested for Pisa action plan [J]. Applied acoustics, 2011, 72 (8): 505–510.

[25] JABBEN J, VERHEIJEN E, SCHREURS E. Group Noise Exposure level Gden/Gnight; applications to airport noise [J]. Report RIVM (in Dutch), 2010.

[26] PETZ M, STENMAN A, MALM P, et al. Deliverable D1.2 of Quiet City [J]. Transport (FP6 516420), 2007.

[27] Italian Government. Decreto Ministeriale Criteri per la predisposizione, da parte delle società e degli enti gestori dei servizi pubblici di trasporto o delle relative infrastrutture, dei piani degli interventi di contenimento e abbattimento del rumore [R]. Italy: Gazzetta Ufficiale della Repubblica Italiana 285, 2000.

[28] European Environment Agency. Good practice guide on noise exposure and potential health effects [J]. EEA technical report, 2010, 11: 1–36.

# 基于属性级情感分析模型的公园文化服务感知特征研究

**工 作 单 位**：重庆大学建筑城规学院、武汉科技大学艺术与设计学院
**报 名 主 题**：面向高质量发展的城市治理
**研 究 议 题**：城市更新与智慧化城市设计
**技术关键词**：机器学习、情感分析、聚类模型
**参 赛 选 手**：李思成、陈俊燚、徐慧涛、田闯、张莉艺
**指 导 老 师**：孙忠伟、龙燕
**团 队 简 介**：参赛队伍成员来自重庆大学建筑城规学院，团队成员有着多元化的研究背景，各个成员来自于学院不同的研究团队。团队成员研究方向包括：城市交通仿真模拟、湿地保护与修复、社区规划等。团队成员已在国内外知名学术期刊发表论文4篇。

## 一、研究问题

### 1. 研究背景

经济水平的快速提升，使得居民对生态系统文化服务（Cultural Ecosystem Services，简称CES）的需求日益增长。CES强调生态系统为人类社会提供的非物质性利益，在提升生活质量、促进文化表达、支持教育和科研、提供休闲和旅游机会等方面发挥着重要作用。而城市公园作为城市生态系统的重要组成部分，不仅是提供休闲和娱乐的场所，还是文化服务的重要载体，对提升居民生活质量、满足精神文化需求发挥着关键作用。

城市公园是居民日常接触最为容易的生态系统之一，其文化服务包括美学价值、休闲游憩、历史文化、社会交往、地方感、精神价值、生物多样性、教育价值及户外运动等。同时，研究发现公园内的自然景观、社会活动、艺术装置和休闲设施等感知要素显著影响着居民对CES的关注度和满意度，但在居民感知偏好方面，缺乏深入研究。基于此，本研究将构建文化服务特征词典，对不同生态系统文化服务类型进行划分，并通过词频统计，探究居民对不同CES要素的偏好及关注度，为精准测度居民对CES的感知奠定基础。

在探究居民对CES的满意度方面，部分学者通过直接评价、问卷调查、半结构化访谈等方式测度居民对CES的喜好。伴随网络社交平台和文本分析技术的发展，大量研究通过自然语言处理（Natural Language Processing，简称NLP），从社交媒体、在线评论和调查问卷等来源提取居民的情感倾向，量化评估居民对CES的感知。但是，传统情感分析模型难以从词汇层面精细捕捉各景观要素的情感色彩，在理解上下文，识别富有多重情感的句子时

仍然存在缺陷。因此，本研究引入属性级自然语言处理模型，更为精准地量化居民对CES的满意度，结合居民对CES的关注度，探究居民对CES的感知特征，为提升公园CES质量和居民幸福感提供实践依据。

此外，通过提取社交媒体中的文本数据，为CES感知分析提供了丰富的数据支持，但现有研究往往只关注环境要素或高频词汇与CES感知之间的相互关系，忽视了不同类型CES感知间的内在关联。这种关联性有助于加深对CES的认识，揭示不同服务类型之间的相互作用及其对整体福祉的贡献。因此，本研究关注不同CES类别间的相互关系，全面理解CES的复杂性，为优化公园设计和管理，满足居民多样化需求提供策略。

## 2. 研究目标

本研究以成都市中心城区的45个典型公园为研究对象，利用社交媒体大数据，挖掘居民对成都市中心城区城市公园CES感知要素，定量化分析感知差异与偏好，并探讨不同类型CES的内在关联性，从而更具针对性地为城市公园提出规划方案和优化建议。具体研究目的如下：

（1）精确量化居民对公园生态系统文化服务的感知特征

利用属性级情感分析模型，从词汇层面精准量化CES感知情绪，并从关注度和满意度两个维度量化公园CES的感知特征。

（2）探究居民对不同类型生态系统文化服务感知间的内在关联性

利用Spearman相关性分析法，从感知关注度与感知满意度两个维度探索不同类型CES间的内在关联性，并进一步利用不同类型公园的感知关注度数据验证结果的可靠性。

（3）居民对生态系统文化服务要素感知偏好特征

利用社交媒体数据挖掘CES要素，通过显著—效价方法分析不同要素的重要性与情感倾向，从而探究不同类型的CES中，居民对感知要素的偏好特征。

## 3. 相关概念

（1）生态系统文化服务

生态系统文化服务指人们通过精神丰富、认知发展、反思、消遣和体验美感等方式从生态系统中获得的非物质惠益。

（2）感知关注度

关注度是指人们对事物的关注程度，反映了事物与人类群体之间的关联。参考景观关注度的定义，本研究将居民对公园CES的感知关注度定义为公园使用者在园内进行休闲游憩活动之后，对公园所供给的CES所产生的兴趣与注意的程度。这种关注度反映了使用者对公园文化价值的认知和重视程度，是衡量公园CES效果的重要指标。

（3）感知满意度

本研究将居民对公园CES的感知满意度定义为在公园的使用者对CES的感知过程中，所产生的心理愉悦感，是对公园内CES供给质量的主观评估。

（4）显著性与效价

显著性（Salience）和效价（Valence）是心理学和营销学中的两个概念，用于描述信息或刺激对个体的重要性和情感倾向。本研究将显著性定义为某个CES词汇在所属CES类型中出现的频率，将效价定义为某个词汇的情感倾向。

（5）生态系统文化服务内在关联性

CES内在关联性指的是不同CES类型之间的相互关系和共同出现的情况，这些关系对于理解人类如何在感知景观价值时体验不同的生态系统服务至关重要。

## 二、研究方法

### 1. 研究方法及理论依据

（1）属性级情感分析模型

属性级情感分析（Aspect-based Sentiment Analysis，简称ABSA）是近年来国内外研究的热点，旨在对带有情感色彩的主观性文本中的词汇进行情感倾向分析。本研究拟采用基于SKEP（Sentiment Knowledge Enhanced Pre-training）算法的预训练情感分析模型Senta对CES相关词汇进行情感分析，得到情绪正向、负向概率。

（2）Spearman相关性分析

Spearman相关性分析是一种非参数性质（与分布无关）的等级相关分析方法。它根据数据的秩次（即排序后的名次）大小来进行相关性分析，而不是直接使用原始数据。这种方法适用于非线性的、非正态分布的、不能准确测量但能够排序的数据。

（3）显著—效价分析法

显著—效价分析（Salience-Valence Analysis，简称SVA）是分析词汇在不同生态系统服务类型中重要性与积极程度的方法。

显著性指评论中某个特定词汇出现的频率，反映了该词汇在所属生态系统服务类型中的重要性。显著性较高的词汇意味着它们在居民的体验和评论中占据较大的比重。效价表示词汇的情感倾向，即词汇是积极的还是消极的。效价分析可以帮助识别哪些词汇与积极或消极情绪相关联。在研究中，效价通过计算正负评论之间的差异来确定。

（4）层次聚类模型

瓦尔德法聚类（Ward's method）是一种常用的层次聚类算法，旨在将数据点划分为不同的组或簇。该方法基于最小方差准则，即最小化组内的方差和最大化组间的方差以寻找最佳的聚类结果。不需要预先指定簇的数目，可根据数据自动确定。其结果具有层次结构，并通过树状图进行可视化展示。同时该方法对异常值和噪声相对稳健，能够得到较为准确的结果。

## 2. 技术路线及关键技术

本研究以成都市45个典型公园为例，通过爬取社交媒体平台评论数据，利用属性级情感分析模型，从感知满意度与感知关注度两个方面探究居民对公园CES的感知特征及不同类型CES的内在关联性。技术路线如图2-1所示。

（1）问题提出

基于对现有研究的总结，本研究提出如下问题：①居民对成都市中心城区城市公园CES整体感知如何？②居民更加偏爱哪些生态系统文化服务要素？③不同类型的生态系统文化服务感知有何内在关联性？

（2）居民文化服务感知特征

对社交媒体评论数据进行筛选、分词后，选取词频大于20的词汇构建了备选词典。参考MEA（The Millennium Ecosystem Assessment，简称MEA）、TEEB（The Economics of Ecosystems and Biodiversity，简称TEEB）等，结合成都市中心城区公园特点，构建包含九类服务的生态系统文化服务类型及词典。基于该词典，采用属性级的情感分析模型，从感知关注度与感知满意度两方面深入探究居民对成都市中心城区公园CES感知特征。

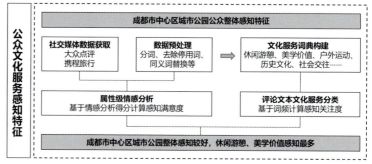
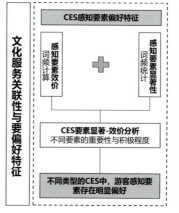
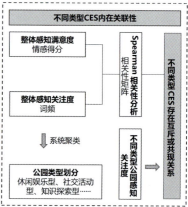

图2-1 技术路线

（3）居民对生态系统文化服务感知要素的偏好特征

研究利用CES词汇总词频、积极词频、消极词频计算词汇显著性与效价，识别不同CES词汇的重要程度与积极性，并据此得出居民偏好的CES要素。

（4）生态系统文化服务类型感知内在关联性

通过运用Spearman相关性分析法，研究从感知关注度与感知满意度两个角度明确居民对不同CES类型感知特征的内在联系。同时，为验证结果的正确性与科学性，研究采用系统聚类模型，根据公园感知关注度确定公园类型，使用不同类型公园词频数据对关联性分析结果进行验证。

## 三、数据说明

### 1. 数据内容及来源

现有相关研究中,社交媒体数据已被证明能够较好地量化生态系统文化服务。相较于传统问卷调查数据,社交媒体数据有着数据量大、易获取、时间跨度长等优点。鉴于不同平台的受众特性,本研究特别选取大众点评和携程旅行作为数据来源。这两个平台用户基础广泛、数据量丰富,能够提供实时、代表性强的评论数据。

成都市中心城区共有612个公园,研究选取其中评论数排名前45的公园作为本次的研究对象。

通过编写Python爬虫,获取携程旅行与大众点评成都市中心城区45个典型城市公园2018年1月1日至2023年12月31日的60232条评论数据,删除无效数据、重复数据后,最终共有58258条评论数据,数据包含评论时间、评分、评论内容。部分数据如表3-1所示。

部分评论文本数据    表3-1

| 序号 | 评论时间 | 评论内容 | 评分 |
| --- | --- | --- | --- |
| 1 | 2024年4月11日 | "秦皇湖":生态宜人。位于成都·四川天府新区的天府公园内(大约占据该公园1/4面积)。秦皇湖虽然较小(绕湖一周2km),一眼就能望到头;但它既是一个小而美的湖,又是一个治愈人心的地方,君不见湖边繁荣的植物、盛开的鲜花、待客的桌椅,通幽的步道蓝天、白云、青草、绿水,勾勒了公园城市的生态本底 | 5 |
| 2 | 2024年4月5日 | 这个公园让我开始羡慕成都人了。公园紧邻天府国际会议中心,面积很大,走路是太累,比较好的方式是骑自行车,骑骑停停。这里有大大的草地,最是适合露营,有可以近距离接触的湖边,能拍出海的感觉,有可以戏水的小溪,只要角度选对,很是出片。很多自驾来的,车直接停路边,很方便 | 4.5 |
| 3 | 2024年4月21日 | 天府公园真的是一个完美的户外活动场所,在我心里它是五星级公园,太爱了。停车:免费。有多个停车场,直接导航前往,去了多次,我们喜欢在露营区附近。也可以直接停在路边的停车位。各类绿植丰富茂密,经常有环卫工维护,生态环境非常好。公园的厕所很干净,且备有洗手液和纸巾。玩法:每一个区域有不同的特色,放风筝、搭帐篷、网鱼、捡田螺,骑车,滑板,孩子们玩得不要太开心。温馨提醒:不能使用吊床和明火。垃圾请带走,间隔几百米就有垃圾桶 | 5 |
| 4 | 2024年4月16日 | 地铁1号线直达天府公园站,公园旁有划线停车区域,旁边也有专属停车场,整个公园很大,绿化很好。草坪上可以搭帐篷,重点是人很少很少,里面有儿童乐园、滑梯、沙坑、攀岩架和运动架。里面分了很多块景点,都有专门的指示牌,其中绿化的植被有很多是平时一般公园看不见的,都有牌子立在那介绍。夏天下午稍微有点晒,注意防晒和驱蚊 | 4.5 |
| 5 | 2024年3月25日 | 交通:地铁18/1/6号线西博城站,过马路就是天府公园。从天府大道一侧可以欣赏湖光美景。绿化做得很棒,草坪整齐,湖水清澈,晚上有灯光,搭配会议厅上的屏幕非常出片,周末游玩好去处 | 5 |

### 2. 数据预处理技术与成果

基于社交媒体评论文本数据进行生态系统文化服务研究主要依靠文本中的词汇判断居民是否感知到生态系统文化服务,因此需要对评论文本进行分词处理。在进行分词操作前,本研究通过阅读评论数据构建保留词典,并使用哈工大停用词表作为本次研究的停用词表。本研究利用Python第三方库jieba进行分词操作,本次分词仅保留形容词、名词、动词,部分分词结果如表3-2所示。

文本分词示例  表3-2

| 序号 | 用户评论内容 | 分词结果 |
|---|---|---|
| 1 | 文化公园更添了那份历史文化的厚重感 | 文化公园/n；更添/v；历史/n；文化/n；厚重感/n |
| 2 | 位于四川省成都市中心城区附近，是市民健身徒步的场所 | 位于/v；四川省/ns；成都市/ns；中心/n；城区/n；市民/n；健身/v；场所/n |
| 3 | 这里的景色非常漂亮，欢迎大家来这里游玩 | 景色/n；漂亮/a；游玩/n |
| 4 | 成都市很多公园都很有特色，维护也很好 | 成都市/ns；公园/n；特色/n；维护/v |
| 5 | 非常有包容性的城市，美食特别的多 | 包容性/n；城市/ns；美食/n |
| 6 | 成都好玩的地方不少哦，人也不错 | 成都/ns；好玩/v；地方/n；不错/a |
| 7 | 文化公园紧挨着青羊宫，人气爆棚，景色迷人 | 文化公园/n；紧/a；青羊宫/nr；人气/n；爆棚/n；景色/n；迷人/n |
| 8 | 天府之国四川成都市的文化公园中的荷花盛开了，可与能观看川剧表演的蜀风雅韵剧院一同游览欣赏。入夏的荷花盛开，了解成都。免费游览 | 天府之国/nr；四川/ns；成都市/ns；文化公园/n；荷花/n；盛开/v；观看/v；川剧/n；表演/v；风雅/n；韵/n；剧院/n；欣赏/v；入夏/ns；荷花/n；盛开/v；成都/ns |

## 四、模型算法

### 1. 模型算法流程及相关数学公式

（1）CES感知特征量化模型

为精准量化居民对成都市中心城区公园生态系统文化服务感知特征，本研究基于文献综述、成都市公园特征与风貌、评论文本，确定了九类生态系统文化服务，并从感知关注度与感知满意度两方面量化公园生态系统文化服务感知特征，模型流程如图4-1所示。

由于生态系统文化服务的主观性与无形性，生态系统文化服务类型确定面临着多样性和差异性的挑战。鉴于此，本研究基于2000年Brown and Reed的景观价值类型学、2005年联合国发布的《千年生态系统评估报告》（MEA）、2007年联合国环境规划署推出的《生态系统与生物多样性经济学》（TEEB），以及众多学者的研究，结合成都市公园特征与风貌确定了九类生态系统文化服务（表4-1），包括美学价值、休闲游憩、历史文化、社会交往、地方感、精神价值、生物多样性、教育价值和户外运动。

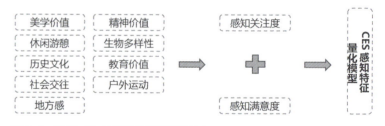

图4-1 CES感知特征量化模型算法流程

生态系统文化服务类型  表4-1

| 文化服务类型 | 释义 | 词汇 |
|---|---|---|
| 美学价值 | 从公园的不同方面获取美学价值；例如：从视觉上获得的愉悦与享受，满足审美情趣 | 艺术、漂亮、环境优美、好看、欣赏、景色宜人等 |
| 休闲游憩 | 在公园内产生休闲游憩行为或从场地获得娱乐服务；例如：能让人进行散步、休息、跳舞等娱乐活动 | 散步、游览、晒太阳、遛弯、拍照、踏青、打牌等 |
| 历史文化 | 从公园中体会到传统文化、历史底蕴或蕴含文化与历史价值的场所；例如：自然或人文历史景观、具有重要文化价值的物价，以及相关的文化、事件 | 文物、唐代、戏剧、杜甫、民国、文化底蕴、文化遗产等 |
| 社会交往 | 为个体提供互动及相互影响、交流的场所，满足社会性需求；例如：儿童、年轻人、老人等之间的互动与交流 | 遛娃、约会、家庭聚会、相亲、龙门阵、征婚、社交等 |
| 地方感 | 在特定的生态系统中自然环境与人文环境交互表现出的独有特征，能从中感受到地域特性或当地风俗；例如：能够使居民感受到成都慢节奏、安逸的生活状态或氛围 | 巴适、安逸、老成都、四川特色、慢生活、成都味道等 |

续表

| 文化服务类型 | 释义 | 词汇 |
|---|---|---|
| 精神价值 | 从公园中获取到的独特精神感受或积极情绪；例如：能够激起居民的回忆，或者感受到放松、愉快等 | 小时候、舒适、愉悦、怀旧感、放松、幸福感等 |
| 生物多样性 | 展示出地区多样的生物资源；例如：能够为居民呈现不常见的动植物种类、独特的生态系统及动植物行为 | 原生态、湿地、古木、植物园、珍稀、森林公园 |
| 教育价值 | 能提供知识科普与教育机会，增长其自然与人文历史等知识；例如：能够为居民提供具有教育意义的博物馆、展览馆等 | 科普、教育基地、爱国主义、纪念墙、抗日战争、博物馆等 |
| 户外运动 | 在公园中进行高强度体育活动或提供进行高强度体育活动的场所；例如：晨跑、骑自行车等高强度区别于游憩休闲的活动 | 晨跑、健步、打球、户外运动、马拉松、有氧等 |

为更准确地分析居民对生态系统文化服务感知特征，从感知关注度与感知满意度两方面量化九类生态系统文化服务的感知特征。感知关注度表示居民对于特定生态系统文化服务的关注程度，计算公式如式（4-1）所示。感知满意度表示居民对于特定生态系统文化服务的满意程度，计算公式如式（4-2）所示。

$$F_i = \frac{\sum_1^j n_j}{freq_i} \quad (4-1)$$

式中，$F_i$表示生态系统文化服务$i$的感知关注度，$freq_i$表示生态系统文化服务$i$的总词频，$n_j$指词汇$j$的词频。

$$S_i = \frac{\sum_1^j score_j}{freq_i} \times 10 \quad (4-2)$$

式中，$S_i$表示生态系统文化服务$i$的感知满意度，$freq_i$表示生态系统文化服务$i$的总词频，$score_j$指词汇$j$的感知满意度得分。

（2）属性级情感分析模型

传统句子级情感分析模型无法正确揭示人类复杂语义，对于句子中的多重语义无法正确识别。为克服这一问题，提升CES量化精度，本研究基于百度Senta预训练情感分析模型构建属性级情感分析模型，模型算法流程如图4-2所示。

百度Senta情感分析模型会给出每个词汇的情感倾向（正向与负向）与对应置信度（0~1）。为统一量化情感分析结果，本研究将每一词汇正向置信度减去其负向置信度，得到相对情感得分，计算公式如式（4-3）所示，数值小于0表示情感倾向为负向，数值大于0表示情感倾向为正向。利用最小–最大标准化方法，计算公式如式（4-4）所示，将情感得分标准化至0~1区间，再利用李克特量表（表4-2）将情感得分划分为消极、中性、积极三类。部分情感分析结果如表4-3所示。

$$rel\_Sa_i = prob\_pos_i - prob\_neg_i \quad (4-3)$$

式中，$rel\_Sa_i$表示词汇$i$的相对情感得分，$prob\_pos_i$表示词汇$i$的正向概率，$prob\_neg_i$指词汇$i$的负向概率。

$$Sa_i = \frac{rel\_Sa_i - min\_Sa}{max\_Sa + min\_Sa} \quad (4-4)$$

式中，$Sa_i$表示词汇$i$的绝对情感得分，$rel\_Sa_i$表示词汇$i$的相对情感得分，$max\_Sa$指相对情感得分最高的词汇，$min\_Sa$指相对情感得分最低的词汇。

情感类型李克特量表　　表4-2

| 情绪类型 | 标准化情感倾向得分 |
|---|---|
| 积极 | [0.6, 1] |
| 中性 | (0.4, 0.6) |
| 消极 | [0, 0.4] |

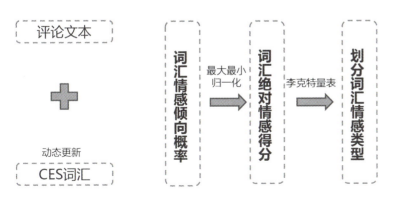

图4-2　属性级情感分析模式算法流程

部分情感分析结果　　　　　表4-3

| 词汇 | 情感类型 | 正向置信度 | 负向置信度 | 情感得分 | 标准化情感得分 |
|---|---|---|---|---|---|
| 品种 | 积极 | 0.998631 | 0.001369 | 0.997263 | 0.998674 |
| 很美 | 积极 | 0.832267 | 0.167733 | 0.664534 | 0.832290 |
| 休闲 | 积极 | 0.902972 | 0.097028 | 0.805944 | 0.903003 |
| 散步 | 积极 | 0.970556 | 0.029444 | 0.941112 | 0.970595 |
| 东坡 | 积极 | 0.999670 | 0.000330 | 0.999339 | 0.999712 |
| 田园 | 积极 | 0.731113 | 0.268887 | 0.462226 | 0.731125 |
| 鲜花 | 积极 | 0.999884 | 0.000116 | 0.999769 | 0.999927 |
| 盛开 | 积极 | 0.828735 | 0.171265 | 0.657469 | 0.828758 |
| 城墙 | 消极 | 0.192898 | 0.807102 | -0.614203 | 0.192849 |
| 芙蓉花 | 积极 | 0.999907 | 0.000093 | 0.999815 | 0.999950 |

为验证模型精度，利用Senta预训练模型对所有文本进行句子级情感分析，并将分析结果与属性级分析结果进行对比，结果如表4-4所示。

模型精度对比　　　　　表4-4

| 模型类别 | Senta属性级情感分析模型 | Senta句子级情感分析模型 |
|---|---|---|
| 准确率（Accuracy） | 93.58% | 91.20% |

（3）公园类型划分模型

本研究使用瓦尔德法聚类算法依照公园感知关注度对公园类型进行划分，模型算法流程如图4-3所示。

瓦尔德法聚类算法将数据集中的每个对象视为一个单独的簇，通过计算每个簇的均值向量来找到合并后方差增加量最小的一对簇，并将这对簇合并为一个新的簇，不断重复上述操作，直至得出最终的簇划分结果。质心计算公式为式（4-5），离差平方和（Within-Cluster Sum of Squares，简称WCSS）计算公式为式（4-6），合并后方差增加量计算公式为式（4-7）。

$$\overline{x}_k = \frac{1}{|C_k|}\sum x_i \in C_k x_i \quad (4-5)$$

式中，$\overline{x}_k$是簇群$k$中所有点的均值向量，$|C_k|$是簇的样本数

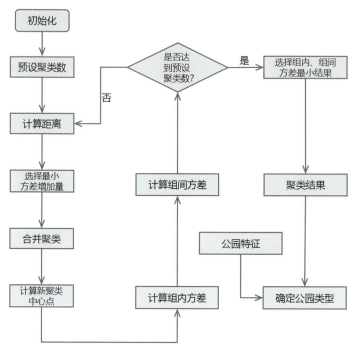

图4-3　公园类型划分模型算法流程

量，$x_i$是簇中第$i$个样本点。

$$WCSS_k = \sum_{x_i \in C_k}(x_i - \overline{x}_k)^2 \quad (4-6)$$

式中，$WCSS_k$表示簇$k$的离差平方和，$x_i$表示簇中的第$i$个样本点，$\overline{x}_k$是簇群$k$中所有点的均值向量。

$$\Delta WCSS = \frac{|C_i|\times|C_j|}{|C_i|+|C_j|}\times(\overline{x}_i - \overline{x}_j)^2 \quad (4-7)$$

式中，$\Delta WCSS$表示合并两个簇后方差的增加量，$x_i$表示簇群$i$中所有点的均值向量，$x_j$是簇群$j$中所有点的均值向量，$C_i$和$C_j$分别表示簇$i$和$j$。

（4）CES感知要素偏好识别模型

为揭示居民更加偏爱哪些CES要素，本研究引入显著—效价分析方法，对九类生态系统文化服务分别进行显著—效价分析。显著性表示该词汇在所属类型中的重要程度，通过计算该词汇词频与所属服务类型总词频的比值来确定，如式（4-8）所示。效价表示词汇的情感倾向，其可以帮助识别哪些词汇与积极或消极情绪相关联，如式（4-9）所示。

$$Ts = \frac{n_i}{d_j}\times 10 \quad (4-8)$$

式中，Ts代表词汇显著性，$n_i$指词汇$i$的词频，$d_j$指生态系统文化服务$j$的总词频。

$$Va = \frac{x\text{POS} - x\text{NEG}}{x\text{POS} + x\text{NEG}} \qquad (4-9)$$

式中，Va代表词汇效价，$x$POS指词汇$x$的积极词频数，$x$NEG指词汇$x$的消极词频数。

## 2. 模型算法相关支撑技术

本研究中，统计分析、爬虫程序均用Python3.11.7完成，仅瓦尔德法聚类在SPSS 25.0上完成，涉及空间分布图件均在ArcGIS 10.5软件上完成。

## 五、实践案例

### 1. 公园CES感知偏好定量评估

（1）感知概况

通过词频分析，提取前100个关键词（表5-1），可以发现评论中"走""拍照""玩""喝茶""记忆"等词语的出现频次最高，对应居民关注的热点为游憩活动、社会交往、精神感受等。

词汇词频一览表　　表5-1

| 高频词 | 词频/次 | 高频词 | 词频/次 | 高频词 | 词频/次 | 高频词 | 词频/次 |
|---|---|---|---|---|---|---|---|
| 走 | 9229 | 自行车 | 2823 | 骑车 | 1848 | 安逸 | 1350 |
| 拍照 | 8111 | 跑步 | 2807 | 划船 | 1825 | 骑行 | 1320 |
| 玩 | 7196 | 野餐 | 2742 | 白鹭 | 1778 | 美丽 | 1288 |
| 喝茶 | 6603 | 惬意 | 2580 | 小孩 | 1756 | 开心 | 1287 |
| 记忆 | 6008 | 耍 | 2578 | 遛 | 1746 | 小时候 | 1230 |
| 小朋友 | 5913 | 杜甫 | 2560 | 百花 | 1717 | 老年人 | 1219 |
| 湖 | 5574 | 娃 | 2553 | 儿童 | 1716 | 园林 | 1215 |
| 逛 | 5358 | 漂亮 | 2493 | 茶社 | 1640 | 单车 | 1207 |
| 打卡 | 5311 | 绿化 | 2454 | 银杏 | 1612 | 酒吧 | 1181 |
| 朋友 | 5197 | 好看 | 2400 | 跑 | 1596 | 家人 | 1169 |
| 散步 | 4983 | 美 | 2380 | 休息 | 1534 | 纪念碑 | 1156 |
| 休闲 | 4806 | 草堂 | 2362 | 艺术 | 1531 | 步行 | 1150 |
| 拍 | 4492 | 历史 | 2234 | 享受 | 1524 | 景观 | 1143 |
| 草坪 | 3603 | 生态 | 2229 | 帐篷 | 1517 | 锻炼 | 1131 |
| 风景 | 3422 | 望江楼 | 2201 | 运动 | 1499 | 娃娃 | 1129 |
| 文化 | 3417 | 骑 | 2180 | 走走 | 1460 | 草地 | 1122 |
| 坐 | 3276 | 相亲 | 2173 | 绿道 | 1455 | 溜达 | 1111 |
| 体验 | 3091 | 花 | 2171 | 玩耍 | 1449 | 出片 | 1101 |
| 游玩 | 3086 | 菊花 | 2168 | 放风筝 | 1443 | 年轻人 | 1098 |
| 湿地 | 3060 | 茶馆 | 2152 | 游乐 | 1425 | 儿童乐园 | 1088 |
| 孩子 | 3056 | 荷花 | 2126 | 很漂亮 | 1388 | 记得 | 1078 |
| 逛逛 | 3005 | 景色 | 2110 | 竹子 | 1385 | 老人 | 1075 |
| 晒太阳 | 2909 | 热闹 | 1974 | 放松 | 1370 | 搭帐篷 | 1067 |
| 特色 | 2898 | 娱乐 | 1886 | 聊天 | 1359 | 竹林 | 1043 |
| 舒服 | 2824 | 露营 | 1884 | 悠闲 | 1353 | 植被 | 1042 |

（2）感知偏好特征

1）感知关注度特征分析

如图5-1所示，休闲游憩、美学价值、历史文化、社会交往是居民感知中最主要的CES类型；生物多样性、教育价值、地方感的感知频率均小于5%，表明城市公园在这三方面的建设有所欠缺，未来可在这些方面加强对居民的吸引力。

分析成都市45个城市公园的CES感知关注度特征可以发现（表5-2），自然景观在美学上最受青睐，休闲游憩服务易于被感知。历史文化关注度与公园特色紧密相关，如新繁东湖的唐代背景提升其关注度。社会交往关注度与公园活动空间有关，如活水公园适合家庭游而受瞩目。教育价值除成飞公园外普遍受冷落。生物多样性在湿地生态公园中凸显，而商业化公园，如东郊记忆则在此方面乏人问津。

2）感知满意度特征分析

如表5-3、图5-2所示，所有词汇的积极情绪及整体满意度均处于较高水平。综合评估45个公园的9项CES感知满意度，精神价值、社会交往和美学价值的满意度整体较高，而生物多样性、教育价值和地方感的满意度相对较低，这与居民的关注度相吻合。休闲游憩虽受关注度高，其满意度却未尽如人意，表明服务感知的关注度与满意度间关系复杂，不存在明确的正负相关性。

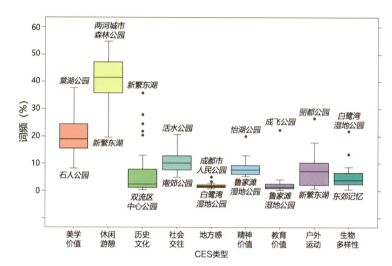

图5-1 各类型CES感知关注度箱线图

各类CES感知关注度特征一览　　　　　　　　表5-2

| 服务类型 | 关注度特征 |
| --- | --- |
| 美学价值 | 自然景观，如动植物和水体在美学价值感知中最受关注，人工景观如彩虹桥也具备一定吸引力，但作用较弱 |
| 休闲游憩 | 最容易被感知的服务类型 |
| 历史文化 | 感知度与公园特色紧密相关。例如新繁东湖因唐代园林背景而关注度最高，达到35.55% |
| 社会交往 | 感知度与公园提供的活动空间密切相关，例如关注度最高的活水公园，因其以水为主题，且配置了免费戏水设施，适合家庭出游，关注度达到20.31% |
| 地方感 | 所有公园的相关建设普遍不足，关注度皆低于5% |
| 精神价值 | 主要取决于公园的历史及其带来的情感记忆，其中最高关注的怡湖公园为19.74% |
| 教育价值 | 主要通过纪念碑、展览等吸引居民。除成飞公园以科普功能获22.15%的关注度外，其余公园关注度均较低 |
| 户外运动 | 关注度受场地限制、环境条件等诸多因素影响，差异显著，其中最高为丽都公园26.20%，最低为新繁东湖0.36% |
| 生物多样性 | 主要体现在湿地生态类公园当中，白鹭湾湿地公园和百花潭公园领先，东郊记忆因商业化转型，生物多样性的关注度最低 |

CES感知满意度特征统计结果　　　　　　　　表5-3

| 感知类型 | 积极 | | 中性 | | 消极 | | 满意度 |
| --- | --- | --- | --- | --- | --- | --- | --- |
| | N | % | N | % | N | % | |
| 美学价值 | 74187 | 92.02% | 2691 | 3.34% | 3745 | 4.65% | 9.00 |
| 休闲游憩 | 156451 | 88.16% | 8945 | 5.04% | 12072 | 6.80% | 8.79 |
| 历史文化 | 28100 | 91.43% | 1372 | 4.46% | 1262 | 4.11% | 8.95 |
| 社会交往 | 40031 | 89.78% | 2220 | 4.98% | 2338 | 5.24% | 9.01 |

续表

| 感知类型 | 积极 | | 中性 | | 消极 | | 满意度 |
|---|---|---|---|---|---|---|---|
| | N | % | N | % | N | % | |
| 地方感 | 8128 | 89.61% | 478 | 5.27% | 464 | 5.12% | 8.68 |
| 精神价值 | 30514 | 91.42% | 1398 | 4.19% | 1464 | 4.39% | 9.08 |
| 教育价值 | 8887 | 90.11% | 482 | 4.89% | 493 | 5.00% | 8.73 |
| 户外运动 | 21012 | 89.30% | 1158 | 4.92% | 1359 | 5.78% | 8.95 |
| 生物多样性 | 16927 | 88.36% | 1053 | 5.50% | 1176 | 6.14% | 8.78 |

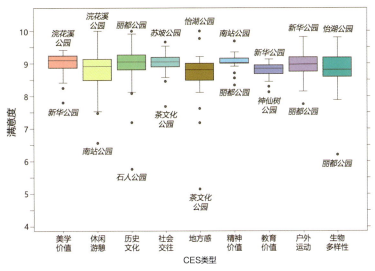

图5-2 居民对各类型CES感知满意度箱线图

如表5-4所示，公园在美学价值和社会交往方面普遍获得高满意度，而休闲游憩、历史文化、地方感、教育价值、户外运动和生物多样性等方面则呈现出改进空间。特别是，改造中的公园和文化特色不明显的公园在美学和历史文化满意度上得分较低，表明环境和谐度和文化保护的重要性。此外，地方感和生物多样性的低满意度突显了加强地域特色和生态教育的必要性。为提升公园的整体服务水平和居民满意度，应当综合考虑环境美学、文化展示、社交设施、地方特色、精神慰藉、教育功能和生态保护等多方面因素。

各类CES感知满意度特征一览　　　　　表5-4

| 服务类型 | 满意度特征 |
|---|---|
| 美学价值 | 64.4%的公园美学价值满意度超过9.0。自然景观、建筑设计、环境和谐度、文化氛围等共同作用于居民的主观感受，而还处在改造过程中的公园，审美体验明显有所降低 |
| 休闲游憩 | 13.3%的公园休闲游憩满意度大于9.0。多数公园在休闲设施、活动多样性和舒适度等方面存提升空间 |
| 历史文化 | 57.8%的公园历史文化满意度超过9.0。历史遗迹保护不佳、解说不足、活动缺失及文化特色不突出，是拉低居民历史文化体验满意度的关键因素 |
| 社会交往 | 55.6%的公园社会交往满意度超过9.0。多数公园成功营造了利于居民互动的环境，但一些主题公园可能因受众限制而社交设施不足 |
| 地方感 | 22.2%的公园地方感满意度超过9.0。显示多数公园需增强地域特色和认同。怡湖公园居首（9.98），得益于其历史地位和文化活动，深植地方情感。茶文化公园（5.17），反映其未能有效触动居民共鸣，未能充分展现茶文化的深度价值 |
| 精神价值 | 80%的公园精神价值满意度超过9.0。多数公园在提供精神慰藉方面表现良好，尤其是那些能够提供宁静环境的公园。其中最高分为南站公园9.69 |
| 教育价值 | 37.8%的公园教育价值满意度超过9.0。新华公园等设有教育性游乐设施的公园在教育价值方面得分较高 |
| 户外运动 | 46.7%的公园户外运动满意度大于9.0。能提供丰富游乐设施的公园在户外运动满意度上表现更佳 |
| 生物多样性 | 35.6%的公园生物多样性满意度大于9.0。生态维护不足、物种多样性未达到预期、教育解说设施不全、宣传工作欠佳等均会影响居民的生物多样性体验 |

## 2. 基于CES感知关注度的公园分类

本研究采用瓦尔德法聚类分析，以聚类距离为标准，将公园的CES感知关注度进行分为六类：休闲娱乐型、社交活动型、知识探索型、历史文化型、美学观赏型、综合服务型。结果如图5-3所示。

通过绘制各类型公园平均感知关注度、感知满意度的雷达图（图5-4），以及各公园的词云图（图5-5），可以进一步发现不同类型公园中的高频词汇及CES感知特征。结论如下：

休闲娱乐型公园共9个，该类公园的感知主题词主要是散步、玩、喝茶等休闲娱乐活动。其在休闲游憩方面的关注度远高于平均值，但满意度低于平均值，可能是因为居民期望值过高，公园活动设施与服务不匹配。

社交活动型公园共12个，该类公园的感知主题词与休闲娱乐型公园类似，但其社会交往与户外运动的关注度更高，且关键词中更多地出现小朋友、朋友等人群。

知识探索型公园共4个，分别以"茶文化""黄忠""蜀绣""飞机"为主题，在教育价值方面，其关注度远高于均值，但满意度相反，说明其在相关服务的配备方面有所欠缺。

历史文化型公园共4个，其历史文化关注度远高于均值，且各方面满意度都高于均值，说明具有文化底蕴的公园容易受到居民的青睐。

美学观赏型公园共4个，其美学价值关注度远高于均值，且各方面满意度都高于均值。此类公园的关键词以荷花、银杏等植物为主。

综合服务型公园共12个，此类公园的感知关注度更接近于均值，在各方面均能提供一定的服务，但特色不明显，通常作为满足居民日常活动的场所。

## 3. CES感知要素偏好分析

为进一步探究影响居民CES感知的要素，分别从九类CES中选取词频前20的词汇，并分别计算每个词汇的显著性与效价，结果如图5-6所示。总体而言，对于不同类型生态系统文化服务，居民有着明显的要素偏好。

分析发现：①居民对自然水体和花卉美学价值给予更多关注，并对花卉表现出更高满意度；②休闲游憩方面，拍照活动受到居民的特别青睐；③社会交往上，亲子游是居民的首选；④居民对公园带来的舒适、惬意感受，以及地方感、精神价值有着高度认可；⑤在教育价值上，爱国主义教育相比其他科普形式更受

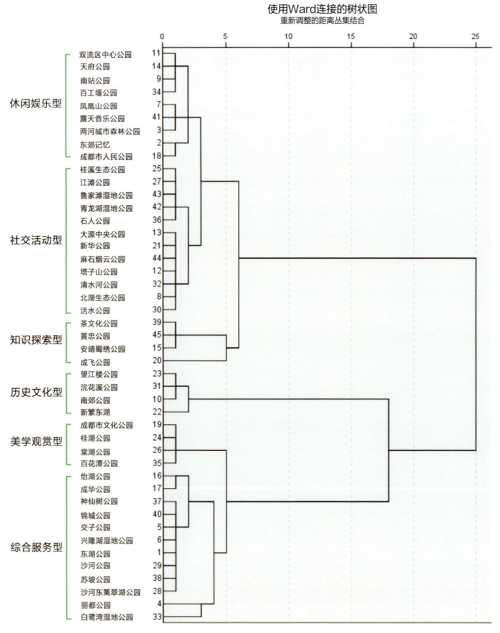

图5-3 基于CES感知的城市公园聚类分析图

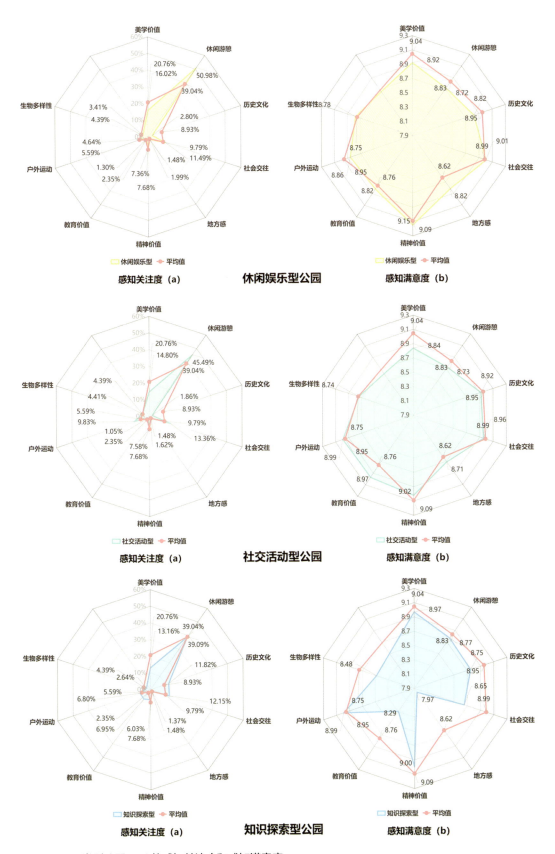

图5-4 不同类型公园CES的感知关注度和感知满意度

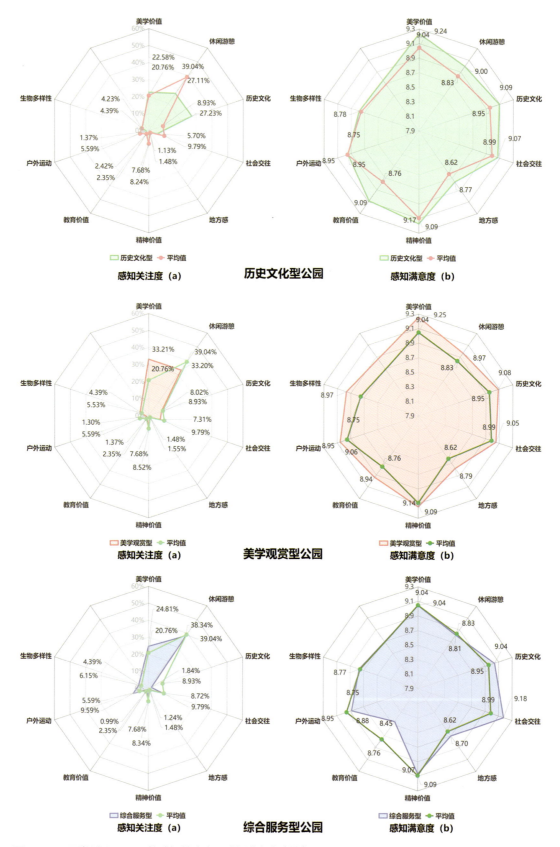

图5-4　不同类型公园CES的感知关注度和感知满意度（续）

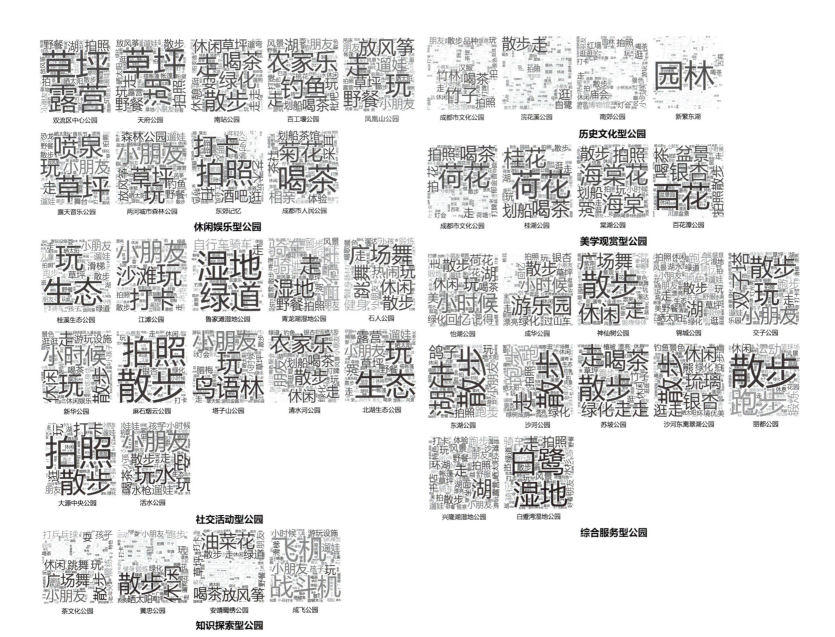

图5-5 不同类型公园词云图

居民欢迎和关注。

尽管居民对公园的生态系统文化服务（CES）普遍持积极态度，但在全部词汇的显著—效价分析中：生物多样性中的"杂草"（-0.1803）对积极感知产生了负面影响。这表明，尽管多样化的植物景观能够增强对生物多样性的感知，但杂乱无章的植被却可能削弱居民的整体积极体验。

### 4. 公园各类CES感知内在关联性

为探索不同CES间的内在关联性，本研究分别对公园感知关注度与感知满意度进行相关性分析。在进行相关性分析之前，对数据进行正态性检验，发现绝大部分数据不符合正态分布，因此选择Spearman方法进行相关性分析。

结果表明（图5-7），美学价值在感知关注度方面与其他类型生态系统文化服务不兼容，特别是与休闲游憩、社会交往、户外运动呈现显著的负相关，但在感知满意度方面美学价值与其他服务兼容。结合对不同类型公园的研究，也能证实：美学观赏型公园有着较高的美学价值关注度，但其他生态系统文化服务类型关注度较低。

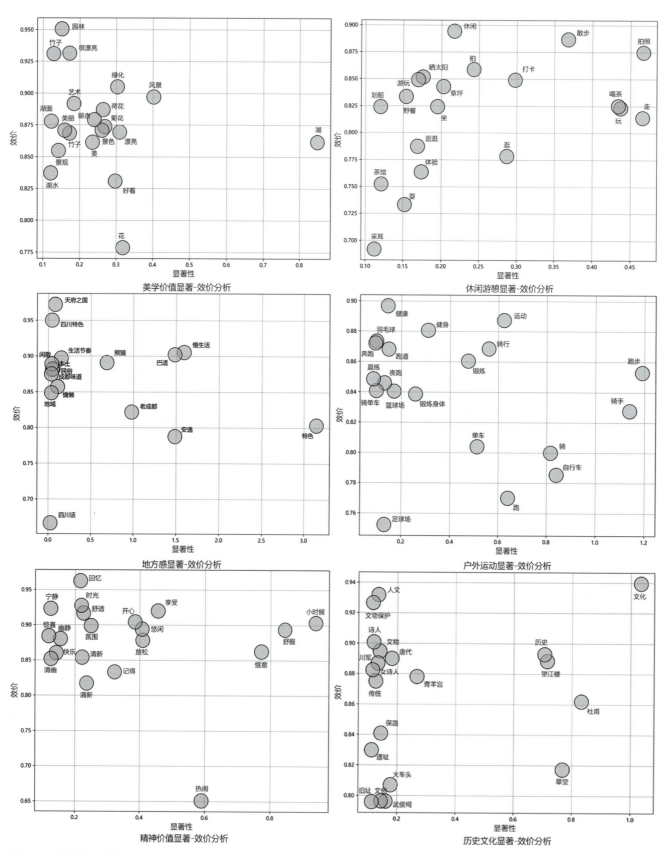

图5-6 显著效价分析结果

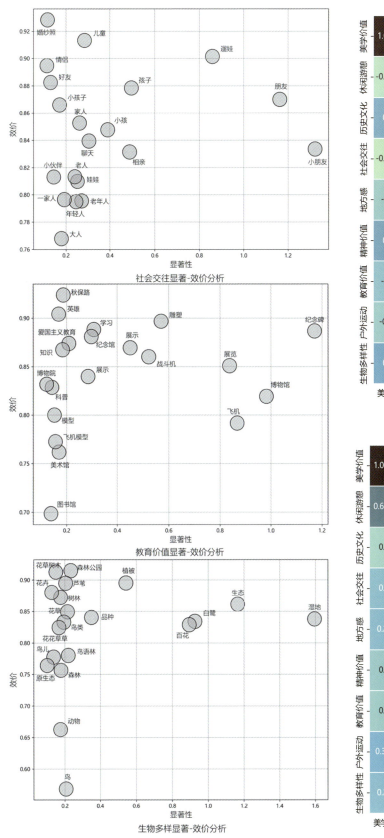

图5-6 显著效价分析结果（续）

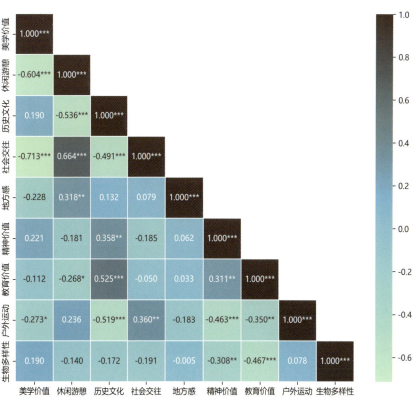

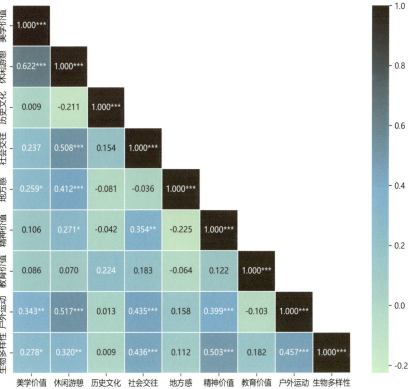

图5-7 感知关注度（上）与感知满意度（下）关联系分析

休闲游憩与社会交往、地方感在关注度与满意度方面均表现出强烈的正相关，这证明社会交往是休闲游憩的重要动机，也展现了成都独特的闲适氛围。

在感知关注度方面，教育价值与历史文化有着明显的正相关，与生物多样性却有着明显的负相关，这表明在成都市中心城区公园中，居民主要从历史文化遗产获得教育价值，而较少从自然环境中获得教育价值。

户外运动与社会交往在感知度与满意度方面有着明显的正相关，这表明体育健身的社交功能正在增强。

生物多样性是生态系统服务的重要基础，其有助于生态系统服务的提供，本研究进一步证实了这一点。尽管生物多样性与其他服务在感知关注度上呈现负相关，但在感知满意度方面生物多样性与绝大多数服务呈现明显的正相关，例如美学价值、休闲游憩。

## 六、研究总结

### 1. 研究主要结论

研究利用社交媒体大数据，使用属性级情感分析模型，从感知关注度与感知满意度两方面量化居民对城市公园的CES感知特征，并利用Spearman相关性分析与显著—效价分析方法探索不同类型CES的内在关联性与居民对CES感知要素的偏好特征。主要得出以下三点结论：

（1）居民对成都市中心城区公园生态系统文化服务总体感知较好，其中休闲游憩、美学价值感知最多。

（2）不同类型生态系统文化服务存在明显的互斥与共现关系，例如美学价值与其他服务存在互斥关系。

（3）对于不同类型的生态系统文化服务，居民有着明显的要素偏好，例如在休闲游憩中，居民非常偏爱拍照。

### 2. 创新点

（1）融合多平台数据，克服数据偏见

由于社交媒体自身定位各异，不同社交媒体拥有不同的用户群体，这使得利用单一社交媒体数据开展CES研究无法准确量化居民CES感知特征。本研究融合携程旅行与大众点评评论文本，在一定程度上克服了由数据带来的偏见，更加准确地测度居民于生态系统文化服务的感知。

（2）词汇级CES感知测度

传统句子级情感分析模型无法准确揭示评论文本中的多元语义，本研究采用属性级情感分析模型从词汇层面测度居民对于不同CES的感知特征。相较于传统的句子级CES感知测度方法，该方法可更加精确地测度居民CES感知特征。

（3）明确居民CES要素偏好特征

过往研究中，学者们更多聚焦于CES识别、空间分布相关研究，对于居民感知要素偏好研究较少。本研究引入显著–效价分析方法，从统计学角度测度居民对于不同CES感知要素的偏好程度，并挖掘出居民更为偏好的CES要素。

（4）揭示不同类型CES内在关联性

本研究在深入探讨CES的感知特征和要素偏好的基础上，进一步运用Spearman相关性分析方法，对不同类型CES之间的内在联系进行量化评估。通过这一分析方法，本研究揭示了各类CES之间的共现与互斥关系，为深入理解CES的复杂互动提供科学依据。

### 3. 研究局限性

由于研究数据与方法，本研究存在以下不足：

（1）社交媒体用户覆盖不足：社交媒体数据的用户大多以青年、中青年群体为主，在各年龄层次用户上存在局限性。这导致研究结果无法全面反映不同年龄段人群对生态系统文化服务的感知和评价，在后续工作中应当结合小样本调查数据弥补这一缺陷。

（2）CES类型划分主观：本研究采用人工划分的方式确定不同词汇所属的CES类型，无法避免分类方式的主观性。在后续的工作中，可以将人工划分与基于机器学习主题聚类方法相结合，以尽可能克服词汇类型划分的主观性。

### 4. 应用方向或应用前景

本次研究为提升公园生态系统文化服务质量和居民幸福感提供了科学合理的依据。具体应用方向如下：

（1）城市规划与设计：基于居民对不同CES类别的感知可以帮助规划师更加人性化、生态友好地规划城市空间。例如，将自然景观与文化设施相结合，创造多功能的公共空间，以提升居民的生活质量和城市的整体吸引力；或是设计出更符合居民需求的绿色空间和休闲设施，提升城市环境的美学和功能性。

（2）政策制定与管理：CES感知研究为政策制定者提供关于居民偏好和需求的实证数据，有助于制定更贴近民生、更具包容性的政策。同时，通过分析居民对不同CES的感知，管理者可以更有效地管理城市绿地、公园和自然保护区，优化资源配置，提高生态系统服务的供给质量。

（3）生态保护与治理：对CES的研究能进一步认识生态系统对人类生活的重要性，有助于提高社会对生态系统功能及其重要性的认知。此外，还能推动生态保护意识的提升，为构建可持续发展的城市环境提供科学的决策支持和政策建议。

（4）经济与旅游业发展：利用CES感知关联性，可以开发与自然和文化相结合的旅游产品，吸引居民，促进经济发展，增强旅游体验的深度和丰富性。还能配套开发促进公共健康和心理福祉的城市绿地，增强居民幸福感。

## 参考文献

［1］DAVID C, FRANCES R, TASMAN P C, et al. Evaluating and communicating cultural ecosystem services［J］. Ecosystem services, 2020, 42：101085.

［2］彭建，胡晓旭，赵明月，等. 生态系统服务权衡研究进展：从认知到决策［J］. 地理学报，2017，72（6）：960-973.

［3］张若曦. 评《生态系统与人类福祉：综合报告》［J］. 城市与区域规划研究，2009（1）：199-201.

［4］王伟，陆健健. 生态系统服务功能分类与价值评估探讨［J］. 生态学杂志，2005（11）：64-66.

［5］MARAJA R, JAN B, TEJA T. Perceptions of cultural ecosystem services from urban green［J］. Ecosystem services, 2016, 17：33-39.

［6］李想，雷硕，冯骥，等. 北京市绿地生态系统文化服务功能价值评估［J］. 干旱区资源与环境，2019，33（6）：33-39.

［7］MA BEN, ZHOU TIANTIAN, LEI SHUO, et al. Effects of urban green spaces on residents' well-being［J］. Environment, development and sustainability: A multidisciplinary approach to the theory and practice of sustainable development, 2019, 21（6）：2793-2809.

［8］钟敬秋，高梦凡，赵玉青，等. 中国国际重要滨海湿地生态系统文化服务空间分异归因研究［J］. 地理学报，2024，79（1）：76-96.

［9］VIEIRA FAS, CHIARA B, CORREIA RA, et al. A salience index for integrating multiple user perspectives in cultural ecosystem service assessments［J］. Ecosystem services, 2018, 32: 182-192.

［10］DAI P, ZHANG S, CHEN Z, et al. Perceptions of cultural ecosystem services in urban parks based on social network data［J］. Sustainability, 2019, 11（19）：1-14.

［11］党辉，李晶. 基于自然语言处理的城市公园生态系统文化服务感知［J］. 陕西师范大学学报（自然科学版），2022，50（4）：92-102.

［12］姜芊孜，王广兴，李金煜. 城市公园生态系统文化服务的居民感知研究：以济南市主城区城市公园为例［J］. 风景园林，2022，29（2）：127-133.

［13］闫玉祥，陶志梅. 城市公园生态系统文化服务质量研究［J］. 城市，2022（2）：58-68.

［14］刘畅，唐立娜. 景感生态学在城市生态系统服务中的应用研究：以城市公园景观设计为例［J］. 生态学报，2020，40（22）：8141-8146.

［15］文晨，徐海韵，托比亚斯·普利宁格. 无形的纽带：生态系统文化服务与景观实践［J］. 景观设计学（中英文），2022，10（5）：4-7.

［16］庄思冰，龚建周，陈康林，等. 粤港澳大湾区小型公园绿地生态系统文化服务的供需匹配特征［J］. 生态学报，2023，43（14）：5714-5725.

［17］左妍蕾，常军，刘伟. 居民视角下城市公园生态系统文化服务评估：以济南大明湖公园为例［J］. 桂林理工大学学报，2023：1-19.

［18］彭婉婷，刘文倩，蔡文博，等. 基于参与式制图的城市保护地生态系统文化服务价值评价：以上海共青森林公园为例［J］. 应用生态学报，2019，30（2）：439-448.

［19］SUN F, XIANG J, TAO Y, et al. Mapping the social values for ecosystem services in urban green spaces: Integrating a visitor-employed photography method into SolVES [J]. Urban forestry & Urban greening, 2019, 38: 105-113.

[20] 鲁春霞, 谢高地, 成升魁. 河流生态系统的休闲娱乐功能及其价值评估[J]. 资源科学, 2001 (5): 77-81.

[21] 安淇, 肖华斌, 张培元, 等. 国外城市绿地生态系统文化服务研究进展[J]. 山东建筑大学学报, 2020, 35 (1): 76-82, 96.

[22] 路云静, 唐海萍. 生态系统文化服务研究进展: 基于CiteSpace的可视化分析[J]. 北京师范大学学报(自然科学版), 2021, 57 (4): 524-532.

[23] KO HAJUNG, SON YONGHOON. Perceptions of cultural ecosystem services in urban green spaces: A case study in Gwacheon, Republic of Korea [J]. Ecological indicators, 2018, 91: 299-306.

[24] 杨丽雯, 王大勇, 李双成. 生态系统文化服务供需关系量化方法研究: 以平陆大天鹅景区为例[J]. 北京大学学报(自然科学版), 2021, 57 (4): 691-698.

[25] 黄思源, 唐雨函, 周媛, 等. 基于居民感知视角的武汉市东湖绿道生态系统文化服务评价[J]. 中国城市林业, 2022, 20 (3): 88-93.

[26] KIM JEEYOUNG, SON YONGHOON. Assessing and mapping cultural ecosystem services of an urban forest based on narratives from blog posts [J]. Ecological indicators, 2021, 129: 107983.

[27] HUAI SONGYAO, VAN DE VOORDE TIM. Which environmental features contribute to positive and negative perceptions of urban parks? A cross-cultural comparison using online reviews and Natural Language Processing methods [J]. Landscape and urban planning, 2022, 218: 104307.

[28] 张怡, 裘鸿菲. 基于LDA主题模型的湖泊公园生态系统文化服务居民感知研究[J]. 中国园林, 2023, 39 (7): 121-126.

[29] SEMMENS D J, SHERROUSE BC, ANCONA ZH. Using social-context matching to improve spatial function-transfer performance for cultural ecosystem service models [J]. Ecosystem services, 2019, 38: 100945.

[30] VAN B, DEREKB, TABRIZIAN P, et al. Quantifying the visual-sensory landscape qualities that contribute to cultural ecosystem services using social media and LiDAR [J]. Ecosystem services, 2018, 31: 326-335.

[31] 姜芊孜, 王广兴, 梁雪原, 等. 基于网络评论数据分析的城市公园生态系统文化服务感知研究[J]. 景观设计学(中英文), 2022, 10 (5): 32-51.

[32] 李昊冉, 刘喆, 李晓溪, 等. 基于社交媒体文本的城市滨河绿地生态系统文化服务评价[J]. 风景园林, 2023, 30 (8): 80-88.

[33] 李浩君, 吕韵, 汪旭辉, 等. 融入情感分析的多层交互深度推荐模型研究[J]. 数据分析与知识发现, 2023, 7 (3): 43-57.

[34] 林哲, 陈平华. 基于块注意力机制和Involution的文本情感分析模型[J]. 数据分析与知识发现, 2023, 7 (11): 37-45.

[35] TANANA MJ, SOMA CS, KUO PB, et al. How do you feel? Using natural language processing to automatically rate emotion in psychotherapy[J]. Behavior research methods, 2021, 53 (5): 2069-2082.

[36] RIDDING LE, REDHEAD JW, OLIVER TH, et al. The importance of landscape characteristics for the delivery of cultural ecosystem services [J]. Journal of environmental management, 2018, 206: 1145-1154.

[37] 祁文莎, 郭青海, 洪艳. 基于生态系统服务层级关联性的景感营造实现途径[J]. 生态学报, 2020, 22: 8103-8111.

[38] FOX N, GRAHAM LJ, EIGENBROD F, et al. Enriching social media data allows a more robust representation of cultural ecosystem services [J]. Ecosystem services, 2021.

[39] HUAI S, VOORDE TVD. Which environmental features contribute to positive and negative perceptions of urban parks? A cross-cultural comparison using online reviews and Natural Language Processing methods [J]. Landscape and urban plonning, 2022, 218: 104307.

[40] LI JIE, GAO JUN, ZHANG ZHONGHAO, et al. Insights into citizens' experiences of cultural ecosystem services in urban

green spaces based on social media analytics［J］. Landscape and urban planning, 2024, 244: 104999.

［41］CHAPIN FSI, BERMAN M, CALLAGHAN TV. The Millenium Ecosystem Assessment［J］. 2005.

［42］SUKHDEV, WITTMER, SCHRTER-SCHLAACK, et al. Mainstreaming the Economics of Nature: a Synthesis of the Approach, Conclusions and Recommendations of TEEB［J］. 2010.

［43］CAO HAOJIE, WANG MIAO, SU SHILIANG, et al. Explicit quantification of coastal cultural ecosystem services: A novel approach based on the content and sentimental analysis of social media［J］. Ecological indicators, 2022, 137: 108756.

［44］KO HAJUNG, SON YONGHOON. Perceptions of cultural ecosystem services in urban green spaces: A case study in Gwacheon, Republic of Korea［J］. Ecological indicators, 2018, 91: 299-306.

［45］李瑞, 杨远丽, 贺一雄, 等. 山地旅游区生态系统文化服务时空演变特征与影响因素: 以贵州荔波漳江大小七孔景区为例［J］. 中国生态旅游, 2023, 13 (6): 1096-1114.

［46］韩晗, 李玉婧, 余珮珩. 基于城市更新的工业遗产公园生态系统文化服务研究: 以中山岐江公园与北京首钢公园为例［J］. 上海国土资源, 2024, 45 (1): 21-26.

［47］刘月亮. 基于社交媒体照片的海珠湿地生态系统文化服务空间分布及其影响因素研究［D］. 广州: 广州大学, 2020.

［48］张怡. 武汉市湖泊公园生态系统文化服务感知偏好评估及影响因素研究［D］. 武汉: 华中农业大学, 2023.

［49］ZHOU LL, GUAN DJ, HUANG XY, et al. Evaluation of the cultural ecosystem services of wetland park［J］. Ecological indicators, 2020, 114: 106286.

［50］LI JIE, GAO JUN, ZHANG ZHONGHAO, et al. Insights into citizens' experiences of cultural ecosystem services in urban green spaces based on social media analytics［J］. Landscape and urban planning, 2024, 244: 104999.

［51］TIAN HAO, GAO CAN, XIAO XINYAN, et al. SKEP: Sentiment Knowledge Enhanced Pre-training for Sentiment Analysis［C］//Proceedings of the 58th Annual Meeting of the Association for Computational Linguistics, Stroudsburg, PA, USA: Association for Computational Linguistics, 2020.

［52］TEACHARUNGROJ V, MATHAYOMCHAN B. Analysing TripAdvisor reviews of tourist attractions in Phuket, Thailand［J］. Tourism management, 2019, 75: 550-568.

［53］MURTAGH F, LEGENDRE P. Ward's Hierarchical Agglomerative Clustering Method: Which Algorithms Implement Ward's Criterion?［J］. Journal of classification, 2014, 31 (3): 274-295.

［54］KONG I, SARMIENTO FO, MU L. Crowdsourced text analysis to characterize the U.S. National Parks based on cultural ecosystem services［J］. Landscape and urban planning, 2023, 233: 104692-104700.

［55］赵静, 宣国富, 朱莹. 转型期城市居民公园游憩动机及其行为特征: 以南京玄武湖公园为例［J］. 地域研究与开发, 2016 (2): 113-118, 133.

［56］RASOOLIMANESH SM, SEYFI S, RATHER RA, et al. Investigating the mediating role of visitor satisfaction in the relationship between memorable tourism experiences and behavioral intentions in heritage tourism context［J］. 2021.

［57］王茜. 社交化、认同与在场感: 运动健身类App用户的使用动机与行为研究［J］. 现代传播: 中国传媒大学学报, 2018 (12): 149-156.

［58］Forest biodiversity, ecosystem functioning and the provision of ecosystem services［J］. Biodiversity and conservation, 2017, 26 (13): 3005-3035.

［59］毛齐正, 王鲁豫, 柳敏, 等. 城市居住区多功能绿地景观的景感生态学效应［J］. 生态学报, 2021, 41 (19): 7509-7520.

［60］霍思高, 黄璐, 严力蛟. 基于SolVES模型的生态系统文化服务价值评估: 以浙江省武义县南部生态公园为例［J］. 生态学报, 2018, 38 (10): 3682-3691.

［61］许佳, 王旖旎. 渭河综合治理中生态系统文化服务的时空变化与环境营造［J］. 现代园艺, 2021, 44 (3): 27-30.

［62］吕一河, 张立伟, 王江磊. 生态系统及其服务保护评估: 指标与方法［J］. 应用生态学报, 2013, 24 (5): 1237-1243.

# 基于共享社会经济路径的城市内涝时空动态风险预测模型

**工 作 单 位**：同济大学建筑与城市规划学院
**报 名 主 题**：面向高质量发展的城市治理
**研 究 议 题**：安全韧性城市与基础设施配置
**技术关键词**：集成学习、城市系统仿真、动力学演化模型
**参 赛 选 手**：刁海峰、耿汐雯、贾蔚怡、吴雨蔚、王佳慧
**指 导 老 师**：周士奇
**团 队 简 介**：来自同济大学建筑与城市规划学院、设计创意学院的研究生组成了一个跨学科研究团队，团队成员专注于应对气候变化的环境风险议题，致力于探索前沿机器学习模型在具体研究情境下的应用，特别关注安全韧性城市与基础设施配置方面的课题。本团队共计已发表相关领域SCI 1区文章25篇；聚焦城市安全，在城市内涝模拟与预测领域探索过传统水文模型与贝叶斯、GBDT等机器学习模型，并应用于多个课题项目之中。

## 一、研究问题

### 1. 研究背景及目的意义

联合国可持续发展目标中明确提出，建立可持续城市需要创造包容、安全、韧性和可持续的城市环境与人类社区。随着城市化高速发展、全球变暖日益加剧，洪水逐渐成为全球与气候变化最常见的灾害之一，城市内涝逐渐成为制约城市可持续发展的关键因素。城市内涝通常会导致重大经济损失，对低收入和中等收入国家带来的风险与威胁最大。2023年，我国平均降水量约612.9mm，全年洪涝灾害共造成约5278万人次受灾，直接经济损失达2445亿元。快速城市化与全球气候剧变将导致未来城市洪水风险性的规模、频率、强度等持续增加，若不及时采取有效行动，到21世纪末，因城市洪水造成的损失可能增加20倍。因此，有效减轻城市洪涝灾害带来的负面影响是迈向可持续发展的必要步骤，建立及时预警响应的城市洪水风险评估框架对于促进城市"安全韧性"目标、建设韧性城市具有重要意义。

城市内涝风险评估是降低未来风险、灾时有效应对以及及时预警的重要工具。影响城市内涝风险的因素包括物质环境因素与社会经济因素，其中降雨量、NDVI、地形等物质环境因素发挥着重要作用，人口密度、GDP总量等社会经济因素同样会对城市内涝风险产生不可忽视的影响，但较少研究采用内涝点数据及与自然属性精度匹配的社会属性数据。当前国内外已有利用多种评估方法识别洪灾易发区及评估城市洪灾脆弱性的相关探索，主要包括传统统计方法与机器学习方法等。其中，传统统计方法包括历史灾害数理统计法（HDMS）、指数分析法（IAM）等。

传统统计方法过于依赖历史灾害调研数据，该类数据往往存在数据准确性较差的问题，导致评估模拟结果有时与现实不符。

机器学习方法能够以较低算力处理多变量、多目标之间的复杂维度与非线性关系，主要包括神经网络，如CNN、支持向量机BOA-SVM、随机森林等。相较于传统统计方法，机器学习方法不需要依赖大量高分辨率预处理数据。然而将机器学习方法应用到城市洪涝研究也存在一些问题，如可能陷入局部最优解而无法解决具有复杂计算架构的优化问题，以及缺乏处理高维问题的有效损失函数。因此，在传统模型局限性的驱动下，为提高预测模拟的准确性，集成机器学习方法正逐渐被引入水文领域。集成机器学习方法核心在于整合多个弱学习模型为一个强学习模型，旨在提升预测准确性，在处理高维数据问题方面具有优势。Wu等人提出以梯度提升树（GBDT）算法预测洪水深度优于使用其他机器学习算法；Saber等人引入LightGBM算法，结合物理水文建模构建洪水易发性图，结果证明LightGBM在洪水风险预测精确性方面优于其他集成机器学习算法。

## 2. 研究目标及拟解决的问题

如图1-1所示，本研究旨在综合水文环境因子与社会经济因子，结合内涝历史信息、气候及地形、土地覆盖特征、社会经济等多源数据，利用集成机器学习技术LightGBM算法，构建基于"共享社会经济路径"的城市洪涝灾害时空动态评估模型，从多维度视角分析不同情景下的城市洪涝风险，构建包含城市内涝危险性与城市内涝易损性的城市内涝风险性评估体系，并以粤港澳大湾区为例，为未来城市与城市群内涝风险预警与防控提供一定依据。

本研究面临的核心问题是：如何在整合水文环境和社会经济因子的基础上，从多维度视角评估不同情景下的城市洪涝灾害危害性和易损性。为了实现这一目标，研究首先需要在应对高计算需求的背景下，针对复杂的城市洪水模型提出高效算法。这些算法不仅需要满足高算力需求，还必须显著提升模型的评价效率和精确度。

图1-1 研究问题及研究意义

## 二、研究方法

### 1. 研究方法及理论依据

**（1）灾害风险管理理论**

如图2-1所示，本研究提出的城市内涝风险的计算模型基于灾害风险管理理论（Disaster Risk Management Theory），该模型分为内涝危险性（Hazard Risk）和内涝易损性（Vulnerability Level Risk）两个部分，其中：内涝危险性是评估在极端天气条件下，城市区域发生积水和洪涝灾害的可能性和强度。通过结合权重和条件概率，计算每个空间单元内涝的似然概率。内涝易损性则是评估内涝灾害对城市居民及城市整体功能运行的影响。考虑城市外部降水条件、内部人口、经济条件等因素，构建完整的城市生命系统指标体系与权重体系。通过上述两部分内容的耦合分析，能有效评估城市的洪涝风险。

**（2）未来情景分析工具**

如图2-2所示，为评估气候变化对城市内涝风险的影响，本研究采用了CMIP6（Coupled Model Intercomparison Project Phase 6）和SSP（共享社会经济路径）作为未来情景分析工具。CMIP6提供了多种气候模型模拟数据，SSP描述了未来社会经济发展的不同路径。

### 2. 技术路线及关键技术

本研究项目采用系统化的方法论框架，结合多种模型和数据源，详细规划了研究的技术路线和关键技术。如图2-3所示，技术路线可分为未来情景模拟、城市内涝评估框架、城市内涝风险加权系统三个主要步骤，每个步骤包含若干关键技术和研究环节。

**（1）未来情景模拟**

在此步骤中，构建危险指数、易损指数两部分指标体系，并选择适当模型与数据。最终获得城市发展、气候变化、共享社会经济三大情景指数，并用于预测不同气候变化情景下气象数据变化情况，以及评估未来的社会经济发展情况。

**（2）城市内涝评估框架**

该步骤包括两个子模型：城市内涝危险性模型和城市内涝易损性模型：在城市内涝危险性模型中，通过使用RD、DW、SLOP、DEM、TSI、TWI和TRI等数据（各变量解释详见第三部

---

**如何提升城市内涝风险计算的算力？** | **如何评估城市内涝后的损失率？**

### 灾害风险管理理论 Disaster Risk Management Theory

**内涝危险性（Hazard Risk）**
城市区域在暴雨等极端天气条件下发生积水和洪涝灾害的可能性和强度。

结合**权重**和**条件概率**计算每空间单元触发城市内涝危险的似然概率。

**算法引入**：基于高算术能力要求的城市内涝危险性计算，借助高效的梯度提升算法LightGBM，实现对城市内涝危险性评估的数据集成与处理、高效训练与预测、特征重要性评估等过程。

$$CR = HR \times Weight_{HR} + VLR \times Weight_{VLR}$$

其中CR代表城市内涝风险（City Flooding Risk）；
HR即城市内涝危险性，$Weight_{HR}$即危险性权重，反映危险性对整体风险评估重要性。
VLR即城市内涝易损性，$Weight_{VLR}$即易损性权重，反应易损性对整体风险评估相对重要性

**内涝易损性（Vulnerability Level Risk）**
城市区域及其居民在遭遇内涝灾害时的脆弱程度和受损影响的严重程度。

内涝灾害影响整个城市功能运转，基于城市复杂系统的特质，结合**外部降水条件与内部人口、经济条件**，构建完整城市生命系统指标体系与权重体系。

$$VLR = GDP \times Weight_{GDP} + POP \times Weight_{POP}$$

其中$Weight_{GDP}$为经济因子GDP权重值；$Weight_{POP}$为人口因子POP权重值

**风险等级划分** ← 自然断裂法

| 等级 | 极低风险 | 低风险 | 中风险 | 高风险 | 极高风险 |
|---|---|---|---|---|---|
| 等级 | 0-0.75 | 0.75-0.875 | 0.875-0.9375 | 0.9375-0.985 | 0.985-1 |

图2-1 灾害风险管理理论

图2-2 未来情景选择

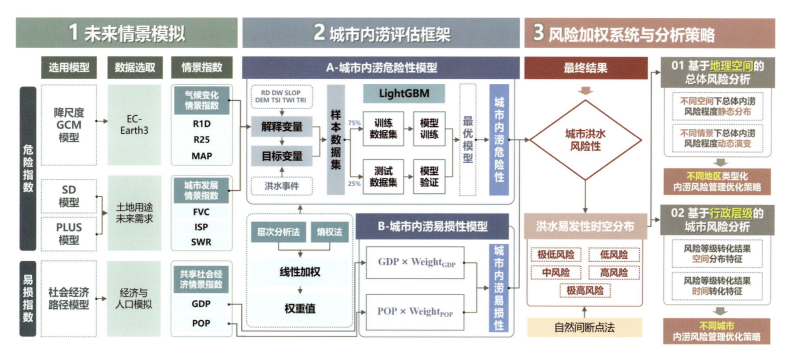

图2-3 技术路线

分),将数据集分为训练集和验证集(75%训练,25%验证),使用LightGBM进行模型训练,得到城市内涝危险性评估结果。在城市内涝易损性模型中,结合GDP和POP数据,建立完整的指标体系和权重体系,评估不同区域的内涝易损性。

(3)风险加权系统与分析策略

在该步骤中,综合城市内涝危险性和易损性模型的结果,计算城市内涝风险指数(CR),进行风险分级,并根据计算结果生成城市内涝风险分布图,标识高风险、中风险和低风险区域,生成最终的城市内涝风险评估报告。

通过以上技术路线,本研究能够较为全面、系统地评估城市内涝风险,为城市防灾减灾提供科学依据和决策支持。

## 三、数据说明

### 1. 数据内容及类型

本研究整合了多种数据源,包括历史城市内涝事件及相应的城市洪水风险因素,具体的数据来源及数据类型见表3-1,包括以下几个主要部分:

(1)历史信息数据

历史数据提供了过去洪水事件和风险因素的基础信息,使我们能够识别和分析洪水发生的规律和原因。城市内涝事件的历史信息提取自多个政府网站和社交媒体平台。例如,广东省水利厅提供了城市内涝灾害的地点和强度信息,以及内涝点信息;香港特别行政区渠务署提供了内涝点的详细资料;而澳门特别行政区市政署则提供了澳门市区内涝的相关信息;今日头条等社交媒体平台上也有关于内涝事件的报道和新闻,并提供了内涝位置和级别的信息。

(2)气候数据

气象因素在评估气候变化对城市内涝风险的影响中起着关键作用,因为内涝灾害的严重程度很大程度上依赖于降水的强度和持续时间。本研究中,2016—2020年的降雨数据来自MERRA-2中的tavg1_2d_flx_Nx数据集;未来(2021—2050年)的气候变化数据则是从NEX-GDDP-CMIP6数据库中下载的EC-Earth3数据集。

(3)地形数据

数字高程模型和其他地形指标用于分析地形特征对洪水分布和严重程度所产生的影响。例如,珠江三角洲中部平原海拔低,地势平坦,水道网络广阔,这些低洼地区特别容易发生内涝,而坡度较陡的地区则内涝风险较低。本研究数字高程模型反映了地形海拔高度,数据来自30m分辨率的星载热发射和反射辐射全球数字高程模型(ASTER GDEM),水系网络数据来自OpenStreetMap。

(4)土地覆盖特征数据

粤港澳大湾区是全球经济产出和人口密度最高的地区,在过去的40年里,快速的城市化已经将大片的森林、草原和湿地变成了不透水的城市地区。这种转变导致地表径流增加,特别是在低洼地区,增加了城市内涝的风险。本研究中道路网络数据来源于OpenStreetMap,土壤类型相关数据来自中国资源与环境科学数据中心。

(5)社会经济数据

社会经济数据包括人口(POP)和GDP数据,反映了社会经济发展对城市洪水风险所施加的影响,特别是城市化进程对土地利用和洪水风险所带来的影响。本研究中历史社会经济数据和气候数据均来自《广东省统计年鉴(2010—2020)》,未来GDP预测数据来自南京信息工程大学的数据集,未来人口预测数据则来自清华大学。

| 数据来源与数据类型 | | 表3-1 |
|---|---|---|
| 数据类型 | 格式 | 数据来源 |
| 内涝点 | 矢量 | 广东省水务局(http://swj.gz.gov.cn/)<br>香港特别行政区渠务署(https://www.dsd.gov.hk/)<br>澳门特别行政区市政署(http://www.iam.gov.mo)<br>今日头条(https://www.toutiao.com) |
| 降雨数据<br>(2016—2020年) | 矢量 | MERRA-2(https://disc.gsfc.nasa.gov/datasets?page=1&keywords=MERRA-2) |
| 降雨数据<br>(2021—2050年) | 矢量 | EC-Earth3(https://portal.nccs.nasa.gov/datashare/nexgddp_cmip6) |
| 数字高程 | 栅格 | ASTER GDEM 30m<br>(https://www.gscloud.cn/search) |
| 土壤类型 | 栅格 | 中国资源与环境科学数据中心<br>(https://www.resdc.cn) |
| 植被覆盖度 | Tif | Landsat 8(https://disc.gsfc.nasa.gov/datasets?page=1&keywords=Landsat 8) |
| 水道网络 | 矢量 | OpenStreetMap网站<br>(https://www.openhistoricalmap.org/) |

续表

| 数据类型 | 格式 | 数据来源 |
|---|---|---|
| 道路网络 | 矢量 | OpenStreetMap网站（https://www.openhistoricalmap.org/） |
| GDP（2010—2020年） | 表格 | 《广东省统计年鉴（2010—2020）》（http://tjnj.gdstats.gov.cn:8080/tjnj/2020/directory.htm） |
| 人口（2010—2020年） | 表格 | |
| GDP（2021—2050年） | 表格 | 南京信息工程大学（https://www.scinapse.io/papers/2911214384） |
| 人口（2021—2050年） | 表格 | 清华大学（https://doi.org/10.6084/m9.figshare.19609356.v3） |

## 2. 数据预处理技术与成果

（1）历史信息数据

通过人工筛选和整理上文各数据来源获取的信息后，本研究确定了在2016年至2020年期间大湾区共发生了2593起城市内涝事件（图3-1）。

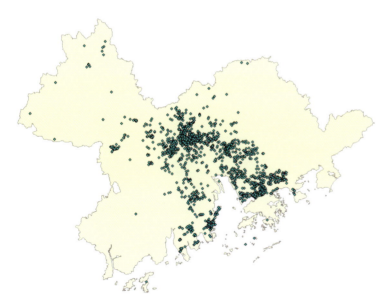

图3-1 大湾区城市内涝点空间分布

（2）气候数据

本研究选择了最大单日降雨量（R1D）、日总降水量超过25mm的强降雨天数（R25）以及年平均降水量（MAP）三个气候变化指数作为衡量降雨的指标。下载的降雨数据经ArcGIS软件处理后，统一投影到相同坐标系，生成网格数据集。

（3）地形数据

为了全面评估地形对洪水的影响，本研究包括六个关键地形因子：高程（DEM）、坡度（SLOP）、排水宽度（DW）、地形湿度指数（TWI）、地形崎岖指数（TRI）和地形表面纹理指数（TSI）。其中：

高程（DEM）数据直接从ASTER GDEM数据集中下载得到。

坡度（SLOP）数据则利用DEM数据在ArcGIS的空间分析工具中生成。

排水宽度（DW）表示洪水的严重程度和范围，利用ArcGIS中的欧式距离工具测算每个网格到最近水系的距离得到。

地形湿度指数（TWI）通常用于量化地形对水文过程的影响，对于了解地表径流的产生和识别洪水易发地区至关重要，计算公式如式（3-1）所示，其中$A_s$为特定点的集水面积，$\tan\beta$表示坡度的正切值：

$$\mathrm{TWI} = \ln\left(\frac{A_s}{\tan\beta}\right) \quad (3\text{-}1)$$

地形粗糙度指数（TRI），用于量化相邻网格之间的高程差，并且与洪水密切相关，计算公式如式（3-2）所示，其中$Y$通常是一个归一化常数，用于调整单位或尺度，使结果具有适当的量纲，具体的值取决于应用场景。$x_{ij}$表示邻近像元的海拔高度，$x_{00}$表示中心像元的海拔高度：

$$\mathrm{TRI} = Y\left(\sum(x_{ij} - x_{00})^2\right)^{\frac{1}{2}} \quad (3\text{-}2)$$

地形表面纹理指数（TSI），用于测量地形表面纹理中峰和深坑的空间频率，反映地形变化，每个网格的TSI值表示10个相邻网格内凹坑和峰值的频率，计算公式如式（3-3）所示，其中$f_{ij}$通常用来代表某一特定类型的地形特征在一个区域内出现的次数。$\sum N_{ij}$表示该区域内所有地形特征的总数目，用来归一化特定地形特征的频率：

$$\mathrm{TSI} = \frac{f_{ij}}{\sum N_{ij}} \quad (3\text{-}3)$$

（4）土地覆盖特征数据

本研究包括四个关键的土地覆盖因子：道路密度（RD）、植被覆盖度（FVC）、土壤保水率（SWR）和不透水地表百分比（ISP）。其中：

道路密度（RD）为一个区域的道路总长度与其面积的比值，由ArcGIS平台上的映射分析求得。

植被覆盖度（FVC）是地表植被垂直投影的百分比，反映了植被的生长状况。FVC由归一化差异植被指数（Normalized Difference Vegetation Index，简称NDVI）计算，公式（3-4）如下：

$$FVC = \frac{NDVI - NDVI_{min}}{NDVI_{max} - NDVI_{min}} \quad (3-4)$$

式中，NDVI是遥感获得的多光谱数据，由线性和非线性组合组成。计算公式如式（3-5）所示，公式内的NIR为近红外光谱中的反射，RED为光谱中红色范围内的反射：

$$NDVI = \frac{NIR - RED}{NIR + RED} \quad (3-5)$$

土壤保水率（SWR）反映土壤持水能力，是城市下垫面的一项重要特性，它直接影响城市内涝风险的大小。潜在最大SWR采用空间水文模拟方法逐单元计算，该方法由土壤保持服务曲线驱动，公式如式（3-6）所示，其中CN是与土地利用、土壤类型和前期水分条件相关的函数。结合土壤类型、FVC和ISP可得到CN值：

$$SWR = \frac{25400}{CN} - 254 \quad (3-6)$$

不透水地表百分比（ISP）的定义为单位面积中不透水面面积所占的比值，数据来自Zhang等文章。

（5）研究尺度选择

研究尺度效应有助于我们更好地理解各种环境和人为因素如何影响城市洪水，并展示在适当空间尺度下洪水与这些因素之间的复杂关系。本研究首先确定了区域内洪水点之间的平均最近欧几里得距离为531m。基于此，选择600m的网格作为最小分析尺度，并建立了多个网格尺度（600m、1200m、1800m、2400m、3000m、3600m）进行实验。经实验发现，当分析尺度为1200m时，每个网格单位的洪水点符合正态分布，表明在此尺度下数据分布最为合理，选其作为研究尺度。

## 四、模型算法

### 1. 模型算法流程及相关数学公式

（1）基于LightGBM的城市内涝易发性评估算法

此部分研究基于LightGBM算法，构建了城市内涝易发性评估模型，旨在基于城市发展情景指数、气候变化情景指数建立城市内涝危险性最优模型，识别城市内涝高风险区域并预测城市内涝易发性的时间变化。模型算法流程如图4-1所示，具体可以分为以下几个步骤：

①数据预处理，输入数据包括气候数据、城市发展情景数据和基础地理数据。通过数据清洗，去除缺失值和异常值，确保数据的准确性和完整性。再对类别变量进行编码，转换为数值型数据，以便模型处理。最后选择对模型影响较大的关键特征，提高模型的预测性能和效率。②模型训练，给定训练数据：

$$\{(x_i, y_i)\}_i = 1^N \quad (4-1)$$

式中，$x_i$为自变量，$y_i$为目标变量，即内涝深度数据。LightGBM算法的目标是最小化特定损失函数的预期值，目标函数定义如下：

$$Obj = \sum_{i=1}^{n} l(y_i, \hat{y}_i) + \sum_{k=1}^{K} \Omega(f_k) \quad (4-2)$$

$$\Omega(f_k) = \gamma T + \frac{1}{2}\lambda \|\omega\|^2 \quad (4-3)$$

式中，$Obj$是要最小化的目标，$l(y_i, \hat{y}_i)$是每个样本的目标值和预测值$\hat{y}_i$的损失函数。为了防止过度拟合，定义正则化项，如式（4-3）所示，其中，$\Omega(f_k)$是正则化项，是第$k$个树模型；$\gamma$是加入新叶子节点引入的复杂度代价；$T$是树的叶子节点数；$\lambda$是叶子权重修正系数；$\omega$是叶子权重值。

模型训练完成后，使用贝叶斯优化方法调整模型参数，提高模型的泛化能力和预测精度，并通过交叉验证评估模型的性能，避免过拟合。最终将训练好的模型应用于实际数据进行预测和分析。

模型的主要特征包括处理高维稀疏数据的能力、具备大规模数据处理能力以及自动处理类别特征的能力。模型计算结果包括城市内涝易发性的预测值和高风险区域的识别。通过分析预测值，可以识别出内涝高风险区域，并针对不同时间点的预测结果，制定相应的防洪减灾措施。模型的准确性和泛化能力通过交叉验证结果进行验证，确保在不同数据集上的稳定性和可靠性。

（2）基于EC-Earth3的气候情景模型

此部分研究选择了最适合中国的GCM模型：EC-Earth3，通过捕捉长期降水变化，从而实现预测未来极端降水事件的时空分布的目的。模型算法流程如图4-2所示，具体操作步骤为：选择EC-Earth3模型，按SSP1-2.6、SSP2-4.5、SSP5-8.5三个情景模拟提取气候变化趋势，捕捉长期降水变化和未来极端降水事件的时空分布；以及对GCM数据进行偏差校正，如式（4-4）所示，和空间分解，如式（4-5）所示，以获取未来的日降雨数据和极端降雨情况。

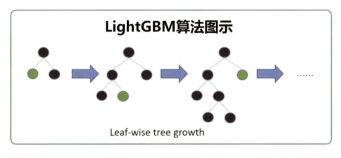
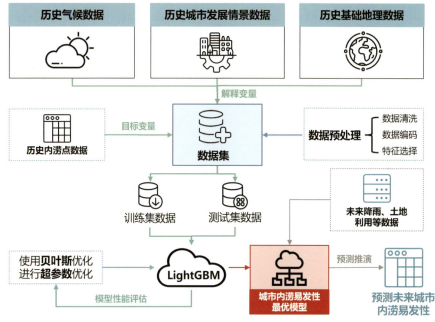

图4-1 基于LightGBM的城市内涝易发性评估算法

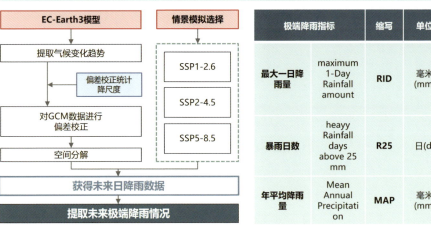
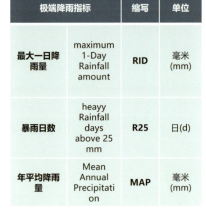
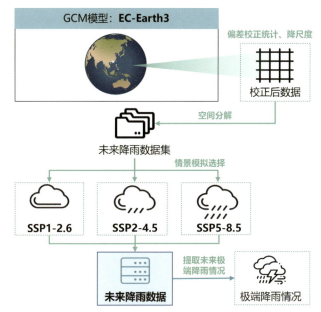

图4-2 基于EC-Earth3的气候情景模型

$$P_{\text{corrected}} = P_{\text{raw}} - Bias \quad (4-4)$$

式中，$P_{\text{corrected}}$是校正后的降水数据，$P_{\text{raw}}$是原始降水数据，$Bias$为偏差值。

$$P_{\text{high-res}}(x,y) = \sum_{i=1}^{2}\sum_{i=1}^{2} w_{ij} P_{\text{low-res}}(x_i, y_i) \quad (4-5)$$

式中，$P_{\text{high-res}}(x,y)$是高分辨率网格点$(x, y)$的降水值；$P_{\text{low-res}}(x_i,y_i)$是低分辨率网格点$(x_i, y_i)$的降水值；$w_{ij}$是权重，根据网格点之间的距离确定。

（3）基于SD和PLUS的城市化情景模型

此部分模型利用SD（System Dynamics）模型综合考虑不同情景下的社会经济和自然条件等来预测未来土地利用需求。模拟期从2021年到2050年，间隔为十年。在确定土地利用需求的条件下，再利用PLUS（Plausible Urban Land Use Scenario）模型预测未来土地利用空间变化模式。模型算法流程如图4-3所示，具体操作步骤为：

1）利用气候变化、社会经济变化、历史土地利用数据确定系统边界与子系统，构建反馈回路，定义变量与参数，进行模型验证与仿真，并使用相对误差（Relative Error，简称RE）方法评估模拟模型的准确性。RE的计算方法如式（4-6）所示：

$$\text{RE} = \frac{|s-h|}{h} \times 100\% \quad (4-6)$$

式中，$s$为土地利用需求预测值，$h$为土地利用历史值。越小，对土地利用需求的预测越准确。

2）使用PLUS模型，在确定土地利用需求的条件下，基于2010—2020年土地利用数据，考虑多项驱动因素，通过人工神经网络训练模型，估算每种土地利用类型的用地积水概率，此过程中元胞状态更新的关键公式包括转换概率计算：

$$P(L_i|X) = \frac{e^{\beta_0 + \sum_j \beta_i X_i}}{1 + e^{\beta_0 + \sum_j \beta_i X_i}} \quad (4-7)$$

式中，$P(L_i|X)$表示在给定驱动因素$X$下，土地利用类型$L_i$的概率，$\beta_0$和$\beta_i$为回归系数。

$$S_{t+1} = f[S_t, N_t, P(L_i|X)] \quad (4-8)$$

式中，$S_t$表示时间步$t$的元胞状态，$N_t$为元胞的领域状态，$P(L_i|X)$为转换概率。

最后再对模型进行验证，确保预测结果的准确性。研究采用总体精度（Overall Accuracy，简称OA）和优质数（Figure of Merit，简称FoM）作为FLUS模型精度和可靠性的评价指标。OA的计算公式为：

$$\text{OA} = \frac{\sum_{k=1}^{n} \text{OA}_k}{N} \quad (4-9)$$

式中，OA为概率，随机样本中的模拟结果与原始土地利用反映相同类型，取值范围为[0，1]。OA数值越大，模拟结果的精度越高。$\text{OA}_k$表示按第$k$个土地利用类型正确分类的样本数量，$n$表示土地利用的数量。

FOM的计算公式为：

$$\text{FOM} = \frac{1}{\max\{N_a, N_b\}} \sum_{k=1}^{N_d} \frac{1}{[1+\beta d(k)^2]} \quad (4-10)$$

式中，FOM取值范围同样为[0，1]。$N_a$为土地利用模拟结果的像素数，$N_b$为真实土地利用的像素数。$d(k)$为真实土地利用的第$k$个像素与土地利用仿真结果对应像素之间的距离。

**2. 模型算法相关支撑技术（图4-4）**

（1）基于梯度提升框架的集成算法技术

集成算法LightGBM是微软在梯度提升决策树（GBDT）的基础上提出的一种分布式梯度提升算法，也是目前最高效的机器学习算法之一。其在原有的GBDT的算法结构上提出了基于梯度的单边采样算法（GOSS）、互斥特征捆绑算法（EFB）和基于直方图的决策算法三大改进策略。

本模型中的LightGBM算法使用了Python语言中的LightGBM库，在Jupyter Notebook中编写和执行LightGBM模型训练代码，调整模型参数，使用交叉验证评估模型性能，并根据需求进行优化和改进。

（2）基于系统动力学理论的SD模型技术

SD模型是一种能够有效反映复杂系统结构、功能与动态行为之间的相互作用关系。目前，SD模型被广泛应用于公共和私营部门的政策制定和分析。本研究在充分分析各子系统间相互作用的前提下，利用Venism软件建立了研究区域的SD模型（图4-3）。

（3）基于元胞自动机理论的PLUS模型技术

PLUS模型广泛应用于城市规划、生态保护、农业布局等领域。例如，在城市扩展模拟中，可以通过调整不同驱动因素（如人口增长、经济发展、政策干预等）的权重，预测城市未来的扩展方向和规模，为科学制定城市发展战略提供支持。本案例运用了大量的arcgis工具进行数据预处理与优化，以及模型建立与后期计算后相关因子的可视化处理和对比分析（图4-4）。

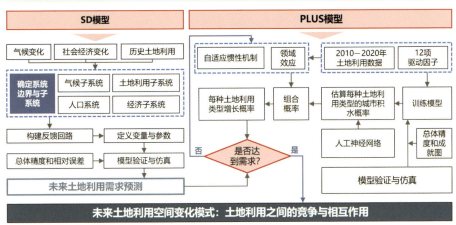

图4-3 基于SD和PLUS的城市化情景模型

## 技术支撑

### 基于梯度提升框架的集成算法技术

LightGBM梯度提升框架专为大规模数据与高维特征设计。现有城市内涝危险性评估技术主要包括基于统计方法的评估模型、基于物理过程的水文模型等。为了兼顾处理效率与数据维度，本研究使用梯度提升框架LightGBM建立与优化城市内涝危险性模型。

### 基于系统动力学理论的SD模型（System Dynamics）技术

本研究基于系统动力学应用城市未来发展模拟技术构建城市未来发展模型，借助系统动力学研究和分析复杂系统行为的方法，模拟系统中各变量之间的反馈关系和时间延迟，充分理解大湾区城市内涝的动态变化和演化过程。

### 基于元胞自动机理论的PLUS模型（Plausible Urban Land Use Scenario）技术

本研究基于元胞自动机理论（CA），结合地理信息系统（GIS）和多准则评估（MCE），通过整合多种地理空间数据与驱动因素预测不同情景下的土地利用需求变化，详细分析不同情景下城市扩展和土地利用变化对内涝风险的影响，识别潜在高风险区域。

## 软件平台支撑

### Python
本研究利用Python运行相关算法代码开展城市内涝易发性模型建立与优化。

### ArcGIS
本研究使用ArcGIS软件进行数据预处理与优化，以及模型建立与后期计算后相关因子的可视化处理和对比分析。

### Vensim
本研究使用Vensim构建系统动力学模型因果关系图与流程图。

图4-4 模型算法相关支撑技术

## 五、实践案例

### 1. 模型应用案例实证

粤港澳大湾区是选定的案例研究区域,面积约为56000km²,位于中国东南部,地理坐标为北纬22°09′,东经113°27′(图5-1)。粤港澳大湾区由11个城市组成(即香港、澳门、广州、肇庆、佛山、珠海、惠州、深圳、中山、东莞和江门)。粤港澳大湾区属于亚热带气候,年降水量在1600～2300mm,降水分布不均且夏季降雨频繁。气候变化导致粤港澳大湾区极端暴雨频率增加。同时,粤港澳大湾区不透水表面的迅速增长加剧了城市洪涝的风险。因此,制定合理的适应性规划以应对快速城市化和气候变化变得至关重要。

### 2. 模型应用案例结果解读

(1)未来气候变化模拟

在2030—2050年期间,相对于2015—2020年的参考期,SSP1-2.6、SSP2-4.5和SSP5-8.5情景下极端降水指数(即R1D、R25和MAP)的变化。研究结果表明,在各种情景下,极端降水呈现出相似的增加趋势,同时在R1D、R25和MAP的空间分布上也观察到了一些差异。R1D的极端降水增加主要集中在东南部和西北部地区(图5-2),而R25则主要集中在东南部地区。与具有明显区域特征的R1D和R25的增加不同,MAP在极端降水的影响下预计在大湾区的大部分地区都会增加。总体而言,上述结果表明,在不久的将来,尤其是在高排放情景下,大湾区的大部分地区将会出现更频繁和更强烈的极端降水。

(2)未来土地利用模拟

本研究使用SD模型和PLUS模型在不同的SSP情景下对粤港澳大湾区的土地利用进行了预测(图5-3)。研究结果表明,在未来30年内(2020—2050年),在不同的SSP情景下,城市建设用地、森林、耕地和草地将发生显著变化。相较于2020年的情况,在SSP1-2.6情景下(可持续发展情景),城市建设用地发展较慢,到2050年建设用地面积增加了3712km²;森林面积先减少后增加,总减少184km²,耕地总面积增加2648km²,草地总面积减少了1221km²。在SSP2-4.5情景下(中间发展情景),城市建设用地适度增长,

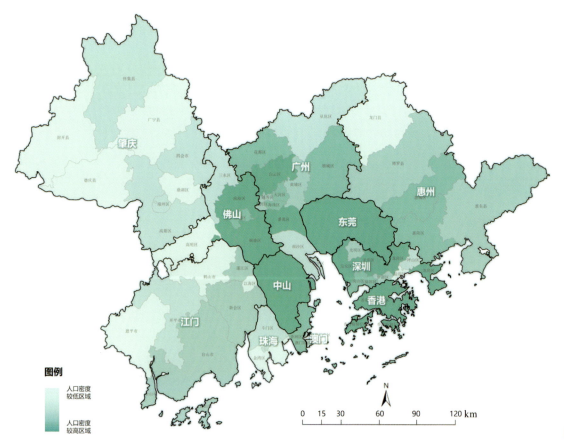

图5-1 粤港澳大湾区

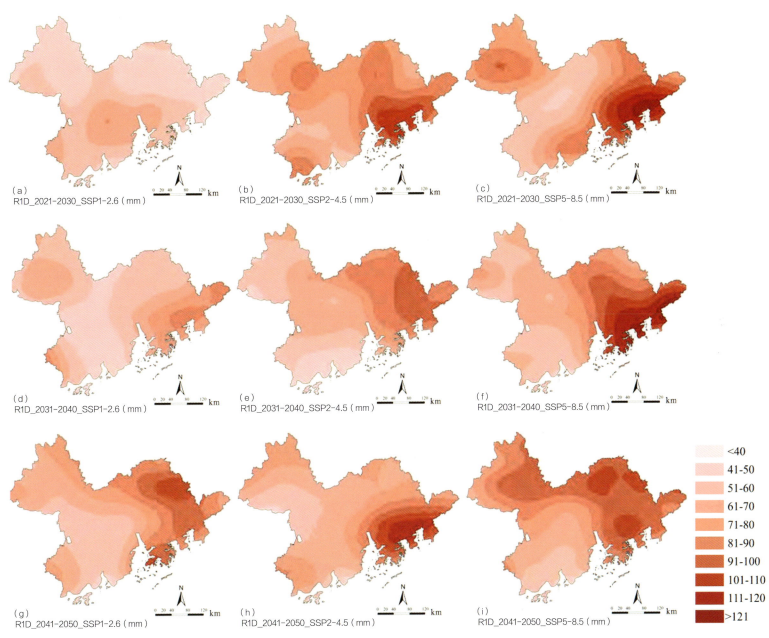

图5-2 大湾区R1D的时空分布

到2050年增加了7181km², 森林总面积持续减少, 到2050年增加了3491km², 耕地减少了2469km²; 草地减少了2184km²。在SSP5-8.5情景下（极端情景）, 城市建设用地显著增长, 到2050年增加了17599km², 森林大幅减少, 到2050年很多森林将消失, 耕地减少2351km²。

（3）城市内涝风险分析

在粤港澳大湾区城市内涝风险分析中, 不同情景下的洪水风险表现出显著差异, 如图5-4所示。在SSP1-2.6情景下, 城市洪水风险缓慢增加, 到2050年, 总共有5551.2km²的城市区域暴露在高和极高洪水易感性下, 相较于2020年增加1141.92km², 相当于2020年的120%。中风险和低风险区域在2050年也分别增加1212.48km²和3231.36km²。SSP2-4.5情景下, 到2050年高和极高洪水易感性区域总计将增加至6757.92km², 其中3106.08km²的区域将暴露在极高洪水易感性下, 相当于2020年的163%, 并且

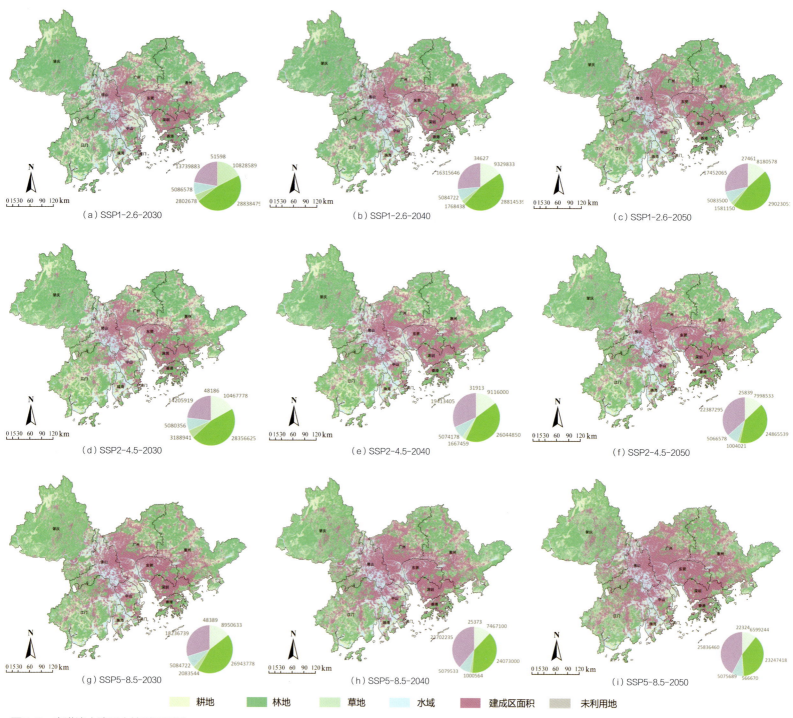

图5-3 粤港澳大湾区土地利用预测

与GBA的城市中心重叠。SSP5-8.5情景下，粤港澳大湾区面临更严重的城市洪水易感性，到2050年高和极高洪水易感性区域增加至6966.72km²，是2020年的两倍。而总的洪水易发区域更是增加至19676.16km²。中低和中等洪水易感性区域分别显著增加到4602.24km²和8107.2km²，分别是SSP1-2.6情景下的110%和117%。相反，与SSP1-2.6情景和SSP2-4.5情景相比，高洪水易发性区域的增加趋势相对较慢。

同时本研究也针对不同城市的洪水易感性进行讨论。从内

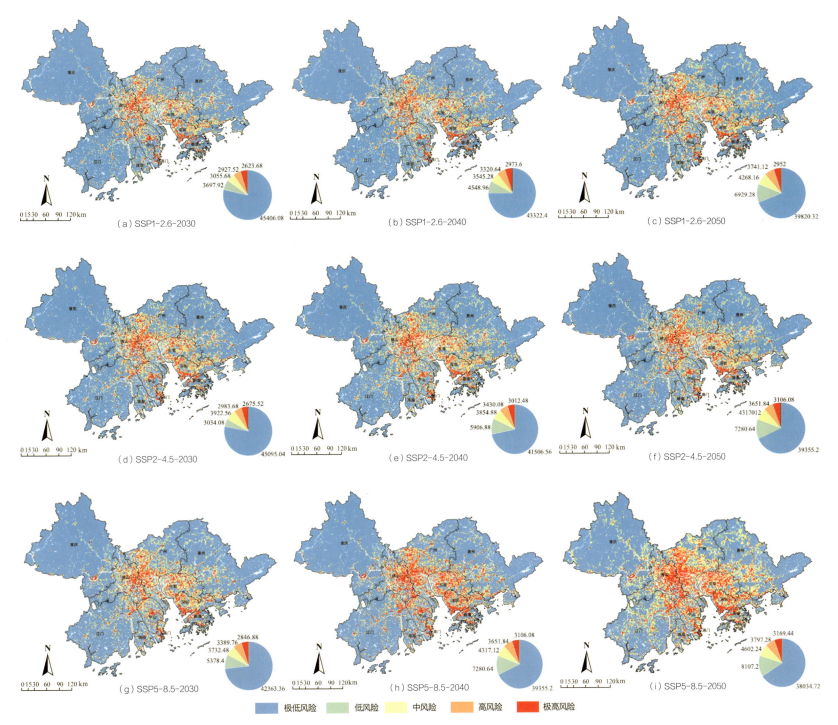

图5-4 粤港澳大湾区城市内涝风险分析

涝风险面积比例对比来看，澳门、深圳、东莞、佛山、中山、香港、广州、珠海、江门、惠州、肇庆的内涝风险依次递减，但在不同情境下洪水易感性区域变化略有不同。香港的内涝风险区域分布相对均匀，而澳门尽管风险高，但由于面积小，显得更为集中。深圳在各个情景下风险分布均匀，但在SSP2-4.5和SSP5-8.5情景下风险显著增加。东莞在所有情境下内涝风险较高，特别是在后两种情境下显著增加。中山风险集中但略低于东莞和深圳。江门、惠州和珠海的内涝风险相对较低，而广州尽管个数多，但总体风险相对平稳。肇庆面积最大，但内涝风险分布均匀。

总体分析显示，澳门和深圳在所有情境下的内涝风险较高，尤其在SSP2-4.5和SSP5-8.5情境下更加突出。东莞在内涝风险方面也表现出较高的潜在风险，特别是在后两种情境下显著增加。香港和广州由于面积大，总体风险较为分散，而肇庆则因面积最大，内涝风险较为均匀。

（4）风险转化率分析（2030—2050年）

如图5-5所示，在粤港澳大湾区的内涝风险转化率（2030—2050年）中，不同风险等级的转化表现出明显的空间分布特征。高风险转化为极高风险主要发生在中心城区，包括广州、深圳、佛山、东莞和珠海；中风险转化为高风险主要分布在城市边缘的城乡交错带，如广州的番禺区和黄埔区、深圳的龙岗区和宝安

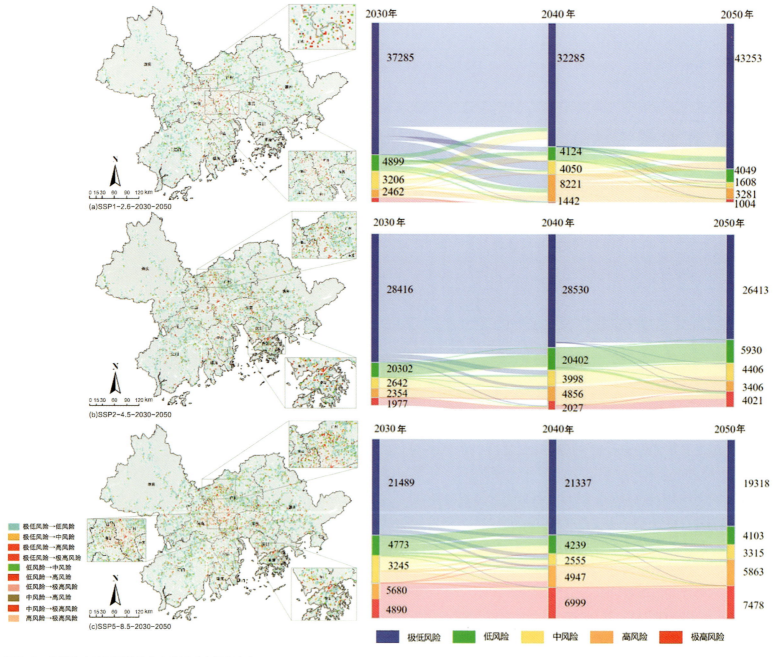

图5-5 粤港澳大湾区风险转化率分析（空间分布）

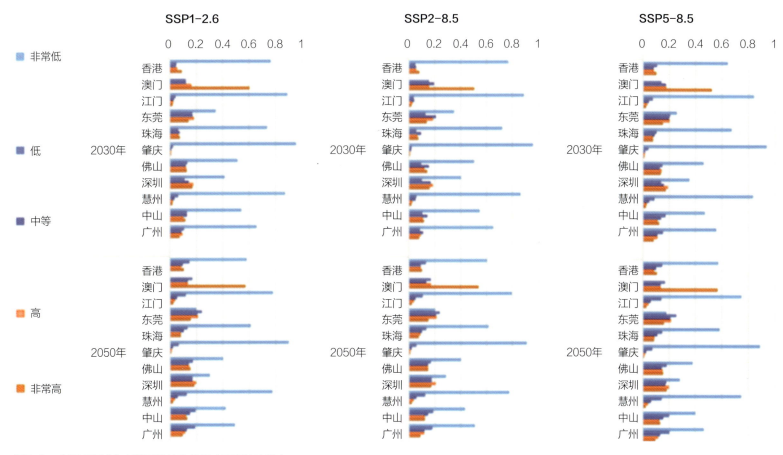

图5-6 大湾区各城市内涝风险转化分析（面积比变化）

区，以及东莞的一些乡镇和城区交界区域；低风险转化为高风险主要由于林地转为建设用地，主要发生在广州的从化区和增城区、深圳的龙华区和盐田区，以及东莞的常平镇和厚街镇等地。低风险转化为中风险和极低风险转化为高风险则主要分布在大湾区外围城镇，如肇庆、江门、中山和惠州。极低风险转化为中风险主要发生在珠海及其附近城市，包括珠海、中山和江门。

在三种情景下，风险转化的空间分布相似，但数量有显著差异（图5-6）。SSP1-2.6情景下，内涝风险增加缓慢，但在中心城区仍有显著变化。SSP2-4.5情景下，内涝风险显著增加，中高风险区域扩大。SSP5-8.5情景下，内涝风险增加最为剧烈，极高风险区域大幅增加。具体来看，广州、深圳、佛山、东莞、珠海、中山、江门、惠州和肇庆等城市的内涝风险转化和增加情况非常显著，特别是在大湾区中心城区和城市边缘的城乡交错带地区。

（5）规划策略应对

研究最后根据大湾区不同区域的特点，分别制定了相应的优化策略：

在不同城市层面，如图5-7所示，针对高内涝风险城市、中内涝风险城市和低内涝风险城市，分别制定了类型化优化策略。高内涝风险城市，如佛山、澳门和深圳，在各种情景下均表现出较高的内涝风险，特别是在SSP5-8.5情景下风险峰值尤为明显。对这些城市，建议实施严格的土地利用控制，限制易涝区新建开发，减少不透水面积，并建设高韧性灰绿设施系统，如绿色屋顶和垂直花园，加强灾前监测、应急准备与快速响应，部署高效预警系统以应对内涝灾害。中内涝风险城市，如东莞、中山、香港和广州，需优化现有排水系统，增加排水管道清理与维护，推广绿色基础设施建设，加入更多生态渗透与蓄水设施，提升城市防洪能力。低内涝风险城市，如珠海、江门、惠州和肇庆，重点在于长期监测与风险评估，建立并定期更新维护洪水风险监测系

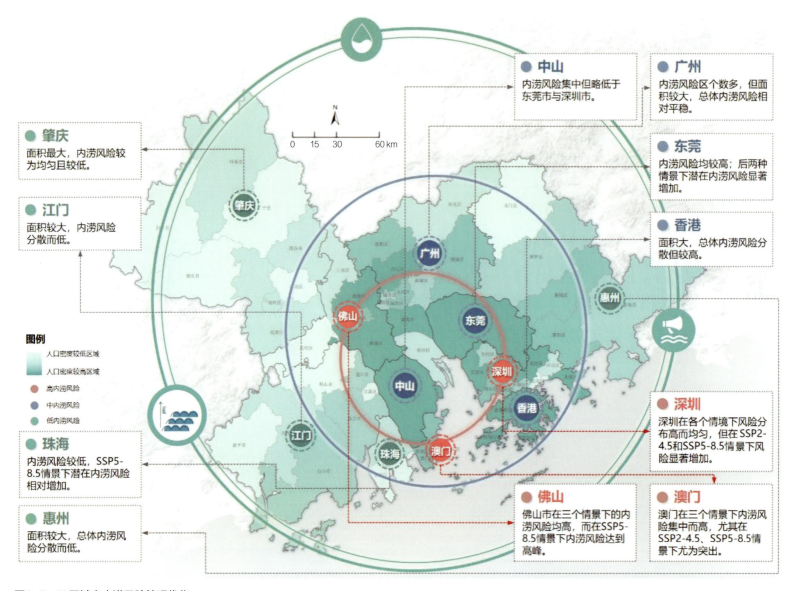

图5-7 不同城市内涝风险管理优化

统,进行定期评估,实行可持续规划决策,保护天然洪水缓冲区,促进城市生态系统的可持续发展。

在同一城市,不同地区层面,如图5-8所示,针对核心城区、边缘城区和郊野地区,同样制定了相应的类型化优化策略。在核心城区,由于高度建设区域占比最高,不透水率大,绿地百分比低,因此不透水表面转换为绿地并不能显著提高其应对内涝的能力。高度城市化地区无大面积扩建空间,不透水面积增加会显著提高该区域的内涝风险。相应的策略包括:提高绿色基础设施数量与质量,减少不透水表面积,改善现有排水基础设施,组织高效的绿色基础设施体系;在边缘城区,不透水表面转换绿地能够有效减少内涝风险,但该区域具有强动态性、高复杂性和弱保护性特点。相应的策略包括:改善现有排水基础设施,建立完善的综合排水系统,科学规划未来土地扩张。在郊野地区,内涝风险较小且稳定,但突发极端暴雨仍可能导致城市内涝灾害发生。相应的策略包括:及时排查城市内涝灾害及造成的其他连锁灾害,完善预警工作机制。

通过以上规划策略的实施,可以有效应对不同区域的城市内涝风险,从而提升城市的防洪抗灾能力。

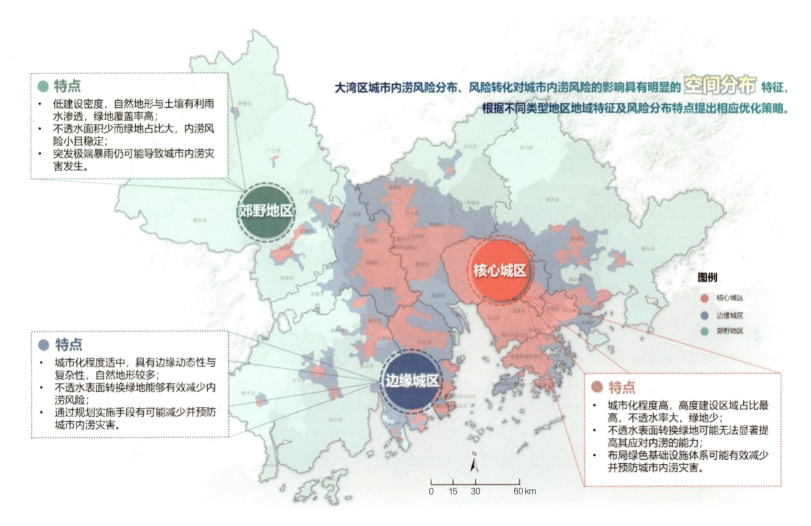

图5-8 不同地区类型化内涝风险管理优化策略

## 六、研究总结

### 1. 模型设计的特点

本研究在模型设计方面具有多项创新性，体现了在理论、方法、技术、数据以及研究视角上的独特之处。

（1）理论和方法的创新

本研究不仅关注水文环境因素，还从社会经济因素角度出发，综合考虑城市全生命周期影响因素，深入研究内涝风险的空间分布规律。这一多维评估方法使得风险评估更加全面和精确，突破了传统单一视角的限制。此外，本研究还引入高性能计算技术，采用LightGBM算法处理复杂数据集，支持更高效的决策快速响应。相较于传统统计方法，提高了预测的准确性和效率。

（2）技术和数据的创新

在数据方面，本项目利用CMIP6项目高精度气候数据，例如MERRA-2的降雨数据以及来自NEX-GDDP-CMIP6的高精度、高质量未来降雨数据等，显著提高了模型的精度。这种数据融合策略有效增强了气候模型的预测能力，确保了气候变化对城市内涝影响的准确评估。同时，本研究还通过整合气候数据、内涝点数据、土地数据和社会经济数据等多源数据，实现了对内涝风险的综合评估。这一多源数据融合方法能够提供更精确的风险预测，为城市规划和政策制定提供了坚实的数据支持。

### 2. 应用方向或应用前景

本研究通过多维度、多层次的创新，显著提升了城市内涝风险评估的精度和效率，为城市规划和管理提供了科学依据和技术支持。围绕城市经济建设和社会发展的重要科技问题，本研究探索了以下两种主要应用方向和前景：

（1）面向城市规划决策

本研究提供了一种结合气候模型和城市发展模拟的综合方法，在后续研究中可转化为快速响应的城市内涝风险评估与预测决策辅助系统。该系统能够为极端气候事件的风险预测、预警提供支持，为政府相关部门进行针对性的城市建设和优化政策制定提供辅助参考。

通过进一步完善高时空分辨率大气和城市监测数据的整合，研究可进一步推进城市内涝风险评估的实时化和动态化。该系统能够快速识别高风险区域，帮助制定紧急应对措施，提高城市的应急管理能力。

（2）面向城市可持续发展

本研究提供了处理大规模模拟数据及复杂气候情景分析的集成模型框架，为城市生态可持续发展提供了新的路径。在后续研究中，该模型可转化为高度城市气候监测与管理辅助系统，支持城市在气候变化背景下的长期规划和适应性措施。

通过融合气候数据、土地利用数据和社会经济数据等，研究可为城市气候监测与管理系统的建设提供决策支持。该系统不仅能够进行详细的风险评估，还可以通过模拟不同情景下的气候和内涝变化，优化城市绿地基础设施布局，确保城市发展可持续性和居民生活质量的提升。

## 参考文献

［1］Transforming our world: the 2030 Agenda for Sustainable Development | Department of Economic and Social Affairs［EB/OL］.［2024-06-14］. https://sdgs.un.org/2030agenda.

［2］RENTSCHLER J, SALHAB M, JAFINO B A. Flood exposure and poverty in 188 countries［J］. Nature communications, 2022, 13（1）: 3527.

［3］AERTS J C J H, BOTZEN W J W, EMANUEL K, et al. Evaluating flood resilience strategies for coastal megacities［J］. Science, 2014, 344（6183）: 472–474.

［4］GU H, YU Z, WANG G, et al. Impact of climate change on hydrological extremes in the Yangtze River Basin, China［J］. Stochastic environmental research and risk assessment, 2015, 29（3）: 693–707.

［5］ALDERMAN K, TURNER L R, TONG S. Floods and human health: A systematic review［J］. Environment international, 2012, 47: 37–47.

［6］中华人民共和国应急管理部. 国家防灾减灾救灾委员会办公室 应急管理部发布2023年全国自然灾害基本情况［EB/OL］.（2024-01-20）［2024-06-14］. https://www.mem.gov.cn/xw/yjglbgzdt/202401/t20240120_475697.shtml.

［7］MASSON–DELMOTTE V, ZHAI P, PIRANI A, et al. Climate Change 2021: The physical science basis. Contribution of working group I to the sixth assessment report of the intergovernmental panel on climate change［M］. Cambridge, United Kingdom and New York, NY, USA: Cambridge University Press, 2021.

［8］HOU J, ZHANG Y, XIA J, et al. Simulation and assessment of projected climate change impacts on urban flood events: Insights from flooding characteristic metrics［J］. Journal of geophysical research: Atmospheres, 2022, 127（3）: e2021JD035360.

［9］WINSEMIUS H C, AERTS J C J H, VAN BEEK L P H, et al. Global drivers of future river flood risk［J］. Nature climate change, 2016, 6（4）: 381–385.

［10］丁纪龙. 渭河流域洪水灾害风险性研究［D］. 烟台: 鲁东大学, 2018.

［11］周瑶, 王静爱. 自然灾害脆弱性曲线研究进展［J］. 地球科学进展, 2012, 27（4）: 435–442.

［12］尹占娥. 城市自然灾害风险评估与实证研究［D］. 上海: 华东师范大学, 2009.

［13］刘仪航, 韩剑桥, 谢梦霞, 等. 基于GIS与AHP集成的黄土高原洪水灾害风险评估［J］. 水土保持研究, 2023, 30（2）: 129–134.

［14］方建, 李梦婕, 王静爱, 等. 全球暴雨洪水灾害风险评估

与制图[J]. 自然灾害学报, 2015, 24(1): 1-8.

[15] ZHOU S, ZHANG D, WANG M, et al. Risk-driven composition decoupling analysis for urban flooding prediction in high-density urban areas using Bayesian-Optimized LightGBM[J]. Journal of cleaner production, 2024, 457: 142286.

[16] ZHOU S, LIU Z, WANG M, et al. Impacts of building configurations on urban stormwater management at a block scale using XGBoost[J]. Sustainable cities and society, 2022, 87: 104235.

[17] WANG M, CHEN F, ZHANG D, et al. Supply-demand evaluation of green stormwater infrastructure (GSI) based on the model of coupling coordination[J]. International journal of environmental research and public health, 2022, 19(22): 14742.

[18] 殷杰, 尹占娥, 许世远, 等. 灾害风险理论与风险管理方法研究[J]. 灾害学, 2009(2): 7-11, 15.

[19] EYRING V, BONY S, MEEHL G A, et al. Overview of the Coupled Model Intercomparison Project Phase 6 (CMIP6) experimental design and organization[J]. Geoscientific model development, 2016, 9(5): 1937-1958.

[20] JING C, SU B, ZHAI J, et al. Gridded value-added of primary, secondary and tertiary industries in China under Shard Socioeconomic Pathways[J]. Scientific data, 2022, 9(1): 309.

[21] WANG X, MENG X, LONG Y. Projecting 1 km-grid population distributions from 2020 to 2100 globally under shared socioeconomic pathways[J]. Scientific data, 2022, 9(1): 563.

[22] ZHANG X, LIU L, WU C, et al. Development of a global 30 m impervious surface map using multisource and multitemporal remote sensing datasets with the Google Earth Engine platform[J]. Earth system science data, 2020, 12(3): 1625-1648.

[23] WU Z, QIAO R, ZHAO S, et al. Nonlinear forces in urban thermal environment using Bayesian optimization-based ensemble learning[J]. Science of the total environment, 2022, 838: 156348.

[24] GAN M, PAN S, CHEN Y, et al. Application of the machine learning LightGBM model to the prediction of the water levels of the lower Columbia River[J]. Journal of marine science and engineering, 2021, 9(5): 496.

[25] BENTEJAC C, CSORGO A, MARTINEZ-MUNOZ G. A comparative analysis of gradient boosting algorithms[J]. Artificial intelligence review, 2021, 54(3): 1937-1967.

[26] SUN L, LAN Y, JIANG R. Using CNN framework to improve multi-GCM ensemble predictions of monthly precipitation at local areas: An application over China and comparison with other methods[J]. Journal of hydrology, 2023, 623: 129866.

[27] 张晓荣, 李爱农, 南希, 等. 基于FLUS模型和SD模型耦合的中巴经济走廊土地利用变化多情景模拟[J]. 地球信息科学学报, 2020(12): 2393-2409.

[28] LIANG X, GUAN Q, CLARKE K C, et al. Understanding the drivers of sustainable land expansion using a patch-generating land use simulation (PLUS) model: A case study in Wuhan, China[J]. Computers, Environment and Urban Systems, 2021, 85: 101569.

[29] 陈文龙, 何颖清. 粤港澳大湾区城市洪涝灾害成因及防御策略[J]. 中国防汛抗旱, 2021(3): 14-19.

[30] WANG Y, FANG Z, HONG H, et al. Flood susceptibility mapping using convolutional neural network frameworks[J]. Journal of hydrology, 2020, 582: 124482.

[31] KHOSRAVI K, PANAHI M, GOLKARIAN A, et al. Convolutional neural network approach for spatial prediction of flood hazard at national scale of Iran[J]. Journal of hydrology, 2020, 591: 125552.

[32] 刘东, 杨丹, 张亮亮, 等. 基于BOA-SVM模型的区域洪水灾害风险评估与驱动机制[J]. 农业机械学报, 2023, 54(10): 304-315.

[33] RAFIEI-SARDOOI E, AZAREH A, CHOUBIN B, et al. Evaluating urban flood risk using hybrid method of TOPSIS and machine learning[J]. International journal of disaster risk reduction, 2021, 66: 102614.

[34] 陈军飞, 董然. 基于随机森林算法的洪水灾害风险评估研究[J]. 水利经济, 2019, 37（3）: 55-61, 87.

[35] WU Z, ZHOU Y, WANG H, et al. Depth prediction of urban flood under different rainfall return periods based on deep learning and data warehouse[J]. Science of the total environment, 2020, 716: 137077.

[36] CHEN X, ZHANG H, CHEN W, et al. Urbanization and climate change impacts on future flood risk in the Pearl River Delta under shared socioeconomic pathways[J]. Science of the total environment, 2021, 762: 143144.

[37] GUO Y, QUAN L, SONG L, et al. Construction of rapid early warning and comprehensive analysis models for urban waterlogging based on AutoML and comparison of the other three machine learning algorithms[J]. Journal of hydrology, 2022, 605: 127367.

[38] MALEKMOHAMMADI B, TAYEBZADEH MOGHADAM N. Application of Bayesian networks in a hierarchical structure for environmental risk assessment: a case study of the Gabric Dam, Iran[J]. Environmental monitoring and assessment, 2018, 190（5）: 279.

[39] SABER M, BOULMAIZ T, GUERMOUI M, et al. Enhancing flood risk assessment through integration of ensemble learning approaches and physical-based hydrological modeling[J]. Geomatics, natural hazards and risk, 2023, 14（1）: 2203798.

[40] KE GL, MENG Q, FINELY T, et al. Lightgbm: A highly efficient gradient boosting decision tree[C] // Advances in neural information processing systems 30 ( NIP 2017 ), December 4-9, 2017. Curran Associates Inc.: 3149-3157.

# 城市社区的高温脆弱性空间识别与韧性提升研究

**工 作 单 位：** 华南理工大学建筑学院、数学学院
**报 名 主 题：** 面向高质量发展的城市综合治理
**研 究 议 题：** 安全韧性城市与基础设施配置
**技术关键词：** 城市系统仿真、可达性分析、时空行为分析
**参 赛 选 手：** 陈彤、颜端怡、江心娱、刘泽钿
**指 导 老 师：** 殷实、华峻翊
**团 队 简 介：** 项目成员由华南理工大学本科生组成，团队具有良好的数据处理与城市分析能力。主要科研成果与获奖如下：在SSCI期刊Cities和Land共发表论文2篇，EI检索的国际会议论文5篇，发明专利受理5项，在审SCI论文2篇；1项项目获全国"挑战杯"特等奖，2项项目获广东省"挑战杯"特等奖，1项项目获国家级大学生创新创业训练计划项目重点支持项目优秀结题，1项项目获省级大学生创新创业训练计划项目优秀结题；曾获何镜堂科技创新奖、WUPENICITY城市可持续调研报告国际竞赛三等奖、全国高等院校大学生乡村规划方案竞赛优作奖等。团队以严谨的学术态度和创新精神，致力于推动城市规划领域的研究和实践，力求为未来城市发展贡献智慧和力量。

## 一、研究问题

### 1. 研究背景及目的意义

（1）研究背景与目的意义

全球变暖使得高温灾害频发，热浪等高温灾害对人类健康和社会经济构成严重威胁。2020年，中国与热浪有关的死亡人数为14500人，造成的经济损失为1.76亿美元。热脆弱性指的是人们受到高温带来的负面影响的可能性，其通常包括热暴露程度、敏感性、承受能力三个维度。脆弱性较高的地方往往具有较高的高温健康风险。降低住区的热脆弱性，使住区能应对极端气候环境，是建设韧性住区的重要一环。

城市环境和不同特质的人口分布的异质性带来了热脆弱性的空间不平等。城市中的住区种类繁多，根据建成年代和权属特征分成了商品房小区、城中村、单位大院等，这些住区在地表特征、空间形态和社会经济人口特征等方面存在较大差异，可能导致高温暴露和防御能力的不平等。然而，由于以往的热脆弱性识别研究主要依赖于人口普查数据，大多数研究的精度仅限于城镇或普查区尺度，而没有细化到住区尺度，难以在规划层面对住区制定针对性的热脆弱性改善策略。现有研究普遍缺乏与在地治理的紧密结合，使改善策略难以切实可行。

了解城市住区应对热灾害的薄弱点所在，并提供防护的建议，有利于精准化建设气候韧性住区。为了应对上述挑战，本研

究将利用高精度的城市大数据，实现热脆弱住区的高精度识别，并探索脆弱性的特征，结合住区的管理特性，为不同类型的住区有针对性地提供可落地、高实用性的改善规划设计策略。这项研究将为建设气候韧性住区提供科学的指导依据，有利于更公平的健康城市的构建。

（2）研究现状与存在问题

热脆弱性是反映城市居民受到热灾害影响的重要指标，综合考虑了城市热环境与居民的社会经济特质等。然而，城市环境和人类活动在城市中的不均衡使得城市中不同人群的热脆弱性存在广泛差异，这将带来人口的健康风险不平等。正确评估城市的热脆弱性，揭露热脆弱性在城市空间和群体间的不平等现象有助于挖掘热风险应对的薄弱点，理解热相关健康风险的空间分布，进而通过更高效的资源配置有针对性地预防热影响，促进环境正义。

不同空间尺度的热脆弱性评估能帮助决策者提出针对各层次管理的有效的热风险对策。城市中各镇街或人口普查区的热脆弱性被研究得最多，以揭示城市内高脆弱性空间的共同特征。例如沃尔夫（Wolf）等利用人口普查数据，对伦敦的4765个人口普查区进行热脆弱性评估，发现人口和住房密度较高而群体健康状况与福利较差的伦敦中区和东区存在明显的热脆弱集群，认为特定弱势人口的集群是热脆弱性防范的重点之一。里德（Reid）等通过人口普查数据对美国各城市的人口普查区进行热脆弱性评估，发现在城市地区，市中心最容易受到高温的影响，城市化或带来高温脆弱性的累积。Xiang等利用来自WorldPop等的数据对重庆市进行了热脆弱性评估，尽管研究精度达到了$30m \times 30m$，但由于社会经济数据的缺失，其评估所采用的指标较少，性别、户籍等重要的脆弱性评估因子并没有得到探究，且其关注点主要集中在对比城市化程度不同区域的脆弱性差异，揭示了城市化程度最高的城市中心区的热相关健康风险最高。由此可见，现有研究只能利用精度较为粗糙的人口普查数据或人口结构维度较少的开源人口数据进行测度，由于社会经济类数据精度的限制，目前针对住区进行的热脆弱性评估依然存在缺口。

现有的热脆弱性研究对城市规划具有指导意义，通常通过热脆弱性空间制图有利于发现脆弱性较高的地区，从而找出需要进行缓解和适应规划的重点区域，在高温热浪出现前做出预防性的提前资源布局。例如里德（Reid）等测度了美国全国城市地区的热脆弱性，帮助确定哪些城市最需要热浪干预方案。格里戈雷斯库（Grigorescu）等绘制了布加勒斯特城市群的社会经济热脆弱性和环境热脆弱性的地图，以及综合热脆弱指数地图，以确定需要不同类型热防御措施的重点实施片区。但这类研究都缺乏与在地管理模式的紧密结合，导致难以提供落实到管理主体的、具有操作性的改善策略，科学研究与实践之间始终存在隔阂。不同住区在治理模式上也有较大差异，各级责任主体所采用的措施各不相同。住区分类治理是基层社会管理科学化的重要手段，根据各自的治理特征有针对性地实施策略，能更有效地改善热脆弱性。

总体而言，现有研究还存在以下几点不足：①由于高精度社会经济属性数据的获取困难，住区尺度的热脆弱性评估仍缺乏研究，尤其是针对不同类型住区的差异对比；②对于热脆弱空间仍缺乏落地性且具有操作性的改善对策，尤其是住区层面的具体引导。然而，住区尺度的研究与引导非常重要，住区是我国城市规划管理的重要基础单元，也是我国政策实施的最小水平单位。

为了应对上述挑战，本研究将利用高精度大数据实现对不同城市住区的热脆弱性评估，并依据评估结果针对不同住区类型，结合住区治理特征提出相应的热脆弱性改善策略，为科学构建气候韧性城市提供决策参考。

## 2. 研究目标及拟解决的问题

（1）总体目标

目标1：评估不同城市住区热脆弱性

通过热暴露程度、敏感性、承受能力三个维度评估不同类型住区的热脆弱性，从而确定热脆弱住区的类型与空间分布，明确各住区的热脆弱性特点。

目标2：制定改善住区热脆弱性的应对策略

以住区热脆弱性评估结果为基础，结合各类住区的管理模式，提出针对性的住区热脆弱性改善策略，从而培养城市的综合防灾抗灾能力，为城市的可持续发展和社会的稳定提供更加坚实的保障。

（2）瓶颈问题与解决方法

问题1：各类大数据如何匹配至住区尺度？

解决办法：①对于暴露程度，采用Landsat 8提供的$30m \times 30m$

高精度遥感数据，对住区范围覆盖的遥感栅格按其覆盖面积比例进行指标计算；②对于敏感性，采用手机信令数据中的用户属性数据，如年龄、性别、户籍等，将栅格降尺度至250m×250m栅格，再对住区范围覆盖的信令栅格按其覆盖面积比例进行指标计算；③对于适应能力，住房特征指标是对住区范围内的建筑轮廓和高度信息进行计算，设施接近度指标是求取住区的几何中心到各类设施点的距离。

问题2：如何使热脆弱性改善措施在住区层面可落地？

解决办法：不同类型住区具有不同的管理模式、决策流程和现状困境，依托现实治理与现状提出责权主体明确的改善对策是措施得以落地应用的关键。主要实现路径包括：①通过梳理住区管理的文献，明确现有的住区类型及其产权特质、管理模式和住区决策流程；②通过梳理现有的卫健委和热风险管理文献，明确住区层面现有的高温缓释要求和基础框架；③利用大数据在住区层面进行热脆弱住区空间热点识别，确定需要重点施策的住区，提高资源配置效率；④通过典型住区的实地调研进一步确认住区的管理模式、热脆弱特征和实地现存问题。综合四个步骤对住区的热脆弱热点、特征和可行的管理路径进行全面的摸查，从而提出包含政府部门、物业、居民等多元主体责权明确的住区热脆弱性改善路径。

## 二、研究方法

### 1. 研究方法及理论依据

（1）热脆弱性研究

脆弱性最初是基于自然灾害严重性而提出的概念，用于衡量一个系统在面对自然灾害时可能遭受损害的程度，包括生物体的损伤、物体或财产的损害以及其他不利影响，热脆弱性则是针对高温带来的威胁而进行探讨与研究。研究者们通过制定热脆弱性指数并绘制脆弱性地图来突出脆弱性较高的地区，以便制定缓解措施，减少伤亡、疾病和财产损失等不利影响的可能性。

目前主要用暴露程度、敏感性和适应能力三个维度（图2-1）来表征热脆弱性，其主要强调城市人口受到热侵害的严重程度，关注人群的内在特征，被广泛应用于目前的热脆弱性评估制图中。在基于人口脆弱性的热脆弱性评估框架中，暴露程度指的是高温气候对人口的外部环境影响，主要通过环境中热量的强

图2-1　热脆弱性理论概念图

度和空间分布来表征；敏感性指的是不同人群由于自身的社会经济属性等内部特征而带来的受热影响程度差异；适应能力则是描述人群主动适应热暴露以减轻热损害的能力，这通常是由人群的资源获取能力来决定的。

（2）住区分类治理

城市住区管理问题给基层社会治理带来巨大压力和挑战，由于房屋产权性质、居住主体收入和观念等不同，住区类型产生了较大分化。不同类型的住区由于在地理区位、人口结构、经济水平、文化传统、管理模式等方面存在差异，它们所面临的具体管理困境也很可能是大不相同的。这一问题的有效破解，就需要我们根据各自的特殊性加以区别对待，进行住区分类管理。所谓住区分类管理，具体而言，就是要按照一定的标准将住区划分成几个基本类型，并根据各个住区类型的主要特点和发展趋向制定相应的措施，从而实现更为有效的管理。住区分类管理是提高基层社会管理科学化水平的必然要求。

为了实现热管理的有效实践，本研究从住区分类治理的视角进行热脆弱改善框架的拟定，以提高策略的实用性、可操作性。

### 2. 技术路线及关键技术（图2-2）

（1）住区分类

通过对不同住区的产权、管理模式、管理层级、治理手段进行梳理，确定住区分类依据，明晰住区决策流程与特质。根据分类依据，通过住区的产权、年代、名称特点数据，结合住区轮廓数据得到分类住区提取图。

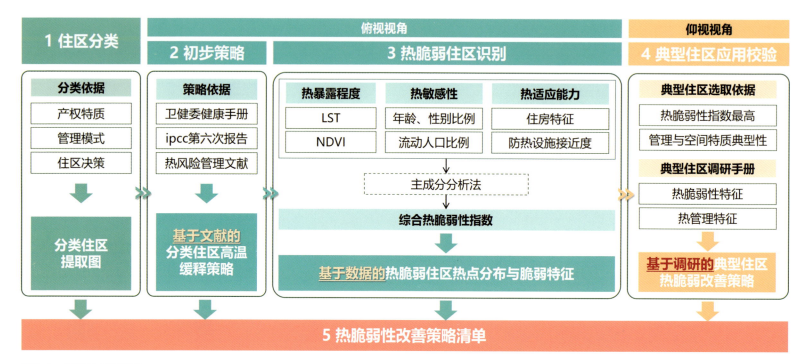

图2-2 模型技术路线图

（2）初步策略

基于现有的健康住区指引、热风险管理的相关文献，整理出各类住区的高温缓释策略及各管理主体责权落实清单，作为后续策略提出的基础框架。

（3）热脆弱住区识别

通过多源大数据对各类住区的热暴露程度、热敏感性和热适应能力进行测度，并统计、对比，通过主成分分析法形成综合热脆弱性指数，得到各类住区的高热脆弱性住区特征，并通过核密度分析明确空间分布特征。

（4）典型住区应用校验

在以上的探索中，本研究通过多源大数据，以自上而下的视角对不同住区的热脆弱性进行了较为全面的测度，为了探究其测度结果与现实情况的贴合度，以及不同类型住区的针对性热脆弱性改善举措及其责权落实清单在现实中的可实施性，本研究进一步选取了热脆弱性最高的各类典型住区，从自下而上的视角，通过实地调研对自上而下视角的研究结果进行检验和校正，并通过实地调研情况来完善热脆弱性改善对策。

（5）热脆弱性改善策略清单

依据住区管理特征、基于文献的初步策略、基于数据的热脆弱住区识别以及典型住区应用校验，构建完善的不同类型住区的针对性热脆弱性改善举措及其责权落实清单，为住区热脆弱性改善提供更全面的决策参考。

## 三、数据说明

### 1. 数据内容及类型

（1）遥感数据

1）Google Earth数据：Google Earth是Google公司开发的一款虚拟地球仪软件，它将卫星图、航空拍照和地理信息系统布置在一个地球的三维模型上。在本研究中，Google Earth数据用以比对住区轮廓空间识别的结果和现实情况的吻合度，以便对识别不准确者进行校正。

2）Landsat 8遥感数据：Landsat 8卫星是美国陆地观测卫星系列中的第八颗，自2013年起开始运行，它携带了两个传感器：Operational Land Imager（OLI）和 Thermal Infrared Sensor（TIRS）。这些传感器提供的数据非常适合进行地表温度（Land Surface Temperature，简称LST）和归一化植被指数（Normalized Difference Vegetation Index，简称NDVI）的计算。

（2）手机信令数据

中国联通智慧足迹大数据能够清晰反映中国联通用户的行为轨迹及属性标签，经过脱敏处理后，实现不同时空、用户属性视角下的数据统计，根据需求研判城市中网格尺度的人群特征。本研究利用中国联通提供的手机信令数据可以提供年龄、户籍地、性别、常住人口等用户属性，经过对栅格中的人口比例计算，得到敏感性指标结果。

（3）房产信息数据

安居客上拥有各居住小区二手房销售挂牌价、建成年代、建筑类型、住区坐标等数据，通过爬取安居客居住小区信息页面可以用于住区分类，以及构建房价、建筑年代、建筑类型等坐标。

（4）基础地理信息数据

1）广州建筑轮廓信息：为广州市建筑AutoCAD数据提取建筑面和建筑高度数据，在本研究中用于构建建筑容积率、天空开阔度等指标。

2）水体数据：从开源街道地图（Open Street Map，简称OSM）获取水体线要素数据，主要用于水体接近度指标的计算。

（5）百度/高德兴趣点、兴趣区数据

1）百度兴趣区（Area of Interest，简称AOI）：兴趣区域数据主要指的是与百度地图相关的地理空间数据，这些数据用来定义用户感兴趣的特定地理区域。通过百度AOI中的"住宅区"类目可以提取各类住区的轮廓。

2）高德兴趣点（Point of Interest，简称POI）：兴趣点数据是指由高德地图收集和维护的一系列地理位置兴趣点信息。通过高德POI可以获取公园绿地、医疗设施、遮蔽纳凉空间和公共交通等有利于防热的POI坐标点，从而构建它们对应的接近度指标。

## 2. 数据预处理技术与成果

（1）住区分类

本研究依据表3-1进行住区分类。首先进行住区轮廓的清洗，对于百度AOI数据，去除重叠居住区，对于城中村论文识别数据集，考虑到时间尺度上的可能变动，研究根据谷歌地球卫星影像进行了校核。然后将安居客上得到的住房属性数据与住区轮廓数据进行链接，住区特征数据缺失较严重的住区被剔除。最后根据住区的年代、名称特点和权属类型将住区完成分类，进行类别标签和编号，得到分类住区。

住区分类依据　　　　表3-1

| 类别 | 年代[1] | 名称特点 | 权属类别 |
|---|---|---|---|
| 商品房小区 | 2000年以后 | — | 商品房 |
| 老旧传统小区 | 2000年及以前 | — | 商品房，小产权房 |
| 单位大院 | 2000年及以前（极少部分为2000年之后） | "大院""宿舍""职工""大学"或带有明显单位名称 | 军产房，单位集体自建房，小产权房，商品房 |
| 城中村 | 2000年及以前 | "村" | 集体租赁住房和城中村，小产权房，自建房，商品房 |

注：1 年代划分依据：广州市人民政府办公厅发布的《广州市老旧小区改造工作实施方案》，将2000年底前建成的小区定义为老旧小区。

（2）住区热脆弱性指标计算

1）手机信令数据

它们的原始数据为栅格内各年龄段、各性别、各户籍地的人口数量和总常住人口数据，统计栅格内老年人（≥60岁）、女性、非本地户籍的人口数量，通过相应特征人口数/总人口数计算各类人口比例，再将栅格数据分配至各个住区，其中跨栅格的按面积比例分配。

2）房产信息数据

为了保证数据的可靠性与完整性，需要收集多年的小区二手房销售挂牌价、建成年代、建筑类型、住区坐标等数据，与住区轮廓数据进行链接。对多年的数据进行合并与校正、房价取均值，确保信息的可靠性。

3）基础地理信息数据

对于建筑轮廓信息，研究需要将重叠的建筑轮廓进行清洗，确保每个建筑轮廓独立，并对建筑高度进行筛查，将超高或超低的不合理高度数据进行清除或用周边500m内建筑的均值替换。

对于水体，研究将水体线要素打断为100m线段，取每个线段的中点作为水体设施点，以便进一步的接近度处理。

## 四、模型算法

### 1. 模型算法流程及相关数学公式

**（1）住区分类**

基于住区管理的相关文献，对不同住区的产权、管理模式、管理层级、治理手段进行梳理，确定住区分类依据，明晰住区决策流程与特质。

**（2）基于文献的初步策略**

依据卫健委提供的广州市民健康手册、政府间气候变化专门委员会第六次报告与各类热风险管理相关文献的高温响应管理职责框架，以及现有实践的各类防热措施，构建不同类型住区的针对性热脆弱性改善举措及其责权落实清单，明确来自政府、社会和市场的多元主体的热改善责任，为后续的热脆弱改善策略确定基础框架。

**（3）基于数据的热脆弱住区识别**

基于已有文献得到热脆弱性测度的框架及其所需数据如表4-1所示。对各类指标进行计算，并统计和对比不同类型住区的各类指标平均值、最小值、最大值和方差，用以明确不同类型住区的热脆弱性指标特质。

1）暴露程度

LST能反映城市中热空间的分布，它通过反演Landsat 8的数据计算得到。研究采用三年平均夏季最大LST来表示该变量。即在谷歌地球开发平台（Google Earth Engine，简称GEE）上获取了三年内每年6~8月的LST最大值影像，影像中每个30m×30m单元的LST数值都是该年夏季内的LST最大值。进一步地，研究计算三年LST最大值的平均值，并确保得到影像可以100%覆盖研究住区。GEE代码修改自文献。NDVI同样是基于GEE平台得到三年的NDVI最大值，然后计算了住区所覆盖的30m栅格的NDVI的三年最大值的平均值作为住区指标数值。由于是表达暴露程度，所以研究还对NDVI进行了负向项指标处理。

2）敏感性

敏感性指标包括老年人、青少年、女性和流动人口的比例，它们被认为是容易受到高温负面影响的群体。它们的原始数据为栅格内各年龄段、各性别、各户籍地的人口数量和总常住人

住区热脆弱性测度数据说明　　　　　　　　　　　　　　　　　　表4-1

| 类别 | 指标 | 指标含义 | 数据描述 | 数据来源 |
|---|---|---|---|---|
| 暴露程度 | LST | 3年平均夏季最大LST | 栅格数据 | Landsat 8 |
| | NDVI | 3年平均夏季最大NDVI | 栅格数据 | Landsat 8 |
| 敏感性 | 老年人比例 | 老年人（≥60岁）占总人数比例 | 栅格数据 | 手机信令数据 |
| | 青少年比例 | 青少年（0~20岁）占总人数比例 | | |
| | 女性比例 | 女性占总人数比例 | | |
| | 流动人口比例 | 非本地户籍人口占总人数比例 | | |
| 适应能力 | 房价 | 二手房销售挂牌价 | 表格数据 | 安居客房产交易平台 |
| | 建筑年代 | 建筑建成年代距今年份数 | | |
| | 建筑类型 | 依高度划分的建筑类型 | | |
| | 容积率 | — | 矢量面数据 | 国家基础地理信息中心 |
| | 天空开阔度（Sky View Factor，简称SVF） | — | | |
| | 水体接近度 | 住区中心到相应设施点的最短步行路径距离 | 矢量线数据 | Open Street Map |
| | 公园/绿地接近度 | | 矢量点数据 | 高德地图 POI |
| | 医疗设施接近度 | | | |
| | 遮蔽纳凉空间接近度 | | | |
| | 公共交通接近度 | | | |

口数据，统计栅格内老年人（≥60岁）、女性、非本地户籍的人口数量，通过相应特征人口数/总人口数计算各类人口比例，再将栅格数据分配至各个住区，其中跨栅格的按面积比例分配。

3）适应能力

①住房特征

住房特征中的房价表征了住区的品质（包括房屋质量和物业水平等）和居住人群的经济水平，其数据来自于安居客房产交易平台各住区的二手房销售拍挂价，本研究对各住区计算了近三年的房价平均值。建筑年代常用于表征住区内建筑的质量，该指标用建筑建成年代距今的年份数表示，并进行负向项指标处理。建筑类型是依高度划分的，可以表征遮阳和通风效果、建筑质量等，1～5分别表示低层、多层、小高层、高层和超高层，混合类型的住区求平均值。容积率和天空开阔度都是基于建筑的轮廓、面积和高度计算的，其中容积率=Σ（建筑底面积×层数）/住区总面积。SVF是一个用来描述一个特定点上方天空的开阔程度的指标，SVF定义为一个点上方半球空间内无遮挡天空的面积与整个半球面积的比例。研究计算了每20m栅格内的SVF，然后计算了每个住区所包含的栅格的SVF平均值，再进行负向项指标处理。高密度建筑区可能会形成"热岛效应"，而SVF较大意味着遮阳的缺乏，二者的数值越高意味着住区的适应能力越弱。

②住区的外界资源可及性

水体、公园绿地、医疗设施、遮蔽纳凉空间和公共交通都能有效减缓居民在高温天气下的炎热感受和刺激，缓释资源丰富的住区被认为具有更高的热适应性。医疗设施包括综合医院、诊所、住区卫生服务中心，遮蔽纳凉空间包括住区中心、文化宫、图书馆、展览馆、博物馆等，公共交通包括公交车站、地铁站、长途汽车站。对于各类资源设施，本研究调用高德应用编程接口（Application Programming Interface，简称API）获取住区中心到设施POI的最短步行路径距离，并进行负向项指标处理。

4）住区热脆弱性指数计算及分布

本研究对暴露程度、敏感性和适应能力三个方面的指标分别进一步简化。暴露程度表达为LST与NDVI的平均值，敏感性和适应能力则通过主成分分析（Principal Components Analysis，简称PCA）得到。

对于综合热脆弱性指数的计算，使用表达方式：综合脆弱性指数=暴露程度+敏感性-适应能力。

在得到各住区的综合热脆弱性指数后，制作暴露程度、敏感性、适应能力、综合热脆弱性指数的住区分布图，并进行住区类型统计，明确不同类型住区的高温脆弱性特征。并通过核密度方法对分类热脆弱住区进行热点制图，对重点施策的空间给予引导。

（4）基于调研的典型住区应用校验

为了探究其测度结果与现实情况的贴合度，以及不同类型住区的针对性热脆弱性改善举措及其责权落实清单在现实中的可实施性，本研究选取了典型住区，从自下而上的视角，通过实地调研对自上而下视角的研究结果进行检验和校正，并通过实地调研情况来完善热脆弱性改善对策。

（5）热脆弱性改善策略清单

根据目前的住区分类，在基于文献的初步策略框架下，将基于数据的热脆弱住区识别作为空间热点和具体脆弱方面的参考，以基于调研的典型住区应用校验作为补充，形成完善的热脆弱性改善策略清单，明确不同类型住区的热脆弱性重点改善空间、改善路径、行动重点及责权落实，行之有效地提供实际指引。

## 2. 模型算法相关支撑技术

（1）LST计算

地表温度（LST）是评估城市热岛效应、农业土地评估和气候变化研究等环境和生态条件的重要参数。LST是从Landsat系列卫星数据中得出的，使用的方法确保了不同卫星传感器之间的一致性，并利用了GEE的计算能力。

LST的计算采用了统计单窗口（Statistical Mono-Window，简称SMW）算法，这是一种经验方法，将单个热红外（Thermal Infrared，简称TIR）通道的大气顶亮度温度与LST相关联。SMW算法简洁且易于校准，适合在GEE中实现（图4-1）。算法表达如下：

$$LST = A_i \cdot Tb_c + B_i \cdot \left(\frac{1}{\epsilon} - 1\right) + C_i \quad (4-1)$$

式中，$Tb_c$表示TIR通道的大气顶亮度温度，$\epsilon$是相同通道的地表发射率，$A_i$、$B_i$和$C_i$是通过线性回归模拟得出的算法系数，这些模拟是针对不同的总柱水汽（Total Column Water Vapor，简称TCWV）类别进行的。

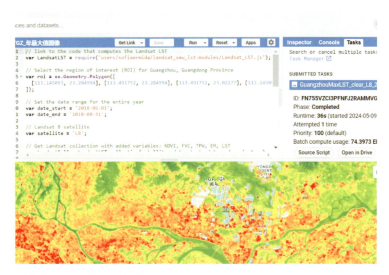

图4-1　GEE中获取LST

（2）住区的外界资源可及性

调用高德API来获取住区中心到各类设施的兴趣点（POI）的最短步行路径距离，需要遵循以下步骤（图4-2）：

1）注册高德开发者账号。

2）创建应用：在高德开放平台中创建一个新的应用，获取应用的“appKey”。

3）设计请求参数：确定起点（住区中心）和终点（POI）的经纬度坐标。确定其他请求参数，即：步行模式。

4）编写请求代码：使用HTTP客户端库（如Python中的requests库）来发送请求。构造API请求URL，包括基础URL、起点坐标、终点坐标、“appKey”等参数。

5）发送请求并处理响应：发送请求到高德API服务器。接收并解析API返回的数据，通常为JSON格式。

6）解析路径信息：从返回的数据中提取步行路径的距离和预计所需时间。

7）数据存储：将获取到的路径信息存储到数据库或文件中，以供后续分析使用。

```
import requests
import json

# 设置起点坐标和终点坐标
origin = "30.287459,120.147778"  # 住区中心经纬度
destination = "30.287637,120.147369"  # POI经纬度

# 设置高德API的URL模板
url = "https://restapi.amap.com/v3/direction/walking?"

# 设置请求参数
params = {
    "origin": origin,
    "destination": destination,
    "key": "你的appKey",  # 替换为你的应用appKey
}

# 发送请求
response = requests.get(url, params=params)

# 解析响应
if response.status_code == 200:
    data = response.json()
    # 获取路径信息
    route = data.get("route", {})
    distance = route.get("distance", 0)  # 获取距离
    duration = route.get("duration", 0)  # 获取预计所需时间
    print(f"步行距离: {distance}米, 预计时间: {duration}秒")
else:
    print("请求失败，状态码: ", response.status_code)
```

图4-2　部分代码示例

## 五、模型应用实证及结果解读

（1）研究范围

广州市（东经112°57′~ 114°3′，北纬22°26′~ 23°56′）位于中国南部地区，主要是平原和丘陵。该地区属亚热带湿润季风气候，四季分明。年平均降水量约为1800mm，其中大部分落在夏季。本研究的研究区域是广州市中心城区，包含天河区、海珠区、越秀区、荔湾区四个市辖区，总面积约318.17km$^2$，是广州市城市化水平最高、人口和建筑物最为集中的区域，拥有复杂的经济、社会、环境特性，对于城市热脆弱性研究具有典型性。

（2）住区分类

依据图5–1列出的分类住区产权与管理特质，我们将广州市中心城区的住区分为商品房小区、单位大院、老旧传统小区和城中村四类。最终得到住区共1788个，其中商品房小区695个、老旧传统小区738个、单位大院249个、城中村106个（图5–2）。

（3）基于文献的初步策略

结合现有的热管理文献、国际组织的指引要求以及广州已有的相关热风险防控措施，研究得到了不同类型住区的不同主体所需要承担的热改善职能（图5–3）。

图5-1 分类住区产权与管理特征

*"三供一业":2016年《关于国有企业职工家属区"三供一业"分离移交工作指导意见》,引导国企(含企业和科研院所)将家属区水、电、暖和物业管理职能从国企剥离,转由社会专业单位实施管理。

图5-2 分类住区轮廓

(4)基于数据的热脆弱住区识别

1)暴露程度

图5-4展示了不同类型住区的暴露程度空间分布与分级统计,结果发现城中村是暴露最严重的住区类型,而商品房小区的暴露程度最低。城中村整体的暴露程度远高于其他类型的住区,87.78%的城中村的暴露程度为4~5级,而其他类型住区处于4~5级暴露程度的都不超过45%。商品房小区的暴露程度最低,36.63%的小区暴露程度仅1~2级,其他类型住区的该比例不超过30%。除了城中村之外,商品房小区、老旧传统小区和单位大院的大多数住区暴露程度都处于3~4级(分别为53.75%、62.04%、57.4%)。

根据对不同类型住区暴露指标(图5-5)的分析发现,城中村的平均LST最高(311.19K)、NDVI最低(0.52),且城中村彼此之间的差距较小;商品房小区的平均LST最低

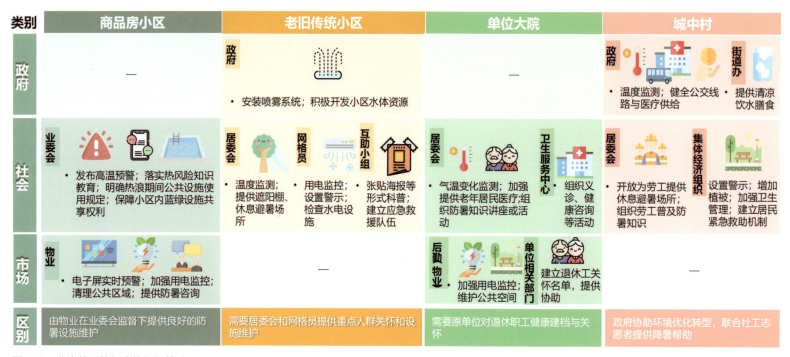

图5-3 分类住区的初步热缓解策略

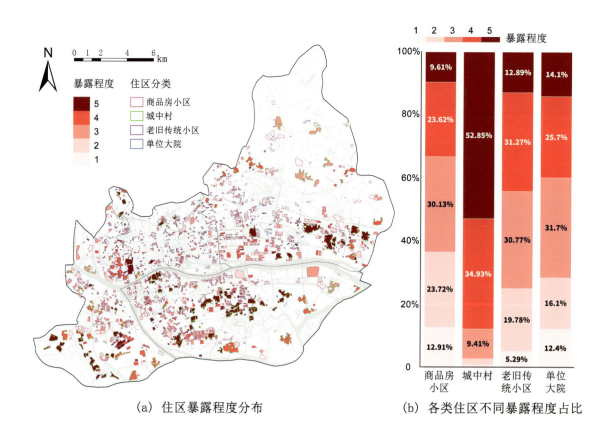

(a) 住区暴露程度分布　　(b) 各类住区不同暴露程度占比

图5-4 住区暴露程度分布与统计

（309.83K），除城中村外的住区类型NDVI均较可观，但同类住区之间也会存在一定差异。

2）敏感性

根据图5-6，各类型住区的敏感性均适中，但城中村是热敏感性最高的住区类型；敏感性较高的住区较为分散，主要分布在中心城区的近外围。具体而言，有19.8%的城中村敏感性为4～5级。其次为商品房小区，敏感性为4～5级的小区有10.7%。各类型住区的敏感性多处于第2级，其中商品房小区、老旧传统小区、单位大院处于第2级的住区都超过50%。

根据具体指标（图5-7）分析发现，城中村的平均老年人比例最低（14.9%），而青少年比例最高（8%）；老旧传统小区和单位大院则老年人比例较高，青少年比例较低；各住区女性和流动人口比例分布较均衡，但在数据测度中，城中村的流动人口比例普遍不高（平均值14.5%，方差约为0.005），最大值也是最低

图5-5 各类住区LST和NDVI统计值

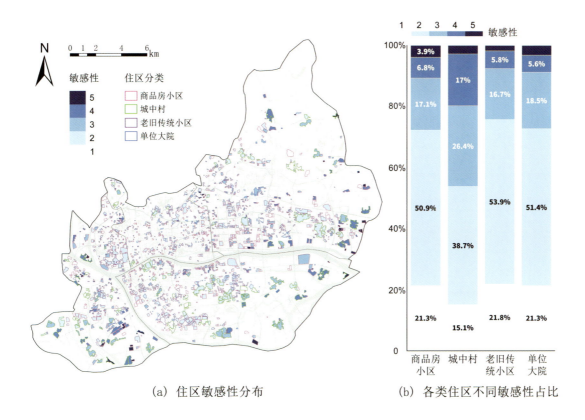

(a) 住区敏感性分布　　(b) 各类住区不同敏感性占比

图5-6 住区敏感性分布与统计

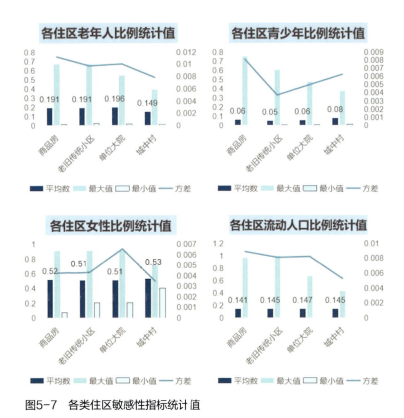

图5-7 各类住区敏感性指标统计值

的（约为40%）。

3）适应能力

根据图5-8，城中村和商品房小区适应能力较弱，主要分布在中心城区的近外围，与敏感性高住区的分布较类似；而老旧传统小区适应能力最强。具体而言，城中村和商品房小区均超过20%的住区适应能力在1~2级（26.43%和21.72%）。而老旧传统小区的适应能力最强，超过63.14%的老旧传统小区适应能力为4~5级。除了老旧传统小区之外，其他类型住区的敏感性多处于3~4级，比例均超过50%。

从具体指标（图5-9）分析中发现，在住房特征方面，商品房小区的房价水平（平均46021元/m$^2$）高于老旧传统小区（平均36796元/m$^2$）与单位大院（平均37514元/m$^2$），远高于城中村（平均20241元/m$^2$），且商品房小区同类之间差异大；老旧传统小区与单位大院建设年代更久，但单位大院同类之间差异大。而在设施接近度方面，老旧传统小区对各类防热设施都具有普遍较高的可达性；城中村除了医疗设施外，其他类型设施都需要补充，距离最近的水体和遮蔽纳凉空间平均都接近1km；商品房小区普遍

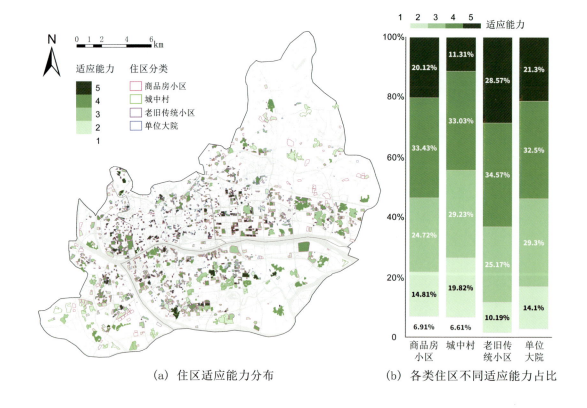

(a) 住区适应能力分布　　(b) 各类住区不同适应能力占比

图5-8 住区适应能力分布与统计

与公园绿地和医疗设施的接近度不足；部分单位大院需要提升医疗设施和公共交通接近度。

4）综合脆弱性指数

图5-10显示了各类住区的综合脆弱性指数结果，城中村的热脆弱性最高，其暴露程度、敏感性均为最高，适应能力最低；综合脆弱性指数较高的住区主要分布在中心城区的东部和南部。老旧传统小区的平均综合脆弱性指数最低，其适应能力最高，暴露程度与敏感性均适中，且同类住区内相对较均衡。

图5-9　各类住区适应能力指标统计值

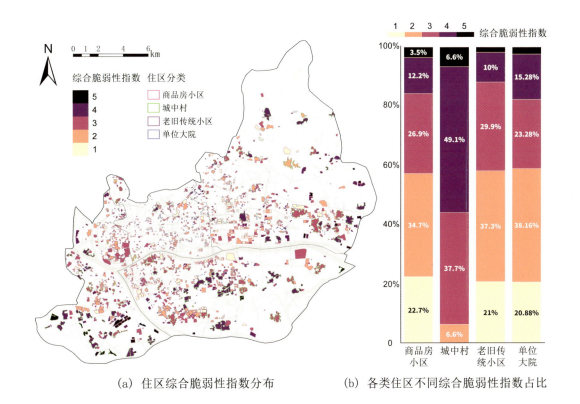

(a) 住区综合脆弱性指数分布　　(b) 各类住区不同综合脆弱性指数占比

图5-10　住区综合脆弱性指数分布与统计

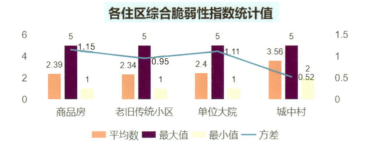

图5-11 各类住区综合脆弱性指数统计值

具体而言，城中村的综合脆弱性指数普遍较高，平均指数为0.712（3.56/5），不仅不存在等级为1的城中村，而且等级为4~5的比例高达55.7%，远超于其他类型的住区（不高于20%）。商品房和单位大院的4~5级比例较为相近（15.7%和17.68%），而老旧传统小区的比例最低，为11.8%，其平均指数为0.468（2.34/5）同样为最低。除了城中村之外，其他类型的住区的综合脆弱性指数多为第2级（约35%）或第3级（约25%）。整体而言，商品房小区和单位大院的各级比例分布较相似（图5-11）。

（5）基于调研的典型住区应用校验

1）典型住区选取

选取四种类型住区中综合脆弱性指数处于最高级，暴露程度、敏感性和适应能力以及空间与管理特质都具有代表性的住区（图5-12）。

2）住区热脆弱性特征调研

商品房小区对于热舒缓的空间品质明显优于其他三种类别，小区内植被丰富，有大量半室外的活动空间，还有良好的降暑设施，实际上居民感觉它的热脆弱性没有数据测度的那么严重。但也依然存在遮阴与休憩空间"不匹配"的问题，且属于小区范围内的小区底商街道也远没有小区内的良好品质，因此居民觉得酷暑下依然不清楚乘凉舒缓的空间。

单位大院与老旧传统小区的纳凉休憩空间品质都比较低，它们的活动休憩场地设施不足或者无人维护、遮阴不足日晒严重，还被机动车和非机动车占用，而且生活服务设施距离远，夏季会有出行负担。

而对于城中村而言，其在空间上确实因为楼间距的狭窄而不会有大量日晒，但它的热脆弱性更多来自于室内空间的恶劣，包括工厂与出租屋内，没有空调或者为了省钱不开空调，让他们需要长时间待在一个极度闷热的环境中。且城中村内嵌入的大量制衣工厂，还伴有机器产热，使得环境内的闷热感被加剧。龙潭村尽管有河涌穿过，但水体浑浊，不具备观景和游憩功能。

3）住区热管理特征调研

商品房小区良好的物业管理提供了系统的热防控举措，他们有完整的热防控方案。但社区居委层面的颐康服务站、党群服务驿站的防暑庇护、清凉休憩功能没有被执行。

单位大院的物业社会化并不顺畅，居民思维仍停留在单位包揽一切的阶段，自治小组依靠责任心驱动而动力弱，所以街道和社区的大量防热措施都没有办法在社区端得到落实。

老旧传统小区也存在物业管理水平低、租客多、产权人异地不会参与社区工作等问题，导致防热措施也无法推进。

城中村工作者社会保障不足，他们参保的意愿低、渠道少，无法得到良好的健康保障。村内生产缺乏规范管理，闷热环境下的工作时长难以管控。街道的防热设施多针对户籍人口，无法覆盖城中村的大量流动人口。

通过上述调研结果发现，除了热点制图与脆弱特征分析，实地调研还进一步反映出各类住区在热脆弱空间和管理上的实际情况，一方面对数据结果进行了补充与校正，另一方面也为热缓释措施提供了更完善的思路。

（6）热脆弱性改善策略清单

结合基于文献的初步策略和数据的热脆弱住区识别，以及基于调研的典型住区应用校验，研究得到各类型住区的改善策略，一方面提供了各类住区的热脆弱住区地图，及其相应的暴露程度、敏感性和适应能力指数，以便明确需要重点施策的住区，从而提高资源配置的效率；另一方面提供了各类住区热脆弱住区改善的具体路径，从暴露程度、敏感性和适应能力三个角度，明确了各改善方法的实施主体，保证了措施的可落地性。

1）商品房小区

在空间上，其热脆弱住区主要分布在天河区员村—车陂—三溪一带，以及荔湾区南部花地大道南一带，这些地区需要对其重点施策。关于暴露程度，开发商需要考虑树种及遮阴与休憩空间的匹配性，让绿植发挥可供夏日休憩的作用；业委会需要协助明确公共设施的使用规定，确保业主权益的落实。关于敏感性，街

## 商品房小区：中海花湾壹号

在数据测度结果中，该小区**综合热脆弱性达5级**，暴露程度、敏感性、适应能力均较弱势；**物业管理**成体系，**住区设计**在商品房小区中具有代表性

综合热脆弱性：5
暴露程度：5
敏感性：4
适应能力：2

| 劣势指标 | 数值（归一化数值） |
|---|---|
| NDVI | 0.8847 (0.233) |
| 女性比例 | 0.5994 (57.7%) |
| 房价 | 0.2216 (42385元/m²) |
| 水体接近度 | 0.4330 (2981m) |

## 单位大院：沙河濂泉西路95号大院（广铁）

该小区**综合热脆弱性达4级**，暴露程度、敏感性较弱势；经历了国企大院的"**三供一业**"分离移交，采用**行列式布局**，在单位大院中具有代表性

综合热脆弱性：4
暴露程度：5
敏感性：2
适应能力：3

| 劣势指标 | 数值（归一化数值） |
|---|---|
| LST | 0.6995 (314.136) |
| NDVI | 0.8270 (0.265) |
| 房价 | 0.1210 (25061元/m²) |

## 老旧传统小区：天华苑

该小区**综合热脆弱性达5级**，暴露程度、敏感性、适应能力均较弱势；其**环境与设施**年代久远，**物业管理**低价运营，在老旧传统小区中具有代表性

综合热脆弱性：5
暴露程度：5
敏感性：4
适应能力：2

| 劣势指标 | 数值（归一化数值） |
|---|---|
| LST | 0.6132 (312.994) |
| NDVI | 0.6829 (0.345) |
| 女性比例 | 0.7624 (71.44%) |
| 房价 | 0.2090 (40211元/m²) |

## 城中村：龙潭村南约（局部）

其**综合热脆弱性达5级**，暴露程度、敏感性和适应能力均弱势；**布局、产业、管理**能代表城中村常见情况；与湿地、城中村紧邻的环境更具复杂性

综合热脆弱性：5
暴露程度：5
敏感性：4
适应能力：2

| 劣势指标 | 数值（归一化数值） |
|---|---|
| LST | 0.7544 (314.863) |
| NDVI | 0.8414 (0.257) |
| 房价 | 0.1292 (26477元/m²) |

图5-12 选取实地调研住区

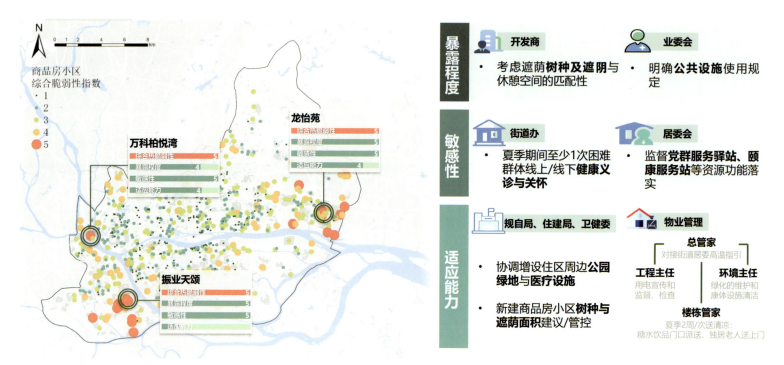

图5-13 商品房小区热脆弱改善策略

道办夏季期间至少1次提供困难群体线上/线下健康义诊与关怀，居委监督党群服务驿站、颐康服务站等资源功能落实，确保住区周边热缓释设施能发挥其应用的作用。关于适应能力，政府规自局、住建局、卫健委要注重协调增设住区周边公园绿地与医疗设施，减缓住区周边资源不足带来的脆弱性，新建商品房小区可以建议或管控树种与遮阴面积。物业管理需要设立系统的热防控举措，总管家对接街道居委高温指引，工程主任进行夏日用电宣传、检查和监督，环境主任进行绿化的维护和康体设施的清洁，楼栋管家定期送清凉（图5-13）。

2）单位大院

在空间上，其热脆弱住区分布较为零散，在海珠区中部略有集中，需要得到重点施策。关于暴露程度，街道办可以引入社会志愿服务协助社会化大院设施维护；居委会提供面向长者和外地劳工的简易物理警告，以确保高温提醒的方式与居民人口特质适配。关于敏感性，街道办联合卫生服务中心组织老年人义诊与健康咨询；居委会提供高温宣传科普、党群、颐康服务站老人和户外劳动者避暑服务，以弥补部分单位大院内部休憩空间不足的问题；原单位也要保证落实退休职工的健康建档及相关权益。关于适应能力，政府国资委、规自局、住建局、民政局要注重协调增设周边公共交通线路与医疗资源、完善"三供一业"后的大院管理过渡方案；原单位落实与社会的交接过渡，转变住户物业管理认知，将"一切靠单位"的思想转换为现代物业管理的思想，按时缴纳物业费，维护住区良好环境与管理（图5-14）。

3）老旧传统小区

在空间上，其热脆弱住区主要分布在天河区南侧和荔湾区南侧，需要得到重点施策。关于暴露程度，规自局、住建局、民政局积极推动老旧小区改造，优化活动休憩场所设施与遮阴植被，提供老旧小区管理应对方案，包括打包组团治理、促进资源共享等；街道办引入社会志愿服务协助老旧小区设施维护，为老旧小区居民保障良好的夏季休憩场所。关于敏感性，街道办需要联合卫生服务中心组织老年人义诊与健康咨询；居委会加强宣传科普和预警提醒，在党群、颐康服务站提供防暑消暑服务。关于适应能力，网格员协助加强夏季水电设施监测与维护，保障日常运作不受高温影响；居民建立社区工作自治组织，协助推进住区端的热风险防范措施落地、活用线上采买资源，尤其减轻老年居民夏季出行负担（图5-15）。

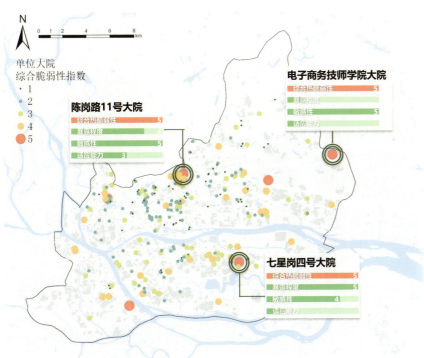

图5-14 单位大院热脆弱改善策略

图5-15 老旧传统小区热脆弱改善策略

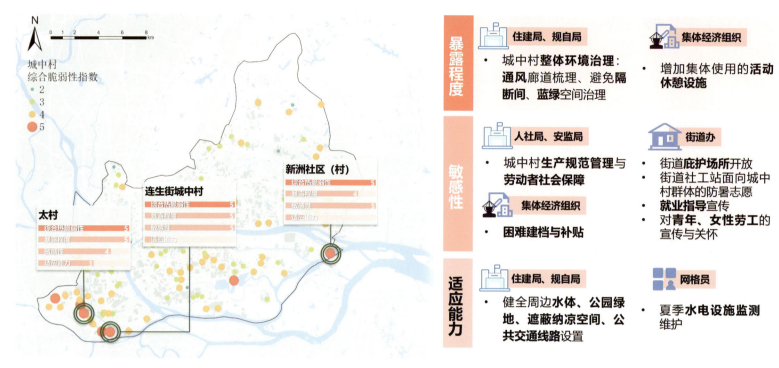

图5-16 城中村热脆弱改善策略

4）城中村

在空间上，其热脆弱住区主要分布在荔湾区南侧，需要对其重点施策。关于暴露程度，住建局、规自局积极推动城中村整体环境治理，重点包括对通风廊道的梳理、禁止通风不良的隔断间出租、治理与重新激活蓝绿空间等；集体经济组织也需要协助增加集体使用的活动休憩场所和设施。关于敏感性，人社局与安监局协助城中村生产规范管理与劳动者社会保障，改善城中村内生产环境与生产者弱势；街道办开放庇护场所，街道社工站面向城中村群体提供志愿服务，缓解街道与居委服务对城中村零覆盖的问题，还建议提供就业指导宣传及针对青年和女性劳工的夏季高温宣传与关怀；集体经济组织要进行高温困难户建档与补贴。关于适应能力，住建局与规自局要健全城中村周边水体、公园绿地、遮蔽纳凉空间和公共交通线路的设置；网格员协助夏季水电设施监测维护，保障夏日高温下的日常生活运行（图5-16）。

## 六、研究总结

### 1. 模型设计的特点

（1）理念先进性

以往的热脆弱性研究存在研究范式化，未与当地治理结合而难落地的问题，本研究加入住区分类治理的视角提高了研究的落地性，结合了俯视视角与仰视视角进行研究，使大数据和小数据可以互相校验与补充，结论更加切合实际，为热脆弱性研究提供了更具实用性的思路。

（2）方法先进性

①以往的研究者在全球的城市和地区、全市的基本统计单元等尺度上通过热脆弱性评估制图来发现脆弱性较高的地区，但其研究始终没有深入到住区精度。本研究依托高精度的多源大数据，实现了住区尺度的热脆弱性识别，有助于形成更细致的、针对住区管理的热脆弱性改善规划策略，大幅提高研究精度。②本研究提供了一套可迁移、易落地的城市高温规划应对模型。

（3）数据综合性与算法先进性

①为了实现住区精度的热脆弱性探测，本研究综合利用了大量高精度城市大数据，包括地理基础信息数据、遥感数据、地图兴趣面/点数据、房产交易数据、手机信令数据和社会经济属性数据。②对于大数据的处理算法，用到了GEE、高德API等平台和手段，使用PCA等方式进行数据降维。③本研究还结合了8次实地调研与46段深入访谈得到的小数据，弥补了完全依赖大数据的潜在盲点。

（4）结论实用性

①研究结果发现，该模型能良好地反映各类住区的脆弱住区空间热点和热脆弱特征，探测出城中村在热脆弱问题上的弱势地位，以便更好地给予重点施策。②该研究提供的多元主体施策框架，也能帮助政府等决策者更直观、可操作地对多类住区进行热脆弱改善。③实地调研发现大数据的研究可能还会存在对室内热环境和设施管理限制的缺乏考量，希望在未来的研究中不断完善与补足。

## 2. 应用方向或应用前景

本研究为各个城市的热脆弱住区监测和改善提供了完整的工具包，便于多地的应用推广，有效建设管理健康城市。

（1）城市热脆弱住区探测

在高温灾害频发的背景下，该模型能有效地帮助城市决策者找出城市中的热脆弱住区，清晰量化各类住区的热脆弱特征，明确热管理下的空间弱点和具体的弱势空间/社会/经济条件，从而可以更精准地对高热脆弱住区进行定位，以进一步施策和改善，构建具有气候韧性的健康住区。

（2）城市热脆弱住区分类改善

本模型针对不同类型住区的热脆弱特质，结合住区的管理模式，提供了有效的热脆弱改善框架，明确了住区管理中多元主体的热管理职责，可以被城市决策者结合当地实际应用于热脆弱改善实践中。

## 参考文献

[1] ZENG P, SUN F, SHI D, et al. Integrating anthropogenic heat emissions and cooling accessibility to explore environmental justice in heat-related health risks in Shanghai, China [J]. Landscape and urban planning, 2022, 226: 104490.

[2] ZHOU Y, LI N, WU W, et al. Local spatial and temporal factors influencing population and societal vulnerability to natural disasters [J]. Risk analysis, 2014, 34: 614-639.

[3] WOLF T, MCGREGOR G. The development of a heat wave vulnerability index for London, United Kingdom [J]. Weather and climate extremes, 2013, 1: 59-68.

[4] XIANG Z, QIN H, HE BJ, et al. Heat vulnerability caused by physical and social conditions in a mountainous megacity of Chongqing, China [J]. Sustainable cities and society, 2022, 80: 103792.

[5] GRIGORESCU I, MOCANU I, MITRICĂ B, et al. Socio-economic and environmental vulnerability to heat-related phenomena in Bucharest metropolitan area [J]. Environmental research, 2021, 192: 110268.

[6] 顾伟琦, 傅红. 城市人居环境热脆弱性评估及空间分布特征——以成都市主城区为例 [J]. 西部人居环境学刊, 2023, 38(6): 67-74.

[7] 刘成良. 城市社区物业管理类型与基层治理困境——基于社区类型分化的视角 [J]. 云南行政学院学报, 2017, 19(2): 29-36.

[8] 柯红波. 走向和谐"生活共同体"：城市化进程中的社区分类管理研究 [M]. 杭州：浙江工商大学出版社：2013.

[9] ZHAO L, REN H, CUI C, et al. A partition-based detection of urban villages using high-resolution remote sensing imagery in Guangzhou, China [J]. Remote sensing, 2020, 12(14): 2334.

[10] ERMIDA SL, SOARES P, MANTAS V, et al. Google earth engine open-source code for land surface temperature estimation from the landsat series [J]. Remote sensing, 2020, 12: 1471.

# 基于政策网络分析的都市圈规划绩效评估验证模型

**工 作 单 位：** 深圳大学建筑与城市规划学院
**报 名 主 题：** 面向生态文明的国土空间治理
**研 究 议 题：** 城市群与都市圈空间协同发展
**技术关键词：** 图论算法、社会网络分析
**参 赛 选 手：** 李叶凌、马涛
**指 导 老 师：** 洪武扬、杨晓春
**团 队 简 介：** 本项目研究团队来自深圳大学建筑与城市规划学院城乡规划系，由杨晓春教授与洪武扬研究员领衔指导，团队长期聚焦城市社会生态系统建模、空间大数据分析等领域，依托多项国家自然科学基金、国家重点研发计划等科研项目的支撑，通过产学研合作机制推动城市系统建模的技术创新。此外，本项目研究成果形成国家发明专利一项：一种基于模拟网络的区域发展差异分析方法（CN118037514A）。

## 一、研究问题

### 1. 研究背景及目的意义

（1）都市圈建设背景

党的二十大报告指出"以城市群、都市圈为依托构建大中小城市协调发展格局，推进以县城为重要载体的城镇化建设"。发展都市圈是解决大城市病的有效途径，同时也是吸引更多资金、人才和产业，推动区域整体协调发展的重要引擎。自2019年出台《国家发展改革委关于培育发展现代化都市圈的指导意见》后，我国都市圈建设如火如荼，截至2024年5月，已获批的国家级都市圈有14个（表1-1）。

（2）都市圈非均衡发展

自改革开放以来，我国的社会经济发展环境得到了极大的改善，但是，区域间和区域内的不平衡、不充分发展成为制约社会发展的主要矛盾。长期以来，我国的区域发展战略凸显了"协调"的发展理念，无论是积极稳妥推进城镇化，共建"一带一路"倡议，还是推进京津冀协同发展、粤港澳大湾区建设等一系列战略举措，均强调发挥地区之间的比较优势，通过专业化分工与协作，实现区域发展的良性互动与多赢局面。

但是在都市圈的现实发展中，我们经常可以观察到似乎相互矛盾的现象。一方面，长三角、珠三角等地都市圈内的小城市因临近主要区域中心城市而受益，经济发展动力十足；另一方面，京津冀地区核心城市辐射和带动功能明显不足。例如，亚洲开发银行通过实地调研后提出的"环京津贫困带"概念，即反映了京津冀地区城市间的较为严重的不平衡发展状况。建设都市圈是否会促进区域的整体发展？又是否有利于缩小都市圈内部城市间的

当前都市圈规划国家批复情况　　　　　　　　　　　　　　　　　　　表1-1

国家发展改革委批复的14个国家级都市圈

| 都市圈名称 | 获批时间 | 规划面积（km²） | 成员城市及区域 | 常住人口 |
|---|---|---|---|---|
| 南京都市圈 | 2021年 | 2.7万 | 南京、镇江、扬州、淮安、常州、芜湖、马鞍山、滁州、宣城 | 3500万 |
| 福州都市圈 | 2021年 | 2.6万 | 福州、莆田、宁德、南平、建瓯及平潭综合实验区 | 1300万 |
| 成都都市圈 | 2021年 | 2.6万 | 成都、德阳、眉山、资阳 | 2966万 |
| 长株潭都市圈 | 2022年 | 1.9万 | 长沙、株洲、湘潭 | 1484万 |
| 西安都市圈 | 2022年 | 2.1万 | 西安、咸阳、铜川、渭南、杨凌示范区 | 1802万 |
| 重庆都市圈 | 2022年 | 3.5万 | 重庆主城区，四川广安市 | 2440万 |
| 武汉都市圈 | 2022年 | — | 武汉、鄂州、黄冈、黄石 | — |
| 杭州都市圈 | 2023年 | — | 杭州、湖州、嘉兴、绍兴、衢州 | — |
| 沈阳都市圈 | 2023年 | — | 沈阳、鞍山、抚顺、本溪、辽阳、铁岭、阜新 | — |
| 郑州都市圈 | 2023年 | — | 郑州、开封、洛阳、平顶山、新乡、焦作、许昌、漯河、济源 | — |
| 广州都市圈 | 2023年 | 2万 | 广州、佛山、肇庆、清远 | 3257万 |
| 深圳都市圈 | 2023年 | 1.6万 | 深圳、东莞、惠州、河源、汕尾 | 3415万 |
| 青岛都市圈 | 2023年 | 2.2万 | 青岛、潍坊、日照、烟台 | 1558万 |
| 济南都市圈 | 2023年 | 2.2万 | 济南、淄博、泰安、聊城、德州、滨州 | 1810万 |

社会、经济发展差距？科学回答这一问题，有助于我们了解都市圈对区域内不平衡发展的影响，并为如何实现都市圈推动区域协调发展战略作用的政策讨论提供经验证据。

### 2. 研究目标及拟解决的问题

（1）研究目标：构建一套面向都市圈规划的政策绩效评估验证模型

都市圈发展是我国新型城镇化的重要载体和必经环节，在全国各省市竞相制定各类都市圈规划方案的现实背景下，比较和评价都市圈规划政策的治理绩效是城市研究者和实践者的重要任务。本研究首先基于政策网络视角提出一套规划治理政策的质性分析与量化统计相结合的政策网络建模方法；其次着眼于都市圈尺度，量化分析规划干预下的都市圈均衡与非均衡发展状态；最后从结构视角出发评估政策网络结构对区域均衡发展的作用，解析其中的关键的结构性因子，以期为都市圈规划政策的制定与优化提供借鉴思路（图1-1）。

（2）研究意义：准确评估都市圈规划对于区域发展的干预引导作用

学界普遍认为，解决区域发展合作问题需要整合各级政府部门、公共机构与公民的关注点，通过调整或改变政策制度结构，制定多项互补的政策以实现政策目标或提升治理效果，同时也应注意避免过度施政造成合作公共管理变成过度合作。都市圈的发展是一个均衡—非均衡动态演进的过程。对处于不同发展阶段的都市圈而言，均衡可能意味着不同的作用，对于雏形期的培育型都市圈，由于内部发展动力较少、资源要素不足，促进资源的局部集聚形成规模效应与极化效应可能更有利于都市圈整体竞争力的提升。如江苏、湖南等省提出的"强省会"战略，可能加剧不均衡。但是对于成熟型都市圈，前期发展过程中累积的资源要素在城镇化后期受空间、人力等成本的制约，更有可能向外转移产生

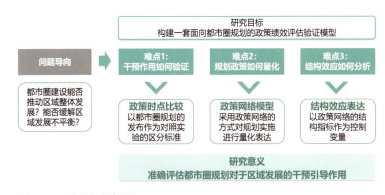

图1-1　研究目标框架图

滴滴效应。因此，准确评估都市圈规划对于区域非均衡发展的干预引导作用，可有效指导都市圈建设。

## 二、研究方法

### 1. 研究方法及理论依据

（1）政策网络理论

全球化背景下经济、社会、环境问题日趋严重与复杂，现代国家决策范围不断扩大而无法依靠官僚体制独立处理这些公共事务。政策增生（policy growth）现象加剧，这些国家的政策主体结构出现碎片化、部门化与分权化趋势，而整个社会"中心缺失"（centerless）的趋势也日益显现。要解决这些问题，相应政策的决策、执行可能需要涉及许多国际组织、各国政府、不同层级的政府部门、公营机构、社会团体和私有部门，这一过程中涌现出的众多利益相关者之间的错综复杂的社会关系即政策网络。

政策网络（图2-1）是指在公共政策过程中政府和非政府行动者间社会关系的总和，也是各方行动者围绕政策议题展开的竞争与合作博弈的结果。该理论因其能够解释复杂的决策过程而逐渐得到重视，政策网络是指政策过程中相互依赖的政府与非政府行动者之间互动关系模式的总称，能够表达政治与决策中行为者之间的结构关系、相互依赖和动态。英国学者罗茨对于这些行动者的类型进行了划分。以统计网络分析法构建的政策网络是一种有效的量化分析手段，可以将网络分解为节点和边，节点（Vertex）代表行动者，是网络的基本功能单元，边（Edge）是行动者之间的交互关系。对政策网络结构的准确测度与定量化分析具有极强的应用潜力，当前对复杂网络结构的分析主要包括度分布、社区模块、图层次、子图等指标。由于都市圈规划本身很难直接作为变量，因此采用政策网络作为中介，以网络形式表征都市圈规划的制定与实施成果，可以实现对都市圈规划的量化分析。

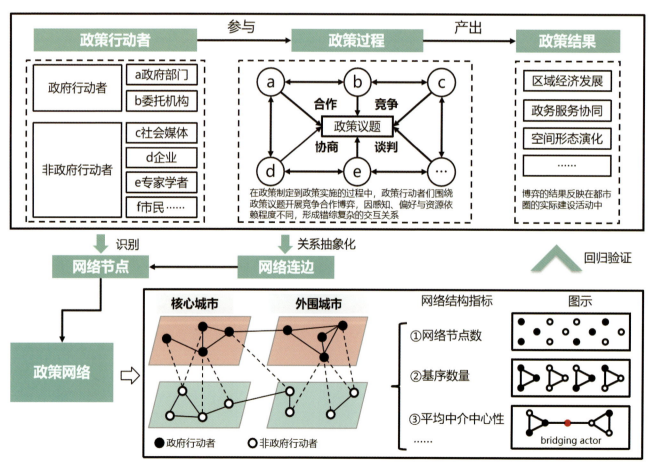

图2-1 都市圈内政策网络的形成过程

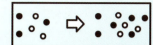 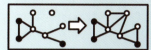 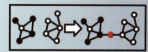
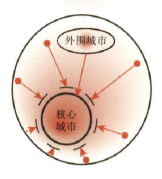 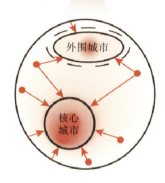 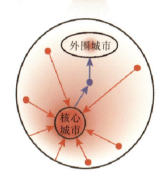

图2-2 网络结构干预区域发展的可能情景

都市圈规划可以通过优化资源配置促进区域的充分发展，如通过协商调整城市分工，优化产业结构配比，减少核心城市与周边城市的同质化、低效竞争，形成"功能多样、量级梯度有序、优势互补"的差异化格局，以促进区域社会经济的快速发展并提升都市圈的竞争力。政策网络的结构会影响到城市间的分工合作、发展方向、职能定位等，进一步引导生产要素流动过程呈现不平衡的发展状态，影响区域发展的均衡程度（图2-2）。网络的结构维度是我们关注的重点，现有研究表明网络的规模、密集程度和"桥梁"组织与网络有效性密切相关。

（2）实证计量模型选取

当前常用的实证模型方法有双重差分法（Difference-in-difference，简称DID）、工具变量法（Instrumental Variable，简称IV）、断点回归法（Regression Discontinuity Design，简称RDD）、倾向得分匹配（Propensity Score Matching，简称PSM）等。这些方法各有优缺点，综合考虑数据的可获取性和方法的效能，在研究规划政策对于区域整体发展的影响时，且不同都市圈的规划发布时间数据和区域社会经济面板数据较容易获取，因此可以采用双重差分法，而研究政策网络的结构效应时，网络结构的动态变化数据较难获取，因此无法做横向时间对比，故选取最小二乘法进行回归（图2-3）。

双重差分法是一种在计量经济学中常用的分析方法，它通过控制个体和时间固定效应，能够有效地估计政策变化或治疗对目标群体的影响。DID方法在政策评估、医学研究、社会科学和其他领域都有广泛的应用。双重差分法的优点在于：通过控制个体和时间固定效应，能够减少估计偏误和选择偏误，且实验设计和实施更为简单。但是该方法依赖于平行趋势假设且对数据要求较高。最小二乘回归（Ordinary Least Squares，简称OLS）是一种常用的参数估计方法，主要用于线性回归模型中。它的核心思想是通过最小化均方误差（Mean Squared Error，简称MSE）来估计模型的参数。OLS回归的优点显著，计算原理简单，容易实现，同时结果存在唯一最优解。但是其缺点在于当样本特征很大时，求解逆矩阵非常耗时，计算效率较低，且如果拟合函数不是线性函数，那么无法使用最小二乘法。

## 2. 技术路线及关键技术

本研究遵循"数据基础—理论支撑—技术方法—应用示范"的技术思路开展相关工作（图2-4）。数据基础阶段，设计网页爬虫从多源网站采集规划政策文本数据、政府官方媒体报道数据

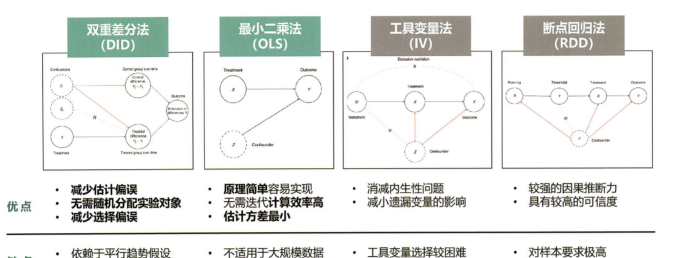

图2-3 实证模型比选

图2-4 技术路线图

与社会媒体报道数据，同时收集研究区域内的社会经济与空间建设数据，作为后续开展分析的基础。理论支撑阶段，系统梳理都市圈规划与政策网络研究的相关理论，寻找二者之间的耦合节点，并基于网络方法设计规划政策绩效的评估验证模型。技术方法阶段，首先采用双重差分模型对规划的干预区域发展的作用进行验证，其次确定政策网络建模方法流程，并对网络结构效应提出初步的假设验证方法。应用示范阶段，从经济发展差异的视角出发，选取我国的都市圈作为实证对象，通过分析回归结果确定影响区域发展差异的决定性因素。

## 三、数据说明

### 1. 数据内容及类型

（1）政策网络数据

政策网络的量化建模是一项具有挑战性的工作，特别是在大空间尺度范围和大样本量的情况下，传统的问卷调查或半结构化访谈法成本高得令人望而却步。近年来，诸多学者探讨了政策网络的构建方式，量化数据的来源范围不断得到扩展，包括政府文件文本、政府网站链接、新闻媒体报道等，媒体报道数据还被用来检验政策网络构建的准确性。

首先从各省市政府官网获取85项政府颁布的都市圈规划政策文件以及相应的发布时间，例如《上海大都市圈空间协同规划》和《南京都市圈发展规划》。然后设计网页爬虫分别采集34个都市圈内各城市政府网站的政府部门报道文章（1746篇）与媒体报道文章（6830篇），得到有效报道8576篇，其中媒体数据采集于百度搜索引擎，包括人民日报、新浪财经、澎湃新闻等媒体对都市圈的相关新闻报道。数据采集过程如图3-1所示。

（2）其他辅助数据

包括34个都市圈研究期间的经济总量、成员城市数量、建成区面积、专利授权数、基础设施建设、媒体监督、科学技术投入、教育投入以及国务院批复情况等数据，数据来源为中国城市统计年鉴和中国城市建设统计年鉴以及国务院官网，少量缺失数据采用线性插值法填补。变量数据与来源如表3-1所示，变量相关性热力图如图3-2所示。

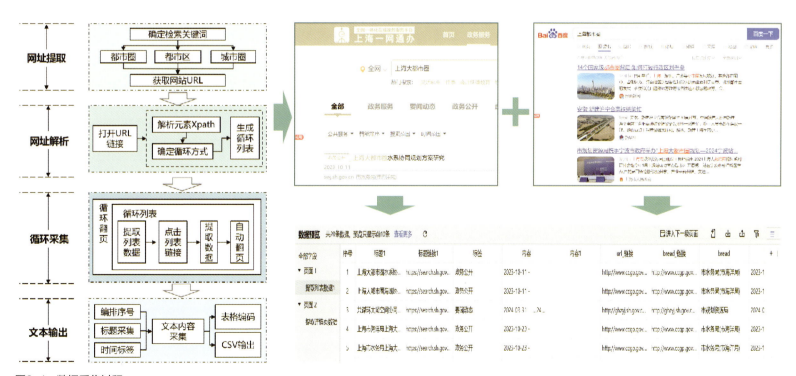

图3-1　数据采集过程

变量数据与来源汇总　　表3-1

| 变量 | 含义 | 预测关系 | 数据来源 |
| --- | --- | --- | --- |
| 均衡发展指数 | BDI指数变化2019—2022年 | N/A | 中国城市统计年鉴 |
| 网络规模 | 网络的节点数 | − | 计算得出 |
| 基序数量 | 网络中三阶子图的数量 | + | 计算得出 |
| 中介程度 | 网络的平均中介中心度 | + | 计算得出 |
| 图密度 | 网络中实际存在的边数与可容纳的边数上限的比值 | 控制 | 计算得出 |
| 聚类程度 | 平均聚类系数 | 控制 | 计算得出 |
| 紧密程度 | 某点到其他各点距离之和的平均值的倒数 | 控制 | 计算得出 |
| 链接型基序浓度 | 链接型基序浓度之和 | 控制 | 计算得出 |
| 都市圈规模 | 都市圈成员城市的数量 | 控制 | 中国城市统计年鉴 |
| 空间扩张 | 建成区面积变化 | 控制 | 中国城市统计年鉴 |
| 科技创新 | 专利授权数变化 | 控制 | 中国城市统计年鉴 |
| 基础设施 | 境内公路总里程变化 | 控制 | CEIC数据库 |
| 媒体监督 | 新闻报道数量加1的自然对数 | 控制 | 百度 |
| 政府报道 | 政府报道数量加1的自然对数 | 控制 | 各城市政府 |
| 是否国务院批复 | 1：得到批复；0：未得到批复 | 控制 | 国务院官网 |
| 科技投入 | 城市政府科技支出 | 控制 | 中国城市统计年鉴 |
| 教育投入 | 城市政府教育支出 | 控制 | 中国城市统计年鉴 |

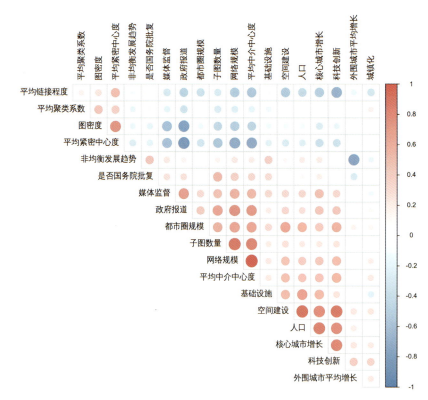

图3-2　变量相关性热图

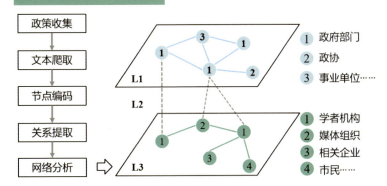

图3-3 政策网络构建流程图

## 四、模型算法

### 1. 模型算法流程及相关数学公式

（1）网络结构变量

1）网络规模$N$指网络中节点的总数，网络的平均度$k$是网络中每个节点平均拥有的节点数，公式如下：

$$k = 2L/N \quad (4-1)$$

式中，$N$为网络中的节点总数，$L$为网络中的边总数。

2）基序是指网络中局部节点形成的特定图案，三阶基序是由三个节点形成的联通的三角形结构，表征的是一种强联结关系，能够促进成员间的承诺与互惠并强化连结，基序数量即网络中的联通节点三元组的总数，可以采用指数随机图模型（ERGM）对网络中的基序进行分析。指数随机图模型是一种概率模型，能准确捕捉节点之间的相互依赖关系和网络拓扑结构，适用于描述复杂的网络结构。它可以处理各种类型的变量，包括内生结构变量、节点属性变量和网络协变量。采用ERGM分析了政策网络中政府与非政府节点之间的交互模式，计算各类基序的数量，运算过程在FANMOD平台实现，模型公式如下：

$$P_r(Y=y) = \left(\frac{1}{k}\right)\exp\left\{\sum_v \alpha_v g_v(y)\right\} \quad (4-2)$$

式中，$P_r(Y=y)$表示实际观测网络$y$在ERGM模拟网络$Y$中出现的概率；$v$为三阶基序变量种类；$g_v(y)$为变量$v$的网络统计量；$\alpha_v$为变量$v$的网络驱动效应；$k$为归一化系数，保证计算概率在$0\sim1$区间。

3）图密度是在一个给定网络中的关系（边）的数目与网络中的节点之间的可能的关系的总数的比率，反映网络中节点之间的平均联系程度，计算公式如下：

$$D = \sum_{i=1}^{N}\sum_{j=1}^{N}\frac{d(n_i, n_j)}{k(k-1)} \quad (4-3)$$

式中，$k$为节点数；$d(n_i, n_j)$为节点$n_i$与$n_j$之间的连边量。

4）平均中介中心性可以表征网络的桥接程度。一个节点的中介中心性是其他任意两个节点之间的所有最短路径经过该节点的次数，公式如下：

$$C_B(v) = \sum_{s \neq v \neq t}\frac{\sigma_{st}(v)}{\sigma_{st}} \quad (4-4)$$

式中，$\sigma_{st}$指的是从节点$s$到节点$t$的所有最短路径的总数；而

### 2. 数据预处理技术与成果

（1）网络构建流程（图3-3）

利用"关系数据"来构建网络模型已逐渐成为研究现实社会的新方法，已有学者采用类似方法对国内都市圈的政策网络进行了评估，涵盖了经济产业和生态协同等主题。首先运用人工判读与NLPIR-Parser语义分析软件相结合的方式从中识别政策行动者关键词，生成政府行动者与非政府行动者两类节点集；其次采用NVivo Plus 12.2软件对材料进行手动编码，提取政策行动者点对之间的语义关联生成边集。举个简单的例子，在《上海大都市圈空间协同规划》中提到该文件由"上海市人民政府、江苏省人民政府、浙江省人民政府联合印发"，则在这三个政府节点两两之间形成连接；最后将点边数据输入Gephi 0.9.2进行分析与可视化。最终数据以csv表格形式进行存储。

（2）都市圈非均衡发展测度

基于经济差异视角，我们构造了BDI指数来表征都市圈非均衡发展水平，BDI是指都市圈内核心城市的GRP与外围城市的平均GRP的比值，公式如下：

$$\text{BDI} = \frac{G_c}{G_p} \quad (3-1)$$

式中，$G_c$、$G_p$分别表示都市圈内核心城市、外围城市一年内的地区生产总值。一段时间内BDI的上升表示区域内核心城市的发展速度大于边缘城市，都市圈在此期间趋向于非均衡的极化发展，反之亦然，我们计算了2019—2022年各都市圈的BDI变化值作为网络结构效应的被解释变量。

$\sigma_{st}(v)$则是这些从节点$s$到$t$的最短路径中，经过节点$v$的那部分最短路径的数量，且节点$v$不能是最短路径的起点或者终点。

5）平均紧密中心性用于评价平均一个结点到其他所有结点的紧密程度，如果节点到图中其他节点的最短距离都很小，那么它的接近中心性就很高。相比中介中心性，接近中心性更接近几何上的中心位置，公式如下：

$$C(i) = \frac{1}{\sum_{j \neq i} d(i,j) N(N-1)} \quad (4-5)$$

式中，$d(i,j)$为从节点$i$与节点$j$之间的最短路径长度。

6）平均聚类系数是用来衡量节点之间紧密连接程度，是网络中节点集结成团的程度的测度指标。通过计算节点的邻居节点之间的边数与可能的边数之比来衡量节点的聚类情况：

$$C = \frac{1}{N} \sum_{i=1}^{N} \frac{2E_i}{k_i(k_i-1)} \quad (4-6)$$

式中，$E_i$是节点$i$的邻居节点之间边的数量，$k_i$是节点$i$的度数。

（2）双重差分法模型（Difference-in-Differences，简称DID）

在都市圈发展规划的政策效应分析中，由于各都市圈发布发展规划政策的年份有所不同，故而本文将采用多期双重差分模型来对规划的政策效应开展评估。DID是政策评估中常用的一种方法，其核心概念是利用公共政策的外生实施引起的横断面和时间序列双重差异来识别公共政策的"治疗效果"。样本城市分为两组——受政策影响的治疗组（有发布正式规划的都市圈）和不受政策影响的对照组（没有发布正式规划的都市圈）。通过比较治疗组和对照组之间、政策实施前后的都市圈生产总值变化，DID模型可以确定都市圈规划（MAP）对区域发展的净影响。公式如下：

$$Y_{i,t} = \alpha_0 + \alpha_1 \cdot MAP_{i,t} + \alpha_2 \cdot X_{i,t} + \mu_i + v_t + \varepsilon_{i,t} \quad (4-7)$$

式中，$Y_{i,t}$为核心被解释变量，以都市圈的总grp衡量；$MAP_{i,t}$是政策效应变量，如果第$i$个城市在第$t$年发布或已经实施都市圈规划政策，变量取1，在其他情况下取0，其系数$\alpha_1$是政策效应；$X_{i,t}$是模型的控制变量，$\mu_i$和$v_t$分别为个体固定效应和时间固定效应；$\alpha_0$为常数项；$\alpha_1$、$\alpha_2$是待拟合的参数；$\varepsilon_{i,t}$表示误差项。

（3）最小二乘法模型（Ordinary Least Squares，简称OLS）

针对假设2，采用OLS模型对政策网络结构变量的政策效应进行分析，公式如下：

$$Y = \beta_0 + \beta_1 NS_1 + \beta_2 NS_2 + \beta_3 SE + e \quad (4-8)$$

式中，$Y$代表因变量，即2019—2022年期间中国各都市圈非均衡发展程度，以grp的变化趋势代表；$NS$表示自2019年后14个都市圈形成的政策网络的主要结构性指标，$NS_1$为主要解释变量，包括网络规模、基序数量和平均中介中心性；$NS_2$为其他网络结构控制变量；$SE$表示社会经济控制变量；$\beta_0$为常数项；$\beta_1$、$\beta_2$、$\beta_3$是待拟合的参数；$e$表示误差项。

## 2. 模型算法相关支撑技术

（1）节点编码 NVivo Plus 12.2

Nvivo是一款专业的定性数据分析软件，广泛用于社会科学研究中对文本、音频、视频、图片等数据的编码和分析。采用NVivo Plus 12.2软件辅助政策网络的节点编码，首先在NVivo中创建一个新项目，将网络数据文本文件导入到Nvivo项目中，以手动编码的形式对政策文本进行节点识别与关系提取，最后将数据输出为CSV表格。

（2）网络可视化 Gephi 0.9.2

Gephi是一个开源的网络分析和可视化软件，广泛用于处理和可视化大型网络数据。首先以CSV表格的形式导入Gephi，剔除掉重复的边或节点后进行平均度、模块度、平均聚类系数等指标计算，最后定制节点的大小、颜色、形状和标签，以及边的颜色、粗细和透明度，以PNG图片形式输出。

（3）回归分析软件 Stata MP 17

Stata是一款统计分析软件，广泛用于经济学、社会科学、医学等领域的数据分析。基于Stata软件进行双重差分与最小二乘法回归分析，首先使用gen（生成新变量）和replace（替换变量值）命令来创建所需的交互项，最后输出交互系数、标准误、t统计量和p值等，以评估解释变量对结果变量的影响。相关代码如图4-1所示。

```
use "C:\Users\lee\Desktop\DID\pingxing\pxcore1.dta", clear
drop y ln_y
drop _merge
merge m:m ma using onlyY.dta
gen ln_y= ln(y)

label var did "政策发布" //政策虚拟变量
order did ma year time ln_y

xtset ma year

*未加入控制变量
xtreg ln_y did i.year, fe vce(cluster ma) //聚类稳健的标准误

*控制变量
global X "x1 x2 x3"

*加入控制变量
xtreg ln_y did $X i.year, fe vce(cluster ma)

*****************平行趋势检验*****************
gen policy = year - time //生成政策时点前后期数，year是政策发版年份
tab policy
replace policy = -5 if policy < -5
replace policy = 10 if policy > 10

forvalues i=5(-1)1{
    gen pre`i'=(policy==-`i')
}

gen current= (policy==0)

forvalues i=1(1)10{
    gen post`i'=(policy==`i')
}

drop pre1 //将政策前第一期作为基准组，很重要！！！

*两个命令回归结果一样
xtreg ln_y pre* current post* i.year, fe vce(cluster ma)
reghdfe ln_y pre* current post*, absorb(ma year) vce(cluster ma)
```

```
import numpy as np
import matplotlib.pyplot as plt

class nomalEquation(object):
    def __init__(self, X, y):
        """
        初始化
        """
        self.y = y
        self.shape = X.shape  # shape函数返回一个存储维数的矩阵
        self.m = self.shape[0]
        self.nPlus = self.shape[1] + 1  # shape[0],shape[1]
        self.ones = np.ones((self.m, 1))
        self.X = np.concatenate((X, self.ones), axis=1)  #
        self.theta = self.calTheta()

    def calTheta(self):
        """
        利用最小二乘公式计算theta值
        """
        inv = np.linalg.pinv(np.matmul(self.X.T, self.X))
        self.theta = np.matmul(np.matmul(inv, self.X.T), self.y)
        return self.theta

def createData():
    """
    """
    X =5 * np.random.rand(1000, 1)
    theta = np.array([[5]])
    y = np.matmul(X, theta) + 2
    salt = np.random.randn(1000, 1) #
salt表示扰动, randn能产生的随机数呈正态分布
    y = y.reshape((-1, 1)) + salt #reshape用于特征缩放
    return X, y

def main():
    X, y = createData()
    print(X, y)
    plt.scatter(X, y)
    nol = nomalEquation(X, y)
    thetaFinal = nol.theta
```

图4-1　局部代码展示

## 五、实践案例

### 1. 模型应用实证及结果解读

（1）实证对象

综合已发布的《中国都市圈发展报告2021》《2022中国都市圈发展力白皮书》等文件，选取34个都市圈作为分析对象。考虑研究区域的一致性，以地级市为基本单元（表5-1）。

（2）规划干预作用验证

从经济发展视角出发，以34个都市圈的经济总量作为被解释变量，以正式规划的发布时间作为政策时点，同时对科技投入、教育投入、空间建设等进行控制。平行趋势检验的结果如图5-1所示，2张分图的因变量依次是区域增长、核心城市增长（均取对数）。我们发现，平行趋势假设在以区域整体增长作为因变量时成立，在以核心城市增长作为因变量时不成立，这说明都市圈规划政策的实施可以促进区域整体的协调增长，但是对于核心城市个体而言，其作用并不稳定。基准回归结果如表5-2所示，无论是否加入控制变量，都市圈规划都对区域整体发展具有显著的正向作用。

（3）政策网络结构效应

从区域经济均衡发展视角出发，以都市圈核心城市与外围城市GDP比值在研究期内的变化量作为被解释变量（为正则说明核心城市发展快于外围城市，反之亦然），以政策网络结构指标作为自变量，同时对人口、城镇化、科技创新、空间建设等进行控制。计量模型回归结果如表5-3所示，采用Stata MP 17.0进行数据处理与回归分析，分别评估了政策网络结构对都市圈内各城市间的非均衡发展水平及核心城市增长的影响。

各都市圈的成员城市与政策网络规模　　表5-1

| 编号 | 都市圈名称 | 核心城市 | 外围城市 | 行动者总数 | 政府行动者 | 非政府行动者 |
|---|---|---|---|---|---|---|
| M1 | 上海大都市圈 | 上海 | 苏州、无锡、常州、南通、嘉兴、湖州、宁波、舟山 | 667 | 274 | 393 |
| M2 | 首都都市圈 | 北京 | 保定、廊坊、张家口、承德 | 229 | 95 | 134 |
| M3 | 广州都市圈 | 广州 | 佛山、肇庆、清远 | 226 | 55 | 171 |
| M4 | 深圳都市圈 | 深圳 | 东莞、惠州、河源、汕尾 | 261 | 89 | 172 |
| M5 | 杭州都市圈 | 杭州 | 嘉兴、湖州、绍兴、衢州、黄山 | 421 | 198 | 223 |
| M6 | 宁波都市圈 | 宁波 | 舟山、台州 | 261 | 120 | 141 |
| M7 | 天津都市圈 | 天津 | 沧州、廊坊、唐山 | 59 | 21 | 38 |
| M8 | 厦门都市圈 | 厦门 | 漳州、泉州 | 110 | 29 | 81 |
| M9 | 南京都市圈 | 南京 | 镇江、扬州、淮安、马鞍山、滁州、芜湖、宣城 | 657 | 274 | 383 |
| M10 | 福州都市圈 | 福州 | 莆田、南平、宁德 | 237 | 61 | 176 |
| M11 | 济南都市圈 | 济南 | 淄博、泰安、聊城、德州、滨州 | 204 | 69 | 135 |
| M12 | 青岛都市圈 | 青岛 | 潍坊、烟台 | 175 | 61 | 114 |
| M13 | 合肥都市圈 | 合肥 | 芜湖、马鞍山、六安、淮南、滁州 | 301 | 116 | 185 |
| M14 | 成都都市圈 | 成都 | 德阳、眉山、资阳 | 282 | 113 | 169 |
| M15 | 太原都市圈 | 太原 | 晋中 | 119 | 36 | 83 |
| M16 | 长沙都市圈 | 长沙 | 株洲、湘潭 | 452 | 144 | 308 |
| M17 | 武汉都市圈 | 武汉 | 黄石、鄂州、黄冈 | 483 | 170 | 313 |
| M18 | 西安都市圈 | 西安 | 咸阳、铜川、渭南 | 327 | 99 | 228 |
| M19 | 郑州都市圈 | 郑州 | 开封、新乡、焦作、许昌 | 331 | 66 | 265 |
| M20 | 重庆都市圈 | 重庆 | 广安 | 184 | 55 | 129 |
| M21 | 昆明都市圈 | 昆明 | 红河、玉溪 | 120 | 41 | 79 |
| M22 | 长春都市圈 | 长春 | 吉林、四平、辽源、松原 | 235 | 75 | 160 |
| M23 | 沈阳都市圈 | 沈阳 | 鞍山、抚顺、本溪、阜新、辽阳、铁岭 | 384 | 115 | 269 |
| M24 | 呼和浩特都市圈 | 呼和浩特 | 包头、鄂尔多斯、乌兰察布 | 89 | 31 | 58 |
| M25 | 银川都市圈 | 银川 | 石嘴山、吴忠 | 366 | 106 | 260 |
| M26 | 石家庄都市圈 | 石家庄 | 邢台、邯郸、衡水 | 56 | 8 | 48 |
| M27 | 大连都市圈 | 大连 | 丹东、鞍山、营口 | 17 | 5 | 12 |
| M28 | 南昌都市圈 | 南昌 | 九江、抚州、宜春、上饶 | 385 | 127 | 258 |
| M29 | 贵阳都市圈 | 贵阳 | 安顺 | 122 | 26 | 96 |
| M30 | 乌鲁木齐都市圈 | 乌鲁木齐 | 昌吉 | 86 | 21 | 65 |
| M31 | 西宁都市圈 | 西宁 | 海东 | 108 | 39 | 69 |
| M32 | 哈尔滨都市圈 | 哈尔滨 | 绥化 | 115 | 21 | 94 |
| M33 | 兰州都市圈 | 兰州 | 白银 | 152 | 51 | 101 |
| M34 | 南宁都市圈 | 南宁 | 防城港、钦州、贵港、来宾 | 111 | 30 | 81 |

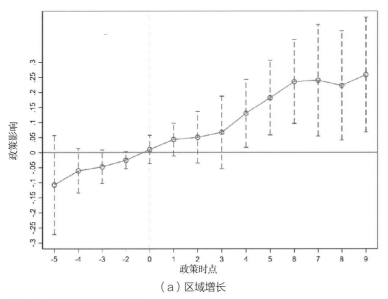
（a）区域增长

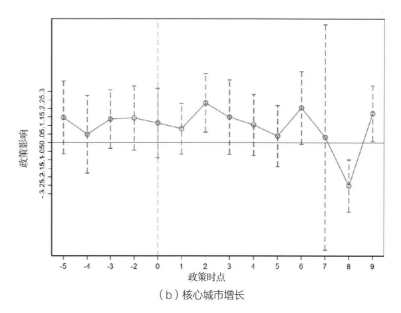
（b）核心城市增长

图5-1　平行趋势检验结果

DID基准回归结果　　　　　　　　　　　　　　　表5-2

| 变量 | 区域增长 | | 核心城市增长 | |
| --- | --- | --- | --- | --- |
| | （1） | （2） | （3） | （4） |
| MAP | 0.0821*** | 0.0816*** | 0.0798*** | 0.0793*** |
| — | -0.0225 | -0.0223 | -0.0168 | -0.0165 |
| ST | — | 0.0328 | — | 0.0499* |
| — | — | -0.0304 | — | -0.0229 |
| HC | — | 0.0526 | — | 0.0347 |
| — | — | -0.0533 | — | -0.042 |
| SC | — | -0.170* | — | -0.230*** |
| — | — | -0.0782 | — | -0.0686 |
| Constant | 9.421*** | 9.343*** | 8.856*** | 9.224*** |
| — | -0.00781 | -0.447 | -0.00615 | -0.36 |
| N | 374 | 374 | 374 | 374 |
| Adjusted. $R^2$ | 0.981 | 0.981 | 0.988 | 0.988 |
| MA FE | Yes | Yes | Yes | Yes |
| Time FE | Yes | Yes | Yes | Yes |

注：* $p<0.05$，** $p<0.01$，*** $p<0.001$；Standard errors in parentheses。

OLS基准回归结果　　　　　　　　　　　表5-3

| 变量 | 模型1：都市圈整体 | 模型2：都市圈整体 | 模型3：都市圈整体 | 模型4：都市圈整体 | 模型5：核心城市 | 模型6：外围城市 |
|---|---|---|---|---|---|---|
| 网络规模 | -0.080** | — | -0.079** | -0.003 | 0.005* | -0.004 |
|  | (-3.150) | — | (-3.303) | (-1.065) | (-2.768) | (-2.073) |
| 基序数量 | 0.775** | — | 1.035** | 0.044 | -0.031 | 0.051* |
|  | (-2.899) | — | (-3.992) | (-1.411) | (-1.552) | (-2.395) |
| 平均中介 | 0.037** | — | 0.031* | 0.001 | -0.003** | 0.001 |
|  | (-3.033) | — | (-2.668) | (-1.062) | (-3.411) | (-1.539) |
| Controls | — | — | — | — | — | — |
| 图密度 | -39.101 | — | -13.271 | -1.583 | 2.025 | -1.005 |
|  | (-2.022) | — | (-0.709) | (-0.701) | (-1.412) | (-0.658) |
| 平均聚类 | 2.511 | — | 0.999 | 0.175 | 0.051 | -0.041 |
|  | (-1.174) | — | (-0.482) | (-0.699) | (-0.318) | (-0.245) |
| 平均接近 | 10.512 | — | 2.380 | 0.786 | -1.565 | -0.098 |
|  | (-1.13) | — | (-0.219) | (-0.6) | (-1.882) | (-0.110) |
| 链接程度 | -6.24 | — | -0.819 | -0.536 | 0.363 | -0.039 |
|  | (-1.379) | — | (-0.178) | (-0.969) | (-1.032) | (-0.105) |
| 都市圈规模 | — | 0.103 | 0.109 | -0.029 | -0.011 | 0.018 |
|  | — | (-0.514) | (-0.474) | (-1.057) | (-0.639) | (-0.982) |
| 空间建设 | — | -0.001 | -0.002 | 0.000 | -0.000* | 0.000 |
|  | — | (-0.629) | (-1.77) | (-0.147) | (-2.807) | (-2.025) |
| 人口 | — | -0.001 | 0.001 | 0.000 | 0.000* | 0.000 |
|  | — | (-0.453) | (-0.975) | (-0.407) | (-2.578) | (-0.654) |
| 城镇化 | — | 0.781 | 3.000 | 0.319 | 0.736* | 0.349 |
|  | — | (-0.198) | (-0.900) | (-0.793) | (-2.882) | (-1.282) |
| 创新 | — | 0.124 | 0.168 | 0.004 | 0.036** | 0.020* |
|  | — | (-1.130) | (-1.595) | (-0.336) | (-4.433) | (-2.364) |
| 基础设施 | — | -0.009 | -0.099 | 0.004 | 0.015 | 0.006 |
|  | — | (-0.059) | (-0.702) | (-0.263) | (-1.342) | (-0.525) |

续表

| 变量 | 模型1：<br>都市圈整体 | 模型2：<br>都市圈整体 | 模型3：<br>都市圈整体 | 模型4：<br>都市圈整体 | 模型5：<br>核心城市 | 模型6：<br>外围城市 |
|---|---|---|---|---|---|---|
| 媒体监督 | — | -0.253 | 0.274 | -0.025 | 0.105* | 0.027 |
|  | — | （-0.36） | （-0.464） | （-0.347） | （-2.320） | （-0.570） |
| 政府监督 | — | -0.112 | 0.311 | -0.023 | -0.022 | 0.007 |
|  | — | （-0.389） | （-0.743） | （-0.457） | （-0.694） | （-0.203） |
| 是否批复 | — | -1.061 | -1.684* | -0.008 | 0.060 | -0.062 |
|  | — | （-1.542） | （-2.185） | （-0.091） | （-1.008） | （-0.981） |
| Constant | 5.2 | 1.063 | -0.069 | 0.308 | -0.686 | -0.006 |
|  | （-1.005） | （-0.288） | （-0.011） | （-0.413） | （-1.445） | （-0.012） |
| N | 34 | 34 | 34 | 34 | 34 | 34 |
| Adjusted $R^2$ | 0.178 | 0.077 | 0.433 | -0.104 | 0.902 | 0.188 |

注：* $p<0.05$；** $p<0.01$；括号内为标准误差。

模型1中，仅对网络结构指标进行单独回归，网络规模、基序数量与平均中介中心性均具有显著影响。模型2中，没有加入政策网络结构指标，目的是观察非网络控制变量是否会对均衡程度变化产生影响。可以看到空间、人口、基础设施等社会经济变量并不会对BDI指数的变化产生显著影响。模型3中，网络结构指标被加入到模型中，模型的调整$R^2$值为0.433，网络规模系数为负，且在0.01水平上显著；基序数量系数为正，且在0.01水平上显著；平均中介中心度系数为正，且在0.05水平上显著。网络节点数增加会通过促进核心城市的增长，使区域核心-外围城市的发展差异趋向于扩大；基序数量增加会通过促进外围城市增长减小区域差距，使发展差异趋向于收敛；平均中介的增加会通过抑制都市圈核心城市的增长，使发展差异趋向于收敛。同时在加入网络变量后，国务院是否批复也呈现出显著相关（$p<0.05$），且系数为负，这说明国务院对都市圈规划文件的批复会加剧都市圈的极化发展。

模型4中，采用人均GRP来计算BDI指数，发现没有显著相关变量，说明网络结构不会对核心或外围城市的单位生产效率产生影响，而是影响资本、劳动力等要素的流动。

模型5和模型6中，分别以都市圈核心城市、外围城市的2019—2022年的经济增长量作为依赖变量，目的是探究政策网络结构对都市圈核心城市与外围城市的发展影响是否具有一致性。模型5中，模型网络规模系数为正，且在0.05水平上显著；基序数量的相关性不显著；平均中介中心度系数为负，且在0.01水平上显著。模型6中，网络的规模和中介性均不显著；但是基序数量系数为正，且在0.05水平上显著，说明在都市圈内政策行动者之间的沟通交流并不会促进要素向核心城市聚集，而是影响外围城市为主，可能的原因是网络中更多的基序出现在外围城市节点。由此可以得出，网络的规模和中介性主要对核心城市产生作用，而基序数量更多的是在外围城市发生作用。模型5中空间建设、人口与城镇化对于核心城市增长均系数为正，且在0.05水平上显著；科技创新则在0.01水平上显著，验证了人力资本的空间集聚与知识外溢确实会促进核心城市的增长。模型6中，科技创新的影响仍然显著，但是空间建设、人口与城镇化变得不显著，可能的原因是外围城市的规模还不足以产生足够的集聚效应。

资本、技术和劳动力是经济增长不可或缺的三个要素，为了进一步探究政策网络结构干预作用的形成机制，我们采集了2019—2022年都市圈核心、外围城市之间的人口流动、企业投资和专利转移数据，构造了资本、技术和人口迁移变量。模型（1）（2）（3）是以城市要素迁入指数与迁出指数之差，体现的是集聚效应与溢出效应之间的动态变化；模型（4）（5）（6）是起始年与末尾年迁入迁出指数比值的差值，体现的是年度差异。结果表明，网络规模、基序数量和平均中介三项网络结构指标对于都市圈内企业的投资行为具有较为显著的影响，网络规模越大，会为中心城市带来更多的投资，而基序数量和平均中介则起着相反的效果；图密度、平均聚类系数和平均接近中心性指标则对都市圈内的专利转移具有显著影响（表5-4）。

OLS基准回归结果　　　　　　　　　　表5-4

| | （1）投资1 | （2）专利1 | （3）人口1 | （4）投资2 | （5）专利2 | （6）人口2 |
| --- | --- | --- | --- | --- | --- | --- |
| 网络规模 | 0.036** | -0.042 | 0.009 | 0.052 | 0.008 | 0.052 |
| — | （0.015） | （0.053） | （0.007） | （0.036） | （0.083） | （0.036） |
| 基序数量 | -0.322* | 0.730 | -0.106 | -0.489 | 0.169 | -0.489 |
| — | （0.163） | （0.575） | （0.073） | （0.395） | （0.903） | （0.395） |
| 平均中介 | -0.015* | 0.017 | -0.004 | -0.020 | 0.014 | -0.020 |
| — | （0.007） | （0.025） | （0.003） | （0.017） | （0.040） | （0.017） |
| 图密度 | 7.846 | -76.021 | 4.237 | 8.318 | -191.246** | 8.318 |
| — | （13.671） | （48.138） | （6.146） | （33.018） | （75.577） | （33.018） |
| 平均聚类 | 0.698 | 4.823 | -0.173 | 3.604 | 13.939* | 3.604 |
| — | （1.366） | （4.810） | （0.614） | （3.299） | （7.551） | （3.299） |
| 平均接近 | -1.180 | 48.633* | -0.168 | 15.925 | 96.551** | 15.925 |
| — | （6.889） | （24.259） | （3.097） | （16.639） | （38.087） | （16.639） |
| 链接程度 | 3.236 | 4.095 | -0.028 | 4.601 | 27.900 | 4.601 |
| — | （2.894） | （10.189） | （1.301） | （6.989） | （15.997） | （6.989） |
| 媒体监督 | -1.463*** | 9.291*** | -0.068 | -1.237 | 5.744** | -1.237 |
| — | （0.360） | （1.268） | （0.162） | （0.869） | （1.990） | （0.869） |
| 政府监督 | 0.099 | -2.069** | -0.020 | 0.604 | -3.698** | 0.604 |
| — | （0.261） | （0.918） | （0.117） | （0.629） | （1.440） | （0.629） |
| 常数 | -0.964 | -50.814*** | 0.182 | -11.830 | -66.399*** | -11.830 |
| — | （3.801） | （13.384） | （1.709） | （9.180） | （21.014） | （9.180） |
| 其他控制变量 | Yes | Yes | Yes | Yes | Yes | Yes |
| N | 34.000 | 34.000 | 34.000 | 34.000 | 34.000 | 34.000 |
| $r^2$ | 0.703 | 0.883 | 0.419 | 0.485 | 0.823 | 0.485 |

注：* $p<0.1$，** $p<0.05$，*** $p<0.01$；括号内为标准误差。

## 2. 模型应用案例可视化表达

基于模型分析的成果，科学制定可视化技术解决方案，准确、直观、动态地呈现分析成果。

（1）结果展示

2019—2022年，各都市圈的发展均衡指数变化，以及部分网络特征指标的结构如表5-5所示。均衡指数变化显示，北京、武汉、重庆、沈阳等都市圈的极化发展现象较为严重，核心城市与外围城市的经济差距有扩大趋势。网络规模、子图数量等网络结构指标的分异规律较为明显，长三角、珠三角地区等地区的都市圈均处于较高水平，这些地区的经济发展水平与一体化程度均较高，而西南、西北地区的都市圈则相对较低。同时，受到国务院批复的都市圈则主要分布于中部地区。

2019—2022年间各都市圈主要指标分布　　　　　　表5-5

| 都市圈名称 | 均衡指数变化 | 核心城市增长/万亿 | 外围城市平均增长 | 网络规模 | 子图数/k | 平均中介中心性 | 是否批复 |
|---|---|---|---|---|---|---|---|
| 上海大都市圈 | 0.161 | 1.054 | 0.221 | 667 | 9.472 | 1095.202 | 否 |
| 首都都市圈 | 1.672 | 0.995 | 0.042 | 229 | 3.549 | 238.625 | 否 |
| 广州都市圈 | 0.033 | 0.537 | 0.104 | 226 | 4.582 | 264.308 | 否 |
| 深圳都市圈 | -0.103 | 0.644 | 0.102 | 261 | 4.274 | 353.510 | 否 |
| 杭州都市圈 | 0.156 | 0.460 | 0.089 | 421 | 7.213 | 617.113 | 否 |
| 宁波都市圈 | 0.426 | 0.385 | 0.065 | 261 | 3.496 | 372.188 | 否 |
| 天津都市圈 | -0.011 | 0.221 | 0.074 | 59 | 0.392 | 42.948 | 否 |
| 厦门都市圈 | 0.090 | 0.224 | 0.196 | 110 | 0.791 | 88.955 | 否 |
| 南京都市圈 | -0.090 | 0.354 | 0.093 | 657 | 21.174 | 876.561 | 是 |
| 福州都市圈 | 0.224 | 0.347 | 0.072 | 237 | 5.687 | 271.854 | 是 |
| 济南都市圈 | 1.333 | 0.358 | -0.034 | 204 | 4.957 | 216.754 | 否 |
| 青岛都市圈 | 0.082 | 0.213 | 0.087 | 175 | 2.701 | 225.983 | 否 |
| 合肥都市圈 | 0.375 | 0.359 | 0.077 | 301 | 6.886 | 392.403 | 否 |
| 成都都市圈 | 1.579 | 0.457 | 0.019 | 282 | 8.443 | 297.935 | 是 |
| 太原都市圈 | 0.094 | 0.124 | 0.040 | 119 | 1.077 | 146.958 | 否 |
| 长沙都市圈 | -0.144 | 0.227 | 0.059 | 452 | 12.108 | 630.996 | 是 |
| 武汉都市圈 | 7.132 | 0.287 | -0.430 | 483 | 10.543 | 663.051 | 是 |
| 西安都市圈 | 0.677 | 0.234 | 0.021 | 327 | 8.256 | 407.211 | 是 |
| 郑州都市圈 | 0.213 | 0.255 | 0.046 | 331 | 7.248 | 459.552 | 否 |
| 重庆都市圈 | 3.384 | 0.753 | 0.017 | 184 | 3.128 | 223.679 | 是 |
| 昆明都市圈 | -0.041 | 0.202 | 0.076 | 120 | 2.356 | 119.217 | 否 |
| 长春都市圈 | 2.820 | -0.007 | -0.044 | 235 | 3.681 | 305.558 | 否 |
| 沈阳都市圈 | 0.738 | 0.096 | 0.004 | 384 | 10.269 | 464.300 | 否 |

续表

| 都市圈名称 | 均衡指数变化 | 核心城市增长/万亿 | 外围城市平均增长 | 网络规模 | 子图数/k | 平均中介中心性 | 是否批复 |
|---|---|---|---|---|---|---|---|
| 呼和浩特都市圈 | -0.114 | 0.022 | 0.048 | 89 | 1.329 | 78.954 | 否 |
| 银川都市圈 | -0.053 | 0.036 | 0.012 | 366 | 7.150 | 497.608 | 否 |
| 石家庄都市圈 | -0.186 | 0.041 | 0.036 | 56 | 0.636 | 51.554 | 否 |
| 大连都市圈 | -0.213 | 0.016 | 0.008 | 17 | 0.085 | 9.000 | 否 |
| 南昌都市圈 | -0.226 | 0.138 | 0.082 | 385 | 11.092 | 495.607 | 否 |
| 贵阳都市圈 | -0.106 | 0.091 | 0.023 | 122 | 2.708 | 106.706 | 否 |
| 乌鲁木齐都市圈 | -0.843 | 0.059 | 0.014 | 86 | 2.351 | 54.233 | 否 |
| 西宁都市圈 | -0.058 | 0.026 | 0.010 | 108 | 2.129 | 97.271 | 否 |
| 哈尔滨都市圈 | -0.223 | 0.036 | 0.014 | 115 | 2.167 | 111.097 | 否 |
| 兰州都市圈 | 0.317 | 0.050 | 0.006 | 152 | 2.572 | 180.302 | 否 |
| 南宁都市圈 | 0.086 | 0.109 | 0.024 | 111 | 2.422 | 95.306 | 否 |

（2）政策网络可视化

图5-2展示了34个都市圈的政策网络，不同的节点颜色表示节点所分属的社团，社团聚类划分采用Girvan-Newman算法，网络布局均是基于Force Atlas 2算法实现。以深圳都市圈为例，网络中行动者间的连接关系如图5-3所示。

（3）政策网络结构关系

不同网络指标之间存在一定的相关性（图5-4），节点数、平均度、邻接结构熵这三项指标间存在明显的正相关作用，节点数越多的都市圈，其平均度与邻接结构熵水平也趋向于越高，说明节点与连边的增加是同步的，且在政府行动者与非政府行动者之间分布较为均匀，通过促进异质节点之间的关系耦合有效提升了网络级能力。这一结果反映了网络生长的去中心化，即网络规模的扩大会使网络趋向多中心、分散化发展，并降低网络的聚类组团程度，平均聚类系数指标的结果也与这一结论一致，该指标与其他三项指标间存在显著的负相关。南京、乌鲁木齐等大部分都市圈的结果符合上述特征，当然，也存在部分"异常"都市圈，如上海大都市圈的各项指标均处于较高水平，原因在于上海都市圈的建设起步早重视程度高，从国家到地方政府陆续出台了一系列规划指导文件，如《长江三角洲区域一体化发展规划纲要》《上海大都市圈空间协同规划》等，借助长三角地区政协主席联席会议、上海大都市圈规划研究联盟等平台，各城市政府间形成了成熟的协商协作制度，区域的高度一体化发展催生出高聚类的网络化组织。

（4）都市圈政策网络中行动者协同交互过程

英国学者罗茨对政策网络类型划分进行了系统研究，根据网络的联结与整合程度，可分为政策社群、府际网络、专业网络、议题网络、生产者网络五种类型。借鉴这一框架（图5-5），分析都市圈内各类行动者之间的协同治理模式，可以发现政策社群与府际网络是都市圈建设行动的主要组织者，掌握的行政资源可为非政府行动者提供政治或资金支持。专业网络由专家学者和一些专业机构组成，积累了大量的技术资本，可为政府决策提供技术支撑。议题网络包括新闻媒体和社会组织等媒体，承担着信息在政府与社会之间双向流通的媒介作用，也是多主体向政府反映诉求的重要渠道。生产者网络以企业和公众为主，主要负责都市圈规划中政府投资项目的具体实施。不同行动者对信息、资金、行政、技术、组织等资源的配置权力存在差异，导致网络中出现相对固定的资源流动路径，这是政策网络出现分化的本质原因。

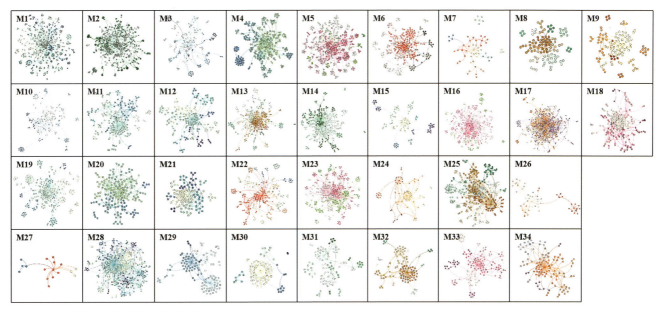

图5-2  34个都市圈的政策网络可视化

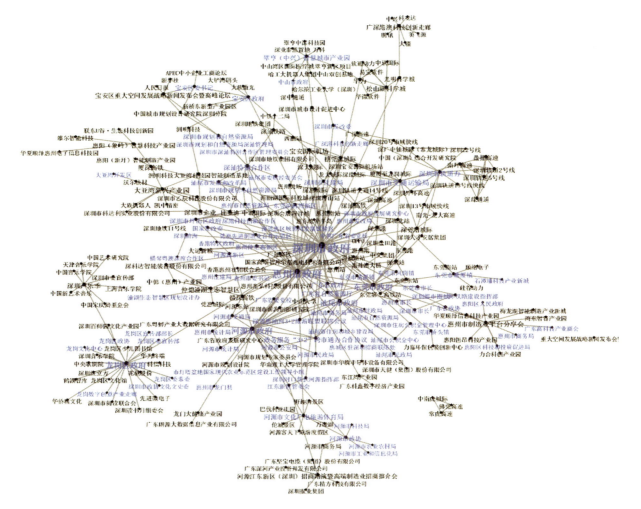

图5-3  深圳都市圈的政策网络结构图（M4）

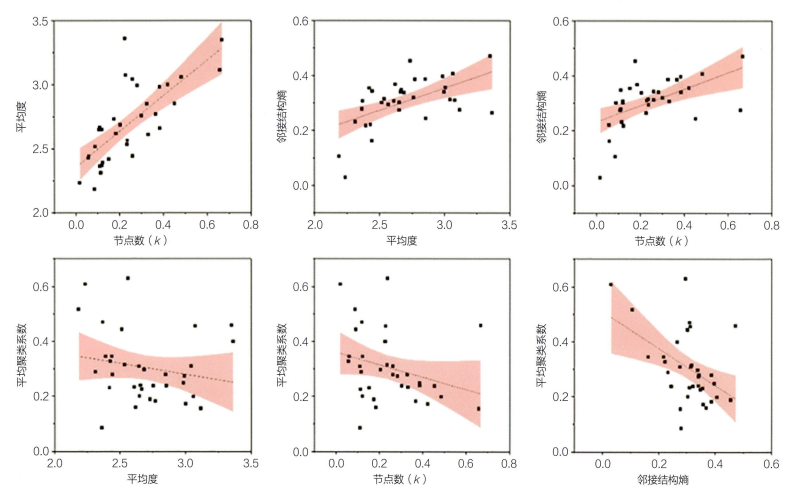

图5-4 网络结构指标之间的相关性

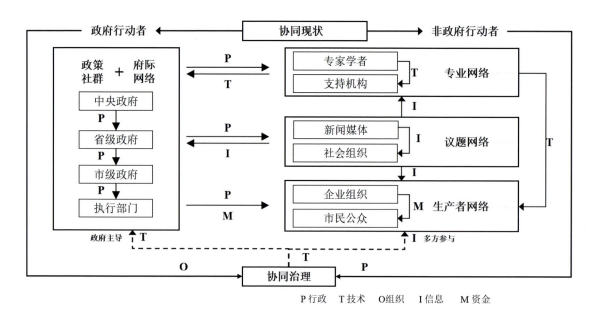

P 行政　T 技术　O 组织　I 信息　M 资金

图5-5 行动者交互关系示意图

## 六、研究总结

### 1. 模型设计的特点

（1）引入政策网络理论

政策网络理论强调了政府、私营部门、非政府组织以及公民等多元行动者在政策制定和实施过程中的互动和协作，这些行动者通过各自的资源、信息、专业知识和影响力，共同塑造政策议程，影响政策的选择和执行。政策网络理论提供了分析都市圈规划中权力结构的工具，包括不同行动者的影响力、资源控制和决策能力，这有助于揭示规划过程中的权力动态和潜在的权力失衡问题。

（2）融合多种实证计量方法

考虑政策效应的差异性，建立了一种综合的分析框架，选取双重差分、最小二乘等方法加以验证评估。通过结合两种方法的优势，可以提高研究结果的可信度和说服力，为都市圈的可持续发展提供坚实的研究基础。

（3）基于政策文本数据构建网络

通过分析政策文本中的信息，可以识别和映射出政策制定和实施过程中的各种行动者、概念、议题及其相互关系。提出了一种基于大量文本数据来完整地刻画都市圈的政策网络结构的建模方法，有助于揭示不同行动者话语之间的联系和互动特征。

（4）从网络结构视角解释规划干预作用过程

从网络结构视角来解释都市圈规划干预作用过程，可以揭示都市圈规划中不同参与者、资源、政策和信息流动的复杂互动模式。并以都市圈内部经济差距为例进行了实证，提出不同网络结构影响区域发展的差异性导向。

### 2. 应用方向或应用前景

（1）辅助区域政策制定修改

政策网络分析可以帮助政策制定者了解都市圈建设的效果，并根据反馈对都市圈的建设活动进行必要的调整，特别是对于那些发展差距过大的区域，需要更加注重协同发展。从网络结构优化的视角出发设计更有效的政策工具和机制，提高政策的适应性和灵活性。

（2）指导都市圈建设

根据网络节点的能级划分，可以分析都市圈内部不同城市之间的层级关系和分工协作程度，以网络优化协调区域内的资源分配和利用，促进都市圈的整体发展。

## 参考文献

［1］张逸群，张京祥，于沛洋. 政策干预对区域均衡发展绩效的检验：京津冀地区产业演化的历程解读［J］. 城市规划，2020，44（4）：12–21.

［2］EMERSON K, NABATCHI T, BALOGH S. An integrative framework for collaborative governance［J］. Journal of public administration research and theory, 2012, 22（1）: 1–29.

［3］宋爽，王帅，傅伯杰，等. 社会—生态系统适应性治理研究进展与展望［J］. 地理学报，2019，74（11）：2401–2410.

［4］BAIRD J, SCHULTZ L, PLUMMER R, et al. Emergence of collaborative environmental governance: what are the causal mechanisms?［J］. Environmental management, 2019, 63: 16–31.

［5］MILHORANCE C, BURSZTYN M, SABOURIN E. From policy mix to policy networks: Assessing climate and land use policy interactions in Mato Grosso, Brazil［J］. Journal of environmental policy & Planning, 2020, 22（3）: 381–396.

［6］ELSTON T, BEL G, WANG H. If it ain't broke, don't fix it: When collaborative public management becomes collaborative excess［J］. Public administration review, 2023, 83（6）: 1737–1760.

［7］LEE J. When illusion met illusion: How interacting biases affect（Dis）trust within coopetitive policy networks［J］. Public administration review, 2021, 81（5）: 962–972.

［8］MARSH D, RHODES R A W. Policy networks in British government［M］. Oxford: Clarendon Press, 1992.

［9］Rhodes R A W. Understanding governance: Policy networks, governance, reflexivity and accountability［M］. London: Open University, 1997.

［10］ROBINS G, LEWIS J M, WANG P. Statistical network analysis for analyzing policy networks［J］. Policy studies journal, 2012, 40（3）: 375–401.

[11] DOWDING K. Model or metaphor? A critical review of the policy network approach [J]. Political studies, 1995, 43（1）: 136–158.

[12] MOUTSINAS G, SHUAIB C, GUO W, et al. Graph hierarchy: a novel framework to analyse hierarchical structures in complex networks [J]. Scientific reports, 2021, 11（1）: 13943.

[13] LIU T, UNGAR L, KORDING K. Quantifying causality in data science with quasi-experiments [J]. Nature computational science, 2021, 1（1）: 24–32.

[14] MCNUTT K, PAL L A. "Modernizing government": Mapping global public policy networks [J]. Governance, 2011, 24（3）: 439–467.

[15] HOWE A C, STODDART M C J, TINDALL D B. Media coverage and perceived policy influence of environmental actors: good strategy or pyrrhic victory? [J]. Politics and governance, 2020, 8（2）: 298–310.

[16] HONG W, LI Y, YANG X, et al. Identification of intercity ecological synergy regions and measurement of the corresponding policy network structure: A network analysis perspective [J]. Landscape and urban planning, 2024, 245: 105008.

[17] YI H. Network structure and governance performance: What makes a difference? [J]. Public administration review, 2018, 78（2）: 195–205.

[18] 吴宗柠, 狄增如, 樊瑛. 多层网络的结构与功能研究进展 [J]. 电子科技大学学报, 2021, 50（1）: 106–120.

[19] 李勇军. 京津冀协同发展政策网络形成机制与结构研究 [J]. 经济经纬, 2018, 35（6）: 8–14.

[20] WERNICKE S, RASCHE F. FANMOD: a tool for fast network motif detection [J]. Bioinformatics, 2006, 22（9）: 1152–1153.

[21] RHODES R A W. Understanding governance: Policy networks, governance, reflexivity and accountability [M]. London: Open University, 1997.

# 多主体协同：基于大型语言模型的城市低效用地更新策略

**工 作 单 位：** 南京大学建筑与城市规划学院

**报 名 主 题：** 面向高质量发展的城市治理

**研 究 议 题：** 城市更新与智慧化城市设计

**技术关键词：** 大语言模型、城市系统仿真、空间自相关

**参 赛 选 手：** 赵同、陈宇轩、陈可、王勇聪

**指 导 老 师：** 张姗琪

**团 队 简 介：** 团队成员分别来自南京大学建筑与城市规划学院和南京林业大学人工智能学院，在智慧城市设计、城市更新、城市大数据与空间分析等方面具备一定的专业素养和基础，擅长利用深度学习、大语言模型等前沿技术，针对城市规划过程中产生的技术问题开展研究，充分展现学科交叉的优势。

## 一、研究问题

### 1. 研究背景及目的意义

（1）选题背景及意义

随着我国城镇化进程的加速，城市内部低效用地的改造更新工作逐步得到各方的重视。一方面，无论是城市空间扩张还是经济转型升级都需要土地资源作为重要的支撑，经济社会的发展需求与有限的土地资源之间的矛盾日益突出。另一方面，城市低效用地往往伴随着各类城市病问题，而这些问题的解决需要充分顾及政府、市场和居民等多主体的诉求。在此背景下，自然资源部的有关文件中强调，低效用地更新应针对新形势、新任务、新要求，围绕低效用地再开发政策与机制创新，从规划统筹、收储支撑、政策激励、基础保障四个方面展开试点探索。在此背景之下，城乡规划和城市更新不再一味偏重技术管理，而是作为一种重要的公共政策和治理工具，对城市各要素进行全域管控与协调平衡；规划决策过程由原先的政府和市场主导向政府、社会、公众共同参与过渡，形成多元主体共治的规划决策局面。

然而，面对政府、社会及居民等多元主体的利益诉求差异，城市低效用地更新工作面临周期长、投入大、利益协调复杂等挑战。现有政策虽强调多方参与和利益平衡，但难以全面捕捉并合理协调各方诉求，导致更新进程受阻。因此，本研究提出引入大型语言模型（LLM）作为分析工具。作为基于海量文本数据训练的深度学习模型，大型语言模型具有自然语言任务的处理能力，能够深度整合多源数据，构建精准高效的多主体协同系统，进而提升土地利用决策的精准性与灵活性。此举有助于落实现有政策中的多方参与理念，为政策制定者提供实时、精细的决策支

持，进而推动城市低效用地更新工作开展，助力城市空间的优化与可持续发展目标的实现。

在具体的技术应用层面，本项目通过微调Transformer架构的LLMs，能够有效识别多元主体的复杂诉求，精准模拟城市低效用地的未来利用趋势。同时，本研究旨在构建科学模型，整合城市大数据，多维度精准识别城市低效用地。通过LLMs构建多主体需求系统，生成平衡多方利益的用地更新方案，为城市低效用地的更新决策提供技术支撑，促进城市空间资源的优化配置与可持续发展。

（2）国内外研究现状及存在问题

低效用地和土地集约利用相关的研究是学术界长期讨论的话题。随着时间的推移，其内涵经过地租理论、可持续、资源优化配置、精明增长等思想的融入也在不断变化和完善。国内外对于低效用地和土地集约利用评价方面有成熟的方法体系，评价区域涵盖各种尺度，评价方法也逐步由单一方法转变为多种评价相互验证，评价过程同时注重相关经济因素、开发强度、自然环境等因素对土地集约利用程度的影响，为低效用地的再开发利用做好铺垫。

然而，大多数研究在设计低效用地判别方法时，常常聚焦于城市本身的性质，而忽略了城市的居住主体——居民的根本诉求，也并未看到政府、社会和居民之间的利益诉求和多方博弈在城市更新规划过程中所发挥的关键作用。长期以来，城市低效用地判别规则受限于城市的物质环境条件，未充分考虑到政府、社会和居民对于城市低效用地更新的意见，导致部分低效用地出现判定方法不合理、更新方法不科学的问题。

## 2. 研究目标及拟解决的问题

在城市规划治理模式由政府、市场主导治理向多元主体协同治理转变的过程中，越来越多的居民参与到规划方案的制定、审核与评估中来。然而，政府、社会及居民之间的博弈过程较为复杂，更新诉求差异性较大，不同的需求和观点往往导致冲突与协调难题，影响更新项目的有效推进和最终效果。因此，迫切需要一种能够全面考虑并平衡各方利益的新型更新模型，以优化决策过程并提升更新效能。

本研究的目标是构建一个兼顾物质空间条件与多主体利益诉求的城市低效用地识别与更新模型。通过综合利用大数据分析、先进的人工智能技术（LLMs），以及多主体协同方法，研究将致力于在现有政策框架下，创造一个更为科学、系统且动态的更新模型。该模型不仅能客观评价低效用地的现状和潜力，还能有效整合居民、规划者、政策制定者等多方参与者的诉求，生成平衡各方利益的更新策略，进而为城市低效用地更新提供强有力的技术支持和实践指导。

研究拟解决的核心问题如下：

（1）如何正确衡量客观建成环境对城市用地集约利用程度的影响？

（2）如何从居民主观视角出发评价用地的活力性和高效性？

（3）政府、规划师、居民的主观意志和诉求如何在模型中得到体现？

（4）如何实现低效用地优化方案的不断迭代，以满足城市居民不断更新的公共服务需求？

首先，考虑实际生活中建成环境和主体行为对城市用地集约程度的影响。研究选取OD出行数据和美团店铺数据作为衡量居民主体行为的指标，选取POI数据和建筑数据作为衡量客观建成环境的指标，从两个维度、四个方面对南京市主城区所有居住用地进行集约程度评价，并基于TOPSIS方法筛选出置信度大于90%的低效用地。

其次，对得到的低效用地进行聚类分析，识别不同类型的低效用地缺乏的服务类型，依据所在区域上级政府的控规文件和相关规划文件，明确居民对于城市用地更新的诉求，并在ChatGLM3-6B生成的居民信息中加以体现。

最后，建立基于LLMs大语言模型的城市低效用地更新模型，在多轮迭代中不断向居民反馈更新结果，最终确定符合本地居民需求的更新方案。

# 二、研究方法

## 1. 研究方法及理论依据

大语言模型（LLMs）是基于海量文本数据训练的深度学习模型，利用先进的神经网络架构来处理和生成自然语言文本。通过对大规模语料库的训练，LLMs不仅能够生成连贯且高质量的文本，还能深入理解文本的上下文和语义关系，从而处理各种复杂的自然语言任务。通过微调可以适应特定领域的需求，提供精准的服务。随着技术的不断发展，LLMs将在更多领域发挥更广泛的作用,推动自然语言处理技术向前发展(图2-1)。

在城市低效用地更新的过程中利用大语言模型,在原有Trans-former架构的基础上进行微调,能够更加准确地识别不同主体的多样化诉求,更加真实地模拟城市低效用地的利用前景,实现真正的"参与式"城市规划。

在模拟居民诉求层面,LLMs通过分析多种渠道收集的文本数据,理解居民对于城市更新项目的意见和诉求。模拟不同背景和利益的居民群体,为城市规划师提供多样化的视角和建议。在模拟规划师层面,通过分析各方意见,LLMs可以模拟规划师理解并平衡政府、社会和居民的利益诉求。并结合多元数据和模拟结果,设计出科学合理且平衡多方利益的用地更新方案。在模拟政府层面,LLMs可以深入理解现行政策文本,转化为政策底线反馈给模拟规划师主体进行更新策略制定。综上所述,LLMs在多主体行为模拟、分析预测和模拟优化等方面具有很大的优势,可以弥补传统规划中对居民意愿考虑不足、对政策文本理解不到位的问题,大大提高城市更新规划的科学性和合理性。

2. 技术路线

研究的总体技术路线如下:

如图2-2所示,本文的技术路线主要包括两个模块:一是城市用地功能识别,二是低效用地识别与更新。低效用地识别与更新模块又分为两个部分,分别是低效用地识别模块和低效用地更新模块。

(1)城市用地功能识别

如图2-3所示,利用开源地图数据(OpenStreetMap,简称OSM),将南京市划分为多个用地单元,作为研究的基本单元。路网数据提供了各个单元的空间结构信息,有助于进一步的功能识

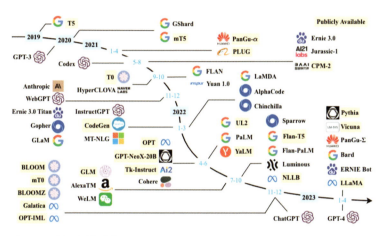

图2-1 大语言模型发展历程

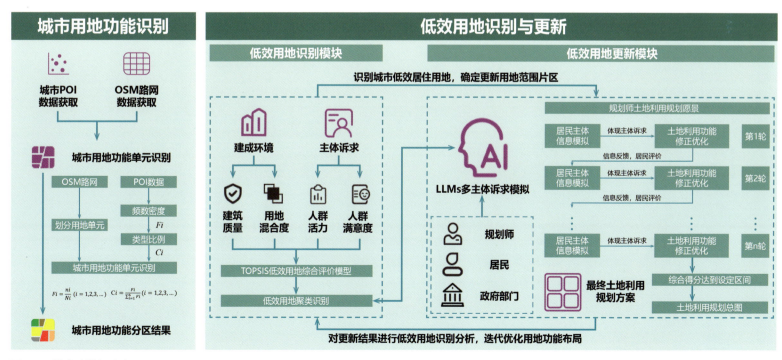

图2-2 技术路线行动步骤

别。收集南京市的兴趣点（Point of Interest，简称POI）数据，通过Word2Vec模型对这些数据进行重新分类。Word2Vec是一种自然语言处理技术，可以将POI数据中的文本信息转换为向量表示，从而识别出各个用地单元的功能类型。再通过频率密度函数和类型比例函数最终计算得出南京市用地基本单元的土地利用功能。

（2）低效用地识别与更新

第一部分：低效用地识别

如图2-4所示，在现有的低效用地和土地集约利用评价体系的基础上，充分考虑居民主观诉求和日常活动需求，从客观建成环境和居民行为评价两个维度对南京市主城区的所有居住用地进行用地集约利用评价。居民主观诉求包含活力和满意度两个维度，活力指标体现了区域内居民的出行频次和活动强度。利用OD出行数据和人群活力计算，评估工作日和周末的区域人群活力及波动性。满意度指标反映了居民对生活服务设施的评价和满意程度。根据美团外卖数据中的好评率指标，生成居民15min生活圈范围内的满意度评价。客观建成环境包含了建筑密度指标。混合度指标反映了区域内不同功能的分布和混合情况。通过POI数量统计及Buffer生成15min生活圈，采用信息熵测算居住地块的功能混合度。通过计算建筑容积率和建筑密度，评估居住地块的建筑环境。最终从人群活力、人群满意度、功能混合度、建筑质量四个维度出发构建TOPSIS综合评价模型。并筛选出置信区间在90%以上的低效用地，通过K-means聚类方法进一步探究低效用地原因。

第二部分：低效用地更新

如图2-5所示，根据现有低效用地规划文本，通过数据清洗与增广转化为ChatGLM可识别格式，借助Prompt-Tuning技术进行微调，最终F1-Score由0.6143提升至0.7950。利用训练后的大语言模型基于研究区域居民的基本信息和居民诉求文本数据生成1000位居民信息，居民主体的信息包括性别、年龄、教育程度、家庭情况和居住地块等，确保模拟过程中的多样性和代表性。规划师使用ChatGLM进行初步规划，居民主体根据模拟的规划方案进行反馈，提出意见和建议。反复进行主体模拟、反馈和修改，确保规划方案在每一轮迭代中不断优化，直到综合评分大于90，评定为优秀后生成最终的土地利用图。在每轮规划过程中，政府的诉求和政策要求也被纳入考虑，确保规划方案的全面性和合理性。政府主体通过对规划方案的审查和反馈，提供政策导向和发展目标的参考。

综上，本研究通过系统地识别和评价南京市主城区低效居住用地，并通过大语言模型模拟多主体协同行为，提出科学合理的用地更新策略，为城市规划提供了新的技术手段和决策支持。未

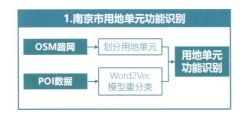

图2-3　城市用地功能识别技术路线

图2-4　低效居住用地评价技术路线

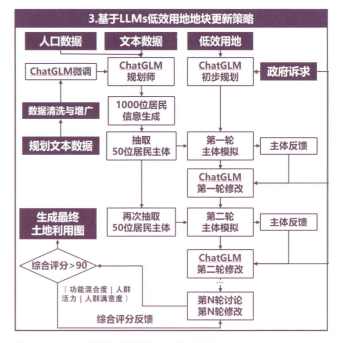

图2-5　LLMs低效用地地块更新技术路线

来研究可以进一步优化模型算法,结合更多实际数据,提升评价和模拟的精度,为城市可持续发展提供更有力的支持。

### 3. 关键技术

(1) 关键技术1:基于建成环境和居民行为视角的TOPSIS综合评价方法

TOPSIS是Hwang和Yoon于1981年提出的一种适用于根据多项指标、对多个方案进行比较选择的分析方法。这种方法的中心思想在于首先确定各项指标的正理想解(最优方案)和负理想解(最劣方案),所谓正理想解是一设想的最好值(方案),它的各个属性值都达到各候选方案中最好的值,而负理想解是另一设想的最坏值(方案),然后求出各个方案与正理想解、负理想解之间的欧氏距离,由此得到各方案与最优方案的接近程度,作为评价方案优劣的标准。

本模型以TOPSIS综合评价方法为基础,利用多元城市大数据,以南京市主城区为例,从建成环境和居民行为两个角度的四个不同的指标对城市居住用地进行了综合评价,结果更加客观合理。

(2) 关键技术2:基于LLMs的低效用地地块更新策略

大语言模型(LLM)是基于海量文本数据训练的深度学习模型。它不仅能够生成自然语言文本,还能够深入理解文本含义,处理各种自然语言任务,如文本摘要、问答、翻译等。

2023年至今,大语言模型及其在人工智能领域的应用已成为全球科技研究的热点,其在规模上的增长尤为引人注目,参数量已从最初的十几亿跃升到如今的一万亿。参数量的提升使得模型能够更加精细地捕捉人类语言微妙之处,更加深入地理解人类语言的复杂性。

本研究利用大语言模型模拟居民、规划师和政府,更加科学有效地模拟现实中的城市更新过程。其中大语言模型的应用主要有以下两个难点:

1) 提示词的运用:发给LLMs模型的批令应该明确、具体,对应到本研究中,即利用Chat GLM3-6B模型生成1000位居民信息后,准确归纳出居民核心诉求,并反馈给LLMs模型。同时,发送给LLMs模型做的任务应尽可能细化,把要求尽可能明确、具体地描述出来。

2) 大模型的微调:从参数规模的角度,大模型的微调可以分为全量微调FFT(Full Fine Tuning)(对全量的参数进行全量的训练)和参数高效微调PEFT(Parameter-Efficient Fine Tuning)(只对部分的参数进行训练)。针对大语言模型微调过程中出现的训练成本较高、灾难性遗忘(部分原先表现好的领域在训练过程中能力变差的现象)等问题,一般采用监督式微调和基于人类反馈的强化学习微调等方法加以解决。本研究中,每一轮的大语言模型模拟,规划师进行用地修改结果都会被反馈给Chat GLM3-6B模型中生成的居民和政府主体,并让这些居民及时做出评价,LLMs模型再针对居民的评价做出下一轮优化。如此循环往复,最终综合评分>90,用地方案评定为优秀结束循环。LLMs微调方法如图2-6所示。

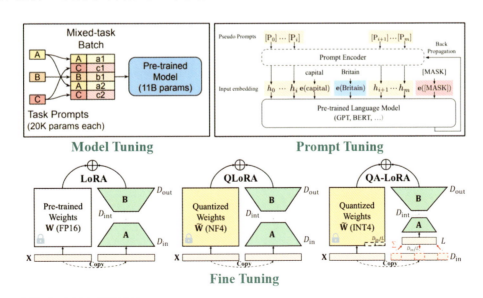

图2-6 LLMs微调方法

## 三、数据说明

### 1. 数据内容及类型

本研究主要涉及以下六类数据：

（1）南京市各区行政边界数据与居住用地数据

行政边界数据来源于中国科学院资源环境科学与数据中心，居住数据依据POI数据进行识别获得。

（2）南京市主城区出行OD数据

出行OD数据（Origin-Destination）由指导老师实验室提供，具体数据主要包含了不同时间段（包括工作日、节假日，以及白天和夜晚）内出行起点与终点的通行总量。本研究对南京主城区出行OD数据进行处理，转化为可量化人群活力指标，作为TOPSIS低效居住用地评价的指标之一。

（3）南京市主城区各类POI数据

POI兴趣点数据来源高德地图开放平台（https://ditu.amap.com/），采集时间为2024年5月，数据具体包含设施点名称、经纬度、设施点类别、地址等信息。其中设施点主要分为购物消费、餐饮美食、生活服务、公司企业、交通设施、科教文化等14大类。筛选出南京主城区范围后，得有效数据共计114275条。POI数据在此研究中主要用于计算用地混合度，作为TOPSIS低效居住用地评价的指标之一。

（4）南京市主城区建筑轮廓与信息数据

数据来源高德地图开放平台（https://ditu.amap.com/），具体数据包含小区名称、面积、建成年代和建筑高度。处理以上数据得出各地块建筑密度与容积率，作为TOPSIS低效居住用地评价的建成空间评价指标参照。

（5）南京市主城区美团外卖评价数据

美团外卖评价数据来源于官网，数据时间为2024年5月，具体包含店铺名称、评分，店铺类型分为餐饮美食、蔬果生鲜、日用百货、医疗药品四类。对采集数据进行清洗、剔除缺省无效值，获得有效数据共17110条，其中餐饮美食13684条、蔬果生鲜746条、日用百货2059条、医疗药品621条。

采集四类店铺好评数量，量化采集地块的人群满意度，作为TOPSIS低效居住用地评价的指标之一。

（6）OSM路网数据

路网数据来源于OpenStreetMap开放街道地图（https://www.openstreetmap.org/），具体数据包涵道路等级、宽度、长度，主要用于划分用地基本单元。

### 2. 数据预处理技术与成果

（1）提取南京市主城区（鼓楼区、玄武区、秦淮区、建邺区）的行政边界数据，先利用OSM路网数据划分用地单元，然后结合POI数据的频数密度和类型比例对南京市主城区所有用地进行识别，筛选出所有的居住用地。以200m²为临界范围，舍去面积小于200m²的零散居住用地，保留面积超过200m²的居住用地。识别结果如下（表3-1、图3-1）。

南京市用地分类结果统计　　表3-1

| 用地类型 | 用地面积（hm²） | 面积比例 |
| --- | --- | --- |
| 工业用地 | 51920.06793 | 33.39% |
| 公园与绿地用地 | 24567.35572 | 15.80% |
| 交通场站用地 | 7058.02459 | 4.54% |
| 教育科研用地 | 14872.61506 | 9.57% |
| 居住用地 | 41702.15174 | 26.82% |
| 商务办公用地 | 1509.97074 | 0.97% |
| 商业服务用地 | 3346.465265 | 2.15% |
| 体育与文化用地 | 3910.770174 | 2.52% |
| 行政办公用地 | 5756.060871 | 3.70% |
| 医疗卫生用地 | 844.4318869 | 0.54% |

（2）南京市主城区出行OD数据：筛选出南京市主城区连续7天工作日和连续7天休息日的出行OD数据，并计算其在各居住用地片区范围内的7天平均值和方差，分别得到工作日和周末的人群活力特征和人群波动特征，汇总结果如图3-2～图3-5所示。

（3）南京市主城区各类POI数据：提取出南京市主城区的POI数据，并将其分为12类，统计各居住用地15min生活圈范围内各类POI数据点的总量。汇总结果如图3-6所示。

（4）南京市主城区建筑轮廓与建筑层高数据：以10m²为临界范围，舍去基底面积小于10m²的零散小型建筑，保留基底面积大于10m²的建筑，并对建筑密度和建筑容积率进行核密度分析，结果如图3-7、图3-8所示。

（5）OSM路网数据：筛选得到南京市主城区的高速公路、干道、主要道路和次要道路。

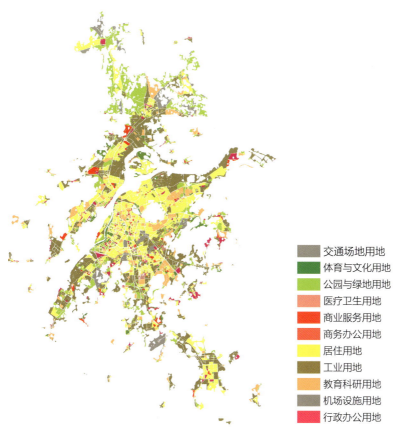

图3-1 南京市用地分类识别结果

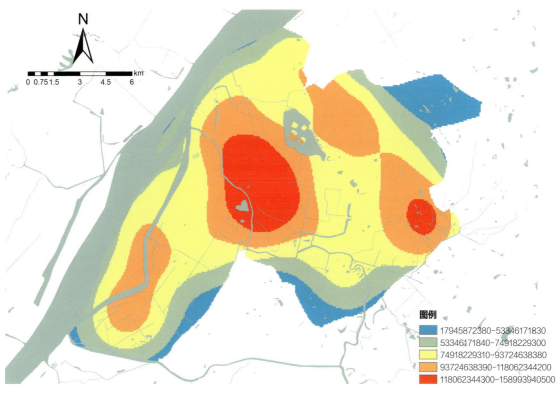

图3-2 工作日人群活力分析

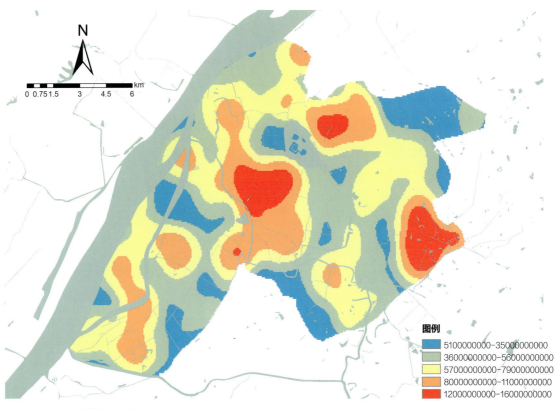

图3-3　周末人群活力分析

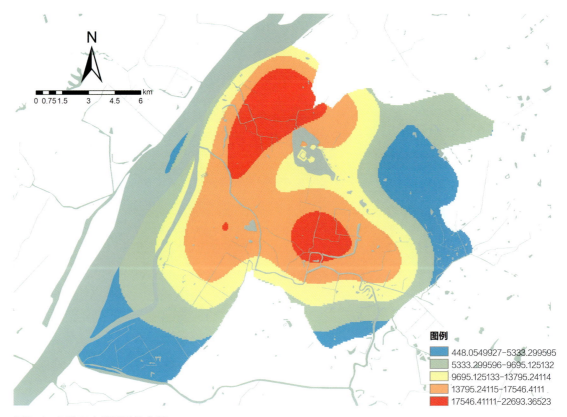

图3-4　工作日人群波动性分析

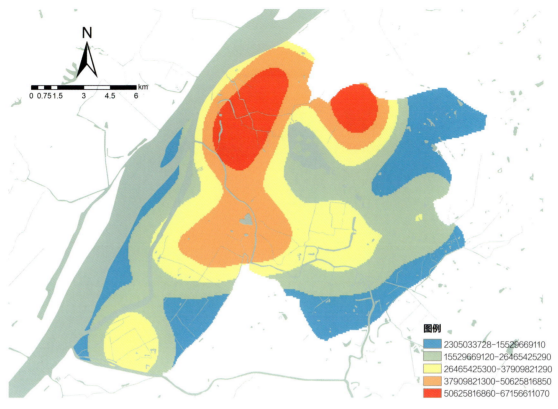

图3-5 周末人群波动性分析

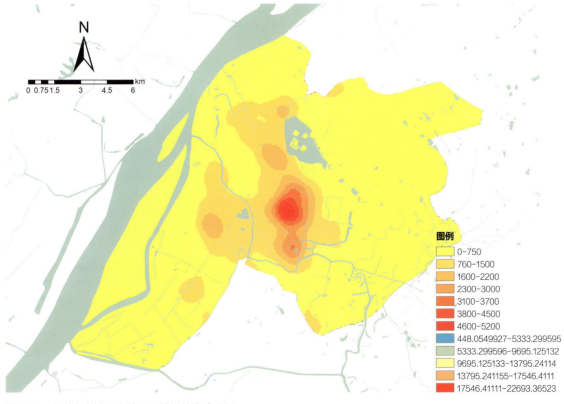

图3-6 南京市主城区高德POI数据核密度分析

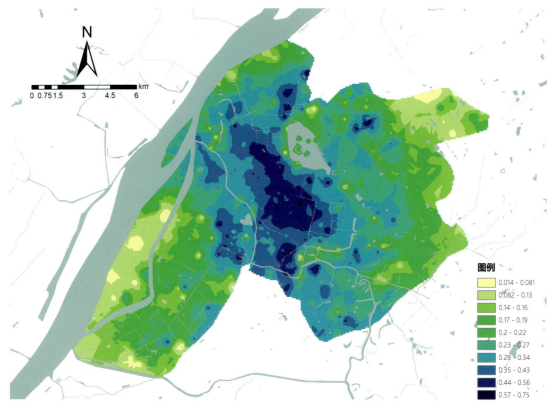

图3-7 南京市主城区建筑密度分析

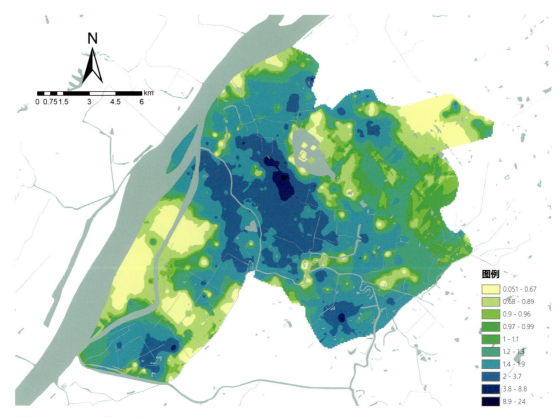

图3-8 南京市主城区建筑容积率分析

## 四、模型算法

### 1. 模型算法流程及相关数学公式

本模型主要分为两个步骤：一是城市低效居住用地的识别，二是城市低效用地更新的模拟优化。

步骤一：城市低效居住用地的识别：

（1）建成环境视角

1）建成环境视角下的混合度指标测算

①获得南京市主城区的POI数据，并将所有POI分为餐饮服务、公共服务、公司企业、购物场所、健身场所、交通设施、金融服务、酒店设施、科教文卫、旅游场所、医疗设施和娱乐场所12类。基于15min生活圈理论，判定各居住用地生活圈范围内的各类POI数量：

$$N_{ij} = \sum_{k \in V_{-j}} a_{ik} \cdots (i \in [1,12], j \in U_{res}) \quad (4-1)$$

式中，$V_{-j}$为第$j$块居住用地对应的15min生活圈范围，$a_{ik}$为$V_{-j}$中的第$i$类POI的第$k$个点，$N_{ij}$为第$j$块居住用地对应的第类POI点的总和。

②参考赵卫锋等学者在《利用城市POI数据提取分层地标》等文章中的评价结果，根据POI设施占地面积及公众认知度，确定12类POI点对应的权重指标，从而确定各不同类别的POI点对应的频率密度：

$$p_{ij} = w_j \cdot \text{std}(N_{ij}) / \left(\sum_{i=1}^{12} w_i \cdot \text{std}(N_{ij})\right) \cdots (j \in U_{res}) \quad (4-2)$$

式中，$\text{std}(N_{ij})$为标准化后的第$j$块居住用地对应的第$i$类POI点的总和值，$w_i$为第$i$类POI点对应的权重指标，$U_{res}$为研究范围内所有居住区的集合，$p_{ij}$为第$j$块居住用地对应的第$i$类POI点的频率密度。

③参考生物多样性指数，计算单一居住用地的土地利用功能混合程度（此处取阶数$q=1$的情况进行研究）：

$$D_j = \exp\left(-\sum_{i=1}^{12} p_{ij} \ln(p_{ij})\right) \cdots (j \in U_{res}) \quad (4-3)$$

式中，$p_{ij}$为第$j$块居住用地对应的第$i$类POI点的频率密度。

2）建成环境视角下的建筑指标测算

①计算各居住用地对应的容积率：

$$R_j = \left(\sum_{k \in V_j} x_{jk} \cdot f_{jk}\right) / S_j \cdots (j \in U_{res}) \quad (4-4)$$

式中，$R_j$为第$j$块居住用地的容积率，$x_{jk}$为第$j$块居住用地中第$k$栋建筑的基底面积，$f_{jk}$为第$j$块居住用地中第$k$栋建筑的层数，$S_j$为第$j$块居住用地的总面积。

②计算各居住用地对应的建筑密度：

$$M_j = \left(\sum_{k \in V_j} x_{jk}\right) / S_j \cdots (j \in U_{res}) \quad (4-5)$$

式中，$M_j$为第$j$块居住用地的建筑密度，$x_{jk}$为第$j$块居住用地中第$k$栋建筑的基底面积，$S_j$为第$j$块居住用地的总面积。

③运用克里金插值法对暂无建筑分布的居住用地的容积率值和建筑密度值进行插值。

④利用熵权法，先对各建筑密度和建筑容积率值进行标准化：

$$R_{\text{std}\_j} = \frac{R_j - R_{\min}}{R_{\max} - R_{\min}} \cdots (j \in U_{res}) \quad (4-6)$$

$$M_{\text{std}\_j} = \frac{M_j - M_{\min}}{M_{\max} - M_{\min}} \cdots (j \in U_{res}) \quad (4-7)$$

式中，$R_{\text{std}\_j}$是各居住用地建筑容积率标准化后的值，$M_{\text{std}\_j}$是各居住用地建筑密度标准化后的值，$R_{\max}$是建筑容积率的最大值，$R_{\min}$是建筑容积率的最小值；$M_{\max}$是建筑密度的最大值，$M_{\min}$是建筑密度的最小值。

$$p_{ij} = \frac{x_{ij}}{\sum_{i=1}^{n} x_{ij}} \cdots (j \in U_{res}) \quad (4-8)$$

$$e_j = -k \sum_{i=1}^{n} p_{ij} \ln(p_{ij}) \cdots (j \in U_{res}) \quad (4-9)$$

$$d_j = 1 - e_j \quad (4-10)$$

$$w_j = \frac{d_j}{\sum_{j \in U_{res}} d_j} \quad (4-11)$$

$$e_i = \sum_{j=1}^{m} w_j x_{ij} \quad (4-12)$$

式中，分别将$R_{\text{std}\_j}$和$M_{\text{std}\_j}$代入$x_{ij}$，即可得到熵权法最终确定的评估值。

（2）居民行为视角

1）居民行为视角下的活力指标测算

① 基于7天的居民出行OD数据，统计各居住用地包含的OD栅格内定位点的数量，取平均值后求得7天的平均值，作为衡量人群活力强度的指标：

$$V_{\text{int}} = \frac{1}{7}\left(\frac{1}{S_j}\sum_{d=1}^{7}\left(\sum_{ras \in V_j}\sum_{k \in ras} a_{kd}\right)\right)\cdots(j \in U_{\text{res}}) \quad (4\text{--}13)$$

式中，$V_{\text{int}}$为第$S_j$块居住用地的人群活力强度，$ras$遍历第$S_j$块居住用地所覆盖的所有栅格，$a_{kd}$为第$d$天内栅格$ras$中的第$k$个定位点。

② 基于7天的居民出行OD数据，借助统计学中求标准差的思想，构建人群活力波动性模型，反映街区单元在一段时间内人群聚集密度的变化幅度：

$$V_{\text{std}} = \sqrt{\frac{1}{7}\sum_{d=1}^{7}\left(\frac{1}{S_j}\sum_{ras \in V_j}\sum_{k \in ras}a_{kd} - \frac{1}{7}\sum_{d=1}^{7}\left(\sum_{ras \in V_j}\sum_{k \in ras}a_{kd}\right)\right)^2} \quad (4\text{--}14)$$

式中，$V_{\text{std}}$为第$S_j$块居住用地的人群活力波动性，$ras$遍历第$S_j$块居住用地所覆盖的所有栅格，$a_{kd}$为第$d$天内栅格$ras$中的第$k$个定位点。

③ 同样利用熵权法，最终确定居民行为视角下的用地活力指标测算。

2）居民行为视角下的满意度指标测算

统计各居住用地15min生活圈内的美团外卖好评率总数，并除以地块面积，得到居民好评率指标：

$$A_j = \frac{1}{S_j}\sum_{s \in V_{-j}} m_{js} \cdots (j \in U_{\text{res}}) \quad (4\text{--}15)$$

式中，$A_j$为第$j$块居住用地对应的居民好评率指标，$V_{-j}$为第$j$块居住用地对应的15min生活圈范围，$m_{js}$为第$j$块居住用地对应的第$s$条居民评价。

（3）综合评估：利用TOPSIS方法，结合上述评价结果，对南京市主城区所有居住用地进行综合评估，最终选取置信度在90%以上的用地为低效用地。对低效用地进行聚类，识别出三种不同的低效用地类型。

步骤二：大模型微调：

微调Prompt Tuning大模型具有以下优势：

（1）参数高效：通过训练少量的Prompt参数来实现模型微调，不需要对整个模型的所有参数进行更新。大大减少训练过程中需要的参数数量。

（2）灵活性高：Prompt Tuning允许用户根据不同的任务需求自定义Prompt，使微调过程更加灵活。

（3）可解释性强：由于Prompt Tuning使用具有上下文的词或句子序列作为引导，使模型的输出更加可解释。

微调Prompt Tuning大模型需要以下步骤：

（1）将130余份低效用地更新相关文本和指南共计10万余相关文字转化为LLMs模型可识别的格式。

（2）为了让大语言模型了解区域的空间分布，将研究区域的路网和用地类型等shp文件作为模型输入，其中区域内的不同地块用id标记，并用颜色填充，代表不同的土地用途。同时，根据与研究区域相关的控规文件和互联网大数据等信息，作为每个区域位置的文本描述，包括其具体位置、附近区域、附属设施和上级规划等。

（3）参与式城市规划最重要的部分是居民在规划过程中的积极参与，因此利用ChatGLM3-6B进行多主体行为模拟，最终生成1000位居民信息，包括性别、年龄、教育程度和家庭规模等。同时，为了保证城市更新规划过程中的公平性和包容性，部分具有特殊背景的人群也被纳入模型中，例如养育家庭、有病人的家庭、独居老人等。为了进一步增强居民的真实性和多样性，利用ChatGLM3-6B根据每个居民的个人资料生成一个简短的描述。

（4）对Prompt Tuning大模型进行微调，并利用LLMs进行多轮多主体模拟。每轮模拟后都将用地更新结果反馈给1000位居民，并收集这些居民对更新后的用地的评价，以此作为下一轮大模型主题模拟的重要依据，在全过程中保持人类设计师的监督，以避免灾难性遗忘等问题，最终得到用地优化方案。

**2. 模型算法相关支撑技术**

本模型主要利用以下软件进行分析和计算：

（1）ArcGIS10.8.2：本模型主要在ArcGIS10.8.2平台上进行栅格与矢量数据的处理、计算与分析工作。

（2）SPSS：本模型主要在SPSS平台上进行数据分析和数据挖掘等工作。

（3）采用了基于Pytorch框架的LLMs模型。通过将ChatGLM3-6B这一轻量级模型部署在配置有Ubuntu22.04、Pytorch2.1.0、Python3.10和Cuda12.2的云服务器上，我们能够在城市更新项目中，尤其是针对低效用地的再开发中，发挥LLMs的强大功能。在保留原有Transformer架构的同时，我们对其进行了细致的Prompt-Tuning微调，以便更精确地捕捉到不同利益相关者的复杂需求。这种方法不仅提高了对城市低效用地潜在利用价值的预测准确性，而且促进了真正意义上的"参与式"规划，使得规划过程更加民主化、透明化，从而更好地服务于社会公众的利益。

## 五、实践案例

### 1. 研究区域概况

本研究选取南京市主城区（鼓楼区、玄武区、秦淮区、建邺区）作为研究区域。南京市主城区是全市经济和政治活动的核心区域，其土地使用效率对整个城市的发展有着直接而深远的影响。过去几十年，南京市经历了快速的城市扩张，城市新区发展迅速，但主城区的更新和改造相对滞后，导致部分区域土地利用效率较低。与此同时，主城区人口密集，社会结构复杂，居民对空间品质和功能的需求多样且不断变化。因此，主城区的用地更新策略需要综合考虑经济、社会、环境等多方面的因素，平衡各方利益诉求，确保城市空间的可持续发展。选取南京市主城区作为研究区域，不仅能够为城市低效用地更新提供丰富的案例和数据支持，还能为其他类似城市提供可借鉴的经验和策略。

### 2. TOPSIS低效用地评价结果

（1）区位特征分析

从结果（图5-1）中可以看出，南京市主城区的低效用地和高效用地的分布具有较为明显的区位特征：高效用地大多集中在南京市的市中心周围，这些区域人口密度高、人流量大、各种商业和公共服务设施较为密集、建筑密度和容积率普遍较高，土地利用效益较高；低效用地大多集中在南京市主城区边缘地带和长江边，这些区域人口密度较低，开发时间较晚，城市建设用地开发受周边地形环境影响较大（长江沿岸以及各类丘陵地带等），周边设施配备不够齐全。

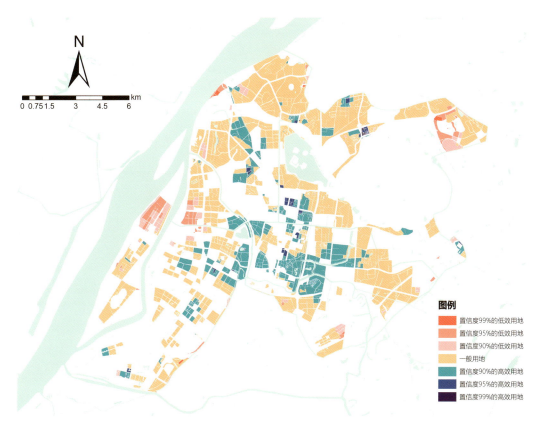

图5-1　南京市主城区低效用地综合评估结果

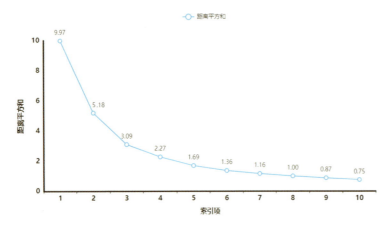

图5-2 南京市主城区低效用地聚类肘部法则可视化图

（2）集聚特征分析

从结果中可以看出，低效用地的分布存在区域性集聚的特征，特别是集庆门大街、百家汇创新社区和江心洲三个区域存在大量低效用地集中分布的现象，反映出目前城市建设用地扩张的过程中存在区域用地错配、低质量建设用地开发等问题，部分不适宜开发作为建设用地的土地被开发，不仅降低了开发效率，更破坏了这些地区的城市建设用地开发结构。

（3）差异特征分析

根据四类综合评价指标进行K-means聚类类别差异性分析。根据碎石图最终确定聚类为三类（图5-3）：Ⅰ类低效用地的用地混合度低，居民满意度低，可结合居民诉求进行公共服务设施配置；Ⅱ类低效用地居民满意度较低，用地混合度高，需进一步精细提升各项公共服务配置；Ⅲ类低效用地建筑质量低，用地混合度低，居民满意度一般，需进行建筑更新与公共服务配置。针对不同类型的低效用地进行有特点的更新与管控，将使得城市用地更新的过程更加科学合理。

### 3. 基于LLMs的低效用地更新策略

以南京市建邺区集庆门大街北侧，云锦路西侧，清凉门大街南侧，扬子江大道东侧共同围合区域为例，讨论此处区域的低效用地更新优化方法。所选区域为Ⅰ类低效用地集聚区，用地混合度低，居民满意度低，但建筑质量高，可结合多方诉求通过公共服务设施合理配置进行用地更新。云锦路（集庆门大街—水西门大街）正在进行基础设施综合整治工程，研究可为该区域提供支持。

结合建邺区居民信息数据和网络居民诉求文本，通过数据清洗与增广转化为ChatGLM可识别格式，借助Prompt-Tuning技术进行微调，最终F1-Score由0.6143提升至0.7950（图5-4）。利用ChatGLM3-6B进行多主体行为模拟，生成1000位居民的具体信息（表5-1），利用训练后的大语言模型基于研究区域居民的基本信息和居民诉求文本数据生成1000位居民信息，居民主体的信息包括性别、年龄、教育程度、家庭情况和居住地块等，确保模拟过程中的多样性和代表性

如图5-2中所示，使用微调后的ChatGLM3-6B进行初步规划，居民主体根据模拟的规划方案进行反馈，提出意见和建议。反复进行主体模拟、反馈和修改，确保规划方案在每一轮迭代中不断优化，直到综合评分大于90，评定为优秀后生成最终的土地利用图。在每轮规划过程中，政府的诉求和政策要求也被纳入考虑，确保规划方案的全面性和合理性。政府主体通过对规划方案的审查和反馈，提供政策导向和发展目标的参考。图5-5为每轮用地规划得分曲线。

居民主体信息表　　　　　　表5-1

| 性别 | 年龄 | 受教育水平 | 家庭情况 | 街区 | 个人描述 | 社会需求 |
|---|---|---|---|---|---|---|
| 男 | 42 | 大学 | 未婚 | 38 | 退休教师，在社区做志愿者 | ['行政办公'，'商务办公'，'商务服务'] |
| 女 | 28 | 大学 | 未婚 | 27 | 富有活力、喜爱运动，经常看到她在体育场运动 | ['行政办公'，'医疗健康'，'商务办公'] |
| 女 | 79 | 高中 | 已婚已育 | 33 | 喜欢参与社区事务 | ['公园绿地'，'医疗健康'，'行政办公'] |
| 女 | 58 | 大学 | 已婚已育 | 1 | 平时比较安静，喜欢阅读和园艺 | ['商务服务'，'行政办公'，'商务办公'] |
| 男 | 57 | 大学 | 已婚已育 | 34 | 喜欢做菜，经常举办晚餐会 | ['医疗健康'，'商务办公'，'商务服务'] |

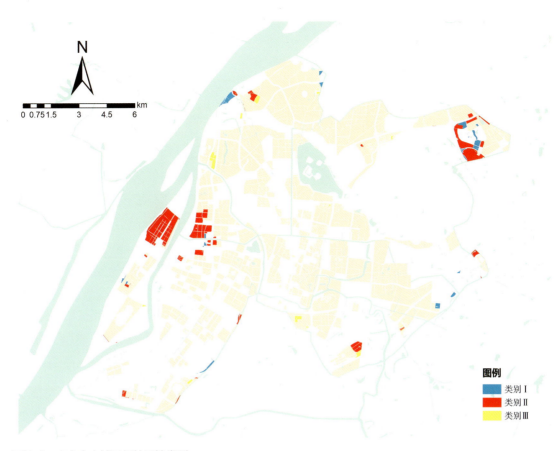

图5-3　南京市主城区低效用地类别

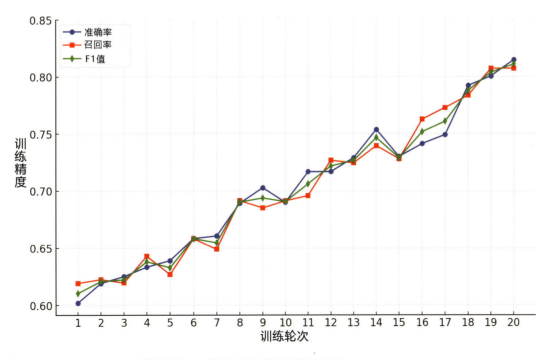

图5-4　Prompt-Tuning训练结果——微调过程中模型的准确率变化

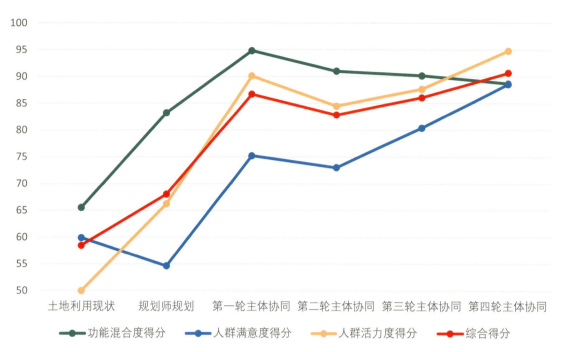

图5-5 不同阶段用地规划得分综合评价

### 4. 基于LLMs的低效用地更新结果分析

选择案例场地以居民居住和商务办公为主要功能,以商业服务和公园绿地为辅助功能。场地内道路走向较为规整,建筑质量较高,具有良好的物质空间改造条件,但居民对片区内现有功能布局不满意,需要对现有的低效用地进行集中更新。

(1) 现状土地利用规划

如图5-6所示,现状土地利用规划反映了研究区域的现有功能布局。主要包括居民居住区、行政办公区、教育科研区、体育文化区、医疗卫生区、商业服务区、商务办公区和公园绿地。这些功能区在整体上构成了主城区的基本空间结构。由于历史和发展原因,部分区域存在土地利用效率低下的问题,需要进行优化和更新。

(2) 专家规划

如图5-7所示,在专家规划阶段,结合专家的专业知识和经验,对现状土地利用进行了初步的优化调整。专家规划主要进行功能区调整,优化商业服务区和居民居住区的布局,确保不同功能区的合理分布,减少用地冲突。增加部分区域的公共服务设施供给,如教育科研区和医疗卫生区的配置,以满足居民日益增长的公共服务需求。通过优化功能区布局,提升了区域的功能混合度,促进了不同功能区之间的协调发展。

(3) 第一轮主体协同结果

如图5-8所示,通过第一轮主体协同,进一步结合居民和规划师的反馈意见,对专家规划进行了细化和调整。根据居民的反馈,调整商业服务区的位置和规模,提高商业设施的可达性。根据居民的实际需求,优化居住区的布局,增加居住区内的绿地和公共空间,提高居住质量。在居民反馈的基础上,进一步增加教育科研设施和医疗卫生设施的供给,提升公共服务水平。

(4) 第二轮主体协同结果

如图5-9所示,在第二轮主体协同中,进一步优化了用地规划,特别是对居民居住区与商业服务区的空间配置进行了调整。通过居民和政府主体的反馈,调整教育科研区和体育文化区的位置和规模,确保其合理分布,满足不同年龄段居民的需求。优化交通网络布局,增加公共交通节点的可达性,同时扩展公园绿地面积,提升城市生态环境质量。根据居民反馈,适当调整建筑密度,确保区域内的居住舒适度和空间利用效率。

(5) 第三轮主体协同结果

如图5-10所示,第三轮主体协同结果显示,规划方案进一步完善,特别是在医疗卫生区和公园绿地的布局方面进行了优化。根据居民健康需求,优化医疗卫生设施的分布和服务范围,确保居民便捷获得医疗服务。扩展公园绿地面积,优化绿地布

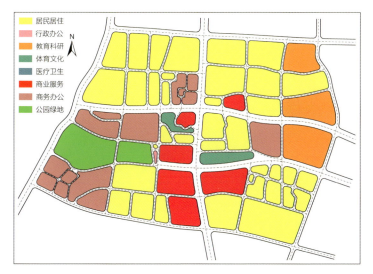

图5-6 现状土地利用规划（S）

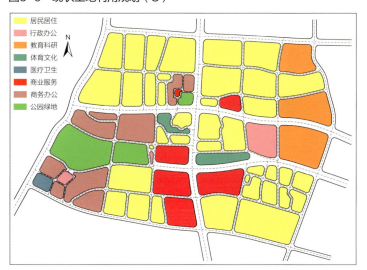

图5-7 LLMs规划师规划（T0）

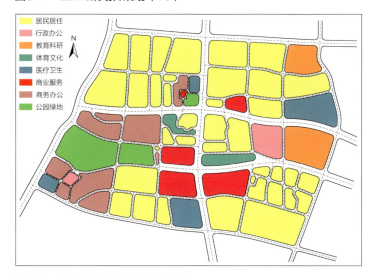

图5-8 第一轮主体协同结果（T1）

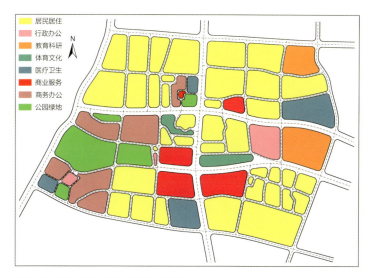

图5-9 第二轮主体协同结果（T2）

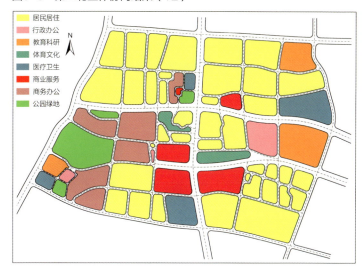

图5-10 第三轮主体协同结果（T3）

局，增加居民休闲娱乐空间，提高居住环境的宜居性。根据居民和政府的反馈，细化各功能区的边界，确保功能区之间的协调发展，减少功能冲突。

（6）第四轮主体协同结果

如图5-11所示，第四轮主体协同结果是对前几轮规划方案的最终优化。综合考虑了多主体的需求，确保了各功能区的合理配置和相互协调。在确保居民、规划师和政府需求的基础上，优化各功能区的配置，确保规划方案的全面性和可操作性。通过科学合理的规划，进一步提升土地利用效率，实现土地资源的最优配置。通过多轮主体协同，最终方案在居民满意度、功能混合度和建筑密度等方面达到了最佳状态，综合评分超过90分，土地利

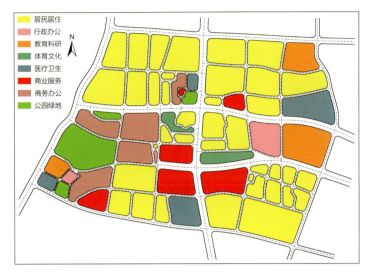

图5-11 第四轮主体协同结果（T4）

用方案得到了全面优化。

本研究通过多轮主体协同和基于LLMs的动态模拟，逐步优化研究区域的土地利用规划，实现了高效的用地更新。最终成果不仅提升了土地利用效率，还改善了居民的生活质量，促进了城市的可持续发展。通过科学的土地利用规划，优化了功能区布局，增加了教育科研、医疗卫生和体育文化等公共服务设施供给，提高了居民的生活质量和幸福感。通过优化交通和绿地布局，提升了城市的生态环境质量，为居民提供了更好的生活环境。建立了多主体协同机制，综合考虑居民、规划师和政府的需求，确保规划方案的全面性和合理性。创新性地应用大语言模型模拟多主体行为，提高了规划方案的动态优化能力和实际操作性。

## 六、研究总结

### 1. 模型设计的特点

（1）多主体协同的城市低效用地更新分析框架

构建了兼顾物质空间与多方利益的城市低效用地更新分析框架，通过用地效益评价与多方利益博弈的迭代推演，生成多主体利益协同的低效用地更新方案，为城市低效用地更新策略制定提供新思路、新方法。

（2）基于大语言模型的用地优化模型

通过Prompt Tuning对ChatGLM3-6B模型进行微调，模拟生成多主体需求，在此基础上动态生成用地优化方案。可有效降低多主体参与成本，提高用地方案生成效率，为城市低效用地更新提供新技术。

### 2. 应用方向或应用前景

（1）公众参与与满意度提升

模型充分考虑了居民的主观诉求和日常需求，有助于提高公众参与度和满意度，促进社会的和谐与稳定发展。

（2）低效用地规划决策支持

构建的模型为低效用地规划提供了多元化的视角和建议，助力制定科学合理的用地更新方案，提升城市规划决策的精准度和效率。

（3）土地资源管理

通过科学识别与优化低效用地，释放宝贵的土地资源，提升土地利用效率，为城市的可持续发展提供有力支撑。

## 参考文献

[1] 文聪聪，彭玲，杨丽娜，等. 主题模型与SVM组合的小尺度街区用地分类方法[J]. 地球信息科学，2018，20（2）：167-175.

[2] 田钊，张乾钟，赵轩，等. 基于手机信令数据的城市居民动态OD矩阵提取方法[J]. 郑州大学学报（工学版），2024，45（3）：46-54.

[3] 唐璐，许捍卫，丁彦文. 融合多源地理大数据的城市街区综合活力评价[J]. 地球信息科学，2022，24（8）：1575-1588.

[4] 刘贵文，王曼，王正. 旧城改造开发项目的容积率问题研究[J]. 城乡规划，2010，17（3）：86-91.

[5] 胡宝雨，刘学. 基于手机信令数据的城市区域居民出行OD预测模型[J]. 交通运输系统工程与信息，2023，23（6）：296-306.

[6] 窦旺胜，王成新，薛明月，等. 基于POI数据的城市用地功能识别与评价研究：以济南市内五区为例[J]. 世界地理研究，2020，29（4）：804-813.

[7] 丁一，郭青霞，陈卓，等. 系统论视角下欠发达县域城镇低效用地识别与再开发策略[J]. 农业工程学报，2020，

36（14）：316-326.

［8］秦萧，李民健，甄峰. 基于多源大数据的城市居住用地优化研究：以南京城区为例［J］. 地理科学，2023，43（9）：1548-1558.

［9］郝博文，柳溢菲，李立耀，等. 基于多模态推荐指令的大语言模型指令微调［J］. 北京邮电大学学报，2024，47（4）：36-43.

［10］王天祥. 开封市低效用地识别及再开发利用研究［D］. 开封：河南大学，2022.

［11］黄秀梅. 应对城市发展模式的土地配比优化研究［D］. 深圳：深圳大学，2020.

［12］ZHAO WEIFENG, LI QINGQUAN, LI BIJUN. Extracting hierarchical landmarks from urban POI data［J］. Journal of remote sensing, 2011, 15（5）：973-988.

［13］ZHILUN ZHOU, YUMING LIN, DEPENG JIN, et al. Large language Model for Participatory Urban Planning［C］// Conference acronym XX, June 03-05, 2018, Woodstock, NY.

［14］ZHENG Y, LIN YM, ZHAO L, et al. Spatial planning of urban communities via deep reinforcement learning［J］. Nature computational science, 2023（9）：748-762.

［15］ZHAO WX, ZHOU K, LI JY, et al. A survey of large language models［J］. Computation and language, 2023：11-24.

专家
采访

# 张其锟：
# 扩展新技术在城市规划中的应用

**张其锟**

出生于1928年9月，毕业于清华大学土木系，教授级高级工程师，享受国务院政府特殊津贴。曾任北京市计算中心主任、北京市城市规划委员会副主任、北京市城市规划设计研究院副院长等职，正局级离休干部。1983年，张其锟院长主持负责了北京首次航空遥感综合调查"8301工程"总体设计和实施工作，并于1987年获得国家科技进步奖一等奖、北京市科技进步特等奖，1988年被人事部评为国家有突出贡献专家、北京市有突出贡献专家，2001年获中国城市规划协会"全国城市规划行业资深规划工作者贡献奖"。

## "8301工程"简介

《北京航空遥感综合调查》（以下简称调查）代号称"8301工程"，是原地质矿产部、原城乡建设环境保护部及北京市人民政府（以下简称两部一市）的重点调查研究项目，也是北京市科学技术委员会"科字840170号一条龙攻关"重大项目。首次在城乡规划领域利用航空遥感技术，辅以航天遥感资料，广泛深入地为首都城乡建设及科学研究搜集基础资料，研究解决城乡建设中急需解决的实际问题（如基础地图更新、城市绿化、地质环境等），探索经济可行的特大城市现状调研技术方法。

调查工作历时4年，联合了33个中央和北京市的机关单位，共240余名科研人员参与。完成了41个专题研究，其中23项成果填补了北京基础资料的空白。调查涉及测绘、地质、环境保护、环境卫生、城市绿化、城市规划、消防、文物保护、交通等14个部门的业务，取得显著效益。该项工作在遥感信息应用的深度和广度方面均达到当时国际先进水平，对城乡规划、建设、管理、政府决策及管理立法等领域具有重大意义。

国家科技进步奖一等奖证书

## 一、回顾历史，见证成就

**记者**："8301工程"项目中对于遥感在城市规划行业中的应用体系是非常完整的，从技术方法理论到规划实践应用，请问您当时是怎么设计这41个专题的呢？

**张其锟**：我在清华土木系读书时属于理学院，当时吴泽霖是我的老师，也是教务长，学院规定必须学一门社会科学，我选了两门，一个是社会学，一个是中国通史。社会学的基础使我的观点跟城市规划简单的物质观念不同，我工作后也非常注重社会调查。对于规划我一直有着自己的看法，不是只限于建筑，还包括人文因素。另外，当时觉得遥感可以探讨的领域很宽，不仅仅是人、地、房，还包括城市绿化等，基于以上的经验和经历就把这个项目思路给拓宽了。

**记者**：那个时候其实遥感的技术还没有现在这么普及，您是怎么带领200多人推进的工作呢？

**张其锟**：当时很多人都不了解遥感，所以我在多个场合宣传遥感技术，进行了多次宣讲，包括各单位的党委书记在党校学习，甚至市委会议。遥感技术能够发展这么快，不仅在前期进行了宣传，而且调研期间各专题成果也办了展览会。每结束一个课题，就进行宣传、展览，通过成果展览改变了很多领导对遥感的看法，得到了多方领导的支持，很大程度上提高了遥感的影响力。而且，针对各专业技术人员，我也开了遥感训练班，大家都觉得遥感能够解决这么多问题，都感觉很新鲜，也很积极，项目推进就很顺利。

**记者**：在当时，这么多课题、工作组之间是采用什么样的工作模式？

**张其锟**：我们每个工作组都会定期汇报进度，有了成果就向社会公布，也是对遥感技术应用宣传的一种途径。我们的41个专题成果也是逐个鉴定，不是整个大课题都完了再鉴定。调查项目推进实行边研究、边整理、边应用、边宣传的工作模式，我们开了很多展览会，包括在市委会议中的展览会、地质学院中的展览会，每次都有几千人参观。

**记者**："8301工程"是一个很庞大的组织工作，在工作的实施中各方的合作以及配合是很重要的，您能简要介绍一下合作的过程吗？

**张其锟**：我觉得（原）地质矿产部遥感中心起的作用很大，尤其在飞行方面。当时北京城区是禁飞区，我跑到军委办公厅保密处汇报了2次工作才准许飞行，那是很不容易的。当时的领航员，我们都叫他"一根筷子"飞行，因为他的航线操作飞的非常直。当时指挥飞行的时候，地面要有控制点，也要有发报机，发报机就在市委的办公楼楼顶上，用来导航飞机的飞行航线，这些都是我来监管的。所以，"8301工程"涉及很多线程并行的组织模式，每个单位、每个技术人员在项目实施中都起了重要的作用。

## 二、与时俱进，开拓创新

**记者**：随着调查数据资源的丰富，城市遥感在规划行业的应用面临着新的挑战与问题。对于以遥感为代表的规划数字新技术发展，您有什么建议？

**张其锟**：现代遥感的资源很多了，我们对数据信息的应用更应该走入连续的城市规划，美国有本书叫"*continuous city planning*"，即规划是持续性工作，它以动态的监测、评估和修正为一个前提。这本书是我在"8301工程"查新时发现的，我那时候就已经开始利用网络进行国内外研究进展的查新工作了，书中强调规划是一个连续性的过程，我们应在当前丰富多源的遥感资源基础上，对城市进行动态监测、动态反馈、动态修正，形成规划上的闭环逻辑。

我觉得卫星遥感可以作为城市规划的主要数据来源，再结合其他社会大数据资源，比如交通、经济、人文等，扩大城市研究方向及研究深度，例如，可以对树种做识别、对树木乱砍滥伐行为进行监测等。这比城市规划的内容更丰富，将城市规划拓展到城市治理。

## 三、寄予未来，再创辉煌

**记者**：数据多源也对我们开展分析和研究的要求更高。从2017年开始，我们设立了"城垣杯·规划决策支持模型设计大赛"，通过多数据的融合与集成，对现状及未来进行评估、预测，进而辅助城市决策及政府管理。对于规划决策支持模型在城市规划中的应用，您有什么指导建议吗？

**张其锟**：我觉得在规划决策支持模型中的决策系统很重要，它可以辅助决策者选择最优方案。我认为现在研究规划决策系统，应该以全面的生态要素为对象，不应该局限于传统城市规划中的人、地、房。生态系统比规划的含义更广泛，它是一个系统化、动态化的大概念，每个要素都互相关联。要利用遥感或大数据等信息把人文和自然要素都结合起来，成为规划的重要依据。而且，规划决策支持模型中的数学模型也需要不断更新和完善。在决策系统方法的研究中，要经常进行查新工作，注意国内外的科研水平，扩宽思路，随时掌握国际上热点、重点，这对研究工作非常重要。

**记者：**给"城垣杯·规划决策支持模型设计大赛"组织及参赛选手们一些指导建议。

**张其锟：**模型大赛是一个促进创新、突破思路的平台，对整个行业、学科、科研教学都起到了推动作用。对于比赛选题要紧扣当下城市发展、规划建设中的前沿，多进行查新探索工作，对国内外发展现状分析以后，再定自己的研究内容。而且，还要把多源数据、人工智能、大模型等这些最新信息技术与规划领域密切结合，立足实际，探索新思路、新实践。我希望选手们在研究中要保持严谨的态度，在选题意义、方法模型、数据使用等方面能够形成更多的创新成果。

## 四、求知若渴，与时代同行

与书为伴，甘之如饴。已96岁高龄的张院长精神矍铄，声音洪亮，仍然保持着阅读的习惯。无论是专业领域内的新理论还是跨学科的知识，他都积极地去探索学习。为了方便查阅各种学术资源，张院长搬家到国家图书馆旁边，在图书馆里有大把时间学习、阅读、思考。除了学识渊博，张院长的心态还始终保持着年轻和活力，大家都亲切地称他为"现代化老头"。尽管已是耄耋之年，他依然跟上时代潮流，能够熟练运用各种电子产品，并保持着上网学习、阅读英文文献的习惯。张院长曾担任中国城市规划学会城市规划新技术应用专业委员会主任，到现在仍时刻关注城市规划新动态，熟稔遥感、GIS等技术，紧跟时代节拍。张院长询问了我院（北京市城市规划设计研究院）近几年数字规划技术发展状况，指出当前城市规划设计要素较多，数字技术及应用前景的发展仍具有很大挑战，我们规划院要保持敏锐，走在前端。采访中，张其锟院长一直强调"注意国外的科研水平，扩宽思路，结合国内外研究内容探索新思路"，他一直在身体力行的实践着这句话，也是对于我们新一代规划师的期望和要求。

# 迈克尔·巴蒂（Michael Batty）：
# 新技术引领下的城市量化研究与可持续发展未来

迈克尔·巴蒂
现任伦敦大学学院巴特莱特建筑学院教授、高级空间分析中心（CASA）主席、艾伦·图灵研究所图灵研究员、英国科学院院士（FBA）、英国皇家学会院士（FRS）。自20世纪70年代以来，一直致力于研究城市计算机模型及可视化，出版了《城市与复杂性》《新城市科学》和《创造未来城市》等多部著作。2004年被授予大英帝国勋章，2015年获英国皇家地理学会金奖，2016年获英国皇家城市规划学会金奖。

## 一、新技术与城市未来

**记者：** "城垣杯·规划决策支持模型设计大赛"致力于城市量化研究的创新实践。您认为城市量化研究最大的挑战是什么，为我们提供了哪些前所未有的机遇？另外，在推动城市计算和量化研究的同时，我们应如何确保城市的可持续发展和公平性？

**迈克尔·巴蒂：** 城市量化研究面临的主要挑战在于如何建模和模拟城市中地点、交通等复杂的功能关系。随着城市的不断发展与壮大，其复杂性也日益增加，特别是工业革命以来，城市经历了前所未有的变革和复杂性增长。因此，我们最大的挑战是保持与时俱进。

面对这一挑战，关键在于发展恰当的理论，并通过城市模型来不断完善这些理论，使之与现代城市的变革相匹配。我们之所以需要不同的城市模型，是因为城市本身在不断变化，变得越来越复杂。这要求我们保持警惕，不断寻找和创造与城市实际运作方式紧密相关的新理论。同时，构建城市模型不仅是为了进行短期预测，更是为了思考如何促进城市的可持续增长和公平性，这是我们在特定背景下构建模型的核心目标。为了达成这一目标，我们不仅需要理论支持，还需要数据的支持。在构建模型时，必要的数据是不可或缺的，它们帮助我们实际测试模型，并使其在实际应用中具有相关性。

总的来说，城市量化研究的挑战在于理论创新和数据支撑，我们的目标是构建适应现代城市变革的模型，并推动城市的可持续增长和公平性。

**记者：** 从单一模型到多模型到AI驱动的大模型，对解决城市问题的尺度、深度、效率等各个方面带来的变化有哪些？您认为

AI在城市规划领域有哪些应用前景，我们应该如何把握新的技术和机遇来推动城市空间规划的智慧化？人工智能未来是否会取代城市规划师？

**迈克尔·巴蒂：** 随着计算机变得更快更小，它们已嵌入城市的每个角落。因此，智慧城市的出现，在某种程度上意味着我们的计算机不再仅仅用于理解城市，它们也用于推动城市的发展。因此，我们用来构建模型的计算机也嵌入在我们周围的城市结构中，城市本身正在变得越来越像一个巨大而丰富的计算机的巨系统。

然而，提及"人工智能"，我们必须谨慎。这种智能与我们人类的智能有本质区别。计算机擅长处理定义明确的任务和数据，但人类在直观性地处理复杂信息上更具优势。AI已成为当前城市计算的核心驱动力，这使得AI在城市管理中得到广泛应用。为了处理城市运行产生的海量数据，我们需要依赖AI驱动的新技术。然而，随着AI技术的快速发展，人们开始担忧它是否会取代人类在城市规划和管理中的功能。AI模型，特别是大型语言模型，为我们提供了整合数据和思考现代城市特征的新方式。对于AI是否会取代城市规划师等职业，我认为这并非易事。尽管AI在某些方面超越人类，但它们是由我们创造并控制的。我们有能力关闭或调整这些机器，确保它们服务于人类。因此，AI应被视为一种机遇而非威胁。

不过，我们仍需关注公平性和AI的实际应用。如何确保AI技术在城市规划中公平、有效地使用，是我们面临的重要问题。因此，作为规划师、分析师，我们不应被AI取代的担忧所束缚，而应积极探索如何利用这一技术来更好地理解和改善我们的城市。

## 二、新技术与学科发展

**记者：** 高校师生是"城垣杯·规划决策支持模型设计大赛"的参赛主力，您认为新技术对城乡规划学科教育带来哪些变革？高校师生如何更好地处理新技术迅速涌现和学科传统教育路径之间的关系？您对参赛选手们有什么建议和期待？

**迈克尔·巴蒂：** 计算机已深入人类生活的各个领域。我们依赖计算机来辅助决策，这极大地改变了我们的生活方式。作为建筑师和规划师，我们利用计算机理解并规划城市，这已成为日常工作的一部分。智慧城市的概念正是由此产生，即计算机不仅是我们工作的工具，更是我们理解城市的一部分。

在城市教育和规划方面，这一变革引发了重大挑战。我们需要学习如何更有效地利用计算机来理解和规划城市，同时，城市也越来越由我们使用的这些计算机组成，这可以被称为一种奇怪的递归现象，意思是计算机以一种奇怪的方式嵌入到它们自身之中。例如，你可以看到我们的伦敦3D街区模型在我们周围的计算机上运行，也就是我们可以把这个模型放入一个实际上包含在模型内部的房间里。因为我们可以缩放模型并将其移动到任何地方，所以我们实际上可以将其嵌入到自身中。

对于大学、教职员工和学生来说，如何适应这种新技术的迅速涌现？传统的规划教育需要更新，以整合社会科学、建筑环境和工程科学等多个领域的知识。我们需要提供足够的技术和工具，使学生能够量化处理规划问题，并了解城市作为社会机构和社会实体的运作方式。

随着时间的推移，城市变得越来越复杂，关于城市的教育也需要与时俱进。我们需要将更多的元素融合在一起，以产生良好的规划教育。这可能意味着我们需要更加专业化，并改变课程的性质。同时，利用互联网等现代技术来传授课程，也是我们面临的重要变化。因此，我们面临着基于新技术建立新教育体系以及如何在实践中应用的挑战。

## 三、数据开放与数据安全

**记者：** 数据成为城市模型的关键，无论是用于模型建立还是模型验证。在城市决策支持分析中，数据的可获得性也非常重要。那么，英国政府是如何处理数据开放性和安全性问题的呢？

**迈克尔·巴蒂：** 随着计算机技术的快速发展和广泛应用，特别是传感器技术的普及，我们周围的环境中正在实时产生大量的数据，这些数据被称为大数据。大数据的产生极大地改变了城市规划的方式，引入了时间维度的考量。过去，由于数据产生量较少，时间因素在规划中并不占据重要地位。而现在，大数据为城市规划提供了更丰富的信息和更精细的决策支持。

在英国，政府是公共数据的主要收集者，其中人口普查是最具代表性的例子。传统的人口普查是每十年进行一次，通过详细的人口统计，为政府和社会各界提供关于人口、就业等方面的信息。然而，这些数据在保密性方面受到高度控制，无法直接用于识别个体。在人口普查中，政府只会将数据汇总到一定的层次，达到一定的空间尺度，以便不可能识别出个体。如果存在精细的空间尺度数据，有一定的概率可以识别个体的时候，他们在发布时便会进行混淆处理。比如，如果某一类中有三到四个人使得你可以识别出具体的人，他们就会对数据进行混淆处理，可能会将数据中的五或零等数字进行替换，经过混淆处理的数据就不可能用于识别个体了。再如伦敦交通局（Transport for London）在控制牡蛎卡（Oyster card）数据中施了非常严格的保障措施，让我们不可能识别到个体。在许多情况下，流动性相关的数据都有类似的问题，因此可能面对很多可能的保密要求，以避免以特定的方式识别个体旅行者。随着我们获取的数据越来越多，这种保护可能会变得更加严格而不是减弱。

## 四、数字孪生与城市模拟

**记者**：在中国，很多数字孪生平台的关注重点在"复制"真实城市的三维模型，您认为，对现实世界达到什么程度模拟可以称之为孪生？三维是必要的吗？

**迈克尔·巴蒂**："数字孪生"严格意义上是指一个真实事物的数字化的/计算机化版本。简而言之，数字孪生是真实系统的简化模型，所有模型都是抽象的。数字孪生传统理念的一个特征是，虽然它是一个简化真实系统的模型，但它也非常接近真实系统。换句话说，数字孪生的定义是，它与真实系统本身在某种程度上是相关联的。

数字孪生的关键问题是，它需要以某种明显、直接的方式与真实系统本身相连，而不能与之分离，它需要反馈。当然，在我们处理城市模型的特定背景下，在实际环境中使用它们的过程就是以这种方式将它们连接在一起。数字孪生可能是模型的3D版本，但它必须不止于此，3D只是展示方式，它必须与真实系统本身相连。这不仅仅是模型外观的问题，更多的是与模型内部发生事情的性质有关。

数字孪生的概念具有启发性，它让我们思考如何构建和利用模型。现在，我们不仅可以建立一个模型，还能构建多个，并根据需要进行调整。这改变了我们与城市互动的方式，让我们能以更多元、更灵活的角度去理解城市。数字孪生也带来了新的问题。当我们拥有多个数字孪生时，如何有效整合它们？如何处理它们给出的不同预测和结果？这些问题需要我们去深入探索和解决。

**记者**：城市系统有很强的自适应和自组织功能，很多时候自适应模型对我们来说是黑箱（就像您在最新文章 *Digital twins in city planning* 中提到的黑箱）状态，需要打破这个黑箱来模拟每项参数可能造成的结果吗？如果不打破黑箱，会不会造成决策时的风险？如何平衡这个超大模拟运算量和决策风险。

**迈克尔·巴蒂**："黑箱"理念，作为一个古老而实用的概念，它强调在未知系统内部细节的情况下，通过外部表现推测其工作原理的可能性。事实上，当我们处理复杂的系统时，由于我们并不了解系统的所有细节，这个"盒子"往往不是完全黑色的，而是带有一定灰度的。因此，从某种意义上说，"黑箱"是一个极端的概念，我们很少会处于对某个情况一无所知的境地，但我们可能的确只知道有限的信息，也就是我们拥有一些"灰箱"。在城市规划中，我们面对许多未知因素，而技术与工具的发展正是为了在这些不确定性中做出有效预测。

随着技术的进步，如数字孪生、人工智能和大数据等，我们有了更多模型来模拟和预测系统行为。然而，这些模型本质上仍是"灰箱"，即它们简化了现实世界的复杂性，仅保留了部分关键信息。这种简化是必要的，但也需要我们审慎地评估其简化程度，以确保预测的准确性。因此，我们需要在处理这些"黑箱"时保持谨慎，既要努力打破它们以获取更多信息，又要认识到有些情况下我们可能永远无法完全了解其内容。就像过去的行为和事件往往成为"黑箱"，因为它们已经发生，无法被直接地、完全地观测。尽管如此，理解过去对于预测未来仍至关重要。

## 五、结语

数字孪生、黑箱、人工智能以及当代计算等一系列新技术，对于如何向我们提供信息并改变我们对城市的理解非常重要。特别是它们如何帮助我们创建更好的城市、更可持续的城市，使城市成为一个更公平的地方。这是因为归根结底，所有这些技术的设计都是为了真正提高我们在城市中的生活质量。

# 段进：
# 城市空间规划的基础理论与前沿视角

段进

中国科学院院士，全国工程勘察设计大师。现任东南大学教授、博士生导师、城市空间研究院院长，教育部首批国家级虚拟教研室主任，自然资源部空间发展与城市设计技术创新中心主任。兼任国务院学位委员会城乡规划学科评议组成员，中国城市规划学会副理事长、标准化工作委员会主任委员，住房和城乡建设部城市设计专家委员会副主任委员，自然资源部国土空间规划技术委员会副主任委员等。长期从事空间发展理论与规划设计研究。创建了城市空间发展理论，提出"空间基因"并建构了解析与传承技术，为解决当代城市建设中自然环境破坏和历史文化断裂的技术难题，推动城镇"空间-自然-人文"和谐互动发展作出了突出贡献。

## 一、从历史看未来：城市的空间基因

**记者**：您和您的团队一直致力于城市空间发展的探索，提出了"空间基因"的理论体系。请您展开谈一谈"空间基因"，这个理论的概念和内涵是什么？

**段进**：规划和建筑行业有一个非常重要的形态类型学，大概有一两百年的历史了，但是我们发现这个形态类型学与我们真正在传承的东西不太一样。以江南水乡为例，如果我们只是把江南水乡最具特色的、符号化的那些镇保护起来，但不考虑后续新建的东西，再过100年，除了几个保留下来的古镇，其他地方可能就变成千城一面，江南的特色就不复存在了。我们就要问一个问题——江南水乡之所以是江南水乡，和华北平原真正不一样的是什么？我们认为是一个内在的基因传承，这个基因和我们以往的研究是不一样的，它是一个内在结构和排序，而不是表面的、简单的符号。所以我们就提出来，从"空间基因"出发，去寻找深层次上，城市的形态为什么形成。我们认为，城市形态的内在结构通过长期积累，形成了一种模式，这种模式就是空间基因。城市空间形态（性状）通过"变异"与"选择"，生成空间基因这一地域性空间组合模式，从而决定城市空间的某些性状；然后，通过"编码""复制"与"表达"，实现城市空间文脉的传承。

城市是一个复杂巨系统，这个复杂巨系统是分层次的，基因也是分层次的。所以在整个体系下，还有很多需要我们大家共同研究的，也有很多学者从事这方面的研究，包括近期的国家自然科学基金等项目、学术研究中，城市领域基因主题的关注度在暴涨，也受到了大家的认可。

## 二、聚焦融合、开拓创新：空间专班

**记者**：近期中国城市规划学会成立了"空间发展理论和分析技术学术专班"，专班的成立是基于怎样的契机？对学科、行业的发展来说，专班能够发挥哪些更好的价值？

**段进**：实际上我们成立专班也考虑了很久，我们这个叫专班，为什么叫专班？主要是我们的研究内容和研究人员。我对空间的研究已经很多年了，也有很多志同道合的学者朋友，尤其是年轻人，大家都在用一些新技术、新方法、新理论做这个研究。"空间发展理论和分析技术学术专班"的优势就在于可以打破职级的限制，把年轻人集合起来做真正创新性的事情，其实和城垣杯发挥的作用是相似的。最后我们跟学会商量，成立了这样一个专班。在专班里，大家轮流组织研讨，更利于为年轻人的研究开辟一条路，这也是城市规划学会一个新的探索。

我认为城乡规划学的主题就是空间，空间是我们一个非常重要的研究方向。城乡规划是一级学科，一级学科下面又分到二级学科后，其中有一个学科就是叫空间发展与规划理论，实际上就是一个基础性的研究，也是这个城乡规划关于空间的核心内容的研究，所以专班是以依托学科、基于已有的工作基础，继续为学科和行业的未来发展，做一些理论性、规律性的前期研究。

## 三、以基础研究推动学科交叉：城市复杂性

**记者**：目前大家都非常关注城市的复杂性，您做了大量的关于城市系统的研究，您认为应该从哪些角度出发去探索、发展城市的复杂性理论？

**段进**：事实上，复杂系统是我们认识城市、研究城市规律的根本性的东西。我一直认为，城市是一个复杂巨系统，是分层次的，遵循一种自组织的运行方式。但很多城市规划者，可能会不太同意这个观点，认为城市是规划出来的，为什么是自组织呢？我写过一本书叫《城市空间发展论》，这里面讲了一个很重要的问题，就是在讲空间到底有没有规律。现在很多的科学研究已经证明，或从几百年的发展经验来看，很多古代城镇的发展规律是有相似性的，比如空间布局和道路之间的关系，所以我们说空间是有能动性的。在这种能动性下，空间和人的行为、自然环境、人文环境之间互动反馈，形成了一种自组织的机制。我在书里面总结了4个方面、8种类型和16个具体的点，包括社会、经济、建成环境、政策环境。

对于规划和自组织之间的关系，我们的规划在某一个层面属于他组织，不是自组织。他组织和自组织之间的关系是什么？有没有必要？我是觉得一定是有必要的，一般城市的自组织要经过几百年的慢慢演变、不断地磨合、不断地拆建，最后形成模式。但现代社会发展太快了，规划的作用就在于通过一定的他组织来补充自组织的过程。也正是因为城市有自组织的规律，我们的规划才有意义。我们所做的规划设计方案就需要遵循这些规律，顺应科学的发展，而不是矛盾的发展，更好地避免错误，事实上我们以前的规划中是有不少教训的。

非常欣慰的是现在大数据、大模型、知识图谱等技术发展很快，这些新技术为城市的复杂性研究提供了很好的工具，所以我们能够通过更大、全数据、全要素的方式来证明这件事情，为给我们的规律性研究提供了非常好的平台。

## 四、新赛道、新寄语：城垣杯

**记者**：今年的城垣杯大赛已经进入紧张的决赛环节，从行业和学科发展的角度出发，在未来，大赛还可以在哪些重点方向、重点技术方面进行拓展、延伸？

**段进**：我们刚刚学习了习近平总书记的报告，习近平总书记对未来的科学发展以及判断，对我们有特别好的指导作用。习近平总书记认为我们现在科学研究有四个极：极宏观、极微观、极条件、极综合，我觉得这"四极"也完全适合我们大家创新的方向。极宏观是我们一定要从整个学科拓宽思路，不仅仅是城市空间本身，要拓开视野，能够更加宏观地回过头来对照研究。极微观则是要做的更加深入，比如城市设计，要能够再细下去，细到这个事情到底是怎么产生的，到底怎么能解决，更加落地的解决这些问题。极条件是说原来我们做研究很多时候都是有个假设条件，比如说我们常讲洪水是百年一遇，但随着自然条件变化，很多极端事件频发，面对这种极端现象，我们怎么应对。最后，对于城乡规划学科来说，极综合是不能单一地考虑某一个因素，应该是把各个方面的因素结合起来，当前的新技术新方法为我们提供了很多手段，才能够更好地创新。

城垣杯的影响非常广泛，其中有一个原因是创新性特别好。所以我也祝愿大家在理论的原创性上、在关键的技术方面多做突破。最后，希望我们能够越做越好，更多地放眼国际，让国外的研究团队参与进来，让我们做的东西能够有所借鉴、有所领先，共同推进行业蓬勃发展。

# 钮心毅：
# 生成式AI赋能城市规划——基础理论、前沿视角与教育改革

**钮心毅**

同济大学建筑与城市规划学院教授，博士生导师；上海同济城市规划设计研究院总规划师，同济大学数字城市研究院副院长。长期从事城乡规划研究和教学，研究方向为城市规划技术科学、城市规划信息化、城市空间信息分析。近期研究兴趣在数字化规划技术、智慧城市规划理论和应用，以时空大数据等信息技术支持城市规划设计、支持城市空间优化研究。

## 一、AIGC的颠覆性与应用：揭秘生成式AI如何重塑规划未来

**记者：** 2024年初，Sora一经发布便引发热议，生成式人工智能再次成为大众关注的焦点。生成式人工智能的颠覆性体现在哪些方面？

**钮心毅：** 生成式人工智能技术以其独特的颠覆性引起了全行业的广泛关注。虽然人工智能技术有着悠久的历史，但直到近期，它才真正成为公众讨论的焦点。这种技术之所以被称为颠覆性，是因为它与传统的推理式或判别式人工智能技术有着本质的区别。传统人工智能技术主要关注于解决特定问题或优化任务，而生成式人工智能技术则能够根据其内在逻辑和知识库，创造全新的内容。这种能力使得人工智能能够像人类一样生产知识并输出内容，尤其是在大模型的支持下，如ChatGPT和Sora等，它们生成的图像、文本和视频已经达到了令人难以区分真假的水平。此外，生成式人工智能技术的另一个颠覆性特点在于其低使用门槛。它使得全社会的人们都能够轻松注册并使用这些模型，快速生成各种内容。这种技术的普及，不仅对规划学科产生了深远的影响，更在全社会全行业中掀起了一场革命。生成式人工智能技术的颠覆性体现在其创造性、逼真度及易用性上，它正在改变我们对计算机生成内容的传统认知，并在各个领域展现出其巨大的潜力和影响力。

**记者：** 您刚才谈到了ChatGPT和Sora对规划决策的提升，回到了规划决策本身上，对于一般的生成式人工智能的算法，它的训练该怎么去结合规划专业知识，以及怎么去形成智慧化、科学化的知识，提升它的规划决策的能力呢？

**钮心毅**：生成式人工智能技术，特别是通用AI模型，已经显示出其在多个领域内的应用潜力。这些模型通过广泛的预训练，积累了大量的跨学科知识，形成了一种能够处理多种任务的通用能力。然而，为了进一步提升规划决策的科学性和智能化水平，我们需要在这些通用模型的基础上，进一步开发针对规划学科的专业大模型。

目前，产业界普遍认同专业模型的构建应当基于通用模型，并对其进行二次训练或特定形式的学习，以适应特定的专业领域需求。这一过程的关键在于如何有效地将规划学科的专业知识融入通用模型中，使其转化为具有专业领域特性的大模型。通过这种方式，生成式人工智能不仅能够提供更精准、更符合规划学科特性的决策支持，还能够促进规划决策过程的智慧化和科学化，从而在规划领域发挥更大的作用。这标志着人工智能技术在规划决策领域的应用正迈向一个新的发展阶段。

**记者**：通用生成式人工智能应该如何与规划专业模型结合，以提升规划决策的智能化、科学化水平？

**钮心毅**：在探讨通用生成式人工智能与规划专业模型的结合时，我们首先需要理解两种不同的建模路径。传统的规划学科建模是基于明确的规划理论知识，通过原理式的公式转化为算法，进而实现计算机程序的构建。这种自上而下的建模方式，强调了规划理论的先导作用和知识的量化。相对而言，生成式人工智能技术采用的是数据驱动的建模方式，它不依赖于预先存在的知识体系，而是通过机器学习大量数据，自行提取特征并建立内部模型。这种自下而上的建模过程，不需要明确规划原理，而是通过数据本身来学习和生成知识。

结合这两种建模方式，我们面临的挑战和机遇并存。传统的知识驱动模型在解决特定问题时具有明确性和可解释性，而数据驱动模型则在处理复杂、非线性问题时展现出强大的能力。探索两者的融合，将有助于我们开拓新的研究路径，提升规划决策的智能化和科学化水平。

当前，尽管业界尚未形成成熟的结合模式，但这一方向无疑值得深入探索。未来，我们可能需要在知识驱动和数据驱动的建模方式之间找到平衡，实现两者的优势互补。这种融合不仅能够推动规划学科的发展，也将为解决现实世界中的复杂问题提供新的视角和工具。

## 二、规划决策及城市治理：AI助力，智慧规划新篇章

**记者**：在生成式人工智能辅助下，像北京、上海这样的超大城市的规划治理"智能模拟器"，要达到全流程决策辅助的作用，其关键节点是什么？

**钮心毅**：在探索将生成式人工智能应用于超大城市规划治理的过程中，我们首先需要明确通用模型所掌握的知识和专业模型所需的补充。人工智能之所以能够创造性地生成内容，源于其对特定领域知识的深度学习与掌握。在城市规划这一专业领域，知识的专业性和深入性尤为关键。

关键节点之一在于如何将城市规划学科的特有知识体系有效地提炼、表达，并转化为模型可接受的形式。这要求我们对专业领域的知识有深刻的理解和精准的把握，以便通过再学习或特定训练，使通用模型能够整合并运用这些专业知识。

另一个关键点在于激发通用模型中已有的、与规划相关的知识。尽管这些知识在大规模训练中可能仅占一小部分，但通过专业领域的特定学习，可以促使模型认识到并利用这些知识，从而更好地服务于城市规划治理。

也就是说，将专业知识的融入和激发模型中潜在的相关领域知识，是实现超大城市规划治理智能模拟器全流程决策辅助作用的关键探索方向。这不仅需要技术的创新，也需要对规划学科深入的理解和应用。

**记者**：刚才您谈到生成式人工智能辅助规划决策的全流程，而公众参与是规划中重要的一环，您能详细说说ChatGPT这样的大语言模型，如何助力规划的公众参与？

**钮心毅**：大语言模型，如ChatGPT在城市规划公众参与中的应用潜力显著。它们不仅能够理解和回应专业的规划问题，而且以其自然语言处理能力，提供了一种更贴近人类交流方式的互动体验。这些模型能够接受自然语言的提问，并提供人性化的回答，使其成为普及规划知识、介绍规划流程的理想工具。

通过专业训练，大语言模型可以部署在公共场域中，如政务规划服务窗口，提供高效率的咨询服务，引导办事人员了解相关流程和步骤。此外，它们还能够收集和分析居民或城市规划参与者的意见和建议，帮助规划师和决策者更好地理解公众的需求和反应。例如，大模型可以通过参与规划讨论会，迅速整理出具有

针对性的会议纪要，明确共识和分歧点。这种能力极大地提高了信息收集和反馈的效率，有助于提升公众参与的效果。

**记者**：您刚才从自上而下和自下而上两种方式谈到了生成式人工智能如何辅助规划公众参与，那么生成式人工智能大模型在城市治理方面，比如中村改造中，如何给社会力量赋能？怎样促进城市规划者与社区之间的沟通，从而推进更具参与性的规划过程？

**钮心毅**：生成式人工智能大模型在城市治理，尤其是城中村改造等项目中，具有重要的赋能潜力。通过"参与式设计"或"参与式更新"，大模型能够促进多方利益主体间的沟通与协作，实现更加民主和透明的规划过程。

在这一过程中，大模型能够处理和转化来自不同背景参与者的语言表达和愿景，尤其是将非专业人士的模糊需求转化为专业的规划术语。通过专业训练，大模型能够根据输入的专业词汇或需求，生成城市空间更新后的景象，如图像或视频，为居民和规划者提供一个直观的、可讨论的更新效果。此外，大模型的应用还能够加速更新方案的可视化过程，使得小规模区域的更新效果可以迅速得到展现，从而促进各方对更新方案的共识形成。这种技术的应用不仅提高了规划的效率，也使得规划过程更加具有参与性和包容性。生成式人工智能大模型在城市治理中的应用，为规划者和社会力量之间搭建了一座沟通的桥梁，推动了更具参与性的规划过程，为城市更新和治理提供了新的思路和工具。

## 三、AIGC对规划教育的改革：培养新时代的智能规划人才

**记者**：刚才您谈了很多关于生成式人工智能赋能城市规划从业者的话题，作为高校教授，您认为未来城市规划的教育应该如何结合生成式人工智能技术进行改革？或者说，我们该如何结合生成式人工智能来培养学生呢？

**钮心毅**：生成式人工智能技术的融入为城市规划教育改革提供了新的视野与方法。在高等教育领域，该技术已经被探索应用于辅助教学和提高学习效率。例如，清华大学利用人工智能作为助教，强化了8门课程的教学效果。在实际教学过程中，学生通过使用大模型进行内容生成的演练，以关键词输入为基础，探索和深化对问题的理解，为知识传递提供了新的途径。

未来，简单的重复性工作可以由人工智能教师来承担，而人类教师则应专注于激发学生的创造性思维，引导他们探索未知领域，创造出AI尚未触及的新知识。鉴于生成式AI的能力目前还局限于对现有知识的学习和融合，教育者需要思考如何在AI时代培养学生的创新能力。

AI在艺术创作等领域的应用展示了其模仿和融合的能力，但真正的突破性创新仍然需要人类的参与。因此，城市规划教育应利用通用AI工具，提高知识传递的效率和效果，同时注重培养学生的创新思维和解决问题的能力。这种教育改革的探索将很快在各级教育机构中展开，预示着教育模式的重大转变。

**记者**：作为规划专业的教授，在目前生成式人工智能迅猛发展的背景下，您对以后的学生或规划专业的学生有什么建议呢？

**钮心毅**：我们正处于规划学科经历第二次数字化转型的前夜，生成式人工智能的兴起预示着一个新时代的到来。从20世纪90年代的计算机辅助设计（CAD）到现代的AI技术，规划行业不断经历着技术革新。当前，学生们已经开始探索使用AI模型来提升设计、写作和编程的效率，这不仅改变了他们的工作方式，也对教育和行业实践提出了新的要求。

对于规划专业的学生，首先是要积极拥抱新技术。AI不是取代规划师的工具，而是提升工作效率、优化设计和分析的伙伴。学生们应该在学习和实践中了解并掌握AI技术在规划领域的应用，这将成为他们未来职业生涯中的一项基本技能。其次，学生们需要培养批判性思维能力。在AI提供的信息和建议中，学会筛选、评估并提炼出真正有价值的内容，以辅助规划决策和设计创新。最后，也是至关重要的，是保持对人文关怀的关注。城市规划的核心是服务于人，技术的发展应始终围绕提高人们的生活质量。学生们应利用专业知识和技能，关注社区需求，创造更加宜居和人性化的城市空间。我们期待智能规划的发展前景，同时认识到其在学术研究和理论方法体系中可能发挥的重要作用。在新技术的浪潮中，让我们共同拥抱变革，携手创造更加美好的城市未来。

## 四、城垣杯寄语：展望未来，技术引领规划创新之路

**记者**：今年城垣杯大赛的决赛已结束，从行业和学科发展的角度出发，在未来，大赛还可以在哪些重点方向、重点技术方面

进行拓展、延伸？

**钮心毅：** 城垣杯大赛已成功举行至第八届，对推动城市规划领域的数字化和信息化成果作出了显著贡献。今年，我们见证了参赛作品中新技术和新方法的迅速融入，特别是生成式人工智能大模型的应用，显示出参赛选手对技术探索和创新的巨大热情。展望未来，城垣杯大赛的拓展和延伸应聚焦于两个主要方向：①实用性与实践性：大赛应更加突出规划决策支持模型的实用性和实践性，与行业需求紧密结合。在国土空间规划改革的背景下，智慧规划成为行业发展的关键方向，大赛应鼓励作品解决实际规划问题，以需求为导向进行创新。②技术探索性：随着人工智能技术的快速发展，大赛应鼓励参赛选手深入探索和应用前沿技术，如语言大模型、图像大模型以及图神经网络等，以推动城市规划学科的理论发展和技术进步。

城垣杯大赛应继续发挥其在行业中的引领作用，通过与国家政策和行业需求的紧密结合，推动具有实际应用价值的模型开发，同时探索新技术在城市规划中的应用潜力。期待未来大赛能够进一步强化其特色，推动行业技术进步，为城市规划的科学发展做出更大贡献。

# 选手采访

# 史宜、吴玥玥等：
# 创新需求识别模型，推动智慧适老建设

指导老师：史宜

史宜，东南大学建筑学院副教授，硕士生导师，主要研究方向为大数据在城市规划中的应用、城市规划设计及理论等。主持国家自然科学基金面上项目等多项科研项目，研发并授权国家发明专利10余项，获得日内瓦国际发明展金奖、华夏建设科学技术奖等科研奖项。

参赛团队介绍：

获奖团队合影（从左到右）：丛万钰、陈旭阳、吴玥玥、王暄晴、戴运来、崔澳

吴玥玥：东南大学建筑学院2022级城市规划专业研究生，主要研究方向为城市智能感知。戴运来：东南大学建筑学院2022级城市规划专业研究生，主要研究方向为城市中心区人群移动性规划。王暄晴：东南大学建筑学院2022级城市规划专业研究生，主要研究方向为城市形态的智能理论方法。崔澳：东南大学建筑学院2022级城市规划专业研究生，主要研究方向为基于大数据的城市规划设计与理论。丛万钰：东南大学软件学院2022级人工智能应用专业研究生，主要研究方向为多源空间数据计算。陈旭阳：东南大学建筑学院2022级城市规划专业研究生，研究方向为人工智能城市设计与理论。

## 一、指导老师访谈

**记者**：您指导的团队在去年"城垣杯"竞赛中获得了特等奖的优异成绩，请问，您认为"城垣杯"对您和您的团队有着怎样的意义？今年已经是"城垣杯"举办的第八年，您认为这类竞赛举办的意义是什么？

**史宜**："城垣杯"对我们团队来说，不仅是一个展示自身实力的平台，更是一次学习的机会。去年我们团队的参赛作品《基于人群数字画像技术的老年人群多维需求识别模型》获得了"城垣杯"大赛特等奖，这给了我们极大的鼓励和肯定。这是我们团队在城乡规划行业顶级比赛中的一次风采展现，并激励我们广泛创新，融合大数据、人工智能等新兴技术，进一步探索城市运行和发展中的隐含规律，为未来智能城市献力。

"城垣杯"作为一个即将举办八年的竞赛，其意义重大。首先，我认为"城垣杯"大赛为高校学生、专业人士和科研人员提供了一个展示才华、交流学习的舞台，鼓励他们针对日渐演化并趋于复杂的城市系统，综合运用智慧方法解释其背后规律，并促进理论方法与实践应用的发展。其次，通过竞赛，可以发掘和培养一批优秀的创新人才，为规划行业的发展注入新的活力。最后，"城垣杯"也推动了人工智能技术在城市规划和城市治理工作中的创新和应用，为社会带来实际价值和显著效益。

**记者：**您的科研团队多年来致力于大数据在城市规划中的应用、城市规划设计及理论创新等方面的研究，并具有丰富的城市规划实践经验，您能否向我们详细介绍您的科研团队及近期科研成果？您如何看待多源大数据应用于城市规划设计方面的理论价值、实践价值以及未来研究方向？

**史宜：**东南大学智能城市科研团队围绕城市大数据研究方法和智能设计技术，聚焦城市空间与空间行为的互动机理，构筑了从基础理论到关键技术，再到工程实践的科研全链条。伴随着城市动态性、复杂性不断加剧，特别是进入数字时代以来，高密度的城市空间也从形态、功能、环境等物质空间维度，逐渐转变为一个由空间形态、人流、信息流、物流、交通流、经济流等所构成的多要素、多尺度、泛在维度的时空复杂有机体，城市规划设计方法面临着认知升级和技术方法迭代进阶的新挑战。如何发展和应用城市大数据及智能技术，并将其应用于高密度地区的城市设计与更新，以更好地协调复杂城市系统的运行，成为当下智能城市设计领域的重要议题。

**记者：**第八届"城垣杯"大赛即将拉开帷幕，您对于今年的大赛有什么期许？有什么话想对今年的参赛选手说？

**史宜：**第八届"城垣杯"大赛即将盛大开幕，比赛得到了社会各界的广泛关注，已经成了一个集结众多优秀人才的平台，每届比赛都能吸引来自不同领域、不同背景的优秀参赛者。我相信今年的大赛也不例外，将会涌现出更多的青年人才和创新思想。随着信息化技术的迅速发展，城市已经踏入了一个由大数据、智能化、移动互联网、云计算等技术驱动的新时代，这些技术的紧密结合不仅彻底改变了居民的生活方式，也预示着产业变革的新浪潮。期待本届"城垣杯"大赛的参赛选手拥抱时代浪潮，融合互联网、大数据、人工智能等新一代信息技术，解释和理解城市复杂巨系统的演化与建构规律，提升对城市动态有机体综合运算推演、谋划与创造城市形态的能力。

最后，我想对今年的参赛选手说，加油！希望你们能够享受比赛的过程，感受其中的乐趣，我相信第八届"城垣杯"大赛将会是一次难忘的经历，祝愿所有的参赛选手都能取得优异的成绩！

## 二、团队成员访谈

**记者：**您团队的作品《基于人群数字画像技术的老年人群多维需求识别模型》针对当前普遍存在的适老化不足和供需失配的问题，提出了基于"老年人群多维需求识别与规划决策支持模型"的应对策略。请问，您认为该模型在未来的规划实践、智慧养老等方面具有怎样的应用价值和前景？

**选手：**针对老年群体需求表达的被动性、其多维需求难以兼顾，以及内部需求的差异性等问题，我们提出了一种识别老年人群多维需求的模型，通过获取高时空分辨率的人群数据与空间数据，运用图神经网络对老年人群行为需求谱系进行精细聚类与筛选。该模型实现了城市尺度全覆盖、批量化、精细化的老年人群行为需求识别，为有针对性、精准化改善提升老年人群生活品质提供可靠依据。

该模型在识别精度、识别广度和规划应对三个方面具备优势。在识别精度方面，模型突破了传统老年人需求识别方法空间范围小和时间覆盖不足的局限，实现了短时间内大规模、全覆盖采样，最大程度提升了老年人需求识别所需数据采集的效率和精度。在识别广度方面，模型攻克了传统老年人需求识别单一的局限，通过图神经网络聚类技术和自编码器筛选技术，将老年人需求细化为生理需求、出行需求、设施需求和社交需求，实现了需求识别多样性和精准性的提升，有效避免了只关注老年人区别于其他群体的需求，而缺乏对老年群体内部差异化特征关注的情况，增强了老年人需求识别的科学性和人本性。在规划应对方面，针对识别出的待完善社区做出规划应对，避免了传统供给方法投入人力物力大、涉及人脑判断、既有养老服务体系难以满足高层次需求等问题，有效提高了规划应对策略的可行性。但同时，由于老年群体的特殊性，通过手机数据难以完全覆盖老年群体的全部需求，且城乡老人的需求存在显著差异，还需要结合广泛的实地调查校核模型。

**记者：** 您团队的作品选用了图神经网络进行画像聚类，请问该算法在本项目中相对于传统算法的优势在哪里？

**选手：** 本项目在老年人群数字画像聚类时，尝试了K-Means、随机森林等技术方法，发现其无法有效地捕捉老年人不同群体之间的复杂关系和相互影响。相比较而言，图神经网络能够利用图结构表示老年人不同群体之间的关联性和异质性，并通过自监督机制实现聚类导向的节点表示，而不只是重构网络结构或者分类任务。根据实验结果，图神经网络在数据集上相比于传统的聚类方法，能够取得更高的聚类准确性。这是因为图神经网络能够同时利用数据的属性和结构信息，而传统的聚类方法往往只考虑其中一种。经过多轮技术迭代，本项目最终选择了图神经网络进行画像聚类。

**记者：** 您团队的作品使用了手机信令、用地数据、POI等多源数据，在数据预处理和多源数据融合的过程中，是否遇到问题和挑战？这些问题和挑战带来了怎样的启示？

**选手：** 我们确实面临了多源数据融合的一系列挑战。手机信令、用地数据、POI等数据在时间范围、空间范围、时间分辨率和空间分辨率上存在不一致性，这些差异给数据预处理和融合带来了困难。首先，我们面对的是不同数据源时间覆盖范围不同的问题，例如手机信令数据可能只覆盖几周或几个月，而用地数据是年度更新的，这导致了在时间轴上对齐数据的困难。其次，数据的空间分辨率不一致，如POI数据以点形式存在，而用地数据多采用地块单元。这要求我们在空间上进行精确的匹配和转换。此外还存在不同数据源质量不一、缺失值或噪声等问题。

为了解决这些问题，我们采取了以下措施：①时间插值与空间转换，通过时间插值技术将不同时间分辨率的数据对齐到统一的时间框架内，同时利用GIS工具进行空间匹配和转换，以确保数据的时空一致性；②多源数据验证，通过发放问卷和实地调研，收集小规模但高精确度的数据，以验证和校准多源数据融合的结果；③技术融合与创新，运用行为链识别技术、图神经网络画像聚类技术和需求痛点老人筛选技术，构建了一套全流程的数字化支持模型。

我们认识到，在多源数据融合的过程中，需要综合考虑数据的时间和空间特性。此外，我们也意识到了数据质量和隐私保护的重要性，以及在城市规划和决策支持系统中，如何有效地利用技术手段来提高决策的科学性和精准性。最终，我们的工作不仅提高了对老年人群多维需求的认识，也为城市规划提供了一套新的数字化工具和方法论。

**记者：** 第八届"城垣杯"大赛即将拉开帷幕，能否向今年的参赛选手传授一些经验？有什么话想对今年的参赛选手说？

**选手：** 以我们的参赛经历为例，希望对今年的参赛选手有所启发。我们的项目之所以能获奖，除了技术部分较为扎实外，关键是捕捉到了现实痛点问题。我们认识到，在我国智慧养老事业和产业发展过程中，适老化不足和供需失配是当前亟需解决的瓶颈问题。因此，我们以人为本，关注个体、弱势群体的需求和短板，并以此为出发点展开研究。其次，我们的模型方法紧扣研究要点，基于瓶颈问题提出了明确的总体路径，即"建构一个能够精准识别老年人群多维需求，并辅助规划决策的智能模型"，实际上这也是建立明确的研究框架和边界，聚焦研究内容和研究方法，避免作品太大、太空。除此之外，模型作品能否应用在规划实践中也是十分重要的。面对计算和分析得到的结果，如何回应研究之初提出的问题，如何将数据分析结论转化为规划应用策略，是项目难点，也是会让评委眼前一亮的地方。

"城垣杯"大赛是一场对数字技术、创新思维的挑战，也是一次珍贵的机会，比赛期间会遇到来自各大高校、设计院所、研究机构的优秀选手，以及具备深厚学术底蕴与实践经验的评委们，与他们的交流分享对我们的学习和职业发展都有很大的帮助。加油，期待你们在比赛中取得优异的成绩！

# "智城至慧"团队：
# 重视人文关怀，聚焦互动视角，助推韧性城市建设

**指导老师：甄峰**

甄峰，博士，南京大学建筑与城市规划学院副院长、教授、博士生导师，国家注册城市规划师，南京大学智慧城市研究院副院长，南京大学智慧城市校友会会长，江苏省智慧城市规划与数字治理工程研究中心主任，江苏省智慧城市研究基地首席科学家，美国佐治亚理工学院及巴黎电信学院访问学者。兼任住房城乡建设部智慧城市专家委员会委员，中国地理学会理事、城市地理专业委员会主任委员，中国自然资源学会常务理事、国土空间规划研究专业委员会主任委员。主持国家级、省部级项目20余项，发表学术论文400余篇。多年来一直紧扣"智能技术—人—城市空间"，在城市与区域关系、城市空间结构转型、城市居民活动空间、智慧城市理论与规划方法，以及空间治理方面取得系列成果，拓展了智慧社会下城市空间研究新领域、新方向，推动了数据驱动的城市智慧规划编制与研究范式转型。

**指导老师：沈丽珍**

沈丽珍，博士，南京大学建筑与城市规划学院副教授、硕士生导师、规划系副系主任，中国地理学会城市地理专业委员会委员，美国北卡罗来纳大学教堂山分校城市与区域规划系访问学者，江苏省智慧城市决策咨询基地副主任，南京大学城市规划设计研究院注册规划师。主持或参加国家自科基金、国家社科基金重点项目等10余项，发表论文40余篇，主持及参与完成规划项目30余项，先后获得自然资源部科技进步一等奖、省级优秀设计成果一等奖、省旅游学会优秀论文一等奖等多项奖励。

**参赛团队介绍：**
团队成员合影：第一排左起：刘笑、蒙晓雨、刘沫涵、林芷馨、杨心语；第二排左起：强靖淇、武建良、王星、张蔚、陈文婷
项目成员来自南京大学建筑与城市规划学院。团队依托江苏省智慧城市规划与数字治理工程研究中心，团队成员背景多元，研究兴趣涉及城市行为网络、居民行为偏好等，近期聚焦居民活动与建成环境时空协同的空间优化调控研究，在国内外核心期刊已发表多篇论文，具有丰富的理论和实践经验。

## 一、指导老师访谈

**记者**：您指导的参赛团队在第七届"城垣杯"大赛的获奖作品《基于"人—活动—环境"互动视角的城市街道热风险评估与优化模型》旨在识别并优化城市潜在的热风险空间，营造"热舒适"的城市环境，这一领域目前被许多学者所关注，请问您认为这一研究领域所关注的核心问题是什么？未来应着力探索的研究方向有哪些？

**甄峰**：近年来全球极端高温事件频发，城市高温对居民通勤、休闲等日常活动造成不可忽视的影响，如何精准识别并评估城市空间的热风险不仅是当下亟需解决的核心问题，也是深化气候适应型城市建设、推动城市可持续发展的关键举措。早期国内外相关研究主要围绕高温灾害的自身特质及其健康影响两个方面展开，近年来地理学、城乡规划等学科从人地关系出发，构建面向城市空间单元的高温风险评估框架。随着地理大数据新技术的发展，研究尺度逐渐精细化，研究技术日趋多样化，对城市微观格局热风险的时空差异有了更进一步的认识，并积累了丰富的研究和实践成果。未来在城市空间研究愈发重视人地系统时空耦合性的趋势下，应从流动性的视角出发，更加深入地挖掘城市空间的热风险特征和分布差异，建立适应于不同居民活动场景与环境特征的城市热风险综合评估框架，使用多源时空大数据在更加精细化的尺度上定量评估城市空间的热风险，实现"以人为本"的城市热风险评估与优化，凸显研究的现实意义与应用价值。

**记者**：安全韧性城市已成为城市规划建设的重要议题，您的科研团队致力于从居民感知、活动视角形成对建成环境精准优化的决策支持，请问您团队选择这一选题的初衷是什么？您可以向我们介绍一下团队研究工作开展的背景吗？

**沈丽珍**：团队选择这一选题的初衷是我们认识到安全韧性城市对居民的健康和生活质量至关重要。随着城市化进程的加速和自然灾害的频发，城市环境的安全和韧性成了人们关注的焦点。因此，我们希望通过加强"人—地"系统研究，辅以大数据分析和科学研究方法，为城市规划和建设提供更加精准的指导，以增强城市环境的安全性和韧性，提高居民的生活品质，增进环境优化的精准性、有效性。

至于研究工作开展的背景，首先，世界气象组织（WMO）发布的《全球气候状况》报告关于夏季极端高温的预警引起了团队的注意，老师和同学们一致认为这是个值得深化的研究主题，并在一次次讨论中明确了后续的研究方向和步骤；其次，团队拥有丰富的跨学科研究经验，曾参与多个城市规划和建设项目，并与当地政府和社区合作开展调研和数据收集工作；再次，团队成员具有较高的专业素养和研究能力，能够运用先进的技术和方法对城市环境进行全面分析和评估，这也使得我们能够更好地测度居民的感知与活动情况。最后，也是最重要的一点，我们团队的同学们在研究中非常努力、刻苦，大家相互配合、相互补充，一步步完成并完善了这个研究。

**记者**：您的团队在智慧城市、城市规划大数据应用领域深耕多年。您能否向我们介绍一下该团队？目前您团队主要聚焦在哪些研究领域？

**甄峰**："智城至慧"团队长期开展智慧城市、大数据应用与城市规划领域研究，现有教授、博士生导师2人，副教授3人，助理教授1人，博士后1人。近年来，团队完成和承担的国家自然科学基金项目、国际合作项目、国家科技支撑项目，以及住房城乡建设部等科研项目19项，举办重要学术会议5次，发表中英文文章400余篇，出版著作10余部，多次获得国家和省部级奖项。

目前我们团队的主要研究领域包含5个方面：①ICT影响下城市空间研究：团队深入研究了ICT与城市空间结构的关系、ICT对于居民行为活动的影响及其空间效应等课题，并探索将研究结果应用于城市与区域规划实践当中。②大数据应用与城市空间研究："大数据"是信息时代背景下科学研究的新范式。研究团队重在探究大数据在城市规划中的应用、大数据视角下的城市规划方法、基于大数据的城市空间结构、大数据与小数据融合的方法与技术等。③智慧城市规划理论与方法：团队围绕智慧城市及其规划方法，提出了"人—技术—空间"一体的智慧规划理论框架，探索了数据驱动的规划编制和评估方法及其关键技术。④流动空间研究：信息技术的进步加速了知识、技术、人才、资金等的时空交换，改变着区域和城市的空间格局。研究团队在"流动空间"研究领域致力于探究流动空间理论、流动空间形态与特征、流动模式、发展机制及其对于城市规划的影响与应用。⑤文化与消费空间研究：研究团队在"文化与消费空间"研究领域探索消费空间理论，进而对消费空间的文化、消费空间性质和生产及洋快餐空间扩散的文化来进行解读。

## 二、团队成员访谈

**记者**：您团队的作品《基于"人—活动—环境"互动视角的

城市街道热风险评估与优化模型》基于"适应性&脆弱性"理论对街道热风险和关键因子进行分析，可否详尽介绍一下您在作品中采用的方法，这种方法有何优势，适用性如何？

**张蔚**：在模型设计过程中，我们基于热风险评估的空间精度需求和数据特征，按照"识别—评估—优化"的思路，针对不同阶段分别构建对应的模型算法。

一是对于街道高温识别，模型从主客观感知出发，采用经典的大气校正法计算地表温度，使用语言大模型对社交媒体数据进行热感知情绪测度，结合主客观感知评定高温等级。

二是对于热暴露模拟，按照人群划分为两个计算方向，基于手机信令识别老人小孩等热敏感人群的出行范围，对于中青年人群，则分别测度高频低强度的通勤行为及低频高强度的休闲行为的活动强度，以识别可能的风险。对于热脆弱特征提取及热适应评价，则主要基于建成环境数据，通过街景语义分析、可达性计算等方式，分别从街道形态、街道功能、散热要素及散热能力四个方面展开分析。

三是对于热风险的综合评估，在前述模型识别的基础上，进一步采用无监督聚类分析得到街道热风险分类结果，并输出不同聚类标签下街道空间的指标特征。

四是对于热风险空间的优化，在可解释机器学习框架下，使用随机森林和SHAP模型进行关键因子识别，得出各类风险街道的全局及局部特征分析结果。

总体而言，我们围绕热风险评估的理论维度和实际应用需求，进行了有针对性的模型算法设计，使得模型能够综合考虑建成环境和居民活动的风险特征。此外，数据采集流程相对标准化，模型性能可支撑多源大数据的批量运算，这也为模型在其他城市进行快速复用和对比分析提供了可能性。

**记者**：您提出的这一模型的未来应用方向都有哪些，这一研究成果如何更好地支持城市可持续发展建设？

**王星**：首先在应用方向上，一方面，在政府端，模型能够助力城市大规模的街道热风险监测应用，包括识别街道空间热风险等级及其形成原因等，进而为城市更新改造等场景提供针对性指引。另一方面，在居民端，模型能根据已有道路情况，为居民提供出行纳凉路径选择与规划、纳凉设施布点指引等夏季户外活动引导策略，保障居民出行的安全性与舒适度。

其次，在城市可持续发展方面，同样是两个维度的，城市可持续发展不仅关乎城市经济社会和建成环境的可持续，也关乎城市中居民健康生活的可持续，本研究的成果一定程度上有助于化解城市热风险问题、提高城市韧性，而且"以人为本"，关注居民实际出行情况，为热环境下的出行保驾护航、提高安全性。

**记者**：您团队在研究中遇到了哪些挑战？是怎么解决的？

**刘沫涵**：在识别街道高温风险时，我们需要围绕热暴露、热脆弱和热适应三个特征进行评估，并进行聚类评价，这一过程涉及大量的多源异构数据，采集和集成处理难度较高。于是我们将数据按照评估维度分类归纳，依照采集难度划定优先级，并预先围绕评价街道单元的线性空间特征，确定了数据预处理和集成的标准化操作流程，通过团队成员的紧密配合和分工，最终顺利地按照既定的计划完成采集工作，为我们后续的数据分析和建模奠定了良好的基础。

在进行街道的热风险分类与风险因子识别时，传统的线性计量分析模型无法满足预期要求。团队成员在大模型应用的辅助下，抽样部分数据，在多种机器学习模型中进行快速迭代模拟，在短时间内选出拟合度最高、性能最优的模型，同时引进了可解释机器学习框架，使得模型的分析结果有较好的解释性和应用价值。

**记者**：今年的第八届大赛已经拉开帷幕，能否向今年的参赛选手传授一些经验？有什么话想对今年的参赛选手说？

**陈文婷**：在选题准备阶段，既要关注热点，也要从国家和人民的需求出发。应当对大赛发布的议题进行准确解读，根据团队的优势方向选择具有挖掘潜力的关键问题，提炼潜在的创新点，并对意向主题进行扎实的研究基础梳理、框架构思和时间安排。

在方案生成阶段，大胆创新与试错。通过尝试新的方法和数据，找到问题解决的新视角并充分论证可行性，对方案进行优化提升。同时汲取团队的力量，在分享交流中及时解决疑惑，动态高效地把握方案推进的节奏。

在方案基本完成后，还应当持续打磨，提升整体性。梳理研究逻辑，从背景、问题，到数据、方法，再到分析、结论，对每一环节进行持续推敲和修正。最终方案呈现要突出针对关键问题的解决思路和成果，条理清晰，详略得当，最大化呈现研究的价值。

最后，想对今年的参赛选手说，期待大家能够在新时代背景下，从更独特的视角带来复杂城市问题的解决思路，在有益的交流中共同提升规划科学技术的"温度""精度"和"深度"，并有所收获。祝愿所有参赛选手都能够充分展示才华与智慧，取得出色的成绩！

影像
记忆

# 01
## 颁奖仪式

特等奖

一等奖

二等奖

## 02
**全体合影**

## 03 选手精彩瞬间

## 04
专家讨论及
会场花絮

# 附录

## 2024年"城垣杯·规划决策支持模型设计大赛"获奖结果

| 作品名称 | 工作单位 | 参赛选手 | 指导老师 | 获得奖项 |
| --- | --- | --- | --- | --- |
| 基于时空演化和因果推断的活动模型（ABM）研究 | 广州市交通规划研究院有限公司 | 陈先龙、顾宇忻、李彩霞、沈文韬、张薇、林晓生、欧阳剑、吴恩泽、郑贵兵、陈丹洁 | 陈小鸿、马小毅 | 特等奖 |
| AIGC赋能社区更新：融入规划专业知识的扩散模型 | 同济大学建筑与城市规划学院 | 桑田、顾睿星、吴雪菲、王桨、刘思涵 | 钮心毅 | 特等奖 |
| 基于图神经网络的OHCA风险预测和AED设施优化配置研究——以深圳市宝安区为例 | 武汉大学城市设计学院，中国科学院大学人工智能学院，深圳市宝安区人民医院急诊医学科 | 马灿、许晨煜、李宏亮、曹晓玉、柴夏媛、林锦乐 | 黄经南 | 一等奖 |
| 即时配送塑造的数字生活圈：基于复杂网络和图深度学习的即时配送动态结构挖掘与需求预测模型 | 哈尔滨工业大学（深圳）建筑学院，北京大学城市规划与设计学院 | 张承博、李泳霖、王成龙 | 肖作鹏、宫兆亚 | 一等奖 |
| 基于行为分析框架的城市公园绿地布局研究 | 清华大学建筑学院，中国城市发展规划设计咨询有限公司 | 翁阳、陈麦尼、黄竞雄、仇实、王琼、张朝阳 | 党安荣、汪坚强、杨一帆 | 一等奖 |
| 就业型时间贫困人群的智能识别及生活服务设施优化研究 | 东南大学建筑学院 | 张辰、林知翔、陈喜龙、刘一帆、李秋莹、熊潇、崔澳、贾子恒、姜清馨、马巍 | 史宜、杨俊宴、邵典 | 一等奖 |
| 多类型轨交站域建成环境对共享单车接驳影响评估模型 | 同济大学建筑与城市规划学院 | 杨辰颖、赵洲晔、吴涛、丁冬、陶佳、叶子涵、陈歌、耿汐雯 | 周新刚、甘惟 | 一等奖 |
| 涨落耗散定理下的城市演化研究 | 清华大学建筑学院、信息科学技术学院 | 林雨铭、黄浩、苏泓源、杨钧然、于江浩 | 田莉、李勇 | 二等奖 |
| 街道更新后更友好了吗？基于多时序数据的街道建成环境对老年人步行意愿的影响及优化模型 | 福州大学建筑与城乡规划学院 | 张书瑜、李亚玉、林润融、韦菲、万博宇、张铭桓、冉蕾、范心渝、朱翎嘉、张羽晴 | 郭华贵、沈振江、赵立珍 | 二等奖 |
| 城市老年群体的热暴露风险识别及绿地系统规划应对 | 南京大学建筑与城市规划学院 | 闻仕城、尚会妍、孔瑾瑜、赵晓雪、周含笑、马梦沅 | 居阳 | 二等奖 |
| 基于街景图像与社交媒体数据的摊贩时空分布特征及影响因素研究——以广州市中心城区为例 | 天津大学建筑学院，中国科学院计算技术研究所 | 刘思琪、荣向欣、李佩霖、王磊、刘梦迪 | 许涛、王苗 | 二等奖 |
| 基于多源数据的乡村旅游地吸引力评价模型 | 武汉大学城市设计学院 | 陆亦潇、黄宇兴、曲比阿呷莫、童安、刘子琦 | 詹庆明 | 二等奖 |
| 基于多源时空大数据的创新型产业集群评估与优化模型 | 南京大学建筑与城市规划学院 | 林馥雯、周臻、张宏韬、唐国佳、王佳丽 | 甄峰、徐逸伦 | 二等奖 |
| 城市更新背景下建筑物区域声环境改善关键空间识别 | 大连理工大学建筑与艺术学院 | 李翔、赵明辉、李政媛、张园梓、谢庄秀、刘文涵 | 路晓东 | 二等奖 |

续表

| 作品名称 | 工作单位 | 参赛选手 | 指导老师 | 获得奖项 |
| --- | --- | --- | --- | --- |
| 基于属性级情感分析模型的公园文化服务感知特征研究 | 重庆大学建筑城规学院，武汉科技大学艺术与设计学院 | 李思成、陈俊燚、徐慧涛、田闯、张莉艺 | 孙忠伟、龙燕 | 二等奖 |
| 基于共享社会经济路径的城市内涝时空动态风险预测模型 | 同济大学建筑与城市规划学院 | 刁海峰、耿汐雯、贾蔚怡、吴雨蔚、王佳慧 | 周士奇 | 二等奖 |
| 城市社区的高温脆弱性空间识别与韧性提升研究 | 华南理工大学建筑学院、数学学院 | 陈彤、颜端怡、江心娱、刘泽钿 | 殷实、华峻翊 | 二等奖 |
| 基于政策网络分析的都市圈规划绩效评估验证模型 | 深圳大学建筑与城市规划学院 | 李叶凌、马涛 | 洪武扬、杨晓春 | 二等奖 |
| 多主体协同：基于大型语言模型的城市低效用地更新策略 | 南京大学建筑与城市规划学院 | 赵同、陈宇轩、陈可、王勇聪 | 张姗琪 | 二等奖 |

# 后记

《城垣杯·规划决策支持模型设计大赛获奖作品集》已经出版到了第六集。在第八届大赛中，我们欣喜地见证了一批充满活力与创新精神的青年才俊在竞赛舞台上大放异彩，创造出一件件理念新颖、技术前沿、研究深入、特色突出、实践结合的参赛作品。编委会精选优秀作品收录成册，以飨读者。本作品集不仅仅是对这场学术盛宴的实录，更是规划行业新技术创新发展的见证。我们欣慰地见到，不同学科在大赛上交汇、交流、交融，学者们在大赛中碰撞思维，激荡火花。规划行业和学科正是在这一次次的融汇、碰撞中向着更加科学、更加严谨、更加精细的方向发展，展现出了一幅新时代智慧规划技术的崭新图景。

大赛从筹备到举办，再到此次作品集的成书，得到了业内专家的鼎力支持。在此，特别向大赛主席、中国工程院院士吴志强对大赛的指导表示由衷的感谢!感谢参与大赛评审的专家学者：邬伦、詹庆明、蒋文彪、汤海、邵春福、甄峰、龙瀛、钮心毅、黄铎、邵润青、王芙蓉、张晓宏、欧阳汉峰、张永波、廖正昕、陈子毅。他们不仅对于赛事的举办给予了充分肯定与帮助，而且秉承公平、公正的原则，以严谨的学术视角和深厚的实践经验对参赛作品进行了一丝不苟的审定和鞭辟入里的点评！感谢对本次大赛提供悉心指导与帮助的专家学者：伦敦大学学院教授Michael Batty、北京市城市规划设计研究院原副院长张其锟、中国科学院院士段进。感谢主办单位北京城垣数字科技有限责任公司、世界规划教育组织（WUPEN）、北规院弘都规划建筑设计研究院有限公司的各位同仁在大赛筹办中做出的周密细致的工作！感谢百度地图慧眼、中国联通智慧足迹为大赛提供国内多个城市的大数据资源！感谢北京城市实验室（BCL）、国际中国规划学会（IACP）、易智瑞信息技术有限公司、信息管理理论与技术国际研究中心（ICIR）、物流管理与技术北京市重点实验室、自然资源部国土空间大数据工程技术创新中心–人类活动大数据应用分中心对大赛的鼎力支持！感谢国匠城、CityDS、WUPENiCity、CityIF、北规弘都院对赛事的持续宣传报道！

感谢中国城市规划学会城市规划新技术应用专业委员会对规划决策支持模型领域创新工作的长期关心与指导！

随着数字技术主导的新一轮科技革命和产业变革兴起和演化，规划决策支持模型的创新研究工作更需持之以恒，矢志不渝，笃行不怠。"城垣杯"规划决策支持模型设计大赛，仍将继续为各位有志于规划量化模型研究工作的杰出人才提供展现作品和交流经验的舞台，欢迎业界同仁持续关注！

作品集难免有疏漏之处，敬请各位读者不吝来函指正！

编委会
2024年10月

# POSTSCRIPT

*The Planning Decision Support Model Design Compilation* has been published to the Sixth episode. In the eighth competition, we are delighted to witness a group of vibrant and innovative young talents shining brightly on the competition stage, creating a series of entries with novel concepts, cutting-edge technology, in-depth research, outstanding features and practical combination. The Organizing Committee of the contest collected the wonderful works in this collection. This collection is not only a record of this academic feast but also a testament to the new technological innovations in the field of urban planning. We are pleased to see various disciplines intersecting, communicating, and blending in the competition, where scholars collide with thoughts and spark inspiration. The planning industry and disciplines are developing towards a more scientific, rigorous, and refined direction through these exchanges and collisions, presenting a new era's fresh landscape of intelligent planning technology.

From the preparation to the organization of the competition, and now the publication of this compilation, we have received strong support from experts in the industry. We express our heartfelt gratitude to the Chairman of the competition and Academician of the Chinese Academy of Engineering, Wu Zhiqiang, for his guidance throughout the competition. We also extend our gratitude to the expert scholars who participated in the competition's evaluation: Wu Lun, Zhan Qingming, Jiang Wenbiao, Tang Hai, Shao Chunfu, Zhen Feng, Long Ying, Niu Xinyi, Huang Duo, Shao Runqing, Wang Furong, Zhang Xiaohong, Ouyang Hanfeng, Zhang Yongbo, Liao Zhengxin, and Chen Ziyi. They not only provided full affirmation and assistance to the event's organization but also meticulously reviewed and provided insightful comments on the entries with rigorous academic perspectives and profound practical experience. We would like to thank the expert scholars who provided careful guidance and assistance throughout this competition: Professor Michael Batty from University College London, former Vice President of the Beijing Urban Planning and Design Institute Zhang Qikun, and Academician Duan Jin from the Chinese Academy of Sciences. We are grateful to the colleagues of Beijing Chengyuan Digital Technology Co. LTD., World Urban Planning Education Network (WUPEN), and Homedale Urban Planning and Architects Co. Ltd. of BICP for their meticulous work in preparing for the competition. We would like to thank Baidu Map Insight and China Unicom Smart Steps for providing big data resources of many cities for the contest! Thanks to Beijing City Lab (BCL), International Association for

China Planning (IACP), GeoScene Information Technology Co. ,Ltd., The International Center for Informatics Research (ICIR), Beijing Key Laboratory for Logistics Management and Technology, Technology Innovation Center of Territorial & Spatial Big Data, MNR- Human Activities Big Data Application Division for the great support to the contest! We also thank CAUP.NET, CityDS, WUPENiCity, CityIF, and Homedale of BICP for their continuous publicity and coverage of the contest!

Thanks to China Urban Planning New Technology Application Proffessional Committee in Academy of Urban Planning for its long-term concern and guidance for the innovation in the field of planning decision support model!

With the rise and evolution of the new round of scientific and industrial revolution led by digital technology, the innovative research in planning decision support models requires sustained efforts and unwavering commitment.

The Planning Decision Support Model Design Contest will continue to provide a stage for outstanding talents dedicated to the research of quantitative planning models to showcase their works and exchange experiences. We welcome continuous attention and support from colleagues in the industry.

Some mistakes in the collection of works may be unavoidable. It would be pleasure to hear from you for correction!

Editorial Board<br>October, 2024